Wissenschaft — Das Problem ihrer Entwicklung

Band 2
Komplementäre Studien zur marxistisch-leninistischen Wissenschaftstheorie

Wissenschaft
und
Gesellschaft

Herausgegeben vom
Institut für Theorie,
Geschichte und Organisation
der Wissenschaft der
Akademie der Wissenschaften der DDR
durch Günter Kröber

Band 24/2

Wissenschaft
Das Problem ihrer Entwicklung

Band 2

Komplementäre Studien zur marxistisch-leninistischen Wissenschaftstheorie

Herausgegeben von
Günter Kröber

Akademie-Verlag Berlin
1988

ISBN 3-05-000545-9
ISSN 0138-5755

Erschienen im Akademie-Verlag Berlin, DDR-1086 Berlin, Leipziger Str. 3—4

Lizenznummer: 202 · 100/27/88
Printed in the German Democratic Republic
Gesamtherstellung: VEB Druckerei „Thomas Müntzer“, 5820 Bad Langensalza
Einbandgestaltung: Rolf Kunze
LSV 0155
Bestellnummer: 754 8145 (2162/24/2)
02600

Inhaltsverzeichnis

Günter Kröber

Einleitung: Über Komplexität der Wissenschaft und Komplementarität ihrer Abbildungen

1

In diesem Buch werden von Autoren der DDR Studien zu einer Theorie der Wissenschaftsentwicklung vorgelegt, deren jede für sich genommen beanspruchen kann, auf dem Wege zur theoretischen Durchdringung des komplexen gesellschaftlichen Phänomens Wissenschaft ein wichtiger Baustein zu sein. Zusammen genommen widerspiegeln sie die schöpferische Atmosphäre, in der die Diskussion um eine marxistisch-leninistische Theorie der Wissenschaftsentwicklung hierzulande angesichts der gesellschaftlichen Stellung und Funktion der Wissenschaft bei der erfolgreichen Gestaltung des entwickelten Sozialismus und in Auseinandersetzung mit nichtmarxistischen, bürgerlichen Konzeptionen der Wissenschaftsentwicklung geführt wird.

Die Wissenschaftsforschung der sozialistischen Länder hat im letzten Jahrzehnt bemerkenswerte Fortschritte erzielt. Von einem internationalen Kollektiv, dem Autoren aus sechs sozialistischen Ländern angehörten, wurde das Buch „*Grundlagen der Wissenschaftsforschung*“[1] erarbeitet, das eine erste systematische Darstellung der theoretischen Grundlagen dieses noch relativ jungen Wissenschaftsgebiets zu geben versucht. Dieses Ergebnis war nur möglich, weil in den sozialistischen Ländern — und vor allem in der UdSSR — in den vergangenen zwei bis drei Jahrzehnten eine intensive Forschung zu Problemen der Wissenschaft, ihrer Struktur, Dynamik und Entwicklung in Gang gekommen ist, die zunehmend Früchte trägt und deren theoretischer Ertrag mit ihrer wissenschaftspolitischen Relevanz korrespondiert. Aufbauend auf den erzielten Fortschritten und in Fortführung ihrer bewährten Tradition interdisziplinären Vorgehens ist die marxistisch-leninistische Wissenschaftsforschung der DDR gegenwärtig bestrebt, in drei Hauptrichtungen weiter voranzukommen: in Richtung auf weitere theoretische Vertiefung und Grundlegung, auf noch größere Praxisnähe der theoretischen Arbeiten und auf fundierte Auseinandersetzung mit bürgerlichen Konzeptionen.

Eines der zentralen wissenschaftspolitischen Probleme der Gegenwart ist die Beschleunigung des wissenschaftlich-technischen Fortschritts; sie ist das Hauptmittel für die Beschleunigung der sozialökonomischen Entwicklung der sozialisti-

1 Vgl. Internationales Autorenkollektiv, Grundlagen der Wissenschaftsforschung, Berlin 1987.

schen Gesellschaft, für deren ökonomischen und sozialen Fortschritt. Der theoretische Kern dieses Problems ist die Frage nach den Triebkräften, Mechanismen und Kriterien der Wissenschaftsentwicklung, also letztlich das Problem der *Entwicklung* der Wissenschaft. Ihm hat das Institut für Theorie, Geschichte und Organisation der Wissenschaft der AdW der DDR in Kooperation mit anderen Wissenschaftlern der DDR, der UdSSR und der VRB zwei größere Untersuchungen gewidmet. Die erste analysiert unter dem Titel „Wissenschaft. Das Problem ihrer Entwicklung, Bd. I: Kritische Studien zu bürgerlichen Konzeptionen der Wissenschaftsentwicklung"[2] den Stand der Problembearbeitung im Rahmen der internationalen nichtmarxistischen Literatur. Das Fazit dieser Analyse bestand darin, daß es die gegenwärtige bürgerliche Wissenschaftsforschung in ihren verschiedenartigsten und zum Teil gegensätzlichen Varianten aus ihren klassenmäßigen und weltanschaulich-ideologischen Bindungen heraus bisher nicht vermochte und wohl auch grundsätzlich nicht vermag, Entwicklung von Wissenschaft theoretisch konsistent und umfassend zu beschreiben und zu erklären, Entwicklung von Wissenschaft und Gesellschaft als einheitlichen Prozeß zu denken und von hier aus zu praktischen Konsequenzen zu gelangen, die eine dem humanistischen Anliegen der Wissenschaft und ihrem fortschrittsfördernden Charakter entsprechende, auf das Wohl der Menschen, auf die Sicherung sozialen Fortschritts und stabilen Friedens in der Welt gerichtete Wissenschaftspolitik gewährleisten.

Der vorliegende Band greift dasselbe Problem aus der Sicht einer marxistisch-leninistischen Theorie der Wissenschaftsentwicklung auf. Sein Grundgedanke ist, das Problem der Entwicklung der Wissenschaft als komplexes gesellschaftliches Phänomen aus der Sicht verschiedener, im Rahmen des Marxismus-Leninismus möglicher theoretischer Ansätze zu durchleuchten. Dieses Grundanliegen beruht auf der Beobachtung, daß bestimmte aktuelle Probleme der Wissenschaftspolitik, -leitung, -planung und -organisation aus der Sicht eines jeweils *bestimmten* theoretischen Ansatzes klarer formuliert und überzeugender bearbeitet werden können als aus der Sicht eines anderen. So scheint es z. B., daß für die Behandlung von Problemen, die die Verbindung von Wissenschaft und Produktion betreffen, eine Auffassung der Wissenschaft, die sie als System spezifischer Erkenntnistätigkeiten auffaßt, weniger geeignet ist als eine, die sie als Element des gesellschaftlichen Reproduktionsprozesses begreift; andererseits erweist es sich für die Behandlung vieler Probleme der Leitung und Organisation wissenschaftlicher Arbeitsprozesse als zweckmäßiger, von der Spezifik wissenschaftlicher Tätigkeiten im Unterschied zu anderen gesellschaftlichen Tätigkeitsbereichen auszugehen, als z. B. von der Auffassung der Wissenschaft als unmittelbare Produktivkraft usw.

Man ist versucht, diese Situation, in der sich die Wissenschaftsforschung bei der theoretischen Durchdringung ihres komplexen Gegenstandes befindet, mit

2 Vgl. Wissenschaft. Das Problem ihrer Entwicklung. Bd. I: Kritische Studien zu bürgerlichen Konzeptionen der Wissenschaftsentwicklung, hg. von G. Kröber/H. P. Krüger, Berlin 1987.

der Situation der Physiker zu vergleichen, die auf der Suche nach einer einheitlichen Theorie der Wechselwirkungskräfte sind. Bisher ist es nicht gelungen, die Erkenntnisse über die vier in der Natur zu beobachtenden Arten von Wechselwirkungen — starke, schwache, elektromagnetische und Gravitationswechselwirkung — theoretisch zu vereinheitlichen und in *einer* Theorie zusammenzufassen. Auch die Wissenschaftsforschung verfügt heute über einigermaßen gut ausgearbeitete Teiltheorien, etwa zur Wissenschaft als Produktivkraft, zur wissenschaftlich-technischen Revolution, zur Wissenschaft als System spezifischer gesellschaftlicher Tätigkeiten und als „allgemeine Arbeit", zur Wissenschaft als Element und Bestandteil des gesellschaftlichen Reproduktionsprozesses, zum Wissenschaftspotential, zur Wissenschaft als kognitives System usw. Und so wie die Physik gegenwärtig weitere Aufschlüsse in ihrem Integrationsbestreben sowohl aus der weiteren Erforschung der elementaren Bereiche der Materie als auch kosmischer Phänomene erwartet, wird es auf dem Wege zu einer einheitlichen Theorie der Wissenschaftsentwicklung noch vieler und verschiedenster Untersuchungen sowohl im Mikro- als auch im Makrobereich der Wissenschaft, sowohl auf der Ebene wissenschaftlich tätiger Individuen und Gruppen als auch auf der gesamtgesellschaftlichen Ebene bedürfen. Eine einheitliche Theorie der Wissenschaftsentwicklung ist damit ebenso wenig in Frage gestellt wie eine einheitliche Theorie der physikalischen Wechselwirkungen. In beiden Fällen gibt es vorerst keinen Grund zu Frustration. Auf dem Gebiet der Wissenschaftsforschung schon gar nicht, denn hier verfügen wir über ein reichhaltiges geistiges und theoretisches Erbe, das wir den Klassikern des Marxismus-Leninismus verdanken.

Marx, Engels und Lenin haben uns keine speziell ausgearbeitete und in systematischer Form dargestellte Theorie der Wissenschaftsentwicklung hinterlassen. Lenin sagte von Marx, er habe uns keine „Logik (mit großem Anfangsbuchstaben)" hinterlassen wie Hegel, wohl aber die Logik des „Kapital",[3] und meinte damit, daß Marx im „Kapital" Logik, Dialektik und Erkenntnistheorie des Materialismus in ihrer Einheit bei der Analyse der kapitalistischen Gesellschaftsformation, der bürgerlichen politischen Ökonomie und der ökonomischen Kategorien, welche die kapitalistischen Produktions- und Austauschverhältnisse widerspiegeln, angewendet habe.[4] Analog gilt: Marx, Engels und Lenin haben uns keine fertige Theorie der Wissenschaftsentwicklung (im zitierten Sinne: als Werk) hinterlassen, wohl aber finden wir in ihren Werken eine Fülle von Hinweisen und speziellen Analysen, in denen die Wissenschaft als Erkenntnissystem und als Komponente gesellschaftlicher Entwicklung — insbesondere im Kapitalismus — behandelt wird, und in denen ihre sozialökonomische Bedingtheit, ihre Rolle im gesellschaftlichen Leben, in der materiellen Produktion und grund-

3 W. I. Lenin, Philosophische Hefte, in: W. I. Lenin, Werke (im folgenden: LW), Berlin 1955—1972, Bd. 38, S. 316.

4 Vgl. P. N. Fedoseev, Značenije dialektiki Gegelja, in: Voprosi filosofii, 2/1981, S. 195—206.

legende Gesetzmäßigkeiten ihrer Entwicklung exemplarisch dargestellt werden. Ausgangspunkte für die theoretische Behandlung der Wissenschaft sind dabei die Grundprinzipien der materialistischen Geschichtsauffassung und der dialektisch-materialistischen Erkenntnistheorie. Von diesen Positionen aus setzten sich die Klassiker mit verschiedenen Varianten der ihnen zeitgenössischen bürgerlichen Konzeptionen der Wissenschaftsentwicklung auseinander. Eine der Hauptaufgaben der gegenwärtigen marxistisch-leninistischen Wissenschaftsforschung ist es, dieses Erbe der Klassiker weiter auf- und auszuarbeiten, zu systematisieren und damit zur Herausbildung und Propagierung eines sozialistischen Wissenschaftsverständnisses beizutragen, das als eine unabdingbare Voraussetzung für praktische Entscheidungen im Prozeß der Leitung, Planung und Organisation der Wissenschaftsentwicklung im Sozialismus angesehen werden muß. Ein besonderer Aspekt ist dabei die Auswertung der Manuskripte der Klassiker aus den bisher erschienenen Bänden der MEGA.

Die Erkenntnisse der Klassiker des Marxismus-Leninismus werden heute wesentlich ergänzt durch viele praktische Erfahrungen, die die kommunistischen und Arbeiterparteien der sozialistischen Länder bei der Meisterung der realen Prozesse der Wissenschaftsentwicklung und des wissenschaftlich-technischen Fortschritts in ihrer gesamten Politik — von der Wirtschafts- und Sozialpolitik über die Außenpolitik bis zur Kultur- und Wissenschaftspolitik im engeren Sinne — gesammelt haben. In diesen Erfahrungen widerspiegelt sich mehr als nur die unter Beweis gestellte Fähigkeit der Arbeiterklasse, die Wissenschaft von den Fesseln des Kapitals zu befreien und sie im Interesse des gesellschaftlichen Fortschritts erfolgreich leiten, planen und organisieren zu können. Die wissenschaftspolitische Praxis der sozialistischen Länder sieht sich heute mit Prozessen der Wissenschaftsentwicklung und der wissenschaftlich-technischen Revolution konfrontiert, in denen sich historisch *qualitativ neuartige* Wechselbeziehungen zwischen Wissenschaft und Gesellschaft, Wissenschaft und Produktion, aber auch innerhalb der Wissenschaft selbst offenbaren, deren Analyse neues Licht auch auf das Verständnis der Vergangenheit der Wissenschaft zu werfen vermag und deren praktische Meisterung für die Entwicklung des Sozialismus von ausschlaggebender Bedeutung ist. Die Anatomie, Struktur und Dynamik dieser gegenwärtigen Prozesse zu untersuchen und die bereits vorhandenen Erfahrungen im Umgang mit ihnen theoretisch zu verarbeiten, ist deshalb ein wichtiger Zugang auf dem Wege zu einer allgemeinen Theorie der Wissenschaftsentwicklung. Eine solche Theorie kann letztlich nur entstehen aus der Aufarbeitung und historisch-materialistischen Analyse der gesamten Geschichte der Wissenschaftsentwicklung in allen ihren gesellschaftlichen Bezügen von ihren Anfängen bis zur Gegenwart.

Wir zweifeln nicht an der Möglichkeit einer solchen Theorie, wenngleich der Zeitpunkt, zu dem wir über sie verfügen werden — und das gilt für jede neu zu gewinnende Erkenntnis —, nicht vorausgesagt werden kann. Und wir sind sicher, daß sie eine *marxistisch-leninistische* sein wird. Hierin unterscheiden wir uns von unseren nichtmarxistischen Kritikern. In einer Publikation des Erlanger Instituts für Gesellschaft und Wissenschaft, in der die in der DDR unternommenen „Ansätze zu einem integrierten Konzept des Wissenschaftsprozesses“ analysiert werden, heißt es z. B.: „Den sich als marxistisch-leninistisch verstehenden Wissenschaftstheoretikern in der DDR ist es bisher noch nicht gelungen, ein begrifflich-theoretisches Konzept des wissenschaftlichen Prozesses zu entwickeln, das die verschiedenen (kognitiven, sozialen u. a.) Komponenten dieses Prozesses hinreichend differenziert erfaßt und systematisch zueinander in Beziehung setzt. Allerdings ist man nunmehr verstärkt bemüht, die unterschiedlichen Ansatzpunkte zur Konzeptualisierung von Wissenschaft zu integrieren und die Faktoren des wissenschaftlichen Prozesses in ihrem wechselseitigen Zusammenhang zu thematisieren.“[5] Weiter wird uns bestätigt, daß wir „die sich aus dem Lehrgebäude des Marxismus-Leninismus ergebenden Leitlinien für die Erarbeitung einer integrierten Konzeption des Entwicklungsprozesses von Wissenschaft“ nachdrücklich hervorheben, und es wird uns in unserer grundsätzlichen Kritik an einer Reihe nichtmarxistischer Ansätze zugestimmt, daß diese „den komplexen wechselseitigen Zusammenhang, in dem der Wissenschaftsprozeß mit der übrigen Gesellschaft steht, nicht zureichend erfassen.“[6] Freilich, heißt es weiter, falle „die Zuspitzung dieser Kritik mit der These, daß eine solche umfassende Perspektive auf das Wechselverhältnis von Wissenschaft und Gesellschaft den ‚bürgerlichen‘ Wissenschaftsforschern schon allein aufgrund ihrer erkenntnistheoretischen und weltanschaulichen Grundpositionen verstellt sei“,[7] in ihrer ganzen Schärfe auf unsere eigene Position zurück, denn — und das ist der Kern der Kritik an uns — wir hielten „strikt an Satzungen des Marxismus-Leninismus fest, wie z. B. dem gesetzmäßigen Charakter des gesellschaftlichen Fortschritts, dem Axiom der Widerspiegelung als absolutes Wahrheitskriterium, der sukzessiven Annäherung an Wahrheit im Verlauf der Wissenschaftsentwicklung als epistemologisch-weltanschaulicher Basis der zu erarbeitenden Entwicklungskonzeption.“[8]

Abgesehen davon, daß absolut unklar ist, was mit „dem Axiom der Widerspiegelung als absolutes Wahrheitskriterium“ gemeint ist, stimmt es natürlich, daß wir ein integrierendes Konzept der Wissenschaftsentwicklung ohne die Anerkennung des gesetzmäßigen Charakters des gesellschaftlichen Fortschritts und ohne die Anerkennung dessen, daß der historische Prozeß der Wissenschaftsentwicklung in Richtung einer sukzessiv umfassenderen und tieferen Widerspiegelung der objektiven Realität in relativen Wahrheiten sukzessiv höherer Ordnung, die zugleich die Voraussetzung für die sukzessiv wachsende praktische Leistungsfähigkeit der Wissenschaft im historisch-gesellschaftlichen Entwicklungsprozeß ist, für unmöglich halten.

5 Wissenschaften in der DDR. Berichte und Analysen — 2. Halbjahr 1984, hg. vom Institut für Gesellschaft und Wissenschaft, Erlangen 1985, S. 27.

6 Ebenda, S. 27/28.

7 Ebenda, S. 28.

8 Ebenda.

Dies hat überhaupt nichts mit „der tradierten Vorstellung einer linear-kumulativen Annäherung an Wahrheit in diesem Prozeß“ zu tun.[9] Auch unterschlagen wir dabei keineswegs, wie man uns vorwirft, „den im Rahmen der allgemeinen Wissenschaftsforschung inzwischen erbrachten Nachweis für die Relativität und Historizität der mit diesen Setzungen unterstellten Kriterien des Wissenschaftsprozesses.“[10] Keinem Marxisten ist das je eingefallen. Natürlich halten wir es mit der zweiten Feuerbachthese von Marx, derzufolge die Frage, ob dem menschlichen Denken gegenständliche Wahrheit zukomme, keine Frage der Theorie, sondern eine *praktische* Frage ist. Und natürlich gehen wir mit Lenin davon aus, „daß der Mensch durch seine *Praxis* die objektive Richtigkeit seiner Ideen, Begriffe, Kenntnisse, seiner Wissenschaft beweist.“[11] Das Kriterium der Praxis ist „bestimmt genug, um gegen alle Spielarten des Idealismus und Agnostizismus einen unerbittlichen Kampf zu führen“, wie Lenin betonte.[12] Er vermerkte aber zugleich, daß das Kriterium der Praxis dem Wesen nach natürlich „niemals irgendeine menschliche Vorstellung *vollständig* bestätigen oder widerlegen kann. Auch dieses Kriterium ist ‚unbestimmt‘ genug, um die Verwandlung der menschlichen Kenntnisse in ein ‚Absolutum‘ zu verhindern“.[13] Die Erkenntnis, konstatierte Lenin anläßlich seiner Analyse von Hegels „Logik“, „ist die ewige, unendliche Annäherung des Denkens an das Objekt. Die *Widerspiegelung* der Natur im menschlichen Denken ist nicht ‚tot‘, nicht ‚abstrakt‘, *nicht ohne Bewegung*, nicht ohne Widersprüche, sondern im ewigen Prozeß der Bewegung, des Entstehens der Widersprüche und ihrer Lösung aufzufassen.“[14] Die Dialektik schließt deshalb immer ein Moment des Relativismus ein, reduziert sich aber nicht auf den Relativismus.[15]

Das gilt auch für die Kriterien des historischen Entwicklungsprozesses der Wissenschaft. Die neuere marxistisch-leninistische Wissenschaftsforschung hat den Gedanken der historischen „Evolution der Evolutionskriterien der Wissenschaft“ in den letzten Jahren mehrfach entwickelt und begründet; sie tut das auch in dem vorliegenden Band. Diese „Relativität und Historizität der . . . Kriterien des Wissenschaftsprozesses“ widerspricht aber weder der Idee der Gesetzmäßigkeit des Entwicklungsprozesses der Wissenschaft noch der Idee des Fortschritts in der kognitiven und praktischen Leistungsfähigkeit der Wissenschaft im Verlauf ihrer historischen Entwicklung. Worauf es ankommt, ist gerade, die gesetzmäßigen Tendenzen dieser historischen Veränderlichkeit der Kriterien des Wissenschaftsprozesses und die sie determinierenden Bedingungen aufzuzeigen.

9 Ebenda, S. 34.
10 Ebenda, S. 28.
11 W. I. Lenin, Philosophische Hefte, in: LW, Bd. 38, S. 181.
12 W. I. Lenin, Materialismus und Empiriokritizismus, in: LW, Bd. 14, S. 132.
13 Ebenda.
14 W. I. Lenin, Philosophische Hefte, in: LW, Bd. 38, S. 185.
15 Vgl. W. I. Lenin, Materialismus und Empiriokritizismus, in: LW, Bd. 14, S. 132.

Wir halten also nach wie vor an den Grundprinzipien der marxistisch-leninistischen Theorie fest. Auf *dieser* Grundlage und in *diesem* Rahmen entwickeln und prüfen wir mögliche Ansätze für eine theoretische Erfassung und für die theoretisch fundierte praktische Gestaltung der Wissenschaftsentwicklung. Eben diesem Anliegen ist der vorliegende Band gewidmet. Er ist mehr als die Summe seiner Beiträge, denn aus dem Ganzen wird etwas sichtbar, was aus keinem der Beiträge hervorgeht, wenn sie für sich genommen werden.

Das ist zum einen die *Komplexität* des Gesamtphänomens Wissenschaft, die auch durch die Vielfalt der hier vorgestellten Sichtweisen bei weitem nicht vollständig widergespiegelt wird. Über diese Komplexität gibt es keinen Zweifel; viel ist über sie schon geschrieben worden,[16] und nicht ihre Hervorkehrung ist das Neue und Bemerkenswerte dieses Bandes. Sie ist ja gerade das *Problem*, vor das sich das Desiderat „Theorie der Wissenschaftsentwicklung" gestellt sieht. Jede Theorie aber — das liegt in ihrer Natur — muß Komplexität reduzieren, muß in ihrem Gegenstand dessen wesentliche Seiten, Zusammenhänge, Vermittlungen aufdecken, muß zur Erkenntnis der Gesetzmäßigkeiten der Struktur und Entwicklung ihres Gegenstandes vordringen. Das Gesetz ist immer ärmer als die Erscheinung, die es widerspiegelt; es ist „die Widerspiegelung des Wesentlichen" „das ruhige Abbild der Erscheinungen" und insofern „eng, unvollständig, annähernd". Als „wesentliche Erscheinung" aber ist es „*eine* der Stufen der Erkenntnis der *Einheit* und des *Zusammenhangs*, der wechselseitigen Abhängigkeit und der Totalität des Weltprozesses durch den Menschen."[17] Bei dieser Reduktion von Komplexität, die in der Theorie vorgenommen wird, konzentriert sich das wissenschaftliche Denken auf *eine* der Seiten seines komplexen Gegenstandes, im Falle von Wissenschaft etwa auf Wissenschaft als Produktivkraft oder als kognitives System von Aussagen und Theorien usw., auf objektive oder subjektive Bedingungen wissenschaftlichen Schöpfertums, auf externe oder interne Determinanten des Wissenschaftsprozesses, auf Funktionalität oder Historizität von Wissenschaft usw.

So entsteht das *Problem der Vermittlung* der verschiedenen Sichtweisen in einer übergreifenden Theorie. Neben dem Demarkations-(Abgrenzungs-)Problem („Was ist Wissenschaft?") gehört es zu den Grundlagenproblemen einer Theorie der Wissenschaftsentwicklung. Die Ergebnisse der wissenschaftstheoretischen Forschung der letzten Jahre — auch die der DDR, wie sie sich in diesem Band, aber durchaus nicht nur hier, dokumentieren — berechtigen m. E. zu dem Schluß, daß das Vermittlungsproblem als eine Menge von Einzelproblemen

16 Bernal glaubte angesichts dieser Komplexität der Wissenschaft sogar, „daß jeder Versuch einer Definition — und es hat deren viele gegeben — immer nur einen, und dabei oft sogar nur einen weniger wichtigen ihrer Aspekte, die sie im Verlauf ihrer Entwicklung hatte, mehr oder weniger adäquat zum Ausdruck bringen kann" (J. D. Bernal, Die Wissenschaft in der Geschichte, Berlin 1967, S. 4).

17 W. I. Lenin, Philosophische Hefte, in: LW, Bd. 38, S. 141—142.

existiert, die unterschiedlich geartet sind und demzufolge auch unterschiedliche Lösungen erwarten lassen.

S. R. Mikulinskij hat vor Jahren gezeigt, daß die Externalismus-Internalismus-Kontroverse, wie sie in der bürgerlichen Wissenschaftsforschung geführt wird, im Rahmen eines marxistisch-leninistischen Herangehens an die Wissenschaft und ihre Entwicklung eine Scheinkontroverse ist,[18] denn beide gegensätzlichen Herangehensweisen lassen sich durch Berücksichtigung der Wechselwirkung externer und interner Faktoren der Wissenschaftsentwicklung durchaus vermitteln. Eine der Vermittlungsinstanzen, welche „die komplizierte, mehrstufige, vermittelte Wechselwirkung von materieller und geistiger Sphäre"[19] gewährleistet, ist dabei sicher die Wissenschaftlerpersönlichkeit. Der Beitrag von J. Tripoczky in diesem Band demonstriert das am Beispiel der Entstehung und Entwicklung der Molekularbiologie und der an diesem Prozeß in den 30er und 40er Jahren beteiligten Wissenschaftler. Das Externalismus-Internalismus-Problem ist also keine unauflösbare Dichotomie; hierin gleicht es dem Problem der Funktionalität und Historizität der Wissenschaft, von dem H. Laitko in seinem Beitrag zeigt, daß beide Merkmale des historischen Prozesses der Wissenschaftsentwicklung sich im Rahmen eines marxistisch-leninistischen Herangehens auf eine nicht-triviale Art als korreliert erweisen und sozialistische Wissenschaftspolitik sie überdies auch praktisch in positiver Weise zu korrelieren vermag. Der gesellschaftliche Reproduktionsprozeß erscheint hier als die objektive Vermittlungsinstanz beider Aspekte, die Wissenschaftspolitik als die subjektiv-operative.

Auch K.-D. Wüstnecks Beitrag kann in diesem Zusammenhang gesehen werden. Die gesellschaftlichen Funktionen der Wissenschaft wurden bisher nach den Bereichen des gesellschaftlichen Lebens unterschieden, in denen Wissenschaft wirksam wird: als Produktivkraft, Herrschaftskraft, als Instrument zur Leitung und Planung gesellschaftlicher Entwicklungsprozesse, als Humankraft, Kulturkraft, soziale Kraft usw. Diese Sichtweise ist und bleibt legitim, solange die unterschiedlichen Wirkungs- und Funktionsweisen wissenschaftlicher Erkenntnisse in den real unterschiedlichen gesellschaftlichen Lebensbereichen und die unterschiedlichen Ziel- und Zwecksetzungen, unter denen Wissenschaft im Leben der Gesellschaft angewendet wird, betrachtet werden. Aber natürlich kann sich eine Theorie der Wissenschaftsentwicklung nicht auf diese „Kräftetheorie" reduzieren. Wüstnecks Verdienst besteht in diesem Zusammenhang darin, eine andere mögliche Sichtweise auf das Problem der gesellschaftlichen Funktionen wissenschaftlicher Erkenntnisse zu eröffnen. Wissenschaftliche Erkenntnisse üben über das Bewußtsein menschlicher Individuen (oder auch Gruppen von Individuen oder gesellschaftliche Klassen) eine die Tätigkeit dieser Individuen, Gruppen oder Klassen regulierende Funktion aus. Der Autor sieht hierin *die* gesellschaftliche

18 Vgl. S. R. Mikulinskij, Scheinkontroversen und reale Probleme einer Theorie der Wissenschaftsentwicklung, in: Sowjetwissenschaft, Gesellschaftswissenschaftliche Beiträge, 7/1978.
19 Ebenda, S. 759.

Funktion wissenschaftlicher Erkenntnisse, die er deshalb die Tätigkeitsfunktion wissenschaftlicher Erkenntnisse nennt. Sie läßt sich in die Motivierungs-, Zielbildungs-, Projektierungs-, Programmierungs-, Wertbildungs- und Erkenntnisfunktion wissenschaftlicher Erkenntnisse aufgliedern, die nun ihrerseits mit den jeweiligen gesellschaftlichen Bereichen, in denen Wissenschaft in einer oder mehrerer dieser Funktionen wirksam wird, korreliert werden können und in der Realität tatsächlich korreliert sind. Diese Sichtweise ist komplementär zur erstgenannten, steht ihr aber nicht unvermittelt gegenüber. Der Autor ist geneigt, die gesellschaftliche Tätigkeit als die Vermittlungsinstanz beider anzusehen; seine Sichtweise ordnet sich deshalb in eine „Tätigkeitskonzeption" der Wissenschaft ein.

Das Vermittlungsproblem stellt sich in der Tat in der Regel — vielleicht sogar generell — als *Komplementaritätsproblem* dar, als Problem sich widersprechender, zugleich aber einander ergänzender und sich bedingender Gegensätze. Das ist das eigentliche Mehr aus der Summe der hier vereinigten Beiträge, zu dessen Einsicht erst der Band als Ganzes führt. Diese Einsicht verdient hervorgehoben zu werden, weil sie theoretisch und praktisch von außerordentlicher Bedeutung ist. Allerdings bedarf es dazu, um Mißverständnisse auszuschließen, einiger Erläuterungen. Der Gedanke könnte naheliegen, es handele sich um eine Komplementarität im Sinne des Bohrschen Komplementaritätsprinzips in der Quantenmechanik. In der Tat hat M. Born sich in den 40er Jahren genau in diesem Sinne geäußert. In einem Brief an M. Polanyi vom 14. 6. 1944 schrieb er, er habe 1941 auf einer Konferenz dargelegt, daß der Aspekt der sozialen Funktionen der Wissenschaft und der Aspekt der „reinen" Wissenschaft zutiefst gegensätzlich seien, „aber komplementär, etwa so wie die Teilchen- und Welle-Aspekte in der Quantenmechanik."[20] Das Komplementaritätsproblem, mit dem wir es in der Wissenschaftsforschung zu tun haben, erinnert aber nur äußerlich an das Komplementaritätsproblem der Quantenmechanik; beide unterscheiden sich in wesentlichen Punkten voneinander, die vor allem mit der sozialen Spezifik der Wissenschaft zusammenhängen.

Das von N. Bohr 1928 gefundene Komplementaritätsprinzip besagt bekanntlich, daß Elementarteilchen sowohl Korpuskel- als auch Wellenaspekte aufweisen, daß beide Aspekte sich aber gegenseitig ausschließen, so daß — in Abhängigkeit von den Bedingungen des Experiments — ein Elementarteilchen immer nur entweder mit Korpuskeleigenschaften oder mit Welleneigenschaften in Erschei-

20 Zitiert bei: W. McGucken, On Freedom and Planning in Science: The Society for Freedom in Science 1940—1946, in: Minerva, 1/1978, S. 63. — Den Hintergrund dieser Äußerung Borns bildete die bekannte wissenschaftspolitische Kontroverse der 40er Jahre zwischen der „Social Relation of Science"-Bewegung (Bernal u. a.) und der „Society for Freedom in Science" (Polanyi u. a.). Vgl. dazu auch: H. Poldrack, Historische Hintergründe der „Wende" in der bürgerlichen Wissenschaftsforschung, in: Thematische Information Philosophie, 1/II/1983.

nung treten kann (Korpuskel-Welle-Dualismus). Die Komplementarität von Merkmalen bzw. Funktionen der Wissenschaft ist aber von anderer Art. Ohne Zweifel haben — um bei dem Bornschen Beispiel zu bleiben — „reine" und angewandte Forschung gegensätzliche Aspekte. Beide sind aber zugleich — langfristig gesehen — ohne wechselseitigen Bezug nicht lebensfähig. Im realen Schaffensprozeß des einzelnen Wissenschaftlers oder eines Wissenschaftlerkollektivs lassen sich beide Forschungsarten in der Regel nur schwer voneinander abheben oder gar trennen. Und je größer wir den Maßstab wählen, d. h. je mehr wir vom einzelnen Forscher über ein Kollektiv, eine Einrichtung, ein Territorium zum Maßstab des Wissenschaftssystems eines ganzen Landes oder gar der Weltwissenschaft übergehen, desto mehr erweisen sich *beide* Aspekte als unverzichtbar für die Entwicklung der Wissenschaft.

Eine nationale Wissenschaftspolitik kann nicht umhin, die Wissenschaft im nationalen Maßstab in der Einheit von Grundlagen- und angewandter Forschung zu fördern und zu entwickeln. Würde sie nur oder auch nur vorwiegend auf Grundlagenforschung orientieren, ohne zugleich auf technische und ökonomische Verwertung ihrer Resultate in der angewandten Forschung und durch Überführung von deren Resultaten in die Produktion zu drängen, wäre — langfristig gesehen — technologischer und ökonomischer Rückstand zwangsläufig die Folge. Würde sie nur auf angewandte Forschung orientieren, auf Übernahme und Nutzung bereits vorhandener wissenschaftlicher Erkenntnisse, auf deren Umsetzung in ökonomische Effektivität, ohne zugleich auf eigene Weiterentwicklung der Grundlagenforschung, auf die eigenständige Erzeugung fundamentaler neuer wissenschaftlicher Erkenntnisse bedacht zu sein, verlöre sie — langfristig gesehen — schließlich die Fähigkeit, das neueste Grundlagenwissen anderer Nationen umfassend zu nutzen. Je konsequenter die Wissenschaftspolitik bestrebt ist, Grundlagen- und angewandte Forschung in ausgewogenen Proportionen zu fordern und zu fördern, und je bewußter der einzelne Forscher oder das einzelne Kollektiv in seiner realen Tätigkeit beide Aspekte im Auge hat und verfolgt, desto mehr wird die reale wissenschaftliche Tätigkeit dem Charakter, der Stellung und der Funktion der Wissenschaft in der Gesellschaft gerecht. Beide Aspekte sind deshalb komplementär in dem Sinne, daß sie zwar — für sich genommen — Gegensätze sind, sich vom Begriff her, nicht aber in der Realität, ausschließen, wo sie nicht nur vermittelt auftreten, sondern bewußt vermittelt werden können und müssen. Übrigens hat das auch M. Born gesehen, der in dem erwähnten Brief seine Vorliebe für „die Freiheit des Denkens und der Forschung" bekundet, zugleich aber akzeptiert, daß die Gesellschaft, welche die Fonds für die Wissenschaft bereitstellt, auch das Recht hat, deren Einsatz zu kontrollieren oder ihn zumindest beratend zu beeinflussen.

Damit kommt auf der wissenschaftspolitischen Ebene — neben den gesellschaftlichen Bedürfnissen und den immanenten Bedürfnissen der Wissenschaftsentwicklung — ein weiteres Moment ins Spiel: das der verfügbaren Mittel für Forschung. Diese hängen letztlich von den volkswirtschaftlichen Reproduktionsbedingungen und den Ergebnissen des gesellschaftlichen Reproduktionsprozesses ab. Die Wissenschaftspolitik muß deshalb folgerichtig darauf orientieren, die Ziele und Aufgaben für die Forschung *sowohl* aus den grundlegenden gesellschaftlichen Bedürfnissen, *als auch* aus den gegebenen volkswirtschaftlichen Reproduktionsbedingungen, *als auch* aus dem jeweiligen Entwicklungsstand der Wissenschaft selbst abzuleiten.[21] Das ist schon nicht mehr eine nur zweikomponentige Komplementarität, sondern eine dreikomponentige, was das Problem sogleich um vieles verschärft. (Man wird an die Schwierigkeiten erinnert, die sich in der theoretischen Mechanik beim Übergang vom Zweikörperproblem zum Dreikörperproblem ergeben!) Dieses Zusammentreffen von mehr als nur zwei gegensätzlichen Aspekten, die einander bedingen und sich gegenseitig ergänzen, *und* die Notwendigkeit, sie bewußt und planmäßig in ihrer Einheit praktisch meistern zu müssen, unterscheidet das Komplementaritätsproblem in der Wissenschaftsforschung und in der Wissenschaftspolitik wesentlich von dem Komplementaritätsproblem in der Quantenmechanik.

Ist die Situation, in der sich Wissenschaftsforschung und Wissenschaftspolitik befinden, dann vielleicht eher im Sinne der Heisenbergschen Unschärferelation zu verstehen? Diese besagt bekanntlich, daß im Bereich der Quantenphysik die Messung von Größen, deren Produkt die physikalische Dimension einer Wirkung hat, immer nur so möglich ist, daß eine größere Meßgenauigkeit der einen nur durch eine größere Unschärfe der anderen erreicht werden kann; z. B. ist $\Delta E \cdot \Delta t \geqq h$ oder $\Delta p \cdot \Delta q \geqq h$, wobei E Energie, t Zeit, p Impuls, q Strecke und h das Plancksche Wirkungsquantum bedeuten. Haben wir im Mikrobereich der Wissenschaft, also etwa auf der Ebene des einzelnen Wissenschaftlers und seines kreativen Schaffensprozesses, vielleicht eine ähnliche Situation? Je schärfer die Aufmerksamkeit des einzelnen Forschers auf Grundlagenprobleme seines Fachs fokusiert ist, desto weniger scharf stehen Probleme der Anwendung in seinem Blick; je schärfer er die Bedürfnisse der theoretischen Erkenntnisentwicklung auf seinem Gebiet fokusiert, desto weniger scharf hat er gesellschaftliche, technologische oder ökonomische Probleme im Blick. Und umgekehrt. Oder: Betrachten wir nur Faktoren, deren Zusammentreffen neue Erkenntnis zeitigt (um im quantenphysikalischen Bild zu bleiben: deren Produkt die erkenntnistheoretische Dimension einer neuen Erkenntnis ist), also z. B. bereits vorhandene kognitive Strukturen, Resonanzfähigkeit dieser Strukturen und äußere Einwirkungen, die zur Auflösung alter und zur Ausbildung neuer kognitiver Strukturen führen. Je stärker wir uns bei der Aufklärung der Mechanismen wissenschaftlichen Schöpfertums auf die kognitiven Faktoren selbst konzentrieren, um so mehr entgehen unserer Aufmerksamkeit die sozialen Bedingungen, die für die reale Entfaltung kreativer Fähigkeiten nicht unwesentlich sind. Je ausschließlicher wir uns hingegen auf die externen Faktoren und Bedingungen wissenschaftlichen Schöpfertums konzentrieren, um so mehr be-

21 Vgl. Programm der SED, Berlin 1976, S. 243.

geben wir uns in die Gefahr, auf externalistische Positionen abzugleiten. Aber auch diese Analogie zur Quantenphysik trifft letztlich nicht den Kern der Problematik der Wissenschaftsforschung und Wissenschaftspolitik. Die komplementären Aspekte werden hier nicht — wie im Falle der Heisenbergschen Unschärferelation — durch eine Konstante vermittelt. Ihre Vermittlungsinstanz sind lebende Subjekte, Kollektive, Tätigkeiten, gesellschaftliche Prozesse, die selbst nicht unveränderlich sind, in denen Objektives und Subjektives, Notwendiges und Zufälliges zusammenkommen, die sich selbst entwickeln und damit auch ständig neue Vermittlungskriterien und -ansprüche hervorbringen.

Wenn wir also von einem Komplementaritätsproblem in der Wissenschaftsforschung und Wissenschaftspolitik sprechen, dann nicht im Sinne des Komplementaritätsprinzips oder der Heisenbergschen Unschärferelation in der Quantenphysik. Diese sind ja selbst nur Ausdruck und Widerspiegelung des dialektischen Charakters der objektiven Realität. Worum es in der Wissenschaftsforschung geht, sind eben solche dialektisch-widersprüchlichen Beziehungen zwischen internen und externen Faktoren der Wissenschaftsentwicklung, zwischen „reiner" und angewandter Forschung, zwischen gesellschaftlichen Bedürfnissen und solchen der Wissenschaftsentwicklung selbst, zwischen Wissenschaft als kognitivem System, als gesellschaftlicher Tätigkeit und sozialer Institution, zwischen Erkenntnistätigkeit und Erkenntnisresultat, zwischen Entwicklung und Anwendung der Wissenschaft usw. Strenggenommen spezifiziert sich das Komplementaritätsproblem in der Wissenschaftsforschung deshalb in Gestalt vieler dialektisch-widersprüchlicher Beziehungen zwischen den verschiedenen Aspekten, Seiten, Merkmalen der Wissenschaft, deren jeweilige Vermittlung zudem vermutlich auf unterschiedlichen Ebenen des gesellschaftlichen Prozesses (auf der Ebene der Wissenschaftlerpersönlichkeit ebenso wie auf der Tätigkeits- oder der institutionellen oder der Ebene des gesamtgesellschaftlichen Reproduktions- und Entwicklungsprozesses) zu suchen ist. Der einzige methodologische Leitfaden und Wegweiser bei der Bewältigung dieses Problems — der theoretischen Analyse und praktischen Gestaltung der Mechanismen und Triebkräfte der Wissenschaftsentwicklung — kann daher nur die materialistische Dialektik sein. Komplementarität in der Wissenschaftsforschung und Wissenschaftspolitik ist dialektische Komplementarität der verschiedenen Mechanismen und unterschiedlichen Triebkräfte der Wissenschaftsentwicklung, die sich nicht auf quantenphysikalische Komplementarität reduziert, sondern ihre unverkennbare gesellschaftliche Spezifik hat.

Wissenschafts*theoretisch* aber bedeutet diese Komplementarität, daß unterschiedliche Ansätze zur Aufdeckung und Beschreibung von Mechanismen und Triebkräften der Wissenschaftsentwicklung möglich sind, die trotz ihrer unterschiedlichen, ja bisweilen sogar gegensätzlichen Vorgehensweisen letztlich einander ergänzen und erst in ihrer Einheit das theoretische Abbild der realen Wissenschaft und ihrer Entwicklung sukzessive ausfüllen. Das komplexe gesellschaftliche Phänomen Wissenschaft wird gleichsam unter verschiedenen Winkeln von Projektoren durchleuchtet, die unterschiedliche Standorte haben und auch unterschiedliche Strahlungsintensitäten. Jede Projektion liefert andere Einsichten; deren Kombination ist wünschenswert und notwendig, bleibt aber so lange partiell, wie das ganze Phänomen nicht voll ausgeleuchtet ist. In diesem Sinne beansprucht der vorliegende Band nicht, bereits die Grundlagen einer einheitlichen, allgemeinen und komplexen Theorie der Wissenschaftsentwicklung vorzulegen, wohl aber dialektisch-komplementäre Studien zu Bedingungen, Mechanismen und Triebkräften der Wissenschaftsentwicklung, die eine notwendige Voraussetzung für den Aufbau einer solchen Theorie sind.

II.

Die im ersten Kapitel präsentierten Studien sollen an drei verschiedenen historischen Epochen die unterschiedliche Vielfalt an Bedingungen und Prozessen deutlich machen, die in jeweils unterschiedlicher Weise das komplizierte Beziehungsgeflecht zwischen kognitiven und sozialen Faktoren in der Geschichte der Wissenschaft belegen.

Dietrich Ehlers versucht zu zeigen, wie es zu der für die Entwicklung des wissenschaftlichen Denkens so bedeutsamen geistigen Revolution der Griechen kommen konnte; er geht den Bedingungen nach, die Wissenschaft in jener Zeit zwischen dem 7. und 4. Jahrhundert v. u. Z. ermöglichten, förderten oder hemmten. In knappen, aber deutlichen Strichen zeichnet er nach, wie revolutionäre Veränderungen in den Produktionsverhältnissen der griechischen Gesellschaft einen neuen Persönlichkeitstyp hervorbrachten, den freien Poleisbürger, der für die Entfaltung seiner intellektuellen Fähigkeiten auf überaus günstige gesellschaftliche Bedingungen traf, wie Wissenschaftlichkeit als historisches Produkt der bestimmten Poleis eigenen gesellschaftlichen Praxis erscheint, wie Arbeit im allgemeinen und Arbeitsteilung im besonderen Wissenschaft historisch ermöglicht haben. Der Grundgedanke dieses Beitrags ist, daß letztlich die Möglichkeit von Wissenschaft sowohl durch die materiell-produktive Arbeit primär produziert als auch von der Gesellschaft ständig reproduziert werden muß, so daß, je nach dem, wie diese Reproduktion erfolgt, wir neben Fortschritten auch Stagnation, Verfall und Rückschritt finden. Laitko vermerkt in seinem Beitrag sicher zu Recht, daß bis heute nicht vollständig geklärt ist, wie dieser Sprung im wirklichen Geschichtsprozeß erfolgen konnte, daß hier „das tiefste Erklärungsproblem der wissenschaftshistorischen Forschung und eines der schwierigsten Probleme der Kulturgeschichte überhaupt“ vorliegt. Ehlers Aufsatz versteht sich denn auch als ein weiterer bescheidener Beitrag in der Reihe vieler noch zu leistender Forschungen, um das in Rede stehende Phänomen zu erklären.

Geht es bei Ehlers um die historisch primäre Ausdifferenzierung von Wissenschaft, so setzt *Jochen Tripoczky* auf dem Entwicklungsniveau der Naturwissenschaft im ersten Drittel des 20. Jahrhunderts ein und geht der theoretischen

Fragestellung nach den Bedingungen für die Herausbildung einer neuen Forschungsrichtung nach. Als Kernstück eines solchen Prozesses wird am Beispiel der Entstehung der Molekularbiologie die Entdeckung eines neuen Forschungsobjektes erkannt, und es wird mit großer Detailtreue die Wechselwirkung sozialer und individueller, materieller und ideeller, objektiver und subjektiver Bedingungen untersucht, die diese Entdeckung ermöglicht haben. Die Wissenschaftlerpersönlichkeit — hier vor allem die von Max Delbrück, aber auch der anderen in der sogenannten Phagengruppe kooperierenden Wissenschaftler verschiedener Fachgebiete — wird als die entscheidende Vermittlungsinstanz erkannt, über die sich sowohl neue Subjekt-Mittel-Objekt-Relationen als auch neue Subjekt-Subjekt-Relationen ausbilden, deren dialektisch-widersprüchliches Zusammenspiel jeglichen Dualismus externer und interner, sozialer und kognitiver „Faktoren" gegenstandslos werden läßt. Diese Studie ist deshalb mehr als eine Fallstudie. Ihre methodische Anlage ist wegweisend für die Erforschung von Bedingungen für die Herausbildung und Entwicklung neuer Forschungsgebiete und -richtungen in der Geschichte und in der Gegenwart der Wissenschaftsentwicklung.

Die dritte Studie versucht am Beispiel der Entwicklungsländer Allgemeines und Besonderes im Verhältnis von Wissenschafts- und Technikentwicklung einerseits und gesellschaftlichem Reproduktionsprozeß andererseits zu identifizieren. *Dirk Pilari* und *Dietrich Wahl* greifen damit eine Problematik auf, die sowohl wissenschaftstheoretisch als auch wissenschaftspolitisch von hoher Relevanz ist. Wissenschaftstheoretisch, weil die Untersuchung der „nichtklassischen" Situation, in der sich Wissenschaft und Technik in diesen Ländern entwickeln, zum einen die heuristische Fruchtbarkeit marxistisch-leninistischen Vorgehens bei der Erforschung der Entwicklung von Wissenschaft und Technik erweist, und zum anderen eine solche Analyse Aufschluß über neuartige, den konkreten sozialhistorischen Bedingungen dieser Länder geschuldete Wechselbeziehungen zwischen Wissenschaft, Technik, Bildung, Kultur und Gesellschaft sowie zwischen Nationalem und Internationalem in der Wissenschafts- und Technikentwicklung zu geben vermag. Wissenschaftspolitisch, weil sich aus einer solchen Untersuchung Konsequenzen sowohl für Entscheidungen auf nationaler Ebene als auch für die Gestaltung der internationalen Zusammenarbeit ergeben. Am deutlichsten wird die wissenschaftstheoretische und wissenschaftspolitische Relevanz der von den Autoren vorgestellten Konzeption wohl dort, wo die Autoren die wissenschaftlich-technische Leistungsfähigkeit eines Landes als Resultat der Wechselwirkung zwischen „Aufbaufähigkeit" entsprechender Potentiale und „Aufnahmefähigkeit" des gesellschaftlichen Reproduktionsprozesses für Ergebnisse von Wissenschaft und Technik definieren. Diese Feststellung korrespondiert — überträgt man sie auf die kognitive Ebene — mit der These Kröbers von der Notwendigkeit der Resonanz- oder Interferenzfähigkeit, über die vorhandene kognitive Strukturen verfügen müssen, um die Ausbildung neuer kognitiver Strukturen und damit Wissenschaftsfortschritt zu ermöglichen.

Dieses Thema leitet zum Problem der Mechanismen der Wissenschaftsentwicklung über, dem die vier Studien des zweiten Kapitels gewidmet sind.

Hans-Peter Krüger trägt einen in unserer Literatur neuartigen kommunikationstheoretischen Ansatz zur Beschreibung und Erklärung der Wissenschaftsentwicklung vor. Wissenschaft wird verstanden als metasprachlicher Zusammenschluß von Kommunikation und Kognition. Damit wird es möglich, die Einseitigkeiten von Soziologismus und Kognitivismus in der Wissenschaftstheorie zu überwinden, indem von vornherein die Subjekt-Mittel-Objekt-Relation (Kognition) als mit der Subjekt-Subjekt-Relation (Kommunikation) in Zusammenhang stehend gedacht wird. Kommunikation koordiniert — im Verständnis des Autors — die Reproduktion von Kooperation, was die Kognition einschließt. Dieser Kommunikationsbegriff, der als Ausgangsbestimmung eines Reproduktionskonzepts der Wissenschaft betrachtet wird, dürfte dank seiner erkenntnistheoretischen Spezifizierung besser geeignet sein, Produktion und Reproduktion von Wissenschaft als kognitives und kooperatives Phänomen zu verstehen, als dies im Rahmen eines nur ökonomischen oder gar kapitalökonomischen Reproduktionskonzepts möglich ist. Krügers theoretisches Konzept läßt den Dualismus von Externalismus und Internalismus, Historismus und Universalismus, Kognitivismus und Soziologismus zuverlässig hinter sich. Im einzelnen wird das auf den vom Autor unterschiedenen drei Kommunikationsebenen der Wissenschaftsentwicklung deutlich: 1. der Ebene „gruppenspezifischer Lebensweisen", auf der „kommunikative Tätigkeiten" zur Entstehung und Entwicklung rationaler Kompetenzen von Persönlichkeiten führen, 2. der Ebene „kommunikativer (einschließlich metasprachlicher) Praktiken" und 3. der Ebene „gesellschaftlicher Kommunikationsweisen", in der Produktionsweise, Gesellschaftsformation und Lebensweise vermittelt werden. Während die Einführung der ersten Ebene den Gegensatz zwischen Externalismus und Internalismus auf der mikrostrukturellen Ebene der Wissenschaft zu überwinden gestattet, werden auf der Ebene der „kommunikativen Praktiken" die besonderen (epochenhistorischen und funktionsspezifischen) Lösungsformen des Gegensatzes zwischen „externen" und „internen" Determinanten der Wissenschaftsentwicklung aufgedeckt, während die Einführung der dritten Ebene diesen Gegensatz auf der makrostrukturellen Ebene zu lösen gestattet. Krügers Ansatz weist zugleich die Grenzen des Tätigkeitskonzepts bzw. des Konzepts der Wissenschaft als „allgemeiner Arbeit" auf, indem es dieses als auf die Naturwissenschaften im Kontext der industriellen Revolution bezogen erkennt. Seinerseits bleibt das Konzept noch die Antwort schuldig, wie es Wissenschaft nicht nur als kognitives System und als System kooperativ-kommunikativer Tätigkeiten oder „Praktiken", sondern auch in ihrer Dimension als soziale Institution und damit in ihrer Potentialentwicklung zu erfassen gedenkt. Auch sind die wissenschaftspolitischen Konsequenzen dieses Konzepts noch nicht ausformuliert. Die Prognose, daß die sich heute abzeichnende Kombination von Informations- und Kommunikationstechnologien einerseits und Produktions- und Konsumtionstechnologien andererseits in den sogenannten

„Hochtechnologien" gravierende Auswirkungen auf den Prozeß der Wissenschaftsentwicklung haben werde, verdient jedoch Beachtung und weitere Ausarbeitung.

Lothar Läskers Reproduktionskonzept stimmt mit dem Krügerschen darin überein, daß Wissenschaft als geistige Produktion in der Einheit von Kognition und Kommunikation zu fassen ist, verweist aber zugleich darauf, daß Entwicklung der Wissenschaft nur in der Einheit mit ihrer *Anwendung* verstanden werden kann. Beide Ansätze erscheinen komplementär zueinander und durchdringen sich zum Teil. Das Läskersche „Arbeitswissen", verstanden als kognitive Strukturen, die sich in ihrer relativ isolierten gesellschaftlichen Reproduktion erhalten, dürfte auf der Krügerschen Ebene der „kommunikativen Tätigkeiten" angesiedelt sein, während *wissenschaftliches* Wissen erst auf den Ebenen der „kommunikativen Praktiken" und der „gesellschaftlichen Kommunikationsweise" erscheint. Läsker spannt sein Konzept jedoch sofort weiter, indem er die durch Welthandel und Weltwirtschaft ermöglichte weltweite Kommunikation explizit einbezieht, wodurch gezeigt werden kann, wie „Wissenschaft als Produkt der allgemeinen geschichtlichen Entwicklung in ihrer abstrakten Quintessenz" (Marx) möglich wird. Die Bedeutung der kapitalistischen Produktionsweise für die Entwicklung der Wissenschaft besteht — so gesehen — darin, daß a) erst durch sie Wissenschaft im eben bezeichneten Sinne möglich wird, b) daß sie mit der großen Industrie entscheidende Voraussetzungen für die Entwicklung und Anwendung der Naturwissenschaft schafft, da jetzt Innovationen zunehmend von Entdeckungen und Erfindungen ausgehen, die in eigens dafür geschaffenen Institutionen erarbeitet werden, die ihrerseits c) spezifische Erfordernisse der Ausbildung von Wissenschaftlern hervorbringen. Läskers Konzept ist zielstrebiger auf die Beantwortung wissenschaftspolitischer Probleme ausgerichtet als das Krügersche in seiner hier vorgelegten Fassung. Es verweist z. B. die Dichotomie, ob Forschungsziele aus gesellschaftlichen *oder* wissenschaftsimmanenten Bedürfnissen abzuleiten sind, in den Rahmen einer unfruchtbaren Externalismus-Internalismus-Debatte. Dagegen wird die These vertreten, daß die technisch-ökonomischen Möglichkeiten der Forschung und damit auch ihre Zielstellungen eng mit der Leistungsfähigkeit der Produktionstechnik zusammenhängen, deren intensiv erweiterte Reproduktion ihrerseits erst durch die Anwendung der erwarteten Forschungsresultate möglich wird. Diesem dialektisch-widersprüchlichen Verhältnis zwischen Entwicklung und Anwendung der Wissenschaft Formen seiner produktiven Entfaltung zu schaffen, ist eines der Grundprobleme sozialistischer Wissenschaftspolitik. Läskers These korrespondiert mit Überlegungen in anderen Beiträgen dieses Bandes, etwa mit Kröbers Feststellung, daß Wissenschaft als kognitives System nicht zu Selbst- oder Eigenreproduktion außerhalb und unabhängig vom System materieller und wissenschaftlicher Arbeitsprozesse und dessen gesellschaftlicher Strukturen fähig ist. Auch Partheys Begriff der „Verfügbarkeit" an Wissen und neuer Forschungstechnik als Kennzeichen einer Forschungssituation oder Meskes Ausführungen zur Reproduktion von Wissenschaftspotentialen können in diesem Zusammenhang gesehen werden. Das sind zweifellos Anzeichen einer sich anbahnenden Synthese verschiedener Herangehensweisen an das Problem der Mechanismen und Triebkräfte der Wissenschaftsentwicklung, denen wir gebührende Beachtung schenken sollten. Das gilt auch für die These, daß das Maß der Anwendung wissenschaftlicher Erkenntnisse in der Produktion vom Entwicklungsstand der Produktion und damit von ihrer „Aufnahmebereitschaft" abhängt. Bei G. Kröber steht hier der Begriff des „produktiven Bedürfnisses"[22] und die Vorstellung von der „Resonanzfähigkeit" gesellschaftlicher Strukturen gegenüber kognitiven, bei Wahl und Pilari der Begriff der „Aufnahmefähigkeit" der Industrie in Entwicklungsländern für wissenschaftlich-technische Neuerungen.

Aus wieder einem anderen Blickwinkel erscheint das Problem der Mechanismen der Wissenschaftsentwicklung in *Günter Kröbers* Beitrag. Hier wird der Versuch gemacht, Wissenschaftsentwicklung als — im Ganzen gesehen — irreversiblen gesellschaftlichen Entwicklungsprozeß zu begreifen, für dessen Beschreibung sich der begriffliche Apparat der physikalischen Theorie der Selbstorganisation und Evolution anbietet. Die vorgestellte Analogie scheint heuristisch fruchtbar zu sein. Reinhard Mocek spricht in seinem Beitrag die Überzeugung aus, daß die Theorie der Selbstorganisation auch der Wissenschaftstheorie neue Horizonte eröffnet und bei der Bestimmung der Entwicklungseigenart von Wissenschaftssystemen weiterhelfen kann. Ich betrachte das als Ermutigung, in dieser Richtung weiterzudenken. Freilich ermangelt es dem Versuch in der vorliegenden Ausgestaltung noch der nötigen Präzision. Die Fragen, die er dadurch provoziert, sind allerdings gewollt, etwa die nach dem Verhältnis von Irreversibilität und Reversibilität im Wissenschaftsprozeß, oder, was denn eigentlich kognitive Strukturen sind und wie sie sich repräsentieren, was Resonanzen oder Interferenzen kognitiver Strukturen sein sollen, was es bedeutet, daß eine wissenschaftliche Theorie, eine Wissenschaftsdisziplin oder ein Wissenschaftlerkollektiv sich im Zustand des „Gleichgewichts" oder „weitab vom Gleichgewicht" befinden. Sie möchten als Aufforderung, auch als Einladung verstanden sein, die interdisziplinäre Zusammenarbeit bei der weiteren Ausformung der Grundlagen einer Theorie der Wissenschaftsentwicklung weiter zu intensivieren, dieses oder jenes Werk der neueren Wissenschaftsforschung verschiedenster Provenienz, etwa Kuhns „Struktur wissenschaftlicher Revolutionen", vielleicht aber auch die diesem Beitrag vorangestellten Kommunikations- und Reproduktionskonzepte, im Lichte des hier vorgetragenen Ansatzes *neu* zu lesen. Der Beitrag von *Werner Ebeling* und *Andrea Scharnhorst* mit dem Anhang von *Bruckner/Scharnhorst* mag eine erste Vorstellung davon vermitteln, wie die physikalische Theorie der Selbstorganisation und Evolution auch in ihrem mathematischen Teil auf spezielle

22 Vgl. G. Kröber, Produktive Bedürfnisse als Triebkräfte der Wissenschaftsentwicklung, Leipzig 1985, S. 1—6 (NTM. Schriften zur Geschichte der Naturwissenschaft, Technik und Medizin, 1/85).

Probleme der Wissenschaftsentwicklung — hier auf das Problem der Feldmobilität von Wissenschaftlern — angewendet werden kann.

Eine Theorie der Wissenschaftsentwicklung kann deren Mechanismen und Triebkräfte nicht unabhängig voneinander behandeln. Die Art und Weise, *wie* Wissenschaft sich entwickelt, hängt davon ab, wodurch der Prozeß überhaupt in Gang gesetzt wird; und umgekehrt: Als Triebkraft der Wissenschaftsentwicklung kann nur fungieren, was der Art und Weise, wie sie sich entwickelt, gerecht wird. Die Zuordnung der Beiträge von H.-P. Krüger, L. Läsker, G. Kröber und W. Ebeling/A. Scharnhorst zu einem Kapitel, das mit „Mechanismen der Wissenschaftsentwicklung" überschrieben ist, bedeutet deshalb nicht, daß in ihnen nicht zugleich auch das Problem der Triebkräfte diskutiert oder zumindest gesehen wird. Analoges gilt für die Beiträge des folgenden Kapitels, das mit „Triebkräfte der Wissenschaftsentwicklung" überschrieben ist, aber natürlich zugleich auch wichtige Mechanismen ihrer Entwicklung behandelt. Die Besonderheit der drei folgenden Beiträge besteht jedoch darin, daß sie auf je einen Prozeß im Gesamtgefüge der Wissenschaft aufmerksam machen, von dem Impulse zur Veränderung des Gesamtsystems ausgehen und die in diesem Sinne als Triebkräfte auftreten. In historisch-materialistischer Sicht sind die entscheidenden Triebkräfte des Fortschritts der Wissenschaft — generell gesagt — gesellschaftliche Bedürfnisse: technische, ökonomische, soziale, kulturelle, kognitive u. a. Dieser Punkt kann als von der marxistisch-leninistischen Wissenschaftsforschung grundsätzlich geklärt angesehen werden.[23] Wie aber *werden* sie zu Triebkräften, wie, wann, unter welchen Bedingungen sind sie imstande, Forschungsaktivitäten auszulösen, welche Mechanismen der Wissenschaftsentwicklung werden von ihnen in Gang gesetzt, wie treibt der Widerspruch zwischen gegebenem Erkenntnisniveau und dem, was zur Befriedigung gesellschaftlicher Bedürfnisse benötigt wird, die Wissenschaft voran, wie wird der Widerspruch, daß wissenschaftlich-technischer Fortschritt sowohl Ergebnis als auch Voraussetzung gesellschaftlichen Fortschritts ist, als Triebkraft sowohl des wissenschaftlich-technischen als auch des gesellschaftlichen Fortschritts wirksam? Fragen dieser Art erfordern noch größere Aufklärung über Prozesse, die sich im Wissenschaftssystem selbst abspielen. Drei solche Prozesse werden im dritten Kapitel untersucht: Wandlungen in den kooperativ-kommunikativen Beziehungen zwischen Wissenschaftlern, interdisziplinäre Forschungssituationen als Entwicklungsform der Wissenschaft und Besonderheiten der Reproduktion von Wissenschaftspotentialen. Alle drei Studien gehen der Frage nach, wie im wissenschaftlichen Arbeitsprozeß selbst die Voraussetzungen und Bedingungen seiner Reproduktion auf höherer Stufenleiter entstehen.

23 Vgl. z. B.: „Hat die Gesellschaft ein technisches Bedürfnis, so hilft das der Wissenschaft mehr voran als zehn Universitäten" (F. Engels). Wissenschaftstheoretisches Kolloquium des ITW am 3. 4. 1981, Berlin 1981 (AdW der DDR, ITW-Kolloquien, Heft 25).

Karlheinz Lüdtke fragt, wie und warum sich im Arbeitsprozeß die kooperativ-kommunikativen Beziehungen zwischen Wissenschaftlern so wandeln, daß die Genesis allgemeinen, theoretischen Wissens möglich wird. Seine Untersuchung läßt sich von der Analogie leiten, wie Marx den Formenwandel, den die kooperativen Prozesse zwischen Produzenten von der vormanufaktoriellen Periode über die Manufaktur bis zur Industrie durchgemacht haben, als Prozeß der Herausbildung „allgemeinen Produktionswissens" analysiert. Lüdtkes Beitrag kann und sollte im Zusammenhang mit Krügers Beitrag gelesen werden. In H.-P. Krügers Verständnis koordiniert Kommunikation die Reproduktion von Kooperation. Kognition ist hier eingeschlossen, wird vorausgesetzt, ohne als gegenständliche Erkenntnis hinterfragt zu werden. Genau hier aber setzt Lüdtke an, wenn er nach der Erklärung dafür fragt, daß kooperative Prozesse, wenn sie durch wissenschaftssprachliche Kommunikation reguliert werden, zu einem tieferen und umfassenderen Eindringen in Untersuchungsgegenstände führen. Hier kommt der dialektische Widerspruch ins Spiel, daß die Bedingungen für die Revolutionierung von Forschungstraditionen und die Herausbildung neuer Forschungsrichtungen nirgends anders entstehen als in dem Prozeß „normaler" Forschung, der auf Ausweitung und Stabilisierung gesicherten Wissens gerichtet ist. Eingeschränkt auf die Betrachtung experimenteller Wissenschaften wird der Schlüssel zur Lösung des Widerspruchs darin gesehen, daß die Entstehung von grundlegend Neuem in der Wissenschaft nur bei Unterbrechung der Arbeitsmitteltradierung möglich ist, an denen zugleich die Methoden orientiert sind, die ihrerseits wieder indirekt die Reichweite der Theorie bestimmen. In der Erhöhung des Ordnungsniveaus der Forscherbeziehungen sieht Lüdtke eine wichtige Bedingung, die dazu beiträgt, die Arbeitsmitteltradierung zu unterbrechen, etwa wenn Arbeitsteilung zur Gerätespezialisierung nötigt, wodurch neue Wechselwirkungszusammenhänge zwischen Gerät und Untersuchungsgegenstand möglich werden und damit Abweichungen der Resultate von den theoretischen Erwartungen auftreten können, die zur Angleichung der Theorie an die neuen Resultate nötigen und bis zu qualitativen Wandlungen des Wissens führen können. In der Folge neuentdeckter Phänomene, die sich nach überkommenen Theorien innerhalb etablierter Wissenschaftlergemeinschaften nicht interpretieren lassen, bilden sich zunächst noch instabile, informelle, über autoregulative Partnerwahl geknüpfte Beziehungsnetze zwischen Wissenschaftlern aus, die durch neue Ideen die aufgeworfenen Erklärungsprobleme zu lösen hoffen. Dieses neue Beziehungsgefüge wird sodann durch den Einfluß von Wissenschaftlerpersönlichkeiten geordnet und stabilisiert, die gewissermaßen als Attraktoren wirken und über die die Normierung des neuen Kontextes empirisch-experimenteller Forschung erfolgt und somit die neue Theorie möglich wird. Entwicklung empirisch-experimenteller Forschung erscheint als Prozeß, in dessen Eingangsbedingungen das Resultat nicht schon präformiert ist, sondern sich erst aus dem dialektischen Zusammentreffen der im Laufe des Prozesses erst entstehenden gegenständlichen und ideellen, objektiven und subjektiven, sozialen und individuellen Bedingungen ergibt. Außer dem vom

Autor selbst angeführten historischen Material kann die historische Studie von J. Tripoczky im ersten Kapitel als gute Demonstration des theoretischen Anliegens von K. Lüdtke dienen.

K. Lüdtkes Ansatz ist auf den Reproduktionsprozeß der Wissenschaftlergemeinschaft fokusiert; er blendet dessen Einbettung in den gesamtgesellschaftlichen Reproduktionszusammenhang aus. Der gruppensoziologische Ansatz kann die gesellschaftlichen Vorleistungen, die etwa für neue Geräteentwicklungen nötig sind, als gegeben voraussetzen. Verfügbarkeit von Methoden und Forschungsmitteln wie auch gesellschaftliche Relevanz der Forschungsprobleme werden vorausgesetzt und von diesem Ansatz her weder problematisiert noch in Beziehung gesetzt. Hier schließt der Beitrag von *Heinrich Parthey* an.

Geht es K. Lüdtke um experimentelle naturwissenschaftliche Forschung, so grenzt H. Parthey aus ihr die Teilklasse interdisziplinärer Forschung aus. Im Zentrum seines Beitrags steht der Begriff der interdisziplinären Forschungssituation und die Frage, inwiefern diese zur Quelle und Triebkraft von Wissenschaftsfortschritt und insbesondere der Herausbildung neuer Forschungsrichtungen werden kann. Ausgehend von der Engelsschen Kennzeichnung der Hypothese als Entwicklungsform der Wissenschaft und dem von der marxistisch-leninistischen Wissenschaftsforschung erarbeiteten weitergehenden Verständnis der Wissenschaft nicht nur als kognitives System, sondern auch als System wissenschaftlicher Arbeitsprozesse und als soziale Institution, wird nach Entwicklungsformen der Wissenschaft gefragt, in denen diese drei Ebenen gleichsam zusammengeschlossen sind. Als eine solche wird die Forschungssituation, insbesondere die interdisziplinäre, erkannt. Heinrich Partheys Ansatz geht von der empirisch belegten Annahme aus, daß der entscheidende Indikator dafür, ob sich ein Wissenschaftlerkollektiv in einer interdisziplinären Forschungssituation befindet, nicht die Summe der Disziplinen ist, auf denen die Mitglieder des Kollektivs ihre wissenschaftliche Qualifikation erworben haben. Der Begriff der Forschungssituation, der an vier Merkmalen festgemacht ist — am Forschungsproblem, an der kognitiven und gesellschaftlichen Relevanz des Problems, am Stand der Methodenentwicklung und an der Verfügbarkeit von Wissen und Forschungstechnik zur Bearbeitung des Problems — greift hier tiefer. Aus der Art, wie die Zusammenhänge zwischen den vier Merkmalen beschaffen sind, ob und in welchem Grade z. B. gesellschaftliche Problemrelevanz die tatsächliche Verfügbarkeit an internationalem Wissen und Forschungstechnik reguliert, leitet sich sowohl ab, ob die betreffende Forschungssituation eine interdisziplinäre, als auch, inwieweit sie entwicklungsfähig ist und ob sie zur Quelle neuer Forschungsrichtungen werden kann. Die vom Autor unter dem speziellen Blickwinkel der Methodenentwicklung gekennzeichneten drei Phasen der problemlösenden Forschungsarbeit — zunehmende Rate methodisch-forschungstechnischer Neuerungen und zunehmende Rate an Wissenszuwachs, gleichbleibende bzw. bereits abnehmende Rate methodisch-forschungstechnischer Neuerungen verbunden mit einer weiterhin zunehmenden Rate an Wissenszuwachs, abnehmende Rate methodisch-forschungstechnischer Neuerungen und abnehmende Rate an Wissenszuwachs — verdeutlichen zugleich die unterschiedlichen Anforderungen, die die Leitung interdisziplinärer Forschung im Interesse hoher Effektivität des Gesamtprozesses beachten muß. Verwiesen sei nur auf die Schlußfolgerung, daß „ein grundlegender Faktor der Intensivierung der wissenschaftlichen Arbeit in kleinen Forscherkollektiven in dem Bestreben und der Befähigung besteht, sich im international angemessenen Rhythmus die Phasen einer Forschungssituation zügig nacheinander zu erarbeiten und nicht in einer von ihnen, auch nicht in der letzten, die den Erfolg sichtbar macht, lange zu verharren." Auch der empirische Beleg für den grundlegenden Zusammenhang zwischen Verfügbarkeit an Wissen und Forschungstechnik, kognitiver und gesellschaftlicher Relevanz des Forschungsproblems, Reaktionszeit auf internationale Problemstellungen und Publikationsraten gibt der Leitung der Forschung wichtige Fingerzeige, wo Bemühungen um Intensivierung und höhere Effektivität der Forschung ansetzen können.

Die Idee einer zyklischen Reproduktion von Forschungsprozessen und Forschungspotentialen liegt auch *Werner Meskes* Beitrag zugrunde. Er fokusiert die Aufmerksamkeit darauf, daß alle den realen Forschungsprozeß konstituierenden Elemente — Wissen, Arbeitsvermögen und operatives Vorgehen des Forschers, das Forschungsobjekt sowie die im Prozeß eingesetzten Methoden und die materiell-technische Basis der Forschung — sich im Prozeß selbst verändern, d. h. nicht nur teilweise verbraucht und verschlissen, sondern vor allem vervollkommnet werden. Im Ergebnis eines Forschungsprozesses reproduziert sich so zugleich das Forschungspotential in seinen wichtigsten Komponenten und entstehen die Voraussetzungen für neue Forschungsprozesse auf qualitativ höherem Niveau. Dieser Ansatz läuft in seinem Kern darauf hinaus, Wissenschaftsentwicklung nicht nur „als Folge und ‚Netzwerk' einzelner wissenschaftlicher Entdeckungen, sondern vielmehr als ein viel komplexeres und mehrdimensionales System aus miteinander verflochtenen und relativ selbständigen ‚Netzwerken' der Entwicklungsprozesse von Wissen, Kadern, Methoden, Geräten und anderen Bestandteilen des Wissenschaftspotentials, aber auch der seiner einzelnen Organisationsformen (Arbeitsgruppen, Institute u. ä.)" zu verstehen. Dieser Reproduktionsprozeß des Wissenschaftspotentials ist quantitativ und qualitativ in den volkswirtschaftlichen Reproduktionsprozeß insgesamt eingebunden, d. h., er hängt in seinen Ergebnissen vom Niveau des volkswirtschaftlichen Reproduktionsprozesses ab und beeinflußt es durch seine Ergebnisse. Aus dieser Dialektik leiten sich eine Fülle von Überlegungen her, wie die Reproduktion des Wissenschaftspotentials und seine steigende Leistungsfähigkeit unter gegebenen volkswirtschaftlichen Reproduktionsbedingungen und angesichts der aus unserer ökonomischen Strategie folgenden gesellschaftlichen Erfordernisse gesichert werden können. Auch ist vorstellbar, daß die wissenschaftshistorische Forschung in diesem Beitrag vielerlei Anregungen findet. So könnte z. B. der Frage nachgegangen werden, ob und wie gewisse Besonderheiten der Wissenschaftsentwicklung in bestimmten ihrer historischen Perioden, etwa die Herausbildung der neuzeitlichen experimentellen Naturwissenschaft oder der Wissenschaft im Zeitalter der wissenschaftlich-technischen Revolution, auch durch unterschiedlich geartete Wechselbeziehungen der einzelnen Potentialkomponenten und ihrer Reproduktion bedingt sind. Zumindest wäre dies bei der Komplettierung des von H. Hörz im vierten Kapitel vorgelegten Programms zur Erforschung des Typenwandels in der Wissenschaftsentwicklung zu bedenken.

Im vierten Kapitel stehen Probleme der Funktionalität kreativer Arbeit im allgemeinen und wissenschaftlicher Tätigkeit im besonderen sowie des Verhältnisses von Funktionalität und Historizität, Kontinuität und Wandel der Wissenschaft zur Debatte. Es wird eingeleitet durch einen Beitrag zu den sozialökonomischen Bedingungen und Konsequenzen kreativer Arbeit aus der Sicht der flexiblen Automatisierung. *Heinz-Dieter Haustein* diskutiert hier nachdrücklich Bedingungen der Entfaltung von Kreativität als ökonomischer Ressource und als Voraussetzung für hohe Produktivität im wissenschaftlichen Schaffensprozeß. Beachtenswert ist hier u. a. die Beobachtung, daß das gesellschaftliche Kreativitätsniveau sich in drei Stufen herausbildet — in der Stufe der Formierung kreativer Persönlichkeiten, in der Stufe des Wirksamwerdens dieser Persönlichkeiten, also des Erreichens kreativer Resultate, und in der Stufe der gesellschaftlichen Realisierung und Ausbreitung der kreativen Resultate —, deren jede ihre Besonderheiten hat, die bei der Leitung kreativer Prozesse zu beachten sind, und die in ihrer Einheit als kreative Arbeit mit den anderen Funktionen der gesellschaftlichen Arbeit verbunden sind. In diesem Zusammenhang unterscheidet der Autor technische, kreative und soziale Funktionen des menschlichen Arbeitsprozesses, eine Gliederung, von der direkt übergegangen werden kann zu *Klaus-Dieter Wüstnecks* Differenzierung der Tätigkeitsfunktionen wissenschaftlicher Erkenntnisse im gesellschaftlichen Arbeitsprozeß, wie sie weiter oben bereits dargelegt wurde. Heinz-Dieter Hausteins eigentliches Anliegen aber besteht darin, die gegenwärtige wissenschaftlich-technische Revolution, insbesondere deren Kernprozeß — die flexible Automatisierung —, daraufhin zu befragen, was sie für die weitere historische Entfaltung menschlicher Kreativität bedeutet. Er zeigt, daß die Zukunft der Automatisierung keine Einbahnstraße, die menschenleere automatisierte Fabrik nicht das strategische Ziel und ein gesellschaftsferner homo ludens, der uns vielleicht vorschwebt, wenn wir an die Einbeziehung des Computers in die schulische und vorschulische Ausbildung denken, keine sinnvolle Strategie der Persönlichkeitsbildung ist. Sinnvolle Computeranwendung zur Verstärkung der menschlichen Intelligenz erfordert — so Haustein — eine gesellschaftliche Strategie der flexiblen Automatisierung, wie sie nur unter sozialistischen Produktionsverhältnissen realisierbar ist. Kreative Arbeit, Routinearbeit und Computeranwendung sind dabei bestmöglich zu kombinieren. Das gilt sicher auch für die wissenschaftliche Arbeit. Es bleibt weiteren Arbeiten vorbehalten, die neue Qualität wissenschaftlicher Tätigkeit, welche Mikroelektronik und flexible Automatisierung ermöglichen, daraufhin zu untersuchen, ob sich durch sie möglicherweise ein qualitativ neuartiger Typ wissenschaftlichen Arbeitens und der Wissenschaftsentwicklung überhaupt herauszubilden beginnt.

Aus anderer Sicht, nämlich aus dem Blickwinkel einer philosophischen Entwicklungstheorie, stellt sich das Problem eines neuartigen Wissenschaftstyps der wissenschaftlich-technischen Revolution auch für *Herbert Hörz*. Er versteht Wissenschaftsentwicklung als Wandel von Wissenschaftstypen, deren jeder eine Grundqualität wissenschaftlicher Tätigkeit im Zusammenhang mit einer jeweiligen Produktionsweise darstellt. Diese Qualität spezifiziert sich in der „konkret-historischen Art und Weise der Erkenntnis neuer Beziehungen und Gesetze der Natur, der Gesellschaft und des Bewußtseins sowie des eigenen Verhaltens durch den Menschen und in der Umsetzung von Entdeckungen in Erfindungen durch neue Technologien". Sie findet ihren Ausdruck weiterhin in jeweils unterschiedlichen Antworten auf die Fragen nach den Zielen der Wissenschaft, dem Sinn wissenschaftlicher Arbeit, dem Gegenstand wissenschaftlichen Forschens, den Kriterien wissenschaftlicher Rationalität und nach der dem jeweiligen Wissenschaftstyp adäquaten Philosophie. Die Dialektik von Vor-, Reife- und Ausgestaltungsphasen jedes solchen Typs bringt eine Fülle konkreter historischer Entwicklungszustände der Wissenschaft in verschiedenen historischen Epochen hervor. Besonders hervorgehoben wird der neue Wissenschaftstyp der wissenschaftlich-technischen Revolution, dessen Unterschiede zu dem der industriellen Revolution untersucht werden. Der Autor umreißt ein Forschungsprogramm, das sich an der von ihm bei anderer Gelegenheit vorgelegten philosophischen Entwicklungstheorie orientiert[24] und durch Fallstudien ausgefüllt und ggf. präzisiert werden soll. Das ist ein anspruchsvolles Ziel; der Weg dahin sieht sich insbesondere mit der Schwierigkeit konfrontiert, daß typologisches Denken Ordnungsdenken ist, „welches wirklicher Geschichte, dem Geschichts*prozeß*, entgegensteht".[25] Im engen Zusammengehen wissenschaftshistorischer Forschung und philosophischem Bedenken des historischen Prozesses der Wissenschaftsentwicklung liegt deshalb die Garantie, über das angekündigte Forschungsprogramm zu weiteren Erkenntnissen über Mechanismen, Triebkräfte und Kriterien der Wissenschaftsentwicklung, auch über Zyklen ihrer Evolution, zu gelangen.

Von einem anderen Ansatz her, der die theoretische Reflexion des Philosophen mit der historischen Sicht des Wissenschaftsprozesses verbindet, kommt *Hubert Laitko* zu ähnlichen Überlegungen und Ergebnissen. Er zeigt, wie Funktionalität und Historizität der Wissenschaft im realen Prozeß ihrer Entwicklung miteinander korreliert sind und wie unter den verschiedenen geschichtlich möglichen Varianten ihres Verhältnisses die positive Korrelation beider Seiten die für die sozialistische Gesellschaft unbedingt zu bevorzugende ist. Dieser Beitrag

24 Vgl. H. Hörz/K.-F. Wessel, Philosophische Entwicklungstheorie, Berlin 1983.

25 M. Buhr, Geschichte der Wissenschaft und der Philosophie. Fünf Thesen, in: Dialektik 8. Realismus und Dialektik oder Was können wir wissen?, hg. von J. Manningen/H. J. Sandkühler, Köln 1984, S. 176.

führt den vorangehenden von K.-D. Wüstneck dort weiter, wo dieser endet — beim Problem der funktionalen Determination von Wissenschaftsentwicklung, die für die Gegenwart als eine prägende Triebkraft der Wissenschaftsentwicklung benannt wird, ohne daß daraus ein ausschließlich funktionalistisches Entwicklungsmodell der Wissenschaft folgt, denn die funktionale Determination kann nur an den historisch gewordenen Entwicklungsmöglichkeiten der Wissenschaft ansetzen. Die Struktur der funktionalen Determination der Wissenschaft unterliegt deshalb selbst einem historischen Wandel, der sich in die entscheidenden Einschnitte in der geschichtlichen Folge der Gesellschaftsformationen einpaßt und in dem sich das Verhältnis von subjektbildender und technologischer Funktion der Wissenschaft selbst entwickelt, wie der Autor materialreich dokumentiert.

Wir beschließen den Band mit zwei Beiträgen, die nicht die Wissenschaft selbst, sondern ihr theoretisches Abbild und die rationale Rekonstruktion ihrer Geschichte zum Gegenstand haben.

Frank Richter geht — wie auch ich in dieser Einleitung — davon aus, daß wir uns gegenwärtig mit „der eher intuitiv-heuristischen Vorstellung begnügen müssen und können, daß ein solch komplexer Wirklichkeitsbereich wie die Wissenschaft (analog zu Bereichen wie Natur, Gesellschaft, Kultur, Politik usw.) nicht durch ein einziges Konzept hinsichtlich aller seiner Struktureigenschaften und Entwicklungsrichtungen erfaßt, d. h. abgebildet, bewertet und gesteuert werden kann." Er spricht in diesem Zusammenhang die Hoffnung aus, daß künftige Arbeiten Begriffe wie „Komplementarität" und „Korrespondenz" auch für die Wissenschaftstheorie fruchtbar machen werden. Wir unsererseits hoffen, mit diesem Band bereits einen ersten Beitrag dazu geleistet zu haben. Richters Anliegen einer „praktischen Wissenschaftstheorie" ordnet sich selbst in diese Komplementaritätssituation ein. Vorgeschlagen wird das Modell einer Wissenschaftstheorie, die sich am Status der Technikwissenschaften orientiert, also gegenüber einer am Paradigma der Naturwissenschaften orientierten Wissenschaftstheorie „Beherrschbarkeit", „Handlungsanweisung" und „Entwurf" als ihre zentralen Kategorien begreift. Dieses Anliegen ist überaus verdienstvoll. Es übt zu Recht Kritik an einer Wissenschaftsgeschichte, die über alle Etappen der Wissenschaftsentwicklung hinweg mit *einem* Wissenschaftsbegriff auskommt und damit selbst ahistorisch vorgeht. Es trägt der wachsenden Rolle der Technikwissenschaften und der technologischen Grundlagenforschung in unserer Zeit Rechnung und macht zu Recht darauf aufmerksam, daß bisherige wissenschaftstheoretische Konzepte (etwa das Tätigkeitskonzept) sich zumeist am Paradigma der Naturwissenschaften orientieren und sich für wissenschaftstheoretische Analysen der Technikwissenschaften nur begrenzt eignen. Aber eben die Komplementarität der an verschiedenen Paradigmen orientierten wissenschaftstheoretischen Konzepte bewirkt, daß keines von ihnen den Anspruch erheben kann, *die* Wissenschaftstheorie der von Marx prognostizierten *einen* Wissenschaft zu sein, zu der künftig die Wissenschaft von der Natur und die vom Menschen verschmelzen sollen. Hinweise darauf, daß hervorstechende Besonderheiten der Technikwissenschaften, wie Einheit von Abbild und Entwurf, auch für Gesellschaftswissenschaften relevant sind, bezeugen zwar, daß eine Wissenschaftstheorie der Technikwissenschaften Interesse durchaus nicht nur bei Technikwissenschaftlern finden würde, sie vermögen aber keinen universellen Anspruch eines solchen Modells zu begründen. Auch die erkenntnistheoretischen Konsequenzen des Modells müßten sicher noch sorgfältiger bedacht werden; z. B. scheint mir die Feststellung, es dominiere in der marxistisch-leninistischen Philosophie „eine Auffassung, welche die für Wissenschaftsgegenstände offensichtlich notwendige Bestimmung von Objektivität am Paradigma von Naturgegenständen, die schlechthin als subjektunabhängig verstanden werden, festmacht", nicht den heutigen Stand der Entwicklung der marxistisch-leninistischen Erkenntnistheorie repräsentativ zu kennzeichnen. Und schließlich sollte bedacht werden, daß eine Wissenschaftstheorie nicht nur dann und nicht deswegen *praktisch* ist, wenn sie sich an den Technikwissenschaften orientiert, „ein qualitativ neues Wissenschaftsverständnis durchzusetzen gestattet", „den dialektischen und historischen Materialismus zur Überprüfung des erkenntnistheoretischen Instrumentariums" provoziert und die präskriptiven Seiten der Reflexion von Wissenschaft gegenüber ihren deskriptiven Seiten hervorhebt, sondern vor allem dann, wenn sie praktische Anregungen für die Leitung, Planung und Organisation der Wissenschaft unter jeweils konkreten historischen Bedingungen zu geben gestattet. So sollten wir denn in der Tat mit Frank Richter eher von wissenschaftstheoretischen Modellen sprechen, „die unter nur partiell identischen Zwecksetzungen um eine adäquate Modellierung der Struktur und Entwicklung von Wissenschaft konkurrieren", zugleich aber auch im Auge behalten, daß die im Rahmen der marxistisch-leninistischen Wissenschaftsforschung bisher entwickelten Konzepte in dem Sinne komplementär sind, daß sie den einheitlichen Organismus Wissenschaft unter verschiedenen Blickwinkeln durchleuchten und daß diese verschiedenen Blickrichtungen sich z. T. überkreuzen und einander ergänzen und so jedes in seiner Komplementarität, nicht aber in seiner Entgegensetzung zum anderen seine Fruchtbarkeit und seine heuristischen Potenzen erweist.

Ich glaube mich darin auch eins mit *Reinhard Mocek*, dem zufolge manches dafür spricht, daß eine Theorie der Wissenschaftsentwicklung wohl eher einem ganzen „Theorienensemble" ähnelt, von denen jede eine andere „Bewegungsform" der Wissenschaft erfaßt und bis zu einem gewissen Grade relativ unabhängig von den anderen gesehen werden kann. Der Ruf nach der „zündenden Idee", der alles entscheidenden theoretischen Leistung, die imstande wäre, *das* theoretische Erklärungsmuster der Vielfalt der Wissenschaft zu liefern, muß sich — Mocek zufolge — die Frage gefallen lassen, ob er überhaupt den richtigen Weg weist, denn — so Mocek — „der überkomplexe Gegenstandsbereich Wissenschaft in der Geschichte zu einem je bestimmten Zeitpunkt (und damit auch in der Gegenwart! — G. K.) ist verschieden ‚befragbar' und antwortet verschieden, je nach dem, wie ich die Fragen an ihn richte." Synthese unterschiedlicher Ansätze zur Beschreibung einzelner „Bewegungsformen“ der Wissenschaft bedeutet nicht, sie auf *ein* Erklärungsprinzip zu reduzieren, sondern zu einer komplexen Sicht des Bewegungs- und Entwicklungsverhaltens von Wissenschaft zu gelangen, die der komplexen Struktur des Entwicklungsobjekts „Wissenschaft“ entspricht. Auch „Punktscheinwerfer“ vermögen diese komplexe Sicht zu vermitteln, wenn sie in genügender Anzahl, in entsprechender Aufstellung und Leuchtkraft und mit einheitlicher „Färbung“ — um in R. Moceks Bild zu bleiben — das Objekt durchdringen. Die „einheitliche Färbung“, die ihnen durch die zugrundeliegende Philosophie mitgegeben wird, ergibt sich in unserem Falle aus der marxistisch-leninistischen Theorie in der Einheit aller ihrer Bestandteile. Es geht uns deshalb nicht um einen prinzipienlosen Theorienpluralismus, wohl aber um ein schöpferisch-produktives Herangehen an das Objekt Wissenschaft und seine Entwicklung auf der Grundlage des Marxismus-Leninismus in der Erwartung, daß die Ergebnisse der marxistisch-leninistischen Wissenschaftsforschung uns noch besser befähigen werden, die praktischen Probleme der Leitung, Planung und Organisation der Wissenschaft in der entwickelten sozialistischen Gesellschaft, unter Bedingungen der wissenschaftlich-technischen Revolution und der Auseinandersetzung mit dem Imperialismus so zu lösen, daß der humanistische und fortschrittsfördernde Charakter der Wissenschaft sich in einer friedvollen Zukunft zum Wohle der Menschheit voll entfalten kann. Denn so wie die Wissenschaftsgeschichte die prüfende Instanz ihrer rationalen Rekonstruktion ist, so ist die Gegenwart der Wissenschaftsentwicklung mit all ihren Problemen die prüfende Instanz des Ensembles komplementärer Ansätze zur theoretischen Erfassung der Wissenschaftsentwicklung.

Dies zu betonen, war das Anliegen dieser Einleitung. Es ist zugleich das Anliegen des ganzen Buches.

Kapitel 1
Drei historische Studien

Dietrich Ehlers

Zur geschichtlichen Entwicklung der Wissenschaft in der Antike

Vorliegender Beitrag möchte einen kurzgefaßten entwicklungsgeschichtlichen Überblick über die antike Wissenschaft geben. Zunächst wird vom Wert der Wissenschaftsgeschichte[1] und dem der geschichtlichen Darstellung die Rede sein. „Wer die Wissenschaft als ein Werdendes überliefert erhielt, fühlt sich gleichsam aufgefordert, selber an deren Ausbau sich zu beteiligen",[2] stellte schon E. du Bois-Reymond im vorigen Jahrhundert fest. Die systematische oder dogmatische Darstellungsweise, die aus guten Gründen in der Lehre bevorzugt wird, führt dagegen leicht zur Überbewertung des gegenwärtig gültigen Wissens. Ferner soll auf das Problem der Vergleichbarkeit antiken und modernen wissenschaftlichen Forschens eingegangen werden, bevor es die Entwicklungsphasen der antiken Wissenschaft nachzuzeichnen und ihre gesellschaftlichen Determinanten aufzusuchen gilt.

1. Der Wert der alten Geschichte für die Gegenwart

Die folgenden einführenden Bemerkungen wenden sich vornehmlich an den Naturwissenschaftler. Denn für einen Philosophen gehört es ja nach wie vor zur Grundausbildung, sich beispielsweise mit den Vorsokratikern, den Platonischen Dialogen und einigen Aristotelischen Lehrschriften auseinanderzusetzen, und ein Logiker wird Aristoteles' „Organon" fraglos mit ebensolchem Gewinn studieren können wie ein Mathematiker Euklids „Elemente" oder Archimedes' erhaltene Werke, ohne ein Spezialist für die griechische Antike sein zu müssen. Ein Physiker jedoch, der etwa zur „Physikvorlesung" des Aristoteles greift, wird dort, vielleicht zu seiner

1 Anregend wirkten insbesondere: S. R. Mikulinskij/N. I. Rodnyj, Wissenschaftsgeschichte und Wissenschaftskunde, in: Wissenschaft. Studien zu ihrer Geschichte, Theorie und Organisation, hg. von G. Kröber/H. Steiner, Berlin 1972, S. 58—95; S. Wollgast, Bemerkungen zum Verhältnis von Philosophiegeschichte und sozialistischer Prognostik, in: Deutsche Zeitschrift für Philosophie, 2/1971, S. 204—212; S. Wollgast, Zum Verhältnis von Wissenschafts- und Philosophiegeschichte, in: Wissenschaftliche Zeitschrift der Humboldt-Universität zu Berlin, Gesellschafts- und Sprachwissenschaftliche Reihe, 1/1976, S. 37—42.

2 E. du Bois-Reymond, Über Geschichte der Wissenschaft (1872), in: E. du Bois-Reymond, Vorträge über Philosophie und Gesellschaft, hg. von S. Wollgast, Berlin 1974, S. 50.

Enttäuschung, vor allem Begriffe wie Natur, Bewegung, Raum und Zeit diskutiert und Probleme behandelt finden, die ihn nur noch wenig anzugehen scheinen. Ein Naturwissenschaftler, der sich einen Einblick in die Geschichte seines Faches verschaffen will, wird ganz zu Recht fragen, inwiefern die geschichtliche Erkenntnis für ihn von Nutzen sein kann. Bereits der Ausdruck „antike Wissenschaft", der außer der Philosophie u. a. die Naturwissenschaft einschließt, dürfte ihm übertrieben erscheinen, wenn er vom gegenwärtigen Stand der Physik, Chemie oder Biologie ausgeht. „Physik" ist zwar das griechische Wort für Naturwissenschaft, aber ob es deshalb bereits in der Antike eine Wissenschaft von der Natur gab, müßte erst gezeigt werden. Kommt also beispielsweise der sog. vorsokratischen Naturphilosophie, die dem 6. und 5. Jahrhundert v. u. Z. angehört, überhaupt schon Wissenschaftlichkeit zu, so daß es lohnenswert wäre und sachlich gerechtfertigt, den Gang der Geschichte so weit zurückzuverfolgen? Und es liegt nahe zu fragen, ob denn nicht alles durch die Theorie und Praxis der Gegenwart aufgehoben ist, was jemals und von wem auch immer erfunden, entdeckt und bewiesen wurde. Studiert man also mit der modernen Wissenschaft und Technik nicht automatisch und höchst effektiv ihre von Irrtümern und Irrwegen gereinigte Geschichte?

Als Erwin Schrödinger sein berühmtes Buch über die Griechen schrieb, begründete er seine Rückschau auf die Antike ausführlich.[3] Sie ermögliche ein besseres Verständnis des modernen Weltbildes und der modernen Physik, denn gerade durch das Studium der griechischen Gedankenwelt könne man die Unbefangenheit des Denkens zurückgewinnen. Weitere Physiker fanden aus ähnlichen Motiven Zugang zur Antike und in den alten Denkern ernstzunehmende Diskussionspartner.[4] Ihre großartigen spekulativen Leistungen gewinnen allem Anschein nach besonders dann an Bedeutung, wenn sich beim Durchdenken theoretischer Grundfragen der Horizont gegenwärtiger Schulweisheit als zu eng erweist. Naturwissenschaft kann sich ja nicht im Erwerb empirischen Wissens erschöpfen; wie Theorie ohne Empirie leer, so wäre Empirie ohne Theorie blind, heißt es oft in Anlehnung an Kant.[5] Empirische Methoden versagen auf

3 Vgl. E. Schrödinger, Die Natur und die Griechen, Wien 1955; siehe dazu auch: Wissenschaft und Weltanschauung in der Antike, hg. von G. Kröber, Berlin 1966, Vorwort.

4 Vgl. u. a.: W. Heisenberg, Physik und Philosophie, Stuttgart 1959; C. F. von Weizsäcker, Ein Blick auf Platon. Ideenlehre, Logik und Physik, Stuttgart 1981; H.-G. Schöpf, Die Griechen und die Natur, Berlin 1983 (Sitzungsberichte der Sächsischen AdW Leipzig, Mathematisch-naturwissenschaftliche Klasse, Bd. 116/3); H.-J. Treder, Aristoteles und die Physik, in: Aristoteles als Wissenschaftstheoretiker, hg. von J. Irmscher/R. Müller, Berlin 1983, S. 150—158.

5 In der „Kritik der reinen Vernunft" formuliert Kant: „Ohne Sinnlichkeit würde uns kein Gegenstand gegeben und ohne Verstand keiner gedacht werden. Gedanken ohne Inhalt sind leer, Anschauungen ohne Begriffe sind blind. Daher ist es ebenso notwendig, seine Begriffe sinnlich zu machen, (d. i. ihnen den Gegenstand in der Anschauung beizufügen), als seine Anschauungen sich verständlich zu machen, (d. i. sie unter Begriffe zu bringen). Beide Ver-

theoretischem Gebiet, und deshalb muß eine Eigenschaft entwickelt und ausgebildet werden, die nur der Anlage nach angeboren ist: die Fähigkeit zum theoretischen Denken. Und für diese Ausbildung, sagt Engels, gibt es bis jetzt kein anderes Mittel als das Studium der bisherigen Philosophie.[6] Er betont in der sog. „Alten Vorrede zum ‚Anti-Düring'" das geistesgeschichtliche Gewicht griechischer Denkleistung und bemerkt: „Die theoretische Naturwissenschaft ist daher ebenfalls gezwungen, will sie die Entstehungs- und Entwicklungsgeschichte ihrer heutigen allgemeinen Sätze verfolgen, zurückzugehn auf die Griechen. Und diese Einsicht bricht sich mehr und mehr Bahn. Immer seltner werden die Naturforscher, die, während sie selbst mit Abfällen griechischer Philosophie, z. B. der Atomistik, wie mit ewigen Wahrheiten hantieren, baconistisch-vornehm auf die Griechen herabsehn, weil diese keine empirische Naturwissenschaft hatten. Zu wünschen wäre nur, daß diese Einsicht fortschritte zu einer wirklichen Kenntnisnahme der griechischen Philosophie."[7]

Zu den prominenten Denkern, die dem griechisch-römischen Altertum etwas abgewannen, zählte auch Albert Einstein. Weil wohl weniger bekannt, sei aus seinem Geleitwort zitiert, das er dem Lehrgedicht des Lukrez in der Ausgabe seines damals schon verstorbenen akademischen Kollegen Hermann Diels voranstellte. „Auf jeden, der nicht ganz im Geiste unserer Zeit aufgeht, sondern seiner Mitwelt und speziell der geistigen Einstellung der Zeitgenossen gegenüber sich gelegentlich als Zuschauer fühlt", schreibt Einstein, „wird das Werk von Lukrez seinen Zauber ausüben. Man sieht hier, wie sich ein mit naturwissenschaftlichem und spekulativem Interesse begabter, mit lebendigem Fühlen und Denken ausgestatteter, unabhängiger Mann die Welt vorstellt, der auch von denjenigen Ergebnissen der heutigen Naturwissenschaft keine Ahnung hat, die uns im Kindesalter beigebracht werden, bevor wir ihnen bewußt oder gar kritisch gegenüberstehen können."[8] Die würdigenden Worte gelten wohlgemerkt dem Werk eines Dichters und Philosophen, dem als Schüler und Bewunderer der Epikureer, die den vom mathematischen Denken geprägten Fächern wie der Astronomie ablehnend gegenüberstanden, manche bereits gesicherte Erkenntnis zweifelhaft oder unbekannt geblieben war. Aber weniger wegen ihrer Kenntnis bzw. Unkenntnis erscheinen die antiken Autoren eines Studiums wert als wegen ihrer Fähigkeit, die Welt als Einheit und Ganzheit zu begreifen. Es fasziniert, daß sie nach wie vor durch ihr anspruchsvolles Anliegen und dessen Realisierung anzu-

mögen, oder Fähigkeiten, können auch ihre Funktionen nicht vertauschen. Der Verstand vermag nichts anzuschauen, und die Sinne nichts zu denken. Nur daraus, daß sie sich vereinigen, kann Erkenntnis entspringen" (I. Kant, Kritik der reinen Vernunft, Leipzig 1966, S. 126 [A 51]).

6 Vgl. F. Engels, Dialektik der Natur, in: K. Marx/F. Engels, Werke, Bd. 20, Berlin 1973, S. 330.

7 Ebenda, S. 333.

8 Lukrez, Von der Natur, übersetzt von H. Diels, Berlin 1924, S. VI a (T. Lucretius Carus, De rerum natura, lat. und dt. Bd. 2).

regen, durch ihr festes Vertrauen in die Verständlichkeit alles Weltgeschehens zu beeindrucken vermögen, wie dies Einstein dem bedeutendsten römischen Atomisten und Aufklärungsphilosophen bescheinigte.

2. Die Differenz von antiker und moderner Wissenschaft

Es soll nun etwas näher auf das Problem der Vergleichbarkeit von antiker und moderner Naturwissenschaft eingegangen werden. Allein schon die unterschiedlichen Verwendungsweisen von „Wissenschaft“ und „wissenschaftlich“ in der historiographischen Literatur deuten darauf hin, daß es sich nicht von selbst versteht, was Wissenschaft ist bzw. „wissenschaftlich“ genannt zu werden verdient. Spricht man beispielsweise der Physik des Aristoteles oder der Astronomie des Ptolemaios Wissenschaftlichkeit ab und hält Naturwissenschaft erst für ein Ergebnis der Neuzeit, sieht man den Unterschied zwischen antiker und moderner Forschung sicherlich in übertriebener Schärfe. Er wurde gelegentlich schon in der Renaissance, der folgenreichen wissenschaftlichen Wende, als gravierend empfunden. Die Kritik an dem damals in allen Kultursprachen gefeierten Aristoteles verdichtete sich unter dem Eindruck neuer epochemachender Werke zu einer starken antiaristotelischen Strömung. Es wurde sogar die These laut, daß alles, was bei Aristoteles steht, falsch sei. Nach Ansicht vieler erstrangiger Gelehrter war dem universellen Naturforscher und bedeutendsten Philosophen der Antike Irrtum über Irrtum unterlaufen. Aber sie übergingen den Mann von klassischer Geltung nicht einfach, sondern lernten von ihm und anderen alten Autoren, nur anders als jene Zeitgenossen, die diesen großen Griechen und die Wahrheit überhaupt gleichsetzten. Die bewußt zugespitzte These richtete sich eigentlich gegen den autoritätsgläubigen, der Obrigkeit verpflichteten Gelehrtentyp und artikulierte rigoros das Recht auf kritische Prüfung eingeschliffener Begriffe und Denkmuster. Denn Forschung ohne rücksichtsvolle Ehrfurcht war schließlich ganz im Sinne des Stagiriten, der ja ein exzellenter Problemdenker gewesen war und nicht anders als Copernicus und Kepler die „heilige Pflicht, der Wahrheit den Vorzug zu geben“,[9] empfunden hatte. Das Studium des Griechischen kam wieder auf, um sich über die Klassiker ein eigenes Urteil bilden zu können. Und progressiv war es auch zu bemerken, daß selbst seriöse Forschung nicht vor Irrtümern geschützt hatte, daß manche vermeintlich sicheren Ergebnisse nicht durch Korrekturen zu retten waren, sondern einer gründlichen Revision bedurften. Das galt namentlich für Ptolemaios, dessen empirisch und mathematisch fundierte Astronomie sich über viele Jahrhunderte in der Praxis bewährt und dennoch die wahre Struktur des Kosmos verkannt hatte.

Die Wiederentdeckung des klassischen Altertums — die Beachtung anderer alter Kulturen ist sehr viel jüngeren Datums und steckt heute noch in den

9 Aristoteles, Nikomachische Ethik 1096 a 16.

Anfängen — erfolgte durch das aufstrebende Bürgertum im ideellen und wirtschaftlichen Kampf gegen Klerikalismus und feudale Herrschaftsverhältnisse. Erneut wurde um ein rationales Weltverständnis nach antikem Muster gerungen, aber auch darum, die Forschung der Technik und Produktion dienstbar zu machen. Trotz Archimedes, der jetzt zu einem der ganz großen Vorbilder wurde, war dieser letzte Gesichtspunkt in der Antike nicht zur Geltung gekommen.

Mathematik und Naturwissenschaft waren im vorherrschenden Verständnis der Griechen Philosophie oder Weisheit. Was damals „Physik" hieß, war kaum dem Kriterium der technischen Brauchbarkeit ausgesetzt. Das spiegelte sich auch in der Klassifikation des Wissens wider. Im Hinblick auf die Zielstellung unterteilte Aristoteles theoretisches, praktisches und poietisches Wissen. Der erste, in Ontologie (Seinslehre), Naturwissenschaft und Mathematik gegliederte ranghöchste Teil widme sich ausschließlich dem Erkennen der Wahrheit. Zum zweiten, praktischen Teil zählte er u. a. Politik, Ökonomik und Ethik, während er dem dritten und rangniedrigsten Teil das künstlerische Schaffen und Hervorbringen, d. h. Poetik, Bau- und Heilkunst sowie das mehr oder minder qualifizierte Handwerk, zuordnete. Die Hierarchie des Wissens geht hiernach von der Sinneswahrnehmung und der Erfahrung aus und gipfelt in dem der Ontologie oder „ersten Philosophie", welche die ersten Ursachen oder nicht mehr zu hinterfragende Prinzipien aufsucht, die dann umgekehrt die begriffliche Basis wissenschaftlicher Erklärung bilden. Naturwissenschaft ist in dieser Klassifikation die zweite Philosophie, die nach der Definition des Aristoteles diejenigen Dinge betrachtet, die die Quelle der Bewegung in sich selbst haben. Damit grenzte er Naturwissenschaft von den Gebieten der praktischen und künstlerisch-schöpferischen Tätigkeit ab, in denen es der Mensch ist, der bewegt oder verändert, indem er produziert, Pläne realisiert und seiner Einsicht entsprechend handelt. Diese Eigentümlichkeit des antiken Naturbegriffs, der nach dem prägnanten Ausdruck des Aristoteles dasjenige Wesen bezeichnet, das die Quelle der Bewegung in sich selbst hat, ist zu beachten, wenn man von „antiker Naturwissenschaft" spricht. Natur (physis) entzieht sich demnach sowohl dem menschlichen als auch dem göttlichen Zugriff, und Erzeugnisse des menschlichen Erfindergeistes wie Flaschenzug, Pumpen, Torsionsgeschütze, Theatermaschinen und andere Erstaunen erregende Mechanismen erschienen als Mittel zur Überlistung der Natur. Daran änderten auch jene Mathematiker nichts, die den mechanischen, d. h. „künstlich" oder „listig" hervorgerufenen Phänomenen ein theoretisches Interesse entgegenbrachten oder sich sogar selbst als Erfinder betätigten. Männer wie Archimedes erhoben die Mechanik zwar in den Rang einer theoretischen Disziplin, die wie die Astronomie und die Optik zwischen reiner Mathematik und eigentlicher Naturwissenschaft einzuordnen wäre, aber zu einem Zweig der Physik wurde sie damals noch nicht. Die Physik der Antike blieb von der aus der Produktionssphäre stammenden Technik insofern isoliert, als sie kaum auf diese zurückwirkte. Ihre Entwicklungsrichtung war entscheidend durch die Abgrenzung von der Mythologie und die Polemik zwischen den verschiedenen philosophischen Strömungen bestimmt;

es ging ihr um ideelle, nicht um technische Endzwecke. Das konnte auch nicht anders sein, da die materielle Produktion wesentlich auf Sklavenarbeit beruhte und Wissenschaft ein Privileg des freien Mannes blieb, dem ein Wissen um der Wahrheit willen mehr galt als das in der Produktion notwendige und damals auch hinreichende praktisch-technische Wissen und Können.

Für die Gegenwart ist ein neues Verhältnis von Wissenschaft, Technik und Produktion charakteristisch, das sich mit der kapitalistischen Produktionsweise nach und nach durchsetzte. Und es konnte auf die Dauer auch nicht ausbleiben, daß über dieses Verhältnis nun auch anders reflektiert wurde. Das nach menschlichen Plänen geschaffene Ding schien nicht weniger „natürlich" zu sein als das vom Menschen unberührte Naturgebilde. Indem die Technik zunächst mit der mathematischen Mechanik eine Verbindung einging, eröffneten sich für beide ungeahnte Entwicklungsmöglichkeiten. Das neue naturwissenschaftliche Wissen hatte jetzt nicht bloß die wichtige Funktion der Weltanschauung, sondern begann auch in der Produktion eine Rolle zu spielen. Dadurch erhielt die Entwicklung der Naturwissenschaft gleichsam eine neue Dimension. Das antike Ideal der Erkenntnis um der Wahrheit willen behielt jedoch insofern seine volle Berechtigung, als der sicherste Weg zu grundsätzlich neuen technischen Lösungen der über die Theorie und die Gesetzeserkenntnis ist.

Ferner fehlt der antiken Wissenschaft selbst in ihrer Blütezeit eine Komponente, ohne die viele Wissenschaftszweige heute undenkbar wären. Obwohl die antiken Denker die Bedeutung der Empirie keineswegs unterschätzten, so lag ihnen doch die experimentelle Methode in der von Galilei, Boyle, Newton und Huygens geschaffenen Form völlig fern. Naturerscheinungen unter künstlich erzeugten, unwesentliche Nebeneffekte ausschließenden Bedingungen zum Beweis einer theoretischen oder rein spekulativ erschlossenen Erwartung zu untersuchen, lehnte bekanntlich noch Goethe in seiner Farbenlehre entschieden ab. Die beginnende experimentierende Wissenschaft war jedoch von dem großen Ziel der rationalen Naturbeherrschung selbst noch recht weit entfernt. Sogar ihr bedeutendster Propagandist, Francis Bacon, dämpfte in einem Aphorismus die Euphorie, indem er die Art des Experimentierens, welche die Menschen gegenwärtig anwendeten, blind und dumm nannte und davor warnte, sich in übereiltem Eifer vorzeitig der Praxis zuzuwenden. Zunächst habe man die Ursachen und wahren Grundsätze in Erfahrung zu bringen, es seien die „lichtbringenden", nicht die „fruchtbringenden" Experimente zu suchen. „Denn die richtig erforschten und aufgestellten Grundsätze ergeben keine magere, sondern eine üppige Praxis und ziehen Scharen und Massen von Werken nach sich."[10] Wohin die Überbetonung des empirischen Moments oder die „Induktionseselei" (Engels) in der Forschung führt, findet ihren bezeichnenden Ausdruck in der Ablehnung des von Copernicus und Kepler geschaffenen Kosmosbildes durch keinen geringeren als Bacon, der an den spekulativen, d. h. theoretischen Grundlagen der neuen Astronomie

10 F. Bacon, Das neue Organon, hg. von M. Buhr, Berlin 1982, S. 75.

Anstoß nahm. Wissenschaft ohne Spekulation (lat. speculatio) bzw. Theorie (griech. theoria) gibt es nicht. Der Verzicht auf das Spekulieren bzw. Theoretisieren, der faktisch selbst dem extremen Empiristen nicht gelingt, negiert Wissenschaft als Wissenschaft und schadet ihrer Entwicklung. Allein schon die in der Sprache konzentriert akkumulierte geschichtliche Gesamterfahrung der Menschheit verhindert, daß sich „spekulatives" Vorgehen etwa in leerer und unfruchtbarer Spekulation erschöpfen müßte.[11] Andernfalls wäre es besser gewesen, das klassische Altertum in Vergessenheit ruhen zu lassen. Ganz anders aber verhielten sich die großen Renaissancegelehrten, die es sich kritisch aneigneten und im Sinne ihrer antiken Vorbilder wirklich weiterforschten. Copernicus ist ohne Ptolemaios, Galilei ist ohne Aristoteles oder Archimedes überhaupt nicht denkbar.

Der Unterschied zwischen der antiken und jener Naturwissenschaft, die unterdessen die „klassische" genannt wird, besteht demnach in bestimmter methodischer Hinsicht und besonders deutlich in ihrem proklamierten Ziel oder ihrer gesellschaftlichen Funktion. Daraus folgt aber nicht der unwissenschaftliche Charakter der antiken Naturwissenschaft. Was das methodische Vorgehen anbelangt, so entscheidet auch heute nicht über die Wissenschaftlichkeit der Wissenschaft, ob sie sich der experimentellen Methode bedient oder nicht. So kommen Philosophie, Philologie, Logik oder Mathematik ganz ohne sie aus. Das trifft im Grunde genommen auch für die Astronomie und solche Fachwissenschaften zu, in denen heute wie früher vorwiegend beobachtet, gemessen, berechnet, beschrieben und klassifiziert wird. Dagegen gilt generell, daß wissenschaftliche Tätigkeit, auch wenn sie empirisch erfolgt, stets theoriebezogen ist und auf Erkenntnis abzielt. „Ohne diese Intention löst sich das Sammeln faktischer Daten nicht aus der praktischen Lebenstätigkeit, wird nicht zur Empirie als einer Seite der Wissenschaft."[12]

Daß die Naturwissenschaft der Griechen nicht auf ökonomisch meßbaren Nutzen, sondern ausschließlich auf philosophisch-weltanschauliche Werte abzielte, ist ein historisches Faktum. Im Hinblick auf das Verhältnis von Theorie und Praxis war sie nach modernem Empfinden sicherlich kopflastig. Wo jedoch das theoretische Interesse schwindet, das war z. B. bei den Römern mit ihrem ausgeprägten Nützlichkeitsdenken der Fall, verfällt Wissenschaft und damit auch die Möglichkeit nutzbringender Anwendung. Wie Max Planck betonte, besteht zwischen beiden Auffassungen zur Aufgabe der Wissenschaft gar kein wirklicher Gegensatz, „denn die Erkenntnis ist eben das sicherste Mittel, um einen bestimmten Zweck zu erreichen. Nur darf man in der wissenschaftlichen Forschung nicht immer den Zweck voranstellen und im Hinblick auf ihn nach den Mitteln suchen, die zu seiner Erreichung führen, sondern man muß stets von dem Gegebenen ausgehen, sodann neues Material sammeln und nach allen Richtungen

11 Vgl. H. Laitko, Wissenschaft als allgemeine Arbeit. Zur begrifflichen Grundlegung der Wissenschaftswissenschaft, Berlin 1979, S. 109—111.

12 Ebenda, S. 106.

durcharbeiten, um es unter einen einheitlichen Gesichtspunkt zu bringen. Dann führt die Erweiterung der Kenntnisse häufig zu praktisch wertvollen Resultaten, und zwar oft in einer ganz unvorhergesehenen Richtung".[13] Das war beispielsweise bei der Erfindung des Augenspiegels, der Herstellung drahtloser Wellen oder der Entdeckung der Röntgenstrahlung der Fall; alles Leistungen, die nach Ansicht Plancks ohne jede Rücksicht auf den praktischen Nutzen nur im Interesse der „reinen Forschung" zustande gekommen sind.

Was man unter Wissenschaft versteht, ist keine rein konventionelle Angelegenheit. Für die Geschichtsdarstellung ist es jedenfalls nicht unerheblich, welchem Wissenschaftsbegriff der Vorzug gegeben wird. Begreift man bereits den Erwerb beliebiger praktischer Kenntnisse, Fertigkeiten und Verfahren als Wissenschaft, ist bis in das Frühstadium der Menschwerdung, die mit der Werkzeugherstellung beginnt, zurückzublicken. Wer das systematische Sichten und Sammeln empirischer Daten und das deskriptive Erfassen quantitativer Zusammenhänge im Rahmen spezieller Disziplinen für erforderlich hält, findet den Ursprung der Wissenschaft in den altorientalischen Klassengesellschaften vor. Wem die Gewinnung eines rationalen Weltverständnisses als Grundforderung gilt, wird Absicht und Fähigkeit dazu erstmalig in den griechischen Poleis, den Stadtstaaten im Mittelmeerraum, entwickelt finden. Erscheint schließlich die experimentell-empirische Fundierung der Gesetzeserkenntnis als das maßgebliche Moment, kann ihre Entwicklung erst für die Zeit des Frühkapitalismus konstatiert werden.

Vorliegender Beitrag geht von folgenden begriffsbestimmenden Kriterien aus:[14]

Wissenschaft ist *erstens* nicht die Summe irgendwelcher Kenntnisse, sondern vielmehr eine Tätigkeit zur Gewinnung neuen Wissens. Sie setzt eine gewisse Gemeinschaft oder Gruppe von Menschen voraus, die über bestimmte Mittel und Forschungsmethoden verfügt sowie über Möglichkeiten, Wissen vor dem Verlust zu schützen. Hierzu gehört eine entwickelte Schriftsprache und geeigneter Beschreibstoff.

Ein wesentliches Merkmal der Wissenschaft ist *zweitens* die Eigenwertigkeit oder besser die Theoriebezogenheit dieser Tätigkeit. Sie zielt auf Erkenntnis ab, strebt also nicht primär oder gar ausschließlich die Lösung praktischer Aufgaben an; andernfalls wäre sie z. B. nicht vom Handwerk zu unterscheiden. Obwohl wissenschaftliche Entdeckungen u. U. große Praxisrelevanz besitzen, bleibt Wissenschaft doch stets theoretisch orientiert und insofern eigenwertig, als es — zumindest nach Ansicht der Griechen — nicht nötig ist, wie im Sport oder in der Kunst, Preise für sie auszusetzen. Denn wie könnte es einen Kampfpreis geben, der mehr wert wäre als die Weisheit?[15] Aristoteles sprach von einer „sich selbst genügenden Unabhängigkeit" (Autarkie) wissenschaftlichen Erkennens und

13 Max Planck über das Wesen der Wissenschaft (diskografisches Dokument vom 7. 11. 1939), in: F. Herneck, Wissenschaftsgeschichte. Vorträge und Abhandlungen, Berlin 1984, 28/29.

14 Vgl. dazu: I. D. Rožanskij, Antičnaja nauka, Moskva 1980, Einleitung.

15 Vgl. Aristoteles, Problemata Physika 956 b 32.

stellte fest, „daß diese Tätigkeit des Geistes die einzige ist, die um ihrer selbst willen geliebt wird, denn außer dem Vollzug der geistigen Schau erwartet man von ihr nichts weiter, während wir vom praktischen Wirken mehr oder minder großen Gewinn noch neben dem bloßen Handeln haben."[16] Das Merkmal der Theoriebezogenheit fehlt beispielsweise der babylonischen Astronomie oder Sterndeutung, die eine Spezialdisziplin praktischen Wissens war. Die Fragen nach der realen Struktur des Universums, dem Unterschied von wahrer und scheinbarer Planetenbewegung oder den Ursachen der Finsternisse spielten in ihr noch keine Rolle. Sie prognostizierte solche Erscheinungen, die als günstig oder unheildrohend galten. Auch unterschieden weder die Babylonier noch die Ägypter zwischen rechnerisch exakten und Näherungslösungen. Anders als später bei den Griechen, die nach strengen, logisch einwandfrei deduzierbaren Lösungen suchten, wurde jedes praktisch brauchbare Resultat anerkannt.

Wissenschaft muß *drittens* rationalen Charakter aufweisen. Diese Bedingung gilt heute als Selbstverständlichkeit. Jedoch kann die von den sog. Vorsokratikern vollzogene Wende vom Mythos zum Logos, d. h. der Übergang von mythisch-religiöser zu rationaler Erklärung der Welt, überhaupt nicht überschätzt werden. So beruht die babylonische Astronomie, obwohl sie methodisch durchaus rational vorging, auf dem Glauben an schicksalsbestimmende Einflüsse des Himmels. Das Hauptanliegen der frühgriechischen Denker, die dem Glauben an das Walten übernatürlicher Kräfte den Kampf ansagten, war ein Programm, um dessen Realisierung in der Geschichte immer wieder gerungen werden mußte. Man denke an die antirationalen Tendenzen, die sich in hellenistischer Zeit abzeichneten, als Zahlenmystik, Offenbarungsdenken und die aus dem Orient importierte Astrologie, Alchimie und Magie auch unter den Griechen einen großen Stellenwert gewannen. Die Verbannung religiöser Denkformen aus der Forschung ist eben, bissig gesagt, nicht so leicht zu vollziehen wie die Reinigung der Augiasställe durch Herakles, „weil, während gefegt wird, die Ochsen drin bleiben und immer neuen Mist anhäufen".[17]

Und schließlich kommt *viertens* das Kriterium der Systematisierung des Wissens hinzu. Demnach kann sich Wissenschaft nicht im Sammeln heuristischer Verfahren oder Regeln zur Lösung einzelner Aufgaben wie im Falle der babylonischen Arithmetik oder der ägyptischen Geometrie erschöpfen, sondern muß vielmehr Allgemeingültigkeit anstreben. Die axiomatisch-deduktiv aufgebaute Mathematik der Griechen ist in dieser Hinsicht beispielhaft geblieben. Aber obwohl gerade die Systeme, Hypothesen und Theorien das Vergängliche an der Wissenschaft sind, ist die Suche nach neuen Systemen ein wesentlicher Charakterzug wissenschaftlichen Denkens. „Man muß Hypothesen und Theorien haben, um seine Kennt-

16 Aristoteles, Nikomachische Ethik 1177 b 1—4.

17 H. Heine, Gedanken und Einfälle, in: H. Heine, Gesammelte Werke, Bd. 6, Berlin 1951, S. 426.

nisse zu organisieren, sonst bleibt alles bloßer Schutt, und solche Gelehrte gibt es in Menge."[18]

Wissenschaft im Verständnis dieser vier Punkte ist an die auf das Ganze der Wirklichkeit bzw. auf das Ganze des Spezialgegenstandes gerichtete Erkenntnisintention gebunden. Sie bildete sich etwa seit dem Beginn des 6. Jh. v. u. Z. an der von ionischen Griechen besiedelten Westküste Kleinasiens als Kosmologie heraus, womit die Betrachtung der gesetzmäßigen Ordnung des Weltganzen gemeint ist. Hier liegen die Anfänge des wissenschaftlichen Denkens, insofern hier die Suche nach der wesentlichen Erscheinungsform, dem Konstanten im Wechsel, dem Gesetz im scheinbar regellosen Geschehen beginnt, verbunden mit der Absicht und Fähigkeit des Auffindens von Erklärungen der Phänomene aus einem gemeinsamen natürlichen Grunde.

3. Antike wissenschaftliche Strömungen und Schulen

Es soll nun vom geschichtlichen Werden, Wachsen und Verfall der Wissenschaft in der Antike die Rede sein, was hier jedoch nur in groben Zügen und ohne die Würdigung einzelner Leistungen geschehen kann.[19]

Die geistige Revolution der Griechen ging von den ionischen Städten an der kleinasiatischen Westküste aus. Thales, Anaximander und Anaximenes waren Bürger von Milet, dem damals bedeutendsten Handelszentrum im Mittelmeerraum. Aus Samos stammte Pythagoras, die Heimatstadt Heraklits war Ephesos, aus Kolophon kam Xenophanes und Anaxagoras aus Klazomenai. Man spricht daher auch von ionischer Naturphilosophie, die bald bis Elea, Kroton und Metapont in Unteritalien, Akragas und Syrakus auf Sizilien und Abdera am Nordufer des ägäischen Meeres Verbreitung fand. Dem Namen dieser Stadt, deren Einwohner als dümmlich galten, gaben Leukipp und Demokrit einen guten Klang, zu den Eleaten zählten Parmenides und Zenon, und wie die in Kroton gegründete pythagoreische Schule über Unteritalien, so wirkte Empedokles aus Akragas weit über Sizilien hinaus. Diese Denker unterschiedlichster intellektueller Profilierung[20] verband ein gemeinsames Anliegen: das Aufdecken der natürlichen Ursachen der Entstehung, Entwicklung und des Aufbaus der Welt. Aristoteles

18 G. C. Lichtenberg, Aphorismen, Essays, Briefe, hg. von K. Batt, Leipzig 1970, S. 161.

19 Die bisher umfassendste Darstellung (mit detailliertem Literaturverzeichnis), Geschichte des wissenschaftlichen Denkens im Altertum, von einem Autorenkollektiv unter der Leitung von F. Jürß, Berlin 1982, berücksichtigt alle damaligen Wissensgebiete, während sich Rožanskij (siehe Anmerkung 14) auf Naturwissenschaft, Technik und Medizin konzentriert.

20 Zitiert wird nach der Ausgabe von H. Diels/W. Kranz, Die Fragmente der Vorsokratiker, ab 5. Aufl., Berlin 1934; siehe ferner: W. Capelle, Die Vorsokratiker, 2. Aufl., Berlin 1961; Griechische Atomisten, übersetzt und hg. von F. Jürß/R. Müller und E.-G. Schmidt, 2. Aufl., Leipzig 1977.

nannte ihre auf den Mikro- und Makrokosmos bezogene allgemeine Naturlehre „Physik“ und sie selbst „Physiker“ oder „Physiologen“. So grenzte er sie von den „Theologen“ wie Hesiod, Pherekydes und anderen Autoren von „Theogonien“ (Götterabstammungslehren) ab, die nach dem Vorbild Homers den alten imposanten Mythen griechischen und außergriechischen Ursprungs künstlerische Gestalt gaben.

Um besser zu begreifen, wie es zu dieser für die Entwicklung des wissenschaftlichen Denkens und damit auch für die Entstehung der Fachwissenschaften so bedeutsamen geistigen Bewegung kommen konnte, sei ein Blick auf die gesellschaftlichen Verhältnisse Griechenlands geworfen. Da ist zunächst bemerkenswert, daß es ein Land der Griechen eigentlich gar nicht gab. Die von ihnen geschaffene Staatsform war die Polis, der politisch autonome und wirtschaftlich autarke Stadtstaat. Zu jeder Polis gehörte ein Landfonds, der unter den Bürgern aufgeteilt wurde. Fortgesetzte Erbteilung machte die Erschließung neuer landwirtschaftlicher Nutzflächen erforderlich. Durch Gründung von Tochterstädten, zumeist Ackerkolonien, wurde der permanenten Nahrungsmittelknappheit begegnet und die Produktion für den Export, mithin Handel und Handwerk belebt. Zugleich löste sich dadurch auch manches innenpolitische Problem, indem Unruhestifter und im Machtkampf Unterlegene zusammen mit den überschüssigen Bevölkerungsschichten in die Pflanzstädte abgeschoben werden konnten. Im Verlaufe des 8. bis 6. Jh. v. u. Z. gründeten die griechischen Städte des Mutterlandes (z. B. Chalkis, Megara, Korinth) und Kleinasiens eine Vielzahl solcher Ansiedlungen. Allein Milet war Metropolis (Mutterstadt) von über 80 Poleis. Sie umsäumten schließlich das Mittelmeer, die Propontis und das Schwarze Meer. Die Kolonisation dieser Zeit berücksichtigte besonders Unteritalien und Sizilien, das den Römern geradezu als Magna Graecia (Großgriechenland) galt. Die ehemaligen Bewohner leisteten anscheinend wenig Widerstand und wurden vertrieben oder versklavt. Die wirtschaftlichen und militärischen Potenzen der griechischen Poleis beruhten auf dem damals progressiven Prinzip, das jedem Polisbürger Privatbesitz an Produktionsmitteln ermöglichte, von dessen Größe dann auch die Form des Kriegsdienstes abhing. So waren die Hopliten, die Schwerbewaffneten, Männer mittleren Vermögens, die sich außer der vorgeschriebenen Bewaffnung auch Träger zum Transport der Ausrüstungsgegenstände und des Proviants leisten konnten. Wer über weniger Mittel verfügte, diente als Leichtbewaffneter oder als Ruderer auf den Trieren, während die Reichsten die Reiterei bildeten.

Unter diesen Umständen wurde neben den Kaufleuten und Gewerbetreibenden die Klasse der Kleinproduzenten zu einem politischen Faktor, so daß in den fortgeschrittensten Poleis bald der alte Adel dem Volk, die Aristokratie der Demokratie weichen mußte. Gegen Ende des 7. Jh. v. u. Z. ging in den wirtschaftlich starken Städten die Adelsherrschaft dem Ende entgegen, auf deren Sturz durch die Volksmassen zunächst die sogenannte Tyrannis folgte. Aus der

Sicht der alten Aristokratie war diese Herrschaftsform natürlich negativ zu bewerten, ebenso aus der Sicht der entfalteten Sklavenhalterdemokratie mit ihrer grundsätzlichen Ablehnung der Alleinherrschaft. Aber die Tyrannis schützte das Volk vor dem Adel, und Tyrannen wie Periandros in Korinth, Thrasybulos in Milet, Peisistratos in Athen, Polykrates in Samos oder Gelon und Hieron I. in Syrakus sind als Förderer der Dichtung, bildenden Kunst und Technik bekannt. Die berühmten Bauwerke auf der Insel Samos, Heratempel und Hafenmole, wurden im Auftrag des Polykrates geschaffen, ebenso der von Eupalinos projektierte Wasserleitungstunnel zur Versorgung der Stadt. Der Bau des 1000 m langen Tunnels war von beiden Seiten des Berges in Angriff genommen und der Fehler in der Streckenführung durch einen Querschlag optimal korrigiert worden. Und wenn Pythagoras die Tyrannis des Polykrates unerträglich fand und wegen Sympathisierens mit dem Adel ausgewiesen wurde, spricht das weniger gegen den Tyrannen und ehemaligen Kaufmann als gegen den antidemokratisch gesinnten Begründer des nach religiösen Satzungen organisierten Bundes der Pythagoreer.

Der Zusammenhang von sozialer und geistiger Revolution der Griechen wird deutlich, sobald man danach fragt, was Wissenschaft ermöglicht, fördert oder hemmt. Die revolutionäre Veränderung der Produktionsverhältnisse beschleunigte in vielen Poleis den Demokratisierungsprozeß und brachte einen neuen Typ der Hauptproduktivkraft Mensch hervor, eben den Polisbürger, dessen Persönlichkeit sich in einem bis dahin und anderswo unbekannten Maße frei entfalten konnte und der auf neue Weise über die Welt zu denken fähig war. Warum entwickelte sich Wissenschaft nicht in den alten Kulturen des Nahen und Fernen Ostens, wo die Technik und das in Spezialdisziplinen verdichtete praktische Wissen vielleicht schon seit Jahrhunderten ein den reisenden Griechen sagenhaft hoch erscheinendes Niveau erreicht hatten? Warum stellten sie das ihnen bekannt gewordene Wissen der gelehrten Priester nicht ebenfalls bloß in den Dienst von Religion und materieller Produktion? Und wie konnten sie eine Art des Denkens hervorbringen, das von praktizistischer Gebundenheit emanzipiert und theoretisch orientiert war?

Die Potenzen der Polis im Hinblick auf die Demokratisierung der Verhältnisse zeigen sich schon darin, daß die Griechen die um Vokale ergänzte phönikische Buchstabenschrift übernahmen, die wegen ihrer leichten Erlernbarkeit bald zum selbstverständlichen Besitz des Bürgers wurde, während bereits die Kompliziertheit der Hieroglyphen den ägyptischen Priestern das Bildungsprivileg sicherte. Anders als in den altorientalischen Großreichen fehlte in den auf ihre Selbständigkeit bedachten Poleis die Basis für eine überregionale Priesterschaft, für eine sich ständig reproduzierende bürokratische Administration, die den Zusammenhalt der ausgedehnten Territorialstaaten sicherte und kaum zu politischen und geistigen Neuerungen neigte. Der Bürger der überschaubaren Polis konnte seine Rechte, die ihm das Gesetz einräumte, selbst wahrnehmen, in den Volksversammlungen zunehmend mehr als nur eine Statistenrolle spielen und in den Gerichtsverhandlungen als Ankläger oder Anwalt auftreten. Der Erwerb von Wissen erfolgte in Ionien nicht im Auftrag staatlicher oder religiöser Institutionen, sondern war Privatangelegenheit des freien Bürgers und anders als in Ägypten oder Babylon deshalb auch nicht vordergründig praktisch ausgerichtet. Und hatte er Neigung und Möglichkeit zum bios theoretikos, zu einem der Theorie gewidmeten Leben, genoß er gewöhnlich die Wertschätzung der Mitbürger, und wenn nicht, dann eben in einem anderen Staat. Die Resultate seiner Reflexionen waren öffentlich, und das bessere Argument hatte nicht nur in den Symposien (Trinkgelagen), sondern auch in der Agorá, der Versammlung auf dem „Markt", eine Chance. Der politisch vollberechtigte Bürger mußte im logisch sauberen Argumentieren geübt sein, also eine Fähigkeit erwerben, auf die auch in der Wissenschaft nicht verzichtet werden kann. Wissenschaftlichkeit ist ja keine Naturgabe des menschlichen Verstandes. Sie erscheint vielmehr als historisches Produkt der einigen Poleis eigenen gesellschaftlichen Praxis. Denn nicht alle boten Dichtern und Denkern einen Wirkungskreis. Daß Sparta, der militärisch straff organisierte Stadtstaat auf dem Peloponnes, keinen großen Geist hervorgebracht hat, verwundert nicht. Dort wurde der Acker von den Heloten, den staatseigenen Sklaven, bestellt, das Handwerk von den zwar freien, aber politisch rechtlosen Periöken („Umwohnern") ausgeübt, und in der Erziehung der Jugend spielten körperliche Ertüchtigung, bedingungsloser Gehorsam und der Erwerb militärischer Fähigkeiten die Hauptrolle. Neigung zur Kritik, zum selbständigen Denken und zum Meinungsstreit dürfte unter den künftigen Kriegern Spartas kaum aufgekommen sein.

Arbeit im allgemeinen und Arbeitsteilung im besonderen haben Wissenschaft historisch ermöglicht. Der kritische Punkt besteht darin, wie und ob überhaupt die gesellschaftlich geschaffene Freizeit tatsächlich genutzt werden konnte. Freizeit hat schon der unter urgesellschaftlichen Verhältnissen lebende Indianer, insbesondere der „Geheimnismann", der die Abstammung der Sippe des verstorbenen Häuptlings auf einem Wappenpfahl (Totemsäule) in einer Art Bildergeschichte festhält oder darüber nachdenkt, wie Bewegung gegen die Strömung möglich ist, und die Erklärung findet, daß die durch das Paddel traktierten Wassergeister das Kanu schieben. Freizeit hatte auch der mit Sterndeutung beauftragte Beamte am altchinesischen Kaiserhof, der aber kaum Veranlassung hatte, durch Verlassen traditioneller Denkschemata seine politische Macht und das ererbte Amt aufs Spiel zu setzen. Eine andere Art Freizeit meint der griechische Begriff der Muße (schole), die dem, der sie hat, also dem, der eine durch keine äußere Notwendigkeit erzwungene Tätigkeit wählen kann, die von Rücksichten freie Entfaltung der Persönlichkeit gestattet. Daher kommt auch das Wort „Schule"! Im Gegensatz zum ursprünglichen Sinn wird heute oft „Muße" mit „Müßiggang" verwechselt. Wissenschaft und Kunst, die nicht nur Freizeit, sondern wirklichen Freiraum für intellektuelle und künstlerische Aktivität voraussetzen, werden daher mitunter „müßig" genannt, wenn nämlich ihre soziale Funktion und ihr humaner Sinn verkannt oder abgelehnt werden. Ahnenkult, Sternreligion, Magie u. dgl. bedurften dagegen nie der Muße, sondern des eindeutigen Auftrags, von dessen Erfüllung viel abzuhängen pflegte.

Die antike Wissenschaft stand zunächst ganz im Dienste der Aufklärung. So wandte sich Xenophanes, der von Hause aus Rezitator Homerischer Gesänge und weniger „Physiker" war, leidenschaftlich gegen die übliche Vergötterung der Athleten (D.-K. 21 B 2); dem Kult um sie fehle jede innere Berechtigung, es sei daher völlig ungerecht, die rohe Kraft höher zu werten als die Weisheit. Und gegenüber dem herkömmlichen Glauben an menschenähnliche Götter, die in den Dichtungen Homers und Hesiods sogar als Ehebrecher und Betrüger agierten, konstatierte er (D.-K. 21 B 15): „Wenn Ochsen, Pferde oder Löwen Hände hätten und damit malen und Werke wie Menschen schaffen könnten, dann würden die Pferde pferde-, die Ochsen ochsenähnliche Götterbilder malen und solche Gestalten schaffen, wie sie selber haben." Um zu beobachten, daß sich die Äthioper ihre Götter schwarz und stumpfnasig vorstellen, die Thraker dagegen blauäugig und rothaarig (D.-K. 21 B 16), mußte man nicht Grieche sein. Aber um dies in religionskritischer Absicht aussprechen zu können und zu schließen, es herrsche nur ein einziger Gott, der ganz sieht, ganz denkt, ganz hört und mühelos durch des Geistes Denkkraft den Umschwung des Alls bewirkt (D.-K. 21 B 23—25), bedurfte es einer Toleranz, die der regional bedingten ideologischen Besonderheit die Borniertheit nimmt. Fremdes nicht als Feindliches werten zu müssen — die sozialökonomische Struktur der Poleis hatte ja das Entstehen einer für alle Griechen verbindlichen Orthodoxie verhindert — und folglich geistig-kulturellen Errungenschaften anderer Völker aufgeschlossen gegenübertreten zu können, gestattete den Griechen ein Verarbeiten des vorhandenen Wissens zu wirklich höherer Qualität. Dieser Vorgang wurde in der Vergangenheit oft zum „griechischen Wunder" verklärt. Für den ungewöhnlichen Erkenntnisfortschritt innerhalb der rund 300 Jahre von Thales bis Euklid auf mathematischem und von Anaximander bis Aristoteles auf naturwissenschaftlichem Gebiet war jedoch die gesamte Gesellschaft verantwortlich. Von ihr hängt ab, welche Bereiche der Wirklichkeit überhaupt der Erkenntnis zugänglich sind. Die Möglichkeit von Wissenschaft muß nicht nur durch die materiell-produktive Arbeit primär produziert, sondern von der Gesellschaft offenbar auch ständig reproduziert werden.[21] Sie sichert, indem sie den einzelnen Gelehrten aus dem gesamten Wissensschatz schöpfen und dort anknüpfen läßt, wo es sachliche Gründe gebieten, oder sie verhindert, weil andere Interessen dominant werden, eine kontinuierliche Entwicklung der Wissenschaft, wodurch mitunter rätselhaft-unlogisch erscheinende geistesgeschichtliche Pausen eintreten.

Zu einer solchen Pause im Fortschrittsgeschehen kam es jedoch zunächst nicht, obwohl sich mit der um die Mitte des 5. Jh. v. u. Z. aufkommenden Sophistik, die sich mehr um den Menschen als um den Kosmos kümmerte, eine deutliche

21 Zur Abhängigkeit der Reproduktion und Entwicklung der Wissenschaft von der materiell-produktiven Arbeit siehe: H. Laitko, Wissenschaft als allgemeine Arbeit, a. a. O., S. 113—121.

Interessenverlagerung ankündigte. Als Sophisten bezeichnet man heute bloß noch einen Wortverdreher, der Wahres als falsch und Falsches als wahr erscheinen läßt.

Dieses einseitige Verständnis läßt nichts mehr von der progressiven Rolle erkennen, die die sophistische Aufklärung tatsächlich gespielt hat. Sophisten nannten sich die Lehrer der praktischen Lebensweisheit und insbesondere die Lehrer der Redekunst; sie bildeten eine Berufsgruppe, die dem Volk vermittelte, was unter den Begriff der Sophia fällt und Einsicht, Weisheit, Wissenschaft, Sach- oder Fachkenntnis einschließt. Obwohl sie Honorar nahmen, was ihnen die Verachtung jener Philosophen einbrachte, die wie Platon das Streben nach Weisheit und den „Verkauf" von Wissen für unvereinbar hielten, erreichte ihr Unterricht offenbar nicht nur eine reiche Oberschicht, sondern entsprach dem Bedürfnis des Bürgers, sachkundig und rhetorisch geschult Rechte und Pflichten wirksam wahrnehmen zu können. Jedenfalls förderte die Sophistik den gesellschaftlichen Prozeß, der sie hervorgebracht hat, nachhaltig. In ihrer Unterrichtspraxis liegen ferner die Keime für die Disziplinierung der Allgemeinbildung in die Fächer Grammatik, Dialektik, Rhetorik, Arithmetik, Geometrie, Astronomie und Musik; das sind die dem Kanon des höheren klassischen Unterrichts entsprechenden Artes liberales („freien Künste") der Römer. Diese sieben Fächer tauchen später in den Klosterschulen und dann in der Artistenfakultät als Trivium („Dreiweg") und Quadrivium („Vierweg") wieder auf, die für weiterführende philosophische, theologische, rechtswissenschaftliche oder medizinische Studien Voraussetzung waren.

Der originellste Denker unter den Sophisten war Protagoras aus Abdera. Er machte den Menschen und damit das Erkenntnisproblem zum Mittelpunkt seiner Betrachtung. Wie weit er in der Relativierung der Wahrheit ging, zeigt der ihm zugeschriebene Satz: „Der Mensch ist das Maß aller Dinge, der seienden, das sie sind, der nichtseienden, daß sie nicht sind" (D.-K. 80 B 1). Auch hielt er die damals lebhaft diskutierte Frage, ob es Götter in Wirklichkeit oder nur im Glauben und Meinen der Menschen gebe, für hinreichend abgeklärt. „Was die Götter angeht, so kann ich nicht erkennen, daß sie sind, noch daß sie nicht sind" (D.-K. 80 B 4). Die Dunkelheit der Sache und die Kürze des Lebens verhindere ein Wissen hierüber. Die verbale Unentschiedenheit täuschte aber ebensowenig über seine atheistische Wirkung hinweg wie über seine Parteilichkeit als Lehrer der Rhetorik, deren Aufgabe er darin sah, die schwache Sache zur starken zu machen. Ein anderer wichtiger Vertreter der Sophistik, Gorgias aus Leontinoi, scheint die Position gesunder Skepsis gegenüber der Naturphilosophie verlassen und schließlich nur noch der Macht des Wortes vertraut zu haben. Von ihm stammt die These: „Es gibt nichts, gäbe es etwas, wäre es nicht erkennbar; wäre es erkennbar, so wäre es nicht mitteilbar", deren Beweis ähnlich wie die berühmten Paradoxien Zenons, der fliegende Pfeil ruhe und Achilles könne keine Schildkröte einholen, auf Trugschlüssen beruhte. Protagoras und Gorgias wirkten über

längere Zeit in Athen; ebenso der nur wenig ältere Anaxagoras, der um 462 v. u. Z. die Philosophie in die damals noch altgläubige Stadt in Attika gebracht hatte. Athen war in der Zeit um die Mitte des 5. Jh. v. u. Z., dem sog. Perikleischen Zeitalter, zu einzigartiger wirtschaftlicher, politischer und kultureller Blüte gelangt. Zu den Freunden des bedeutenden Staatsmannes Perikles zählten u. a. neben Protagoras und Anaxagoras der Tragödiendichter Sophokles, der Historiker Herodot und der Bildhauer Pheidias. Im Unterschied zu den Sophisten ging es Anaxagoras um den Kosmos und dessen physische Erklärung. Auf die Frage, um welchen Zieles willen das Leben der Nichtexistenz vorzuziehen sei, soll er geantwortet haben: „Um das Himmelsgebäude zu betrachten und die Ordnung im Weltall" (D.-K. 59 A 30).
Charakteristisch ist auch seine Entgegnung auf den Vorwurf, durch seinen Verzicht auf ein Staatsamt vernachlässige er sein Vaterland; er kümmere sich nämlich sehr darum und deutete dabei auf den Himmel. Die göttlichen Gestirne galten ihm wie der 467 v. u. Z. bei Aigospotamoi niedergegangene Meteorit als glühendes Gestein. Dies nahmen reaktionäre Kräfte, die Perikles' Position erschüttern wollten, zum Anlaß für einen Religionsprozeß, dem sich Anaxagoras 432 v. u. Z. nur durch Flucht entziehen konnte. Protagoras soll es ähnlich ergangen sein.

Das geistig-kulturelle Leben konzentrierte sich im 5. und 4. Jh. v. u. Z. in Athen; man spricht deshalb auch von der Athenischen Periode. Aber bereits im 5. Jh., in den 50 Jahren von 480—430, kulminierte die griechische Geschichte. Daß in dieser Zeit Athen sprunghaft an Bedeutung gewann, steht in engstem Zusammenhang mit den Perserkriegen.

Die Auseinandersetzung zwischen der persischen Despotie und der höher entwickelten Gesellschaftsformation in Griechenland begann mit dem Ionischen Aufstand (500—493), der jedoch nach einigen Überraschungserfolgen scheiterte. Die kleinasiatischen Griechenstädte konnten ohne Unterstützung seitens der anderen griechischen Poleis das Vordringen des zur Großmacht gewordenen Perserreiches nach Westen und die dadurch drohende Isolation vom Mutterland nicht verhindern. Der Bitte um militärischen Beistand waren nur Athen und Eritrea gefolgt, während Sparta ablehnte. Milet, das Zentrum des Widerstandes gegen die Perser, wurde 494 zur Abschreckung der Aufständischen dem Erdboden gleichgemacht und die Überlebenden an den Tigris deportiert. Obwohl die Athener die um ihre Freiheit kämpfenden Ionier nur durch Entsendung von Schiffen mehr moralisch als militärisch wirksam unterstützt hatten, landete ein Perserheer an der Nordostküste Attikas zu einem Vergeltungsschlag. Aber die im Nahkampf überlegenen Athenischen Hopliten entschieden die Schlacht in der Ebene von Marathon (490) für die Griechen. Der 477 gegründete Delisch-Attische Seebund schloß bald über 200 Poleis zusammen und erreichte unter dem militärischen Oberbefehl Athens bis 449 sein Ziel, die griechischen Handelsstädte zu befreien. Milet wurde wieder aufgebaut. Die beträchtlichen Geldbeiträge der Bündnispartner kamen auch Athen selbst zugute, z. B. dem Akropolisbauprogramm.

Durch die Besoldung militärischer und staatlicher Ämter wurde den ärmeren Schichten des Demos die Beteiligung an der Regierung ermöglicht.

Die politische Bedeutung Athens war nur von kurzer Dauer. Es kam zur Konfrontation der Machtblöcke innerhalb Griechenlands. Zur Sicherung des nach den Perserkriegen entstandenen Gleichgewichts zwischen dem Attischen Seebund und dem Peloponnesischen Bund, dem unter der Hegemonie Spartas u. a. Makedonien angehörte, einigten sich die Kontrahenten im Friedensschluß von 445 auf gegenseitige Achtung ihrer Einflußsphären. Während der Peloponnesische Bund außenpolitisch stets zugunsten der Aristokraten und gegen Tyrannen und Demokraten wirkte, ließ sich andererseits die Athener Demokratie nicht ohne militärischen Druck auf die Bündnispartner aufrechterhalten, die aus dem auf „ewige" Dauer geschlossenen Seebund wieder austreten und damit der Abhängigkeit von Athen entgehen wollten. Dies und vor allem die Handelskonkurrenz zwischen Athen und Korinth, das dem Peloponnesischen Bund angehörte, führte zum Peloponnesischen Krieg, der 431 ausbrach. Die Spartaner fielen mehrmals in Attika ein und verwüsteten das Land. Unter der Bevölkerung, die hinter den Mauern Athens Schutz suchte, brach die Pest aus, an der auch Perikles starb. Die bis 404 andauernden Kämpfe um die Vorherrschaft in Griechenland schwächte die um Athen und Sparta gruppierten Gegner so sehr, daß nach dem Sieg Spartas schließlich beide Bündnissysteme zerfielen und dem persischen Großkönig wieder eine Politik der Einmischung möglich wurde. So konnte dann auch im folgenden Jahrhundert das relativ rückständige Makedonien die Hegemonie über Griechenland gewinnen. Der allgriechische Kongreß von Korinth übertrug dem Makedonen Philipp II. den Oberbefehl für einen „Rachefeldzug" gegen Persien. Und Alexander der Große realisierte das Vorhaben seines Vaters, die makedonische Herrschaft in einem Weltreich zu sichern. Das innerhalb eines Jahrzehnts (334—324) eroberte Reich erstreckte sich von der Donau, der Adria, Ägypten und dem Kaukasus bis zum Indus.

Als Anaxagoras unmittelbar vor Ausbruch des Peloponnesischen Krieges fliehen mußte, traten die innenpolitischen Gegensätze bereits deutlich in Erscheinung. Und als Sokrates fünf Jahre nach Beendigung dieses Krieges zwischen Tod und Verbannung zu wählen hatte, war die politische und wirtschaftliche Blütezeit Athens schon unwiederbringlich vergangen, während die von Philosophie und Wissenschaft noch bevorstand.

Sokrates, von Beruf Steinmetz, war vielleicht die markanteste Persönlichkeit der antiken Philosophie überhaupt. Schriftliches hinterließ er nicht; daß ihm das Gezänk seiner Gattin Xanthippe die Ruhe zum Schreiben genommen habe, ist ein Gerücht. Er wirkte unmittelbar durch das Gespräch, durch sein bohrendes, das Denken aktivierende Fragen. Die Selbsterkenntnis und das Wissen vom eigenen Nichtwissen hielt er für wichtig. Viele seiner Schüler und Freunde, bei denen er ein Gefühl für offene Fragen erzeugt hatte, gründeten Schulen, unter denen die Platonische Akademie herausragt. Sein antidogmatisches und den politischen Alltagsproblemen zugewandtes Auftreten, das ihn mit der von ihm bekämpften

Sophistik verband, regte aber nicht nur an, sondern brachte auch viele Athener gegen ihn auf, die ihn für einen Feind der Demokratie hielten, weil er deren Entartungen kritisiert hatte. Schließlich wurde er wegen Jugendverführung und Religionsfrevels angeklagt und zum Tode verurteilt, was er im Bewußtsein seiner Unschuld gelassen hinnahm. Tatsächlich ging es ihm um die Erziehung seiner Mitbürger. Gutes und gerechtes Handeln sei von jedem erlernbar und bedürfe der Sachkenntnis, da unredliches Tun aus mangelndem Wissen entstünde. Den Spekulationen über den Kosmos stand er skeptisch gegenüber. Nach den „Erinnerungen" Xenophons riet er zur Beschäftigung mit der Sternkunde, soweit dies den Zwecken des Land- und Seeverkehrs sowie der Klärung von Kalenderfragen diene. Sich darüber hinaus mit den Planeten und anderen nichtfixen Himmelskörpern zu befassen, ihre Entfernungen von der Erde, ihre Umlaufzeiten und deren Ursachen zu ergründen, habe er entschieden abgelehnt, da diese Fragen geeignet wären, einen Menschen sein Leben lang zu beschäftigen und ihm die Zeit für vielerlei nützliche Aufgaben zu rauben. In diesem Zusammenhang argumentierte er auch gegen Anaxagoras' Ansicht, Feuer und Sonne seien von gleicher Substanz. Man könne ins Feuer sehen, aber nicht in die Sonne. Sie bräune die Haut und lasse Gewächse gedeihen, während eingehe, was vom Feuer verbrannt wird. Wäre ferner die Sonne glühendes Gestein, müßte sie abkühlen; sie bleibe jedoch feuerglühend wie nichts auf der Erde.[22]

Auf andre Weise als Anaxagoras holte Sokrates die Philosophie auf die Erde, indem er ihr eine ethische Orientierung gab. Bis dahin waren Philosophie und Wissenschaft noch gar nicht unterschieden. Darin liegt auch die Berechtigung, die Gruppe der vor Sokrates lebenden Denker unter der Bezeichnung „Vorsokratiker" zusammenzufassen. Die sog. Nachsokratiker waren dann schon eher Philosophen im heute noch gebräuchlichen Sinn; sie widmeten sich aber mehr oder minder intensiv auch mathematischen und naturwissenschaftlichen Fragen. Neben diesen Philosophen traten nun zunehmend Fachwissenschaftler in Erscheinung, die sich in der nachklassischen Periode gewöhnlich keiner bestimmten Philosophenschule verpflichtet fühlten. Das waren in erster Linie Mathematiker sowie Vertreter von Fachgebieten, in denen wie in der Astronomie und Mechanik der mathematischen Methode besondere Bedeutung beigemessen wurde. Weitere Fächer, die bereits in der Antike zu relativer Selbständigkeit gelangten, waren Geographie, Medizin, Philologie und Geschichtsschreibung.

Die erste der vier großen Philosophenschulen in Athen, die Akademie, wurde 388 v. u. Z. von Platon gegründet. Sie bestand als lokale Institution über 900 Jahre. Platon, der Athen nach dem Tode des Sokrates für ein Jahrzehnt verlassen und sich in Unteritalien und Sizilien mit Pythagoreern bekannt gemacht hatte, legte besonderen Wert auf die Mathematik. Sie führe die Seele zur Wahrheit und erzeuge die philosophische Denkart. Ein zehnjähriges Mathematikstudium hielt er nicht für übertrieben. Und über der Akademie stand nach

22 Vgl. Xenophon, Erinnerungen an Sokrates, Leipzig 1973, S. 155/156.

der bekannten Anekdote: „Niemand trete ein ohne Kenntnis der Geometrie!". Während also mathematisches Interesse bei Schülern und Mitarbeitern vorausgesetzt wurde, war keiner zur Anerkennung der philosophischen Lehre des Leiters verpflichtet. Im freien Meinungsstreit ging es um Fragen, die unabhängig davon Interesse verdienten, ob man Platons Position, den objektiven Idealismus, billigte oder nicht. Die erkenntnistheoretische Diskussion etwa um die Dialektik von Wesen und Erscheinung, Allgemeinem und Einzelnem, Theorie und Empirie wird nach wie vor und gleichermaßen von Materialisten und Idealisten geführt. Die begrifflich klare Scheidung von Wesen und Erscheinung schärfte den Blick auch für die astronomische Problemsituation und führte in der Akademie zu der Frage, welche hypothetisch zugrunde gelegten gleichmäßigen und geordneten Kreisbewegungen die Phänomene der Planeten retten könnten, ob sich also die sichtbare, dem Beobachter bloß erscheinende komplizierte Planetenbewegung auf das einfache Prinzip ihrer Gleich- und Kreisförmigkeit reduzieren ließe. Denn daß sich die als vollkommene Kugeln vorgestellten „göttlichen Körper" in Wirklichkeit anders als gleich- und kreisförmig bewegen könnten, hielt Platon für ausgeschlossen. Die Platonische Fragestellung, die den mathematischen Ausgleich zwischen Beobachtungsbefund und kosmischer Gesetzlichkeit suchte, war wegweisend für die Konstituierung der mathematischen Astronomie. Der originellste Mathematiker unter den Akademikern, Eudoxos von Knidos, dessen Arbeiten z. T. in die „Elemente" Euklids eingingen, ist zugleich der Schöpfer des Sphärenmodells, das die Anomalien (Ungleichförmigkeiten) der Planetenbewegung dieser Aufgabenstellung gemäß geometrisch analysierte. Die Genialität seines Ansatzes besteht in der Annahme, daß sich die scheinbare Bewegung eines jeden Planeten in gleichförmige Komponenten zerlegen lasse, die ihrerseits in der Summe die beobachteten Phänomene erklärten. Hier beginnt die Astronomie als mathematische Theorie. Ob der von Eudoxos eröffnete Zugang zur mathematischen Behandlung astronomischer Probleme Platons Beifall fand, ist ungewiß. Sicher ist nur, daß beide in vielen Fragen unterschiedlicher Meinung gewesen sind. Das von Kallippos weiterentwickelte Sphärenmodell wurde schließlich zum Kernstück der Kosmologie des Aristoteles, der 367 v. u. Z. in die Akademie eintrat, als Eudoxos in Vertretung des in Syrakus weilenden Platon die führende Persönlichkeit an dieser bedeutenden Forschungs- und Bildungsstätte war.

Die zweite Athener Philosophenschule von Rang, benannt nach dem Peripatos (Wandelhalle) im ehemaligen Gymnasium „Lykeion", gründete Aristoteles aus Stageira im Jahre 335 v. u. Z., nachdem er bis Platons Tod an der Akademie gelernt, geforscht und gelehrt sowie weitere Jahre am makedonischen Königshof in Pella als Erzieher Alexanders gewirkt hatte. In Aristoteles gipfelte die antike Philosophie, deren ganze mit Thales und Anaximander einsetzende Geschichte er kritisch verarbeitete. Platon hatte ihn etwas abfällig „den Leser" genannt. Er begründete die formale Logik und wirkte darüber hinaus durch seine terminologischen Analysen sowie durch umfangreiche empirische Forschungen auf zahlreichen Wissensgebieten bahnbrechend. Aber schon 323 v. u. Z., als sich durch

Alexanders frühes Ableben die politische Lage in Athen zuspitzte, verließ er die Stadt, damit sie sich nicht erneut an der Philosophie versündige. Denn leicht konnte sein Leben verlieren, wer mit dem makedonischen Hof freundschaftlich verkehrt hatte. Sein erster Nachfolger wurde sein engster Mitarbeiter und Freund Theophrast aus Eresos, der sich insbesondere als Pflanzenforscher und Philosophiehistoriker einen Namen machte. Auf ihn folgte Straton von Lampsakos, der als einzigartiger „Physiker“ galt, atomistische Überlegungen aufgriff und Aristoteles materialistisch interpretierte. Hier lernten u. a. Aristarch von Samos, der antike Begründer des heliozentrischen Weltbildes, und Eratosthenes, dem eine recht genaue Erdumfangsbestimmung gelang. In die fachwissenschaftlich fruchtbare Frühphase des Peripatos gehört auch Eudemos von Rhodos, Verfasser einer Geschichte der Arithmetik, Geometrie und Astronomie. Die für den internen Schulgebrauch bestimmten Lehrschriften des Aristoteles wurden erst von dessen 10. Nachfolger, Andronikos von Rhodos, wiederentdeckt, geordnet und um 70 v. u. Z. ediert. Dagegen blieben die einem größeren Leserkreis gewidmeten eigentlichen Werke des Aristoteles bis auf Fragmente verloren, während sich umgekehrt die stilistisch ausgefeilten Dialoge Platons erhielten und schulinternes Material verloren ging. Insbesondere über den Peripatetiker Alexander von Aphrodisias führte die pantheistisch-materialistische Aristoteleskommentierung bis hin zu Avicenna (Ibn Sina), Averroes (Ibn Ruschd) und Maimonides (Mose ben Maimon), den wichtigsten Vertretern der arabisch-jüdischen Philosophie des Mittelalters. Die peripatetische Schule löste sich im 4. Jh. u. Z. auf, da der Gegensatz zwischen Platon und Aristoteles aus neuplatonischer Sicht nur noch geringfügig erschien. Die bedeutendsten griechischen Aristoteleskommentare stammen von den Neuplatonikern Johannes Philoponos und Simplikios. Proklos, einer der letzten Leiter der Akademie, stand ebenfalls, obwohl er sich vor allem Platon verpflichtet fühlte, in der Tradition des Aristoteles, dessen antiplatonische These von der Ewigkeit der Welt er speziell gegen die christliche Glaubenslehre richtete, was letztlich zur Schließung der Akademie führte. Das geschah 529 auf Befehl des oströmischen Kaisers Justinian; im selben Jahr hatte Philoponos, der sich zum Christentum bekannte, eine Schrift „Gegen Proklos 'Über die Ewigkeit der Welt'“ veröffentlicht.

Die anderen beiden Philosophenschulen, die epikureische und die stoische, gehörten von ihren Gründungsdaten und Programmen her bereits dem Hellenismus an, womit jene Periode bezeichnet wird, die mit den Eroberungen Alexanders beginnt und 31 v. u. Z. mit der Eroberung Ägyptens, des letzten hellenistischen Staates, durch Rom endet. Epikur von Samos verlegte seine in Mytilene auf Lesbos gegründete Schule im Jahre 306 nach Athen, wo sie auch „der Garten“ genannt wurde. Die von Zenon aus Kition in der Athener „Bunten Halle“ (Poikile stoá) um 300 eröffnete Schule trägt nicht den Namen ihres Gründers; vielleicht aus Rücksicht auf den Eleaten Zenon, von dem die bekannten Bewegungsparadoxien stammten. Stoische und epikureische Schule in einem Atemzug zu nennen, ist insofern berechtigt, als beide in der Philosophie weniger eine Theorie vom Weltganzen als eine allgemeine Richtschnur praktischer Lebensführung sahen und sich daher besonders ethischen Problemen zuwandten. Da wissenschaftliches Erkennen der Wirklichkeit Voraussetzung sittlichen Handelns sei, bildeten Logik, Physik und Ethik die Bestandteile ihrer Philosophien, die in den politisch unsicheren Zeiten Lebenshilfe bieten und dazu befähigen sollten, innere Ruhe und Gelassenheit zu finden. Die „stoische Ruhe", die in jeder Situation klaren Kopf zu behalten bedeutet, ist sprichwörtlich geworden und hat mit intellektueller, nicht mit religiöser Bewältigung des Schicksals zu tun. Dennoch übernahm später das Christentum gerade von der Stoa manche massenwirksame These, z. B. die von der Gleichheit aller Menschen einschließlich der „Barbaren" (Ausländer) und Sklaven. Bezeichnend für eine Zeit verbreiteter Mutlosigkeit war auch die Empfehlung Epikurs, im Verborgenen zu leben und sich möglichst nicht politisch zu engagieren. Die Krone des Seelenfriedens sei unvergleichbar wertvoller als leitende Stellungen im Staate. Sein naturphilosophisches Vorbild Demokrit hatte die Akzente noch anders gesetzt, wenn er es vorzog, „lieber einen einzigen ursächlichen Zusammenhang zu finden, als den Perserthron zu gewinnen" (D.-K. 68 B 118). Die Platoniker neigten zu größerer politischer Aktivität; so hatte Platon wenigstens versucht, wenn auch ohne Erfolg, seine Vorstellungen vom idealen Staat auf Sizilien zu verwirklichen. Gefragt waren aber solche Lehren, die dem Menschen die Anpassung an die gegebenen Verhältnisse erleichterten. Und so verwundert es nicht, daß die Römer Stoizismus und Epikureismus begeistert aufnahmen.

Über das Anliegen von Philosophie und Wissenschaft, das in der Einrichtung eines „naturgemäßen", die Gesetzmäßigkeiten der Natur, der Gesellschaft und des Denkens berücksichtigenden Lebens bestehe, herrschte zwischen beiden Schulen zwar Einigkeit, aber die Ansichten über diese Gesetzmäßigkeiten selbst gingen weit auseinander. Während die Epikureer an die Atomlehre Leukipps und Demokrits anknüpften, die Vielzahl verschiedenartigster Welten annahmen und die Götter in den Intermundien (Zwischenwelten) als glückliche Wesen ohne irgendwelchen Einfluß auf das Naturgeschehen leben ließen, hielten die Stoiker die Existenz nur einer Welt für möglich, die kontinuierlich mit Stoff erfüllt sei und von einem alles durchdringenden Pneuma in Form einer Kugel zusammengehalten werde. Sie setzten die materielle Welt faktisch mit Gott gleich; er sei auch in den Abwässern. Waren nach Epikureischer Ansicht die Sinneswahrnehmungen sämtlich wahr, die Gestirne seien z. B. so groß wie sie uns erscheinen (!), so kam im stoischen Verständnis Wahrheit, die Übereinstimmung von Erkenntnis und Wirklichkeit bedeute, lediglich Aussagen zu. Und berücksichtigten die Stoiker die Ergebnisse der mathematischen Astronomie, so bekämpften die Epikureer die mathematische Naturbetrachtung mit ebensolcher Heftigkeit wie den offiziellen Gottesglauben. Philodemos, der Epikur als „unseren Retter" pries, ging so weit, zwischen „Philosophen" und „Idioten" zu unterscheiden und den nichts von der Epikureischen Heilslehre verstehenden Fachidioten in die Nähe des unvernünftigen Tieres zu bringen, indem er namentlich Eudoxos von Knidos „größtes Kamel" unter den „Anti-Logikern" (d. h. Dialektikern) nannte.[23] Das antike Sprichwort, an das man in diesem Zusammenhang denken muß, nämlich selbst ein räudiges Kamel könne mehr Lasten tragen als viele Esel, mildert nur die Schärfe des Ausdrucks, der den Gegensatz von Philosophie und Wissenschaft in jener Zeit drastisch artikulierte.

Die Differenzen zwischen den Schulen waren sowohl in erkenntnistheoretischen Grundfragen als auch in Fachfragen gravierend. Viele Gelehrte der hellenistischen Periode und der römischen Kaiserzeit (31 v. u. Z. bis 476 u. Z.) äußerten sich verächtlich über den ewigen Meinungsstreit unter den Griechen im allgemeinen und unter den Philosophen im besonderen. Daß aber deren auseinandergehende Ansichten keinen Grund bilden dürften, auf die Philosophie zu verzichten — bei dieser Auffassung würde nämlich das ganze Leben versagen —, betonte bereits der Stoiker Poseidonios.

Während Athen also mit der Akademie, dem Peripatos, dem Garten Epikurs und der Stoa das philosophische Zentrum blieb, entstand in Alexandreia, der 331 v. u. Z. von Alexander dem Großen am Nildelta gegründeten Stadt, eine Forschungsinstitution, an der astronomische, mathematische, geographische, historisch-philologische, medizinische, technische und andere Fachstudien betrieben wurden. Die Ptolemaierdynastie wählte diese Stadt zu ihrer Hauptstadt und eröffnete hier im 3. Jh. v. u. Z. das Museion mit seiner berühmten Bibliothek. Rechtlich gesehen handelte es sich — anders als bei den Philosophenschulen, die private Stiftungen genossenschaftlichen Charakters waren — um eine staatliche Institution, an der sogar Gehälter gezahlt wurden. Am Museion, zu dessen geistigen Vätern Theophrast und Straton zählen, wirkte eine Vielzahl hervorragender Fachgelehrter, unter ihnen Euklid, Eratosthenes, Heron und Ptolemaios. Wegen der besonderen Bedeutung dieser Lehr- und Forschungsstätte spricht man statt von der hellenistischen auch von der alexandrinischen Periode. Wer wie Archimedes oder Apollonios hier studiert hatte, blieb gewöhnlich mit ihr weiterhin in Verbindung. Nach über 500jährigem Bestehen fiel das Museion den Auseinandersetzungen zwischen „Heiden" und Christen zum Opfer.

Für die Entwicklung der antiken Wissenschaft ist nicht einfach nur kontinuierliche Erweiterung und Vertiefung des Wissens, sondern auch einschneidender Wandel festzustellen. Neben Fortschritten gab es Stagnation, Verfall und Rückschritte. Die Spätantike brachte es über kommentierende Literatur, lehrbuchartige Abrisse, Enzyklopädien und Lexika nicht mehr hinaus. Die Gegensätze zwischen den alten Autoren und Schulen wurden möglichst nicht berührt oder ausgeglichen, z. B. um antikes Wissen für das Christentum retten zu können. Wieviel dabei an richtiger Einsicht verlorenging, sieht man schon am Beispiel des Kirchenvaters und seinerzeit berühmten Schriftstellers Laktanz, der diejenigen verspottete, die von der Kugelgestalt der Erde überzeugt waren.

23 Vgl. Philodemos, Über die Götter. Erstes Buch, Text und Erläuterung von H. Diels, Berlin 1916 (unveränderter fotomechanischer Nachdruck Leipzig 1970), S. 83/84.

Welchen Sinn wir dem Studium der alten Geschichte geben oder was wir im einzelnen aus der Geschichte überhaupt lernen können, hängt von den in der Gegenwart herrschenden Verhältnissen ab. Wie diese aber auch beschaffen sein mögen, man muß beide, die Gegenwart und die Vergangenheit, zur Kenntnis nehmen. Und wenn wir uns dabei dem Ausspruch Heraklits anschließen, „das Denken ist der größte Vorzug, und die Weisheit besteht darin, die Wahrheit zu sagen und nach der Natur zu handeln, auf sie hinhörend" (D.-K. 22 B 112), dann spricht das sicherlich nicht nur für den großen Dialektiker der Antike, sondern auch für unsere Gegenwart.

JOACHIM TRIPOCZKY

Zur Herausbildung und Entwicklung der Molekulargenetik in den 20er und 30er Jahren unseres Jahrhunderts

Die Analyse der Anfänge einer Forschungsrichtung, des Stadiums vor ihrer Etablierung, gewährt Einblicke in den Gang der Entwicklung einer Naturwissenschaft. Das betrifft u. a. Antworten auf wissenschaftstheoretisch bedeutsame Fragen wie die nach der Bedeutung experimenteller und theoretischer Voraussetzungen für die Aufnahme neuer Ideen durch eine wissenschaftliche Gemeinschaft, danach, wie solche Ideen für andere Wissenschaftler Bedeutung gewinnen. Zugleich sind damit auch wissenschaftspolitisch relevante Fragen berührt, wie die nach den Möglichkeiten der Einschätzung, die Körperschaften haben, die wissenschaftsleitend oder wissenschaftsfördernd tätig sind.

Die Analyse der Vorläufer einer neuen Forschungsrichtung erscheint vor allem dann aufschlußreich, wenn die Entwicklung in einer Zeit einschneidender Umgestaltungen der gesellschaftlichen Bedingungen einsetzt und mit Wandlungen epochenspezifischer Erklärungsmuster verbunden ist.

Betrachtet man unter solchen Gesichtspunkten die Geschichte der Molekulargenetik, dann ist als ihr eigentliches Geburtsjahr 1952 zu betrachten, in dem A. D. Hershey und M. Chase nachwiesen, daß bei der Vermehrung von Coli-Phagen der DNA die entscheidende Bedeutung zukommt.[1]

Die Vorgeschichte der Molekulargenetik reicht jedoch weit zurück. Auf ihre Entwicklung wirkte eine Vielzahl von Einflüssen und Bedingungen, die den Resultaten dieser Entwicklung nicht mehr anzusehen sind. Dazu gehören sowohl die individuellen Voraussetzungen der maßgeblich an dieser Entwicklung Beteiligten und die experimentellen Techniken und Geräte als auch die gesellschaftlichen Wandlungen, die begünstigten, daß überkommene Erklärungsmuster in Frage gestellt und neu überdacht werden konnten.

Solche Einflüsse darzustellen, bildet das Anliegen des folgenden Aufsatzes. Ausgehend von Vorschlägen über die weitere Entwicklung der Genetik, die H. J. Muller bereits 1921 unterbreitet hatte, sollen zunächst einige theoretische und experimentelle Entwicklungen dargestellt werden, die Voraussetzungen für den

1 Vgl. A. D. Hershey/M. Chase, Unabhängige Funktion von Virusprotein und Virusnukleinsäure bei der Vermehrung von Bakteriophagen, neu abgedruckt in: Molekulargenetik. Beiträge zu ihrer Entwicklung, ausgewählt, eingeleitet und kommentiert durch E. Geißler, Leipzig 1975, S. 64—78.

Durchbruch zur Phagengenetik waren. Wir werden versuchen, die Auffassung zu belegen, daß experimentell arbeitende Naturwissenschaftler sich vorwiegend Annahmen zu eigen machen, deren experimentelle Prüfung möglich erscheint: Sie wenden sich Problemen zu, für deren Lösung eine gewisse Wahrscheinlichkeit besteht.

Wir versuchen weiter zu zeigen, daß die Herausbildung der Phagengenetik mit einer „Umformung der Beschreibung der Naturphänomene“[2] zusammenhängt, die in der zweiten Hälfte der 20er Jahre von der Entwicklung der Physik hervorgebracht wurde. Die daraus folgenden Wandlungen in den Erklärungsidealen der Naturwissenschaftler ermöglichten erst eine Präzisierung des Genbegriffs, die uns heute als eine Vorstufe für den Übergang zu genetischen Experimenten mit Viren erscheint.

Im folgenden werden die vorstehenden Annahmen am Material der Genetik, der Strahlenbiologie und der Virologie geprüft.

Indem die neue Physik ein tieferes Naturverständnis hervorbrachte, eröffnete sie auch der Genetik neue Möglichkeiten. Sie konnten nur durch Forscher erkannt und verwirklicht werden, deren Werdegang und Lebensziele so beschaffen waren, daß die Substanz der Vorschläge Mullers personale Bedeutsamkeit erlangen konnte. Besonderes Interesse gilt den Bedingungen, unter denen sich die Motivation eines theoretischen Physikers entwickelt, genetische Probleme zu bearbeiten.

Die bereits erwähnten Erwägungen H. J. Mullers über die weitere Entwicklung der Genetik wurden im Dezember 1921 auf einem Genetikerkongreß in Toronto unter dem Titel „Durch Veränderungen einzelner Gene bedingte Variationen“[3] vorgetragen. Es war Mullers Ziel, einige Hauptprobleme der Genetik, wie er sie zu jener Zeit sah, zu präzisieren und Möglichkeiten ihrer Bearbeitung zu erörtern. Gene waren für ihn ultramikroskopische Partikel, die die Zelle, ihre Substanzen, Strukturen und Aktivitäten beeinflussen. Über die Zellwirkungen steuern die Gene den gesamten Organismus. Die für Muller hervorstechendste Eigenschaft der Gene ist ihre Fähigkeit zur Selbstvermehrung. Dieser Vorgang erfolgt so, wie das aus der Chemie über die Autokatalyse bekannt war. Wenn die Struktur des Gens durch „zufällige Variationen“ verändert wird, werden auch die katalytischen Fähigkeiten des Gens so verändert, daß es autokatalytisch bleibt. Die Haupteigenschaften des autokatalytischen Mechanismus müssen in der Struktur des Gens liegen.

Muller sah das Hauptproblem der Genetik in der Frage nach dem allgemeinen Prinzip der Genkonstruktion und damit in der Frage nach der physikalischen Grundlage der autokatalytischen Eigenschaft des Gens. Er schlug vor,

2 N. Bohr, Wirkungsquantum und Naturbeschreibung, in: Die Naturwissenschaften, 26/1929, S. 483—486.

3 Mullers Arbeit wurde neu abgedruckt in: E. A. Carlson, Gentheorie, Stuttgart 1971, S. 97—109.

Mutationen an einzelnen Genen zu untersuchen. Das bedeutete, daß die Bedingungen, unter denen Mutationen entstehen, experimentell geprüft werden müßten.

Schließlich erwog Muller die Möglichkeit, für die Untersuchung dieser Fragen Bakteriophagen als Modelle zu nutzen. Nach Mullers Ansicht besäßen sowohl Bakteriophagen als auch Gene die Eigenschaft der Mutabilität: „Wenn ... diese D'Herelle-Körperchen wirklich Gene sind, die im Grundsätzlichen den Genen auf unserem Chromosom gleichen, würden sie uns einen außergewöhnlichen Ansatz geben, von dem aus das Problem des Gens angegangen werden kann. Sie sind filtrierbar, bis zu einem gewissen Grade isolierbar, können in Reagenzgläsern gehandhabt werden und ihre Eigenschaften, wie ihre Wirkungen auf Bakterien zeigen, können nach Behandlungen studiert werden ... (wir) müssen im Augenblick bekennen, daß es keine bekannte Unterscheidung zwischen ihnen und den Genen gibt. Müssen wir Genetiker Bakteriologen, physiologische Chemiker, Physiker werden und gleichzeitig Zoologen und Botaniker bleiben? Laßt es uns hoffen."[4]

Mullers Vorschläge waren durch zwei Grundüberzeugungen geprägt: Gene sind die Grundlage des Lebens, und genetische Probleme können mit den Mitteln der Physik und der Chemie vollständig gelöst werden. Diese Überlegungen bildeten die Basis eines Programms, das von Muller in den folgenden Jahren vor allem durch den Einsatz von strahlenphysikalischen Methoden verfolgt wurde. Unter dem Gesichtspunkt der weiteren Entwicklung war der Vorschlag, in Genen Moleküle im physikalischen Sinne zu sehen, besonders wichtig. Es wird sich nämlich am tatsächlichen Ablauf der Entwicklung zeigen, daß die Definition des Gens im Sinne der Quantenphysik eine Art vorbereitender Stufe für die genetische Arbeit mit Mikroorganismen war. Mit dem Vorschlag, Phagen als Objekte für genetische Experimente zu nutzen, sagte Muller eine Entwicklung voraus, die erst mehr als fünfundzwanzig Jahre später von der wissenschaftlichen Gemeinschaft der Genetiker akzeptiert wurde: Phagen und andere Mikroorganismen hatten Drosophila als Objekt der Genetik abgelöst.[5]

Diese Vorstellungen Mullers waren im Dezember 1921 nicht mehr als die Meinung eines anerkannten Genetikers über den weiteren Gang der Forschung. Er selbst charakterisierte sie angesichts des erreichten Standes als notwendige Spekulation. Und E. A. Carlson, Herausgeber der „Gentheorie" und Verfasser einer Biographie Mullers, nennt dessen Vorstellung „eine phantastische Vision einer biochemischen biophysikalischen Analyse von Genen und Viren".[6]

H. J. Mullers Vorschlag, in Bakteriophagen Modelle für die experimentelle Arbeit mit Genen zu sehen, blieb zunächst ohne Resonanz. Soweit das zu überblicken ist, taucht der Gedanke, mit Viren genetisch zu arbeiten, in einer

4 Ebenda, S. 108.

5 Vgl. M. Demerec, Foreword, in: Cold Spring Harbor Symposia on Quantitative Biology, Vol. XVI, Genes and Mutations, New York 1951.

6 Vgl. E. A. Carlson, Gentheorie, a. a. O., S. 97.

Abhandlung über Tabakmosaikviren im Jahre 1923 wieder auf.[7] Es ist jedoch nicht erwiesen, daß die Autoren Mullers Arbeit kannten.

Mullers Äußerungen ließen sich jedoch, soweit sie eine Fortführung, Ergänzung und Präzisierung des Gen-Begriffs betrafen, in die Auffassungen der Drosophila-Gruppe einordnen, die T. H. Morgan 1919 in seinem Buch „Die stoffliche Grundlage der Vererbung" vertreten hatte.

Für die meisten Genetiker waren aber die Konsequenzen, die Muller in bezug auf die physikalische Natur des Gens gezogen hatte, nicht ohne weiteres akzeptabel. Die Physik war der Genetik eher etwas Äußerliches: erstrebenswert, was die formelle Strenge ihrer Aussagen anging, jedoch für die Erklärung genetischer Phänomene nicht relevant.

1. Die Rolle experimenteller Techniken bei der Herausbildung der Molekulargenetik

Die weitere Entwicklung zeigt, daß für die Prüfung der Annahme Mullers bezüglich der Bakteriophagen vor allem die Entwicklung neuer Methoden, Geräte und experimenteller Techniken erforderlich war. Sie erfolgte über einen längeren Zeitraum in verschiedenen wissenschaftlichen Spezialgebieten. Eine wissenschaftliche Hypothese wurde Mullers Vorschlag erst, als Phagen durch die sichere Identifizierung wesentlicher Merkmale als Objekte genetischer Forschung etabliert und die dahin führenden Methoden standardisiert waren. Deshalb soll zunächst auf einige, u. E. wesentliche Fortschritte in der experimentellen Bakteriophagenforschung hingewiesen werden.

F. d'Herelle hatte in seinem 1922 in deutscher Sprache erschienenen Buch „Der Bakteriophage und seine Bedeutung für die Immunität"[8] ausführlich über eine Entdeckung berichtet, die er 1917 in einem französischen Lazarett bei einer Ruhr-Epidemie gemacht hatte. Er hatte beobachtet, daß eine unbekannte Substanz in der Lage war, Shiga-Bazillen (die Verursacher der bazillären Ruhr) aufzulösen. Er nannte diese Substanz zunächst „lytisches Prinzip". D'Herelle wies nach, daß dieses Prinzip sich vermehrte und äußerlich sichtbare Formen annahm (kreisrunde Löcher auf einem Rasen von Ruhrbazillen).

D'Herelle zufolge konnte das lytische Prinzip nach folgenden Merkmalen identifiziert werden: Es sei ein Stoff, der Bakterien (Ruhrbazillen) auflöst; er ist durch Chamberland-Kerzen filtrierbar; er verliert seine biologische Wirksam-

7 Vgl. B. M. Duggar, Indications respecting the nature of the infective particles in the mosaic disease of tobacco, in: Annales of the Missouri botanical Garden, 10/1924, S. 191—212 (so zitiert bei A. P. Waterson/L. Wilkinson: An Introduction to the History of Virology, Cambridge—London—New York—Melbourne 1978, S. 120).

8 Vgl. F. d'Herelle, Der Bakteriophage und seine Bedeutung für die Immunität, Braunschweig 1922.

keit, wenn er eine Stunde auf 60° erhitzt wird; er ist fortzüchtbar; er zeigt Mutationen. Daraus wurde geschlossen, es handele sich um ein lytisches Ferment, das von einem Lebewesen gebildet wird. Dieses Lebewesen müßte bei jeder Passage von selbst neu entstehen und ein Parasit der Bakterien sein. Die experimentellen Resultate waren jedoch nicht sicher reproduzierbar, sie ließen unterschiedliche Deutungen über die Natur des beobachteten Phänomens zu.[9] Zunächst veranlaßten d'Herelles Erfahrungen, die Bakterien auflösenden Parasiten als Mittel zur Therapie bakterieller Infektionen zu nutzen.[10]

Sogleich nach d'Herelles Entdeckung setzte eine kontroverse Diskussion über die Natur des von ihm entdeckten Phänomens ein. Die Frage, die die Experimentatoren beschäftigte, lautete: Wird das d'Herelle-Phänomen, die Auflösung von Bakterien, durch ein Autolysin hervorgerufen, das von den Bakterien selbst produziert wird oder ist ein autonomes Wesen, das als Parasit von den Bakterien lebt, der Verursacher der Bakterienlyse? Diese Frage ließ sich in den 20er Jahren experimentell nicht entscheiden. Man war nicht in der Lage, mit Sicherheit nachzuweisen, daß die Substrate, mit denen gearbeitet wurde, frei von dem lytischen Agens waren. Es gab noch keine Möglichkeit, beimengungsfreie, konzentrierte Phagensuspensionen herzustellen. Für die Bewältigung dieser Schwierigkeit fehlten experimentelle Voraussetzungen, besonders hochtourige Zentrifugen.

Dieser Stand der Dinge macht deutlich, daß Mullers Hinweis 1921 noch keine hinreichende theoretische und experimentelle Basis hatte. Um seiner Voraussage folgen zu können, waren in der Virologie erst Voraussetzungen zu schaffen, die Fortschritte in der experimentellen Arbeit ermöglichten. Einige sollen im folgenden wenigstens genannt werden.

Insbesondere waren es die Verbesserungen der Zentrifugen, die etwa seit 1925[11] die Reinigung von Phagen-Lösungen ermöglichten. Die Viren werden von Begleitstoffen getrennt und damit der chemischen Analyse zugänglich. Verdienste um die Verfeinerung der Zentrifugation von Viren hatte u. a. M. Schlesinger.[12]

Des weiteren wurden die Filtrationsmethoden verfeinert. Eine Voraussetzung dafür wurde durch H. Bechhold geschaffen, der eine umfassende Charakterisierung der Filter erarbeitete.[13] Nun konnte die Größe von Partikeln genauer bestimmt werden.

9 Vgl. dazu u. a. Topley and Wilson's Principles of Bacteriology and Immunity, 3rd ed. revised by G. S. Wilson/A. A. Miles, London 1948.

10 Vgl. dazu F. d'Herelle, Le Choléra (Pathologie et Thérapeutique, Epidémiologie et Prophylaxie), in: 1. Congrés International de Microbiologie, Paris 1930, T. 1, S. 432—437.

11 Vgl. G. Schramm, Biochemie der Viren, Berlin (West)—Göttingen—Heidelberg 1954.

12 Vgl. M. Schlesinger, A New Centrifuging Technique with greatly increased effect, in: International Society for Microbiology — Second International Congress for Microbiology, London 1937, S. 88.

13 Vgl. H. Bechhold, Détermination des Dimensions des Virus Subvisibles, in: Second International Congress for Microbiology, a. a. O., S. 403—406.

Zu den wesentlichen Fortschritten gehörte ferner, daß es gelang, durch 10^{-7}-fache Verdünnung den Virus-Ertrag eines Bakteriums zu bestimmen. Das setzte die Herstellung eines einzigen Phagen-Bakterien-Komplexes voraus.[14]

Wesentlichen Anteil an der Entwicklung experimenteller Voraussetzungen hatte die Entwicklung von Nährböden, die die Entstehung größerer Plaques begünstigen. Es gelang A. Gratia, eine Agar-Schicht zu entwickeln, auf deren Oberfläche sich ein dichter Rasen bilden kann. Das war eine entscheidende Verbesserung der Möglichkeit, Phagen quantitativ zu bestimmen und zugleich eine adäquate Methode zur Isolierung von Viren als Nachkommen eines einzigen Viruspartikels.[15]

Neben der Verbesserung der Trübungsmessung[16] war das Elektronenmikroskop eine bedeutende Bereicherung der experimentellen Möglichkeiten. Manfred v. Ardenne berichtete 1940 über erste Aufnahmen von Viren, die im Frühjahr 1938 gemacht worden waren.[17]

Schließlich brachten erst die von M. Delbrück, E. L. Ellis, S. E. Luria, A. D. Hershey, Th. F. Anderson und A. H. Doerman Ende der 30er bis Mitte der 40er Jahre verfeinerten Phagen-Experimente die Gewißheit, daß Bakteriophagen als Modelle für Gene geeignet sind.[18]

Die hier angeführten Geräte und Methoden sind nur Beispiele für die Entwicklung der experimentellen Arbeit mit Bakteriophagen. Dieser Prozeß erstreckte sich über fast fünfundzwanzig Jahre; an ihm waren Forscher aus mehreren Ländern, u. a. aus Frankreich, Belgien, England und Deutschland beteiligt. Auch heute ist schwer zu entscheiden, ob die Entwicklung hätte rascher vorangehen können, ob nicht konzentrierte Bemühungen ab Mitte der 30er Jahre eher zu einer Aufklärung von Einzelheiten des Vererbungsgeschehens geführt hätten.

Der faschistische Krieg unterband etwa von 1940 an jegliche Möglichkeiten der Kommunikation zwischen Forschern in Europa, z. B. zwischen E. und E. Wollman im Pasteur-Institut Paris und M. Delbrück und seinen Mitarbeitern

14 Vgl. M. Schlesinger, Some information concerning the number of phage particles arising from the union of a single bacterium with one phage element, in: Second International Congress for Microbiology, a. a. O., S. 78.

15 Vgl. A. Gratia in: Annales de l'Institut Pasteur, 57/1936, S. 652 (so zitiert bei M. Delbrück, Experiments with Bacterial Viruses [Bacteriophages], in: Harvey Lectures, Vol. 41 [1946], S. 166).

16 Vgl. M. W. Jennison, A Note on the Richards-Jahn Photoelectric Nephelometer, in: Journal of Bacteriology, 1/1934, S. 107—109.

17 Vgl. M. v. Ardenne, Elektronenübermikroskopie, Berlin 1940; S. E. Luria/M. Delbrück/T. F. Anderson, Electron Microscope. Studies of Bacterial Viruses, in: Journal of Bacteriology, Vol. 46, 1/1943, S. 57—67; vgl. ferner die Arbeiten von G. A. Kausche, H. Ruska und E. Pfankuch, in: Die Naturwissenschaften, 28/1940 und 29/1941.

18 Eine Zusammenfassung mit Hinweisen für Phagen-Experimente gibt M. Delbrück, Über Bakteriophagen, in: Die Naturwissenschaften, 10/1947, S. 301—306.

in den USA. So erhielt M. Delbrück erst nach 1945 Kenntnis von den Experimenten A. Lwoffs und A. Audureaus zum Prinzip der Überlagerung bei Mutationen.[19] Mit dem erzwungenen Abbruch der Kommunikation war eine der wichtigsten Voraussetzungen für einen raschen Fortschritt der experimentellen Arbeiten nicht mehr gegeben. Erst auf dem Cold-Spring-Harbor-Symposium von 1946 trafen Forscher aus Europa und den USA wieder zusammen.[20]

Die Entwicklung der Molekulargenetik zeigt: Für experimentierende Naturwissenschaftler werden neue Ideen erst diskutabel, wenn die Möglichkeit besteht, diese in experimentelle Fragestellungen umzuwandeln. Diese Möglichkeit ist erst gegeben, wenn die dazu erforderlichen Geräte und experimentellen Verfahren zur Hand sind. Ist das noch nicht der Fall, können neue Ideen, die sich nicht in ein bestätigtes Wissen einordnen lassen, dem vorwiegend experimentell arbeitenden Forscher als bloße Spekulation erscheinen. Andererseits aber bilden neue Ideen der genannten Art eine stille Reserve für den Fortschritt der Wissenschaft. Erst rückblickend, wenn eine Entwicklung abgeschlossen ist und Schritt für Schritt rekonstruiert werden kann, zeigt sich ihre Bedeutung als eine Entwicklungsmöglichkeit, für deren Verwirklichung wesentliche Bedingungen noch nicht gegeben waren.

2. Entwicklungen in der Genetik und der Strahlenbiologie in ihrer Bedeutung für die Entstehung der Molekulargenetik

Zu der Zeit, als H. J. Muller seinen Vortrag in Toronto hielt, war die Entwicklung der Genetik vor allem durch Arbeiten der Gruppe um Th. H. Morgan geprägt, der auch Muller angehörte. Morgan hatte Drosophila in die experimentelle genetische Arbeit eingeführt.[21] In diesen Experimenten hatte sich die Chromosomentheorie der Vererbung bewährt. Den von G. Mendel entdeckten Grundprinzipien der Vererbung (Uniformität der F_1-Bastarde, Spaltung und freie Kombination)[22] waren weitere Prinzipien hinzugefügt worden: die Koppelung der in einem Chromosom lokalisierten Gene; der Faktorenaustausch; die begrenzte Anzahl von Koppelungsgruppen und, als Kernstück der Analyse-

19 Vgl. dazu M. Delbrück, Experiments with Bacterial Viruses (Bacteriophages), in: Harvey Lectures, a. a. O., S. 184.

20 Vgl. dazu u. a. A. Lwoff, Der Prophage und ich, in: Phagen und die Entwicklung der Molekularbiologie, Berlin 1972, S. 97.

21 Zur Arbeitsweise der Morgan-Gruppe siehe u. a. E. A. Carlson, The Drosophila Group: The Transition from the Mendelian Unit for the Individual Gene, in: Journal of the History of Biology, 1/1947, S. 31—48; G. E. Allen/T. H. Morgan, The Man and His Science, Princeton 1978.

22 So bei T. H. Morgan, The Physical Basis of Heredity, zitiert bei: A. Barthelmess, Vererbungswissenschaft, in: Orbis Academicus — Problemgeschichten der Wissenschaft in Dokumenten und Darstellungen, Freiburg—München 1952, S. 249.

Ergebnisse, die lineare Anordnung der Gene im Chromosom. Chromosomen wurden als unabhängige Einheiten im Keimplasma charakterisiert. Sie galten nun aber nicht mehr als die letzten Elemente, die aus dem Keimplasma ausgesondert werden können. Die Existenz von Genen war für Morgan und seine Gruppe direkt aus den Ergebnissen der Genetik ableitbar.

Ein Gen war „ein gewisses Quantum Chromosomensubstanz . . . , das sich von dem Chromosom, in dem es liegt, zu trennen und durch ein entsprechendes Stück (u. kein anderes) des homologen Chromosom ersetzt zu werden vermag."[23] Die Vorstellung vom Gen als einem sehr kleinen Teil des Chromosoms erschien berechtigt. Über die Größe von Genen gab es jedoch noch keine Vorstellung.

1926 faßte Th. H. Morgan in seinem Buch „Die Theorie des Gens" die Resultate intensiver experimenteller Arbeit seiner Gruppe zusammen. Die aus den experimentellen Resultaten gewonnenen Grundsätze gestatteten Morgan zufolge u. a., genetische Probleme auf streng zahlenmäßiger Basis zu behandeln und mit großer Genauigkeit vorherzusagen, was in jeder gegebenen Situation geschehen werde.

Die Arbeiten der Drosophila-Gruppe zur Theorie des Gens gelten heute als der Anfang der modernen Genetik.[24] Morgan war überzeugt, mit seinen Aussagen ein den Theorien der Physik und Chemie analoges Niveau erreicht zu haben. Vor allem hinsichtlich der Vorhersagegenauigkeit erfülle sie alle Erfordernisse einer wissenschaftlichen Theorie in vollem Sinne.[25] Er war, wie er meinte, damit seinem Ziel, aus der Genetik eine exakte Wissenschaft zu machen, beträchtlich näher gekommen.[26] Morgan sprach deshalb auch von Vererbungsgesetzen und betonte, das geschehe in dem gleichen Sinne, in dem man in der Physik die fundamentalen Verallgemeinerungen als Gesetze bezeichnet.

Schon aus dieser sehr groben Skizze mag deutlich geworden sein, daß Morgan mit seiner Theorie des Gens einem bestimmten Ideal der Beschreibung der Natur folgte, dem Ideal der strengen Kausalität im Sinne der klassischen Physik: Die Anfangsbedingungen eines Prozesses bestimmen eindeutig jeden weiteren Vorgang. „Die Lebenserscheinungen werden als einsinnig, der mechanisch gefaßten Kausalität unterstehend, aufgefaßt."[27] Das galt als eine wesentliche Voraussetzung biologischer Naturerkenntnis. Wir verwenden hier „Ideal der Naturbeschreibung" in einem ähnlichen Sinne, in dem S. Toulmin „Erklärungsideal" oder „Ideal der Naturordnung" gebraucht: als Maßstab der

23 A. Barthelmess, Vererbungswissenschaft, a. a. O., S. 251.

24 Vgl. E. A. Carlson, The Drosophila Group, a. a. O., S. 33.

25 Vgl. A. Barthelmess, Vererbungswissenschaft, a. a. O., S. 253.

26 Vgl. ebenda, S. 249.

27 R. Mocek, Mechanismus und Vitalismus, in: Makrokosmos — Mikrokosmos. Philosophisch-theoretische Probleme der Naturwissenschaft, Technik und Medizin, Bd. 2, hg. von H. Ley/ R. Löther, Berlin 1967, S. 326.

„Rationalität und Einsichtigkeit", der eine Theorie zu genügen hat.[28] Dieses Erklärungsideal fügte sich in den Denkstil einer Epoche ein, dessen Auflösung sich jedoch ausgangs des 19. Jahrhunderts mit neuen Entwicklungen v. a. in der Physik bereits abzeichnete.

Mit Morgans Theorie des Gens waren die Grenzen markiert, innerhalb derer die Genetik operieren sollte. Es war die Frage, ob ein tieferes Eindringen in die Vererbungsvorgänge nicht Veränderungen gerade des von Morgan vertretenen Erklärungsideals erforderte, ob seine Verfeinerung nicht eine Voraussetzung für weitere Fortschritte war.

Auf Grenzen des geltenden Erklärungsideals für die Biologie hatte der marxistische Biologie J. Schaxel bereits 1922 in der zweiten, vermehrten Auflage seines 1919 in erster Auflage erschienenen Buches „Grundzüge der Theorienbildung in der Biologie" hingewiesen. Er gelangte bei seiner kritischen Bestandsaufnahme der Situation der zeitgenössischen Biologie zu der Frage, ob das alte Denkschema, das die Biologie der Physik entnommen hatte, nämlich Gesetzmäßigkeiten zu finden, die, J. Schaxel zufolge, als „starr, unabänderlich, allgemeingültig, ewig gedacht" seien, angesichts der Resultate der neuesten Physik aufrecht zu erhalten sei.[29] Er schrieb: „Vielleicht ist die vorsichtige Erwägung am Platze, ob nicht das Verhältnis der Biologie sich geändert hat, nachdem an die Stelle der Mechanik Newtons die Relativitätstheorie Einsteins getreten ist".[30] Im Anschluß an H. Weyl bemerkt er, daß die statistische Physik dabei ist, die Kausalitätsauffassung der klassischen Physik in Frage zu stellen. Möglicherweise erlaube sie, „die vitalen Phänomene anders aufzufassen als es die energetische Grundauffassung der biologischen Theorien versucht hat".[31]

In diesem Zusammenhang muß auch vermerkt werden, daß Morgans Theorie bei deutschen Genetikern nicht auf einhellige Zustimmung traf.[32] Kritisiert wurde die Behauptung, die Erbfaktoren seien ausschließlich im Kern lokalisiert. Das Kernmonopol wurde eingeschränkt durch den Nachweis, daß Erbfaktoren auch im Cytoplasma und in den Plastiden vorhanden sind. Die Diskussion der 20er Jahre konzentrierte sich auf die Frage nach dem Verhältnis zwischen den Genen und den extrachromosomalen Erbfaktoren. Die in Deutschland vorherrschende physiologische Tradition der Genetik trug wesentlich zu der Orientierung auf die extrachromosomale Vererbung bei. Das Bedürfnis war ausgeprägt, ein Ganzheitsprinzip in der organischen Entwicklung zu finden.

28 Vgl. dazu S. Toulmin, Voraussicht und Verstehen. Ein Versuch über die Ziele der Wissenschaft, Frankfurt/M. 1981, S. 68; S. Toulmin, Kritik der kollektiven Vernunft, Frankfurt/M. 1983.

29 J. Schaxel, Grundzüge der Theorienbildung in der Biologie, 2. Aufl., Jena 1922, S. 248.

30 Ebenda.

31 Ebenda.

32 J. Harwood hat der Aufnahme der Morganschen Theorie in Deutschland eine materialreiche Studie gewidmet: The Reception of Morgan's Chromosome Theory in Germany. Inter-War Debate over Cytoplasmatic Inheritance, in: Medizinhistorisches Journal, 1—2/1984, S. 3—32.

Bedenken gegenüber der allgemeinen Gültigkeit der Theorie Morgans wurden auch dadurch genährt, daß sie als mechanizistisch galt. Dazu schrieb O. Renner: „So grob materialistische Vorstellungen konnten wohl nur in Amerika entwickelt werden.“[33] Hier taucht, ausgesprochen von einem Genetiker, die Frage nach nationalen Bedingungen unterschiedlicher Erklärungsmuster auf, die uns im Zusammenhang mit der Entwicklung der Quantentheorie noch beschäftigen wird. Die Vertreter des Kernmonopols waren mit ihren Kritikern in einer Hinsicht einig, im Streben, ihre Theorien dem Erklärungsideal der klassischen Physik zu unterwerfen.

Die Weiterentwicklung der Genetik wurde von einer Forschungsrichtung beeinflußt, die in ihren Anfängen noch keine Beziehung zu genetischen Fragen hatte. Seit Anfang des 20. Jahrhunderts waren Biologen auf die Wirkung von Strahlen, vor allem von Röntgenstrahlen, auf Organismen (Kulturen einzelliger Organismen oder Gameten) aufmerksam geworden. Die zu Beginn der 20er Jahre begonnenen Versuche hatten das Ziel, definierte Änderungen in Zellen zu erzeugen (Hemmung der Zellteilung mit nachfolgendem Zelltod). Ein Phänomen erweckte besonders das Interesse der Biologen: Wurden Zellpopulationen bestrahlt und Dosis-Effekt-Kurven aufgestellt, dann zeigte sich, daß auch bei hohen Strahlungsdosen nicht alle Zellen einer Population getötet wurden. Der Vergleich mit Dosis-Effekt-Kurven bei der Verwendung von Giften (gleichmäßiger Anstieg der Schädigung von schwachen zu starken Dosen; Vorhandensein eines Schwellenwertes, jenseits dessen die Wirkung stets eintritt) forderte dazu heraus, nach der biologischen Wirksamkeit der Strahlung zu fragen.[34] Zunächst wurde versucht, die Tatsache, daß sich kein Schwellenwert ausmachen ließ, durch die biologische Variabilität des beobachteten Materials zu erklären. Diese Erklärung berücksichtigte jedoch nur sehr allgemein die biologische Seite des Phänomens, und sie bezog die physikalischen Eigenschaften der Strahlung nicht in die Betrachtung ein.

Als erster versuchte F. Dessauer, den Verlauf der Dosis-Effekt-Kurven physikalisch zu deuten. Auf Grund statistischer Analysen dieser Kurven schlug er eine „Treffertheorie der biologischen Strahlenwirkung“ vor. Dieser Theorie zufolge gibt es einen „empfindlichen Bereich“; wird er durch Strahlung getroffen, tritt ein biologischer Effekt ein. Dessauers Theorie behandelt die Treffervorgänge als statistisch unabhängige Ereignisse, als Poissonprozesse. Daraus resultiert seine Formel, die den Verlauf der Dosis-Effekt-Kurven in Abhängigkeit von der Trefferzahl deutet: Die Absorption strahlender Energie geht statistisch

33 So zitiert bei H. Kappert, Vier Jahrzehnte miterlebte Genetik, Berlin (West)—Hamburg 1978, S. 46.

34 Einen Überblick über die Entwicklung dieser Forschungen geben N. W. Timoféeff-Ressovsky/K. G. Zimmer, Biophysik, Bd. 1: Das Trefferprinzip in der Biologie, Leipzig 1947; N. W. Timoféeff-Ressovsky/V. I. Ivanov/V. J. Korogodin, Die Anwendung des Trefferprinzips in der Strahlenbiologie, Jena 1972.

vor sich, so daß die Trefferzahl bei gleichzeitig bestrahlten biologischen Einheiten sehr verschieden sein kann. Über den eigentlich interessierenden biologischen Inhalt dieser Vorgänge war mit diesen Vorstellungen noch nichts ausgesagt.

Dessauers Theorie beeinflußte jedoch nachhaltig die weitere Diskussion über diese Frage. Zunächst wurde die Erörterung des physikalischen Phänomens vertieft: Crowther (1924, 1926) zufolge ist ein Treffer ein wohldefiniertes physikalisches Ereignis. Es besteht in der Erzeugung eines Ionenpaares bzw. eines schnellen Elektrons. Die Möglichkeit einer umfassenderen physikalischen Erklärung bot der 1923 von Compton für Röntgen- und Gammastrahlen gefundene Effekt. Comptons Vorstellung führte zu einer Vervollkommnung der Treffertheorie: Der formale Einwirkungskoeffizient wird als Produkt aus der Dosis und einem Volumen, in dem die nötige Zahl von Treffern erzeugt wird, gedeutet.

Eine weitere Schwierigkeit bestand darin, daß die Variabilität der biologischen Objekte in den mathematischen Formalismus einbezogen werden mußte. Allgemein überzeugende Resultate konnten jedoch zunächst nicht erreicht werden. Dies galt auch für Untersuchungen über den Einfluß der Wellenlänge der verwendeten Strahlung auf die biologischen Reaktionen.

Erst die Entwicklung einer exakten Dosimetrie (Strahlendosis als absorbierte Energie pro Masse)[35] im Zusammenhang mit der Vervollkommnung der Röntgenapparate ermöglichte Fortschritte. Dabei kamen Fragen der durch Strahlung ausgelösten Mutationen ins Blickfeld. Durch den Aufbau einer quantitativ exakten Methodik gelang H. J. Muller 1927 ein Durchbruch. Seine Hauptresultate bei Experimenten an Drosophila waren: 1. durch eine Bestrahlung mit Röntgenstrahlen kann die Mutationshäufigkeit um 1—2 Zehnerpotenzen erhöht werden; 2. die Häufigkeit der durch Strahlen induzierten Mutationen nimmt zu proportional zur Strahlendosis.

Wesentlich für unseren Zusammenhang war der Nachweis des statistischen Charakters des Auftretens von Mutationen. Die Mutationsforschung mit Strahlung trug dazu bei, das Denkschema mechanischer Kausalität auch bei den Genetikern zu erschüttern. H. J. Muller zog 1946, anläßlich der Entgegennahme des Nobelpreises, in dieser Hinsicht ein Fazit aus der strahlengenetischen Forschung: Rückblickend betonte er den „zufälligen, quantenhaften Charakter des Ereignisses, das gewöhnlich eine Gen-Mutation auslöst“.[36]

An der Entwicklung der Strahlenbiologie und an der Annäherung zwischen Strahlenphysik und Genetik wird das Wechselverhältnis von Differenzierung und Integration bei der Herausbildung einer neuen Forschungsrichtung unmittelbar einsichtig. In einer ersten Phase der Entwicklung wurde die Strahlen-

35 Zur Dosimetrie siehe u. a. W. Friedrich, Die Beziehungen Bernhard Krönigs zur Biophysik, in: W. Friedrich — Leben und Wirken, Berlin 1963, S. 199ff.

36 H. J. Muller, The Production of Mutations, Nobel Lecture, 1946 (Arbeitsübersetzung, J. T.).

physik zu einer speziellen Forschungsrichtung. Mit der Einbeziehung biologischer Objekte in die Experimente (Kröten- und Kaninchenspermien sowie Pflanzenzellen) wurde die Frage nach dem Einfluß der biologischen Variabilität auf die Versuchsergebnisse unabweisbar und damit eine Zusammenarbeit mit Biologen erforderlich. Diese Phase war durch interdisziplinäre Zusammenarbeit gekennzeichnet, an der auch Mediziner teilnahmen. Mit dem Hinzutreten genetischer Fragestellungen (Auslösung von Mutationen durch Strahlung) verstärkte sich die Tendenz zu interdisziplinärer Zusammenarbeit. Im Zusammenwirken zwischen Physikern, Biologen und Medizinern bildet sich eine Forschungsrichtung heraus, in die Erkenntnisse, Denkweisen und Methoden der beteiligten Disziplinen integriert waren. Diese Forschungsrichtung strebte vor allem die biophysikalische Analyse des Genproblems an. Mit dieser Zielrichtung wurde sie zu einer wichtigen Etappe auf dem Wege zum Übergang von der klassischen zur molekularen Genetik. Diese Entwicklung wurde gefördert durch Diskussionen über Grundfragen des naturwissenschaftlichen Erkenntnisprozesses, an denen sich Vertreter mehrerer Disziplinen beteiligten. Sie förderten die Herausbildung eines neuen Erklärungsmusters, das in der Quantenmechanik seinen konzentriertesten Ausdruck fand.

3. Die Bedeutung der Physik für die Herausbildung der Molekulargenetik

Mit M. Plancks Entdeckung des elementaren Wirkungsquantums war eine Entwicklung in Gang gesetzt worden, die nach der Einschätzung von N. Bohr schließlich zu einer „völlig(en) Umformung der Grundlage der Beschreibung der Naturphänomene“[37] führte. Diese Wandlung wurde zwischen 1925 und 1927 vorläufig abgeschlossen. Ein wesentliches Merkmal dieser Veränderungen, das intensive Diskussionen auch außerhalb der wissenschaftlichen Gemeinschaft der Physiker auslöste, bestand in der Auflösung der Kausalitätsvorstellung, durch die die klassische Physik gekennzeichnet war.

Dieser Vorstellung zufolge erlaubt die Kenntnis des Zustandes eines Systems in einem bestimmten Augenblick (der Lage und der Geschwindigkeit der Materieteilchen), seine künftigen Zustände vorherzusagen: Alle künftigen Veränderungen sind durch die Ausgangsbedingungen determiniert. Nun hatte die Entwicklung der Quantentheorie aber gezeigt, daß eine exakte Festlegung von Partikeln in Raum und Zeit im Rahmen des Formalismus der Quantenmechanik nicht möglich ist.

Der Ablauf eines physikalischen Prozesses besteht aus Elementarprozessen: Ein Atom absorbiert oder emittiert elektromagnetische Strahlung in Form von Quanten, wobei ein Elektron sprunghaft von einem Energieniveau zu einem anderen übergeht. Diese Übergänge lassen sich im Rahmen der klassischen

37 N. Bohr, Wirkungsquantum und Naturbeschreibung, a. a. O., S. 483.

Mechanik nicht erklären. Bestimmt werden kann nur die Wahrscheinlichkeit ihres Auftretens. Die Frage nach dem Ablauf eines Einzelprozesses muß offen bleiben.

Nach M. Born bedeutete „die Entdeckung der Quantengesetze gleichzeitig das Ende des strengen Determinismus ... Auch für den Kausalitätsbegriff gibt es einen übergeordneten allgemeineren Begriff, nämlich den der Wahrscheinlichkeit ... Die Physik entwickelt sich nunmehr zu einer wesentlich statistischen Wissenschaft."[38] Diese Auffassung bedeutete für die beteiligten Physiker jedoch keine Absage an die Überzeugung, daß Naturgesetze existieren. Das hob M. Born ebenso entschieden hervor.[39] Die bedeutendsten Physiker jener Zeit sahen in den durch die Quantenphysik aufgeworfenen Fragen die Möglichkeit, wesentliche Seiten des naturwissenschaftlichen Erkenntnisprozesses vertiefend zu betrachten.[40]

Für unseren Zusammenhang ist weiter wesentlich, daß Experimente gezeigt hatten: Es ist prinzipiell unmöglich, alle Daten eines Zustandes genau zu messen; die Messung einer Größe ist stets mit einer Rückwirkung auf die Meßapparaturen verbunden, die die Messung der komplementären Größe stört. Der Zustand eines Systems kann nicht ohne Einwirkung auf dieses System beobachtet werden. Diese Wechselwirkung zwischen den Objekten und den Meßgeräten hat für die Beschreibung der Quantenphänomene prinzipielle Bedeutung: „Die Unteilbarkeit der Quantenphänomene findet konsequenten Ausdruck darin, daß jede definierbare Unterteilung eine Änderung der Versuchsbedingungen verlangt, die neue individuelle Phänomene und Erscheinungen bringen würde. Somit fällt die Grundlage einer deterministischen Beschreibung fort, und der statistische Charakter der Voraussagen tritt dadurch hervor, daß unter gleichen Versuchsbedingungen im allgemeinen Beobachtungen auftreten, die verschiedenen möglichen individuellen Prozessen entsprechen."[41]

Für die Entwicklung der Genetik war die Quantentheorie, in ihrer Ausgestaltung bis in die 30er Jahre, in mehrfacher Hinsicht bedeutsam:

1. Die weitreichenden Folgerungen, die aus der Entwicklung der Physik gezogen wurden, führten zu heftigen Diskussionen, an denen sich nicht nur Wissenschaftler anderer Disziplinen, sondern u. a. auch Schriftsteller beteiligten. Im Mittelpunkt dieser Diskussionen standen Fragen des Determinismus und der Kausalität.[42]

38 M. Born, Philosophische Betrachtungen zur modernen Physik, in: Physik im Wandel meiner Zeit, Braunschweig 1966, S. 49.

39 Vgl. dazu u. a. M. Born, Über den Sinn der physikalischen Theorien, in: Physik im Wandel meiner Zeit, a. a. O., S. 36.

40 Vgl. A. F. Ioffe, Begegnungen mit Physikern, Leipzig 1967, S. 97.

41 N. Bohr, Die Atomtheorie und die Prinzipien der Naturbeschreibung, in: S. Sambursky, Der Weg der Physik. 2500 Jahre physikalischen Denkens, Zürich—München 1978, S. 702.

42 Vgl. u. a. E. Schrödinger, Über Indeterminismus in der Physik, Leipzig 1932; R. Rietzler, Die Krise der Wirklichkeit, in: Die Naturwissenschaften, 37—38/1928, S. 705—752; L. Fleck, Zur Krise der Wirklichkeit, in: Die Naturwissenschaften, 23/1929, S. 425—430;

Die herkömmlichen Auffassungen wurden in Frage gestellt und schließlich überwunden. Die Resultate der Entwicklung der modernen Physik erzwangen eine Erweiterung der Kausalitätsauffassung; sie ermöglichten eine Kritik an mechanistischen Auffassungen.[43] Zu den kulturellen Bedingungen, die diese Diskussion begünstigten, gehört auch, daß europäische, besonders deutsche Naturwissenschaftler sich einer Tradition verpflichtet fühlten, in der mit der Entwicklung ihrer speziellen Forschungen zusammenhängende philosophische Fragen stets eine Rolle spielten. Sich der Diskussion solcher Fragen zu stellen, gehörte zu den als selbstverständlich angesehenen Grundanforderungen vor allem an Physiker.

In Berlin gab es eine Tradition, daß Natur- und Geisteswissenschaftler 14-täglich zu allgemein interessierenden Diskussionen zusammentrafen. Grundlage waren Vorträge der Beteiligten aus ihren eigenen Forschungsgebieten. Die Wissenschaftler hatten sich dafür eine Institution geschaffen, die sie Mittwochs-Gesellschaft nannten.[44] Bis zu ihrer gewaltsamen Auflösung 1944 gehörte auch W. Heisenberg ihr an. Solche Traditionen erleichterten die Entstehung interdisziplinärer Zusammenarbeit. In der Tradition, auch philosophische Probleme in die Diskussion einzubeziehen, sieht G. Holton ein Merkmal des „deutschen Forschungsstils" in der Physik.[45] Er kann sich dabei auf W. Heisenberg berufen, der sich an ein Gespräch mit dem amerikanischen Experimentalphysiker Barton erinnert, in dem Heisenberg auf die Diskussion hinwies, die die neuen Züge der Atomtheorie in Europa ausgelöst hatten, während er bei den amerikanischen Physikern auf die Bereitschaft traf, die neue Betrachtungsweise „ohne jede Hemmung zu akzeptieren"[46]. Barton hatte, Heisenbergs Darstellung zufolge, erwidert: „Ihr Europäer, und besonders ihr Deutschen, neigt dazu, solche Erkenntnisse so schrecklich prinzipiell zu nehmen . . . Vielleicht macht ihr den Fehler, die Naturgesetze für absolut zu erklären, und ihr wundert euch dann,

R. v. Mises, Über das naturwissenschaftliche Weltbild der Gegenwart, in: Die Naturwissenschaften, 18/1930, S. 885—893; R. v. Mises, Über kausale und statistische Gesetzmäßigkeit in der Physik, in: ebenda, S. 145—153; H. Reichenbach, Das Kausalproblem in der gegenwärtigen Physik, in: Zeitschrift für angewandte Chemie, 1/1929, S. 457/458.

43 Vgl. H. Hörz, Kausalität in Kants Philosophie und in der Quantentheorie, in: Revolution der Denkart oder Denkart der Revolution. Beiträge zur Philosophie von I. Kant, hg. von M. Buhr und T. I. Oiserman, Berlin 1976, S. 202—219; H. Hörz, Zufall, Eine philosophische Untersuchung, Berlin 1980; U. Röseberg, Szenarium einer Revolution. Nichtrelativistische Quantenmechanik und philosophische Widerspruchsproblematik, Berlin 1984.

44 Vgl. u. a. E. Heisenberg, Das politische Leben eines Unpolitischen. Erinnerungen an Werner Heisenberg, München—Zürich 1983, S. 124—126.

45 G. Holton, Heisenberg, Oppenheimer et l'émergence de la Physique moderne, in: La recherche, No. 130, 1982, S. 194.

46 W. Heisenberg, Der Teil und das Ganze — Gespräche im Umkreis der Atomphysik, München 1969, S. 132.

wenn sie geändert werden müssen."[47] Die Forschungstradition, die hier als Hemmnis für die Verbreitung und Durchsetzung neuer Ideen in der Physik charakterisiert wird, erscheint unter unserem Blickwinkel eher als begünstigende Bedingung für die Wissenschaftsentwicklung. Die durch die Entwicklung der Physik verstärkte Hinwendung zur Diskussion philosophischer Fragen zwang zur Überschreitung der Grenzen der eigenen Disziplin, zu einer Ausweitung des geistigen Horizonts. Die Diskussion über Konsequenzen, die sich aus der Entwicklung der Physik ergaben, hatte den Boden dafür bereitet, auch die Auswirkungen für das Verhältnis von Physik und Biologie zu diskutieren, mögliche direkte Folgerungen zu erwägen und nach neuen Wegen zur Bewältigung fundamentaler Probleme der Genetik zu suchen.

2. Die Quantenmechanik ermöglichte den Versuch einer exakten Beschreibung des Gens als Molekül auf der Grundlage innermolekularer Kräfte.

3. Die Quantenmechanik erleichterte den Genetikern den Zugang zu einer probabilistischen Deutung des Vererbungsgeschehens.

4. Beweggründe eines theoretischen Physikers, zur Genetik überzuwechseln

Die ersten Schritte in dieser Richtung, in der Anwendung der Quantenphysik auf die Genetik, unternahm M. Delbrück, ein theoretischer Physiker. Sein Übergang zur Genetik stellt uns vor die Frage, wie die Motivation dafür zustande kam. Die Bereitschaft, von der theoretischen Physik zur Genetik überzuwechseln, wurde u. a. dadurch begünstigt, daß Biologie und vor allem Genetik nach dem Ende des ersten Weltkrieges eine höhere praktische Bedeutung gewonnen hatten. Krieg und Kriegsfolgen führten besonders in Deutschland zu einem Mangel an Nahrungs- und Futtermitteln. Die Züchtung ertragreicher landwirtschaftlicher Nutzpflanzen und Tiere war von allgemeinem Interesse und erfuhr eine entsprechende Unterstützung.[48]

Zur Zeit der Weltwirtschaftskrise wurde die Rockefeller-Stiftung umorganisiert. In das Zentrum ihrer Förderung rückte die Biologie. Es sollte eine „neue Wissenschaft vom Menschen" geschaffen werden, basierend auf dem Interesse an den biologischen Grundlagen menschlichen Verhaltens und seinen „Abweichungen" in der kapitalistischen Gesellschaft. H. J. Mullers Auffassungen über die Zurückführung der Biologie auf Physik und Chemie gaben dieser Zielstellung eine wissenschaftliche Grundlage. Es wurde versucht, eine Antwort auf die Frage zu finden, ob sich auch biologische Grundlagen für die Auslösung revolutionärer

47 Ebenda, S. 133.

48 Vgl. u. a. Ansprache des Preußischen Ministers für Landwirtschaft, Domänen und Forsten, in: Verhandlungen des V. Internationalen Kongresses für Vererbungswissenschaft — Berlin 1927, hg. von H. Nachtsheim, Leipzig 1928, S. 54—58.

Umgestaltungen der Gesellschaft finden ließen. Darin kann vielleicht eine Reaktion auf die Große Sozialistische Oktoberrevolution gesehen werden, mit dem Ziel, Mittel zu finden, solche Prozesse zu verhindern und die angeschlagene kapitalistische Ordnung zu stabilisieren.[49]

Auf welche Weise entwickelte sich bei M. Delbrück das Interesse für Biologie, speziell für Genetik? Das Material, das uns für die Beantwortung dieser Frage zur Verfügung steht, ist allerdings nicht sehr reichhaltig,[50] enthält jedoch sowohl direkt autobiographische Bemerkungen als auch allgemeinere Beschreibungen der Entwicklung seiner wissenschaftlichen Interessen.

Max Delbrück entstammte einer Familie, aus der Gelehrte, Geistliche und Bankiers hervorgegangen waren. Hans Delbrück, M. Delbrücks Vater, war ein bekannter Historiker. Die Herausgabe der „Preußischen Jahrbücher" lag über drei Jahrzehnte in seinen Händen. Er galt als ein Kritiker der Wilhelminischen Ära.[51] So hatte er während des ersten Weltkrieges versucht, gemeinsam mit anderen Gelehrten, den unbeschränkten U-Boot-Krieg zu verhindern.[52] Wie M. Delbrück berichtete, habe sein Vater sich sehr für die Geschichtsphilosophie Hegels interessiert.

In den autobiographischen Ausführungen Delbrücks erwecken folgende Einzelheiten unser besonderes Interesse: Die in seinem Elternhaus gegebene Möglichkeit, u. a. durch vielfältige Kontakte mit anderen, überwiegend geisteswissenschaftlich und künstlerisch orientierten Familien, vielseitige Interessen zu entwickeln. Max Delbrück bildete bereits in früher Kindheit eine starke Leistungsmotivation heraus, ein Streben, im Wettbewerb mit dem älteren Bruder und älteren Kindern befreundeter Familien zu bestehen. Ebenso fällt die frühzeitige Entwicklung großer Selbständigkeit im Urteil auf, die vor allem in der Abgrenzung von der vorwiegend geisteswissenschaftlich orientierten Familie und der Entwicklung naturwissenschaftlicher Interessen hervortrat.

Max Delbrück hatte schon in seiner Kindheit mit astronomischen Beobachtungen begonnen. Er nahm 1924 in Tübingen ein Studium der Astronomie auf.

49 Vgl. R. E. Kohler, A Policy for the Advancement of Science: The Rockefeller-Foundation 1924—1929, in: Minerva, 4/1978, S. 480—515; R. E. Kohler, The Management of Science: The Experience of Warren Weaver and the Rockefeller-Foundation-Programme in Molecular Biology, in: Minerva, 3/1976, S. 279—307; Phina Abir-Am, The Discourse of Physical Power and Biological Knowledge in the 1930s, in: Social Studies of Science, Vol. 12 (1982), S. 341—382.

50 Vgl. Oral History — Max Delbrück — How It Was, in: Engineering and Science, March/April und May/June 1980; M. Delbrück, Ein Physiker betrachtet die Biologie, in: Phagen und die Entwicklung der Molekularbiologie, Berlin 1972; M. Delbrück, Ein Physiker betrachtet erneut die Biologie — 20 Jahre später, in: Wissenschaftliche Welt 14/1970; siehe Nachrufe in: Physikalische Blätter, 4/1982; Naturwissenschaftliche Rundschau, 6/1981; Physics Today, June 1981; Science News, 17/1981.

51 Vgl. H. Delbrück, Ludendorffs Selbstporträt, Berlin 1922.

52 Vgl. F. Herneck, Bahnbrecher des Atomzeitalters, Berlin 1969, S. 409/410.

Seine Studien führten ihn nach Berlin, Göttingen und Bonn. Seiner Einschätzung zufolge war die Astronomie in jenen Jahren in Deutschland in einem schlechten Zustand: Man beschränkte sich auf Beobachtungen und deren Beschreibung. Jedoch bahnte sich während Delbrücks Studienzeit eine Wende zu einer tieferen physikalischen Durchdringung der Beobachtungsergebnisse an. Neue astrophysikalische Theorien wurden entwickelt. Zu ihrem Verständnis benötigte M. Delbrück einiges Wissen über Quantenmechanik. Aus dieser Anforderung folgte ein erster einschneidender Wechsel in seiner wissenschaftlichen Ausrichtung. Seine Dissertation war bereits einem Problem der theoretischen Physik gewidmet. In Göttingen entstand, betreut von M. Born und W. Heitler, eine Arbeit über das Lithiumatom.

Bereits die Wendung zur theoretischen Physik deutet auf einen Zug seines Verhaltens zu wissenschaftlichen Anforderungen, der sich sehr früh in seiner Laufbahn herausbildete: Er war entschlossen, Konsequenzen zu ziehen, Neues zu beginnen, wenn seine eigene inhaltliche Einschätzung ihm das mit dem Blick auf objektive oder subjektive Bedingungen nahelegte. Trotz des Wechsels und trotz des Abschlusses seiner Dissertation blieb bei Delbrück das Gefühl zurück, bisher weder in der Astronomie noch in der Physik etwas geleistet zu haben.[53] Im Interview mit C. Harding sagte M. Delbrück, er hoffte damals, es würde sich etwas ereignen, das er besser bewältigen könnte.[54]

Entscheidend für seine weitere Entwicklung wurde die Begegnung mit N. Bohr, der beharrlich an der Weiterentwicklung der Quantenmechanik arbeitete. Niels Bohr hatte den Gegensatz zwischen klassischen und quantentheoretischen Vorstellungen bis in die Grundlagen der physikalischen Naturbetrachtung vertieft. Er hatte dabei den Begriff „Komplementarität" entwickelt: Welle- und Teilchenbild schließen im klassischen physikalischen Verständnis einander aus; sie ergänzen sich; verwendet man, gemäß unterschiedlichen experimentellen Situationen, abwechselnd beide Bilder, so erhält man eine zutreffende Beschreibung der Realität.[55] Die Möglichkeit, die gleichen Erscheinungen mit vollkommen verschiedenen, einander ausschließenden Bildern zu beschreiben, ohne dabei in logische Widersprüche zu geraten, war „etwas vollkommen Neues in der Naturwissenschaft"[56].

Bedeutung und Grenzen dieser Deutung waren dadurch bestimmt, daß Bohr keine scharfe Markierung zwischen ihrer Verwendung in der Physik und ihrer Anwendung zur Klärung philosophischer Fragen zog: Eine allseitige Beschreibung ein- und desselben Gegenstandes kann verschiedene Gesichtspunkte erfor-

53 Vgl. Oral History — Max Delbrück — How It Was, in: Engineering and Science, March/April 1980, S. 24.

54 Vgl. ebenda.

55 Vgl. W. Heisenberg, Die Kopenhagener Deutung der Quantentheorie, in: ders., Physik und Philosophie, Stuttgart 1959, S. 32/33.

56 M. Born, Philosophische Betrachtungen zur modernen Physik, a. a. O., S. 55.

dern, die eine eindeutige Beschreibung verhindern. N. Bohr sprach folgerichtig von einer „Erschütterung der Grundlagen der Begriffsbildung, auf der nicht nur die klassische Darstellung der Physik, sondern auch unsere gewöhnliche Denkweise beruht“.[57]

Max Delbrück beschrieb seine Reaktion auf die letzten Entwicklungen der Physiker, vor allem auf den Verzicht einer kausalen Naturbeschreibung in Raum und Zeit: Nach seiner Erinnerung war es ein Schock für alle, die sich damit befaßten.[58] Er erinnerte sich daran, daß er I. Kants erkenntnistheoretische Arbeiten studiert habe, um zu erkunden, ob dieser etwas zu den von der Entwicklung der Quantenphysik geschaffenen Möglichkeiten zu sagen habe.[59] Er mußte jedoch feststellen, daß auch die klassische Philosophie wenig zur Erhellung der Situation beitragen konnte. Nach Delbrücks Einschätzung war die Physik in eine erkenntnistheoretische Lage geraten, von der niemand sich hatte träumen lassen.

Die Begegnung mit N. Bohr wurde für Delbrück deshalb so wichtig, weil Bohrs Grundhaltung zur naturwissenschaftlichen Forschung ihm vorbildlich erschien: die durch die Entwicklung der Quantenphysik aufgedeckten Dichotomien nicht zu tilgen versuchen, sondern sich ihnen zu stellen; das resultierende Bild nicht vereinfachen, sondern akzeptieren, daß es unterschiedliche, einander überlagernde Beschreibungen der Wirklichkeit gibt. Bohr erwies sich als ein tiefgründiger Denker, der geradezu versessen darauf war, Widersprüche zu entdecken. J. Franck charakterisierte in einem Gedenkartikel über Bohr als Lehrer und Persönlichkeit, was ihn auszeichnete: „Das Durchdenken der Probleme bis zum Letzten, die unerbittliche Bekämpfung der Selbsttäuschung, den Mut, vor scheinbar unüberwindlichen Schwierigkeiten nicht zurückzuschrecken.“[60]

Für M. Delbrück war zugleich anziehend, daß N. Bohrs Komplementaritätsvorstellung in einem weiten geisteswissenschaftlichen Kontext entstanden war, zu dem die Psychologie von W. James ebenso gehörte wie die Philosophie Hegels oder Kierkegaards.[61]

Bohr bemühte sich gerade in den 30er Jahren, die Komplementaritätsvorstellung auf andere wissenschaftliche Disziplinen, vor allem Biologie und Psychologie, zu übertragen. Seit seiner Jugend hegte er die Hoffnung, tiefliegende Zusammenhänge zwischen allen Wissenschaftsgebieten aufzudecken. Sein Begriff der Komplementarität schien einen Weg zu weisen, die Einheit der Erkenntnis auf seiner Grundlage zu finden.

57 N. Bohr, Wirkungsquantum und Naturbeschreibung, a. a. O., S. 486.

58 Vgl. Oral History — Max Delbrück — How It Was, in: Engineering and Science, March/April 1980, S. 25.

59 Vgl. ebenda.

60 J. Franck, Niels Bohrs Persönlichkeit, in: Die Naturwissenschaften, 9/1963, S. 342.

61 Vgl. G. Holton, Zur Genesis des Komplementaritätsgedankens, in: ders., Thematische Analyse der Wissenschaft, Frankfurt/M. 1979.

Bohr hatte 1932 auf einer Tagung von Biologen einen Vortrag mit dem Titel „Licht und Leben“[62] gehalten. Er folgerte aus der Revision der Grundlagen der Mechanik, daß damit auch ein neuer Rahmen für die Diskussion über die Stellung der Physik zu den Problemen der Biologie geschaffen sei. Für das Verständnis der Lebensvorgänge sind nach Bohrs Auffassung die Gesetzmäßigkeiten der Atomprozesse wesentlich, „die sich einer mechanischen Kausalbeschreibung entziehen und nur mit der komplementären Beschreibungsweise erfaßt werden können . . . Die Erklärung der Eigentümlichkeit der Lebewesen kann sicher nur in ihrer besonderen Organisation gesucht werden, in der typisch atomistische Züge mit mechanisch beschreibbaren Zügen in einem Grade miteinander verwoben sind, der kein Seitenstück in der anorganischen Welt hat.“[63] Vor allem sei zu beachten, daß die Notwendigkeit, ein Untersuchungsobjekt in seiner Ganzheit zu betrachten, es am Leben zu erhalten, eine Untersuchung auf atomarem Niveau ausschließe. Niels Bohrs Vorstellung war, das Komplementaritätsprinzip nicht einfach von der Physik auf die Biologie zu übertragen, sondern es als methodische Analogie fruchtbar zu machen.

Wie Delbrück berichtete, habe Bohr über Komplementarität immer wieder und in bezug auf sehr verschiedene Disziplinen gesprochen. Delbrück nennt Psychologie, Anthropologie, Philosophie und politische Wissenschaften. Bohrs Aussagen waren jedoch nicht sehr präzise. Zum einen war die Grundsituation in diesen Wissenschaften nicht klar, zum anderen war Bohr nicht mit allen genannten Wissenschaften hinreichend vertraut. Seine Ausführungen wirkten auf Delbrück fesselnd und ärgerlich zugleich. In seiner Erinnerung war der Vortrag „Licht und Leben“ für Delbrück jedoch der letzte Anstoß, zur Biologie überzuwechseln.[64] Damit war langfristig eine gravierende Veränderung seines Lebensplanes verbunden. Wird Physik auf Organismen angewandt, bleibt, nach der Auffassung N. Bohrs und M. Delbrücks, ein Rest, der durch sie nicht erklärt werden kann. Der Lebensbegriff erscheint irrational vom Standpunkt der Physik. Die Frage war: Ist dieser Rest durch „neue, andere physikalische Gesetze“ erklärbar? Diese Herangehensweise war streng antireduktionistisch, ganz im Gegensatz zu den Auffassungen Mullers, der davon überzeugt war, daß Physik und Chemie die tiefsten Geheimnisse des Lebens enthüllen würden. So kommt es, daß ein Physiker von einer ganz entgegengesetzten Position aus darangeht, Mullers Hinweise von 1921 aufzugreifen.[65] Noch 1949 sprach M. Delbrück davon, daß N. Bohr der Beziehung zwischen Physik und Biologie eine neue Grundlage gegeben habe: „Anstatt mit der Absicht der Mole-

62 In deutscher Sprache abgedruckt in: Die Naturwissenschaften, 13/1933, S. 245—250.

63 Vgl. ebenda, S. 247—248.

64 Vgl. Oral History — Max Delbrück — How It Was, in: Engineering and Science, March/April 1980, S. 26.

65 Vgl. J. A. Fuerst, The Role of Reductionism in the Development of Molecular Biology, in: Social Studies of Science, Vol. 12 (1982), S. 241—278.

kularphysik auf die Gesamtheit der von der lebenden Zelle dargebotenen Phänomene zu zielen, erwarten wir jetzt, für dieses Vorgehen natürliche Grenzen zu finden und damit inbegriffen neue unberührte Bereiche, in denen Gesetze gelten können, die neue Vorstellungen enthalten . . ."[66]

Die Erwartung, „andere Gesetze der Physik" zu finden, sollte sich als Illusion erweisen, jedoch als eine, die die Entwicklung voranbrachte, indem sie Delbrück zum Übergang in die Biologie motivierte. Sie veranlaßte ihn, sein Wissen als theoretischer Physiker, seinen an der Quantenphysik entwickelten Anspruch an die Exaktheit von Experimenten und Interpretationen in die genetische Forschung einzubringen.

Max Delbrück hat sich 1970 ironisch über die Diskrepanz zwischen Erwartung und Erfüllung geäußert. Damit spielte er auf die eigenartige Verknüpfung von Ziel, Plan und Ausführung an, die in der Geschichte der Wissenschaft immer wieder zu beobachten ist.

Zunächst setzte er jedoch seine Arbeit als theoretischer Physiker fort. Er suchte dazu die Nähe eines biologischen Institutes. Diese Möglichkeit hatte er als Berater für Fragen der theoretischen Physik im Kaiser-Wilhelm-Institut für Chemie in Berlin-Dahlem, damals in unmittelbarer Nachbarschaft zum Kaiser-Wilhelm-Institut für Biologie gelegen. Die Untersuchungen der Abteilung Hahn-Meitner, der M. Delbrück angehörte, galten dem Aufbau des Atomkerns, besonders der Streuung kurzwelliger Gammastrahlen am Atomkern. Max Delbrück hatte aus diesen Untersuchungen eine Habilitationsschrift entwickelt. Ein Hauptteil dieser Abhandlung war der mathematischen Erörterung der Abhängigkeit der Streustrahlung von der Kernladung gewidmet. Die Resultate sind später als „Delbrück-Streuung" bezeichnet worden.[67]

Seine Entscheidung, ganz zur Biologie überzugehen, wurde dadurch erleichtert, daß für seinen Plan, in einem Grenzgebiet zwischen Physik und Biologie zu arbeiten, unter den Bedingungen der Naziherrschaft keine Realisierungsmöglichkeiten bestanden. Hinzu kam, daß W. Pauli scharfe Kritik an Delbrücks theoretischer Deutung der Absorption von Gamma-Strahlung geübt hatte. Einer Darstellung von K. v. Meyenn zufolge, habe M. Delbrück darauf an seinem Talent für die Arbeit als theoretischer Physiker zu zweifeln begonnen.[68]

In den ersten Jahren der Naziherrschaft wurde die theoretische Physik (Relativitätstheorie und Quantenphysik) als „jüdische Physik" bezeichnet. Offizielle

66 M. Delbrück, Ein Physiker betrachtet die Biologie, in: Phagen und die Entwicklung der Molekularbiologie, a. a. O., S. 31.

67 Vgl. L. Meitner, Die Streuung harter Gamma-Strahlen, in: Die Naturwissenschaften, 11/1934, S. 174. — Erst kürzlich wurde im Archiv der Humboldt-Universität zu Berlin das von M. v. Laue erstattete sehr ausführliche Gutachten (durch W. Krebs) gefunden. Auf dieses Gutachten stützen sich unsere Aussagen über die Habilitationsschrift.

68 Vgl. K. v. Meyenn, Pauli, das Neutrino und die Entdeckung des Neutrons vor 50 Jahren, in: Die Naturwissenschaften, Bd. 69 (1982), S. 564—573.

Seminare über theoretische Physik waren nicht möglich.[69] Max Delbrück versuchte, die notwendige Kommunikation über Fragen der theoretischen Physik in einem privaten Diskussionskreis aufrechtzuerhalten, der zunächst in seinem Elternhaus zusammenkam. Auf sein Betreiben wurden Probleme der Biologie, vor allem der Genetik, der Strahlenbiologie und der Enzymkinetik in das Gespräch einbezogen. Dieser Erweiterung entsprach auch die Zusammensetzung der Mitglieder: Physiker, Genetiker, Strahlenbiologen und Chemiker. Zu den Teilnehmern, an die sich M. Delbrück Jahrzehnte später noch erinnerte, gehörten H. Gaffron, K. G. Zimmer, G. Molière, K. Wohl und N. W. Timoféeff-Ressovsky.[70] Seit der Entdeckung H. J. Mullers, daß Strahlung Mutationen auslöst, gab es auch in Berlin eine Zusammenarbeit zwischen Genetikern und Physikern, die sich mit der biologischen Wirkung von Strahlung befaßten. Auf dieser Grundlage war durch K. G. Zimmer, der seit Anfang der 30er Jahre mit N. W. Timoféeff-Ressovsky Strahlenwirkungen an Drosophila untersuchte, die Treffer-Theorie weiter ausgebaut worden.

Aus dem oben genannten Diskussionskreis kristallisierte sich schließlich eine enge Zusammenarbeit an Fragen der Strahlengenetik zwischen Zimmer, Delbrück und Timoféeff-Ressovsky heraus. Die Resultate ihres Zusammenwirkens wurden 1935 unter dem Titel „Über die Natur der Genmutation und der Genstruktur" in den „Nachrichten von der Gesellschaft der Wissenschaften zu Göttingen" veröffentlicht.[71]

Kernpunkt dieses Artikels ist eine quantenphysikalische Deutung des Gens. Gene wurden als Moleküle im physikalischen Sinne, als wohldefinierte Atomverbände verstanden. Diese Moleküle besitzen eine hohe Stabilität. Jede Veränderung der Konfiguration des Moleküls setzt eine Zufuhr an Energie von außen oder Schwankungen der Temperatur voraus, die sich aus der statistisch-kinetischen Natur der Wärme erklären.

Dieser Auffassung zufolge sind Mutationen Umlagerungen von einer stabilen Gleichgewichtslage in eine andere. Damit war die bisher bei der Verwendung

69 Vgl. u. a. E. Heisenberg, Das politische Leben eines Unpolitischen, a. a. O., S. 55.

70 Gerade zu der Zeit, als M. Delbrück die Zusammenarbeit mit Biologen suchte, traf H. J. Muller in Berlin ein. Er hatte die USA seiner politischen Überzeugungen und Aktivitäten wegen verlassen müssen. Es war seine Absicht, in Berlin mit Timoféeff-Ressovsky zusammenzuarbeiten. Neben seinen experimentellen Arbeiten nahm Muller in Berlin auch an Diskussionen teil, die über die Anwendung der Physik in der Genetik geführt wurden. Dabei muß zutage getreten sein, daß Mullers Vorstellungen unvereinbar mit denen von N. Bohr waren. In einem Brief an O. Mohr vermerkt Muller anläßlich eines Besuches in Kopenhagen, daß Bohrs Ansichten „hoffnungslos vitalistisch" seien (Vgl. E. A. Carlson, Genes, Radiation and Society. The Life of H. J. Muller, Ithaca—London 1981, S. 188).

71 K. G. Zimmer/M. Delbrück/N. W. Timoféeff-Ressovsky, Über die Natur der Genmutation und der Genstruktur, in: Nachrichten von der Gesellschaft der Wissenschaften zu Göttingen, Mathematisch-Physikalische Klasse, Fachgruppe VI, Biologie, Neue Folge, Bd. 1, Nr. 13, S. 190—245.

des Begriffs „Molekül“ in der Genetik vorherrschende Unbestimmtheit überwunden. Was Gene und Mutationen sind, hatte eine strenge Fassung gefunden. Die Veränderung wird vor allem dann deutlich, wenn man sieht, daß zu jener Zeit Gene noch überwiegend als hypothetische Einheiten galten.

Die Arbeit von Timoféeff-Ressovsky, Zimmer und Delbrück regte nachhaltig die weitere Diskussion zwischen Biologen, Physikern und Chemikern an.[72]

Für das Zustandekommen der Forschungsresultate von M. Delbrück, N. W. Timoféeff-Ressovsky und K. G. Zimmer war der Wandel des Erklärungsideals, der sich mit der Quantenmechanik vollzogen hatte, von Bedeutung. Das wird besonders sichtbar in dem von M. Delbrück verfaßten Teil, der die wesentliche Grundlage für den von allen drei Verfassern gezeichneten Abschnitt „Theorie der Genmutation und der Genstruktur“ bildet.

N. W. Timoféeff-Ressovsky und K. G. Zimmer resümierten den Übergang zur Sichtweise der Quantenmechanik in ihrem 1947 erschienenen Buch „Biophysik“ (das Manuskript war bereits 1944 fertiggestellt) so[73]: Man müsse beim durch Strahlung ausgelösten Mutationsprozeß mit einer grundsätzlichen quantenmechanischen Indeterminiertheit rechnen, da sowohl die Strahlung als auch die biologischen Elementareinheiten in das Gebiet der Mikrophysik gehören. Es könne nicht vorausgesagt werden, ob ein einzelnes Gen mutieren werde.

Timoféeff-Ressovsky und Zimmer sahen in der Quantenmechanik neue Denk möglichkeiten auch für die Genetik. Ihre Erörterungen belegen, daß N. Bohrs Komplementaritätsvorstellung das vermittelnde Glied zwischen Quantenphysik und Genetik war: Man müsse „auch zur Darstellung der Lebensvorgänge zwei oder noch mehrere (Vorstellungen) heranziehen“, und erst die Heranziehung mehrerer Modelle ermögliche „eine allseitig erschöpfende Beschreibung der Lebensvorgänge“.[74]

In einer solchen Herangehensweise sahen die Autoren einen Zugang zur Lösung der Grundfragen der Genetik, einerseits der nach dem Auftreten von Variationen und andererseits der nach der relativ hohen Stabilität der Gene.[75]

Der Artikel der drei Autoren war für die weitere Entwicklung der Genetik noch in einer anderen Hinsicht bedeutsam. In dem von M. Delbrück geschrie-

72 1971 schrieb M. Delbrück: „Die Diskussionen, die wir damals hatten, haben merkwürdig weitreichende Folgen gehabt, Auswirkungen, die uns alle erstaunten“ (M. Delbrück, Homo Scientificus nach Beckett, in: Neue Sammlung, 6/1972, S. 530). In dem bereits genannten Interview schätzte M. Delbrück hinsichtlich der in dem Artikel vorgetragenen Schlußfolgerungen ein, daß Mutationen sehr allgemein behandelt worden seien, also ohne die verschiedenen Arten von Mutationen in die Betrachtung einzubeziehen.

73 Vgl. N. W. Timoféeff-Ressovsky/K. G. Zimmer, Biophysik, Bd. 1: Das Trefferprinzip in der Biologie, a. a. O., S. 266.

74 Ebenda, S. 368.

75 Diese Veränderung beeinflußte das Denken der Biologen auch in den folgenden Jahrzehnten, wie ein umfangreicher Artikel des Biologen E. Mayr aus dem Jahre 1961 zeigt. Vgl. E. Mayr, Cause and Effect in Biology, in: Science, Vol. 134 (1961) S. 1502—1516.

benen Teil wurde bereits die Notwendigkeit des Übergangs zu experimenteller genetischer Arbeit mit anderen Objekten als Drosophila angedeutet. Er erörterte im Zusammenhang mit Ausführungen über das Verhältnis von Physik, Chemie und Genetik die Unterschiede, die zwischen Molekülen im chemischen Sinne und Genen bestehen: „In der Chemie reden wir von einer bestimmten Molekülart, wenn wir eine Substanz vor uns haben, die sich einheitlich gegenüber chemischen Reizen verhält. In der Genetik haben wir dagegen definitionsgemäß in jedem Lebewesen von dem betreffenden Genmolekül nur einen einzigen Vertreter vor uns, in einer chemisch denkbar heterogenen Umgebung; und wir ermitteln seine Identität mit einem Gen eines anderen Individuums nur auf Grund des gleichartigen entwicklungsbestimmenden Einflusses. Von einer einheitlichen chemischen Reaktion könnte also nicht einmal in einem Gedankenexperiment die Rede sein; es sei denn, daß wir uns aus einer großen Anzahl genetisch gleichartiger Lebewesen, je das betreffende Gen isoliert denken und das Verhalten dieser isolierten und zusammengebrachten Gene chemisch untersuchen würden.“[76]

Unausgesprochen bezweifelt M. Delbrück bereits zu diesem Zeitpunkt, daß die Fortführung genetischer Strahlenexperimente mit Drosophila die Lösung des Vererbungsproblems bringen könnte.[77]

Schon zwei Jahre später, unmittelbar vor seiner Abreise in die USA, erwägt er, ob nicht Viren die identischen Moleküle sein könnten, die ein adäquates Modell für Gene abzugeben in der Lage wären. Dies geschah unter dem Eindruck der Kristallisation des Tabakmosaik-Virus durch Stanley. Dieser hatte nachgewiesen, daß das TMV ein Molekül von definierter chemischer Zusammensetzung ist. Solche Moleküle sind in allen Eigenschaften, die physikalisch oder chemisch meßbar sind, identisch mit jedem anderen der gleichen Art. „Diese Ergebnisse“, schrieb Delbrück, „ermutigen uns zu der Auffassung, daß die atomare Konstitution von Viren ebenso wohldefiniert ist, wie die der großen Moleküle in der organischen Chemie.“[78] Schließlich folgerte M. Delbrück, man könne die Virus-Replikation als eine besondere Form der primitiven Replikation von Genen ansehen.

Seine Erwägungen bereiten den Übergang zu eigener experimenteller Arbeit mit Viren vor. Abermals bewährt sich die Bereitschaft, rasch auf sich anbahnende Veränderungen von Forschungsbedingungen zu reagieren und Konsequenzen für die eigenen Forschungsziele zu ziehen. Diesem Verhalten lag das Bedürfnis zugrunde, den Sinn der eigenen Forschungsarbeit immer wieder in Frage zu

76 N. W. Timoféeff-Ressovsky/K. G. Zimmer/M. Delbrück, Über die Natur der Genmutation und der Genstruktur, a. a. O., S. 225.

77 M. Delbrück vermerkte im Interview mit C. Harding: „I have never continued to work in this field, because I thought very quickly that it was clear that this was not an optimal way to get closer to the nature of the gene“ (Oral History — Max Delbrück — How It Was, in: Engineering and Science, May/June 1980, S. 50).

78 M. Delbrück, Riddle of Life, in: Wissenschaftliche Welt, 6/1970, S. 18.

stellen, ohne Scheu davor, ihre Richtung neu festzulegen. Dieses Merkmal seines Verhaltens, sich neuen Entwicklungen nicht nur betrachtend zu stellen, sondern auf neuen Gebieten auch produktiv tätig zu werden, zieht sich durch seine gesamte Laufbahn als Physiker, Genetiker und Neurobiologe. Es bestimmte den Übergang von der Astronomie zur Quantenmechanik ebenso wie den Wechsel zur Genetik, die er Anfang der 50er Jahre aufgab, um sich neurobiologischen Forschungen, der lichtstimulierten Wachstumsreaktion von Phycomyces, zuzuwenden.[79]

1937 war Delbrück aufgrund seiner gemeinsam mit Timoféeff-Ressovsky erzielten experimentellen Ergebnisse angeboten worden, als Rockefeller-Stipendiat in die USA zu gehen. Die Reise führte ihn schließlich nach Pasadena, an das California Institute of Technology (Caltech), wo er bald gemeinsam mit E. L. Ellis jene Experimente mit Phagen begann, die eine neue Ära der Genetik eröffneten.

H. J. Mullers Spekulationen aus dem Jahre 1921 erwiesen sich im Verlauf von etwa drei Jahrzehnten als im wesentlichen zutreffende Voraussagen über die Entwicklung von der klassischen Genetik zur Molekulargenetik. Mullers Programm, eine vollständige Erklärung des Vererbungsgeschehens von der Anwendung der Mittel der Physik und der Chemie zu erwarten, bestimmte seit Beginn der 30er Jahre die Forschungsförderung, die der Biologie seitens der Rockefeller-Stiftung zuteil wurde. Der eigentliche Anstoß für die Entwicklung der Molekulargenetik ging jedoch von einer Position aus, die mit dem reduktionistischen Ausgangspunkt Mullers unvereinbar schien.

Der Prozeß des Übergangs von der klassischen zur molekularen Genetik setzte ein, als die genetischen Elementareinheiten unter dem Einfluß der Quantenmechanik neu bestimmt wurden: als Moleküle, die über ihre Struktur biologische Funktionen regeln.

Die Entstehungsgeschichte der Molekulargenetik ist durch eine Annäherung von Spezialgebieten gekennzeichnet, die zunächst keine Berührungspunkte miteinander hatten: Genetik, Strahlenbiologie und Virologie. Die Annäherung dieser Gebiete führte schließlich zur Ausdifferenzierung eines neuen Spezialgebietes, der Untersuchung des Vererbungsgeschehens auf molekularer Ebene (der Untersuchung der Struktur, Biosynthese und Funktion von Nukleinsäuren und Proteinen).

Analysiert man die Entwicklung unter dem Gesichtspunkt der Wissenschaftsleitung, dann ist die Frage zu beantworten, von welchem Zeitpunkt an wissenschaftsfördernde Körperschaften wie die Rockefeller-Stiftung die Möglichkeit einer begründeten Einschätzung der sich anbahnenden Entwicklung und damit der Entscheidung über die Zuweisung von Geldern hatten. Das war der Fall, als

79 Vgl. G. Stent, Warten auf das Paradoxon, in: Phagen und die Entwicklung der Molekularbiologie, a. a. O., S. 17; W. E. Reichardt, Kybernetik der optomotorischen Reaktion der Insekten, in: Phagen und die Entwicklung der Molekularbiologie, a. a. O., S. 298.

die Entwicklung der experimentellen Mittel so weit gediehen war, daß sie die Chance bot, die reduktionistischen Vorstellungen Mullers vom Gen und der Mutation experimentell zu erproben. Auf dieser Grundlage förderte die Rockefeller-Stiftung das Zusammenwirken u. a. von Physikern und Genetikern dadurch, daß sie Seminare an verschiedenen Orten finanzierte. Diese Entscheidung über die Vergabe von Mitteln beruhte auf dem Vertrauen, das in das Programm Mullers gesetzt wurde.

DIRK PILARI/DIETRICH WAHL

Wissenschaft und Reproduktion in Entwicklungsländern

Die Fragen, die eine Theorie der Wissenschaftsentwicklung beantworten soll, sind für die Entwicklungsländer von eminent praktischer Bedeutung. Dem Ziel, Wissenschaft und Technik für die Lösung der drängenden sozialen Probleme dieser Länder einzusetzen, sind seit der Erlangung ihrer politischen Unabhängigkeit viele Diskussionen, Theorien und Strategien gewidmet. Freilich haben die Wissenschaftstheoretiker — gemessen an der Bedeutung der Problematik — noch relativ wenig zu diesen Diskussionen beigetragen und das Feld vorrangig den Politikern, Ökonomen und Wissenschaftshistorikern überlassen.[1] Dies verwundert umso mehr, da die Theorie der Wissenschaftsentwicklung nicht nur erheblich zur Begründung einer effektiven Wissenschafts- und Technikpolitik in Staaten der ‚Dritten Welt' beitragen, sondern man aus der Beschäftigung mit diesen Problemen auch zentrale Denkanstöße und originäres Tatsachenmaterial erhalten kann. Dafür sprechen zwei Gründe: Erstens entfalten sich Wissenschaft und Technik in den Entwicklungsländern in einer ‚nichtklassischen' Situation, und zweitens verlaufen die Prozesse teilweise sehr intensiv, und es gehen in Jahrzehnten Veränderungen vor sich, die in Europa mitunter Jahrhunderte benötigten.

Untersuchungen wurden bislang auf die klassischen Perioden der Entwicklung konzentriert, in denen für bestimmte sozialökonomische Formationen typische Wissenschafts- und Techniksysteme entstanden und wirkten. Antike Wissenschaft in Griechenland oder Rom, traditionelle indische oder chinesische Wissenschaft und orientalische Produktionsweise, europäische Wissenschaft seit dem 16. Jh.

1 Von marxistischer Seite wurde eingehender nur die Stellung der Entwicklungsländer zur wissenschaftlich-technischen Revolution untersucht; vgl. die entsprechenden Beiträge in: Mensch — Wissenschaft — Technik, hg. von M. Buhr/G. Kröber, Berlin 1977; Socializm i nauka, hg. von S. R. Mikulinskij/R. Richta, Moskva 1981. — In wesentlichen Publikationen nichtmarxistischer Wissenschaftstheoretiker ist das von uns behandelte Problem überhaupt nicht angesprochen. Das gilt etwa für Arbeiten aus den 70er Jahren von Storer, Whitley, Weingart, Diemer, Habermas, Toulmin. Anders ist das Bild bei Wissenschaftlern, die sich der Analyse von Wissenschaftspolitik oder Wissenschaftsgeschichte zugewandt haben. Vgl. dazu: Science, Technology and Society, hg. von I. Spiegel—Rösing/D. de Solla Price, London—Beverly Hills, o. J.; Science and the Factors of Inequality, hg. von Ch. Morazé, UNESCO, Paris 1979.

und Kapitalismus, wissenschaftlich-technische Revolution und Sozialismus sowie Imperialismus — das sind, ebenso wie ‚klassische' Übergangsprozesse von einer dieser Gesellschaften zur anderen, die Modellfälle, bei denen sich ein neuer Wissenschaftstyp herausbildete. Untersucht wurden also Wissenschaft und Technik in Gesellschaften, die sich bereits als System etabliert hatten oder auf dem Wege dazu waren. „Wenn im vollendeten bürgerlichen System jedes ökonomische Verhältnis das andere in der bürgerlich-ökonomischen Form voraussetzt und so jedes Gesetzte zugleich Voraussetzung ist, so ist das mit jedem organischen System der Fall. Dies organische System selbst als Totalität besteht eben (darin), alle Elemente der Gesellschaft sich unterzuordnen, oder die ihm noch fehlenden Organe aus ihr heraus zu schaffen."[2]

In den Entwicklungsländern liegt eine spezielle Situation vor. Es sind Übergangsgesellschaften, deren Entwicklungen aus mehreren Gründen nicht dem Muster bisheriger Übergänge folgt. Erstens erfolgt die Entwicklung aus einer kolonialen Struktur heraus, nachdem durch die oft jahrhundertelange Fremdherrschaft die vorgefundenen gesellschaftlichen Verhältnisse als organisches System verzerrt, überlagert und ihrer speziellen Entwicklungspotenzen beraubt wurden. Die Rückständigkeit der Entwicklungsländer beinhaltet nicht nur einen Abstand im Niveau der sozial-ökonomischen Entwicklung gegenüber entwickelten kapitalistischen Ländern. Die *koloniale Rückständigkeit* ist eine spezifische Qualität. Sie wird durch den hohen Anteil absolut verelendeter Massen vor- und halbkapitalistischen Typs in Land und Stadt, durch das Überwiegen konsumorientierter, sozial höchst konservativer Kräfte in den herrschenden Klassen und Schichten sowie durch uneinheitliche, desintegrierte Sozialstrukturen charakterisiert.[3] Diese *Uneinheitlichkeit* besteht darin, daß soziale Strukturelemente verschiedenen sozialökonomischen Typs nebeneinander existieren, die nicht organisch zum System verbunden sind. In dieser ‚Mehrsektorenwirtschaft' spielen nicht nur feudale Strukturen, sondern oft noch die einfache Subsistenzwirtschaft eine große bis dominante Rolle. Das schließt auch die Unverbundenheit und Inkompatibilität technischer Systeme ein. Landwirtschaft und Handwerk beispielsweise produzieren in erheblichem Maße mit traditionellen Produktionsmitteln für die eigene Familie und höchstens für den lokalen Bedarf. Die Produktionsmittel werden dabei ebenfalls handwerklich und lokal reproduziert. Die vorkapitalistischen Sektoren sind durch einfache Reproduktion und höchstens Elemente extensiv erweiterter Reproduktion gekennzeichnet. Ihre Widersprüche beinhalten starke

2 K. Marx, Grundrisse der Kritik der Politischen Ökonomie, Berlin 1953, S. 189.

3 Vgl. S. I. Tjulpanow, Politische Ökonomie und ihre Anwendung in den Entwicklungsländern, Berlin 1975; J. L. Schmidt, Entwicklungsländer, Berlin 1976; Entwicklungsländer. Sozialökonomische Prozesse und Klassen, hg. von K. Ernst/H. Schilling, Berlin 1981; P. Khalatbari, Ökonomische Unterentwicklung. Eine historisch-politökonomische Analyse, Berlin 1984; H. Faulwetter/P. Stier, Entwicklungsländer am Scheideweg, Berlin 1984.

statische Elemente[4], und es existieren kaum Antriebe für Innovationen auf technischem Gebiet. Derartige Produktion ist also weder ökonomisch noch technisch notwendig mit der sich entwickelnden Industrie verbunden. Das Eindringen industrieller Produkte in die lokalen Märkte hat meist zersetzenden Charakter für diese Produktionsformen und stimuliert, wenn es spontan erfolgt, keine organische Weiterentwicklung.

Ein zweites wesentliches Merkmal der Entwicklungsländer besteht darin, daß sie eine *abhängige Stellung im kapitalistischen Weltwirtschaftssystem* haben. Die europäischen und nordamerikanischen Staaten, in denen sich seit dem 16. Jahrhundert ein neues System von Wissenschaft und Technik herausbildete, wiesen ein relativ ähnliches sozialökonomisches Niveau auf, und ihre internationalen Austauschbeziehungen beeinflußten die inneren Reproduktionsprozesse in einem noch eingegrenzten Maße. Heute sind alle Länder der Erde in die weltwirtschaftlichen Beziehungen eingebunden, und die noch fortschreitende Internationalisierung des Wirtschaftslebens beeinflußt ihre nationalen Reproduktionsbedingungen gravierend. Die Entwicklungsländer sind dabei als weiterwirkende Folge kolonialer Abhängigkeit in ein Grundmuster eingezwängt, in dem einige hochentwickelte kapitalistische Industrieländer die schwächeren ökonomisch beherrschen und weiter ausbeuten. Die Gesetze der Kapitalverwertung führen nicht nur dazu, daß diese abhängige Struktur reproduziert, sondern tendenziell weiter verstärkt wird.

Eine dritte essentielle Gegebenheit ist: Die Länder der ‚Dritten Welt' vollziehen den Übergang zu industrialisierten Gesellschaften als Bestandteil einer Welt, die durch eine *wissenschaftlich-technische Revolution* mit Automatisierung, Kernenergie, Gentechnik und anderen Basisinnovationen gekennzeichnet wird. Sie sehen sich also mit wissenschaftlich-technischen Umwälzungen und Anforderungen konfrontiert, die qualitativ unterschiedlichen historischen Etappen entspringen.

Viertens schließlich leben wir in der Periode des Übergangs vom Kapitalismus zum Sozialismus. Das gibt den Entwicklungsländern die Möglichkeit, zwischen einer *kapitalistischen* oder einer *sozialistischen Perspektive* zu wählen und somit wesentlich unterschiedliche sozialökonomische Bedingungen für Wissenschaft und Technik zu setzen.

So machen es grundlegende Merkmale der inneren und äußeren Reproduktionsprozesse der Entwicklungsländer als auch die revolutionären Veränderungen von Wissenschaft und Technik selbst unmöglich, die ‚klassischen' Entwicklungswege der ‚ersten Welle' der Industrieländer einfach nachzuvollziehen. Unsere zentrale These lautet deshalb: Ein reproduktionstheoretisch begründetes Herangehen an die Wissenschaftsentwicklung ist am besten geeignet, die umrissene

4 N. Peche, Theoretische Probleme der wirtschaftlichen Zusammenarbeit zwischen sozialistischen Ländern mit großen Unterschieden im ökonomischen Entwicklungsniveau (Dissertation B, Zentralinstitut für Wirtschaftswissenschaften der AdW der DDR), Berlin 1985, S. 8.

Problematik auf den Begriff zu bringen und praktische Orientierungen zu begründen. Wir möchten dies an Hand von vier Teilproblemen belegen: 1. Wissenschaft, Technik und sozialer Fortschritt in Entwicklungsländern; 2. Wahl der Technik; 3. Wissenschaft, Technik und Kultur; 4. Nationale und internationale Entwicklung von Wissenschaft und Technik. Gegenstand unserer Betrachtung sind dabei gesellschaftlich wirksame Wissenschaft-Technik-Systeme in der Einheit von Potentialen, Tätigkeiten, Ergebnissen und Funktionen.

1. Wissenschaft, Technik und sozialer Fortschritt in Entwicklungsländern

Zieht man Bilanz über die letzten dreißig Jahre, so zeigt sich — bei allen großen Unterschieden zwischen den Entwicklungsländern selbst — in der Grundtendenz folgendes Bild:

a) Die Entwicklungsländer haben eigene Forschungs- und Entwicklungspotentiale auf- und ausgebaut. Die Wachstumsquoten übersteigen dabei im Durchschnitt aller dieser Länder das Zuwachs*tempo* in den entwickelten Bereichen der Welt. Eine UNESCO-Statistik von 1984 gibt folgende Daten für den Zeitraum 1970—1980:[5]

Tabelle 1: Wachstumsquoten der Forschungs- und Entwicklungspotentiale

	WELT	Entwickelte Länder	Entwicklungsländer
Zunahme an Wissenschaftlern und Ingenieuren in F/E	44%	40%	92%
Zahl der Wiss./Ing. in F/E			
1970	2608100	2401600	206500
1980	3756100	3359100	397000
Anteile der Wiss./Ing. in Forschung und Entwicklung			
1970		92,1%	7,9%
1980		89,4%	10,6%
Zunahme der Ausgaben für F/E	245%	222%	772%
Ausgaben für F/E (Mio US $)			
1970	62101	60677	1424
1980	207801	195377	12424
Anteil der Ausgaben für F/E			
1970		97,7%	2,3%
1980		94,0%	6,0%

5 Estimated World Ressources for Research and Experimental Development 1970—1980, UNESCO, Paris 1984, S. 2/3 (Current Surveys and Research in Statistics, No. 17).

Die wissenschaftlich-technischen Potentiale, die in den Entwicklungsländern aufgebaut wurden, entsprechen bei allen nationalen Besonderheiten, die zu beobachten sind, im wesentlichen Vorbildern in kapitalistischen oder sozialistischen Industrieländern sowohl in Tätigkeitsprofilen, institutionellen Modellen wie in den Forschungsmethoden.

b) Neben nationalen F/E-Einrichtungen und anderen Elementen der wissenschaftlich-technischen Infrastruktur wurde eine erhebliche Anzahl regionaler und internationaler Institutionen geschaffen, die Ausbau und Anwendung von Wissenschaft und Technik in den Entwicklungsländern fördern.

c) In den meisten Ländern der ‚Dritten Welt' wurden Wissenschafts- und Technik-Politik zum Bestandteil ihrer Entwicklungspolitik, und es wurden entsprechende Leitungs- und Planungsorgane geschaffen.

d) Einer geringen Anzahl von Entwicklungsländern ist es gelungen, in ausgewählten Bereichen von Industrie und Landwirtschaft in bedeutsamem Maße zu innovieren und dadurch die nationale Entwicklung voranzubringen sowie Positionen auf dem Weltmarkt auszubauen. Dabei wurden auch bestimmte Ergebnisse der wissenschaftlich-technischen Revolution übernommen.

e) Die Länder, die eine sozialistische Orientierung wählten, schufen damit wesentliche Voraussetzungen, Wissenschaft und Technik im Interesse der Volksmassen zu nutzen. Sie führten konsequente Agrarreformen durch, sichern eine planmäßige Entwicklung der Volkswirtschaft, ergriffen wirksame Maßnahmen gegen das Analphabetentum. Freilich erschließen sich diese Potenzen erst in einem längeren Entwicklungsprozeß, in dem die Ausgestaltung der Produktivkräfte mit einer adäquaten Weiterentwicklung der Produktionsverhältnisse verbunden wird. Es bleibt eine große Herausforderung an die marxistischen Wissenschaftler, für diese historisch neuartigen Prozesse die günstigsten Strategien herauszuarbeiten.

Diesen positiven Ergebnissen stehen vielfältige Hemmnisse und Rückschläge entgegen. Die angestrebten Ziele eines höheren technischen Niveaus, wie sie in vielen nationalen und internationalen Dokumenten niedergelegt sind, wurden im allgemeinen nicht erreicht.

a) Der absolute Abstand zu den bereits industrialisierten Ländern hat sich auch hinsichtlich der wissenschaftlich-technischen Potentiale weiter vergrößert. Die Masse der Entwicklungsländer konnte ihre wissenschaftlich-technische Abhängigkeit im Rahmen des kapitalistischen Weltwirtschaftssystems nicht verringern. Das geringe wissenschaftlich-technische Niveau ihrer Produktion ist weiterhin eine der wesentlichen Ursachen für ständigen Wertabfluß aus diesen Ländern. Sie sind den Auswirkungen der zyklischen Krisen besonders stark unterworfen. Sie erlitten durch die beiden letzten Krisen gravierende Rückschläge in ihrer ökonomischen Entwicklung, die sich wiederum besonders drastisch in Kürzungen von Sozialprogrammen und von wissenschaftlich-technischen Programmen auswirkten.

b) Die Errungenschaften von Wissenschaft und Technik kommen nur einer begrenzten Anzahl von Menschen zugute, und technische Fortschritte waren in den meisten Ländern mit einer oft drastischen Zunahme der sozialen Spannungen verbunden.[6]

c) Die ökonomischen und sozialen Wirkungen der wissenschaftlich-technischen Revolution haben für die Entwicklungsländer noch überwiegend negativen Charakter, insbesondere indem ihre Exportmöglichkeiten weiter reduziert werden, ihre gleichberechtigte Teilnahme in der internationalen Arbeitsteilung noch schwieriger wird.

d) Die Fortschritte auf wissenschaftlich-technischem Gebiet sind zumeist mit einer drastischen Zunahme der Auslandsverschuldung, damit mit gewachsener Abhängigkeit von den Multis verbunden.[7]

e) Neokoloniale Praktiken der kapitalistischen Industrieländer und der Transnational Corporations (TNC) dauern an und werden mit der Krise der kapitalistischen Länder weiter verstärkt.

f) In vielen Entwicklungsländern zeigt sich eine wachsende Abwendung von Wissenschaft und Technik, eine Verstärkung religiöser, fundamentalistischer und kommunalistischer Strömungen.

g) Die Unterschiede zwischen den Entwicklungsländern haben sich in den letzten Jahren gerade auch in Zusammenhang mit ihrer unterschiedlichen Fähigkeit, leistungsstarke wissenschaftlich-technische Potentiale aufzubauen, weiter vergrößert. Dabei lassen sich grob drei Gruppen unterscheiden:

- Etwa ein Dutzend ‚Schwellenländer'[8] befindet sich im Übergang zu kapitalistisch industrialisierten Ländern. Sie vereinigen die Massen der Forschungs- und Entwicklungspotentiale aller Entwicklungsländer auf sich, darunter die fünf wissenschaftlich-technisch herausragenden Länder — Argentinien, Brasilien, Indien, Mexiko, Südkorea — allein etwa 75%. Diesen Ländern war es möglich, die Potentiale für die nationale Entwicklung und für den Ausbau ihrer Exportpositionen nutzbar zu machen. Hier vor allem werden Ergebnisse der wissenschaftlich-technischen Revolution in Innovationen umgesetzt.
- Viele mittlere und kleinere Entwicklungsländer haben auf einzelnen Gebieten F/E-Kapazitäten aufgebaut, die in eingegrenzten Bereichen zu einzelnen Innovationen in Industrie und Landwirtschaft führten. Diese Prozesse intensiv erweiterter Reproduktion bleiben aber weitgehend isoliert von den tradi-

6 Vgl. dazu R. Bobach, Mikroelektronik und Entwicklung in Südostasien. Versuch einer sozialökonomischen Strategienbewertung, in: Technikfolgenabschätzung und Innovation, Berlin 1985, S. 136—137 (Studien und Forschungsberichte des ITW der AdW der DDR, Heft 18); vgl. auch R. Bobach/M. Brauchmann/D. Pilari/D. Wahl, Wissenschaftlich-technische Innovationen und ihre Integration in die Wirtschaftsstrukturen von Entwicklungsländern, Berlin 1985 (Studien und Forschungsberichte des ITW der AdW der DDR, Heft 6).

7 Vgl. ebenda.

8 Vgl. R. Greuner, ‚Schwellenländer' auf dem Wege zu Industrienationen, in: Horizont, 31/1982, S. 23.

tionellen Sektoren. Über Strategien der Importablösung und der Exportorientierung konnten diese Länder ihre technisch-ökonomische Abhängigkeit nur in geringem Maße abbauen; negative ökonomische Wirkungen der wissenschaftlich-technischen Revolution überwiegen bei ihnen.

— Die Gruppe der Least Developed Countries — LDC — sieht sich der Gefahr gegenüber, keinen Anschluß an die wissenschaftlich-technische Entwicklung in der Welt zu finden. Einfache Reproduktion bestimmt hier das ökonomische Gesamtgeschehen. Das Bevölkerungswachstum überholt drastisch wirtschaftliche Fortschritte, so daß Hunger, Zerstörung der Umwelt herrschen, die Pro-Kopf-Produktion zurückging und die Kraft fehlt, wirksame F/E-Potentiale aufzubauen.

So zeigen sich seit den 50er Jahren sehr widersprüchliche Prozesse in den wissenschaftlich-technischen Aktivitäten der Entwicklungsländer. Die enge Verflechtung von Potentialentwicklung, Potentialwirksamkeit und Reproduktionsbedingungen zeigt sich auch bei einer Analyse statistischer Daten. Wir können auf der Grundlage verschiedener Indikatoren generell acht Niveaustufen wissenschaftlich-technischer Leistungsfähigkeit unterscheiden.[9] Sechs dieser Stufen treffen auf Länder der ‚Dritten Welt' zu. In unsere Analyse wurden 27 Staaten einbezogen, für die relativ vollständige Angaben zu den drei Gruppen von Indikatoren — I. Wissenschaftlich-technische Infrastruktur, II. Umfang des wissenschaftlich-technischen Potentials, III. Anteil der F/E-Aktivitäten im produktiven Bereich — zugänglich sind. Die wissenschaftlich-technische Infrastruktur wird unter fünf Aspekten betrachtet: (1) Entwicklung von Planungs- und Leitungsorganen für Wissenschaft und Technik, (2) Ausbau des Hoch- und Fachschulwesens, (3) Forschungs- und Entwicklungsinstitute, (4) Wissenschaftliche Dienste wie Bibliotheken, Informationszentren, Geologische Erkundung, Museen, Standardisierungsämter, Innovationsdienste, Werkstätten für wissenschaftliche Geräte usw., (5) Wissenschaftliche Gesellschaften. In Tabelle 2 sind die Niveaustufen dargestellt.

Es liegt nahe, unsere Darstellung von Niveaustufen wissenschaftlich-technischer Leistungsfähigkeit zu Analysen des ökonomischen und sozialökonomischen Niveaus von Entwicklungsländern in Beziehung zu setzen. Solche Analysen sind mit erheblichen Unsicherheiten behaftet. Dennoch verweisen die ablesbaren Zusammenhänge und Trends auf reale Prozesse und auf Probleme, denen weiter nachzugehen ist. Wir ziehen im folgenden eine Charakterisierung des ökonomischen Entwicklungsstands der Mehrzahl der Länder der Welt heran, die Faulwetter und Stier erarbeiteten.[10] Sie ziehen folgende Indikatoren heran: Bruttosozialprodukt pro Kopf, Anteil der Industrie am Bruttosozialprodukt, Akkumulations-

9 Vgl. N. Konrad/D. Wahl, Wissenschaftlich-technische Potentiale in Entwicklungsländern als nationaler und als außenwirtschaftlicher Faktor, in: asien — afrika — lateinamerika, 6/1985.

10 Vgl. H. Faulwetter/P. Stier, Entwicklungsländer am Scheideweg, a. a. O., S. 144.

Tabelle 2: Stufen wissenschaftlich-technischer Leistungsfähigkeit (um 1980)

Stufe	Wiss.-techn. Infrastruktur					Forscher Anzahl	Forscher pro Mio EW	F/E Ausgaben Mio $	F/E Ausgaben/Kopf	Anteil F/E Ausg. am BSP	Forscher im prod. Bereich %	F/E Ausg. prod. B. %	Länder-Beispiele
	Leitung	Hochschulen	F/E Instit.	Dienste	Gesellschaften								
8	V	V	V	V	V	73000 bis 661000	1365 bis 3940	10000 bis 70000	195 bis 305	1,8 bis 2,5	56 bis 71	61 bis 71	USA, BRD, Japan, Frankreich
7	V	V	IV	IV	IV	26000 49000	824 1869	2450 3500	25 450	0.2 1,3	44 60	47 66	Italien, Niederlande, Kanada
6	IV	IV	IV	III	III	9500 28000	89 535	430 1160	1 27	0.5 0,7	13 35	31 66	Indien, Brasilien, Südkorea, Indonesien, Argentinien
5	III	III	III	III	II	1600 6200	61 188	30 205	0,5 16,5	0,2 0,6	16 68	20 82	Pakistan, Philipp. Venezuela, Ekuador, Peru
4	II	III	II	II	II	1500 4000	31 247	13 158	0,8 3,7	0,3	25	45	Nigeria, Ghana, Sudan, Burma
3	I	II	I	II	I	94 1500	27 537	0,3 22	0,2 19,5	0,2 0,4	0 70	0 75	Guyana, Mauritius, Kenia, Jordanien, Kuweit, Libanon
2	0	I	0	I	0	75 500	18 100	0,4 18,8	0,5 3,7	0,1	0	0	Niger, ZAR, Togo, Rwanda
1	0	0	0	I	0	2 10	31 50	0,1 2					Seychellen, Benin, Gambia

V: hoch integrierte Netze, volles Spektrum
IV: Netze, begrenztes Spektrum
III: Ausgebaute Einrichtungen in Schwerpunktgebieten mit Kontakten
II: Mehrere Einrichtungen mit Kontakten
I: Vereinzelte Einrichtungen, wenig verbunden
0: keine Potentiale

Quelle: Statistical Yearbook. Unesco 1983

rate, Kalorienverbrauch pro Kopf, Alphabetenrate. Auf diese Indikatoren gestützt wird das ökonomische Niveau der einzelnen Länder als Prozentsatz des Niveaus der höchstentwickelten Länder berechnet. Weiterhin ziehen wir eine Gliederung von Grienig[11] heran, bei der er fünf Gruppen sozialökonomischer Entwicklung beschreibt:

I: Länder, in denen die kapitalistische Produktionsweise in den Hauptbereichen der Wirtschaft dominiert. Sie gehen zum intensiven Reproduktionstyp über, forcieren staatskapitalistisch beeinflußte industrielle Strukturveränderungen und verringern die Zahl der Beschäftigten in der Landwirtschaft und in vorkapitalistischen Sektoren.

II: Länder, in denen vorkapitalistische Produktionsverhältnisse relativ rasch überwunden bzw. kapitalistisch durchdrungen werden. Mit wachsender Aktivität des Staates werden die Verwertungsbedingungen des in- und ausländischen Kapitals verbessert und den Bedingungen der wissenschaftlich-technischen Revolution angepaßt.

III: Länder, in denen die kapitalistische Produktionsweise führend ist, aber noch nicht den Hauptteil der Erwerbstätigen umfaßt. Der staatskapitalistische Sektor wird ausgedehnt.

IV: Länder mit relativ niedrigem Reifegrad der kapitalistischen Formationsbildung oder mit nichtkapitalistischer Entwicklung. Die Produktivkräfte befinden sich auf niedrigem Stand, und es herrschen starke Desintegrationstendenzen und große innere und äußere Widersprüche im Reproduktionsprozeß.

V: Ökonomisch am wenigsten entwickelte Länder, bei denen vorkapitalistische Verhältnisse überwiegen und innere Desintegration herrscht. Einige Länder wählten die sozialistische Orientierung.

Setzt man die drei von uns vorgestellten Gruppierungen der Entwicklungsländer zueinander in Beziehung, so ergibt sich das in Tabelle 3 dargestellte Bild.

In den schraffierten Feldern zeigt sich eine recht enge Korrelation zwischen sozialökonomischem Entwicklungsstand und wissenschaftlich-technischer Leistungsfähigkeit. Sie ist sicher als Ausdruck der Wechselbeziehungen von Reproduktionscharakteristika und wissenschaftlich-technischen Aktivitäten zu deuten. Interessant sind aber auch die ‚Ausreißer‘ wie Indien oder Pakistan, wo ein relativ ausgebautes Leistungspotential für Wissenschaft und Technik mit einem geringeren ökonomischen und sozialökonomischen Niveau — im Vergleich mit anderen Staaten — verbunden ist. Umgekehrt ergibt sich bei Ländern wie Venezuela, Jordanien oder Togo der Eindruck, daß sie mit einem bestimmten wissenschaftlich-technischen Potential vergleichsweise hohe ökonomische Effekte erreichen konnten. Sicher spielen hier die Ausstattung mit Naturressourcen und auch die Bevölkerungsstärke der Länder eine gewisse Rolle. Beispielsweise zählt

11 Vgl. R. Grienig, Zur sozialökonomischen Struktur der ökonomischen Basis von Entwicklungsländern. Einige quantitative Aspekte, in: asien — afrika — lateinamerika, 6/1983, S. 971.

Tabelle 3: Niveaustufen sozialökonomischer und wissenschaftlich-technischer Entwicklung

Niveau wiss.-techn. Leistungsfähigkeit (nach Wahl/Konrad)		10–20	20–30	30–40	40–50	50–60	60–70
	6				Indien IV	Brasilien II Südkorea II	Argentinien I
	5			Pakistan IV	Ekuador III Peru II	Philippinen III	Venezuela I
	4		Sudan IV	Nigeria IV (Ghana IV)			
	3			Mauri-tanien V	Kenia IV	(Libanon II)	Jordanien III
	2		ZAR V	Niger V Rwanda V	Togo IV		
	1		(Benin V)				
		10	20	30	40	50	60 / 70

Ökonomischer Entwicklungsstand 1979—81 (nach Faulwetter/Stier)

I bis V: Ländergruppen nach sozialökonomischer Struktur (nach Grienig)
In Klammern: keine Angaben bei Faulwetter/Stier

Venezuela zu den entwickeltsten Ländern Lateinamerikas, gestützt auf reiche Erdöl- und Erdgasvorkommen sowie auf weitere Naturressourcen. Togo konnte sich lange Zeit auf seine Phosphatexporte stützen. Hinsichtlich der Größenordnung von Ländern fällt auf, daß die Staaten mit dem umfangreichsten Wissenschaftspotential mit nur einer Ausnahme zu den bevölkerungsreichen Ländern der Erde gehören. Das ermöglicht nicht nur ein größeres Potential an wissenschaftlichen Talenten, an finanziellen Mitteln für Wissenschaft und Technik, sondern auch günstigere Bedingungen für eine diversifizierte Wirtschaft, die wiederum auf die Wissenschaftsentwicklung fördernd zurückwirkt.

Letztlich dürften aber auch bei Ländern, die von durchschnittlichen Beziehungsmustern von Ökonomie und Wissenschaft etwas abweichen, sozialökonomische Ursachen bestimmend sein. Dies wird deutlich, wenn man nach der Überführung wissenschaftlich-technischer Ergebnisse, nach ihrer Umsetzung in Innovationen fragt. In vielen Entwicklungsländern wurde speziellen Einrichtungen große Aufmerksamkeit geschenkt, die wissenschaftlich-technische Ergebnisse in die Praxis überführen. In Indien etwa existiert ein ausgebautes Netz von „Verbreitungsdiensten" (extension services) und von regionalen Forschungsinstituten, die Bestandteile der Forschungseinrichtungen des Council for Scientific and Industrial Research (CSIR), des Indian Council for Agricultural Research (ICAR) usw. sind. Sie haben die Aufgabe, Industriebetriebe, Kleinunternehmen, Handwerker und Bauern bei der Adaption von technischen Lösungen zu unterstützen und ihre Innovationsprozesse zu fördern. Dennoch wird seit Jahren eingeschätzt, daß die nationalen Forschungs- und Entwicklungs-Ergebnisse nicht im möglichen und erforderlichen Maße umgesetzt werden und daß es — entgegen den Orientierungen der Regierung — immer wieder die reicheren Besitzer von Produktionsmitteln sind, denen solche Maßnahmen zugute kommen.[12] Geht man den Gründen nach, dann zeigt sich ein ganzes Bündel von Einflußfaktoren wie geringe Wirtschaftskraft der Kleinbetriebe, Einfluß der lokalen Bourgeoisie und der größeren Grundbesitzer, geringe Entwicklung der Marktbeziehungen usw. Sicher werden wissenschaftlich-technische Innovationen in Entwicklungsländern auch durch die Fusion von wissenschaftlichen und technischen Lösungen mit einem offenen oder latenten ökonomischen Bedarf bestimmt. Nach unseren Erkenntnissen ist gegenwärtig der gering entwickelte Bedarf in vielen Fällen der entscheidende Hinderungsgrund für die Einführung und Ausbreitung von Innovationen. Wir können davon ausgehen, daß national wie international eine Vielzahl oft sehr verschiedener Lösungen für die anstehenden Probleme angeboten werden. Immer wieder läßt sich beobachten, daß aus ökonomischen und breiteren sozialen Gründen der reale Bedarf, sie in Innovationen umzusetzen, beschränkt ist. Es ist eine weitere Aufgabe, die ökonomisch wie wissenschafts-

12 Vgl. Science and Society, hg. von A. Rahman/P. N. Chowdury, New Delhi 1980, S. 3, 73, 326; National Seminar on Social Relations of Scientific and Technical Change. Proceedings hg. von Aqueil Ahmad/M. A. Qureshi, New Delhi 1984.

theoretisch gleich relevant ist, diesen Faktor ‚Bedarf' eingehender und differenzierter zu analysieren. Hier spielen nicht nur finanzielle Faktoren eine Rolle, sondern auch die Entwicklung der Infrastruktur des Landes, durch die Märkte erschlossen und ausgebaut werden. Nach wie vor begrenzen mangelnde Kommunikations- und Transportmöglichkeiten die Produktion von Waren für den lokalen Markt. Nicht nur die Begrenzung der Kaufkraft, sondern auch der enge Bedürfnishorizont treten als limitierende Faktoren für Innovationen auf. Diese Bedarfsanalyse ist zu verbinden mit der Untersuchung der Stellung der verschiedenen Klassen und Schichten zu Wissenschaft und Technik. Die Interessen verschiedener Klassen und Schichten nehmen nicht nur Einfluß auf den realen Bedarf an Innovationen, sondern sind in einem breiteren Spektrum determinierende Faktoren für die wissenschaftlich-technische Entwicklung.

Es wurde zu Recht betont, daß die Entwicklung von Wissenschaft und Technik nicht nur eine ökonomische Grundlage hat, sondern politisch-ökonomisch-sozial-kulturell bedingt ist. Die soziale Seite kann durch die Untersuchung des Verhältnisses der verschiedenen Klassen und Schichten zu Wissenschaft und Technik weiter aufgeklärt werden. Dieses Verhältnis schließt vier Aspekte ein: a) das objektive Interesse der jeweiligen Klasse oder Schicht an Wissenschaft und Technik, der Grad, in dem Wissenschaft und Technik Bedingungen für die Reproduktion und Entwicklung eben dieser Klasse/Schicht darstellen; b) die Verfügung der Klasse oder Schicht über wissenschaftlich-technische Potentiale; c) die Fähigkeit und Möglichkeit der Klasse oder Schicht, wissenschaftliche und technische Ergebnisse tatsächlich anzuwenden, in Innovationen umzusetzen; d) die Motivation hinsichtlich Wissenschaft und Technik.

Der Zusammenhang von Klassenentwicklung und Wissenschaft gehört seit langem zu den zentralen Anliegen einer marxistischen Theorie der Wissenschaftsentwicklung. Freilich gilt auch hier, daß bislang die ‚klassischen Fälle', insbesondere das Verhältnis der progressiven Sklavenhalter, der Bourgeoisie und der Arbeiterklasse zu Wissenschaft und Technik untersucht sind. Wir erfahren aus der Literatur kaum etwas über die Stellung von Handwerkern, Bauern, Landlosen, Lumpenproletariern zu Wissenschaft und Technik. Das Verhalten solcher Fraktionen wie Agrarbourgeoisie, Handelsbourgeoisie, Geldverleiher, Wucherer zum wissenschaftlich-technischen Fortschritt wurde kaum detailliert untersucht. Die politische Herrschaft wird in der ‚Dritten Welt' in vielen Fällen von sozialen Bündnissen getragen, in denen diese Fraktionen eine wesentliche Rolle spielen, ebenso wie Angehörige der Intelligenz, Staatsangestellte, Offiziere. Besonders deutlich wird am Beispiel der Entwicklungsländer, welche Bedeutung gebildete, technisch versierte Arbeiter und Bauern für die Innovationsprozesse haben. Gerade die noch schwache Entwicklung dieser Klassen im Zusammenhang mit der erwähnten kolonialen Rückständigkeit erweist sich oft als erhebliche Bremse für die Ausbreitung technischer Errungenschaften.

Gemeinsam mit M. A. Qureshi haben wir am Beispiel Indiens versucht, das Verhalten verschiedener Klassen und Schichten zu Wissenschaft und Technik darzustellen.[13] Dabei wurde beispielsweise deutlich, daß große Teile der Agrarbourgeoisie und des Wucherkapitals Widerstand gegen die breite Nutzung wissenschaftlicher Erkenntnisse leisten und daß die Rolle der Intelligenz durch komplizierte Wechselbeziehungen mit den verschiedenen Klassen und Schichten in Indien bestimmt wird, für die es in dieser Form etwa im Europa des 18. und 19. Jahrhunderts keine direkten Analogien gibt. Gerade auch für die Erarbeitung der Gesellschafts- und Wissenschaftsstrategie in Ländern, die einer sozialistischen Orientierung folgen, ist die vertiefte Untersuchung der Interessen, die dort die Bauern an Innovationen haben, von zentraler Bedeutung. Der sowjetische Philosoph A. P. Butenko stellte für diese Länder fest: „Die Bauern haben keinen Antrieb, kein Bedürfnis, ihre Arbeit zu intensivieren und so die Produktion zu steigern ... Hier gilt es einen ökonomischen Widerspruch zu lösen, der sich in folgendem Paradoxon äußert: ‚Es ist nicht möglich, die Bedürfnisse des Landes zu befriedigen, weil die Bedürfnisse der vorwiegend bäuerlichen Bevölkerungsmasse unentwickelt sind'."[14]

Die Wechselbeziehung zwischen Wissenschaft und Gesellschaft zeigt sich auch in den von uns betrachteten Gesellschaften als ein außerordentlich komplexer Prozeß, in dem letztlich alle sozialen Faktoren und Zusammenhänge eine Rolle spielen. In einer Reihe neuerer Publikationen zur Determination der Wissenschaftsentwicklung erscheint diese Feststellung als bisheriges Endergebnis der Analyse.[15] Zu Recht fordern die Autoren, dabei nicht stehenzubleiben. Die entscheidende Frage auch für wissenschaftspolitische Entscheidungen ist und bleibt, welches Gewicht die einzelnen Wirkungslinien und Faktoren haben. Gerade aus der Situation der Entwicklungsländer läßt sich die marxistische Position belegen, daß die ökonomischen und sozialen Entwicklungen das bestimmende Moment in dem Wechselgeflecht sind und daß sich erst im Rahmen dieser Faktoren die zweifelsohne vorhandene Eigendynamik von Wissenschaft und Technik auswirken und entfalten kann.

Es erscheint nun freilich erforderlich, der quantitativen Beschreibung der Wechselwirkungen von Wirtschafts-, Gesellschafts- und Wissenschaftsentwicklung größere Aufmerksamkeit zu schenken. Es bietet sich an, dabei für die einzelnen Nationen zwischen Aufbaufähigkeit für wissenschaftlich-technische Potentiale und Aufnahmefähigkeit für wissenschaftlich-technische Ergebnisse zu unterscheiden. Erst beide in ihrer Wechselwirkung ergeben die wissenschaftlich-technische

13 Vgl. M. A. Qureshi/D. Wahl, Social Relations of Classes and Strata with Science and Technology in Developing Countries — The Case of India, in: National Seminar on Social Relations of Scientific and Technical Change, a. a. O., S. 77—88.

14 A. P. Butenko, Der Übergang zum Sozialismus in Ländern mit unterentwickelter Wirtschaft, in: Sowjetwissenschaft. Gesellschaftswissenschaftliche Beiträge, 3/1983, S. 402.

15 Vgl. G. Banse, Der ‚Mechanismus' der Technikentwicklung, in: Deutsche Zeitschrift für Philosophie, 4/1985, S. 346; M. Loitsch/F. Richter, Zur Determination der Wissenschaft, in: Deutsche Zeitschrift für Philosophie, 6/1980, S. 673.

Leistungsfähigkeit des Landes. Unter *Aufbaufähigkeit* von Potentialen für Wissenschaft und Technik verstehen wir in diesem Zusammenhang die Fähigkeit einer Gesellschaft, einen bestimmten Aufwand für wissenschaftlich-technische Arbeit zu betreiben und dafür arbeitsteilig ausgegliederte Institutionen zu schaffen, durch die vorliegende Erkenntnisse und Verfahren reproduziert, adaptiert werden und bei weiterer Entwicklung neue wissenschaftlich-technische Ergebnisse produziert werden. Die Entwicklungsländer haben bekanntlich wesentlich geringere Potentiale für Wissenschaft und Technik als industriell bereits entwickelte Nationen. Das zeigte sich bei unseren Vergleichen absoluter Zahlen (Aufwendungen für Wissenschaft und Technik, Anzahl der Kader, Anzahl der Universitäten usw.) wie bei relativen Größen (Aufwendungen für Forschung und Entwicklung pro Kopf der Bevölkerung, Anteil der Aufwendungen für Wissenschaft und Technik am Bruttosozialprodukt, Anteil der F/E-Kader im produktiven Bereich, Innovationsraten usw.). Die Begrenzungen dieser Art sind direkt mit der Armut und Rückständigkeit dieser Länder verbunden. Ihre Reproduktionsbedingungen verbieten ihnen, einen größeren Teil des Nationaleinkommens für Wissenschaft und Technik einzusetzen. Auch andere Momente, die mit den Reproduktionsbedingungen verbunden sind, spielen eine Rolle, so die geringen oder fehlenden Möglichkeiten zur Produktion und Wartung wissenschaftlicher Instrumente, Chemikalien, der Mangel an Fachkräften usw.

Es ist jedoch fehl am Platze, in der begrenzten Aufbaufähigkeit für Wissenschaftspotentiale die einzige Schranke für wissenschaftlich-technischen Fortschritt in Entwicklungsländern zu sehen. Gleichzeitig sind ihre nationalen Reproduktionsprozesse nur beschränkt aufnahmefähig für Forschungsergebnisse. Das tritt deutlich zutage, wenn national oder international vorliegende Resultate überführt werden können und sollen — wie bereits diskutiert. Unter *Aufnahmefähigkeit* verstehen wir die Fähigkeit eines Landes, vorliegende — nationale oder internationale — Ergebnisse von Wissenschaft und Technik in den Reproduktionsprozeß einzufügen, in Innovationen umzusetzen. Die eigenständige Bedeutung der Aufnahmefähigkeit wird am Beispiel vieler OPEC-Länder deutlich. Zumindest für das Jahrzehnt nach den Ölpreiserhöhungen von 1973 sahen sie sich kaum finanziellen Beschränkungen für wissenschaftliche und technische Aktivitäten gegenüber. Ihre Aufbaufähigkeit für Wissenschaft und Technik war drastisch gestiegen. Ihre Aufnahmefähigkeit für wissenschaftlich-technische Ergebnisse blieb und bleibt aber bestimmten Beschränkungen unterworfen. So leiden sie an einem Mangel an einheimischen Kadern für Wissenschaft und Technik. Zum anderen können sie nicht eine umfassende wissenschaftlich-technische Modernisierung ‚einkaufen'. Die Nutzung wissenschaftlich-technischer Ergebnisse ist deutlich gebunden an die schrittweise Entwicklung ihrer gesamten gesellschaftlichen Strukturen. In vielen Entwicklungsländern sind durch Technologieimporte und teilweise durch eigene Institutionen moderne Produktionsstätten errichtet worden. Schwierigkeiten entstehen bei ihrem Betrieb teils durch begrenzten Absatz, teils durch ungenügende Qualifikation und mangelnde leistungs- und innovationsorientierte Motivation bei den Werktätigen. Orientierung an tradierten Bedürfnissen erweist sich immer wieder als eine Bremse für effektive Arbeit in neu ausgestatteten industriellen oder landwirtschaftlichen Produktionsstätten; so bleibt nicht nur die Abhängigkeit von weiteren Technologieimporten und ausländischer Expertise erhalten, sondern es gehen negative Impulse für die Wirksamkeit und den weiteren Ausbau der nationalen wissenschaftlich-technischen Potentiale aus. Es ist oft zu beobachten, daß auch in Ländern, die beachtliche solcher Potentiale geschaffen haben, Privatunternehmer, staatliche Institute und Staatsbetriebe dazu tendieren, weitere Technologieimporte — oft gegen erklärte Regierungspolitik — zu fordern, da sie leistungsfähigere Technik vorziehen, ohne zu berücksichtigen, daß gerade diese hochgezüchtete Technik unter den einheimischen Bedingungen nicht ausgelastet wird. So entsteht nicht selten ein Teufelskreis, da durch Mißtrauen, ungenügende Nutzung und Förderung nationaler Potentiale die ungenügenden Bedingungen für technisch-sozialen Fortschritt reproduziert werden.

Für beide Aspekte — wissenschaftlich-technische Aufbau- und Aufnahmefähigkeit — liegt bereits eine Reihe von Kennziffern vor, die in der wissenschaftspolitischen Arbeit und in der wissenschaftstheoretischen Analyse genutzt werden, so für Aufbaufähigkeit die genannten Kenngrößen wie Anzahl der Mittel und Kader für Wissenschaft und Technik, Anteil am Bruttosozialprodukt bei den Ausgaben für diesen Bereich u. a., und für Aufnahmefähigkeit Innovationsraten, Anteil von Forschung und Entwicklung im produktiven Bereich. Es bleibt eine aktuelle Aufgabe der Wissenschaftsforschung, das Konzept von Aufbaufähigkeit — Aufnahmefähigkeit weiter auszubauen und dabei auch weitere Kennziffern zu finden, die eine bessere quantitative Beschreibung der Zusammenhänge ermöglichen. Das dürfte nicht nur für die Wissenschaftspolitik wichtig sein, sondern auch für die detailliertere Analyse und Bestimmung der Faktoren wissenschaftlich-technischer Entwicklung.

Unsere bisherige Analyse läßt sich mit G. Kröber zusammenfassen: „Der Einfluß der Wissenschaft auf die gesellschaftliche Entwicklung ist eine Funktion mehrerer Veränderlicher; eine dieser Variablen ist ihr eigener Entwicklungsstand. Dieser wiederum hängt seinerseits vom Entwicklungsniveau der Gesellschaft, ihrer gesamten Produktionsweise, dem Stand der Produktivkräfte und dem Charakter der Produktionsverhältnisse ab ... Entwicklung der Gesellschaft und Entwicklung der Wissenschaft erscheinen so als zwei Prozesse, die sich wechselseitig beschleunigen. Im Grunde handelt es sich jedoch um einen einzigen Prozeß, in dem Wissenschaft als jene Art von Arbeit erscheint, die die Gesellschaft aufbringen muß, um ihr Entwicklungsvermögen zu erhalten und es auf ständig steigender Stufenleiter, d. h. erweitert, zu reproduzieren. Die Bezugsinstanz für die theoretische Behandlung von Wissenschaft sind ... nicht wissenschaftliche Arbeitsprozesse oder Wissenschaftspotentiale für sich genommen, auch nicht punktuelle ... Innovationen, sondern ist die Gesellschaft als Ganzes in der Dynamik ihrer ökonomischen, sozialen, wissenschaftlich-technischen und kulturellen Entwicklung."[16]

2. Die Wahl der Technik

Die Wahl einer Technik, die den Bedingungen der Entwicklungsländer angemessen ist, gehört zu den zentralen und brennenden Themen der Gegenwart. Ausgelöst wurde die Diskussion durch die Erfahrung, daß die heute in den bereits industrialisierten Ländern vorhandenen technischen Systeme nicht einfach in diese Länder übernommen werden können, wie das die Wachstumstheorien des Rostowschen Typs angenommen hatten. Für eine solche Übernahme fehlen nicht nur die dazu erforderlichen Investitionsmittel, sondern auch weitgehend soziale, kulturelle und infrastrukturelle Voraussetzungen. Die breite Übernahme hochproduktiver Maschinen- und Automatentechnik führt auch zu einer weiteren Verschärfung des Arbeitskräfteproblems. Zugespitzt wird die Fragestellung durch solche Auswirkungen der wissenschaftlich-technischen Revolution auf die Entwicklungsländer, wie die weitere Verschlechterung ihrer Stellung in der kapitalistischen Weltwirtschaft durch die sinkende Bedeutung billiger Arbeitskräfte infolge der fortschreitenden Automatisierung, wachsende Schwierigkeiten beim Export vieler Rohstoffe, landwirtschaftlicher Produkte und Maschinen in kapitalistische Industrieländer.

In den 70er Jahren wurden Konzeptionen vorgetragen, die für die Länder der ‚Dritten Welt' einen neuen, anderen Typ von Technik empfahlen, eine ihnen angeblich adäquate, „weiche", alternative Technik. Sie soll sich durch einen niedrigeren Grad der Mechanisierung, durch Menschennähe und Naturnähe auszeichnen und „irgendwo zwischen Hacke und Traktor" liegen.[17] Mit diesen Vorstellungen knüpfen die Autoren an einen Grundgedanken Mahatma Gandhis an, der bereits in den 20er und 30er Jahren empfohlen hatte, Indien so umzugestalten, daß eine ‚dörfliche Gesellschaft', gegründet auf verbesserte handwerkliche Arbeitsverfahren, entsteht. Die Einheit einer vorindustriellen Technik mit kleineren, relativ unabhängigen Gemeinwesen wurde bereits von ihm betont. Damit sollten die zerstörerischen Folgen der Industrialisierung, die in den kapitalistischen Ländern auftreten, die wachsenden sozialen Gegensätze und Spannungen, Profitmacherei und Konsumismus, Krieg und moralischer Verfall, vermieden werden.

Die Überlegungen zu einer ‚alternativen Technik' werden heute durch Forderungen nach einer ‚alternativen Wissenschaft' flankiert. In die Materialien der

16 G. Kröber, Zu Stand und Problemen der Wissenschaftsforschung in der DDR, in: Deutsche Zeitschrift für Philosophie, 2/1981, S. 145/146.

17 Vgl. E. F. Schumacher, Die Rückkehr zum menschlichen Maß, Reinbeck bei Hamburg 1977; Th. Roszak, Where the Wasteland ends, Saltburn 1973.

UN-Konferenz zum Thema „Wissenschaft und Technik für die Entwicklung" (Wien 1979) fanden die Vorstellungen von Morazé Eingang, der davon ausgeht, daß eine direkte Wechselbeziehung zwischen sozialen Prozessen und disziplinärem Profil der Wissenschaft besteht. Die Wissenschaft, wie sie vom europäischen Kapitalismus geschaffen wurde, diente als Instrument der Macht. „Selbst wenn die wissenschaftsgestützte Technologie nicht direkt verantwortlich für die neuerliche Verschärfung des menschlichen Unglücks ist, muß doch zugestanden werden, daß sie dazu beitrug, indem sie die Mittel zur Diskriminierung und Vernichtung lieferte ... Die Fortdauer oder Verschärfung der Unterentwicklung ist Ergebnis einer falschen Prämisse, nach der die Wissenschaft die Herrschaft über die Materie nur mittels Theorien und Experimenten erlangen kann, die bewußt ausschließen, die Frage höchster Werte mit dem Studium natürlicher Phänomene, das auf der Basis begrenzter und spezifischer physikalischer Daten erfolgt, zu verbinden."[18] Diese Orientierung auf die Physik habe zu einem Lebensstil und zu einer Produktionsweise geführt, in der alles auf die Anhäufung materieller Güter und auf die Nutzung nichtregenerierbarer Ressourcen ausgerichtet ist. Es sei heute notwendig, die physikalische Welt als einen Spezialfall der biologischen Welt zu betrachten sowie das wissenschaftliche Denken, und damit verbunden, die ökonomischen Systeme, die Technik, die politischen Prinzipien radikal zu ändern. „Soziale Reformen sollten weniger darauf gerichtet sein, die technische Höhe einer Industrialisierung, die auf der trägen Materie beruht, zu erreichen, als vielmehr eine neue Ordnung anzustreben, die von der lebenden Welt abhängt und Völker und Nationen einschließt, die auf der Grundlage direkter ökologischer Erfahrungen handeln."[19]

Derartige Überlegungen reflektieren sicher ebenso reale Probleme wie das große Engagement der Autoren für solche Lösungen, die Wissenschaft und Technik im Interesse der Volksmassen realisieren. Doch liegen ihnen zumindest vier grundlegende Illusionen und Irrtümer zugrunde:

Erstens beruhen sie auf der technizistischen Annahme, daß die sozialen Wirkungen von Wissenschaft und Technik direkt auf Charakteristika beruhen, die ihnen immanent sind, die mit ihren Gegenständen, Methoden oder Resultaten verbunden sind. Vielfältige Erfahrungen belegen, daß die gleichen wissenschaftlichen oder technischen Systeme — insbesondere in gesellschaftlichen Übergangsperioden — durchaus mit unterschiedlichen sozialen Beziehungen und Klasseninteressen, damit auch mit oft gegensätzlichen sozialen Wirkungen verbunden sein können. Dies gilt etwa für die handwerkliche Technik des ausgehenden Feudalismus, die unter Bedingungen der kapitalistischen Manufaktur der neu entstehenden Bourgeoisie diente und wo die zunächst gleichen technischen Mittel unter feudalen Produktionsverhältnissen das ganze System der Abschließung,

18 United Nations Conference on Science and Technology for Development, Vienna 1979. Science and Technology for the Future (Hauptdokument 81/5), S. 3/4.

19 Ebenda, S. 7.

der einfachen Reproduktion, der sozialen Hierarchie und der Einbindung des Einzelnen in diese hierarchischen Beziehungen ‚trugen'. Im Frühkapitalismus — eben in den Händen der Manufakturbourgeoisie — korrespondierten diese technischen Mittel mit Arbeitsteilung, freier Lohnarbeit und noch nie gekannter Dynamik gesellschaftlicher Veränderungen. Analoges gilt für die maschinelle und Automatentechnik unserer Zeit, die in den Händen der Bourgeoisie oder der Arbeiter und ihrer Verbündeten gegensätzliche Wirkungen hervorrufen. Unter diesen Gesichtspunkten erweist sich die Gegenüberstellung von ‚südlicher' und ‚nördlicher' Technik, von ‚alternativer' und ‚industrieller' Technik als eine der größten Barrieren für die Erarbeitung einer realistischen Alternative der Entwicklungsländer. Ohne Unterscheidung der Entwicklungsbedingungen von Wissenschaft und Technik im Kapitalismus und im Sozialismus sind solche produktiven Lösungen nicht zu finden. Generell ist der dialektische Zusammenhang von gegenständlich-technischem und sozialem Aspekt der Wissenschaft im Geiste Marxens anzugehen, der bereits 1856 feststellte: „In unsern Tagen scheint jedes Ding mit seinem Gegenteil schwanger zu gehen. Wir sehen, daß die Maschinerie, die mit der wundervollen Kraft begabt ist, die menschliche Arbeit zu verringern und fruchtbar zu machen, sie verkümmern läßt und bis zur Erschöpfung auszehrt. Die neuen Quellen des Reichtums verwandeln sich durch einen seltsamen Zauberbann zu Quellen der Not. Die Siege der Wissenschaft scheinen erkauft durch Verlust an Charakter. In dem Maße, wie die Menschheit die Natur bezwingt, scheint der Mensch durch andre Menschen oder durch seine eigne Niedertracht unterjocht zu werden ... Einige Parteien mögen darüber wehklagen; andre mögen wünschen, die modernen technischen Errungenschaften loszuwerden, um die modernen Konflikte loszuwerden ... Wir wissen, daß die neuen Kräfte der Gesellschaft, um richtig zur Wirkung zu kommen, nur neuer Menschen bedürfen, die ihrer Meister werden — und das sind die Arbeiter."[20] Die Frage nach den sozialen Grundlagen der Wirkungen von Wissenschaft und Technik erweist sich als ein sehr altes Problem. Indem wir mit Marx ablehnen, die Konflikte unserer Zeit durch Abstinenz von technischem Fortschritt zu bewältigen, negieren wir natürlich nicht die Frage nach den technischen Systemen, die den Entwicklungsländern mit ihren Übergangsgesellschaften am angemessensten sein würden, und wir sehen auch eine Aufgabe der Wissenschaftsforschung darin, nicht nur die Rolle der Arbeiter, sondern auch aller anderen werktätigen Schichten und der verschiedenen Fraktionen ausbeutender Klassen in diesen Ländern nach ihrer Funktion bei der Wissenschaftsentwicklung zu untersuchen.

Zweitens erweisen sich die verschiedenen konkreten Vorschläge für alternative Technologien als mehr oder minder abgewandelte Varianten bekannter Technologien. Nach unserer Beobachtung lassen sich keine wirklichen Elemente oder

20 K. Marx, Rede auf der Jahresfeier des ‚People's Paper' am 14. April 1856, in: MEW, Bd. 12, Berlin 1961, S. 3/4.

Systeme von Wissenschaft und Technik erkennen, die grundlegend andere Prinzipien, Stoffe, Methoden nutzen, als die in der Geschichte der Menschheit bereits aufgetretenen. Alle solche Vorschläge wie Biogasanlagen, Solarenergienutzung, verbesserte Pflanzen- und Tierzüchtungen, ökologisch eingepaßte Schädlingsbekämpfung mit biologischen Mitteln usw. sind Wege und Varianten, die mit dem Hauptstrom des wissenschaftlich-technischen Fortschritts direkt oder indirekt verbunden sind. Dies hat sicher seine letzte Ursache in der objektiv vorhandenen Einheit der materiellen Welt und ihrer Gesetze. So läuft der Vorschlag einer ‚alternativen' oder ‚mittleren' Technik in der von uns kritisierten Form letztlich darauf hinaus, die Entwicklung der Produktivkräfte auf einer relativ niedrigen Stufe festzuschreiben. Damit wird einerseits der Wissenschaftsentwicklung selbst der Boden entzogen, indem die intensiv erweiterte Reproduktion, deren Agens sie ist, in Frage gestellt wird. Zugleich würden unvermeidlich die sozialen Widersprüche reproduziert, die mit einem niedrigen Stand der Produktion verbunden sind.

Drittens scheint es uns illusionär zu sein, daß die Werte wie Gleichheit, Befriedigung der Grundbedürfnisse, weitere Entfaltung der Persönlichkeit, direkt an einen bestimmten Typ der Wissenschaft und der Technik geknüpft werden. Auch hier sind es die materiellen gesellschaftlichen Verhältnisse, die primär darüber entscheiden, welche Wertvorstellungen der Förderung und der Nutzung wissenschaftlicher Forschung und Lehre, technischer Entwicklung zugrunde liegen. Wir kehren auch unter diesem Aspekt zu der Aufgabe zurück, die verschiedenen Klassen und Schichten der Gesellschaft nach ihren Interessen und Motivationen hinsichtlich Wissenschaft und Technik zu befragen. Die Beziehungen zwischen moralischen Werten und Typen oder Entwicklungsformen von Wissenschaft und Technik sind weder eine nationale noch eine globale Entität. Sie sind mit den sozialökonomischen Formationen und den ihnen entsprechenden Klassenbeziehungen verbunden.

Viertens gehen wir davon aus, daß die mit alternativer Technik zumeist verbundenen Vorschläge, sich technisch wie wirtschaftlich von den kapitalistischen Industrieländern abzukoppeln,[21] für die Entwicklungsländer weder real durchführbar noch empfehlenswert sind. Sie würden sich damit unersetzbaren Entwicklungsanstößen entziehen und sicher gegen historisch gewachsene Erfordernisse des Zusammenspiels nationaler und internationaler Wissenschaftsentwicklung — auf die wir noch eingehen — verstoßen.

Auf Grund vieler negativer Erfahrungen bei entsprechenden Realisierungsversuchen ist der Einfluß der Konzeption ‚alternativer Technologien' in den 70er Jahren zurückgegangen. Gestiegen ist dafür das Interesse an konkreten Analysen

21 Vgl. D. Senghaas, Weltwirtschaft und Entwicklungspolitik. Plädoyer für Dissoziation, Frankfurt/M. 1977; H.-D. Evers/D. Senghaas/H. Wienholtz (Hrsg.), Zu einer neuen Weltwirtschaftsordnung. Bedingungen und Grenzen für eine eigenständige Entwicklung, Baden-Baden 1983.

über soziale Voraussetzungen und Wirkungen von Technik und über das komplexe Wechselspiel von technischen, sozialen, ökonomischen und kulturellen Entwicklungen. In diesem Kontext orientieren sich immer mehr Entwicklungsländer auf eine komplexe und integrierte wissenschaftlich-technische Strategie. Die zentrale Aussage im Abschlußdokument der Wiener UNO-Konferenz 1979 zum Thema „Wissenschaft, Technik und Entwicklung“ war: „Technikpolitik der Entwicklungsländer sollte für ein technologisches Spektrum sorgen, das von der einfachsten bis zur fortgeschrittensten Technik reicht.“[22] An der Ausarbeitung dieser Konzeption haben Wissenschaftler sozialistischer Länder erheblichen Anteil, basierend auf der Erkenntnis, daß die Technik eines Landes und die mit ihr verknüpfte Wissenschaft ein mehr oder minder integriertes System darstellt, das Kern und Produkt der nationalen Reproduktionsprozesse und ihrer internationalen Verflechtung ist. Die grundlegenden Kriterien für solche integrierte technologische Politik sind a) die vorhandenen Stufen oder Typen der Technik zu nutzen, weiterzuentwickeln und zusammenzuführen und dabei b) die menschlichen und natürlichen Ressourcen des Landes wachsend zu nutzen. Es wurde an verschiedenen Stellen[23] dargestellt, daß in den Entwicklungsländern vier Stufen der Technik relevant sind: handwerkliche, teilmechanisierte, maschinelle und automatisierte Technik. Die Kunst der Strategiebildung liegt offensichtlich darin, sie so zu verknüpfen, daß von der technischen Seite die Herausbildung eines einheitlichen Reproduktionsprozesses gefördert und Möglichkeiten der Produktivitätssteigerung in allen Bereichen der Produktion zu erschließen sind. So wird an die noch überwiegend vorhandene traditionelle Technik angeknüpft, ohne in eine Sackgasse ‚mittlerer‘ Technologie zu führen. Allein auf diesem Wege können die Entwicklungsländer ein produktives Verhältnis zur wissenschaftlich-technischen Revolution gewinnen und sich den mit ihr verbundenen Möglichkeiten und Bedrohungen stellen. Dies wird in den 80er und 90er Jahren zu einer immer dringlicheren Aufgabe.

Die Möglichkeiten integrierter technischer Strategien sind bei weitem noch nicht ausgeschöpft und theoretisch ausgelotet. Gegenwärtig stehen noch einzelne Innovationen, die den Bedingungen der Entwicklungsländer besonders angemessen sind und die auf verschiedenen Technologiestufen stattfinden, im Mittelpunkt der Aufmerksamkeit. Solarenergiezellen, Biogas-Anlagen, Alkohol als Treibstoff aus Vergärung von Zuckerrohr u. a. Grundstoffen, Maßstabsverkleinerung von industriellen Verfahren für Zucker-, Zement-, Papierproduktion sind bekannte

22 Report of the United Nations Conference on Science and Technology for Development, New York 1979, S. 52.

23 Vgl. East — West — South. Economic Interactions between Three Worlds, hg. von Ch. T. Saunders, London—Basingstoke 1981, S. 177—195; D. Wahl, Wissenschaft und Technik in Entwicklungsländern und Strategien der wissenschaftlich-technischen Zusammenarbeit der DDR, in: Wissenschaftlich-technische Revolution, sozialer Fortschritt und geistige Auseinandersetzung. Konferenz am 11./12. September 1984, Plenarvorträge, Berlin 1985, S. 124—140 (AdW der DDR, Schriften des ITW, Heft 43/1).

Beispiele. Denkt man aber den Ansatz komplexen technischen Vorgehens konsequent weiter, dann muß man in den kommenden Jahren eine grundlegende Innovation erwarten, die als ein ganz spezifisches Produkt gesellschaftlich-technischer Entwicklung unter den Bedingungen des Übergangs vom Kapitalismus zum Sozialismus zu betrachten wäre. Es ist möglich, unter Nutzung modernster Erkenntnisse der wissenschaftlich-technischen Revolution wie traditioneller Technologien eine ganze Schar von Varianten technischer Systeme zu schaffen, die unter den Bedingungen verschiedener Entwicklungsländer jeweils Innovationswege umfassen, die den sozialen und ökonomischen Fortschritt maximal voranbringen helfen. Es wäre eine grundlegende Innovation, in die naturwissenschaftliche und technische Erkenntnisse ebenso eingehen müßten wie vielfältige Resultate der Gesellschaftswissenschaften, der angewandten Systemanalyse etc. Ein Kernproblem dieser Strategie wäre es, die günstige Einpassung integrierter technischer Systeme in die jeweiligen Reproduktionsbedingungen des Landes zu bestimmen und zu orientieren. Eine solche grundlegende Innovation könnte nur im Ergebnis breiter internationaler Zusammenarbeit entstehen. Solche komplexe Innovation würde einerseits auf der zeitweiligen zielstrebigen Verknüpfung von Technikstufen, die verschiedenen historischen Entwicklungsetappen der Gesellschaften entsprechen, beruhen. Sie würde andererseits eine höhere Stufe von Planmäßigkeit und Komplexität in der Gesellschafts- und Wissenschaftspolitik erfordern und auch ermöglichen, als bei dem klassischen Übergang zur industriellen Produktionsweise.

Es ist damit eine Aufgabe wahrhaft globalen Charakters angesprochen, die für eine Theorie der Wissenschaftsentwicklung zumindest drei Fragen aufwirft:

— Welche wissenschaftlich-technischen Rahmenbedingungen für eine komplexe Innovation ‚integrierte technische Systeme in Entwicklungsländern‘ ergeben sich aus der Logik der Produktivkraftentwicklung?
— Wie wirken sich sozialistische und kapitalistische Orientierung von Entwicklungsländern auf ihre Mitwirkung und auf die Realisierung einer solchen Basisinnovation aus?
— Welche nationalen und welche internationalen Bedingungen wären Voraussetzung für die Realisierung einer solchen Innovation, und wie unterscheiden sie sich von den historisch bekannten Beispielen des Übergangs aus vorkapitalistischen Gesellschaftsformationen zu Gesellschaften mit intensiv erweiterter Reproduktion?

3. Wissenschaft und Kultur

Eine wesentliche Schlußfolgerung zur Wahl der Technik in Entwicklungsländern ist: Aus den Besonderheiten der Entwicklungsländer ist kein neuer Typ von Wissenschaft und Technik hinsichtlich der gnostisch-methodischen Struktur zu erwarten. Deshalb ist die Betrachtung der Entwicklungsländer weniger produktiv für erkenntnistheoretisch-methodische Fragestellungen, erbringt dagegen für ökonomische und soziologische Aspekte der Wissenschaftsentwicklung neue Gesichtspunkte und Problemsichten. In diesem Zusammenhang ist der Vorstellung nachzugehen, daß die Entwicklungsländer Wissenschaft und Technik auf einem neuen Wertesystem, auf ihrer spezifischen Kultur aufbauen sollten. In den vergangenen Jahren wurde vielfach betont, daß vor allem darauf zu achten ist, daß die Einführung von Wissenschaft und Technik in das Leben dieser Völker nicht ihre kulturelle Identität zerstören sollte. Als Beispiele für ‚nichtwestliche' Kulturen, die Wissenschaft und Technik nicht nur tolerieren, sondern auch eigenständig hervorbringen und fördern können, werden vor allem der Islam und die Negritude vorgestellt.[24] Hier wird positiv der Zusammenhang von Wissenschaft und allgemeiner Kultur betont und so einer angeblichen ‚Wertneutralität' oder der Vorstellung interner Gesetze der Wissenschaft entgegengetreten. Freilich erweist es sich als wenig fruchtbar, den Einstieg über die Werte zu nehmen, will man die Wechselbeziehungen von Wissenschaft und nationaler Kultur analysieren und orientieren. Nicht nur, daß Werte selbst erst ein Produkt sozialer Verhältnisse sind; gravierend erscheint uns auch, daß sich aus der Perspektive gegebener Wertsysteme kaum entscheiden läßt, welche der überkommenen Werte eine Kultur fördern und welche die Wissenschaft und gesellschaftliche Entwicklung überhaupt hemmen. Unsere bisherigen Darlegungen machten deutlich, daß gerade aus den stagnativen traditionellen Reproduktionsformen entstammende Bedürfnisse und Werte zu einem ernsten Hindernis technischen Fortschritts geworden sind.

Bei den Versuchen, die nationale Funktion von Wissenschaft und Technik primär aus *gegebenen* kulturellen Werten zu beurteilen, sind zumeist zwei Defizite zu beobachten. Einerseits wird übersehen, daß die Kultur selbst einen tiefgreifenden Wandel vollziehen muß, um sich aus der Verbindung mit Gesellschaftsformen einfacher Reproduktion zu lösen. In Europa hat sich seit der Renaissance eine neue Kultur herausgebildet, die ein förderliches geistiges Klima für Wissenschaft und Technik schuf, weil sie ein neues Selbstbewußtsein des Menschen, sein aktives Verhalten zur Natur und in der Gesellschaft, Schöpfertum und Veränderungswillen herausbildete. In vielen Entwicklungsländern sind vergleichbare geistige Prozesse erst am Anfang.[25] Weiterhin wird oft negiert, daß auch in diesen Ländern unterschiedliche kulturelle Strömungen wirken, verbunden mit den gesellschaftlichen Positionen und Interessen der verschiedenen sozialen Gruppen und Klassen. So zeigt die Diskussion um das Typische afrikanischer Kultur, wie — oft unter ähnlich klingenden Losungen — progressive und konservative Politik formuliert wird.[26]

24 Vgl. bei Z. Sardar, in: Science, Technology and Society, hg. von I. Spiegel-Rösing/D. de Solla Price, a. a. O.

25 P. Khalatbari, Ökonomische Unterentwicklung, a. a. O., S. 304.

26 Vgl. G.-R. Hoffmann, ‚Humanismus' und ‚Tradition'. Themen der gegenwärtigen bürgerlichen Philosophie im subsaharischen Afrika, in: Deutsche Zeitschrift für Philosophie, 2/1985, S. 97–104.

Wir wissen aus vielen Ländern der ‚Dritten Welt', daß verschiedene Fraktionen der Intelligenz ein unterschiedliches Verhalten zeigen. Progressive Gruppen insistieren nicht nur darauf, technische und soziale Veränderungen miteinander zu verbinden, sondern sehen ihre erste Aufgabe darin, auch unter oft schwierigen Bedingungen, etwa auf dem Lande, an der Analyse, Prognose und Lösung der realen sozialökonomischen Probleme ihres Vaterlandes mitzuwirken, Wissenschaft und soziale Wirksamkeit durch ihren persönlichen Einsatz zu verbinden. Andere orientieren sich an bestimmten Standards und Motivationen, die unter den Bedingungen entwickelter kapitalistischer Wissenschaftssysteme durchaus eine bestimmte Funktion sowohl für die wissenschaftliche Invention wie für die technische Innovation und die Stabilisierung der bestehenden sozialökonomischen Verhältnisse haben: an der Publikation in renommierten Journalen, an der Anerkennung durch die internationale Wissenschaftlergemeinschaft. Den praktischen Problemen ihres Landes schenken so motivierte Wissenschaftler kaum Aufmerksamkeit. Nicht wenige Hoch- und Fachschulkader in Entwicklungsländern, auch in sozialistisch orientierten, folgen in ihrem Lebensideal traditionellen Kulturmustern. Diese schließen aber ein, die ideelle Arbeit der materiellen entgegenzusetzen, letztere zu verachten und zu verabscheuen, so daß die Suche nach einem ‚Posten' in einer Verwaltung oder einem Institut zum primären Antrieb wird und ganz wesentliche Möglichkeiten, erworbene Qualifikationen in technischen und sozialen Fortschritt des Landes umzusetzen, blockiert werden. Nicht zu vergessen sind auch jene Gruppen vor allem der ‚freien Intelligenz', wie Ärzte, Rechtsanwälte und technische Berater, bei denen sich das Haften an traditionellen kulturellen Vorstellungen oft mit ausufernder Geldschneiderei verbindet.

Um die konkreten Einflüsse kultureller Traditionen und Wertvorstellungen auf Wissenschaft und Technik zu beleuchten, sind an die Kultur selbst übergeordnete Maßstäbe anzulegen: Es geht dabei um die weitere Entwicklung der Gesellschaft und der Wissenschaft im Interesse der Volksmassen. Unter diesen Voraussetzungen ergibt sich dann durchaus ein breites Feld von Möglichkeiten, daß wissenschaftliche Gemeinschaften in Entwicklungsländern entstehen, die sich hinsichtlich der sozialen und ethisch-kulturellen Züge in Varianten und Details von historisch Bekanntem unterscheiden.

In den kapitalistisch und noch deutlicher natürlich in sozialistisch orientierten Entwicklungsländern ist beispielsweise zu beobachten, daß breite Kreise der Intelligenz die soziale Stellung und Wirksamkeit von Wissenschaft und Technik in einem Maße sehen und reflektieren, wie das etwa in der europäischen Intelligenz des 18. und 19. Jahrhunderts nicht ausgeprägt war. Auch das unübersehbar große Engagement vieler Mitglieder der Intelligenz für den Friedenskampf ist eine Erscheinung, die mit speziellen Erfahrungen der ‚Dritten Welt' verbunden ist. Dabei kann die Berufung auf nationale Kulturtraditionen durchaus eine progressive Funktion haben. Sicher ist diese Funktion immer durch die realen sozialökonomischen und politischen Verhältnisse bestimmt. So ist es eine reizvolle Aufgabe, der Tatsache nachzugehen, daß die Berufung auf den Islam als wissenschaftsfördernd etwa in Libyen, in Algerien, in Ägypten, Pakistan und Iran sehr verschiedene soziale Funktionen erfüllt. Auch für Länder mit sozialistischer Orientierung ist durchaus der Frage nachzugehen, ob dort bestimmte Motivationen und Haltungen, etwa in der Stellung zur Natur, zum Leistungsprinzip, zum Nationalen auftreten, die in der Sowjetunion oder in den europäischen sozialistischen Ländern in diesen Nuancen nicht vorhanden sind und die auf das Verhältnis zur Technik, zur Wissenschaft einwirken.

Solche Beobachtungen werden nicht zu dem Schluß führen, daß sich in der ‚Dritten Welt' eine völlig eigenartige Wissenschaftskultur entwickelt. Die zu beobachtenden Nuancen dürften die grundlegenden Unterschiede zwischen den sozialökonomischen Grundtypen von Wissenschaftssystemen kaum in Frage stellen. Es sind Nuancen und Stilelemente, die mit zwei Aspekten verbunden sind:

— der internationalen Situation, dem Charakter der globalen Probleme, wie sie sich im 20. Jh. in der Auseinandersetzung der beiden Weltsysteme herausgebildet haben;
— mit dem Verhältnis bestimmter Klassen und Schichten zu Wissenschaft und Technik, wie bereits angeführt.

4. Nationales und Internationales in der Entwicklung von Wissenschaft und Technik

Die Beziehungen von Nationalem und Internationalem in der Entwicklung von Wissenschaft und Technik sind originärer Gegenstand marxistischer Wissenschaftstheorie. Sie geht davon aus, daß nationale (oder ‚lokale') Wissenschaft in allen Gesellschaftsformationen im Rahmen internationalen Austausches wuchs und wirkte. Der internationale Charakter der Wissenschaft und der Technik bezieht sich auf verschiedene Aspekte, die heute alle auch für die Entwicklungsländer ihr Gewicht haben.

a) Zum einen sind wissenschaftlich-technische Lösungen prinzipiell über die Grenzen eines Landes anwendbar, und sie werden angewandt, wenn die entsprechenden ökonomischen und sozialen Reproduktionsbedingungen gegeben sind. Das gilt für Natur- und Technikwissenschaften ebenso wie für Gesellschafts- und Strukturwissenschaften sowie die Philosophie, Die Anerkennung oder Ablehnung bestimmter gesellschaftswissenschaftlicher und philosophischer Systeme, die im Unterschied zu Natur- und Technikwissenschaften oft über Jahrhunderte kontroverse Standpunkte erkennen lassen, hängt nicht von nationalen Grenzen, sondern von gegensätzlichen Klassenpositionen ab. Es ist nur der Schein der Oberfläche, wenn ein Wissenschaftssystem mit einer bestimmten Kultur unvereinbar erscheint; dahinter liegen Klasseninteressen. Somit ist die globale Ablehnung ‚westlicher' oder auch ‚östlicher' Wissenschaft durch einige Theoretiker in Entwicklungsländern dem Schein verhaftet und unterläßt es, nach den wirklichen Ursachen kontroverser Positionen zu fragen.

b) Nationale Wissenschafts- und Technik-Systeme entstehen stets im Spannungsfeld der politischen und ökonomischen internationalen Beziehungen. Es ist eine der anschaulichsten Instanzen für den Zusammenhang von Reproduktionsprozeß und Wissenschaftsentwicklung, daß die internationale Stellung einer Nation einmal von ihrer wissenschaftlich-technischen Leistungsfähigkeit erheblich mitbestimmt und zum anderen die Leistungsfähigkeit wesentlich von der relativen ökonomischen und sozialen Potenz im internationalen Vergleich beeinflußt wird.

Aus dem bisher Dargelegten dürfte deutlich geworden sein, daß internationale Aspekte der Wissenschaftsentwicklung durch die Erfahrungen der Entwicklungsländer vor allem in zweierlei Hinsicht besonders beleuchtet werden können. Die Internationalisierung des Wirtschaftslebens hat im 20. Jahrhundert ein neues Niveau erreicht, und der Aufbau nationaler Wissenschafts- und Techniksysteme in der ‚Dritten Welt‘ wird wesentlich stärker als dies im 17./18. Jahrhundert in Europa der Fall war, von internationalen Beziehungen mitgeprägt. Zum anderen ist die abhängige Stellung im kapitalistischen Weltwirtschaftssystem eine Grundtatsache, die auch die wissenschaftlich-technischen Entfaltungsmöglichkeiten der betrachteten Länder begrenzt und belastet, so daß der Kampf zur Überwindung dieser Abhängigkeit eine wesentliche Bedingung ihrer Wissenschaftsentwicklung geworden ist.

Die tatsächlich vorhandenen internationalen Aspekte von Wissenschaft und Technik werden teilweise von nichtmarxistischen Autoren verabsolutiert, als angebliche Begründung für die These herausgegriffen, sowohl die Produktion wie die Verbreitung von wissenschaftlichen Erkenntnissen und technischen Lösungen seien weitgehend unabhängig von nationalen Grenzen, Zielstellungen, ökonomischen und sozialen Spezifika der Länder. Sie würden von der „internationalen Gemeinschaft der Wissenschaftler“ getragen, die ihren internen Normen folge. Je mehr man diese Gemeinschaft sich selbst überlasse, um so mehr Leistungen könnten entstehen, die dann der nationalen Nutzung zur Verfügung stünden. Damit wurde bei vielen progressiven Kräften der Entwicklungsländer die Hoffnung geweckt, sie könnten die in entwickelten Staaten vorhandenen Erkenntnisse relativ rasch und ungehindert durch nationale Interessen oder nationale Zwänge übernehmen, um sie im eigenen Lande zu nutzen. Bald wurde deutlich, wie sehr die Übernahme von Wissenschaft und Technik an die Gesamtheit der nationalen ökonomischen und sozialen Bedingungen wie an die Gesetze, Interessen und „Regeln“ gebunden ist, die im System der kapitalistischen Weltwirtschaft gelten, in das auch heute noch alle Entwicklungsländer eingebunden sind. Es wurde deutlich, wie sehr die imperialistischen Kräfte ihren Vorsprung in Wissenschaft und Technik als Mittel ökonomischer Ausbeutung nutzen und spezielle Strategien und Taktiken des technischen Neokolonialismus ausgebaut haben. So stellen heute die Auseinandersetzungen mit den Praktiken der multinationalen Monopole beim Technologietransfer, mit dem brain drain, mit der Politik des internationalen Währungsfonds beim Technologietransfer wichtige Seiten des Kampfes der Entwicklungsländer um eine Neue Internationale Wirtschaftsordnung dar. Wissenschaftlich-technische Beziehungen mit den sozialistischen Ländern werden als Alternative zu den Praktiken imperialistischer Kreise und als förderlich für den Ausbau der wissenschaftlich-technischen Basis im Interesse der Nation genutzt.

All dies sind wiederum Indizien dafür, daß nicht allein und nicht isoliert die genannten internationalen Aspekte von Wissenschaft und Technik, nicht primär das Verhältnis von Wissenschaftlern untereinander die internationalen wissenschaftlich-technischen Beziehungen regulieren, sondern daß auch hier der sozialökonomische Charakter der internationalen Reproduktionsbeziehungen und die allgemeinen politischen Beziehungen der Nationen bestimmend sind. Die wissenschaftlich-technischen Beziehungen können nicht prinzipiell anders sein als die Gesamtheit der Beziehungen der Völker untereinander. Die bemerkenswerte Rolle von Wissenschaft und Technik, von Wissenschaftlern und Technikern, die sie bei der Verständigung und Verbindung der Völker spielen können, kann sich nur entfalten, wenn entsprechende sozialökonomische Bedingungen gegeben sind.

Vielfältige Analysen haben nachgewiesen, daß die wissenschaftlich-technische Rückständigkeit der Entwicklungsländer eine der Folgen der früheren Kolonialherrschaft und heute eine Facette im Gesamtsystem der neokolonialen Abhängigkeit darstellt, so daß ihre Überwindung nur in Verbindung mit grundsätzlichen sozialen und ökonomischen Veränderungen in den internationalen Beziehungen möglich sein kann. Die kapitalistischen Industrieländer leisten energischen und sich mit der Krise in ihren Wirtschaften wieder verstärkenden Widerstand gegen die Herausbildung günstigerer Austauschbeziehungen für die Entwicklungsländer, die Erleichterungen im Technologietransfer ebenso einschließen sollen wie erweiterte Absatzmöglichkeiten für Produkte der Entwicklungsländer, die mit fortgeschrittenen technischen Verfahren und so gewinnbringend produziert werden. Eine solche Neue Internationale Wirtschaftsordnung würde den kapitalistischen Charakter der Beziehungen in dem Teil der Welt, in den die Entwicklungsländer eingebunden sind, noch nicht einmal grundsätzlich in Frage stellen. Dies verweist darauf, daß letztlich erst der neue Typ internationaler Beziehungen, der dem Sozialismus eigen ist, dazu führen kann, weltweit die Möglichkeiten internationalen Austausches und der internationalen Hilfe auszuschöpfen, die im internationalen Charakter der Wissenschaft angelegt sind. Dies bedeutet natürlich in keiner Weise, in der Unterstützung nachzulassen, die die sozialistischen Länder den Entwicklungsländern im Ringen um eine neue Weltwirtschaftsordnung bei der Lösung des globalen Problems der Unterentwicklung gewährleisten.

In unserem Jahrhundert sind spezielle Bedingungen des internationalen wissenschaftlich-technischen Austausches entstanden. Teilantworten auf die damit aufgeworfenen Fragen zur Wissenschaftsentwicklung sehen wir in folgenden Aussagen: Mit der wissenschaftlich-technischen Revolution erhöhen sich Komplexität und damit wissenschaftliche, ökonomische und soziale Vorleistungen für Innovationen. Es wachsen die Anforderungen wissenschaftlich-technischer

Potentiale, internationalen Standards zu folgen. Die Basisinnovationen der wissenschaftlich-technischen Revolution haben Systemcharakter, einzelne ihrer Elemente sind nicht effektiv in nationale Reproduktionsprozesse zu übernehmen. Es wird so für kleinere Nationen, zumal wenn sie geringere Leistungsfähigkeit auf wissenschaftlich-technischem Gebiet aufweisen, schwieriger, mit der internationalen Entwicklung Schritt zu halten, Um eine humanistische Nutzung von Wissenschaft und Technik weltweit zu sichern, ist eine entschiedene Veränderung der internationalen Kooperation erforderlich, eine Veränderung, die mit den großen Losungen der fortschrittlichen Kräfte in unserer Zeit benannt ist — Abrüstung, friedliche Koexistenz, Zusammenarbeit der Völker mit unterschiedlicher Gesellschaftsordnung. Neue Internationale Wirtschaftsordnung. Die Existenz des sozialistischen Lagers ist entscheidende Voraussetzung dafür, daß sich im Bündnis mit den Kräften der Vernunft im bürgerlichen Lager ein Typ internationaler Beziehungen in Wissenschaft und Technik herausbilden kann, der die besten Möglichkeiten unserer Übergangsepoche ausschöpft. Für die Entwicklungsländer ergibt sich dabei nicht nur die Aufgabe, ihren Beitrag im Kampf um Frieden und Fortschritt weiter zu forcieren, sondern auch die wissenschaftlich-technische Kooperation auf regionaler Ebene, zwischen den Entwicklungsländern selbst, zu intensivieren.

Es wurde festgestellt, daß sich in unserer Zeit im internationalen Maßstab neue Züge von Wissenschaft und Technik herausbilden, wie zunehmend universelle Anwendung wissenschaftlich-technischer Lösungen, wachsende Komplexität der Problemstellungen und der zu erarbeitenden Lösungen, engere Verbindung von Natur-, Technik- und Gesellschaftswissenschaften, wachsende Rolle des Staates bei der Organisierung und Umsetzung der wissenschaftlich-technischen Arbeit, zunehmende Integration der Wissenschafts-Technik-Politik in die Gesamtpolitik.[27] Nach unserer Meinung haben Entwicklungsländer auch teilweise dazu bereits beigetragen, diese Züge herauszubilden. Inwieweit die einzelnen Länder diese Anforderungen und Möglichkeiten ausschöpfen, hängt in früher nicht gekanntem Maße davon ab, wie der Kampf um gesellschaftlichen Fortschritt im nationalen wie im internationalen Rahmen die Voraussetzungen für eine humanistische Förderung und Nutzung von Wissenschaft und Technik sichert.

27 Socializm i nauka, hg. von S. R. Mikulinskij/R. Richta, a. a. O., S. 378—379.

Kapitel 2
Mechanismen der Wissenschaftsentwicklung

Hans-Peter Krüger

Kommunikationstheoretische Fragen der Wissenschaftsentwicklung

1. Zum Bedürfnis nach einer Theorie der Wissenschaftsentwicklung

Wissenschaftstheorie steht vor der Aufgabe, das sozial wie kulturell komplexe Phänomen der Wissenschaftsentwicklung zu erklären. Wir verfügen derzeit international noch nicht über eine Theorie der Wissenschaftsentwicklung, die der Komplexität dieses Phänomens gerecht würde.[1] Auf dem Wege zu einer solchen Theorie sind mehrere offene Probleme zu lösen. Dazu gehört die Überwindung solcher traditionellen Gegensätze in wissenschaftstheoretischen Darstellungen wie die des Gegensatzes zwischen Externalismus und Internalismus, Universalismus und Historismus, Revolutionarismus und Evolutionismus und zwischen makrostruktureller und mikrostruktureller Erklärung. Zudem hat sich zwar die Wissenschaftsforschung auf erfreuliche Weise multidisziplinär gestaltet, von der Philosophie und Geschichte der Wissenschaft bis zur Ökonomie, Soziologie, Psychologie und kulturtheoretischen Untersuchung der Wissenschaft. Aber diese Multidisziplinarität hat noch nicht dazu geführt, daß ihre disziplinären Aspekte in eine einheitliche interdisziplinäre Theorie der Wissenschaftsentwicklung eingeordnet werden können.

Konzeptionelle Vorschläge auf dem Gebiet der Wissenschaftsforschung müssen anhand der folgenden Kriterien ihre Vorzüge ausweisen können: Inwiefern leisten solche Vorschläge einen synthetisierenden Beitrag zur Überwindung der genannten traditionellen Gegensätze? Inwiefern führen solche Vorschläge einen Schritt weiter von der multidisziplinären Wissenschaftsforschung der Gegenwart zur interdisziplinären Theorie der Wissenschaftsentwicklung? Im folgenden möchte ich einen kommunikationstheoretischen Zugang zu Problemen der Wissenschaftsentwicklung entwerfen, der sich diesen Fragen gewachsen zeigt.

1 Vgl. G. Kröber, Zu Stand und Problemen der Wissenschaftsforschung in der DDR, in: Deutsche Zeitschrift für Philosophie (im folgenden DZfPh), 2/1981; H. Laitko, Das Tätigkeitskonzept der Wissenschaft, in: ebenda; S. R. Mikulinskij, Neskol'ko zamečanij ob analize koncepcij razvitija nauki, in: V poiskach teorij razvitija nauki, hg. von S. R. Mikulinskij/V. S. Černjak, Moskva 1982; G. Kröber, Zum Problem der Entwicklung in wissenschaftstheoretischen Konzeptionen der Gegenwart, Leipzig 1984 (NTM, Schriftenreihe für die Geschichte der Naturwissenschaft, Technik und Medizin, Heft 1/84).

2. Vom möglichen Nutzen eines kommunikationstheoretischen Zuganges für die Wissenschaftstheorie

Im Mittelpunkt kommunikationstheoretischer Untersuchungen steht das Problem, wie das Verhalten sozialer Akteure in bestimmten Kontexten durch wechselseitigen Informations- oder Zeichenaustausch koordiniert wird. In der gesellschaftlichen Kommunikation spielt die sprachliche Kommunikation eine besondere Rolle, mit all ihren Unterarten an mund- und schrift- bzw. anderweitig mediensprachlicher Kommunikation. Eine genetische Untersuchung der sprachlichen Kommunikation schließt die Analyse der Stufen vorsprachlicher Kommunikation und die Analyse der Operationalisierung der sprachlichen Kommunikation, bis hin zur technischen Vergegenständlichung sprachlicher Operationen, ein.

Wissenschaftstheoretische Aufmerksamkeit verdient zunächst die doppelte Funktion der Sprache, ihre kommunikative und kognitive Funktion. Wissenschaftsentwicklung ist ein spezifisch soziales Phänomen, das zugleich ein spezifisch kognitives Phänomen darstellt. Wissenschaftstheorie könnte, statt in Soziologismus und Kognitivismus auseinanderzufallen, aus der Untersuchung der Doppelfunktion der Sprache Nutzen ziehen. Die sozialen Beziehungen der Wissenschaftler kommen in ihrer Art und Weise zu kommunizieren zum Ausdruck. Gleichzeitig ist die Erkenntnis von Wissenschaftlern nicht von der Art unmittelbarer Wahrnehmung oder bloßer Verbalisierung einzelner Handlungssituationen. Wissenschaftliche Erkenntnis wird durch hochentwickelte sprachliche Organisation für bestimmte generalisierte Kontexte vermittelt.

Wenn Kommunikation und Kognition gerade bei Wissenschaftlern gleichzeitig über Sprache laufen, verspricht die Untersuchung des Sprachverhaltens der Wissenschaftler einen einheitlichen Zugriff, wo bislang mehrere, weitgehend voneinander unabhängige Konzepte, soziologischer und sozialpsychologischer Art einerseits und philosophischer sowie begriffsgeschichtlicher Art andererseits, nötig waren. Allerdings wäre dieser einheitliche Zugriff kein traditionell sprachwissenschaftlicher, auf die Untersuchung der Syntax zentrierter Zugang mehr. Er wäre auch nicht begrenzt auf die Untersuchung jener Mengen sprachlicher Operationen, die formallogisch faßbar sind. Sprachwissenschaftlich betrachtet, schließt dieser Zugang an die kommunikationsorientierte Linguistik an.[2] In dem kommunikationstheoretischen Zugang interessiert, wie sich die vorsprachliche Kommunikation und Kognition, die sprachlichen Einheiten von Kommunikation und Kognition sowie die Operationalisierungen solcher sprachlichen Einheiten kontextgebunden entwickeln.

2 Vgl. W. Hartung, Sprachliche Kommunikation und Linguistik, in: Zeitschrift für Phonetik, Sprachwissenschaft und Kommunikationsforschung, 1/1985; W. Hartung, Über die Gesellschaftlichkeit der Sprache, in: DZfPh, 11/1981.

So vielversprechend der kommunikationstheoretische Zugriff auf Probleme der Wissenschaftsentwicklung scheinen mag, die Forschungslage auf diesem Gebiet ist nicht weniger kompliziert als auf wissenschaftstheoretischem Gebiet. Das Kommunikationsverständnis ist, je nach disziplinärer und konzeptioneller Untersuchungsrichtung, verschiedenartig, darunter kybernetisch, semiotisch, linguistisch, literaturtheoretisch, soziologisch, sozialpsychologisch und biokommunikationstheoretisch. Der Rückgriff auf kommunikationstheoretische Ansätze erfolgt dem eingangs genannten Bedürfnis entsprechend. Eine gewisse grundlagentheoretische Kohärenz in der Zuordnung wissenschafts- und kommunikationstheoretischer Problemfelder läßt sich nur durch integrative Orientierungen seitens der Philosophie, d. h. der materialistischen Dialektik und des historischen Materialismus, erreichen.

3. Zur philosophischen Einordnung sprachlicher Kommunikation und zum Status von Kommunikationstheorie

3.1. Biokommunikation

Gesellschaftliche Kommunikation hat Biokommunikation[3] zur naturhistorischen Voraussetzung. Biokommunikation ermöglicht die individuelle Aneignung von Populationserfahrungen, die nicht im Genom gespeichert sind, sondern in der länger werdenden Jugendperiode durch Lernprozesse erworben werden. Umgekehrt kann die individualgeschichtliche Kumulation von Erfahrung durch Biokommunikation wieder weitergegeben werden, wodurch eine positive Rückkopplung der Ontogenese an die Phylogenese eintritt.[4] Andere evolutionäre Bedingungen vorausgesetzt, können solche biokommunikativen Lernvorgänge zu neuen Lernniveaus führen, vom Lernen-Lernen über das Einsichtlernen bis zum Denken einschließlich der entsprechenden Speicherformen.

Damit stellt Biokommunikation einen erheblichen Evolutionsvorteil dar. Durch sie wird das ganze natürliche Selektionsgefüge verändert, in dem nun „die individuell erworbene Erfahrung einen neuen Stellenwert erlangt: hat sie ihn, ist die Schwelle zum Menschen hin überschritten“.[5] Für die biotische Evolution ist noch die Trennung der Evolutionsmechanismen, d. h. die Trennung zwischen

3 Vgl. G. Tembrock, Biokommunikation, Berlin 1971; G. Tembrock, Grundriß der Verhaltenswissenschaften, Berlin 1980.

4 Vgl. U. Holzkamp-Osterkamp, Grundlagen der psychologischen Motivationsforschung, Berlin 1981, S. 135—139.

5 G. Tembrock, Verhaltenswissenschaften in Theorie und Praxis, Berlin 1983, S. 13 (Sitzungsberichte der AdW der DDR, 7/N).

Variation und Selektion, charakteristisch.[6] Mit der biokommunikativen Potenzierung tierischen Lernverhaltens entsteht ein neuer Trend. Durch biokommunikative Lernprozesse kann ein populationsspezifisches Maß der Kopplung von Variation und Selektion entstehen, allerdings ohne eine vollständige Kopplung zu erreichen.[7] Dadurch läßt sich die Möglichkeit des Übergangs von „blinder" biotischer Evolution zu in einem bestimmten Maße „bewußter" Entwicklung der Gesellschaft erklären.

3.2. Zum Status von Kommunikationstheorie

Die Spezifik kommunikationstheoretischer Fragen wird schon in dem biokommunikationstheoretischen Ansatz deutlich. Dieser Ansatz setzt die synthetische Evolutionstheorie in ihrer Gesamtheit voraus, insbesondere in ihrer ethologisch und informationstheoretisch erweiterten Fassung. Er kann nicht leisten, was nur über die Anwendung dieser seiner Voraussetzung zu leisten ist: die Erklärung aller notwendigen Bedingungen des Überganges von der biotischen Evolution zur gesellschaftlichen Entwicklung. Aber dieser Ansatz liefert gerade jenes Vermittlungsglied, das die materialistische Gesamterklärung dieses Überganges hinreichend spezifiziert. Er erübrigt die Annahme eines „metaevolutiven" Entstehungswunders von Vernunft[8], da er eine Erklärung ermöglicht, wie sich die Art und Weise biotischer Evolution ändert. Wenn der biokommunikationstheoretische Ansatz zeigt, wie der Zusammenhang von Ontogenese und Phylogenese selbst evoluiert, dann geht es um mehr als um die Evolution innerhalb einer gegebenen, hier der biotischen, Evolutionsart. Wenn biokommunikative Lernprozesse ein bestimmtes Maß der Kopplung von Evolutionsmechanismen ermöglichen, dann evoluiert die Art und Weise biotischer Evolution selbst.

Kommunikationstheoretische Fragen sind letztlich modal gestellte Fragen. Sie zielen auf die Erklärung ab, *wie* sich eine gegebene Entwicklungsart dadurch entwickelt, daß sie auf kommunikative Weise (durch wechselseitigen Informations- oder Zeichenaustausch eines bestimmten Niveaus) aktualisiert und realisiert wird. Es ist dieser modale Charakter, der zu Irritationen in der Statusbestimmung von Kommunikationstheorie führt. Wer Kommunikationstheorie nach dem Muster einer gegenstandsbestimmten Disziplin mißversteht, kann nicht erklären, warum sich kommunikationstheoretische Ansätze auch in den sog. Querschnittswissenschaften herausgebildet haben, und innerhalb der auf bestimmte Gegenstände bezogenen Disziplinen in solchen, die der gegenständlichen Spezifik

6 Vgl. R. M. Zavadskij/K. I. Kolčinskij, Evolucija Evolucij, Leningrad 1977; R. Harré, Darwins Theorie und Methode, in: Dialektik 5. Darwin und die Evolutionstheorie, hg. von H. H. Holz/H. J. Sandkühler, Köln 1982; St. Toulmin, Darwin und die Evolution der Wissenschaften, in: ebenda.

7 Vgl. H.-P. Krüger, Toulmins Pragmatismus und Evolutionismus, in: Wissenschaft. Das Problem ihrer Entwicklung, Bd. 1: Kritische Studien zu bürgerlichen Wissenschaftskonzeptionen, hg. von G. Kröber/H.-P. Krüger, Berlin 1987.

8 E. Jantsch, Die Selbstorganisation des Universums, München—Wien 1979.

nach betrachtet herzlich wenig miteinander zu tun haben (Reptilien, Literaten). Wer „Kommunikation" sogleich als einen „Gegenstand sui generis" von anderen Gegenständen isoliert, etwa kommunikatives Verhalten *neben* anderen Verhaltensarten annimmt, verfehlt die entwicklungstheoretische Richtung der kommunikationstheoretischen Fragestellung: Wie evoluieren anderweitig bestimmte Verhaltensarten dadurch, daß sie kommunikativ aktualisiert und realisiert werden?

Einerseits entstehen kommunikationstheoretische Fragen, in welcher Disziplin auch immer, wenn die Evolution einer vorausgesetzten Evolutionsart durch wechselseitigen Informations- oder Zeichenaustausch zur Debatte steht. Andererseits erklärt der modale Status aber auch, inwiefern kommunikationstheoretische Fragen andere disziplinäre und theoretische Voraussetzungen haben. Die Frage nach dem „Wie" einer Entwicklungsart setzt voraus, daß das „Was" der Entwicklung unter definierten Bedingungen und daß die Entwicklungsart, um deren kommunikative Entwicklung es geht, bereits bestimmt worden sind. Dies heißt in unserem Ausgangsfall: Der biokommunikationstheoretische Ansatz setzt die synthetische Evolutionstheorie in ihrer ethologischen und informationstheoretischen Fassung voraus. Der integrative Effekt kommunikationstheoretischer Fragen sitzt gleichsam auf außerkommunikationstheoretischen Voraussetzungen auf. Wird von diesen Voraussetzungen abstrahiert, erscheint Kommunikationstheorie fälschlicherweise als „Überwissenschaft".

3.3. Das Problem der Spezifik gesellschaftlicher Kommunikation

Gesellschaftliche Kommunikation von Biokommunikation zu unterscheiden fällt schwer, solange die der menschlichen Gesellschaft eigene Kommunikationsweise noch nicht ausgebildet worden ist. Die Überwindung der „Vorgeschichte der menschlichen Gesellschaft"[9] hat in unserer Epoche begonnen. Für klassengesellschaftliche Entwicklungen ist im ganzen (nicht in allen Teilprozessen) noch ein antagonistischer und naturwüchsiger (oder anarchischer) Modus charakteristisch, im Gegensatz zur „bewußten Rekonstitution der menschlichen Gesellschaft".[10] Mit der kapitalistischen Gesellschaft entsteht, menschheitshistorisch erstmals, die Möglichkeit und Notwendigkeit, daß der „Prozeß der Entwicklung selbst als Voraussetzung desselben gesetzt und gewußt" wird.[11] Das von Marx gestellte Problem der Entwicklung einer bewußten Art und Weise von gesamtgesellschaftlicher Entwicklung ist für die Theorie der gesellschaftlichen Kommunikation grundlegend.

In der bürgerlichen Diskussion zur Spezifik gesellschaftlicher Kommunikation dominieren zwei Grundmodelle, das des Geldes und das der Sprache. Während

9 K. Marx, Zur Kritik der Politischen Ökonomie. Vorwort, in: K. Marx/F. Engels, Werke (im folgenden: MEW), Bd. 13, Berlin 1972, S. 9—10.

10 K. Marx, Das Kapital. Dritter Band, in: MEW, Bd. 25, Berlin 1974, S. 99.

11 K. Marx, Grundrisse der Kritik der Politischen Ökonomie (im folgenden: Grundrisse), Berlin 1953, S. 440.

das Geldmodell, scheinbar materialistisch, dazu verleitet, eine spezifisch kapitalistische Koordinierungsweise gesellschaftlichen Verhaltens zu verewigen[12], führt das Sprachmodell in der Regel zu idealistischen Konsequenzen, insofern nämlich Sprache als solche, in einem transzendentalen oder anthropologischen Sinne, unterstellt wird.[13] Marx war sich des Gegensatzes beider Grundmodelle, die schon von A. Smith und G. W. F. Hegel diskutiert worden waren, bewußt: „Das Geld mit der Sprache zu vergleichen ist nicht minder falsch (als das Geld mit dem Blute zu vergleichen, H.-P. K.). Die Ideen werden nicht in der Sprache verwandelt, so daß ihre Eigentümlichkeit aufgelöst und ihr gesellschaftlicher Charakter neben ihnen in der Sprache existierte, wie die Preise neben den Waren. Die Ideen existieren nicht getrennt von der Sprache."[14] Es handelt sich zwar in beiden Fällen um Kommunikation durch bereits generalisierte Zeichen, d. h. „Symbole"[15], aber im Falle des Geldes getrennt von und im Falle der Sprache in Einheit mit den ideellen Repräsentationen der natürlichen und soziokulturellen Welt.

Marx und Engels fassen das „Bewußtsein" nicht mehr als eine ideelle Substanz auf. Sie bestimmen es in seiner unmittelbaren Wirklichkeit als Sprache und in seiner dadurch vermittelten Wirklichkeit als „bewußtes Sein": „die Sprache *ist* das praktische, auch für andre Menschen existierende, also auch für mich selbst erst existierende wirkliche Bewußtsein, und die Sprache entsteht, wie das Bewußtsein, erst aus dem Bedürfnis, der Notdurft des Verkehrs mit andern Menschen."[16] Damit wird die Eigenart sprachlicher Zeichen gegenüber anders generalisierten Zeichen bestimmt. Die kognitive Relation des Bewußtseins zum Sein wird durch Sprache vermittelt. Sprache ihrerseits entsteht aus der Notwendigkeit des sozialen Verkehrs der Individuen. So zeichnet sich Sprache dadurch aus, daß in ihr kognitive mit sozialen Relationen in einem bestimmten Maß zusammengeschlossen werden. Es ist dieser mögliche Zusammenschluß von Kognition und Kommunikation[17], der die menschliche Sprache definiert und sie zum unverzichtbaren Kriterium in der Unterscheidung zwischen gesellschaftlicher und Biokommunikation werden läßt.

12 Vgl. Allgemeine Handlungstheorie, hg. von J. J. Loubser/R. C. Baum/A. Effrat/V. Meyer Lidz, Frankfurt/M. 1981.

13 Vgl. J. Habermas, Theorie des kommunikativen Handelns, Frankfurt/M. 1981; Kommunikation und Reflexion, hg. von D. Böhler/W. Kuhlmann, Frankfurt/M. 1982; Vgl. zur Einschätzung H.-P. Krüger, Grenzen der „Theorie des kommunikativen Handelns" von J. Habermas, in: Wissenschaft. Das Problem ihrer Entwicklung. Bd. I: Kritische Studien zu bürgerlichen Wissenschaftskonzeptionen, hg. von G. Kröber/H.-P. Krüger, a. a. O.

14 K. Marx, Grundrisse, a. a. O., S. 80.

15 Vgl. ebenda, S. 60—90.

16 K. Marx/F. Engels, Die deutsche Ideologie, in: MEW, Bd. 3, Berlin 1972, S. 30.

17 A. A. Leont'ev interpretiert den Marxschen Begriff der „Verkehrsform" als „Kommunikation" (A. A. Leont'ev, Psychologie der Kommunikation, in: A. N. Leont'ev/A. A. Leont'ev/E. G. Judin, Grundfragen einer Theorie der sprachlichen Tätigkeit, Berlin 1984, S. 62—71).

Das Verdienst von L. S. Vygotskij besteht darin, diese philosophische Problemstellung bereits vor mehr als einem halben Jahrhundert in ein interdisziplinäres Forschungsprogramm überführt zu haben. Er konnte zusammenfassend zeigen, daß Kommunikation und Kognition in der Evolution tierischen Verhaltens von unterschiedlichem genetischen Ursprung sind und nicht zusammengeschlossen werden. Demgegenüber läßt sich in der Psychogenese ein evolutionsgeschichtlich neues Potential nachweisen. Von einem bestimmten Stadium der Kindesentwicklung an werden die kommunikative und kognitive Entwicklung sprachlich aneinander gekoppelt: „Die Sprache *wird* intellektuell, das Denken *wird* sprachlich."[18] Das sprachlich bestimmte Maß der Einheit von kommunikativem und kognitivem Verhalten entsteht im Kontext der Kooperation und übernimmt die Koordinierungsfunktion der persönlichen Tätigkeitsstrukturen.

Aus dieser ersten Annäherung an das Problem der Spezifik gesellschaftlicher Kommunikation ergibt sich als entscheidendes Unterscheidungskriterium: Inwieweit wird die Reproduktion gesellschaftlichen Verhaltens durch die sprachliche Einheit von Kommunikation und Kognition koordiniert? Dabei gilt „Sprache" als eine Menge generalisierter Repräsentationszeichen. Diese Menge ist in vierfacher Hinsicht gleichzeitig geordnet, nämlich nach allgemeinen Regeln sowohl in pragmatischer, sigmatischer, syntaktischer als auch semantischer Hinsicht.[19] Daraus folgt nicht, daß gesellschaftliche Kommunikation auf sprachliche Kommunikation reduziert werden kann. Zunächst setzt das genannte Kriterium den Begriff des „gesellschaftlichen Verhaltens" sowie der allgemeinen Reproduktion dieses Verhaltens als „gesellschaftliches Verhältnis" voraus. Diese Begriffe werden im allgemeinen durch den historischen Materialismus, im besonderen durch die entsprechenden Gesellschaftswissenschaften bestimmt. In ähnlicher Weise setzt Biokommunikationstheorie die ethologische Bestimmung biotischen Verhaltens voraus. Das Kriterium entsteht und entwickelt sich im Kontext der Formationsgeschichte, nach Maßgabe der darin bestimmbaren Möglichkeit und Notwendigkeit, vorsprachliche Kommunikation und Kognition zusammenzuschließen. Dies erweitert den Begriff der gesellschaftlichen Kommunikation zum Entwicklungszusammenhang zwischen vorsprachlicher Kommunikation und Kognition einerseits und dem Maß des sprachlichen Zusammenschlusses beider andererseits.

Das Maß der sprachlichen Einheit ist kein feststehendes, sondern entsteht und entwickelt sich im Kontext des zu koordinierenden gesellschaftlichen Verhaltens. Dieses Verhalten wiederum verändert sich nicht nur aktuell von Situation zu Situation, sondern unterliegt auch einem Prozeß der Differenzierung von Verhaltensarten, aus dem neue Erfordernisse der Koordinierung resultieren. Dabei entwickeln sich die sprachlichen Einheiten in einem unaufhörlichen Widerspruch zwischen der Generalisierung und Spezialisierung der Zeichen. Die Lösung dieses Widerspruches führt zur Ausbildung immer neuer Sprachstrukturen und deren

18 L. S. Wygotskij, Denken und Sprechen, Berlin 1964, S. 107.
19 Vgl. G. Klaus, Semiotik und Erkenntnistheorie, Berlin 1969.

Akkumulation unter den genannten vier Aspekten. Die wachsende Komplexität der Sprache läßt aber die Eindeutigkeit der Kommunikation durch Sprache unwahrscheinlich werden, oder wenn wahrscheinlich, dann um den Preis eines für die Realisierung der Koordinierungsfunktion uneffektiven Anwachsens des sprachlichen Kommunikationsaufwandes.[20] Dies könnte dazu führen, daß sich der evolutionsgeschichtliche Vorteil der Sprache, in bestimmtem Maße einen Zusammenschluß von Kommunikation und Kognition zu ermöglichen, in eine entwicklungsgeschichtliche Sackgasse verwandelt.

Indessen wäre es falsch, den Vergesellschaftungskontext des Verhaltens einseitig so aufzufassen, als führe er nur in Richtung auf Differenzierung, Vielfalt und Vereinzelung und nicht zugleich auf Integrierung, Vereinheitlichung und Verallgemeinerung des Verhaltens. Die häufig der Sprache angelasteten Widersprüche kommen den Verhaltenskontexten selbst zu, während deren sprachliche Repräsentation schon die Lösungsmöglichkeiten dieser Widersprüche formiert. Was die wachsende Komplexität der Sprachstrukturen anlangt, so reduziert sich diese gerade dadurch, daß die sprachliche Repräsentation auf sich selbst angewendet wird. Das Koordinierungspotential, das der menschlichen Sprache gleichsam natürlich in ihrer Genese aus der Reproduktion gesellschaftlichen Verhaltens zugewachsen ist, kann künstlich auf ihre eigenen Koordinationsprobleme gewendet werden.

Wo das Koordinierungspotential der natürlichen Sprachen nicht mehr ausreicht, werden metasprachliche Kommunikation und Kognition ausgebildet. Metasprachliche Formen, wie Philosophie, Wissenschaft und Literatur, behandeln die natürlichen Sprachen bereits als ein problematisches Material. In der metasprachlichen Reflexion geht es um Lösungsformen für die Widersprüche, die zwischen der Entwicklung des Verhaltenskontextes einerseits und des Kommunikations- und Kognitionspotentials der Ausgangssprache andererseits entstehen. Die metasprachliche Reflexion schließt eine Operationalisierung vorangegangener Sprachstrukturen ein, wodurch der Kommunikationsaufwand reduziert werden kann. Wenn die Operationalisierungen technisch vergegenständlicht werden, wie seit den Schriftsprachen und inzwischen in ungeahntem Ausmaß durch die neuen Informationstechnologien, wird eine drastische Entlastung von Kommunikationsaufwand möglich.

Daher ist der Begriff der „gesellschaftlichen Kommunikation" nicht nur auf die genetischen Vorstufen, sondern auch die Folgestufen des sprachlichen Zusammenschlusses von Kommunikation und Kognition zu erweitern. Er umfaßt den Entwicklungszusammenhang von vorsprachlicher Kommunikation und Kognition über das Maß des sprachlichen Zusammenschlusses beider bis hin zur metasprachlichen Rekonstruktion der ausgangssprachlichen Einheiten, ihrer Operationalisierung und technologischen Vergegenständlichung. Wenn Marx das Strukturniveau von „Bewußtheit" charakterisiert, das den bewußten Ent-

20 Vgl. J. M. Lotman, Kunst als Sprache, Leipzig 1981, S. 113—115.

wicklungsmodus von Gesellschaft auszeichnet, standen ihm dabei die Modelle von Philosophie, Wissenschaft und Literatur Pate[21], d. h. bereits metasprachliche Zusammenschlüsse von Kommunikation und Kognition. Man stelle sich diese metasprachlichen Einheiten nicht in ihren traditionellen handwerklichen Formen vor, sondern als ein Ensemble von informations- und kommunikationstechnologisch gestützten Öffentlichkeiten[22], in denen die von Lenin geforderten allgemeinen Lernprozesse[23] praktiziert werden können. Dies hat die Beseitigung klassenantagonistischer Verhältnisse und die durch die wissenschaftlich-technische Revolution möglich gewordenen, drastischen Verkürzungen der gesellschaftlich notwendigen Arbeitszeit zur Voraussetzung.

4. Kommunikationstheoretische Ausgangsabstraktion für wissenschaftstheoretische Zwecke

4.1. Kommunikation als Koordinierung der Reproduktion von Kooperation

In der sowjetischen Forschung im Anschluß an Vygotskij hat es sich bewährt, vom Begriff der „Kooperation“ auszugehen, um beim Begriff der „Kommunikation“ anzulangen.[24] Im Begriff der „Kooperation“ werden folgende wechselseitigen Zusammenhänge erfaßt: der zwischen gegenstandsbezogenen und gegenständlich vermittelten Handlungen von Subjekten an Objekten (S-M-O-Relation) und der der sozialen Interaktionen zwischen Subjekten (S-S-Relation). Der Begriff „Kommunikation“ erfaßt dann den kooperativen Zusammenhang unter einem bestimmten Aspekt, nämlich dem der Koordinierung kooperativer Handlungssequenzen durch Zeichenaustausch.

21 Vgl. K. Marx, Grundrisse, a. a. O., S. 584—600.

22 Vgl. M. Naumann/D. Schlenstedt u. a., Gesellschaft — Literatur — Lesen, Berlin—Weimar 1973; D. Schlenstedt, Wirkungsästhetische Analysen, Berlin 1979; W. Heise, Realistik und Utopie, Berlin 1982; R. Weimann, Kunstensemble und Öffentlichkeit, Halle—Leipzig 1982.

23 Vgl. u. a. W. I. Lenin, Die Aufgaben der Jugendverbände, in: Lenin, Werke (im folgenden: LW), Bd. 31, Berlin 1974; W. I. Lenin, Noch einmal über die Gewerkschaften, in: LW, Bd. 32, Berlin 1975; W. I. Lenin, Notizen eines Publizisten; W. I. Lenin, Fünf Jahre russische Revolution und die Perspektiven der Weltrevolution; W. I. Lenin, Lieber weniger, aber besser, alles in: LW, Bd. 33, Berlin 1975.

24 Vgl. A. N. Leontjew, Tätigkeit — Bewußtsein — Persönlichkeit, Berlin 1979; A. Lurija, Sprache und Bewußtsein, Berlin 1982: A. N. Leontjew/P. J. Galperin, Probleme der Lerntheorie, Berlin 1966; P. J. Galperin, Zu Grundfragen der Psychologie, Berlin 1980; vgl. auch H. Hiebsch/M. Vorwerg, Einführung in die marxistische Sozialpsychologie, Berlin 1972.

Wenn Kommunikation die Reproduktion von Kooperation koordiniert, erübrigt dieser Ausgangspunkt eine Reihe von Vereinseitigungen. Vom vereinzelten Subjekt auszugehen, legt solipsistische Konsequenzen nahe. Gegenüber diesem individuellen Subjektivismus scheint der Ausgangspunkt „Interaktion" von Vorteil. Aber dies birgt die Gefahr eines kollektiven oder Inter-Subjektivismus in sich. Allein von fixen Objekten auszugehen, deren Signale von Subjekten reaktiv empfangen werden, verleitet zur objektivistischen Interpretation. Den Mittelkomplex der Subjekt-Objekt-Relation zum Angelpunkt zu erheben, provoziert instrumentalistische Konsequenzen. Individueller und kollektiver Subjektivismus, Objektivismus und Instrumentalismus greifen jeweils ein Glied (oder eine Teilstruktur) der kooperativen Gesamtstruktur heraus. Das Problem der Koordination entsteht nicht, solange von der Komplexität und Variabilität der zu reproduzierenden Gesamtstruktur abstrahiert wird. Auf Grund solcher Abstraktionen taucht entweder das Kommunikationsproblem überhaupt nicht auf oder nur unterhalb der Schwelle des Koordinationsproblems der Gesamtstruktur, also z. B. nur im Sinne eines Informationsaustausches zur Realisation von Interaktionen oder einer Verarbeitung von Objekt- bzw. Mittel-Informationen. Demgegenüber bietet das Kooperationsmodell den doppelten Vorteil, die Reduktionen des Kommunikationsproblems aufzuheben und zugleich die analytisch rationellen Aspekte der genannten Richtungen davon zu befreien, als konzeptioneller Angelpunkt überfordert zu sein.

Von den genannten einseitigen Konzeptionen, in denen Kommunikation auf eine ihrer genetischen Teilvoraussetzungen reduziert wird, sind jene Konzeptionen zu unterscheiden, in denen Kommunikation selbst nicht als die genetische Voraussetzung für Sprachen und Metasprachen begriffen wird. In der Ausgangsbestimmung, Kommunikation koordiniere die Reproduktion von Kooperation, ist nicht nur der Kontext der Kommunikation enthalten, sondern auch der Zugang zur Differenzierung der Formen der Kommunikation (vorsprachlich, sprachlich, metasprachlich). Sprachen und Metasprachen müssen nicht anthropologisch vorausgesetzt oder transzendental aus sich selbst begründet werden. Die genannte Ausgangsbestimmung überbrückt den üblichen Bruch zwischen einerseits den genannten reduktionistischen Kommunikationsauffassungen und andererseits den dekontextualisierten Konzeptionen von reinen Sprach- und Metasprach-Formen.

Die Komplexität und Variabilität der kooperativen Gesamtstruktur wie auch ihrer Bedingungen schließt ein, daß Reproduktionsstörungen wahrscheinlich sind, weshalb Kommunikation nötig ist. Die Kommunikationsformen unterscheiden sich nach dem Maß, in dem die Reproduzierbarkeit der kooperativen Struktur gegen Reproduktionsstörungen gesichert werden kann. Die Spezialisierung der Zeichen ist darauf gerichtet, die Störung der Reproduktion zu bezeichnen. Diese Spezialisierung kann Zeichen für Bedingungen und Glieder beider Relationen (S-M-O, S-S) und für beide Relationen sowie ihren Gesamtzusammenhang betreffen. Umgekehrt erfolgt die Generalisierung der Zeichen im Maße der Reproduzierbarkeit des Bezeichneten. Mit dem Widerspruch zwischen der Generali-

sierung und Spezialisierung von Zeichen entsteht eine, wenngleich an den Kontext gebundene, so doch der Kommunikation eigene „Dynamik“.[25] Insoweit aktuelle Lösungsformen dieses Widerspruches auch in späteren Phasen reproduziert werden können, strukturieren stabilere Lösungsformen aus.
Die Grundstrukturen der Sprache stellen schon geronnene Lösungsformen des Widerspruches zwischen Spezialisierung und Generalisierung der Zeichen für Relationen dar. Die sprachliche Möglichkeit zur Unterscheidung (von Subjekten, gegenstandsbezogenen Handlungen, Objekten, Mitteln, Bedingungen, Interaktionen) speichert bereits die strukturell wahrscheinlichen Störungen in der Reproduktion von Kooperation. Insofern entspricht die Sprache strukturell der Reproduzierbarkeit von Kooperation. Durch sie wird Kooperation nicht stofflich, wohl aber strukturell reproduzierbar. Aber schon in dieser grundsätzlichen Entsprechung spielen metakommunikative Ausdrücke für jede Aktualisierung der sprachlichen Kommunikation eine Rolle.[26] Angesichts der Komplexität und Variabilität des Kontextes, der Sprache als auch der Zuordnung beider, ist die Eindeutigkeit des sprachlichen Kommunikationsaktes aktuell wenig wahrscheinlich, weshalb metakommunikative Ausdrücke erforderlich sind. Metasprachliche Ausdrücke werden in dem Maße differenziert, in dem die in der Ausgangssprache möglichen Unterscheidungen die Reproduktion der Kooperationsstruktur nicht mehr zu koordinieren gestatten. Wenn sich einerseits die Strukturen der in der Ausgangssprache möglichen Ausdrucksfolgen und andererseits die Reproduktion der Kooperationsstruktur widersprechen, werden stabile metasprachliche Lösungsformen dieses Widerspruches erforderlich.

Wenn sich die „Form“ der Kommunikation im Maße der Reproduzierbarkeit der Kooperation ändert, ändert sich damit auch der „Inhalt“ der Kommunikation. Bislang war nur der „Kontext“ der Kommunikation vorausgesetzt worden, d. h. die Reproduktion einer kooperativen Gesamtstruktur unter bestimmten raumzeitlichen Bedingungen. Dieser Kontext begrenzt objektiv, was zum Inhalt der entsprechenden Kommunikation werden kann. Aus ihm wird zum „Inhalt“ der Kommunikation, was für die Koordination der Reproduktion relevant ist. Diese Relevanz hängt von eintretenden Reproduktionsstörungen ab, die zu „Koordinationsproblemen“ führen. Ein konkreter aktueller Inhalt von Kommunikation soll „Thema“ heißen. Im „Thema“ werden die aufgetretenen Koordinationsprobleme ins Verhältnis zu dem schon errungenen Maß an Reproduzierbarkeit gesetzt. Im Idealfall, d. h. im Falle des sukzessiven Eintretens aller möglichen Reproduktionsstörungen, muß auch schrittweise der gesamte Kontext „thematisiert“ werden.

Mit dem Übergang zur metasprachlichen Kommunikationsform verändert sich der „Inhalt“ der Kommunikation. Zum „Problem“ der Koordination werden nunmehr strukturelle Widersprüche zwischen dem Kontext und der ausgangs-

25 J. M. Lotman, Kunst als Sprache, a. a. O., S. 115.

26 Vgl. B. Techtmeier, Das Gespräch, Berlin 1984, 3. Kapitel,

sprachlichen Kommunikationsform. Metasprachlich wird der Entwicklungszusammenhang zwischen den Entsprechungen und Widersprechungen beider Strukturensembles zum „Thema". Um solche Themata behandeln zu können, muß sowohl der vorausgesetzte Kontext generell hinterfragt als auch der ursprüngliche Inhalt der Kommunikation auf den „Gehalt" der ausgangssprachlichen Repräsentationen erweitert werden.

Zunächst zur Hinterfragung des Kontextes: Die allgemeine Reproduzierbarkeit der vorausgesetzten Kooperationsstruktur kann durch diese selbst, durch bestimmte ihrer Teilstrukturen oder durch bestimmte generelle Bedingungen, unter denen reproduziert wird, gestört sein. Um herauszufinden, inwiefern generell der vorausgesetzte Kontext selbst umstrukturiert werden müßte, wäre der o. g. Idealfall künstlich herbeizuführen, wenngleich das sukzessive Durchlaufen aller möglichen Reproduktionsstörungen vom Standpunkt der natürlichen Ausgangssprache eher als das zu vermeidende Übel erscheint.

Der Begriff des „Gehaltes" soll, im Anschluß an Hegel, kommunikationstheoretisch wie folgt reformuliert werden. Was zum Inhalt der Kommunikation wird, hängt nicht nur davon ab, was der Kontext, sondern auch, was die Kommunikationsform an Inhalt zu formieren ermöglicht. Die ausgangssprachliche Kommunikationsform ist bereits eine vierfach geregelte Menge von Repräsentationszeichen. Diese Form hat an ihren Strukturen der Produktion und Rezeption von sprachlichen Ausdrücken ihren eigenen möglichen und schon repräsentativen Inhalt. Hegel fragt zu Recht nach dem der Form eigenen Inhalt im Unterschied zum vorausgesetzten Inhalt, d. h. nach dem „Formgehalt".[27] Diese schon von Marx in seiner Erklärung der Genesis der Wertform angewandte Unterscheidung zwischen Inhalt und Gehalt sollte auch im Zusammenhang der Hinweise Lenins gelesen werden, daß Hegels Einleitung in den „Idee"-Abschnitt der subjektiven Logik „sicherlich die beste Darstellung der Dialektik" enthält und daß Hegel mit seiner Untersuchung der Kopula im Urteil zu den „materialistischen Wurzeln" der Begriffsdialektik vorstößt.[28]

4.2. Textsprachliches Denken

Die metasprachliche Aufdeckung und Umstrukturierung ausgangssprachlicher Gehalte leitet zu der für die Wissenschaften so typischen Frage nach der Wahrheitsrelation zwischen „Gehalt" und kontextualem „Inhalt" über. Dies verlangt, die kommunikationstheoretische Ausgangsabstraktion nach ihrer kognitiven Seite hin zu spezifizieren. Wenn Kommunikation die Reproduktion von Kooperation koordiniert, schließt sie Kognition ein. Angesichts der Komplexität

27 G. W. F. Hegel, Wissenschaft der Logik, Bd. II, in: Hegel, Werke, Bd. 6, Frankfurt/M. 1969, S. 265—267.

28 W. I. Lenin, Konspekt zu Hegels „Wissenschaft der Logik", in: LW, Bd. 38, Berlin 1971, S. 182, 189.

und Variabilität des Kontextes ist Kommunikation ohne Kognition höchst unwahrscheinlich, dafür aber das Scheitern einer kognitionslosen Koordinierung höchst wahrscheinlich. Der eingeführte Kommunikationsbegriff selbst verlangt nach kognitiver Spezifikation.

Die für die Wissenschaft charakteristische Kognitionsform ist die des textsprachlichen Denkens. Damit behaupte ich weder, daß in der Wissenschaft nicht auch andere Kognitionsformen vorkämen, noch daß in anderen soziokulturellen Verhaltens- bzw. Tätigkeitsformen nicht auch textsprachlich gedacht würde. Der Weg, die kognitive Spezifik der Wissenschaft in einem Vergleich mit anderen soziokulturellen Verhaltens- bzw. Tätigkeitsformen zu begründen, kann hier nicht eingeschlagen werden. Wir unterstellen nur den eingeführten Kommunikationsbegriff und spezifizieren diesen erkenntnistheoretisch.

Erkenntnistheoretisch kann der Begriff der „Widerspiegelung" als allgemeine Eigenschaft der Materie (Lenin) vorausgesetzt werden.[29] Eine Widerspiegelung soll „Kognition" (oder synonym „einfache Reflexion") heißen, wenn diese Widerspiegelung durch Zeichen vermittelt wird. Dabei ist bereits ein Begriff des „Zeichens" unterstellt[30], der den Unterschied zwischen Bezeichnetem und Bezeichnendem (signifié und signifiant im weiten Sinne von signatum und signans) beinhaltet. In diesem Niveau der Zeichenorganisation kommt ein bestimmtes Maß von Selbstorganisation der materiellen Bewegungsform, die widerspiegelt, zum Ausdruck.[31] Eine Kognition (oder einfache Reflexion), die durch Mengen sprachlicher Repräsentationszeichen organisiert wird, soll im Unterschied zum Denken von Tieren „diskursives Denken" genannt werden. Mit dem oben genannten Kommunikations- und Sprachbegriff zeigt sich, daß der sprachliche Zusammenschluß von Kommunikation und Kognition nur im Maße der gegen Reproduktionsstörungen errungenen Reproduzierbarkeit von Kooperation erfolgen kann. Das „diskursive Denken" ist diejenige Kognitionsform, die die Reproduktion von Kooperation zu koordinieren ermöglicht.

Mit dieser Ausgangsbestimmung des diskursiven Denkens entfallen eine Reihe erkenntnistheoretischer Fehlinterpretationen desselben: 1. Wenn die Ausbildung diskursiven Denkens an den genannten Kontext gebunden ist, kann es nicht angeboren sein, was nicht ausschließt, daß die natürlichen Anlagen zu einer ihm entsprechenden organismischen Informationsverarbeitung gegeben sein müssen. 2. Wenn diskursiv in dem genannten Kontext gedacht wird, entfällt jede Vorstellung von einer unmittelbaren Verwandlung gegebener Gegenstände in Objekte des Denkens durch Subjekte. Das für Menschen eigentümliche Denken von Objekten hat gegenstandsbezogene und gegenständlich vermittelte Handlungen zur

29 Vgl. D. Wittich/K. Gößler/K. Wagner, Marxistisch-leninistische Erkenntnistheorie, Berlin 1978.

30 Vgl. U. Eco, Einführung in die Semiotik, München 1972.

31 Vgl. W. Ebeling/R. Feistel, Physik der Selbstorganisation und Evolution, Berlin 1982, S. 302—305, 346—349.

Voraussetzung, wobei diese Voraussetzung nochmals durch soziale Interaktionen vermittelt ist. „Gedacht“ werden Klassen möglicher Objekte, deren Existenz für die Reproduzierbarkeit der kooperativen Gesamtstruktur relevant ist. Daß überhaupt „Objekte“ im Unterschied zu der kooperativen Gesamtstruktur oder deren Teilstrukturen gedacht werden können, ist schon eine dank der Sprache mögliche Abstraktion. 3. Mit dem eingeführten Begriff der sprachlichen Kommunikation entfällt eine einseitige Bindung des Begriffes der „Kognition“ an S-O- oder gegenständliche Organismus-Umwelt-Relationen. Mit der Umstellung der Koordination auf Sprache kann Denken nicht nur auf S-M-O-Relationen, sondern auch auf S-S-Relationen und schließlich auf den Zusammenhang beider Relationsarten gelenkt werden. Damit wird die dem Menschen eigentümliche Kognitionsart der „Selbsterkenntnis“ möglich. Der Begriff des „diskursiven Denkens“ schließt objektivistische und instrumentalistische Interpretationen aus. Das schon in den natürlichen Sprachen eingelagerte Denken stellt die kognitive Voraussetzung nicht nur für Wissenschaften von der äußeren Natur, sondern auch für Gesellschafts- und Humanwissenschaften dar.

Die allgemeine Reproduzierbarkeit von Kooperation, die am Ende des eingeführten Kommunikationsbegriffes steht, führt über das Ausgangsmodell einer raumzeitlich unmittelbaren Kooperation hinaus. Die stabile Übertragbarkeit reproduzierbarer Kooperationsstrukturen auf Kontexte, die raumzeitlich nicht mehr unmittelbar zusammenhängen, hängt von der Fortentwicklung des Kommunikationsmediums ab, d. h. von dem Übergang der gesprochenen zur Schriftsprache. Indem die natürliche Sprache als Schriftsprache ausgebildet wird, werden die gesprochenen Denkleistungen schriftsprachlich kommuniziert. Das diskursive Denken wird zu einem textsprachlich produzierten und rezipierten Denken. Dabei handelt es sich nunmehr um ein diskursives Denken, dessen Produktions- und Rezeptionskontext medial auseinanderfallen können. Beide Kontexte werden nur generell durch Textstrukturen vermittelt. „Texte“ sind Mengen von schriftsprachlichen Repräsentationszeichen. Sie dienen der Übertragung von generell möglichen Kooperationsstrukturen (oder deren Teilstrukturen) zwischen solchen Kontexten, die raumzeitlich nicht unmittelbar zusammenhängen. Daher können „Texte“ nicht mehr hinreichend nach Modellen der gesprochenen Sprache, etwa nach aktuellen Sprechhandlungssequenzen, erklärt werden. Die textsprachlich formierten Strukturen gehen auch über das Satz-Modell hinaus, obgleich der Satz, sowohl gesprochener als auch geschriebener Sprache eigen, ein notwendiges Übergangsphänomen zwischen beiden sowie ein notwendiges „Atom“ von Texten darstellt.

Der Begriff des „diskursiven Denkens“ (Kant) wird in der philosophischen Literatur zumeist implizit auf seine beiden genetischen Formen angewandt, sowohl auf das im Kontext unmittelbarer Kooperation gesprochene Denken als auch auf das gegenüber unmittelbarer Kooperation generalisierte textsprachliche Denken. Erkenntnistheoretisch kann „diskursives Denken“ in einem leicht modifizierten Anschluß an H. H. Holz wie folgt bestimmt werden: Man unterscheide Prozesse der einfachen Reflexion (Reflexion der Umwelt durch einen Organismus oder eines Objekts durch ein Subjekt) von solchen der „doppelten" (oder synonym wechselseitigen) Reflexion (gegenseitige Reflexion zwischen Subjekten in vermittelten Subjekt-Objekt-Relationen); dann werden im „diskursiven Denken" die Prozesse der doppelten Reflexion sprachlich reflektiert.[32] Dieses für Menschen charakteristische Kognitionspotential entsteht und reproduziert sich zwar mit dem gesprochenen Denken, aber es kann sich erst in dem ihm gemäßen Medium stabilisieren, d. h. für mittelbare Kooperation kommuniziert und gegen nicht reproduzierbare Bedingungen der unmittelbaren Kooperation generalisiert werden. Textsprachen sind schon Metasprachen.

Die textsprachliche Stabilisierung des diskursiven Denkens setzt eine Potenzierung desselben durch Anwendungen auf sich selbst in Gang. Dem Inhalte nach differenzieren Textsprachen für bestimmte Kooperationsarten aus, die bestimmten Funktionen des gesellschaftlichen Reproduktionsprozesses entsprechen. Ebenso muß dem Gehalte nach der sich auf der Textebene reproduzierende Widerspruch zwischen Spezialisierung und Generalisierung durch entsprechende Metatexte formiert werden. Für das materialistische Verständnis der „Natur und des Gehaltes spekulativer Sätze" aus philosophischen Metatexten hat H. H. Holz einen Weg aufgezeigt.[33]

Diskursives Denken, das aus der textsprachlichen Reflexion resultiert, kann „theoretisches Denken" genannt werden. Dessen Produkte, Theorien, werden als Mengen textsprachlicher Repräsentationszeichen organisiert. Ob dem „Gehalt" von Theorien objektive Wahrheit zukommt, hängt davon ab, ob ihm in der objektiven Realität etwas entspricht. Diese erkenntnistheoretische Frage kann semiotisch dahingehend reformuliert werden, ob der Gehalt der Theoriesprache eine „sigmatische" Referenz (G. Klaus) besitzt. Entscheidbar wird die Frage nach der objektiven Wahrheit erst in dem Maße, in dem die dem Gehalt der Theorie entsprechenden Inhalte reproduziert werden können. Die aus dem Theoriegehalt folgenden möglichen Inhalte sind aber nicht mehr die Inhalte, von denen wir als der genetischen Voraussetzung diskursiven Denkens ausgegangen waren. Ansonsten hätte z. B. die neuzeitliche Naturwissenschaft die Frage nach der Rückkopplung ihrer Theoriegehalte nicht durch ihr gemäße experimentelle Praktiken lösen müssen.

Im theoretischen Denken geht es um die Umstrukturierung generell möglicher Kontexte, nicht mehr um die verbale Kognition einer bestimmten teilstrukturellen Reproduktionsstörung innerhalb einer bestimmten unmittelbaren Kooperation. Der Wahrheitsgehalt von Theorien wird unmittelbar nach den Regeln der Produktion und Rezeption textsprachlichen Denkens begründet, d. h. nach Regeln der „Argumentation".[34] Angesichts der Genese textsprachlichen Denkens

32 Vgl. H. H. Holz, Dialektik und Widerspiegelung, Köln 1983, S. 46, 130.

33 Vgl. H. H. Holz, Natur und Gehalt spekulativer Sätze, Köln 1980.

34 Vgl. G. A. Brutjan, Argumentacija, Jerevan 1984.

kann zwar aus der Einhaltung der Argumentationsregeln auf eine gewisse Wahrscheinlichkeit von objektiver Wahrheit geschlossen werden, für die Entscheidung der Frage nach der objektiven Wahrheit sind aber die sogenannten exemplarischen oder paradigmatischen Lösungen des Problems der Zuordnung von Gehalten und Inhalten erforderlich.

5. Drei Kommunikationsebenen der Wissenschaftsentwicklung

So verschieden Wissenschaften in historischer, methodischer, logischer, disziplinärer etc. Hinsicht auch sein mögen, daß in ihnen textsprachliches Denken produziert und rezipiert wird, ist ihnen wenigstens seit der griechischen Antike gemeinsam. In der kommunikationstheoretischen Ausgangsabstraktion verfügen wir über ein einfaches und abstraktes Schema, nach dem textsprachliches Denken genetisch geortet werden kann. Im folgenden Konkretionsschritt sollen die drei wichtigsten Kontexte, in denen sich textsprachliches Denken entwickelt, unterschieden werden. Diese Unterscheidung wird in dem Maße erforderlich, in dem sich der gesamtgesellschaftliche Reproduktionsprozeß funktional differenziert, d. h. insbesondere seit dem Entstehen der modernen bürgerlichen Gesellschaft, die die Teilungen der gesellschaftlichen Arbeit im allgemeinen, besonderen und einzelnen voraussetzt und in der bereits „das gesellschaftlich, historisch geschaffene Element“ gegenüber der „Naturbeziehung“ dominiert.[35]

a) „*Kommunikative Tätigkeiten*“[36] entstehen und entwickeln sich im Prozeß der „individuellen Vergesellschaftung“.[37] Dieser Prozeß findet im Kontext gruppenspezifischer „Lebensweisen“[38] statt. Innerhalb gruppenspezifischer Lebensweisen dominieren Beziehungen unmittelbarer Kooperation (in der Befriedigung natürlich-sozialer und soziokultureller Bedürfnisse in der Familie oder funktional äquivalenten Einheiten, in Lern- und Spielkollektiven, Arbeits- und Freizeitkollektiven, Bekannten- und Freundeskreis). In der Erklärung der Psychogenese von sprachlicher Kommunikation und diskursivem Denken kann von der „sympraktischen“[39] Lebenstätigkeit ausgegangen werden. Innerhalb dieser noch vorsprachlich motivierten Lebenstätigkeit kommt es zur Ausbildung kommunikativer und kognitiver Handlungen, die ihrerseits fortgebildet werden zu sprachlich-kommunikativer und sprachlich-kognitiver Tätigkeit. Beide über die Ausbildung der Sprachstrukturen miteinander zusammenhängenden Tätigkeitsformen ent-

35 K. Marx, Einleitung [zur Kritik der Politischen Ökonomie], in: MEW, Bd. 13, Berlin 1972, S. 638.

36 A. A. Leont'ev, Psychologie der Kommunikation, a. a. O., S. 72—78, 199—214.

37 K. Holzkamp, Gesellschaftlichkeit des Individuums, Köln 1978, S. 156.

38 L. Kühne, Zum Begriff und zur Methode der Erforschung der Lebensweise, in: L. Kühne, Haus und Landschaft, Dresden 1985; vgl. L. Kühne, Gegenstand und Raum, Dresden 1981.

39 A. Lurija, Sprache und Bewußtsein, a. a. O., S. 26—32.

wickeln sich weiter auf ihnen eigenen Handlungs- und Operationsebenen.[40] Mit der sprachlichen Steuerung der Willensakte, der sprachlichen Reorganisation der Wahrnehmung und der sprachlichen Organisation des Denkens entsteht den Individuen ein Potential zur rationalen Selbststeuerung (sprachliche Kommunikation) und rationalen Selbsterkenntnis (diskursives Denken).[41] Der enorme Ausbau der allgemeinen und höheren Bildungswege in unserem Jahrhundert hat in den entwickelten Ländern zum Trend einer allgemeinen Verbreiterung und Niveauerhöhung rationaler Kompetenzen geführt, im Gegensatz zu den wenigen „Nischen" an rationaler Kultur in vorkapitalistischen Gesellschaftsformationen.

Die hier behandelte Kommunikationsebene ist wissenschaftstheoretisch relevant, um die Entstehung und Entwicklung der rationalen Kompetenzen von Persönlichkeiten erforschen zu können. Jede Epoche, jeder Zweig, jede Funktion in der Wissenschaftsentwicklung bedürfen besonderer rationaler Kompetenzen. Außerordentliche rationale Leistungen bestimmter Persönlichkeiten scheinen unerklärlich, wenn nicht erforscht wird, wie ihr persönliches Rationalitätspotential seit der Kindheit entstanden ist und sich in den Kooperationsbeziehungen ihrer Biographie entwickelt hat. Nach der sprachlichen Reorganisation der Lebenstätigkeit kann sich das Erlernen neuer Strukturen (im Unterschied zu neuen Inhalten auf gleichem Strukturniveau) sehr dynamisch entwickeln. Für die Erklärung rationaler Kreativität wird die Frage entscheidend, wie Persönlichkeiten oder Gruppen die Widersprüche zwischen ihren kommunikativen und kognitiven Strukturen zu lösen vermögen.[42] Die „plötzliche", „intuitive" etc. Neustrukturierung rationaler Tätigkeiten schließt die Aktualisierung vorsprachlich erworbener oder bereits operationalisierter (also aktuell nicht mehr bewußter) Handlungsstrukturen ein.

Vom Standpunkt der kommunikativen Tätigkeiten läßt sich der mikrostrukturelle Aspekt des Gegensatzes zwischen Externalismus und Internalismus überwinden. Die kommunikativen Persönlichkeitsstrukturen, die Wissenschaftler in historisch-konkreten Lebensweisen ausbilden, sind der Wissenschaft weder extern noch intern. Wissenschaftler stehen als Persönlichkeiten in einer Vielzahl von unmittelbaren Kooperationsbeziehungen, die lebens- und epochengeschichtlich variieren. Die kommunikativen Tätigkeiten, die lebensweisebedingt und darunter professionell ausgebildet werden, müssen nicht gleichartig sein. Sie können in einem komplementären, kompensatorischen oder pathologischen Strukturzusammenhang stehen.

40 Vgl. zum Zusammenhang Tätigkeit—Handlung—Operation: A. N. Leontjew, Tätigkeit—Bewußtsein—Persönlichkeit, a. a. O., S. 101—110.

41 Vgl. A. Lurija, Sprache und Bewußtsein, a. a. O., 6. und 14. Vorlesung; I. S. Kon, Soziologie der Persönlichkeit, Berlin 1971, S. 97—117.

42 Vgl. A. A. Leont'ev, Psychologie der Kommunikation, a. a. O., S. 108—112, 118—124, 132—134.

b) Während der Begriff der „kommunikativen Tätigkeit“ auf die lebensweisebedingte Koordinierung unmittelbarer Kooperationsbeziehungen rekurriert, bezieht sich der Begriff der *„kommunikativen Praktik“* auf die Koordinierung gesellschaftlich mittelbarer Kooperation.[43] Probleme der gesellschaftlichen Mittelbarkeit (daher Mitteilbarkeit) von Kooperation entstehen in drei Unterkontexten: dem Kontext der gegenständlichen Aneignung der äußeren Natur, dem Kontext der gesellschaftlich-praktischen Veränderung von Gesellschaftsformen und dem Kontext der interkollektiven Entwicklung neuer Lebensweisen.[44]

Der Wechsel der Kontextebene von unmittelbarer zu mittelbarer Kooperation schließt einen Wechsel vom Handlungs- zum Verhaltensbegriff ein. Die Individuen „handeln“ in unmittelbar kooperativen Beziehungen nach Tätigkeitsstrukturen. „Handlungen“ sind durch Ziele oder Teilziele bestimmt. Als Momente von Tätigkeiten sind sie Motiven und Sinngebungen untergeordnet. Zeichen, auch sprachliche, haben im Handeln eine subjektive Bedeutung, die sich aus den von den Individuen lebensgeschichtlich interiorisierten Modellen ergibt.[45] Die Möglichkeiten zur Objektivierung der Bedeutung von Zeichen und zur Rationalisierung der Handlungen sind innerhalb spezifischer Gruppen, in denen unmittelbar kooperiert wird, begrenzt. Selbst wenn Handlungsziele innerhalb der unmittelbaren Kooperationsbeziehungen akzeptiert und realisiert werden, können die gleichen „Handlungen“ im Kontext mittelbarer Kooperation eine objektiv andere Bedeutung erlangen als die vom Individuum intendierte und von den unmittelbaren Kooperationspartnern geteilte Bedeutung. Indem die Individuen handeln, „verhalten“ sie sich, d. h., sie erfüllen Funktionen der gesellschaftlichen Reproduktion, die über den besonderen gruppenspezifischen Kooperationszusammenhang hinausgehen.

Durch die textsprachliche Produktion und Rezeption wird der Widerspruch zwischen subjektiver und objektiver Bedeutung (oder häufig synonym zwischen „Sinn“ und „Bedeutung“) in sich wandelnden Kontexten reproduziert. Im Falle des textsprachlichen Denkens wird dieser Widerspruch in Richtung auf die generelle Objektivierung der Bedeutung gelöst. — Genausowenig wie sich der Historische Materialismus allein handlungstheoretisch begründen läßt, d. h. unter Aussparung des Problems, wie sich das gesellschaftliche Handeln auch wider das Bewußtsein seiner Subjekte als gesellschaftliches Verhältnis reproduzieren kann,

43 Vgl. K. Marx, Das Kapital. Erster Band, in: MEW, Bd. 23, Berlin 1972, S. 341—355, 371—380.

44 Zur Verdeutlichung des letzten Unterkontextes sei wissenschaftshistorisch an das Zusammentreffen so verschiedener Lebensweisen wie der von humanistischen Gelehrten, Künstler-Ingenieuren und Handwerkern in der Entstehungsgeschichte der neuzeitlichen Naturwissenschaft erinnert.

45 Vgl. A. N. Leontjew, Tätigkeit — Bewußtsein — Persönlichkeit, a. a. O., S. 142—150, 198—211.

ebenso wenig reicht für eine marxistische Theorie der gesellschaftlichen Kommunikation ein handlungs- oder tätigkeitstheoretischer Ansatz aus.[46]

Unter den kommunikativen Praktiken können, historisch genetisch betrachtet, folgende unterschieden werden: vorsprachliche (d. h. durch kultische, mythische und frühreligiöse Symbolik vermittelte) Praktiken; sprachliche (d. h. vor allem seit den Hochreligionen und dem Warenaustausch ideologiesprachliche) Praktiken[47] und metasprachliche (d. h. vor allem wissenschafts-, literatur- und philosophiesprachliche) Praktiken. Marx hat mit seiner Unterscheidung zwischen Produkten- und Tätigkeitsaustausch den noch auszuarbeitenden Schlüssel für die genetische Folge kommunikativer Praktiken gegeben. Solange der Tätigkeitsaustausch dem Produktenaustausch subsumiert bleibt, können ideologiesprachliche Praktiken entstehen, die noch Fetischbildung und Entfremdung einschließen (z. B. Herrschaft vergegenständlichter über lebendige Arbeit).[48]

Wissenschaften als metasprachliche Praktiken zu untersuchen heißt, bestimmte textsprachliche Denkweisen als das kognitive Lösungspotential für Probleme zu begreifen, die in der Reproduktion gesellschaftlich mittelbarer Kooperationen auftreten. Dazu ist es erforderlich, die Genese einer textsprachlichen Denkweise bis auf ihre kontextualen Inhalte zurückzuverfolgen und dabei die Grenzen der ihr vorausgesetzten Strukturen gesprochenen Denkens zu bestimmen. Ebenso ist in umgekehrter Richtung zu untersuchen, wie die aus einer bestimmten textsprachlichen Denkweise resultierenden Theoriegehalte an Kontexte der gesellschaftlichen Reproduktion rückgekoppelt werden, über welche Vermittlungsschritte und mit welchem Effekt.[49] Sind metasprachliche Praktiken erst einmal ausgebildet, ist die Kommunikation zwischen diesen, gerade auf Grund ihrer textsprachlichen Gemeinsamkeiten, möglich und in der Regel auch historisch realisiert worden. Die kontextuale Vorgehensweise muß daher durch die kotextuelle Vorgehensweise ergänzt werden. Dies betrifft sowohl die Kotexte innerhalb einer metasprachlichen Praktik als auch die Kotexte anderer metasprachlicher Praktiken. Die Kommunikationsstrukturen, die textsprachlichen Denkweisen sowohl kontextual als auch kotextuell eigen sind, sind der Wissen-

46 Vgl. E. G. Judin, Das Problem der Tätigkeit in Philosophie und Wissenschaft, in: A. N. Leont'ev/A. A. Leont'ev/E. G. Judin, Grundfragen einer Theorie der sprachlichen Tätigkeit, a. a. O.; H. Laitko, Das Tätigkeitskonzept der Wissenschaft, a. a. O.

47 Vgl. G. Klaus, Die Macht des Wortes, Berlin 1968; G. Klaus, Sprache der Politik, Berlin 1971.

48 Vgl. u. a. K. Marx, Das Kapital. Erster Band, in: MEW, Bd. 23, a. a. O., S. 99—108, 203—213, 311/312, 336—340; K. Marx, Theorien über den Mehrwert. Erster Teil, in: MEW, Bd. 26.1., Berlin 1974, S. 379/380, 385/386; K. Marx, Grundrisse, a. a. O., S. 237, 312/313, 353, 387/388.

49 Die Ausarbeitung „kommunikativer Praktiken" kann an die philosophie- und wissenschaftshistorische Aufbereitung des marxistischen Praxisbegriffes anschließen (vgl. H. J. Sandkühler, Praxis und Geschichtsbewußtsein, Frankfurt/M. 1973; H. J. Sandkühler, Geschichte, gesellschaftliche Bewegung und Erkenntnisprozeß, Berlin 1984).

schaft weder extern noch intern. Die Untersuchung der Wissenschaften als metasprachliche Praktiken gestattet es, die besonderen (epochenhistorischen und funktionsspezifischen) Lösungsformen des Gegensatzes zwischen „externen" und „internen" Determinanten der Wissenschaftsentwicklung aufzudecken.

c) Wenn die kommunikativen Praktiken auf besondere Funktionen des gesellschaftlichen Reproduktionsprozesses begrenzt sind, fragt sich, *wie* die unterschiedlichen kommunikativen Praktiken einer Gesellschaft historisch und logisch integriert werden. Dieser integrative Zusammenhang soll „*gesellschaftliche Kommunikationsweise*" heißen. Zu ihrer Bestimmung gehört die Beantwortung u. a. solcher Frage: Wie hängen Alltagskommunikation, politische, wissenschaftliche, literarisch-künstlerische und philosophische Kommunikation zusammen? Durch die gesellschaftliche Kommunikationsweise wird der folgende Entwicklungszusammenhang, ihr Kontext, aktualisiert und realisiert[50]: zwischen der Produktionsweise (Dialektik von Produktivkräften und Produktionsverhältnissen), der Gesellschaftsformation (Dialektik von primären und sekundären gesellschaftlichen Verhältnissen, topologisch als Basis und Überbau vorgestellt[51]) und den auf dieser Grundlage (von Produktionsweise und Gesellschaftsformation) möglichen Lebensweisen (unmittelbar kooperative Beziehungen zwischen Persönlichkeiten in Gruppen). Dieser Entwicklungszusammenhang der Gesellschaft wird im allgemeinen durch den Historischen Materialismus untersucht. Kommunikationstheoretisch interessiert, in welcher, historisch wie logisch konkreten Art und Weise dieser Entwicklungszusammenhang aktualisiert und realisiert wird. Das (symbolische, ideologiesprachliche, metasprachliche) Niveau der gesellschaftlichen Kommunikationsweise zeigt an, inwieweit der Übergang zu einer gesamtgesellschaftlich bewußten Art und Weise von gesellschaftlicher Entwicklung erfolgen kann. Von diesem Übergang hängt ab, ob auch die Wissenschaftsentwicklung selbst rational gestaltet werden kann. Die Bestimmung formationshistorischer Kommunikationsweisen führt zur Aufdeckung der allgemeinen makrostrukturellen Lösungsformen des Gegensatzes zwischen „externen" und „internen" Determinanten der Wissenschaftsentwicklung.

Die rationale gesellschaftliche Kommunikationsweise, die positiv an die Stelle des Klassenantagonismus in der Vorgeschichte der menschlichen Gesellschaft tritt, erfordert die allgemeine Verbreitung moderner Weltkultur in einem informations- und kommunikationstechnologisch gestützten Ensemble von Öffentlichkeiten. Dadurch werden, die Beseitigung klassenantagonistischer Strukturen vorausgesetzt, allgemeine, nicht mehr auf bestimmte Schichten und Funktionen

50 Vgl. A. A. Leont'ev, Psychologie der Kommunikation, a. a. O., S. 54, 61. — Hier wird aber auch deutlich, daß A. A. Leont'ev, da er kommunikative Tätigkeiten nicht von kommunikativen Praktiken und gesellschaftlichen Kommunikationsweisen unterscheidet, einerseits zu undifferenzierten Einschätzungen gelangt, andererseits die Kommunikationspsychologie mit Fragen einer Theorie der gesellschaftlichen Kommunikationsweisen überfordert.

51 Vgl. E. Engelberg/W. Küttler (Hrsg.), Formationstheorie und Geschichte, Berlin 1978.

begrenzte Lernprozesse möglich. Die Herausbildung einer solchen Kommunikationsweise kann nicht bedeuten, in ihr alles Mögliche zur Sprache zu bringen, oder gar in die rationalistische Utopie der totalen „Versprachlichung“ gesellschaftlichen Verhaltens zu verfallen. Die Realisation dieser Utopie würde in die Irrationalität des gleichgültigen und gleichzeitigen Sprechens aller möglichen Sprachen, d. h. in eine Art „Babylon“, führen. Positiv besteht das Problem darin, das für die rationale gesellschaftliche Entwicklung Notwendige in gestaffelten Öffentlichkeiten zur Sprache zu bringen. Dadurch kann der für jede kommunikative Dynamik charakteristische Widerspruch zwischen Spezialisierung und Generalisierung gelöst werden. Es geht um die für den jeweiligen Kontext optimale Proportion zwischen vorsprachlichen, sprachlichen und metasprachlichen Kommunikationsniveaus, einschließlich der dafür adäquaten technologischen Basis an operationalisierten Sprachniveaus. Damit ist auch die totale „Verwissenschaftlichung“ gesellschaftlichen Verhaltens, d. h. die kognitive Seite metasprachlicher Kommunikation, ausgeschlossen.

Eine rationale Kommunikationsweise ist nur dann funktionstüchtig, wenn sie über ihr entsprechende, nicht privat anzueignende Kommunikationsmittel realisiert werden kann. Mit dem Übergang zu sprachlichen und metasprachlichen Kommunikationsniveaus ist eine immer stärkere Generalisierung der Gehalte verbunden. Diese Generalisierung widerspricht den naturwüchsigen Grenzen an raumzeitlich unmittelbarer Kooperation. Die generellen Gehalte können inhaltlich nicht in reale Koordinationseffekte umgesetzt werden. Die natürlich begrenzten Möglichkeiten, miteinander zu kooperieren und zu kommunizieren, können nur künstlich, durch technische Kommunikationsmittel, aufgehoben werden. Dies betrifft einerseits die immer kurzzeitigere Überwindung räumlicher Distanzen und andererseits die immer stärkere Synchronisation ursprünglich diachroner Zeitabläufe.

Marx hat beide Probleme anhand der ihm historisch vor Augen stehenden „Kommunikationsmittel“ behandelt, d. h. einerseits anhand der „Eisenbahn“ und andererseits anhand der „Telegraphie“.[52] Im Rahmen seiner Analyse des Austausches von Produkten und Tätigkeiten versteht er unter Kommunikationsmitteln „allgemeine Bedingungen der gesellschaftlichen Produktion“.[53] Kommunikationsmittel ermöglichen „die Vernichtung des Raums durch die Zeit“.[54] Zeit aber „ist der Raum für die Entwicklung der faculties etc“.[55] Obgleich es Marx historisch erst mit industriellen Kommunikationsmitteln zu tun hatte,

52 Vgl. K. Marx, Das Kapital. Erster Band, in: MEW, Bd. 23, a. a. O., S. 373, 404/405; K. Marx, Das Kapital. Zweiter Band, in: MEW, Bd. 24, Berlin, 1972, S. 60/61, 254; K. Marx, Das Kapital. Dritter Band, in: MEW, Bd. 25, a. a. O., S. 81, 322; K. Marx, Theorien über den Mehrwert, Dritter Teil, in: MEW, Bd. 26.3, Berlin 1974, S. 281, 433/434.

53 K. Marx, Grundrisse, a. a. O., S. 423, 429, 432.

54 Ebenda, S. 423.

55 K. Marx, Theorien über den Mehrwert. Dritter Teil, in: MEW, Bd. 26.3, a. a. O., S. 252.

veranschlagte er deren Bedeutung bereits außerordentlich hoch: „Das Hauptmittel zur Verkürzung der Zirkulationszeit sind verbesserte Kommunikationen. Und hierin haben die letzten fünfzig Jahre eine Revolution gebracht, die sich nur mit der industriellen Revolution der letzten Hälfte des vorigen Jahrhunderts vergleichen läßt.“[56]

In unserem Jahrhundert wurden nicht nur neue Kommunikationsmittel zur kurzzeitigen Überwindung räumlicher Distanzen entwickelt (automobiler Massenverkehr, Luft- und Raumfahrt). Video-Ton-Techniken ermöglichen die kombinierte Wiedergabe ganzer Einheiten an vorsprachlicher, sprachlicher und metasprachlicher Kommunikation. Solche Einheiten können weltweit nahezu synchron übertragen werden (Satelliten). Dank der Operationalisierung von Sprachen und deren informationstechnologischer Vergegenständlichung sind grundsätzlich neue Speichermöglichkeiten entstanden und können die Kommunikationsprozesse von aufwendigen Informationsverarbeitungsprozessen entlastet werden. Die Kommunikationsprozesse werden damit frei zur Konzentration auf strukturelle Entwicklungsprobleme, was metasprachliche Niveausteigerungen ermöglicht. Es ist global eine neue, informations- und kommunikationstechnologisch erzeugte Unmittelbarkeit an Möglichkeiten zur Kommunikation und Kooperation im Entstehen, die in den entwickelten Ländern bereits das Alltagsleben zu bestimmen beginnt.

Mit den sogenannten „Hochtechnologien“ kündigt sich die allgemeine Verbreitung eines prinzipiell neuen Kombinationseffektes an: die direkte Kombination der Informations- und Kommunikationstechnologien mit Produktions- und Konsumtionstechnologien. Dieser Kombinationseffekt wird strukturell gravierende Auswirkungen auch auf den Prozeß der Wissenschaftsentwicklung haben. In dem Maße, in dem solche Kombinationseffekte realisiert werden können, gerät der traditionell separate Status der Wissenschaften gegenüber Produktion und Alltagsleben ins Wanken. Innerhalb der Wissenschaften wird sich der schon nachweisbare Trend verstärken, daß empirische Primäranalysen, experimentelle Arbeiten und die Dokumentation von Daten und Texten weitgehend auf die genannte Kombination von Technologien übertragen werden. Demgegenüber können modellierende Tätigkeiten[57] sowie theoretische und metatheoretische Tätigkeiten zunehmen. Was Marx nur dem philosophischen Begriffe nach voraussehen konnte, die Aufhebung der Arbeitsformen zugunsten von Tätigkeitsformen,[58] würde dann Wirklichkeit. Am Ende dieser Entwicklung würde stehen, daß die vom Prinzip her selben polyfunktionalen Kombinationen zwischen Produktions- und Konsumtionstechnologien sowie Informations- und Kommuni-

56 K. Marx, Das Kapital. Dritter Band, in: MEW, Bd. 25, a. a. O., S. 81.

57 Vgl. K. Fuchs-Kittowski, Wechselbeziehungen zwischen Automat und Gesellschaft, in: Wissenschaftliche Zeitschrift der Humboldt-Universität, Math.-Naturwiss. Reihe, 5/1979.

58 Vgl. K. Marx, Grundrisse, a. a. O., S. 584—600; K. Marx, Das Kapital. Erster Band, in: MEW, Bd. 23, a. a. O., S. 510—512.

kationstechnologien, die die Arbeit als Grundpfeiler der materiellen Produktion aufheben (Marx), auch den experimentellen Arbeitsprozeß in den Naturwissenschaften aufheben.

6. Resumé des möglichen Nutzens eines kommunikationstheoretischen Zuganges für die Wissenschaftstheorie

Wissenschaft stellt das allgemeine kognitive Produkt und Potential der gesellschaftlichen Entwicklung[59] dar, dessen Realisation zur Herausbildung einer bewußten Art und Weise der gesellschaftlichen Entwicklung beiträgt. Wenn dem so ist, wird Wissenschaftstheorie der kommunikationstheoretischen Erklärung dieser Herausbildung nicht entraten können. Diese Herausbildung schließt den Übergang zu einer prinzipiell rationalen Art und Weise der Wissenschaftsentwicklung selbst ein. „Wenn die Funktion der Wissenschaft darin besteht, die Entwicklungsmöglichkeiten der Gesellschaft zu reproduzieren, und zwar *intensiv* erweitert zu reproduzieren“, dann ist aus wissenschaftstheoretischer Sicht ein „Reproduktionskonzept der Wissenschaft“ nötig.[60] Die Spezifik des wissenschaftstheoretischen Reproduktionskonzeptes wäre verfehlt, wenn dieses nur in Analogie zum ökonomischen Reproduktionskonzept entworfen würde. Demgegenüber können kommunikationstheoretisch solche Koordinierungsweisen von Reproduktion abgehoben werden, die der kognitiven Spezifik der Wissenschaft näher stehen als Mechanismen der ökonomischen oder gar kapitalökonomischen Reproduktion. Vom Standpunkt des entworfenen Kommunikationsansatzes zeigen sich auch die Notwendigkeit und die Grenzen des Konzeptes der „Wissenschaft als allgemeine Arbeit“.[61] Dieser Zugang wirkt überzeugend, solange es um die Funktion bestimmter neuzeitlicher Naturwissenschaften im Kontext der industriellen Reproduktion geht.

Der vorgeschlagene dreidimensionale Kommunikationsansatz für wissenschaftstheoretische Zwecke ist integrativ entworfen, ohne die Vorteile disziplinärer Erklärungen aufzugeben. Das vorgeschlagene Kommunikationsverständnis baut dem Auseinanderfallen soziologischer und erkenntnistheoretischer Erklärung vor. Der Ansatz beschränkt sich nicht auf eine entweder mikro- oder makrostrukturelle Erklärung, sondern thematisiert, wie die drei genannten Kommunikationsebenen zusammenhängen. Auch eröffnet die Unterscheidung dieser Ebenen

59 Vgl. K. Marx, Theorien über den Mehrwert. Erster Teil, in: MEW, Bd. 26.1, a. a. O., S. 367; K. Marx, Grundrisse, a. a. O., S. 428, 594, 599/600.

60 G. Kröber, Zu Stand und Problemen der Wissenschaftsforschung in der DDR, a. a. O., S. 146/147; vgl. L. Läsker, Über den produktiven Charakter der Wissenschaft, in: DZfPh, 2/1981.

61 H. Laitko, Wissenschaft als allgemeine Arbeit, Berlin 1979.

eine Möglichkeit, die Externalismus-Internalismus-Debatte zu überwinden. Ebenso könnte mit der Angabe der textsprachlichen Lösungsformen des Widerspruches zwischen den Kontexten der Produktion und Rezeption diskursiven Denkens der wissenschaftstheoretische Gegensatz zwischen historizistischer oder universalistischer Erklärung überwunden werden.

Schließlich stellt sich vom Standpunkt des angedeuteten Kommunikationsansatzes auch das Problem der wissenschaftlichen Revolution anders dar, als es von Th. S. Kuhn beschrieben worden ist. Die häufigen Einwände gegen Kuhns Auffassung, daß dieses Problem in einen größeren erkenntnis-, gesellschafts- und kulturtheoretischen Zusammenhang zu stellen sei[62], können kommunikationstheoretisch wie folgt berücksichtigt werden: Eine „wissenschaftliche Revolution" liegt erst dann vor, wenn sich der Zusammenhang zwischen den drei unterschiedenen Kommunikationsebenen entwickelt. Hinter dem, was kulturgeschichtlich der „Zeitgeist" genannt wird, steht die Interferenz der Strukturen von kommunikativen Tätigkeiten, kommunikativen Praktiken und der gesellschaftlichen Kommunikationsweise. Diese Interferenz legt das Spektrum fest, in dem, subjektiv betrachtet, der Effekt des „Sinn-Flimmerns" und, objektiv betrachtet, der Effekt des „Oszillierens von Bedeutungen" auftreten kann.[63]

62 Vgl. Wissenschaftsgeschichte und wissenschaftliche Revolution, hg. von K. Bayertz, Köln 1981.

63 J. M. Lotman, Kunst als Sprache, a. a. O., S. 16.

Lothar Läsker

Die Vermittlung der Wissenschaftsentwicklung im gesellschaftlichen Reproduktionsprozeß

Den grundlegenden Mechanismus gesellschaftlicher Entwicklung, deren allgemeines Produkt die Wissenschaft ist,[1] bildet die intensiv erweiterte Reproduktion. Diesem Verständnis folgend, werde ich im vorliegenden Aufsatz versuchen, die Frage, unter welchen Bedingungen gesellschaftliche Reproduktion die Entwicklung der Wissenschaft vermittelt, in vier Schritten zu konkretisieren:

Erstens werde ich einige Aspekte des Verhältnisses zwischen Wissen und gesellschaftlicher Reproduktion darstellen, die sowohl für das Verständnis der Ursprünge der Wissenschaft wie ihrer gegenwärtigen Grundlagen wichtig sind; *zweitens* geht es um Aspekte der Allgemeinheit wissenschaftlichen Wissens, seiner allgemeinen Gültigkeit; es wird die These begründet, daß diese Allgemeinheit mit den Beziehungen entsteht, die die Entwicklungen der verschiedenen Gesellschaften zu einer allgemeinen Geschichte verbinden. Wissenschaft ist das Produkt dieser allgemeinen Geschichte in ihrer abstrakten Quintessenz. *Drittens* werden Fragen erörtert, die sich daraus ergeben, daß Wissen in der Trennung von den jeweils besonderen Anforderungen gesellschaftlicher Reproduktion produziert werden kann; *viertens* schließlich werden Thesen über grundlegende Zusammenhänge formuliert, deren Gestaltung die Entwicklung der Wissenschaft durch die gesellschaftliche Reproduktion vermittelt.

1 Karl Marx bestimmte Wissenschaft als das Produkt der allgemeinen geschichtlichen Entwicklung in ihrer abstrakten Quintessenz (vgl. K. Marx, Theorien über den Mehrwert. Erster Teil in: K. Marx/F. Engels, Werke (im folgenden: MEW), Bd. 26.1, Berlin, 1974, S. 367; K. Marx, Grundrisse der Kritik der Politischen Ökonomie, Berlin 1953, Einleitung). Entwicklung der *Wissen*schaft ist damit auf die allgemeine geschichtliche Entwicklung oder „Weltgeschichte" bezogen und nicht auf das Wissen der relativ abgeschlossenen einzelnen Nationalitäten (vgl. K. Marx/F. Engels, Die deutsche Ideologie, in: MEW, Bd. 3, S. 45—46). Produktion und daher Reproduktion bleibt aber Produktion und Reproduktion historisch konkreter Gesellschaften mit jeweiligen Besonderheiten, durch die sie sich voneinander und auch von der Wissenschaft unterscheiden (vgl. K. Marx, Theorien über den Mehrwert. Erster Teil, in: MEW, Bd. 26.1, a. a. O., S. 256/257; F. Engels, Dialektik der Natur, in: MEW, Bd. 20, S. 330).

1. Wissen und gesellschaftliche Reproduktion

Die Frage nach dem Verhältnis zwischen Wissen und gesellschaftlicher Reproduktion tritt in ihrer einfachsten und klaren Fassung auf, wenn der Anteil der Arbeit an der Menschwerdung bestimmt werden soll;[2] wenn diese Bestimmung nicht eingeordnet wird in die Erklärung des Übergangs von der biologischen zur gesellschaftlichen Reproduktion, sondern auf die Frage nach den besonderen biologischen Eigenschaften des menschlichen Organismus reduziert wird, folgt daraus die fruchtbare Alternative: Unterscheidet sich der Mensch vom Tier durch die Arbeit als Verfertigung von Werkzeugen *oder* zeichnet ihn sprachliche Kommunikation aus, mit der das Wissen darüber, wie Werkzeuge zu verfertigen und zu gebrauchen sind, vermittelt wird?[3]

Mit Sicherheit gehört zur neuen Qualität der gesellschaftlichen gegenüber der biologischen Reproduktion, daß Menschen im Arbeitsprozeß voneinander lernen; das stellt ganz neue Anforderungen an die Kommunikation und schafft ihr neue Bedingungen. Das so erworbene und sich entwickelnde Arbeitswissen ist zuerst in Werkzeugen, dann in Bildern und schließlich in Texten vergegenständlicht, und die Art der Darstellung des Wissens dient auch der Kommunikation, durch deren Erfordernisse wiederum neue Darstellungsformen entwickelt werden.[4]

Die Reproduktion der Gattung Mensch war während der längsten Zeit ihrer Geschichte in Horden, Stämmen, Clans und Staaten organisiert, die gegeneinander in hohem Maße selbständig waren. Soweit sie ihre Arbeits- und Lebensbedingungen selbst geschaffen haben, gab es auch wenig Gelegenheiten, von fremden Stämmen und Kulturen zu lernen.[5] Der Umkreis, in dem die Beziehungen zwischen den verschiedenen Menschengruppen enger waren, etwa durch Krieg oder Handel, blieb relativ klein. Dennoch war, wie Historiker herausgefunden haben, die Aus-

2 Vgl. F. Engels, Anteil der Arbeit an der Menschwerdung des Affen, in: MEW, Bd. 20, S. 444—454; J. Herrmann, Die Menschwerdung. Zum Ursprung des Menschen und der menschlichen Gesellschaft, Berlin 1984; F. Klix, Erwachendes Denken, Berlin 1983; A. Leroi-Gourhan, Hand und Wort. Die Evolution von Technik, Sprache und Kunst, Frankfurt/M. 1984.

3 In ihrer extremen Form stützt sich die Entgegensetzung von Arbeit, in der sich Wissen realisiert, und Wissen, das sich in sprachlichen Bedeutungen verselbständigt, wohl auf K. R. Popper (vgl. K. R. Popper, Objektive Erkenntnis. Ein evolutionärer Entwurf, Hamburg 1974). Auf dieser Basis argumentiert Medawar (vgl. R. Medawar, Technology and Evolution. The Frontiers of Knowledge. The Frank-Nelson-Doubleday-Lecture, New York 1975).

4 Vgl. F. Klix, Erwachendes Denken, a. a. O., S. 100—107; D. Schmandt-Besserant, The earlist Precursor of Writing, in: Scientific American 238.6, June 1978, S. 38—47; A. Leroi-Gourhan, Hand und Wort. Die Evolution von Technik, Sprache und Kunst, a. a. O.; G. V. Childe, Der Mensch schafft sich selbst, Dresden 1959, S. 182—187.

5 Vgl. G. V. Childe, Soziale Evolution, Frankfurt/M. 1968, S. 150—153.

breitung von Erfahrungen und Erfindungen über weiteste Entfernungen in vergleichsweise kurzen Zeiträumen gesichert. Es konnte nur der Austausch von Produkten sein, der, auch wenn er sporadisch geblieben ist, den Austausch von Ideen vermittelte. Wenn natürliche Voraussetzungen, materielle Produktion und Kultur einer Gesellschaft das ermöglichten, wurde mit neuartigen Produkten das Wissen um ihre Herstellung und ihren Gebrauch übernommen.[6]

Menschliches Verhalten unterscheidet sich vom organismischen Gedächtnisbesitz dadurch, daß es nicht nur arteigenes angepaßtes Verhalten in konkreten Situationen sondern allgemeines Verhalten in der Abstraktion, d. h. im Denken, koordiniert und als Operieren mit Zeichen produziert und reproduziert.[7] In dieser Funktion entsteht die Sprache; sie dient nicht, wie tierische Kommunikation, der Koordinierung individuellen Verhaltens in Augenblickssituationen, sondern vergegenständlicht das erworbene Wissen, das damit sowohl von den konkreten Umständen seiner Bedeutung als auch von den Individuen, die wissen, relativ unabhängiges gesellschaftliches Wissen wird.[8]

Die Tradierung des jeweils erworbenen und reproduzierten Wissens, d. h. seine Überlieferung an folgende Generationen, fixiert den einmal erreichten Stand gesellschaftlicher Entwicklung der betreffenden Gemeinwesen. Es läßt sich auch für schriftlose Kulturen aus den erhaltenen Arbeitsprodukten, den Werkzeugen, Siedlungsresten, Zeichnungen und Kultgegenständen rekonstruieren.[9] Erst in diesen Rekonstruktionen wird es getrennt von den Arbeiten, die es vergegenständlicht haben, und wird es mit dem Wissen anderer Gemeinwesen vergleichbar. Original, in seiner frühesten Form, existierte das gesellschaftliche Wissen in der Trennung von den Produkten, in denen es vergegenständlicht war, nur als das Wissen der Einzelnen, z. B. der Stammesältesten, die zugleich Vorbild für die Arbeits- und Lebenstätigkeit und für die Beziehungen zu den objektiven Bedingungen des Daseins und in der Gemeinschaft sind. Zugehörigkeit zum Gemeinwesen ermöglicht Partizipation an diesem Wissen. Verschiedene Autoren sprechen in diesem Zusammenhang von der angewandten Wissenschaft der frühen

6 Vgl. ebenda, S. 49.

7 Vgl. F. Klix, Erwachendes Denken, a. a. O., S. 100—130; D. Premak, Sprache bei Schimpansen?, in: Über die Evolution der Sprache, hg. von J. Schwidetzky, Frankfurt/M. 1973, S. 91—131.

8 Vgl. A. Lurija, Sprache und Bewußtsein, Berlin 1982 (vor allem Vorlesung 2 und 3); L. S. Wygotski, Denken und Sprechen, Stuttgart 1969.

9 Vgl. G. V. Childe, Soziale Evolution, a. a. O. — Wichtig sind alle Entdeckungen von großen Projekten (Tempel und Tempelwirtschaften, Bewässerungsanlagen usw.), aus denen auf Tradierungs- und Koordinierungsmechanismen geschlossen werden kann, mit denen gesellschaftliches Wissen entstanden ist und sich entwickelt hat (Vgl. dazu: R. Mc. Adams, Die Rolle des Bewässerungsbodenbaus bei der Entwicklung von Institutionen in der altmesopotamischen Gesellschaft, in: Produktivkräfte und Gesellschaftsformationen in vorkapitalistischer Zeit, hg. von J. Herrmann/I. Sellnow, Berlin 1982, S. 119—140).

Kulturen.[10] Die unzulässige Überdehnung des Begriffs „Wissenschaft" zugestanden, bleibt dennoch als wesentlich festzuhalten, das *Wissen* in Arbeitsmitteln, Werkzeugen, Wohnbauten, Verkehrswegen, Bewässerungsanlagen und ähnlichen Produkten vergegenständlicht, fixiert und damit auf eine neue, nur der menschlichen Gesellschaft eigene Weise tradiert wird. Das so tradierte und sich entwickelnde Wissen bleibt als *Arbeitswissen* „abstrakte Quintessenz" des Entwicklungsstandes, den die betreffenden Gemeinschaften erreicht haben.[11] Es gehört zu den Strukturen, die sich in ihrer relativ isolierten gesellschaftlichen Reproduktion erhalten, ist also noch nicht Produkt der allgemeinen geschichtlichen Entwicklung. Die verschiedenen Gesellschaften haben verschiedene Sprachen, die sich nicht nur in der Phonetik, Syntax und Grammatik unterscheiden. Indianer, Europäer und Eskimos etwa bildeten in ihrer Arbeit und Kultur verschiedene Merkmale, nach denen sie Umgebungszustände und soziale Verhaltensweisen identifizierten und verglichen, so daß eine Übersetzung ihrer Sprachen, da ihren Sprechern die jeweils spezifischen Merkmale und mit ihnen verbundenen Verhaltensweisen der jeweils anderen Kultur fremd sind, auf Grenzen stößt.[12] Die fremde Sprache kann nur verstanden werden, wenn es gelingt, die Merkmalsbildung, die ihr zugrunde liegt, im Verhalten zu reproduzieren und zu beschreiben. Das Wissen und die Sprache werden sich um so mehr unterscheiden, je geringer die Beziehungen zwischen den verschiedenen Gesellschaften und je verschiedener die natürlichen Bedingungen ihres Daseins gewesen sind. Auf dem Niveau relativ isolierter menschlicher Gesellschaften kann die gesellschaftliche Reproduktion also nur die Entwicklung des Wissens dieser Gesellschaften vermitteln.

10 Vgl. G. V. Childe, Soziale Evolution, a. a. O.; J. D. Bernal, Die Wissenschaft in der Geschichte, Berlin 1961, S. 65.

11 Arbeitswissen von Gemeinschaften, deren Mitglieder sich, ihre Beziehungen zur Natur und in der Gemeinschaft durch Arbeit erhalten, ist nicht auf die sensomotorische Intelligenz zu reduzieren, die in der Formveränderung des Gegenstandes liegt. Daher sind die Unterscheidungen des Arbeits- vom kommunikativen Wissen fragwürdig (Vgl. u. a.: J. Habermas, Erkenntnis und Interesse, Frankfurt M. 1973, S. 239—251). In anderen Nuancen erscheint das Problem bei Toulmin oder in R. Harré's These, moderne Gesellschaften seien geteilt in „zwei große soziale Ordnungen", die praktischen und die expressiven. „Jene ist die soziale Ordnung der Arbeitspraktiken, diese die Ordnung, in der Anerkennung (und ihr Gegenteil) erzeugt und zum Ausdruck gebracht werden" (R. Harré, Darwins Theorie und Methode als Vorbild für die Sozialwissenschaften, in: Dialektik. 5. Darwin und die Evolutionstheorie, hg. von H. H. Holz/H. J. Sandkühler, Köln 1982, S. 94—104).

12 Vgl. A. J. Greimas, Strukturale Semantik, Braunschweig 1971, S. 20—27. — In der Wissenschaftstheorie wird die Debatte seit Kuhns These geführt, Befürworter konkurrierender Paradigmata übten ihre Berufe in verschiedenen Welten aus und sprächen folglich verschiedene Sprachen, die nur bedingt übersetzbar sind. Richtig ist daran, daß die Entwicklung der Wissenschaft Bedeutungsveränderungen einschließt, die sich auf der Sprachebene widerspiegeln, aber nicht auf diese zu reduzieren sind (vgl. dazu: T. S. Kuhn, Die Struktur wissenschaftlicher Revolutionen, Frankfurt/M. 1967, S. 192—199).

2. Wissenschaft und allgemeine Geschichte

Die griechische Polis gilt zwar allgemein als die Gesellschaft, in der es zuerst gelungen ist, gesellschaftliches Wissen als wissenschaftliches Wissen, d. h. in der Form von Theorien, zu organisieren.[13] Dennoch blieb es vorerst griechische Wissenschaft; ihre Wirksamkeit und Gültigkeit war auf das Territorium begrenzt, in dem das Wissen reproduziert werden konnte, in dem der griechischen Produktionsweise und Kultur vergleichbare Produktionsweisen und Kulturen entwickelt waren. Erst mit der beginnenden kapitalistischen Entwicklung, dem Welthandel und dem Weltmarkt[14] ergaben sich Möglichkeiten und Notwendigkeiten beständigen weltweiten Vergleichens der Errungenschaften. Mit der Weltwirtschaft entwickelten sich einheitliche Maßstäbe zum Vergleich der Qualität von Erzeugnissen, des Niveaus in der Produktivkraft der Arbeit, der beruflichen Qualifikationen usw. So wurde das Wissen, das in den staatlich organisierten Gesellschaften, ihren Volkswirtschaften, Bildungssystemen und kulturellen Institutionen reproduziert wurde, vergleichbar und an einheitlichen Standards gemessen. Damit werden die Kenntnisse und Fertigkeiten, die in jeder historisch konkreten Gesellschaft gefordert sind und in der Regel eine lange Tradition haben, in Beziehung gesetzt zu den Kenntnissen und Fertigkeiten der jeweils auf den speziellen Gebieten führenden Gesellschaften. In diesem Vergleich wird Wissenschaft ganz wesentlich gefordert und entwickelt. Vor allem Naturwissenschaften entstehen als vergleichbares Wissen. Mit dem Welthandel entwickelte sich das Kommunikationsnetz, das sich bereits im Buchdruck ankündigte; es veränderten sich damit nicht nur die Mittel und Möglichkeiten, sondern auch die Inhalte der weltweiten Kommunikation. Die Schriften, die ursprünglich vor allem der Überlieferung der Lehren dienten, wurden nun zum Mittel der Wissensproduktion, d. h. der Koordination der Arbeiten, die in räumlicher und zeitlicher Trennung ausgeführt werden konnten. Textsprache ermöglicht die Koordination zwischen Partnern, die sich nie begegnet sind.[15] Entwicklung der Wissenschaft wird nun durch die Reproduktion der Gesellschaften vermittelt, die das jeweils höchste Niveau der Produktion, in der Bildung, dem Gesundheitswesen und anderen Bereichen erreicht haben.

13 K. Marx, Das Kapital. Erster Band, in: MEW, Bd. 23, a. a. O., S. 161; Autorenkollektiv unter der Leitung von F. Jürß, Geschichte des wissenschaftlichen Denkens im Altertum, Berlin 1982; F. Jürß, Zum Verhältnis von Produktivkraft und Wissenschaft in der Antike, in: Produktivkräfte und Gesellschaftsformationen in vorkapitalistischer Zeit, hg. von J. Herrmann/I. Sellnow, a. a. O., S. 427—435.

14 K. Marx, Das Kapital. Erster Band, in: MEW, Bd. 23, a. a. O., S. 161.

15 Die Herausbildung der Sprache, in der sich Experimente beschreiben ließen, so daß sie ohne persönlichen Kontakt der Experimentatoren zu verschiedenen Zeiten und an verschiedenen Orten reproduziert werden konnten, bildet einen ganz wesentlichen Aspekt der Entwicklung moderner Naturwissenschaft (vgl. S. Shapin, Pump and Circumstances: Robert Boyles Literary Technology, in: Social Studies of Science, London—Beverly Hills—New Delhi 1984, S. 481—520).

Die intensiv erweiterte Reproduktion dieser Gesellschaften fordert und fördert die Herausbildung und Entwicklung ihr entsprechender Wissenschaftsgebiete. Der internationale Charakter der Wissenschaft ist also in diesem weltwirtschaftlichen Zusammenhang bestimmt und entwickelt sich in ihm.

Damit entstehen auch Voraussetzungen für theoretische Tradition in dem Sinne, daß Wissenschaftler in der Darstellung ihrer Arbeitsergebnisse an vorhandene Theorien anknüpfen, diese weiter entwickeln; sie hat sich erst mit und nach Bacon, also in der Zeit der Anfänge der experimentellen Naturwissenschaft und des Kapitalismus, stabilisiert.[16] Bacon, aber auch Galilei und vor allem Boyle, hatten dafür ideologische Voraussetzungen geschaffen, in dem sie Wissenschaft als experimentelles Studium der Natur betrieben bzw. forderten. „Natur" wurde ihnen zum Buch, geschrieben in der Sprache der Mathematik, zu lesen mit den Mitteln des Experimentes.[17] Die Einheitlichkeit der im Experiment unverändert bleibenden, erkennbaren Natur wurde zum Garant für die Vergleichbarkeit festgestellter Tatsachen und die Entscheidbarkeit von Meinungsverschiedenheiten in der theoretischen Interpretation dieser Tatsachen, unabhängig von nationalen und anderen Besonderheiten.

In den entwickelten Theorien, als deren idealer Aufbau die logische Struktur der Geometrie angesehen wurde und die in Newtons „Principia" ihr unbestrittenes Vorbild fanden, werden weder die besonderen materiell-technischen und kulturellen Voraussetzungen, unter denen sie erarbeitet worden sind, noch die besonderen technisch-ökonomischen Bedürfnisse, zu deren Befriedigung sie beitragen können, ausgewiesen.

Erkenntnistheoretisch entspricht dieser Haltung das empiristische oder naturalistische Verständnis, das in Theorien dargestellte Wissen sei ohne eigenes Zutun der Wissenschaftler durch reine Beobachtung gewonnen.[18] Objektivität der Er-

16 Vgl. E. Zilsel, Die Entstehung des Begriffs des wissenschaftlichen Fortschritts, in: E. Zilsel, Die sozialen Ursprünge der neuzeitlichen Wissenschaft, hg. von W. Krohn, Frankfurt M. 1976, S. 127—156; W. Krohn, Die ‚neue Wissenschaft' der Renaissance, in: G. Böhme/W. van den Daele/W. Krohn, Experimentelle Philosophie, Frankfurt/M. 1977, S. 13—128.

17 Zum Zusammenhang zwischen der Naturauffassung und der erkenntnistheoretischen Konzeption, der in dem vielzitierten Satz des Galilei „Das Buch der Natur ist in der Sprache der Mathematik geschrieben", ausgedrückt ist, vgl.: M. Wartofsky, Scientific Judgment. Creativity and Discovery in Scientific Thought, in: T. Nickles (ed.), Scientific Discovery: Case Studies, Dordrecht—Boston 1980, S. 1—20.

18 In der Kritik dieser Einseitigkeit gerät Peter Janich in das andere Extrem, zu einer konstruktiven Konzeption, nach der sich das Wissen von den Instrumenten und instrumentell erzeugten Strukturen nicht unterscheiden läßt von der Erkenntnis der objektiven Realität, wie sie unabhängig vom menschlichen Eingriff strukturiert ist (Vgl. P. Janich, Physics — Natural Science or Technology?, in: The Dynamics of Science and Technology. Sociology of the Sciences, hg. von W. Krohn/E. Layton/P. Weingart, Dordrecht 1978, S. 3—27). Prigogine faßt den „Dialog mit der Natur" im Gegensatz dazu konstruktiv, ohne das Prinzip objektiver Erkenntnis aufzugeben: „Der experimentelle Dialog mit der Natur, den die

kenntnis schien mit der Anerkennung ihrer gesellschaftlichen Bestimmung unvereinbar. Die Funktion von Experimenten wurde darin gesehen, Hypothesen zu bestätigen oder zu widerlegen; Experimente wurden als Fragen an die Natur verstanden, die in der ihr eigenen Sprache antwortete.[19] Apparate und Techniken bringen die Natur, wo sie ohne Hilfsmittel schweigt, zum Sprechen, und Wissenschaftler haben diese Sprache der Natur zu übersetzen in die Sprache der Physik, die als Idealsprache der Wissenschaft oder gar Sprache der Natur galt.[20]

Die Ideologie, in der die Objektivität wissenschaftlicher Erkenntnis als naturbedingt und damit nicht gesellschaftlich determiniert erklärt wurde,[21] entwickelte sich nicht nur synchron mit der kapitalistischen Produktionsweise, sondern auch in inhaltlicher Abhängigkeit von dieser. Wie kapitalistisches Eigentum als naturbestimmt, so erschien naturwissenschaftliche Erkenntnis außerhalb des jeweiligen gesellschaftlichen Verhältnisses zur Natur bestimmt zu sein. Wie es dem Ideologen des Kapitals natürlich schien, den Wert der Produkte als eine von ihnen besessene Eigenschaft aufzufassen,[22] so gingen die meisten Naturwissenschaftler noch bis zum Ende des 19. Jahrhunderts davon aus, daß der Raum euklidisch, der Kosmos newtonisch, die Entwicklung der Arten darwinistisch *ist*, ohne ihren eigenen Anteil an diesen Bestimmungen zu erkennen. Diese ideologische Form ist vom objektiven Inhalt der Naturerkenntnis zu unterscheiden, aber nicht zu trennen. Sie hatte sich in den ideologischen Kämpfen seit der Renaissance herausgebildet und sicherte der naturwissenschaftlichen Erkenntnis die erforderliche Unabhängigkeit von den jeweils herrschenden besonderen politischen Interessen.[23] Aber auch gelegentliche Versicherungen der Naturwissenschaftler selbst, daß sie mit ihrer Arbeit politisch neutral bleiben, dürfen nicht so mißverstanden werden, als hätten die zentralen Probleme der Forschung nichts

moderne Naturwissenschaft entdeckte, beruht weniger auf passiver Beobachtung, als vielmehr auf *praktischer Tätigkeit*. Es kommt darauf an, die physikalische Realität zu manipulieren, sie derart zu ‚inszenieren', daß sie so eng wie möglich einer theoretischen Beschreibung entspricht. Das untersuchte Phänomen muß präpariert und isoliert werden, bis es einer idealen Situation nahe kommt, die zwar physikalisch unerreichbar sein mag, aber dem angenommenen begrifflichen Schema entspricht" (I. Prigogine/I. Stengers, Dialog mit der Natur, München 1981, S. 47).

19 Vgl. D. J. de Solla Price, Notes Toward a Philosophy of the Science/Technology Interaction, in: The Nature of Technological Knowledge. Are Models of Scientific Change relevant?, hg. von R. Laudan, Dordrecht—Boston 1984, S. 105—114.

20 Vgl. F. Fiedler, Einheitswissenschaft oder Einheit der Wissenschaft?, Berlin 1971, S. 77—176.

21 Vgl. W. Krohn, „Wissen ist Macht." Zur Soziogenese eines neuzeitlichen wissenschaftlichen Geltungsanspruchs, in: K. Bayertz (Hrsg.), Wissenschaftsgeschichte und wissenschaftliche Revolution, Köln 1981, S. 29—57.

22 K. Marx, Das Kapital. Erster Band, in: MEW, Bd. 23, a. a. O., S. 85—98.

23 W. van den Daele, Die soziale Konstruktion der Wissenschaft, in: G. Böhme/W. van den Daele/W. Krohn, Experimentelle Philosophie, a. a. O., S. 129—182.

zu tun mit den gesellschaftlichen Bedürfnissen, so daß es „externer Faktoren"[24] bedürfe, die die Wissenschaft auf gesellschaftlich wichtige Probleme orientieren.

Nach diesen Auffassungen hat es natürlich keinen Sinn, von der griechischen Wissenschaft, der Physik des Mittelalters oder der Newtonschen Physik zu sprechen, weil es für sie nur die eine Physik gibt, zu deren Entwicklung in der Antike, im Mittelalter, von Newton und seinen Nachfolgern bis zum Ende des 19. Jahrhunderts Beiträge geleistet worden sind. Gesellschaftlich vermittelt sind danach allein die unspezifischen Bedingungen, die es den Wissenschaftlern, organisiert in den wissenschaftlichen Gesellschaften, Akademien, Universitäten und verbunden durch die Literatur, ermöglichen, ihre Arbeit zu tun. Die historische Kontinuität, die in diesem Verständnis der Wissenschaftsgeschichte angenommen wird, ist unter wesentlichen Aspekten das Resultat der rationalen Rekonstruktion, in der die Wissenschaftsentwicklung als Theorieentwicklung dargestellt wird. Wissenschaft erscheint damit immer als das *Produkt* und ihre Entwicklung als systematische Vermehrung der Produkte. Die Theorie der Wissenschaftsentwicklung muß Wissenschaft aber auch als geistige *Produktion* analysieren, d. h. Entwicklung der Wissenschaft in Einheit mit ihrer Anwendung darstellen,[25] der Frage nachgehen, wie die wissenschaftliche Bedeutung in der gesellschaftlichen Reproduktion gebildet wird, speziell in der Lehre, in die Forschungsergebnisse eingehen, und in der intensiv erweiterten Reproduktion, in der Erfindungen und Entdeckungen angewandt werden.

3. Wissensproduktion und gesellschaftliche Reproduktion

Mit der Entwicklung der kapitalistischen Produktionsweise, deren technische Basis erst als Ergebnis der industriellen Revolution in Gestalt der Fabrik voll

24 Die damit angedeutete Unterscheidung von „extern" und „intern" ist nicht mit dem Gegensatz von Materie und Bewußtsein zu verwechseln, wie er in der Grundfrage der Philosophie bestimmt ist (vgl. M. Wolf, Über den methodischen Unterschied zwischen „äußerer" und „innerer" Wissenschaftsgeschichte, in: K. Bayertz, (Hrsg.), Wissenschaftsgeschichte und wissenschaftliche Revolution, a. a. O., S. 58—71).

25 „Geistige Produktion" ist von „Erkenntnisprozeß" zu unterscheiden und als Einheit von Kognition und Kommunikation aufzufassen (vgl. F. Klix, Erwachendes Denken, a. a. O., S. 73—75). S. R. Mikulinskij und R. Richta unterscheiden Wissenschaft als Form der Erkenntnis und als Art der geistigen Produktion (vgl. S. R. Mikulinskij/R. Richta, Socializm i nauka, Moskva 1981, S. 17—25). D. Wittich, K. Gößler und K. Wagner unterscheiden zwischen „Produktion von Erkenntnissen" und „Aneignung von Erkenntnissen" (vgl. D. Wittich/K. Gößler/K. Wagner, Marxistisch-leninistische Erkenntnistheorie, Berlin 1978, S. 99—101). Mir scheint, daß häufig nicht genügend geklärt ist, ob es sich um verschiedene Abstraktionsebenen handelt (wie bei Mikulinskij und Richta) oder um verschiedene „Phasen" der geistigen Produktion (wie bei den Autoren von „Marxistisch-leninistische Erkenntnistheorie"). „Geistige Produktion" kann m. E. in Analogie zu „Produktionsprozeß" als Einheit von Arbeits- und Bedeutungsbildungsprozeß aufgefaßt werden (vgl. dazu K. Marx, Das Kapital. Erster Band, in: MEW, Bd. 23, a. a. O., S. 211).

ausgeprägt wird, haben sich die Voraussetzungen für die Anwendung der Naturwissenschaft wesentlich verändert.[26] Während die meisten Innovationen des 18. und beginnenden 19. Jahrhunderts von Erfindungen ausgingen, die dem Wesen nach seit dem mittelalterlichen Handwerk bekannt waren, gehen nun revolutionierende Entwicklungen von Erfindungen und Entdeckungen aus, die in eigens für die Forschung und Ausbildung geschaffenen Institutionen erarbeitet worden waren.[27]

Die beginnende Industrialisierung und die sich verändernden Anforderungen an die Leitung und Verwaltung hatten bereits im 18. Jahrhundert neue Anforderungen an das Bildungswesen akut werden lassen. Nicht nur Mediziner, Richter und Minister erforderten als wissenschaftliche Berufe eine akademische Ausbildung; hinzu kamen Ingenieure und Ökonomen, die vor allem in Naturwissenschaften und Mathematik auszubilden waren. Dies hatte wiederum ein wachsendes Bedürfnis nach Lehrern für diese Berufe zur Folge, und im Ergebnis dieser Entwicklung wuchs die Anzahl der Menschen, deren Beruf es war, die Wissenschaft zu entwickeln und zu lehren. Aus diesem Bedürfnis heraus erfuhr die Verselbständigung der Wissenschaft gegenüber den jeweils besonderen technischen Anwendungen starke Impulse. Die Dynamik gesellschaftlicher Entwicklung forderte einen Bildungsvorlauf, der nur in der Forschung geschaffen werden konnte. Und die Ausbildung stellte auch neue Anforderungen an den systematischen Aufbau des Wissens, die der notwendigen Allgemeinheit entsprechende theoretische Struktur.[28] Der Einfluß, den die Erfordernisse der Ausbildung auf die Entwicklung der modernen Naturwissenschaft hatten, läßt sich vor allem an der Vorbildwirkung der 1794 gegründeten Ecole Polytechnique zeigen.[29] Die Reformen des Bildungssystems, die in Deutschland zu Beginn des 19. Jahrhunderts eingeleitet wurden und wesentliche Voraussetzungen für die industriellen Entwicklungen nach 1850 mit geschaffen haben, orientierten sich am französischen Vorbild. Die dominierende Rolle, die experimentelle Forschung an den philosophischen Fakultäten der Universitäten gewann, die stärkere Ausrichtung der Bildungsinhalte an den Gymnasien auf Mathematik und Naturwissenschaften, die Neugründungen von technischen Hochschulen und außeruniversitären Forschungsinstituten sicherten primär durch ihre technische Basis und, erst auf dieser Grundlage, durch bewußte Abstimmung von Forschungsvorhaben eine enge

26 Vgl. K. Marx, Das Kapital. Erster Band, in: MEW, Bd. 23, a. a. O., S. 371—450.

27 Vgl. S. Lilley, Technological Progress and the Industrial Revolutions 1700—1914, in: The Fontana Economic History of Europe. The Industrial Revolution, hg. von C. Cipolla, Glasgow 1980, S. 186—254.

28 Vgl. Wissenschaft und Bildung im frühen 19. Jahrhundert, Bielefeld 1982 (Materialien und Studien des Instituts für Didaktik der Mathematik der Universität Bielefeld, 27 und 30).

29 M. Paul, Gaspard Monges „Geometrie Descriptive“ und die Ecole Polytechnique. Eine Fallstudie über den Zusammenhang von Wissenschafts- und Bildungsprozeß, Bielefeld 1980 (Materialien und Studien des Instituts für Didaktik der Mathematik der Universität Bielefeld, 17).

Verbindung der Wissenschaftsentwicklung zur Technikentwicklung und Technologie der Produktion.[30]

Diese Determination, die durch die Gemeinsamkeiten zwischen der Technologie der experimentellen Forschung und der materiellen Produktion bedingt ist, spiegelt sich in den Beziehungen zwischen den bewußt gewordenen technischen Bedürfnissen und den wissenschaftlichen Problemen und Erkenntnissen wider. Wird diese Beziehung allein als die Nahtstelle oder Verbindungslinie zwischen Wissenschaft und gesellschaftlicher Reproduktion bestimmt, können die inhaltlich orientierenden und das Anspruchsniveau regulierenden Wirkungen, die von den verfügbaren technischen und ökonomischen Möglichkeiten auf die Forschung ausgehen, nicht entdeckt werden. Mit den eigenen Instituten naturwissenschaftlicher Forschung, zu denen Werkstätten gehören und die in vielerlei Hinsicht Produktionsstätten sind, hat sich der wissenschaftseigene Reproduktionsprozeß stabilisiert.[31] Bedeutende Entdeckungen und Erfindungen gelangen mit Geräten und Apparaten, die Eigenentwicklungen waren.[32] Auf die Dauer erfolgreich waren solche Einrichtungen aber immer dann, wenn sich enge Beziehungen zur kommerziellen Produktion wissenschaftlicher Geräte und potentiellen Anwendern möglicher Resultate entwickelten.

Der der Wissenschaft eigene Reproduktionsprozeß und die damit verbundene Eigengesetzlichkeit ihrer Entwicklung ergeben sich nicht so sehr aus der Eigenproduktion von Geräten oder einer Selbsterwirtschaftung der Mittel als vielmehr aus der allgemeinen Notwendigkeit, von dem jeweils erreichten Entwicklungsstand der Theorien und Methoden auszugehen. Forschung knüpft immer an Voraussetzungen an, die Resultat vorheriger Forschung und Ausbildung sind.[33] Wird nun angenommen, daß auch die jeweils neuen Probleme allein aus Fragen hervorgehen, die sich mit den gelösten Problemen ergeben haben, resultiert eine

30 Das trifft z. B. ganz deutlich zu für die Entwicklung der Physik an der Berliner Universität (vgl. D. Hoffmann/H. Kant/H. Laitko, Historischer Exkurs: Zum Wechselverhältnis von Physik und Elektroindustrie in Berlin bis zum Beginn des 20. Jahrhunderts, in: Intensivierung der Forschung, hg. von G. Kröber/L. Läsker/H. Laitko, Berlin 1984, S. 63—133).

31 Vgl. E. Segré, Die großen Physiker und ihre Entdeckungen, München—Zürich 1982.

32 Diese Auffassung ist notwendigerweise Bestandteil der Konzeptionen, die Wissenschaftsgeschichte in einer Schrittfolge der Herausbildung von Ideen analysieren, in der die jeweils nachfolgende Idee aus der jeweils vorhergehenden abgeleitet und dann experimentell geprüft wird. Daß die neue Idee erst mit dem neuen Experiment möglich und danach zu ihren Vorformen in Beziehung gesetzt wird, kann in der „rationalen Rekonstruktion" nicht gedacht werden. Auf diesen Umstand macht D. J. de Solla Price aufmerksam: ders., Notes Toward a Philosophy of the Science/Technology Interaction, in: The Natur of Technological Knowledge. Are Models of Scientific Change relevant?, hg. von R. Laudan, a. a. O., S. 105—114.

33 Auf die Notwendigkeit, solche „zyklischen Prozesse in der Wissenschaft" zu analysieren, hat H. Laitko hingewiesen, in: Autorenkollektiv, Wissenschaft im Sozialismus, Berlin 1973, S. 148—208.

Internalismuskonzeption,[34] in der die Eigengesetzlichkeit der Wissenschaftsentwicklung verabsolutiert wird. Natürlich bestreiten auch „Internalisten" nicht, daß Wissenschaft aus dem Mehrprodukt der gesellschaftlichen Reproduktion unterhalten werden muß. Aber die Frage, ob und in welcher Weise Quantität und vor allem Qualität und Verfügbarkeit des Anteils am Mehrprodukt, der für Forschung und Ausbildung aufgewandt wird, inhaltliche Orientierung und wissenschaftliches Anspruchsniveau der Forschung beeinflussen, wird von ihnen nicht gestellt. Die abstrakte Entgegnung, der sogenannte „Externalismus", sieht die Determination der Wissenschaftsentwicklung auf der Ebene der Beziehungen von Problemen der Forschung und (bewußt gewordenen) gesellschaftlichen Bedürfnissen, an denen sich die Wissenschaftler in ihrer Arbeit orientieren. Wenn sich für Probleme der Forschung keine gesellschaftlichen Bedürfnisse, auf deren Befriedigung sie orientiert sind, identifizieren lassen, gilt sie als „ungerichtet" oder „rein", was so viel wie „unabhängig von den Forderungen der Gesellschaft" heißen soll.

4. Vermittlung der Wissenschaftsentwicklung durch die gesellschaftliche Reproduktion

Die Hervorhebung der Tatsache, daß Wissenschaft im Unterschied zu den Volkswirtschaften und ihren Bereichen einen eigenen Reproduktionsprozeß bildet, darf nicht so verstanden werden, als seien die zentralen Probleme der Forschung, aus denen neue Spezialgebiete und Forschungsrichtungen entstehen, jenseits des Kontextes angesiedelt, der mit der gesellschaftlichen Reproduktion bestimmt ist. Dieser Eindruck wird allerdings erzeugt, wenn Wissenschaftler ihre Vorhaben gegen die jeweils besonderen Forderungen potentieller Anwender mit Argumenten verteidigen, die sich auf die Eigengesetzlichkeit der Wissenschaftsentwicklung stützen.

Auf die Spitze getrieben schließt die internalistische „Theorie von der Eigengesetzlichkeit der Wissenschaftsentwicklung"[35] die Vermittlung der Wissenschafts-

34 Vgl. A. Weinberg, Values in Science. Unity as a Criterion of Scientific Choice, in: Minerva, 1/1984, S. 1—12. — Weinberg geht in seinen Erwägungen davon aus, daß jede beantwortete wissenschaftliche Frage zu neuen Fragen führt; durch die damit gegebenen ständigen Verzweigungen, die selbstgenerierenden Aktivitäten, verändert sich die Struktur der Wissenschaft. „Äußere" Kriterien sind erforderlich, um die Auswahl aus der Vielfalt neuer Möglichkeiten zu treffen.

35 Zur Kritik der Extern-Intern-Debatte in der Wissenschaftstheorie vgl.: S. R. Mikulinskij, Scheinkontroversen und reale Probleme der Theorie von der Entwicklung der Wissenschaft, in: Sowjetwissenschaft. Gesellschaftswissenschaftliche Beiträge, 7/1978, S. 756—775. — Nach wie vor wird in der Unterscheidung von „extern" und „intern" nicht immer deutlich, ob es sich um eine Unterscheidung zwischen Abstraktionsebenen nach methodischen Gesichtspunkten handelt oder ob damit eine Unterscheidung zwischen Wirklichkeitsbereichen

entwicklung durch die Reproduktion historisch konkreter Gesellschaften dadurch aus, daß sie eine „Republik der Wissenschaft"[36] als „Gesellschaft" einführt, mit deren Produktion und intensiv erweiterter Reproduktion sich Wissenschaft entwickelt. Das Charakteristikum dieser „Republik", deren „Bürger" werden kann, wer nach einer wissenschaftlichen Ausbildung seine Befähigung als Forscher nachgewiesen hat, besteht in der Garantie freier Themenwahl für jedes „Mitglied" und der Verbindlichkeit des kollektiven Urteils über vorgelegte Ergebnisse.

Die metaphysische Gegenthese,[37] die externalistische Konzeption der Wissenschaftsentwicklung, geht an der historischen Tatsache vorbei, daß die Bedeutung einer Erfindung oder Entdeckung für die Forschung verschieden ist von der Bedeutung derselben Erfindung oder Entdeckung für die Anwendung in außerwissenschaftlichen Bereichen gesellschaftlicher Reproduktion. Zum Beispiel haben die Entdeckung der DNA-Sequenzierung[38] und die Erfindungen, die zu den Methoden ihrer Entdeckung führten, größte Bedeutung für die weitere Entwicklung der Molekularbiologie *und* für die Biotechnologie.[39] Trotz dieser Übereinstimmung bleibt ein Unterschied in der Bewertung der Erfindung als neuer Methode der Entdeckung für die Entwicklung der Theorie und ihrer Bewertung als wissenschaftlicher Voraussetzung für technisch-ökonomische Innovationen oder neue Möglichkeiten der Diagnose und Therapie. Dieser Unterschied zeigt sich auch in der Entscheidung, ob das Forschungsergebnis in wissenschaftlichen Zeitschriften publiziert oder ob es vorher patentiert werden soll.[40]

Die technischen Möglichkeiten der DNA-Rekombination sind das Ergebnis von Forschungen, in denen an die spezielle Anwendbarkeit über lange Etappen nicht zu denken war. Vielmehr war es so, daß sich genetische und beginnende molekulargenetische Forschungen in den 40er und noch in den 60er Jahren nur an sehr abstrakten außerwissenschaftlichen Zielstellungen orientieren konnten. Das intellektuelle, von politischen und kulturellen Einflüssen mitbestimmte

gemeint ist. I. Lakatos z. B. hat eine Abstraktionsebene im Auge, wenn er die „rationale Rekonstruktion" als „interne Wissenschaftsgeschichte" durchführt; die „Starnberger", die sich auf Lakatos gestützt haben, führten die „autonome Phase" ein, die Wissenschaft als Wirklichkeitsbereich ausgliedert (vgl. I. Lakatos, Die Geschichte der Wissenschaft und ihre rationale Rekonstruktion, in: Kritik und Erkenntnisfortschritt, hg. von I. Lakatos/A. Musgrave, Braunschweig 1974, S. 271—311; G. Böhme/W. van den Daele/W. Krohn, Die Finalisierung der Wissenschaft, in: Zeitschrift für Soziologie, 2/1973, S. 128—144).

36 M. Polanyi, The Republic of Science. Its Political and Economic Theory, in: Minerva 1/1962, S. 54—73.

37 C. F. Carter, The Distribution of Scientific Effort, in: Minerva, 2/1963, S. 172—181.

38 Vgl. W. Gilbert, DNA-Sequenzierung und Gen-Struktur, in: Angewandte Chemie 93, 12/1981, S. 1037—1046.

39 Vgl. G. Markle/S. R. Stanley, Biotechnology and the Social Reconstruction of Molecular Biology, in: Science, Technology and Human Values, Boston—Massachusetts 1985, S. 70—79; P. Hanke, Moderne Biotechnologie auf dem Wege zu einer Basisinnovation, in: Wirtschaftswissenschaften, 7/1985, S. 1009—1023.

40 Der „Glückspilz", Gespräch mit G. Köhler, in: bild der wissenschaft, 1/1985, S. 90—97.

Interesse führender Wissenschaftler war nachweislich stark orientierend wirksam.[41] Vergleichbar waren die Entwicklungen, die zur Relativitätstheorie, Quantenmechanik oder nichteuklidischen Geometrie geführt hatten: technische Anwendbarkeit ergab sich überraschend, und sie war nicht vorhergesehen. Können diese und weitere, für die Wissenschaft des 19. und 20. Jahrhunderts wesentliche Entwicklungen als Argumente für ihre Autonomie oder wenigstens für „autonome Phasen" innerhalb ihrer Entwicklung gelten? Oder müssen wir nach den technischen und ökonomischen Bedürfnissen wie nach „verborgenen Parametern" suchen?

Zahlreiche Analysen, die dieser Frage nachgehen,[42] kommen zu dem Ergebnis, daß sich die Technologie nach anderen Gesetzmäßigkeiten entwickelt hat als die Wissenschaft, daß es aber Wechselwirkungen gegeben hat; sowohl von der Wissenschaft sind Wirkungen auf die Technologie ausgegangen als auch umgekehrt. Forschungen, die an der Entwicklung und Vervollständigung von Theorien orientiert sind, werden dabei unterschieden von den Forschungen, die auf außerwissenschaftliche Ziele orientiert sind. Daraus ergibt sich die Frage nach den Beziehungen zwischen den theoretischen Interessen, d. h. den Interessen der Wissenschaftler an der Lösung theoretischer Probleme, aus denen sich Spezialgebiete und Disziplinen entwickeln, und den gesellschaftlichen Bedürfnissen, den Notwendigkeiten, technisch-ökonomische, medizinische, ökologische oder andere soziale Probleme zu lösen.

Es scheint mir sehr fraglich, ob sich unsere wissenschaftstheoretischen und wissenschaftspolitischen Probleme in diesem Rahmen, der die Diskussion seit den 30er Jahren bestimmt,[43] adäquat formulieren und lösen lassen. Gegen Hessen,[44] der den marxistischen Standpunkt, auf den sich auch die gegenwärtige Diskussion noch bezieht, in seiner bekannten Arbeit formulierte, wird eingewandt, daß die technisch-ökonomischen Bedürfnisse, die er als Voraussetzungen für Newtons Arbeiten zur Mechanik namhaft machte, erst später in Beziehung zu den Problemen gebracht werden konnten, deren Erarbeitung sie inhaltlich orientiert haben sollen.[45] Das heißt, daß die Polemik gegen Hessen davon ausgeht, daß die

41 Vgl. J. Tripoczkys Beitrag in diesem Band.

42 Vgl. H. Woolf, Basic Research and Industrial Enterprise, in: Minerva, 2/1984, S. 183—195; A. Keller, Has Science Created Technology?, in: Minerva, 2/1984, S. 159—182.

43 Vgl. H. Poldrack, Historische Hintergründe des „new approach" in der bürgerlichen Wissenschaftsforschung, in: Deutsche Zeitschrift für Philosophie, 7/1983, S. 856—860; M. Wolf, Boris Hessen und die sozialen Ursprünge physikalischer Theoriebildung, in: Materialistische Wissenschaftsgeschichte, Berlin (West) 1981 (Argument-Sonderband 54).

44 Vgl. B. Hessen, Die sozialen und ökonomischen Wurzeln von Newtons „Principia", in: Wissenschaftssoziologie 2. Determinaten wissenschaftlicher Entwicklung, hg. von P. Weingart, Frankfurt/M. 1974.

45 Vgl. G. Clark, Soziale und ökonomische Aspekte der Wissenschaft, in: P. Weingart (Hrsg.), Wissenschaftssoziologie II. Determinanten wissenschaftlicher Entwicklung, Frankfurt/M. 1974, S. 326—346.

gesellschaftliche Orientierung der theoretischen Arbeit nur über die Ableitung von Forschungszielen aus sozialökonomischen Bedürfnissen verwirklicht sein kann. Freiheit der Forschung dagegen bedeutet in diesem Verständnis Abwesenheit von gesellschaftlicher Determination. So interpretieren Küppers, Lundgreen und Weingart die „Freiheit von Forschung und Lehre" als „Entlastung der Forschung vom Einfluß gesellschaftlicher Interessen und Bedürfnisse" und begründen damit, daß Wissenschaftspolitik mehr sein muß als bloße Forschungsförderung.[46] In ähnlicher Weise war im sogenannten „Finalisierungskonzept" zwischen den theoretischen Interessen und den gesellschaftlichen Bedürfnissen unterschieden worden.[47]

Gemeint sind in diesen Diskussionen immer besondere, historisch-konkrete gesellschaftliche Bedürfnisse, die sich aus jeweils spezifischen Situationen ergeben. Im Vergleich dazu sind die wissenschaftlichen Interessen an der Lösung theoretischer Probleme in einem allgemeinen Zusammenhang bestimmt. Anwendungen gehen nicht von Theorien aus, sondern von Erfindungen;[48] Erfindungen, die anwendbar sind, gelingen aber häufig in der Entwicklung von Methoden, die der Lösung theoretischer Fragen dienen. Solche Erfindungen treffen nicht nur auf bereits vorhandene Bedürfnisse; sie können auch dazu führen, daß sich neue Bedürfnisse erst bilden.

Konkrete gesellschaftliche Bedürfnisse entstehen in untrennbarem Zusammenhang mit den realen Möglichkeiten ihrer Befriedigung. Diese realen Möglichkeiten hängen ab von dem Stand, den die gesellschaftliche Entwicklung bereits erreicht hat; sie stellen sich dar in dem Mehrprodukt, das der intensiv erweiterten Reproduktion verfügbar ist. Zwischen der Produktion der Möglichkeiten und den wissenschaftlichen Problemen müssen die Zusammenhänge ermittelt werden, die die Entwicklung der Wissenschaft determinieren; aber nicht kausal in dem Sinne, daß sie als die Ursachen für die Entstehung von neuen Ideen, die zu Hypothesen und Problemen der Forschung werden, wirksam sind. Vielmehr wirken sie als Bewertungskriterien, die die Richtung der Fragen bestimmen, die sich im wissenschaftlichen Leben herausbilden. Wissenschaftler entscheiden darüber, ob sie reale Aussichten haben, ein Vorhaben in der internationalen Konkurrenz um wissenschaftliche Priorität erfolgreich zu bewältigen,[49] nach der Beurteilung der objektiven Möglichkeiten, die ihnen verfügbar sind. Dazu gehören nicht nur die technischen Möglichkeiten experimenteller Forschung, sondern auch die geistig-kulturellen Bedingungen, die kulturelle Situation, die Aufgeschlossenheit für neue Gedanken und Theorien.

46 Vgl. G. Küppers/P. Lundgreen/P. Weingart, Der Steuerungseffekt des Umweltprogramms, in: Wirtschaft und Wissenschaft, 2/1978, S. 17—21 und S. 52—72.

47 Vgl. G. Böhme/W. van den Daele/W. Krohn, Die Finalisierung der Wissenschaft, a. a. O.

48 Vgl. L. Läsker, Reproduktion und Wissenschaft, Berlin 1984 (AdW der DDR, Schriften des ITW, Heft 17).

49 Vgl. P. B. Medawar, Die Kunst des Lösbaren, Göttingen 1972.

Die technisch-ökonomischen Möglichkeiten der Forschung hängen eng zusammen mit der Leistungsfähigkeit der Produktionstechnik, deren intensiv erweiterte Reproduktion durch die Anwendung der erwarteten Forschungsresultate möglich wird, die also das „Hinterland" der Forschung bildet.[50] Wie diese Möglichkeiten genutzt werden, wird aber durch den ganzen Komplex sozialer, kultureller und politischer Bedingungen mitbestimmt. Die technisch-ökonomischen Erfordernisse nach anwendungsreifen Forschungsresultaten werden auf der Ebene der Grundlagenforschung nur wirksam, wenn auch das wissenschaftliche Interesse als Element der Kultur stimulierend wirksam ist. Die Aufgeschlossenheit für Neuerungen auf dieser Ebene ist genau so wichtig für die Wissenschaft, wie auf der ökonomischen Ebene Regelungen, die eine beständige Erneuerung der Produktionstechnik erzwingen.

Welche Erfindungen und welche Entdeckungen angewandt werden können, um die Produktionsbedingungen zu erneuern, um sie intensiv erweitert zu reproduzieren, ist bestimmt durch den Entwicklungsstand, den die Produktion bereits erreicht hat. Während einer Phase einfacher Reproduktion werden die Mittel für die Neuentwicklungen als Überschuß über den Fonds, der eben für die Aufrechterhaltung der einfachen Reproduktion erforderlich ist, geschaffen. Während dieser Phase müssen nicht nur die ökonomischen Mittel für die Investitionen akkumuliert werden; es geht auch darum, das erforderliche Wissen für die neue Technologie zu schaffen, die neuen Organisationslösungen, Leitungsformen usw. vorzubereiten.[51] Je tiefgreifender die Neuerungen sind, um so stärker sind die Auswirkungen auf alle Bereiche des gesellschaftlichen Lebens; und die Auswirkungen zeigen an, wo Hemmnisse, Widerstände gegen Neuerungen entstehen können, mit denen auf den ersten Blick gar nicht zu rechnen ist.

Die Gesamtheit der gesellschaftlichen Bedingungen, die die jeweilige Aufnahmebereitschaft für Neuerungen bestimmen, bestimmt auch die Entwicklungsbedingungen der Wissenschaft — als objektive Arbeitsbedingungen in den wissenschaftlichen Einrichtungen, als kritische Atmosphäre im geistig-kulturellen Leben, als Weltoffenheit und Unduldsamkeit gegenüber Konservatismus. Mindestens seit Galilei (dem Teleskop, der Zeitmessung) ist erkennbar, daß Entdeckungen in den Naturwissenschaften an experimentelle Techniken gebunden sind, die erfunden werden mußten und mehr oder weniger sichtbar mit dem Entwicklungsstand der Industrie verbunden sind. Aber für wirklich große Entdeckungen reicht die hochentwickelte Technik nicht aus; auch das Genie allein vermag sie nicht zu leisten. In zahlreichen Fallstudien ist nachgewiesen worden,

50 Dazu sind Überlegungen von C. H. Townes sehr aufschlußreich. Vgl. Science, Technology and Invention. Their Progress and Interactions, in: Proc. National Academic of Science USA, Phys. Sci., 24/1983, S. 7679—7683 (zitiert nach: Physikinformation, Berlin, 5/1985, S. 21—37).

51 Vgl. K. Marx, Theorien über den Mehrwert. Dritter Teil, in: MEW, Bd. 26.3., S. 289.

wie mannigfaltig der Komplex günstiger Bedingungen gewesen ist,[52] die teils organisiert werden konnten, teils zufällig zusammengetroffen sind.

Für die inhaltliche Orientierung der naturwissenschaftlichen Forschung bleibt aber die Ebene der technischen Gemeinsamkeiten zwischen Produktionstechnik und Experimentiertechnik die Basis. Die Rolle der technischen Erfindungen, die in einer technischen Tradition stehen und zu neuen Methoden führen, ist in der Entwicklung der Thermodynamik, der Chemie, der Elektrodynamik unübersehbar. Selbst Einsteins theoretische Arbeiten waren nur möglich, weil er sich auf Maxwells Gleichungen stützten konnte, in denen die genauesten und relevanten Meßergebnisse seiner Zeit berücksichtigt waren.[53]

Hebt man nun den Anteil des technischen Wissens, das mit der Erfindung verbunden ist, an der Begriffsbildung hervor, wird der Verdacht provoziert, es könnte die Objektivität der Erkenntnis bestritten werden. Wird dieser Anteil jedoch vernachlässigt, als sei etwa auf die Erkenntnis der Gasgesetze das technische Wissen, wie Druck, Temperatur und Volumen konstant zu halten sind, ohne Einfluß geblieben, erhalten wir einen ganz abstrakten Theoriebegriff, der keine Beziehungen zur gesellschaftlichen Reproduktion mehr erkennen läßt; oder diese Beziehung wird dann nur auf der Ebene der Kommunikation gesucht.

Von den Begriffen, die gegenständliche Bedeutung haben und an experimentelle Methoden gebunden sind, sind Denkschemata oder Begriffe zu unterscheiden, die nicht an bestimmte technische Erfindungen und damit ermöglichte Methoden gebunden sind. „Atomismus“[54] z. B. ist eine „Denkform“, die seit Demokrit und Epikur in ganz unterschiedlichen Weltbildern und wissenschaftlichen Theorien nachgewiesen werden kann. „Atom“ ist als „unmittelbares, kleinstes Teilchen“ in dieser „Struktur“ formal bestimmt. In dieser formalen Bestimmung ist es kein naturwissenschaftlicher Begriff mit gegenständlicher Bedeutung, sondern die „Leerstelle“ in einem „Schema“.

Die Interpretation experimenteller Befunde setzt immer ein solches Schema voraus.[55] Was aber, um bei dem Beispiel zu bleiben, als „Atom“ naturwissenschaftlich erkannt wird, hängt von den Methoden ab, die verfügbar sind, um „kleinste Teilchen“ nachzuweisen. Die Beurteilung dieser Methoden und der Zuverlässigkeit der „Befunde“ ist verschieden von der Beurteilung des „Denk-

52 Beispiele sind analysiert in: G. Holton, Striking Gould in Science: Fermi's Group and the Recapture of Italy's Place in Physics, in: Minerva, 2/1974, S. 159—199; A. M. Weinberg, Scientific Teams and Scientific Laboratories, in: Daedalus, 4/1970, S. 1056—1075.

53 Dieser Aspekt ist diskutiert in: M. Hesse, The Structure of Scientific Inference, Berkeley—Los Angeles 1974, S. 224—249.

54 J. Piaget, Das physikalische Denken. Die Entwicklung des Erkennens, Bd. 2, Stuttgart 1973, Kapitel V.

55 Diese lakonische Feststellung bedürfte natürlich ausführlicher Erörterung, die philosophiegeschichtlich an Kant anknüpfen müßte. Vgl. auch: R. Wahsner, Das Aktive und das Passive, Berlin 1981.

schemas". Dieser Unterschied zeigte sich im 19. Jahrhundert, als „Atomist" sein für Chemiker und Physiker zweierlei bedeuten konnte: einerseits Anhänger oder Vertreter des „Denkschemas" zu sein, das auch ein Erklärungsschema ist und von dem Ansätze zur Mathematisierung ausgehen, oder andererseits davon überzeugt zu sein, daß experimentelle Befunde als Beweis für die reale Existenz der Atome interpretiert werden dürfen.[56]

Ganz ohne Zweifel haben die „Denkschemata" einen anderen Ursprung und eine größere Allgemeinheit als die Begriffe mit gegenständlicher Bedeutung. Bezüglich ihrer Genese stellte und stellt sich daher nicht die Frage, wie sie in der gesellschaftlichen Reproduktion gebildet wurden, sondern ob sie der Natur „entnommen", angeboren oder auf andere Weise mit der biologischen Grundausstattung des Menschen gegeben sind, mit besonderer Hartnäckigkeit.[57]

Wichtig ist aber, daß auch die „Denkschemata" über Operationen und Handlungen mit der Wirklichkeit verbunden sind, die sie abbilden. Auch dann, wenn ihr Anteil an der Wissenschaft und ihrer Entwicklung hervorgehoben wird, führt das nicht weg von den gesellschaftlichen Bedingungen; es weist nur darauf hin, daß es wesentliche Gemeinsamkeiten gibt in verschiedenen Epochen und Kulturen. Mit der einen Natur, die Gegenstand naturwissenschaftlicher Forschung ist,

56 N. Fisher, Avogadro. The Chemists and Historians of Chemistry; in: History of Science, XX (1982), S. 77—102 (Teil 1), S. 212—231 (Teil 2).

57 Toulmin hat die Aufgabe formuliert, den Gegensatz zwischen apriorischen und empirischen Ideen abzubauen (oder aufzuweichen), sie als Extrempunkte auf einer breiten Skala zu verstehen. „Die wandelbaren und vorübergehenden Ideen in den historisch sich entwickelnden Disziplinen und die universalen, apriorischen Ideen der mathematischen und formalen Philosophie erscheinen dann nicht mehr als absolute Gegensätze, sondern nur als dem Grade nach verschieden. Die theoretischen Strukturen von Kants ‚notwendigen Formen der Vernunft', Levi-Strauss' ‚kulturellen Universalien' und Chomskys ‚Strukturen der Tiefengrammatik' gelten nicht mehr als absolut verschieden von den kurzlebigen Begriffen und Grundsätzen der Naturwissenschaften, sondern als augenblickliche Endergebnisse einer langen historischen Entwicklung . . ." (St. Toulmin, Kritik der kollektiven Vernunft, a. a. O., S. 482—483). Toulmin unterscheidet nicht zwischen den formalen Begriffen, die operatorische Schemata widerspiegeln (etwa die algebraische Gruppe) und den Begriffen, die Merkmale von Gegenständen widerspiegeln. Er nennt Piaget einen quasi-kantischen Psychologen, weil dieser universale Operationsschemata nicht als angeboren, sondern in der Ontogenese reproduziert — in der Phylogenese erworben — voraussetzt. Für Piaget ist allerdings der Nachweis allgemeiner Denkstrukturen, die Menschen letztendlich durch ihre biologische Grundausstattung erwerben, wesentlich. Obwohl nicht angeboren, sind sie ebenso verbindlich, als ob sie angeboren wären (Vgl. auch: M. Wartofsky, Piaget and the Foundations of Knowledge, in: Piaget and the Foundations of Knowledge, hg. von L. S. Liben, Hillsdale—London 1983). D. S. Palermo glaubt, die Vererbung kognitiver Strukturen spiele eine größere Rolle, als Piaget angenommen hat (Vgl. D. S. Palermo, Some Thoughts on Semantic Development, in: Piaget and the Foundations of Knowledge, a. a. O., S. 49—78; J. Piaget, Der Strukturalismus, Olten — Freiburg (Breisgau) 1973, S. 60—86).

bilden auch diese Gemeinsamkeiten die Basis für die allgemeine Gültigkeit theoretischer Erkenntnis.

Die Besonderheiten jeder konkreten gesellschaftlichen Reproduktion führen auch dazu, daß das Wissen, das mit der gesellschaftlichen Reproduktion verbunden ist, sich von dem wissenschaftlichen Wissen unterscheiden kann. Damit ist nicht nur der Unterschied im Allgemeinheitsgrad gemeint, der vor allem zwischen theoretischem und Anwendungswissen besteht; es ist auch der Unterschied gemeint, der sich aus dem unterschiedlichen Niveau der technischen Ausrüstung der Produktion und der fortgeschrittenen experimentellen Forschung ergibt. Gesellschaftliche Reproduktion kann Wissenschaftsentwicklung vermitteln, wenn sie, international bestimmt, auf dem jeweils höchsten Niveau intensiv erweiterter Reproduktion ist. Dann trägt die Gesellschaft nicht nur zur Entwicklung der Wissenschaft, sondern auch zur allgemeinen geschichtlichen Entwicklung bei.

Wie sich der damit genannte Zusammenhang zwischen Bedingungen für die Entwicklung der Wissenschaft und den Voraussetzungen für die Anwendung ihrer Resultate gestaltet, ist eine der entscheidenden Fragen gesellschaftlichen Fortschritts, deren Gewicht unter den Bedingungen der wissenschaftlich-technischen Revolution und internationalen Klassenauseinandersetzung noch zunimmt. Da die entscheidenden Neuerungen in der Produktion, in der Kommunikationstechnik und im Gesundheitswesen von wissenschaftlichen Entdeckungen und Erfindungen ausgehen, scheint es so, als bestimmten die Wissenschaftler mit der Wahl ihrer Probleme die zukünftige gesellschaftliche Entwicklung. In einem solchen Verständnis verkehren sich die Prioritäten: nach ihm würde die gesellschaftliche Entwicklung durch die Wissenschaft vermittelt. Das trifft insofern zu, als, wie gezeigt werden sollte, die jeweils anwendungsreifen Forschungsresultate in der gesellschaftlichen Reproduktion auf jeweils höchstem Niveau erzeugt werden. In ihrem Beitrag zur Entwicklung der Wissenschaft erweist sich daher der Anteil, den eine historisch konkrete Gesellschaft zur allgemeinen geschichtlichen Entwicklung leistet. Als unabdingbare Voraussetzung für die kontinuierliche und langfristige Steigerung der Arbeitsproduktivität auf international bestimmendem Niveau gehört daher die Entwicklung der Wissenschaft zum allerwichtigsten für den Sieg der neuen Gesellschaftsordnung.

Günter Kröber

Wissenschaftsentwicklung als irreversibler gesellschaftlicher Prozeß

1. Ein wissenschaftspolitischer Zugang zum Problem

In dem abschließenden und resümierenden Kapitel seines 1954 in erster Auflage erschienenen Buches „Die Wissenschaft in der Geschichte" schreibt J. D. Bernal: „Die Verwandlung der Wissenschaft in einen wichtigen Faktor im gesellschaftlichen Bereich ist ein entscheidender und *irreversibler* Schritt in der allgemeinen Geschichte der Menschheit. Zusammen mit den *ökonomischen und politischen Veränderungen, mit denen sie unvermeidlich gekoppelt ist*, ist es ein Ereignis von der gleichen Bedeutung wie das Auftauchen der menschlichen Rasse selbst oder ihrer ersten Zivilisation. Derartig grundsätzliche Veränderungen bringen sowohl positive als auch negative Auswirkungen mit sich. Sie machen nicht nur Neues möglich, sondern auch Altes unmöglich. Ist einmal der Durchbruch zu einer neuen, *höheren Stufe der Komplexität* erfolgt, so nimmt die Möglichkeit ähnlicher Sprünge an anderen Stellen schnell ab."[1]

Ich habe in dieser Passage drei Stellen hervorgehoben, in denen drei Grundprobleme aufscheinen, auf die eine Theorie der Wissenschaftsentwicklung Antwort zu geben hat:

1. Die enge *Kopplung der Wissenschaftsentwicklung mit ökonomischen und politischen Veränderungen* in der Gesellschaft. Allgemeiner gefaßt — nämlich als Kopplung der Wissenschaftsentwicklung mit gesellschaftlichen Entwicklungsprozessen überhaupt, einschließlich sozialer, geistiger, kultureller u. a. — ist hier das Problem der *Triebkräfte* der Wissenschaftsentwicklung gestellt.
2. *Irreversibilität* der Wissenschaftsentwicklung als gesellschaftlicher Prozeß führt auf das Problem der *Mechanismen* der Wissenschaftsentwicklung.
3. Höhere Stufe der Komplexität hingegen zielt letztlich auf das Problem der *Kriterien* der Wissenschaftsentwicklung.

Im folgenden werde ich mich auf das *Problem der Irreversibilität* der Wissenschaftsentwicklung konzentrieren. Nicht, um den beiden anderen Problemen auszuweichen, sondern weil es sich beim Phänomen der Irreversibilität um ein hervorstechendes Merkmal der Wissenschaftsentwicklung handelt, das nichtsdestotrotz von der Wissenschaftsforschung bislang kaum beachtet worden ist. Es verdient aber unbedingtes theoretisches Interesse, weil über seine theoretische Behandlung zugleich seine wissenschaftspolitischen Konsequenzen deutlich wer-

1 J. D. Bernal, Die Wissenschaft in der Geschichte, 3. Aufl., Berlin 1967, S. 807.

den. Wir finden auch das bei Bernal schon angedeutet, wenn er im Anschluß an die zitierte Passage weiter schreibt: „Die Entwicklung der modernen Wissenschaft, seit ihren Anfängen mit dem Kapitalismus und der industriellen Revolution verknüpft, war umfassend und irreversibel. Die neue Art und Weise, Dinge zu formulieren und über Dinge nachzudenken, die sich aus der Untersuchung der Techniken und der Handfertigkeiten ergab, führte, da sie diese Technik änderte, zu einem viel umfassenderen Herangehen sowohl an menschliche als auch an technische Probleme. Dadurch wurde — und wird auch in Zukunft — jeglicher Lösungsversuch unmöglich gemacht, der die Wissenschaft daran hindert, sich letzten Endes doch durchzusetzen."[2]

Bernal erläutert diesen Gedanken am Beispiel des Verhältnisses des Nationalsozialismus zur Wissenschaft: „Die Nazis waren von Anfang an äußerst antirationalistisch und Anhänger eines mystischen Systems; nur ein solches System konnte ihnen den Schein einer Rechtfertigung verleihen und gleichzeitig dazu dienen, ihr wirkliches Ziel, die Unterstützung des Monopolkapitalismus, zu verschleiern. Daher standen sie natürlich in Opposition zur Wissenschaft; andererseits konnten sie aber ohne sie nicht auskommen, da sie die Wissenschaft für ihr einziges Mittel, um ihre Ziele durchzusetzen — den Krieg —, benötigten."[3] Und er schließt seinen Gedankengang mit der Feststellung: „Ein Staat und eine Klasse, die von der Wissenschaft keinen Gebrauch machen oder machen können und sie nicht auf den höchsten Stand entwickeln, sind in unserer heutigen Welt zu Verfall und Untergang verurteilt."[4] Knapp, treffend und aufrüttelnd ist damit die wissenschaftspolitische Konsequenz der Irreversibilität der Rolle der Wissenschaft in der Geschichte der menschlichen Gesellschaft und für unsere Gegenwart formuliert.

Es ist gewiß auch kein Zufall, daß J. Kuczynski mit seinem ausgeprägten Gespür für Gedanken, die es wert sind, daß wir sie uns immer wieder ins Bewußtsein rufen, sich gerade auf diese Passage von Bernal berief, um die Situation der Wissenschaft und der Wissenschaftler in der kapitalistischen Welt zu analysieren.[5] Das war vor mehr als zehn Jahren. Damals zitierte Kuczynski aus einem 1973 in der „Weltbühne" veröffentlichten Aufsatz, in dem es hieß: „Seit mehr als einem Jahr werden die öffentlichen Ausgaben für Wissenschaft von der Regierung der USA gekürzt. Das Amt des wissenschaftlichen Beraters des Präsidenten ist abgeschafft worden. Die Arbeitslosigkeit unter Wissenschaftlern ist höher als die Durchschnittsrate für alle Beschäftigten. Besonders ernst beurteilen die Wissenschaftler den Fortfall der Unterstützung junger Wissenschaftler im postgradualen Studium."[6] Mag sich daran im Prinzip auch bis heute nichts Wesentliches

2 Ebenda.

3 Ebenda, S. 807/808.

4 Ebenda.

5 Vgl. J. Kuczynski, Die vertauschte Eule der Minerva. Der Wissenschaftler in der kapitalistischen Welt, Berlin 1974, S. 16.

6 Ebenda, S. 17.

geändert haben, so tritt die ganze Widersprüchlichkeit in der Haltung des Imperialismus zur Wissenschaft heute noch viel krasser zutage.

1973, als das Amt des Wissenschaftsberaters des USA-Präsidenten unter Nixon abgeschafft werden sollte, hatte Kuczynski noch auf eine Tendenz geschlossen, daß „die Entspannung zu einer Herabsetzung der Rolle der Wissenschaft" in den USA zu führen scheint.[7] Doch schon Ende der 70er Jahre war diese Tendenz von der entgegengesetzten abgelöst, nämlich von der Verstärkung der Rolle der Wissenschaft als Mittel zur Durchsetzung außenpolitischer Strategien des USA-Imperialismus. Carters Wissenschaftsberater, Frank Press, formulierte das seinerzeit so: „Unser Prestige und unser politischer Einfluß hängen überall in hohem Maße von unserer Wissenschaft und Technik ab."[8] Und zu Beginn der 80er Jahre erklärte die Reagan-Administration unverhüllt ihre Absicht, das militärstrategische Gleichgewicht, das im Verlaufe mehrerer Jahrzehnte dank der Anstrengungen der Sowjetunion und der anderen sozialistischen Länder den Ausbruch eines nuklearen Infernos verhindert hat, zu ihren Gunsten zu verändern und über die Militarisierung des Weltraums sich die Kontrolle und die Herrschaft über die Welt zu sichern. Die schwindelerregenden Ausgaben für ein Forschungsprogramm, das — als „Strategische Verteidigungsinitiative" getarnt — seinen aggressiven Charakter als Programm zur Vorbereitung eines „Krieges der Sterne" und der Sicherung der Weltherrschaft nicht verhüllen kann, belegen mit nicht zu überbietender Deutlichkeit, welchen Stellenwert die Wissenschaft für Gegenwart und Zukunft der Menschheit heute hat.

Die Errungenschaften von Wissenschaft und Technik sind aus dem heutigen Leben der Gesellschaft nicht nur nicht wegzudenken. Sie sind die Grundlagen für ökonomischen und sozialen Fortschritt. Die wissenschaftlich-technische Revolution der Gegenwart vollzieht sich mit atemberaubender Dynamik. Sie erfolgreich zu meistern, ihre Errungenschaften mit den Vorzügen des sozialistischen Wirtschafts- und Gesellschaftssystems noch stärker zu verbinden, ist für unser weiteres Voranschreiten bei der Gestaltung der entwickelten sozialistischen Gesellschaft, für die weitere Sicherung politischer Stabilität, ökonomischer Dynamik und für die kontinuierliche Fortsetzung der Einheit von Wirtschafts- und Sozialpolitik von ausschlaggebender Bedeutung. Die stürmische Entwicklung der Produktivkräfte auf der Grundlage des wissenschaftlich-technischen Fortschritts wird auch weiter anhalten. Wie ein Land damit Schritt hält, bestimmt letzten Endes seinen ökonomischen Rang und das Lebensniveau seines Volkes.[9]

7 J. Kuczynski, Entspannung und Wissenschaft in den USA, in: Weltbühne, 15/1973, S. 465.

8 J. Carter, NSF support joint R & D, in: Industrial Research Development, June 1978, S. 92.

9 Vgl. E. Honecker, In kampferfüllter Zeit setzen wir den bewährten Kurs des X. Parteitages für Frieden und Sozialismus erfolgreich fort, in: Neues Deutschland vom 26./27. November 1983, S. 4.

In westlichen Ländern erheben sich in jüngster Zeit viele Stimmen, die aus berechtigter Sorge über die katastrophalen Folgen des wissenschaftlich-technischen Fortschritts auf die ernsten Gefahren hinweisen, welche die zunehmende Umweltverschmutzung, die bedenkenlose Ausbeutung nichtregenerierbarer Ressourcen und der militärische Mißbrauch des wissenschaftlich-technischen Fortschritts für die Zukunft der Menschheit heraufbeschwören. Nicht immer benennen sie auch die Ursachen dieser Gefahren, die in der kapitalistischen Art und Weise der Verwertung des wissenschaftlich-technischen Fortschritts und in dem Streben des Imperialismus nach Weltherrschaft liegen. Sie lasten der Wissenschaft und dem wissenschaftlich-technischen Fortschritt an, was nur den gesellschaftlichen Kräften angelastet werden kann, welche die Richtung und die Verwertung des wissenschaftlich-technischen Fortschritts bestimmen. Sie verkennen deshalb, daß die Lösung der von ihnen zu Recht akzentuierten Probleme nicht darin bestehen kann, die Rolle der Wissenschaft und des Rationalismus in der heutigen Gesellschaft mit allen nur möglichen Mitteln auszuhöhlen, Religion, Mythen und anderen präwissenschaftlichen Formen gesellschaftlichen Bewußtseins einen der Wissenschaft gleichberechtigten Rang in der Gesellschaft einzuräumen,[10] zu gesellschaftlichen Lebensformen zurückzukehren, in denen wissenschaftlich-technische Errungenschaften und Hochtechnologien keine dominierende Rolle mehr spielen usw. Die Lösung der Probleme, vor die sich die Menschheit heute infolge jahrhundertelanger kapitalistischer Verwertung der Wissenschaft gestellt sieht, ist selbst nur auf dem Wege des wissenschaftlich-technischen Fortschritts, aber unter neuen, sozialistischen gesellschaftlichen Verhältnissen bzw. in friedlicher Koexistenz und Zusammenarbeit der beiden Gesellschaftssysteme möglich. Auch das ist eine Konsequenz der Irreversibilität der wissenschaftlich-technischen Entwicklung.

2. Eine thermodynamische Analogie und ihre Grenzen

Um Irreversibilität als einen bestimmenden Grundzug der Wissenschaftsentwicklung theoretisch beschreiben und erklären zu können, wird es noch großer Anstrengungen bedürfen. Das biblische Gleichnis vom Sündenfall der Erkenntnis, nach dem es kein Zurück mehr gibt in den Zustand naiv-unschuldiger Unwissenheit, gibt den Sachverhalt nur in seinen allgemeinsten Konturen wieder und hilft nicht viel weiter. Er hat indes verschiedene Aspekte, die einander nicht gleichwertig sind und die das Phänomen der Irreversibilität der Wissenschaftsentwicklung in verschiedener Weise und in unterschiedlichem Grade bestimmen und bedingen. Sie im einzelnen zu erörtern ist eine reizvolle Aufgabe,

10 Vgl. z. B.: P. Feyerabend, Erkenntnis für freie Menschen, Frankfurt/M. 1981, S. 210/211.

die m. E. reichen wissenschaftstheoretischen, -politischen und -organisatorischen Ertrag verspricht. Im folgenden können und sollen nur einige Aspekte aufgegriffen und näherungsweise angedeutet werden, wie sie im Rahmen einer Theorie der Wissenschaftsentwicklung ihren Platz finden können.

Zunächst: Irreversibilität ist ein Merkmal des *historischen Gesamtprozesses* der Wissenschaftsentwicklung. Dieser setzt sich aus unzähligen Einzelprozessen, bis hin zu individuellen Erkenntnisprozessen, zusammen. Dem individuellen Erkenntnisprozeß ist Irreversibilität nicht im gleichen Maße und nicht in der gleichen Weise eigen wie dem historischen Gesamtprozeß der Wissenschaftsentwicklung. Ein Individuum kann auf dreifache Weise Erkenntnisse erwerben: 1. indem es Wissen übermittelt bekommt und sich dieses aneignet (Lern-, Bildungs- und Weiterbildungsprozesse), 2. indem es in Auseinandersetzung mit seiner natürlichen und gesellschaftlichen Umwelt eigene Erfahrungen sammelt und diese zu Wissen verdichtet (Alltagserfahrung und -wissen), und 3. indem es wissenschaftlich forschend tätig ist, d. h. unter Nutzung der ersten beiden Erkenntnisarten sowie unter Einsatz experimenteller Mittel, methodischer und theoretischer Instrumentarien ihm bewußt gewordene Wissenslücken systematisch auszufüllen bemüht ist (wissenschaftliche Erkenntnis).

Hier taucht die Frage auf, ob es überhaupt sinnvoll ist, in bezug auf den Prozeß des individuellen Wissenserwerbs von Reversibilität oder Irreversibilität zu sprechen. Im Lern- und Bildungsprozeß erworbenes Wissen kann — wenn es über längere Zeit in der Praxis nicht genutzt wird, wenn das Individuum in seiner Praxis keine Verwendung für es hat — wieder vergessen werden, rückgängig gemacht werden, völlig aus den Gedächtniszellen verschwinden und durch anderes Wissen ersetzt werden. Bedeutet das, daß Erkenntnis reversibel ist? Im historischen Bezugsrahmen stellt sich analog die Frage, ob die Tatsache, daß bestimmte Entdeckungen in der Geschichte der Wissenschaft vorübergehend der Vergessenheit anheimgefallen und erst später „wiederentdeckt" worden sind, oder daß wir in der Geschichte der Wissenschaft auch Perioden des Verfalls, des Zurückgehens hinter Erkenntnisse früherer Epochen beobachten können, daß die Wissenschaftsentwicklung reversible Züge hat? Es möge dahingestellt bleiben, ob diese Interpretation von „Reversibilität" und „Irreversibilität" der Erkenntnis berechtigt ist; jedoch kann vermutet werden, daß die Irreversibilität des — individuellen oder historischen — Prozesses im ganzen die Reversibilität von Teilprozessen nicht aus- sondern einschließt. Jedenfalls weist diese Fragestellung darauf hin, daß der Begriff der Irreversibilität, der ja kein genuin wissenschaftstheoretischer ist, zunächst als solcher diskutiert werden muß, wenn er auf den historischen Prozeß der Wissenschaftsentwicklung Anwendung finden soll.

Theoretische Fundamentalität erlangte der Begriff der Irreversibilität erstmals in der Thermodynamik in Verbindung mit dem Begriff der *Entropie*. Inzwischen spielen beide Begriffe in einem neuen Wissenschaftsgebiet, das sich mit allgemeinen Gesetzmäßigkeiten von Evolutionsprozessen beschäftigt und gegenwärtig noch unterschiedlich bezeichnet wird (Physik der Selbstorganisation und Evolution, Theorie dissipativer Strukturen, Synergetik), eine zentrale Rolle.[11] Die Grundgedanken dieser aus physikalischer Sicht vorgetragenen Erörterungen des Evolutionsproblems lassen sich wie folgt zusammenfassen.

Entwicklung kann als ein irreversibler, zeitlich gerichteter Prozeß verstanden werden, in dem sich stabile Strukturen höherer Ordnung ausbilden. Irreversibilität des Prozesses besagt, daß seine zeitliche Richtung nicht umkehrbar ist, es in ihm keine Symmetrie von Vergangenheit und Zukunft gibt. Nicht jeder irreversible Prozeß ist indes ein Entwicklungsprozeß. Ein abgeschlossenes thermodynamisches System, d. h. ein System, das in keinem Stoff- und Energieaustausch mit seiner Umgebung steht, strebt irreversibel einem Zustand maximaler Ungeordnetheit zu, deren Maß die Entropie des Systems ist. Zunehmende Entropie des Systems ist gleichbedeutend mit zunehmender Desorganisation. Strukturbildung hingegen ist ein Prozeß, der zur Verminderung von Entropie führt. Auch solche Prozesse können irreversibel sein. Sie sind jedoch nur möglich in offenen Systemen, die in Stoff- und Energieaustausch mit ihrer Umgebung stehen. Die Entropieänderung in einem solchen System setzt sich zusammen aus einem Anteil, der die Veränderung durch Prozesse im Innern des Systems ausmacht, und einem Anteil, der durch den Austausch mit der Umgebung zustandekommt. Die Gesamtänderung der Entropie kann dann sowohl positiv als auch negativ sein. Insbesondere kann sich die Entropie des Systems verringern, wenn der Entropieexport des Systems die Produktion von Entropie im Innern pro Zeiteinheit übersteigt. Eine solche Situation ist jedoch nur weitab vom Gleichgewicht denkbar, da in Gleichgewichtsnähe die im Innern des Systems produzierte Entropie dominiert. Der Entropieexport muß deshalb einen gewissen kritischen Wert übersteigen, damit Strukturbildung möglich wird.

Das hat zwei wesentliche Konsequenzen. Erstens wird unter der Bedingung großer Abweichungen vom Gleichgewicht das Verhalten der Variablen des Systems nichtlinear. Übergänge zu neuen Strukturen sind durch Nichtlinearität gekennzeichnet, erfolgen nicht kontinuierlich, sondern sprunghaft, als diskrete qualitative Übergänge. Jeder solcher Übergang zu einer neuen Struktur verändert irreversibel das Möglichkeitsfeld für die Entstehung weiterer Strukturen; er bezeichnet einen Verzweigungspunkt, von dem an die weitere Veränderung des Systems — wiederum nichtlinear — verschiedene andere Richtungen einschlagen kann. Zweitens erfordert die Eigenschaft eines überkritischen Entropieexports außerordentlich spezielle innere Systemstrukturen. Je ausgeprägter, je entwickelter diese inneren Systemstrukturen bereits sind und je intensiver sie

11 Vgl. z. B.: Synergetics, hg. von H. Haken, Stuttgart 1973; W. Ebeling, Strukturbildung bei irreversiblen Prozessen, Leipzig 1976; G. Nicolis/I. Prigogine, Self-Organization in Non-Equilibrium Systems, New York 1977; I. Prigogine, Vom Sein zum Werden, München—Zürich 1979; I. Prigogine/I. Stengers, Dialog mit der Natur, München—Zürich 1981; W. Ebeling/R. Feistel, Physik der Selbstorganisation und Evolution, Berlin 1982.

miteinander wechselwirken, desto größer ist die Wahrscheinlichkeit für die Ausbildung neuer Strukturen mit noch höherem Ordnungsgrad. Das führt zur Beschleunigung des Prozesses.

Strukturen, die sich in offenen Systemen weitab vom Gleichgewicht jenseits kritischer Parameterwerte im nichtlinearen Bereich ausbilden, werden als dissipative Strukturen bezeichnet. Solche Strukturbildungsprozesse werden zu Evolutionsprozessen, wenn sie außer den Bedingungen des Entropieexports, der Gleichgewichtsferne und der Nichtlinearität noch anderen Bedingungen genügen, unter denen die Fähigkeit zur Selbstreproduktion, d. h. zur Herstellung relativ genauer Kopien des Originalsystems bzw. von Teilsystemen eine zentrale Rolle spielt. Die Fähigkeit zur Selbstreproduktion erhöht die Evolutionschancen des Systems in doppelter Weise: Erstens setzt sie einen quantitativen Wachstumsprozeß in Gang. Wachstum aber — gleich ob es durch Selbstreproduktion bedingt ist oder anders zustandekommt — ist immer eine notwendige, wenn auch keine hinreichende Bedingung für Entwicklung. Zweitens ist Selbstreproduktion unter natürlichen Bedingungen immer nur die Herstellung *relativ* genauer Kopien. Aus den möglichen Abweichungen vom Original, den Variationen, entstehen aber neue Möglichkeitsfelder für neue Strukturbildungen in der Systemgesamtheit, sofern sie auf innere oder äußere Bedingungen treffen, die ihre Reproduktion begünstigen und sie damit selektieren. Da sich durch das Auftreten neuer Varianten der Selektionswert verändert, tritt damit zugleich ein neues Kriterium weiterer Strukturbildung in Kraft, das von nun an den Prozeß so lange bestimmt, bis neuerliche Variationen ihm wieder eine neue Entwicklungsrichtung verleihen. In Entwicklungsprozessen verändern sich mithin nicht nur die sich entwickelnden Systeme, sondern auch die Entwicklungskriterien selbst.

Um prüfen zu können, wieweit dieses Gedankengut für den Aufbau einer Theorie der Wissenschaftsentwicklung genutzt werden kann, kehre ich nochmals zum Begriff der Entropie zurück.

In der Thermodynamik wird der Begriff der Entropie gewöhnlich durch geläufige Überlegungen folgender Art eingeführt: „Bringen wir einen kalten und einen heißen Körper zusammen, so fließt Wärme vom heißen Körper zum kalten. Es findet somit ein Temperaturausgleich statt, bis beide Körper die gleiche mittlere Temperatur angenommen haben. Bringen wir zwei Gefäße zusammen, von denen das eine mit Gas gefüllt und das andere leer ist, so strömen die Gasatome auch in den zweiten Behälter, und es findet eine Gleichverteilung statt. Das Entscheidende an diesen Erscheinungen ist, daß die Naturvorgänge nur in einer Richtung laufen, und zwar im Sinne einer größer werdenden Unordnung. Die umgekehrten Vorgänge, nämlich daß die Gasatome sich alle wieder im gleichen Gefäß versammeln, wird in der Natur nie beobachtet."[12] Diejenige Größe, die das Maß der Unordnung bestimmt, ist die Entropie. In einem ab-

12 H. Haken, Synergetik: Nichtgleichgewichte, Phasenübergänge und Selbstorganisation, in: Die Naturwissenschaften, 68/1981, S. 293.

geschlossenen System strebt — nach dem zweiten Hauptsatz der Thermodynamik — die Entropie irreversibel einem Maximum zu.

Es fällt nicht schwer zu erkennen, daß der Prozeß der *Vermittlung von Wissen* in der Lehre eine äußerliche Analogie zu den eben beschriebenen thermodynamischen Prozessen aufweist: Bringen wir zwei Personen zusammen, von denen die eine über ein bestimmtes Wissen verfügt (Lehrer), die andere dieses Wissen nicht hat (Schüler), und setzen wir Kommunikation und gemeinsame Sprache zwischen beiden voraus, dann „fließt" das Wissen immer vom „wissenden System" (Lehrer) zum „nichtwissenden" (Schüler). Der umgekehrte Vorgang, nämlich daß das Nichtwissen des Schülers sich dem Lehrer mitteilt, ist nie beobachtet worden. Der Prozeß ist einseitig gerichtet; er ist irreversibel und führt zur „Gleichverteilung" des Wissens.

Aber natürlich ist der Prozeß der Wissensvermittlung kein thermodynamischer Prozeß. Er gehört einer höher organisierten Bewegungsform der Materie an und ist deswegen von grundlegend anderer Qualität. Diese zeigt sich z. B. in Folgendem:

1. Wissen „fließt" nicht von dem einen System in das andere wie Wärme vom heißen Körper zum kalten oder wie Gasmoleküle aus dem gefüllten Behälter in den leeren. In der Kommunikation mit dem Schüler erzeugt der Lehrer im Bewußtsein des Schülers kognitive Resonanzen, d. h. im Bewußtsein des Schülers werden in ihm bereits vorhandene, jedoch noch „unentwickelte" kognitive Strukturen so angeregt, daß sie sich zu neuen Strukturen formieren, und zwar zu genau jenen, die der Lehrer in der Kommunikation mit dem Schüler diesem durch das Medium Sprache vermittelt. Das Wissen des Lehrers reproduziert sich dergestalt im Bewußtsein des Schülers. Die infolge dieser Reproduktion des Wissens am Ende des Prozesses sich einstellende „Gleichverteilung" des Wissens ist nicht ein „Wissen auf mittlerem Niveau" — so wie sich beim Wärmeaustausch eine „mittlere Temperatur" oder beim Molekülaustausch eine „mittlere Verteilung" einstellt. Die „Gleichverteilung" des Wissens erfolgt — im Idealfall — auf dem Niveau des Wissens des Lehrers, d. h. das System „Lehrer — Schüler" strebt nicht einem Zustand größerer kognitiver Unordnung, wachsender Entropie zu; vielmehr sind die kognitiven Strukturbildungsprozesse im Bewußtsein des Schülers mit einem Entropieexport im Gesamtsystem „Lehrer — Schüler" gekoppelt.

2. Da zwischen den kommunizierenden Systemen „Lehrer" und „Schüler" *Wechselwirkung* stattfindet, ist der ganze Prozeß — genau genommen — *nicht einseitig* gerichtet. Und doch ist er im ganzen irreversibel. Aus dem Nichtwissen des Schülers können Fragen an den Lehrer resultieren, die für den Fall, daß sie mittels des Wissens, über das der Lehrer verfügt, nicht beantwortbar sind, bei diesem selbst Lern-, Denk- oder gar Problemlösungsprozesse auslösen, die ihrerseits zur Bildung neuer kognitiver Strukturen im Bewußtsein des Lehrers führen können. Auch ist nicht ausgeschlossen, daß der

Schüler über Wissen auf einem anderen Gebiet verfügt, das sich im Kommunikationsprozeß zwischen Lehrer und Schüler vom Schüler auf den Lehrer überträgt. In jedem Fall also ist das Ergebnis des Kommunikationsprozesses ein höherer Grad an kognitiver Strukturiertheit des Gesamtsystems.

3. Schließlich ist zu beachten, daß der „Wissensfluß" an Bedingungen gebunden ist, die beim Wärme- oder Teilchenfluß keine Rolle spielen. Bei letzteren ist das Temperaturgefälle bzw. die Differenz zwischen der Zahl der Teilchen in dem einen und in dem anderen Behälter hinreichend für das Ingangkommen des Prozesses. Ein „Wissensgefälle" aber ist für Wissensübermittlung allein nicht hinreichend. Im Gegenteil: Ist das „Wissensgefälle" zu groß, dann kommt der Prozeß u. U. überhaupt nicht in Gang. Niemand wird z. B. erwarten, daß in der 1. Klasse der allgemeinbildenden Schule die Differential- und Integralrechnung erfolgreich gelehrt werden kann. Wissensvermittlung kann nur dann erfolgreich sein, wenn im Bewußtsein des Lernenden bereits relativ entwickelte kognitive Strukturen bestehen, die so beschaffen sind, daß sie mit dem zu vermittelnden Wissen in Wechselwirkung treten können und über diese Wechselwirkung sich neue Strukturen mit höherem Ordnungsgrad ausbilden. Erfolgreiche Wissensvermittlung setzt somit sowohl eine Wissensdifferenz, ein zu vermittelndes Wissen als auch „aufnahmefähige", „resonanz-" bzw. „interferenzfähige" kognitive Strukturen voraus.

Es ist leicht einzusehen, daß das, was für den Prozeß der Wissensvermittlung gilt, in noch höherem Maße für die Kommunikation zwischen Wissenschaftlern im Forschungsprozeß gilt.

Es gibt nicht zwei Wissenschaftler, die über absolut denselben Wissensstand verfügen, deren Systeme kognitiver Strukturen also völlig identisch sind. Eine — wenn auch noch so minimale — Wissensdifferenz vorausgesetzt, hängt es von der „Resonanzfähigkeit" ihrer Wissensstrukturen ab, ob es in der Kommunikation zwischen ihnen zur Ausbildung neuer Strukturen kommt. Handelt es sich um Kommunikation zwischen Vertretern ein und desselben Fachgebiets (disziplinäre Kommunikation), die dieselbe Fachsprache beherrschen und deren Wissensdifferenz (Methodenwissen immer eingeschlossen) in der Regel minimal ist, so ist die Wahrscheinlichkeit für die Ausbildung neuer kognitiver Strukturen — sprich: neuer wissenschaftlicher Ideen — um so größer, je „resonanzfähiger" die bereits ausgebildeten Strukturen sind. In der *inter*disziplinären Kommunikation ist die Wissensdifferenz (die ja nicht unbedingt ein Wissens-„Gefälle" sein muß) von vornherein um so größer, je entfernter die Fachgebiete voneinander sind. Im Falle aneinander grenzender Gebiete ist die Differenz noch nicht zu groß und differieren die Fachsprachen noch nicht so weit, daß sie die Kommunikation ernsthaft behindern. „Resonanzfähigkeit" der bereits ausgebildeten individuellen oder disziplinären kognitiven Strukturen vorausgesetzt, ist die Wahrscheinlichkeit für das Auftreten neuer Ideen hier relativ hoch. Solche „Berührungspunkte" zweier Wissenschaften sind es, an denen — Engels zufolge —

„die größten Resultate zu erwarten sind".[13] Aber auch dort, wo es sich um weit voneinander entfernte Wissenschaftsgebiete handelt, braucht nicht befürchtet zu werden, daß die Wissensdifferenz zu groß werden könnte, um die Ausbildung neuer kognitiver Strukturen gänzlich unmöglich zu machen. Freilich behindert die große Verschiedenartigkeit der Fachsprachen in diesem Falle die Kommunikation. Interdisziplinäre Forschung muß sich deshalb im Anfangsstadium um ein gemeinsames Problemverständnis und um ein notwendiges Minimum an gemeinsamer Sprache bemühen. Ist das aber gegeben und sind die individuellen oder disziplinären kognitiven Strukturen wiederum in hohem Maße resonanzfähig, so darf man sicher sein, daß für den Fall, daß es zur Neubildung kognitiver Strukturen kommt, deren wissenschaftlicher Wert um so höher ist.

Kommunikation und Kooperation zwischen wissenschaftlich tätigen Individuen oder Kollektiven ist deshalb eine Grundbedingung für wissenschaftliches Schöpfertum, für die Entstehung neuer wissenschaftlicher Ideen, neuer kognitiver Strukturen, für Entropieexport im kognitiven System Wissenschaft. Hier kommt jene Eigenschaft der Wissenschaft ins Spiel und wird zu einem Schlüsselmerkmal, auf die Marx anläßlich seiner Kennzeichnung der Wissenschaft als „allgemeine Arbeit" hingewiesen hat: „Sie ist bedingt teils durch Kooperation mit Lebenden, teils durch Benutzung der Arbeiten Früherer."[14] Dieses Merkmal der Kooperativität und Kommunikativität der Wissenschaft ist wesentlich für die Entstehung neuer kognitiver Strukturen. In der Synergetik als dem Wissensgebiet, das „die Ausbildung von geordneten Strukturen in komplexen Systemen durch kooperatives Verhalten der Subsysteme" zum Gegenstand hat[15], kann der Ausdruck „*kooperatives Verhalten*" natürlich nur metaphorisch gemeint sein, sofern es sich um Prozesse in nichtgesellschaftlichen Bewegungsformen der Materie handelt; *die Theorie der Wissenschaftsentwicklung aber hat es im wahrsten und eigentlichen Sinne mit kooperativem Verhalten der von ihr betrachteten Subsysteme zu tun!*

Wissenschaft ist ein gesellschaftliches Unternehmen, ein gesellschaftlicher Prozeß, dessen Subjekt die Gesellschaft als Ganzes ist und der sich über und durch Individuen — die auch kollektiv organisiert sein können — als *gesellschaftliche* Wesen vollzieht. Sie ist in dem von Marx bezeichneten und soeben zitierten Sinne „allgemeine Arbeit". Ihre Ergebnisse sind das „Produkt der allgemeinen geschichtlichen Entwicklung in ihrer abstrakten Quintessenz".[16]

Wissenschaft kann verstanden werden als ein sozialökonomisch determiniertes *System spezifischer gesellschaftlicher Tätigkeiten*, die auf die Produktion, Re-

13 F. Engels, Dialektik der Natur, in: K. Marx/F. Engels, Werke (im folgenden: MEW), Bd. 20, Berlin 1962, S. 551.

14 K. Marx, Das Kapital. Dritter Band, in: MEW, Bd. 25, Berlin 1964, S. 114.

15 W. Ebeling/R. Feistel, Physik der Selbstorganisation und Evolution, a. a. O., S. 12.

16 K. Marx, Theorien über den Mehrwert. Erster Teil, in: MEW, Bd. 26.1., Berlin 1965, S. 367.

produktion, Distribution und Anwendung von Erkenntnissen über gesetzmäßige Zusammenhänge in Natur und Gesellschaft gerichtet sind. Die unmittelbaren Ergebnisse des wissenschaftlichen Arbeitsprozesses sind theoretisch geordnete Systeme von Begriffen, Aussagen, Theorien, Hypothesen, Problemen usw., also *Systeme kognitiver Strukturen*, die mehr oder weniger adäquat Sachverhalte der objektiven Realität widerspiegeln. Die Gesamtheit wissenschaftlicher Tätigkeiten, die in einer bestimmten historischen Epoche, in einer bestimmten Gesellschaft und in einem bestimmten institutionellen Rahmen real ausgeführt werden, macht die Wissenschaft als *soziale Institution* aus. Den gesellschaftlichen Charakter der Wissenschaft vorausgesetzt, soll im folgenden versucht werden, Irreversibilität von Wissenschaft unter diesen drei Aspekten — dem Produktaspekt, dem Tätigkeitsaspekt und dem Aspekt der Wissenschaft als soziale Institution — zu beschreiben. Dabei wird sich zeigen, daß sie nicht einmal zum Zwecke der Analyse scharf voneinander abgehoben werden können.

3. Irreversibilitäten der Wissenschaft

3.1. Wissenschaft als kognitives System

Unter dem Produktaspekt erscheint Wissenschaft als ein methodisch und systematisch geordnetes System von Begriffen, Aussagen, Theorien, Hypothesen usw. über gesetzmäßige Zusammenhänge in Natur und Gesellschaft, als vielfältig und auf mehreren Ebenen strukturiertes ideelles, kognitives System. Dieses System zeichnet sich dadurch aus, daß es weitgehend stabil ist. Eine wissenschaftliche Theorie, die auf hinlänglich gesicherten Fakten beruht und sich in der — wissenschaftlichen und gesellschaftlichen — Praxis bewährt, wird von der wissenschaftlichen Gemeinschaft akzeptiert und rezipiert und findet Eingang in Lehrbücher. Bernhard Bolzano sah die Darstellbarkeit des Wissens in einem Lehrbuch geradezu als ein notwendiges Kriterium für eine Wissenschaft an.[17] Die wissenschaftliche Gemeinschaft setzt Veränderungen eines von ihr einmal akzeptierten kognitiven Systems in der Regel lange teils passiven, teils aktiven Widerstand entgegen.[18]

Bekanntlich entging selbst der Begriff der Entropie diesem Schicksal nicht. Max Planck hatte 1879 in seiner Münchener Doktordissertation den Clausius'schen Entropiebegriff dahingehend neu interpretiert, daß sich als Sinn des zweiten Hauptsatzes das Gesetz ergab, „daß bei jedem Naturvorgang die Summe der Entropien aller an dem Vorgang beteiligten Körper zunimmt."[19] In seiner wissen-

17 Vgl. B. Bolzano, Wissenschaftslehre in vier Bänden, Bd. 1, hg. von W. Schultz, Leipzig 1929, S. 3/4.

18 Vgl. z. B.: B. Barber, Der Widerstand von Wissenschaftlern gegen wissenschaftliche Entdeckungen, in: Wissenschaftssoziologie I. Wissenschaftliche Entwicklung als sozialer Prozeß, hg. von P. Weingart, Frankfurt/M. 1972, S. 205—222.

19 M. Planck, Wissenschaftliche Selbstbiographie, Leipzig 1948, S. 11.

schaftlichen Selbstbiographie vermerkte er später, daß der Eindruck dieser Schrift in der damaligen physikalischen Öffentlichkeit gleich Null war: „Von meinen Universitätslehrern hatte, wie ich aus Gesprächen mit ihnen genau weiß, keiner ein Verständnis für ihren Inhalt . . . Aber auch bei den Physikern, welche dem Thema an sich näher standen, fand ich kein Interesse, geschweige denn Beifall. Helmholtz hat diese Schrift wohl überhaupt nicht gelesen, Kirchhoff lehnte ihren Inhalt ausdrücklich ab mit der Bemerkung, daß der Begriff der Entropie, deren Größe nur durch einen reversiblen Prozeß meßbar und daher auch definierbar sei, nicht auf irreversible Prozesse angewendet werden dürfe. An Clausius gelang es mir nicht heranzukommen, auf Briefe antwortete er nicht, und ein Versuch, mich ihm in Bonn persönlich vorzustellen, führte zu keinem Ergebnis, weil ich ihn nicht zu Hause antraf. Mit Carl Neumann in Leipzig führte ich eine Korrespondenz, die völlig ergebnislos verlief.“[20] Solche Erfahrungen, schrieb M. Planck weiter, „hinderten mich jedoch nicht, tief durchdrungen von der Bedeutung dieser Aufgabe, das Studium der Entropie, die ich neben der Energie als die wichtigste Eigenschaft eines physikalischen Gebildes betrachtete, weiter fortzusetzen. Da ihr Maximum den Gleichgewichtszustand bezeichnet, so ergaben sich aus der Kenntnis der Entropie alle Gesetze des physikalischen und chemischen Gleichgewichts. Das führte ich in den folgenden Jahren mit verschiedenen Arbeiten im einzelnen durch . . . Überall zeigten sich fruchtbare Ergebnisse. Leider war mir aber darin, wie ich erst nachträglich entdeckt hatte, der große amerikanische Theoretiker Josiah Willard Gibbs zuvorgekommen, der die nämlichen Sätze, sogar teilweise in noch allgemeinerer Fassung, schon früher formuliert hatte.“[21]

Das Beispiel zeigt, wie bei aller relativen Beständigkeit die Wissenschaft doch — nach einem Ausdruck von Hegel — ein „System in der Entwicklung“[22] ist, dem der Widerspruch zwischen Stabilität und Veränderung nicht fremd ist. Bestehende kognitive Strukturen werden ständig zu neuen kombiniert, ganz neuartige entstehen, alte werden modifiziert, manche vergehen auch. Wissen wird akkumuliert, disziplinäre Theorien sind nicht absolut unveränderlich, sondern unterliegen einer Dynamik, alte Theorien werden durch neue abgelöst, neue Wissenschaftsdisziplinen entstehen und differenzieren sich, disziplinäres Wissen wird zu Theorien mit höherem Allgemeinheitsgrad integriert usw. Welchen dieser Prozesse wir auch betrachten, jeder ist begleitet von strukturellen Veränderungen, die in ihrer Summe die Strukturiertheit des Gesamtsystems erhöhen. Wissenschaftsentwicklung führt nicht zu immer weniger Wissen. Der im ganzen irreversible Prozeß der Wissensakkumulation, -differenzierung und -vertiefung strebt nicht einem Zustand maximaler Entropie, kognitiver Desorganisation zu, sondern

20 Ebenda.

21 Ebenda, S. 11/12.

22 G. W. F. Hegel, Vorlesungen über die Geschichte der Philosophie. Erster Band, Leipzig 1971, S. 119.

führt zur Ausbildung stets neuer kognitiver Strukturen. Der Entropieexport überwiegt die Entropieproduktion im Innern des Systems; die Entropiebilanz des Systems ist insgesamt negativ.

Kognitive Strukturen sind ideelle Widerspiegelungen der Gegenstände wissenschaftlicher Tätigkeit im menschlichen Bewußtsein. Als Bewußtseinsstrukturen üben sie ihrerseits tätigkeitsregulierende Funktionen aus. Der Mensch bedient sich ihrer, um sein Verhalten gegenüber seiner natürlichen und gesellschaftlichen Umwelt zu steuern, die Natur und seine eigenen gesellschaftlichen Verhältnisse gemäß seinen Interessen zu gestalten, seine materiellen, geistigen und kulturellen Bedürfnisse zu befriedigen. In dieser seiner praktischen Tätigkeit erweist sich, ob die ihm verfügbaren kognitiven Strukturen die Wirklichkeit so widerspiegeln, daß die durch sie gesteuerte menschliche Tätigkeit mehr oder weniger annähernd zu den erwarteten Resultaten führt. Tut sie das, so schreiben wir der betreffenden kognitiven Struktur das Prädikat der Objektivität und (relativen) Wahrheit zu. Die Wahrheit kognitiver Strukturen ist keine statische Eigenschaft derselben; sie ist selbst ein durch wissenschaftliche Tätigkeiten vermittelter Prozeß, der von relativen Wahrheiten bestimmter Ordnung zu solchen höherer Ordnung aufsteigt.[23] Auch unter diesem Aspekt ist die Entwicklung des kognitiven Systems Wissenschaft ein irreversibler Prozeß, der in Richtung auf das Auffinden von relativen Wahrheiten stets höherer Ordnung verläuft. Das Besondere dieses Prozesses besteht darin, daß es für ihn kein absolutes, kein ein für allemal gegebenes Maximum gibt; er verläuft im ganzen asymptotisch, jedoch ist sein Grenzwert — die absolute Wahrheit — selbst nicht unveränderlich.

3.2. Wissenschaft als System spezifischer gesellschaftlicher Tätigkeiten

Der Entropieexport des kognitiven Systems Wissenschaft erfolgt über die Wechselwirkung mit seiner gesellschaftlichen und natürlichen Umgebung; sie wird vermittelt durch wissenschaftliche Tätigkeit, durch den wissenschaftlichen Arbeitsprozeß.

Der wissenschaftliche Arbeitsprozeß vermittelt das kognitive System Wissenschaft in doppelter Weise mit seiner gesellschaftlichen und natürlichen Umgebung. Natur und Gesellschaft sind einerseits Gegenstände wissenschaftlichen Erkennens, andererseits entnimmt das wissenschaftlich tätige Subjekt ihnen die Mittel wissenschaftlicher Arbeit (die Materialien zur Herstellung wissenschaftlicher Arbeitsgeräte und -instrumente, materiell-technische und finanzielle Ressourcen usw.). Im wissenschaftlichen Arbeitsprozeß werden Informationen gewonnen, gespeichert und verarbeitet, d. h. in ihm werden kognitive Strukturen verändert, reproduziert und neue erzeugt. Jeder dieser Teilprozesse ist in vielfältiger Weise an materielle Prozesse gebunden, an Prozesse der materiellen Einwirkung auf den

23 Vgl. W. I. Lenin, Philosophische Hefte, in: Lenin, Werke, Bd. 38, Berlin 1964, S. 213.

Gegenstand der wissenschaftlichen Arbeit, des Umgangs mit materiellen Arbeitsmitteln und -instrumenten, an Prozesse der Kommunikation und Kooperation im wissenschaftlichen Arbeitskollektiv u. a. Kognitive Strukturbildung ist an materielle Prozesse gebunden, wenngleich sie selbst kein materieller Prozeß ist.

Wissenschaftliche Erkenntnisse, kognitive Strukturen existieren nicht als materielle Substanzen, nicht in substantialisierter Form, sondern als ideelle Strukturen, die der Reproduktion bedürfen. Diese Reproduktion ist eine unerläßliche Bedingung dafür, daß Entwicklung von Wissenschaft stattfinden kann. Hier sind verschiedene Aspekte zu unterscheiden.

1. Eine von einem Wissenschaftler einmal gefundene Erkenntnis, die nicht lediglich im Aufweis eines einzelnen Fakts besteht, sondern beansprucht, Wesentliches in Natur oder Gesellschaft widerzuspiegeln, muß, wenn sie als wissenschaftliche Erkenntnis anerkannt werden soll, reproduzierbar sein. Andere Wissenschaftler, an anderen Orten und zu anderen Zeiten, müssen in Kenntnis und bei Reproduktion der Bedingungen, unter denen die Erkenntnis erstmalig gewonnen wurde, sie nachvollziehen, reproduzieren können. Reproduzierbarkeit in diesem Sinne ist eine notwendige Bedingung für die Wissenschaftlichkeit einer Erkenntnis. Erweist sich die Erkenntnis als reproduzierbar, so geht sie in den Fundus relativ gesicherten wissenschaftlichen Wissens ein, wird in Beziehung gesetzt zu anderen Erkenntnissen, verdichtet das schon bestehende Geflecht kognitiver Strukturen und kann selbst — z. B. über die neuen Fragen und Probleme, die sich aus ihr ergeben — zum Ausgangspunkt für die Suche nach und das Auffinden von neuen Erkenntnissen werden. Reproduzierbarkeit tritt in diesem Sinne als notwendige Bedingung für Entropieverminderung des kognitiven Systems Wissenschaft auf.

2. Wissenschaftliches Wissen hat als ideelle Struktur nur in der gesellschaftlichen Tätigkeit des Menschen reale Existenz und Funktion. Außerhalb dieser Tätigkeit existiert es nur als geordnete Zeichenmenge, als potentielles Wissen, ebenso wie eine Maschine außerhalb gesellschaftlich zielbestimmter Produktionsprozesse nur der Möglichkeit nach Produktionsmittel und Produktivkraft ist. Während die Maschine aber — in der Sprache der Physik der Selbstorganisation und Evolution — eine konservative Struktur ist, erinnern Wissen und Erkenntnis in dieser Beziehung eher an dissipative Strukturen. Sie bedürfen der ständigen Reproduktion im gesellschaftlichen, insbesondere im wissenschaftlichen Arbeitsprozeß. Einmal produziertes Wissen, das durch seine Nutzung im Arbeitsprozeß nicht ständig reproduziert wird, dessen dissipative Struktur nicht ständig aufrechterhalten wird, vermag zur Wissenschaftsentwicklung nichts beizutragen. Erst wenn die konservative Struktur, die als Zeichenmenge in einem Buch oder in anderer materieller Gestalt existiert, wieder in den Zustand der dissipativen kognitiven Struktur überführt ist, ist aus dem potentiellen Wissen wieder aktuales geworden, das nicht nur Produkt des wissenschaftlichen Arbeitsprozesses ist, sondern auch Existenz- und Entwicklungsbedingung für neue wissenschaftliche

und gesellschaftliche Arbeitsprozesse. In Anlehnung an eine bekannte Stelle aus Marx' „Kapital" können wir sagen[24]: Wenn vorhandene Erkenntnis nicht nur *Resultat*, sondern auch *Existenz- und Entwicklungsbedingung* des wissenschaftlichen Arbeitsprozesses ist, ist andererseits ihr Hineinwerfen in ihn, also ihr Kontakt mit lebendiger Arbeit, *das einzige Mittel, um sie als Produkt vergangener Arbeit zu erhalten und zu verwirklichen.* Reproduktion wissenschaftlicher Erkenntnis erweist sich mithin auch in dieser Beziehung als notwendige Bedingung fortschreitender Entwicklung der Wissenschaft.

3. Auch die Vermittlung und Distribution wissenschaftlicher Kenntnisse über Lehre und Ausbildung ist nur als Reproduktion möglich. Weitergabe wissenschaftlichen Wissens bedeutet, kognitive Strukturen, die im System der Wissenschaft bereits enthalten sind und im Bewußtsein des Lehrenden aktual existieren, im Bewußtsein anderer Individuen identisch zu reproduzieren. Diese Art der Reproduktion wissenschaftlicher Kenntnisse gewährleistet, daß der Bestand an identischen kognitiven Strukturen in der Gesellschaft hinreichend groß ist, um sie einerseits als Produkte vergangener wissenschaftlicher Arbeitsprozesse im gesellschaftlichen Maßstab zu erhalten und andererseits als Existenz- und Entwicklungsbedingung aktueller materieller und wissenschaftlicher Arbeitsprozesse zur Wirkung zu bringen.

Entwicklung der Wissenschaft als kognitives System vollzieht sich im wissenschaftlichen Arbeitsprozeß aber nicht als *identische* Reproduktion kognitiver Strukturen. Entwicklung setzt immer Veränderung voraus, Veränderung bestehender Strukturen oder/und Entstehung neuer. Die Veränderungen, die kognitive Strukturen erfahren, können dabei auf unterschiedlichen Wegen erfolgen und unterschiedliche Ursachen haben.

Die Reproduktion einer neuen Entdeckung durch andere Wissenschaftler — z. B. im Experiment — erfolgt nie unter absolut identischen Bedingungen. Die für die Reproduzierbarkeit der Entdeckung zu beachtenden Parameter werden vom Experimentator zwar eingehalten, denn anders kann die Entdeckung nicht reproduziert werden; alle anderen Bedingungen jedoch — materiell-technischer, sozialer oder kultureller Art — können dabei durchaus variieren. Mit Sicherheit aber variiert individuell das System der kognitiven Strukturen, über die der Forscher verfügt, der an die Reproduktion der Entdeckung geht; denn dieses System ist auf Grund der individuellen Lebensumstände des Forschers, der gesellschaftlichen Verhältnisse, in denen er arbeitet, der Ausbildung, die er genossen hat, seiner Denkweise, der wissenschaftlichen und kulturellen Traditionen, in der er erzogen worden ist und in der er steht, seiner individuellen Neigungen, Fähigkeiten und Fertigkeiten usw. einmalig. Noch mehr aber als bei der (experimentellen) Reproduktion einer neuen Entdeckung fällt diese Unikalität der individuellen Systeme kognitiver Strukturen in der Lehre und Ausbildung, d. h. bei der Vermittlung schon vorhandener Erkenntnisse ins Gewicht. Die in

24 Vgl. K. Marx, Das Kapital. Erster Band, in: MEW, Bd. 23, Berlin 1962, S. 198.

Lehre und Ausbildung unvermeidlich auftretenden Abweichungen müssen indes so minimiert werden, daß das betreffende Lehrgebäude als Ganzes erhalten bleibt und die Reproduktion somit faktisch als eine identisch erweiterte angesehen werden kann.

In der wissenschaftlichen Kommunikation zwischen Forschern aber kann es zu Variationen kognitiver Strukturen kommen, die selbst zum Ausgangspunkt für die Entstehung neuer Strukturen und ganzer neuer Forschungsrichtungen werden können. Am häufigsten und intensivsten geschieht das dann, wenn Forscher, die auf einem bestimmten Wissenschaftsgebiet tätig sind, auf Fragen stoßen, deren Beantwortung sie von Kollegen aus anderen Wissenschaftsgebieten erwarten oder die sie veranlassen, selbst sich mit diesem anderen Gebiet zu beschäftigen. Jeder sieht dann das Wissen des anderen unter seinem jeweils spezifischen Fragewinkel, reproduziert es unter anderen kognitiven und sonstigen Bedingungen und erhöht so die Wahrscheinlichkeit für das Auftreten von Variationen, die, wenn sie ihrerseits in der Kommunikation der Forscher sich als stabil reproduzierbar erweisen, neue Forschungsobjekte und damit den Beginn einer neuen Forschungsrichtung bedeuten können. Die Anfänge der Molekularbiologie in den 30er Jahren und ihre weitere Entwicklung um die Mitte des Jahrhunderts sind dafür ein hervorragendes Beispiel.[25]

3.3. Wissenschaft als soziale Institution und gesellschaftlicher Prozeß

1. Jede der drei Formen, in denen wissenschaftliche Erkenntnis reproduziert wird — als Nachvollzug einer Entdeckung oder Überprüfung einer Hypothese, als Aktualisierung und Anwendung der Erkenntnis im materiellen oder wissenschaftlichen Arbeitsprozeß oder als Vermittlung in der Lehre — setzt Kommunikation voraus. Je höher die Wissenschaft bereits entwickelt ist, je bedeutender ihre Stellung im gesellschaftlichen Leben und je ausgeprägter ihre Funktion im gesellschaftlichen Entwicklungsprozeß, desto intensiver und ausgeprägter sind das Bedürfnis und der Anspruch, die wissenschaftliche Kommunikation in Forschung, Lehre und Anwendung nicht der Spontanität, dem Zufall zu überlassen, sondern sie bewußt zu gestalten und zu organisieren. Wie in anderen Entwicklungsprozessen, so schafft sich auch hier das Bedürfnis das entsprechende Organ.[26] Es entstehen Forschungs- und Lehreinrichtungen, die an Zahl und Größe rasch zunehmen. Wissenschaft wird zu einer sozialen Institution mit der

25 Vgl. U. Geißler/G. Kröber/K. Lüdtke/V. Lüdtke/J. Tripoczky, Die Ursprünge der Molekularbiologie. Eine wissenschaftshistorisch orientierte Auseinandersetzung mit der auf Th. S. Kuhn basierenden Entwicklungsauffassung von N. C. Mullins, in: Alternatives zu Th. S. Kuhn. Wissenschaftstheoretische und -historische Untersuchungen zu Kuhns Konzept der Wissenschaftsentwicklung, Berlin 1983, S. 25—50 (AdW der DDR, Schriften des ITW, Heft 15).

26 Vgl. F. Engels, Dialektik der Natur, in: MEW, Bd. 20, Berlin 1962, S. 446.

Funktion, die Produktion und Reproduktion wissenschaftlichen Wissens in Forschung, Lehre und Anwendung systematisch und organisiert zu betreiben. Der Prozeß der Universitätsgründung setzt in Europa im 11. und 12. Jahrhundert ein; er intensiviert sich mit dem Übergang vom Feudalsystem zur kapitalistischen Produktionsweise und der damit gekoppelten Entstehung der neuzeitlichen Naturwissenschaft. Im 17. Jahrhundert entstehen die ersten wissenschaftlichen Akademien. Spezielle Forschungsinstitute, spezielle Hochschulen, wissenschaftliche Gesellschaften und Vereinigungen, internationale wissenschaftliche Assoziationen und andere Institutionen wissenschaftlicher Kommunikation und Kooperation folgen insbesondere im 19. und 20. Jahrhundert.

Die so entstandenen gesellschaftlichen Strukturen sind Produkte gesellschaftlicher Entwicklung und zugleich Existenz- und Entwicklungsbedingung der Gesellschaft. So wie sich Wissenschaft als kognitives System nur durch ein System spezifischer gesellschaftlicher Tätigkeiten — materieller und wissenschaftlicher Arbeitsprozesse — und als soziale Institution erhält und entwickelt, basiert die Entwicklung der Gesellschaft in zunehmendem Maße auf der Entwicklung der Wissenschaft als kognitives, Tätigkeits- und soziales System. Kognitive und gesellschaftliche Strukturbildungsprozesse sind nicht voneinander zu trennen; sie gehen Hand in Hand und befördern sich wechselseitig. Entropieverminderung im kognitiven System Wissenschaft ist gekoppelt mit Entropieverminderung auch im gesellschaftlichen Bereich. Wissenschaft und Gesellschaft müssen folglich als einheitliches System, als einheitlicher Entwicklungsprozeß gesehen werden. Es gibt mithin keine Selbstreproduktion der Wissenschaft als kognitives System unabhängig von der Gesellschaft, sondern nur Reproduktion des kognitiven Systems Wissenschaft im System materieller und wissenschaftlicher Arbeitsprozesse und dessen gesellschaftlicher Strukturen. Selbstreproduktion bezieht sich immer nur auf Wissenschaft als komplexen *gesellschaftlichen* Prozeß.

2. Potentiell eröffnet jede neue Erkenntnis eine neue Entwicklungsrichtung der Wissenschaft. Wieweit diese jedoch real verfolgt wird, hängt von vielen Faktoren ab. Den stärksten Einfluß haben offenbar gesellschaftliche Faktoren und Bedingungen: ob die Mittel zur Verfügung sind, die neue Forschungsrichtung aufzugreifen und zu verfolgen, ob ein wissenschaftliches oder gesellschaftliches Bedürfnis vorhanden ist, das stark genug ist, Forschungsaktivitäten in Gang zu setzen bzw. zu fördern u. a.

Da, wo neue Erkenntnisse real eine neue Forschungsrichtung provozieren, verzweigt sich die Entwicklung der Wissenschaft, erschließen sich neue Wege, die erst in dem Maße sichtbar werden, wie sie gegangen werden. Der *Verzweigungscharakter* der Entwicklungswege der Wissenschaft und ihrer Anwendungen ist für bestimmte Gebiete bereits anschaulich dargestellt worden. So hat z. B. G. Holton die historische Entwicklung der Ideen auf dem Gebiet der Stoßwellenforschung untersucht. Sein Ziel war es, die Beziehungen zwischen der Anhäufung von Wissen, der Anwendung dieses Wissens und der Dynamik der Interessiertheit der Wissenschaftler an der Arbeit auf diesem Gebiet zu klären.

Was er fand war, daß, ausgehend von den klassischen Arbeiten Stokes und Challis (1848), die entsprechenden Forschungen sich in der ersten Hälfte des 20. Jahrhunderts sukzessive in fünf von der Hauptrichtung abweichende Zweige aufspalteten (Abb. 1), von denen erwartet werden kann, daß sich jeder noch weiter verzweigen wird.[27]

Wir dürfen unterstellen, daß analoge Beobachtungen auch für alle anderen Wissenschaftszweige und -richtungen gemacht werden können und gelangen so zu dem Bild eines sich immer verzweigenden „Baumes der wissenschaftlichen Erkenntnis". Da jeder Entwicklungsweg seinerseits zu Verzweigungen fähig ist, erfolgt in jeder neuen Etappe der Wissenschaftsentwicklung eine immer stärkere Aufspaltung der aktuellen und potentiellen Entwicklungswege. Keiner kann rückgängig gemacht werden. Und keiner kann mit absoluter Zuverlässigkeit vorausgesagt werden!

Die Entstehung eines Verzweigungspunktes ist einerseits ein zwangsläufiges Resultat der vorangegangenen wissenschaftlichen Bearbeitung des Problems,

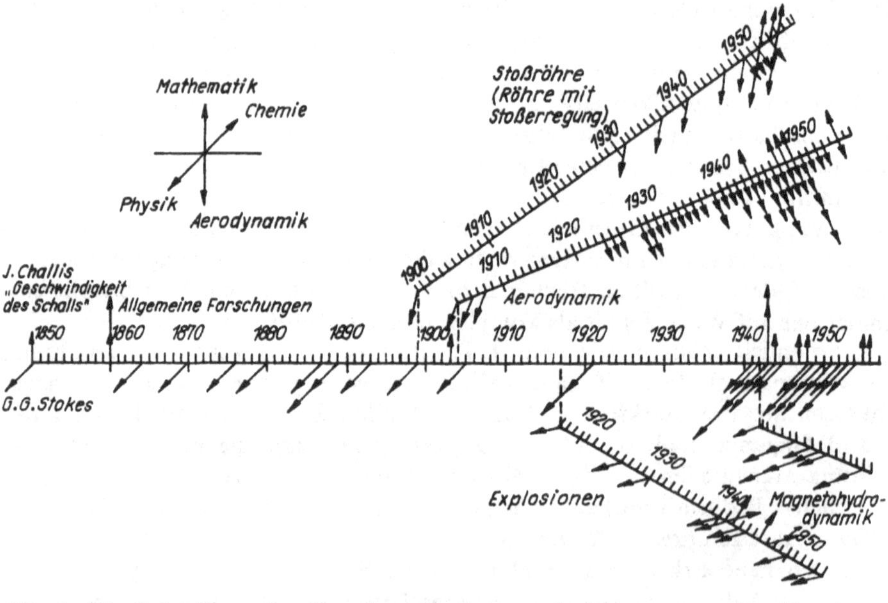

Abb. 1: Die Entwicklung der Grundlagenforschung und einiger angewandter Forschungsgebiete

27 Vgl. G. Holton, Models for understanding the growth and excellence of scientific research, in: Excellence and leadership in democracy, 4/1962. — Das Beispiel ist unter anderem Gesichtspunkt auch dargestellt in: V. V. Maksimov, Über die strukturell-statistische Betrachtungsweise des wissenschaftlichen Schöpfertums, in: Wissenschaftliches Schöpfertum, hg. von G. Kröber/M. Lorf, Berlin 1972, S. 236/237.

neuer Fragestellungen, zu denen die bisherigen Forschungsergebnisse geführt haben, neuer Beobachtungsdaten und experimenteller Befunde, die sich aus fortschreitender Geräteentwicklung ergeben haben, neuer Probleme der gesellschaftlichen Praxis, die auf Grund der Anwendung früherer Erkenntnisse entstanden sind usw. Zeit und Ort der Verzweigung aber hängen sowohl vom gesamten historischen, gesellschaftlichen, kulturellen Umfeld ab, als auch von zufälligen, singulären Faktoren, unter denen die Persönlichkeit des Wissenschaftlers bzw. die Individualität des Kollektivs, von dem der neue Zweig seinen Anfang nimmt, die gewichtigsten sein dürften. In der historischen Retrospektive läßt sich die Entstehung einer neuen Forschungsrichtung stets aus der Wechselwirkung wissenschaftlicher, technischer, ökonomischer und gesellschaftlicher Bedürfnisse, objektiver und subjektiver Bedingungen rational rekonstruieren. Prospektiv aber kann der Wissenschaftsfortschritt zwar in seiner generellen Richtung vorausgesagt werden — heute noch nicht Erkanntes wird erkannt werden —, indes können Zeit und Ort einer neuen Erkenntnis nicht wie der Eintritt einer Mondfinsternis vorhergesagt werden. Vorhersagbarkeit ist zwar möglich für reversible Prozesse, auch für irreversible, die einem Gleichgewichtszustand zustreben und bei denen die Entropie einem Maximum zustrebt, nicht aber für solche irreversible Prozesse, die wesentlich von den Anfangsbedingungen abhängen und in denen Singularitäten und Nichtlinearitäten eine wesentliche Rolle spielen.

3. Der Verzweigungscharakter des wissenschaftlichen Fortschritts hängt eng mit seiner *Nichtlinearität* zusammen. Dies wird besonders deutlich, wenn seine Zusammenhänge mit dem Fortschritt der Technik und der gesellschaftlichen Produktion beachtet werden. Was hier ins Blickfeld rückt, sind die nichtlinearen Folgen und Auswirkungen wissenschaftlicher Entdeckungen und technischer Erfindungen, die sie in der industriellen Produktion und anderen gesellschaftlichen Bereichen irreversibel auslösen.[28] Engels hat solche Prozesse ausführlich am Beispiel der industriellen Revolution im 18. Jahrhundert in England beschrieben. Er zeigt, wie im Gefolge dessen, daß die Wissenschaften „im achtzehnten Jahrhundert ihre wissenschaftliche Form angenommen"[29] hatten, sie nun in der Lage waren, an die Praxis anzuknüpfen, und wie die großen technischen Erfindungen von J. Watt (Dampfmaschine, 1763—1768), J. Hargreaves (Spinning-

28 Aber auch das Gegenteil kann der Fall sein, wie J. Kuczynski in einem anderen Zusammenhang vermerkt: „Es kann nämlich sehr wohl sein, daß schon ganz vage Anfänge einer ökonomischen Entwicklung gewissermaßen eine Explosion in der Wissenschaftsentwicklung auslösen, so daß die Wissenschaft der Wirtschaftsentwicklung voranzulaufen scheint und faktisch zum bestimmenden Moment des Tempos der wirtschaftlichen Entwicklung wird" (J. Kuczynski, Wissenschaft und Industrielle Revolution, Leipzig 1978, S. 18 [NTM. Schriftenreihe für die Geschichte der Naturwissenschaft, Technik und Medizin, 2/78]).

29 F. Engels, Die Lage Englands. I. Das achtzehnte Jahrhundert, in: MEW, Bd. 1, Berlin 1957, S. 559.

Jenny, 1764), R. Arkwright (Spinnmaschine mit mechanischer Triebkraft, 1768), S. Crompton (Spinning-Mule, 1776) und E. Cartwright (mechanischer Webstuhl, 1787) „das Entstehen der englischen Industrie, und zwar zuerst der Baumwollenverarbeitung“[30] zur Folge hatten. Arkwrights und Cromptons Maschinen und Watts Dampfmaschine bewirkten den Übergang zum Fabriksystem. Detailliert untersucht Engels, wie der der Baumwollfabrikation gegebene Anstoß sich bald den übrigen Industriezweigen mitteilte, zu grundlegenden Verbesserungen der Kommunikationsmittel führte, eine Revolution der gesamten Industrie einleitete und neue soziale Bewegungen auslöste. Und wenn Engels verallgemeinernd feststellt: „Die Folgen des einmal gegebenen industriellen Anstoßes sind endlos“[31], so könnte er sehr wohl hinzugefügt haben: ... und seine vielen Verzweigungen sind irreversibel. Hubert Laitko hat genau diesen Punkt erfaßt, als er die Engels’sche Analyse der industriellen Revolution in England so resümierte: „Der Schlüsselprozeß der Wissenschaftsentwicklung in der industriellen Revolution, ihre ‚Anknüpfung an die Praxis‘, deren Bedeutung schon der junge Engels fixiert hatte, erzeugte einen Effekt, der weit über die kapitalistische Ordnung hinauswies: die Wissenschaft wurde irreversibel zu einem lebensnotwendigen Moment der Produktionsentwicklung.“[32] So kann denn in der Tat die folgende Passage als eine hervorragende Illustration der Irreversibilität des wissenschaftlich-technischen Fortschritts und der durch ihn ausgelösten sozialen Veränderungen sowie der Nichtlinearitäten und des Verzweigungscharakters dieser Entwicklungen gelesen werden: „Die Bewegung eines Industriezweiges teilt sich allen andern mit. Die neugeschaffnen Kräfte verlangen Nahrung ...; die neugeschaffne arbeitende Bevölkerung bringt neue Lebensverhältnisse und neue Bedürfnisse mit. Die mechanischen Vorteile der Fabrikation verringern den Preis des Fabrikats, machen also die Lebensbedürfnisse und infolgedessen den Arbeitslohn überhaupt wohlfeiler; alle andern Produkte können wohlfeiler verkauft werden und erlangen dadurch einen im Verhältnis ihrer Wohlfeilheit ausgedehnteren Markt. Das Beispiel der vorteilhaft angewendeten mechanischen Hilfsmittel einmal gegeben, wird allmählich in allen Industriezweigen nachgeahmt, die Steigerung der Zivilisation, die die unfehlbare Folge aller industriellen Verbesserungen ist, schafft neue Bedürfnisse, neue Fabrikationszweige und dadurch wieder neue Verbesserungen. Die Folge der revolutionierten Baumwollspinnerei mußte eine Revolution der gesamten Industrie sein; und wenn wir die Mitteilung der bewegenden Kraft an die entfernteren Zweige des industriellen Systems nicht immer verfolgen können, so ist daran nur der Mangel der statistischen und historischen Data schuld. Wir werden aber überall sehen, daß die Einführung mechanischer

30 Ebenda, S. 560.

31 Ebenda, S. 563.

32 H. Laitko, Zum Verhältnis von Wissenschaft und Ideologie in der Periode der industriellen Revolution in England, Leipzig 1978, S. 30 (NTM, Schriftenreihe für die Geschichte der Naturwissenschaft, Technik und Medizin, 2/78).

Hülfsmittel und überhaupt wissenschaftlicher Prinzipien die Triebfeder des Fortschritts war."[33]

4. Engels' Beobachtungen am Beispiel der industriellen Revolution im 18. Jahrhundert in England sind durchaus allgemeingültig. Ihre Richtigkeit erweist sich heute, unter den Bedingungen der gegenwärtigen wissenschaftlich-technischen Revolution, mit noch größerem Nachdruck. H. Nick stellt deshalb zu Recht fest: „Die im Zentrum unserer ökonomischen Strategie stehenden revolutionierenden technischen Entwicklungen wie Mikroelektronik, aber auch Robotertechnik, Datenverarbeitung und elektronische Steuerungen, strahlen auf das allgemeine technisch-ökonomische Niveau der Produktion wie auch der technischen Basis der nichtproduzierenden Bereiche aus, wie dies in der Geschichte der Technik wohl noch nie der Fall war."[34]

H. Laitko und ich haben bei anderer Gelegenheit diese „Ausstrahlung" revolutionierender technischer Entwicklungen mit der Eigenschaft der Grundlagenforschung, über ihre Ergebnisse nichtlineare und komplexe Effekte von Langzeitcharakter auf die Produktion, andere gesellschaftliche Bereiche und die Forschung selbst auszuüben, in Verbindung gebracht. „Eine theoretisch bedeutsame Erkenntnis", so hatten wir formuliert, „wird im Wissenschaftssystem an vielen, oft ganz unerwarteten Stellen und in vielfältigen Formen — als Faktum, als Erklärungsprinzip, als Methode, als heuristische Anregung usw. — rezipiert und löst dort mannigfache Wirkungen aus, von denen manche praktikable Neuerungen hervorbringen. Ein großer Teil der mathematischen Erkenntnis wirkt bevorzugt auf diesem Weg auf die Praxis ein."[35] Wir haben auch darauf verwiesen, daß B. G. Kuznecov diesen Wirkungsmechanismus treffend als „Resonanzeffekt" bezeichnet hat.

Kuznecov erläutert diesen Effekt am historischen Beispiel des GOELRO-Planes und der folgenden Planung der Elektrifizierung in der UdSSR. Die Ausgangsidee des GOELRO-Planes war, ein einheitliches Netz der Erzeugung, Übertragung und Nutzung von Elektroenergie zu schaffen, d. h. die durch die klassische Elektrodynamik eröffneten Möglichkeiten für die Entwicklung der Produktivkräfte und den sozialen Fortschritt allseitig zu nutzen. Die physikalische Idee, die diesem Plan zugrunde lag, erzeugte Resonanzen in Gestalt ver-

33 F. Engels, Die Lage Englands. I. Das achtzehnte Jahrhundert, in: MEW, Bd. 1, a. a. O., S. 563/564; vgl. auch: F. Engels, Die Lage der arbeitenden Klasse in England, in: MEW, Bd. 2, Berlin 1958, S. 246—249.

34 H. Nick, Ökonomische und ideologische Erfordernisse effektiverer Grundfondsreproduktion, in: Einheit, 10/1982, S. 1035.

35 G. Kröber/H. Laitko, Grundlagenforschung und Intensivierung — Wissenschaftstheoretische Überlegungen zu einem aktuellen Problemkreis, in: Innovation und Wissenschaft, Berlin 1985, S. 159/160.

änderter Technologien, im Charakter der Arbeit und in der Wissenschaft selbst.[36] Kuznecov beschreibt diese Resonanzen als einen Prozeß der „Migration von Information". Wir können ihn ebenso verstehen als einen Prozeß, in dem dissipative kognitive Strukturen über ihre tätigkeitsregulierenden Funktionen Aktivitäten bewußt und planmäßig handelnder gesellschaftlicher Subjekte auslösen, die zur Bildung neuer technologischer, ökonomischer und sozialer Strukturen führen, mithin als einen Prozeß, in dem sich die Entropie des Gesamtsystems Wissenschaft — Technik — Produktion — Gesellschaft insgesamt irreversibel verringert und das System als Ganzes höhere Komplexität und Stabilität erlangt.

5. Allerdings kommt hier eine weitere Bedingung ins Spiel, ohne die der geschilderte „Resonanzeffekt" nicht eintritt. Neue wissenschaftliche Erkenntnisse, verstanden als „dissipative" kognitive Strukturen, können neue „konservative" Strukturen im Bereich der Technik, der Produktion oder der Gesellschaft schlechthin nur hervorbringen, indem sie Aktivitäten bewußt handelnder gesellschaftlicher Subjekte auslösen. Damit solche Aktivitäten in Gang kommen, muß a) ein — wie immer geartetes (technisches, ökonomisches usw.), aber ökonomisch und gesellschaftlich hoch genug bewertetes — Bedürfnis nach Anwendung der betreffenden Kenntnisse vorhanden sein, und müssen b) die gesellschaftliche Praxis und das Produktivitätsniveau bereits so weit entwickelt sein, daß sie „aufnahmefähig" für die neue Erkenntnis sind. Diese „Aufnahmefähigkeit" bedeutet zweierlei: Erstens darf das Gefälle zwischen der neuen Erkenntnis und dem wissenschaftlich-technischen Niveau der Produktion einen kritischen Wert nicht übersteigen, von dem an die Wissenschaft der Produktion so weit vorauseilt, daß ihre neuesten Errungenschaften nicht mehr unmittelbar in die Produktion Eingang finden können. Zweitens muß die materielle Produktion über hinreichend Mittel und Reserven verfügen, um die mit der Überführung der neuesten wissenschaftlichen Erkenntnisse zusammenhängenden materiell-technischen, finanziellen und ökonomischen Probleme lösen zu können. Anders gesagt: So wie der Prozeß der einfachen Wissensvermittlung zwischen Individuen nur erfolgreich in Gang kommt, wenn die kognitiven Strukturen im Bewußtsein des „Lernenden" bereits so entwickelt sind, daß sie „resonanzfähig" gegenüber dem zu vermittelnden Wissen sind, so ist die Überführung neuer wissenschaftlicher Erkenntnisse in die materielle Produktion nur dann erfolgreich, wenn das wissenschaftlich-technische Niveau der Produktion und die

36 Vgl. B. G. Kuznecov, Cennost' poznanija, Moskva 1975, S. 86—88. — In eben diesem Sinne schreibt auch P. L. Kapica: „Die Geschichte zeigt immer wieder, daß praktisch jede beliebige große wissenschaftliche Entdeckung oder Theorie die Zivilisationsentwicklung unserer Gesellschaft beeinflußt." Er belegt dies an den Beispielen der Entdeckungen von Franklin, Galvani, Oerstedt und Faraday auf dem Gebiet der Elektrizität, der Entdeckung der Radioaktivität durch Becquerel oder der stimulierten Strahlungsemission durch Einstein (P. L. Kapica, Experiment — Theorie — Praxis. Aufsätze und Reden, Berlin 1984, S. 409/410).

ökonomischen und gesellschaftlichen Strukturen bereits so weit entwickelt sind, daß sie „resonanzfähig" gegenüber den neuen Erkenntnissen sind. Ist diese Bedingung gegeben, dann lösen wissenschaftliche Inventionen wirtschaftliche und gesellschaftliche Innovationen aus, die das Produktivitätsniveau der Gesellschaft in der Regel nichtlinear verändern, d. h. zu sprunghaften Steigerungen der Arbeitsproduktivität führen können. Mikroelektronik, die sich auf ihrer Grundlage entwickelnde moderne Rechentechnik, die automatisierte Konstruktion und Produktionsvorbereitung, flexible automatische Fertigungssysteme, neue Bearbeitungstechnologien, neue Werkstoffe und das ganze Gebiet der Biotechnologien sind Beispiele solcher gegenwärtigen Innovationen, die als Schlüsseltechnologien uns „die Tür zu einer wirtschaftlichen Zukunft mit kräftigem Wachstum aufschließen."[37]

6. Ein anderer Aspekt, an dem Nichtlinearitäten im Bereich der Wissenschaft deutlich zutage treten, ist das *Verhältnis von Aufwand und Ergebnis* in der wissenschaftlichen Arbeit bzw. die Frage nach den Bedingungen, unter denen schöpferische Leistungen zustande kommen. Solche Leistungen sind ja nicht die linear-kausale Folge von Bedingungen (Ursachen), die man nur zu setzen (zu realisieren) braucht, um garantiert den gewünschten Effekt zu erhalten. Qualifizierte Kader, materiell-technische Ausrüstungen, finanzielle Mittel, Informationsbereitstellung, eine den Besonderheiten des Forschungsprozesses angepaßte Leitung, Planung und Organisation sind notwendige Voraussetzungen für die Erzielung hoher wissenschaftlicher Leistungen. Indes erbringen wissenschaftliche Einrichtungen, die über dieselben oder annähernd gleiche Potentialvoraussetzungen verfügen, bekanntlich nicht auch die gleichen Ergebnisse, und Länder, die von ihren personellen und finanziellen Aufwendungen für Wissenschaft her durchaus eine Spitzenposition in der Welt beanspruchen können, sind nicht immer auch diejenigen, die die Weltspitze in bezug auf die Ergebnisse bestimmen.

Wissenschaftliche Forschung ist ein hochkomplexer gesellschaftlicher Prozeß, der sich in einem komplizierten Geflecht vielfältiger — subjektiver und objektiver, ideeller und materiell-technischer, individueller, institutioneller und gesellschaftlicher — Bedingungen vollzieht. Wir kennen die spezifischen Gesetzmäßigkeiten dieses Prozesses noch zu wenig, um mit zwingender Sicherheit Maßnahmesysteme ableiten zu können, die bei gegebenen Potentialvoraussetzungen garantiert zu hohen schöpferischen wissenschaftlichen Leistungen, zu einer hohen gesellschaftlichen Effektivität der Forschung führen. Die Erfahrung lehrt jedoch, daß zwischen den Bedingungen, dem Prozeß selbst und seinen Ergebnissen kein einfaches, lineares, mechanisches Kausalverhältnis besteht; vielmehr sind Nichtlinearitäten der vorherrschende Typ von Zusammenhängen auch in diesem Bereich. Das kompliziert die Sachlage ungemein, läßt das Problem aber nicht als unlösbar er-

37 E. Honecker, Zur Vorbereitung des XI. Parteitages der SED, in: Neues Deutschland vom 21. 6. 1985, S. 4.

scheinen. Denn, erstens, lassen sich auf Grund theoretischer Überlegungen, empirischer Analysen und praktischer Erfahrungen Empfehlungen und Anregungen geben, welche Bedingungen das Zustandekommen schöpferischer Leistungen in der Regel fördern und welche es hemmen.[38] Man muß dabei nur immer beachten, daß solche Aussagen Wahrscheinlichkeitscharakter haben; sie sind keine Rezepte mit Erfolgsgarantie, sondern besagen lediglich, daß bei Realisierung eines bestimmten Bedingungskomplexes die Wahrscheinlichkeit für das Zustandekommen schöpferischer wissenschaftlicher Leistungen höher ist, als wenn diese Bedingungen fehlen würden. Und, zweitens, eröffnet gerade der Umstand, daß zwischen Aufwand und Ergebnis ein nichtlineares Verhältnis besteht, die Chance, hohe schöpferische Leistungen auch ohne übermäßige Aufwandssteigerungen zu erzielen, sofern die Grundvoraussetzungen im Bereich des Wissenschaftspotentials gegeben sind.

7. Wenn das Auftreten grundlegend neuer wissenschaftlicher Ideen verstehbar ist als ein Prozeß der Bildung neuer kognitiver Strukturen, als ein Resonanzeffekt wissenschaftlicher Erkenntnisse in der Wissenschaft selbst, als ein Verzweigungspunkt der Wissenschaftsentwicklung, dann ist dieser Prozeß offenbar nicht nur an materielle Voraussetzungen der Art gebunden, wie wir sie im Bereich des Wissenschaftspotentials vorfinden und gestalten. Vielmehr ist dann zu erwarten, daß solche kognitiven Strukturbildungsprozesse dann und dort auftreten, wo das betreffende System — ein Wissensgebiet, verkörpert in einem entsprechenden System wissenschaftlicher Tätigkeiten und der zugehörigen institutionellen Strukturen — durch *Fluktuationen* aus dem Gleichgewicht gebracht wird. Entscheidende Verzweigungspunkte in der Wissenschaftsentwicklung, an denen grundlegend neue Erkenntnisse gewonnen oder neue revolutionäre Sichtweisen in die Wissenschaft eingebracht wurden, sind dann verstehbar als Singularitäten und Instabilitäten, an denen die bis dahin im Gleichgewicht befindliche „normale Wissenschaft“ (nach Kuhn) in „Krisensituationen“ gerät, aus dem „Gleichgewicht“ gedrängt wird und in diesem Zustand sich neue kognitive Strukturen ausbilden.

Zugegeben: Diese Ausdrucksweise klingt mehr metaphorisch. Was unter dem „Gleichgewichtszustand“ einer wissenschaftlichen Disziplin, eines Forscherkollektivs oder einer wissenschaftlichen Gemeinschaft zu verstehen ist, kann auf dem heutigen Stand der Wissenschaftsforschung nicht exakt definiert werden. Doch klingt die Idee, daß die Entstehung des Neuen in der Wissenschaft „weitab vom Gleichgewicht“ erfolgt, in der Literatur zumindest wiederholt unbewußt an. Z. B. bei J. D. Bernal: „Die größte Schwierigkeit bei einer Entdeckung liegt nicht so sehr darin, die notwendigen Beobachtungen zu machen, als darin,

38 Zu solchen Erfahrungen erfolgreicher Wissenschaftlerpersönlichkeiten der Gegenwart vgl. z. B.: G. Lange/J. Mörke, Wissenschaft im Interview. Gespräche mit Akademiemitgliedern über ihr Leben und Werk, Leipzig 1979; Forschung in der Bundesrepublik Deutschland. Beispiele, Kritik, Vorschläge, im Auftrag der DFG hg. von Ch. Schneider, Weinheim 1983.

sich bei ihrer Interpretation von den traditionellen Vorstellungen zu lösen. Seit Kopernikus die Bewegung der Erde und Harvey die Blutzirkulation erkannten, bis zu dem Zeitpunkt, da Einstein den Äther überwand und Planck das Wirkungsquantum postulierte, ging der wirkliche Kampf ... darum, die herrschenden Vorstellungen über den Haufen zu werfen, auch wenn diese zu ihrer Zeit geholfen hatten, die Wissenschaft voranzubringen."[39] Herrschende Vorstellungen über den Haufen zu werfen — was ist das anderes, als einen Zustand geistigen Gleichgewichts zu verlassen? Der wissenschaftliche Arbeitsprozeß zeitigt nur dann schöpferische Resultate, wenn es dem Wissenschaftler gelingt, sich von traditionellen Vorstellungen zu lösen. Eine Wissenschaftsdisziplin, in der es keine offenen Probleme gibt, deren Bearbeitung und Lösung das bestehende theoretische System u. U. erheblich ins Wanken bringen könnte, befindet sich in einem Maße im „Gleichgewicht", daß sie zu keiner weiteren Entwicklung fähig ist. Ein Wissenschaftlerkollektiv, das — bildlich gesprochen — im Brackwasser völligen Einverständnisses untereinander schwimmt, das durch keine schöpferische Unruhe aus dem inneren Gleichgewicht gebracht wird, darf nicht hoffen, zu grundlegend neuen Erkenntnissen zu kommen. Widerspruch und Meinungsstreit bringen die Wissenschaft voran, nicht aber Harmonie der Auffassungen und Wandeln auf gut ausgebauten Pfaden, von denen abzukommen und das Gleichgewicht zu verlieren man nicht zu befürchten braucht. Die Anstöße, die ein bestehendes System kognitiver Strukturen aus dem Gleichgewicht bringen und neue Strukturbildungsprozesse in Gang setzen können, können ganz unterschiedlichen Quellen entstammen, z. B. wissenschaftlichen, technischen, ökonomischen oder anderen gesellschaftlichen Bedürfnissen. Für den schöpferischen Prozeß aber ist entscheidend, daß das Denken veranlaßt wird, eingefahrene Bahnen zu verlassen, Fluktuationen zuzulassen, die das jeweilige theoretische System — und sei es nur probeweise, gewissermaßen hypothetisch — aus seinem Gleichgewicht bringen.

Als ein gutes Beispiel für ein solches „probeweises" Verlassen eines theoretischen Gleichgewichtszustandes bietet sich m. E. die Entstehung der nichteuklidischen Geometrie an. Mehr als 2000 Jahre galt die Euklidische Geometrie als Prototyp eines vollendeten theoretischen Gebäudes und als unanfechtbar. Kant hielt sie für den Ausdruck der Apriorität unserer räumlichen Vorstellungen. Mehr als 2000 Jahre zogen sich die Versuche hin, das fünfte Axiom der Euklidischen Geometrie, das Parallelenaxiom, aus den anderen Axiomen abzuleiten. Die Ergebnislosigkeit dieser Versuche schien die Richtigkeit der Kantschen Auffassung und die Unerschütterlichkeit des Euklidischen Lehrgebäudes zu bestätigen. Erst Ende des 18./Anfang des 19. Jahrhunderts wagten Mathematiker wie Gauß, Bolyai, Lobačevski u. a., aus der Nichtbeweisbarkeit des Parallelenaxioms die Frage abzuleiten, welche Geometrie sich wohl ergäbe, wenn man auf dieses Postulat verzichtete. Dieses „probeweise" Vorgehen ließ

39 J. D. Bernal, Die Wissenschaft in der Geschichte, a. a. O., S. 25.

Gauß die nichteuklidische Geometrie entwickeln, ob deren ungewöhnlicher Konsequenzen er allerdings davon absah, sie zu veröffentlichen, da er das „Geschrei der Böotier“ fürchtete. Lobačevski blieb, nachdem er seine Ergebnisse der Öffentlichkeit übergeben hatte, zunächst unverstanden. Aber nicht darauf kommt es mir an, wie, wann und warum die Idee einer nichteuklidischen Geometrie sich schließlich durchgesetzt hat. Das Beispiel soll zeigen, wie Fortschritt der wissenschaftlichen Erkenntnis, die Entstehung einer grundlegend neuen wissenschaftlichen Idee damit einhergeht, daß das jeweilige traditionelle theoretische System aus dem „Gleichgewicht“ gebracht wird, in dem es sich bis dahin befunden hatte, was auch immer die Gründe dafür sein mögen, daß dieses geschieht.

8. Die Eigenschaften der Selbstreproduktion, des Verzweigungscharakters, der Nichtlinearität und des Entstehens neuer kognitiver Strukturen fernab vom Gleichgewicht schon bestehender sind mithin Merkmale, die durchaus auch für die Wissenschaftsentwicklung als gesellschaftlicher Prozeß aufgezeigt werden können. Aus ihnen folgt, daß sich der Gesamtprozeß beschleunigt. Dieses Phänomen der *Beschleunigung der Wissenschaftsentwicklung* bedarf hier keiner näheren Ausführungen, denn es ist wohlbekannt und in der Literatur bestens belegt.[40] Der im ganzen irreversible Prozeß und der in seinem Verlauf erfolgende Entropieexport kann aber nur durch Zufluß materiell-stofflicher und energetischer Voraussetzungen (Personen, Geräte und Ausrüstungen, Finanzen usw.) aufrecht erhalten werden. Da diese nicht unbegrenzt sind, entsteht die Frage, ob ein beschleunigtes Entwicklungstempo der Wissenschaft auch noch in Zukunft erwartet werden kann.

In westlichen Ländern ist man geneigt, diese Frage zu verneinen. So entwickelt z. B. N. Rescher in einer Studie über die Ökonomie der Forschung[41] die These, daß in der Vergangenheit *exponentiell* gewachsene Aufwendungen der *Wissenschaft als produktives Unternehmen* zu einem nur *linear* ansteigenden Fortschritt der *Wissenschaft als kognitives Unternehmen* geführt haben, so daß bei Voraussetzung eines künftigen Nullwachstums der Aufwendungen der Erkenntnisertrag der Forschung nur noch logarithmisch wachsen könne. Die dadurch bedingte Verlangsamung des Fortschrittstempos — von Rescher auch als „Gesetz der logarithmisch abnehmenden Erträge“ bezeichnet — sei aber kein Grund zu Pessimismus, sondern vielmehr Ausdruck einer realistischen und nüchternen Sicht der Dinge. Man habe sich daran zu gewöhnen, daß wissenschaft-

40 Die ersten empirischen Belege für exponentielles Wachstum des Massivs wissenschaftlicher Literatur, der Zahl der in der Wissenschaft tätigen Personen und der Höhe der finanziellen Aufwendungen wurden von D. J. de Solla Price zu Beginn der 60er Jahre erbracht (vgl. D. J. de Solla Price, Science since Babylon, New Haven—London 1961; ders., Little Science — Big Science, New Haven—London 1963).

41 Vgl. N. Rescher, Wissenschaftlicher Fortschritt. Eine Studie über die Ökonomie der Forschung, Berlin (West)—New York 1982.

liche Probleme, deren Lösung immer kostenaufwendigere Forschungstechnik erfordert, gewissermaßen nur in Raten gelöst werden können, und daß demzufolge ihre Lösung entsprechend größere Zeiträume beanspruche. Unter dieser Bedingung verlangsame sich zwar der Fortschritt der Wissenschaft, käme aber doch niemals zu einem Stop. Ich habe bei anderer Gelegenheit zu zeigen versucht[42], daß Reschers „Teilzahlungshypothese" von der künftigen „ratenweisen" und damit längere Zeiträume beanspruchenden Lösung wissenschaftlicher Probleme zu sehr einer einseitig ökonomischen oder, genauer gesagt, buchhalterischen Sichtweise des Wissenschaftsfortschritts geschuldet ist. Die Hauptfrage des künftigen wissenschaftlichen Fortschritts ist nicht (oder nicht nur), welche Probleme in welchen Zeiträumen gelöst werden können, sondern: welche Probleme im Interesse des gesellschaftlichen Fortschritts vorrangig gelöst werden müssen. Nicht auf alles, was als wissenschaftliches Problem erkannt und formuliert ist, muß die Gesellschaft ihre Forschungsanstrengungen richten oder gar konzentrieren; nicht alles, was als wissenschaftlich möglich erkannt ist, muß auch technisch umgesetzt werden; und schon gar nicht alles, was technisch machbar ist, ist auch dem gesellschaftlichen Fortschritt dienlich. Das Problem ist also das einer Forschungsstrategie, die die Prioritäten für die Forschung und damit für die Verausgabung gesellschaftlicher Ressourcen für Forschungszwecke so setzt, daß aus dem gesellschaftlich Notwendigen sich das technisch zu Machende und das wissenschaftlich zu Erforschende ergibt. Die Aufgaben für die Forschung aus den grundlegenden gesellschaftlichen Bedürfnissen *und* den jeweils gegebenen volkswirtschaftlichen Reproduktionsbedingungen *als auch* dem jeweiligen Entwicklungsstand der Wissenschaften selbst herzuleiten — das ist das einzig realistische Programm, dem wir uns in der Zukunft verschreiben können.[43] Es geht heute und in Zukunft sowohl um das *Tempo* des wissenschaftlich-technischen Fortschritts als auch um die *Richtungen*, die wir mit ihm und durch ihn für den gesellschaftlichen Fortschritt einzuschlagen gedenken. Das aber bedeutet, daß die Ära eines ungelenkten wissenschaftlich-technischen Fortschritts — wie er für all die Jahrhunderte charakteristisch war, in denen sich Wissenschaft und Technik unter kapitalistischen Verhältnissen entwickelt haben — unweigerlich zu Ende geht und abgelöst werden wird durch eine dem Primat des gesellschaftlichen Fortschritts verpflichtete langfristige und strategische Planung des Wissenschaftsfortschritts.

9. Damit ist das Problem der *Kriterien der Wissenschaftsentwicklung* und insbesondere der Kriterien des gegenwärtigen und künftigen wissenschaftlich-technischen Fortschritts aufgeworfen. Es soll an dieser Stelle nicht en passant behandelt werden. Was im Kontext von Wissenschaftsentwicklung als irreversibler

42 Vgl. G. Kröber, Zum Problem der Entwicklung in wissenschaftstheoretischen Konzeptionen der Gegenwart, Leipzig 1984 (NTM, Schriftenreihe für die Geschichte der Naturwissenschaft, Technik und Medizin, 1/84).

43 Vgl. Programm der SED, Berlin 1976.

gesellschaftlicher Prozeß hier interessiert, ist, daß sich im Verlauf dieser Entwicklung ihre eigenen Kriterien ändern, also eine „*Evolution der Evolutionskriterien*“ stattfindet. Dabei handelt es sich nicht lediglich um die „Ablösung“ eines Typs von Kriterien durch andere, sondern vor allem um komplexer werdende Kriterien. Mir scheint, daß dieser Evolutionsprozeß der Kriterien der Wissenschaftsentwicklung — den es im einzelnen erst näher zu untersuchen gilt — parallel zu einem anderen Prozeß verläuft, nämlich dem der Evolution des Wissenschaftsbegriffs selbst: Wissenschaft als rationales System theoretisch und methodisch gesicherter Erkenntnis, als spezifische Art gesellschaftlicher Tätigkeit, als soziale Institution und als komplexer gesellschaftlicher Entwicklungsprozeß, der Ergebnis und Bedingung intensiv erweiterter gesellschaftlicher Reproduktion auf stets höherer Stufenleiter ist. Mehr und mehr rücken deshalb gegenwärtig neben Kriterien der Wissenschaftlichkeit, wissenschaftlicher Rationalität im engeren Sinne, solche der ökonomischen Rationalität und letztlich der Humanität bei der Bewertung des wissenschaftlich-technischen Fortschritts in den Vordergrund.

4. Methodologisches

Mein Beitrag verfolgte das Ziel, eine Sicht des Phänomens „Wissenschaftsentwicklung“ vorzustellen, die noch weit davon entfernt ist, eine Theorie der Wissenschaftsentwicklung genannt zu werden und dies auch nicht unmittelbar beabsichtigt. Er sollte Anregungen aufzeigen, die sich für die Wissenschaftsforschung aus einem gänzlich anderen Gebiet — der Physik der Selbstorganisation und Evolution — ergeben und die weiter zu verfolgen m. E. ein lohnendes Anliegen künftiger interdisziplinärer Arbeit sein sollte. Welches große Spektrum an Problemen sich hier auftut, wird sichtbar, wenn man bedenkt, daß für komplexe Entwicklungsprozesse eine Vielzahl von Bedingungen und Faktoren von ausschlaggebender Bedeutung sind. Werner Ebeling gibt deren zwanzig an und hält es für möglich, dieser Liste noch weitere wichtige Faktoren hinzuzufügen. Der Leser möge versuchen, sie als einen Problemkatalog oder vielleicht auch als ein Forschungsprogramm zur Analyse von Wissenschaft als irreversibler gesellschaftlicher Entwicklungsprozeß zu interpretieren:

„1. Fähigkeit zum Entropieexport durch Energie- und Stoffaustausch mit der Umgebung;

2. Gleichgewichtsferne, überkritischer Abstand vom thermodynamischen Gleichgewicht, Charakter einer „dissipativen Struktur“;

3. Nichtlinearität, d. h. die Dynamik des Systems ist wesentlich durch nichtlineare Effekte bestimmt;

4. Fähigkeit zur Selbstreproduktion, d. h. Fähigkeit zur Herstellung relativ genauer Kopien des Originalsystems bzw. von Teilsystemen;

5. Endlichkeit der Lebensdauer eines Systems und damit verbundener ständiger Generationswechsel und Erneuerungsprozeß;
6. Multistabilität, d. h. Existenz mehrerer stabiler Zustände des Systems, Abhängigkeit des aktuellen Zustandes von der Vorgeschichte, potentielle Fähigkeit zur Speicherung von Informationen;
7. Selektion durch Auslese günstiger Systeme oder Mechanismen aus einer Vielzahl von Möglichkeiten im Ergebnis eines Konkurrenzprozesses;
8. Mutabilität durch zufällige Fehler beim Reproduktionsprozeß, die eine Quelle neuer Strukturen, Mechanismen und Informationen darstellen;
9. Informationsverarbeitung, d. h. Fähigkeit zur Erzeugung, Speicherung, Weiterleitung und Nutzung von Informationen;
10. Optimierung und Adaptation, Fähigkeit zur Anpassung an wechselnde äußere Bedingungen, Existenz von Optimierungskriterien;
11. Integration durch Zusammenfassen zu Ganzheiten immer höherer Komplexität und größerer Wirkungspotenz;
12. Musterbildung mit der Tendenz zum Anwachsen der Mannigfaltigkeit und Komplexität;
13. Hierarchischer Aufbau in räumlicher, zeitlicher und funktionaler Hinsicht, Gliederung in Ebenen, die einander umfassen und sich einander unter-
14. Evolutionsbeschleunigung, d. h. ständiges Anwachsen der mittleren Geschwindigkeit des Evolutionsprozesses infolge von Rückkopplungsmechanismen;
15. Auftreten einer Folge qualitativer Sprünge, die Analogien zu den thermodynamischen Phasenübergängen zeigen;
ordnen, Existenz von ‚Ordnungsparametern‘;
16. Differenzierung, Spezialisierung und Arbeitsteilung der Teilsysteme;
17. Morphogenese, d. h. Formbildung des Systems und seiner Organe;
18. Verzweigungscharakter, d. h. immer stärkere Aufspaltung der aktuellen und in noch größerem Maße der potentiellen Evolutionswege;
19. Netzwerkcharakter mit der Tendenz zur Ausbildung immer komplizierterer Relationen und Abhängigkeiten zwischen den Teilsystemen;
20. Spielcharakter des Prozesses, Einheit der Wirkung notwendiger und zufälliger Faktoren, wobei die zugrunde liegenden Gesetzmäßigkeiten das Wesen der Abläufe bestimmen.“[44]

Unter diesen Faktoren werden Entropieexport, Gleichgewichtsferne und Nichtlinearität als eigentliche physikalische Bedingungen für Selbstorganisation angesehen, während Selbstreproduktion, Multistabilität, Selektion, Mutabilität und Mobilität bereits als spezifische Evolutionsfaktoren gelten. Hingegen sind Informationsverarbeitung, Optimierung und Adaptation, Integration, Musterbildung, hierarchischer Aufbau, Differenzierung, Morphogenese, Ausbildung von

44 W. Ebeling, Physik der Selbstorganisation und Evolution, a. a. O., S. 29/30.

Sprachen, Verzweigungs-, Netzwerk- und Speichercharakter Faktoren, die immer weniger rein physikalisch determiniert sind.[45]

Das Anliegen, den historischen Prozeß der Wissenschaftsentwicklung mit Hilfe dieses begrifflichen, theoretischen und methodischen Instrumentariums zu analysieren, bedarf aber, um Mißverständnisse auszuschließen, einer abschließenden Erläuterung.

Versuche, allgemeine Evolutionsmuster z. B. aus organischen Evolutionsprozessen abzuheben und sie auf die Beschreibung und Erklärung auch von Prozessen der Wissenschaftsentwicklung anzuwenden, sind in der internationalen wissenschaftstheoretischen Literatur längst nichts Neues mehr. In der zeitgenössischen nichtmarxistischen Wissenschaftsforschung ist es geradezu zu einer vorherrschenden Tendenz geworden, das duale Muster von Mutation und Selektion, das für die Evolution organischer Arten kennzeichnend ist, als den Grundmechanismus anzusehen, nach dem sich auch Wissenschaft entwickelt. Bei anderer Gelegenheit habe ich gezeigt,[46] daß der Versuch, dieses generelle Erklärungsmuster auf die Entwicklung der Wissenschaft anzuwenden, dem Vorwurf des Reduktionismus so lange nicht zu entgehen vermag, wie er vermeidet, sich zuallererst der gesellschafts- und erkenntnistheoretischen Grundlegung einer Theorie der Wissenschaftsentwicklung zu versichern. Die gegenwärtigen evolutionistischen Konzeptionen der Wissenschaftsentwicklung zeichnen sich durch Verzicht auf die Forderung nach Objektivität und Wahrheit der Erkenntnis und auf Fortschritt in der theoretischen Erkenntnis- und praktischen Leistungsfähigkeit der Wissenschaft aus. Sie verschließen sich der Frage nach der qualitativen Spezifik der Wissenschaftsentwicklung als eines gesellschaftlichen Prozesses, nach jener Spezifik also, die diesen Prozeß *qualitativ* von Evolutionsprozessen in der organischen Natur unterscheidet. Bestenfalls wird gefragt, inwieweit gesellschaftliche Gegebenheiten eine selektiv-stabilisierende Wirkung auf Ideenvariationen zeitigen, also als Faktoren selektiver Stabilisierung neuer wissenschaftlicher Ideen, Theorien usw. in Frage kommen.

Mein Vorgehen unterscheidet sich methodologisch von dem des Evolutionismus in der Wissenschaftstheorie in zweierlei Hinsicht:

Erstens geht es mir nicht um ein Evolutionsmuster, das aus einer spezifischen Bewegungsform der Materie — der organischen — abgehoben ist und das sodann in der höheren gesellschaftlichen Bewegungsform als ebenso gültig nachgewiesen wird, wobei von der neuen Qualität dieser höheren Bewegungsform abstrahiert wird. Bei den Evolutionsprinzipien, die in der gegenwärtig sich herausbildenden und interdisziplinär angelegten allgemeinen Theorie der Selbstorganisation und

45 Vgl. W. Ebeling, Physikalische Prinzipien der Selbstorganisation und Evolution. Berlin 1981, S. 18/19 (Aus der Arbeit von Plenum und Klassen der AdW der DDR, 7/81).

46 Vgl. G. Kröber, Zum Problem der Entwicklung in wissenschaftstheoretischen Konzeptionen der Gegenwart, Leipzig 1984, S. 5—10 (NTM, Schriftenreihe für die Geschichte der Naturwissenschaft, Technik und Medizin, 1/84).

Evolution eine Rolle spielen, handelt es sich um allgemeine Kennzeichen von Evolutionsprozessen, die in der physikalischen und chemischen Bewegungsform ebenso aufgefunden werden können wie in der biologischen und gesellschaftlichen. Daß sie oftmals in physikalischer Terminologie formuliert sind und es gegenwärtig vorwiegend Physiker und Chemiker sind, die in dieser Richtung arbeiten, darf nicht darüber hinwegtäuschen, daß es hier um allgemeine Problemstellungen geht, die für Entwicklungsprozesse in allen Bewegungsformen der Materie und damit auch für Prozesse der Wissenschaftsentwicklung relevant sind.[47] Das Angebot des Physikers, „dem Evolutionsforscher alle die gesicherten Erkenntnisse und Erfahrungen des Physikers zuzuarbeiten, die für die Bearbeitung des außerordentlich komplizierten Problems der Evolution von Nutzen sein können“,[48] sollte als interdisziplinäres Anliegen nicht nur vom Chemiker, Biophysiker oder Biochemiker, Biologen oder Soziologen, sondern auch vom Wissenschaftstheoretiker dankbar aufgegriffen werden.[49] Dabei versteht sich, daß die Physik allein nicht in der Lage ist, „die Grundgesetze und das Wesen der Evolution zu erkennen, da hier sehr komplexe Aspekte wesentlich werden“[50], insbesondere wenn es um Evolutionsprozesse im Bereich von Gesellschaft und Wissenschaft geht.

Deshalb wurde, zweitens, im vorliegenden Beitrag davon ausgegangen, daß eine Theorie der Wissenschaftsentwicklung Wissenschaft zuvörderst in ihrer qualitativen Spezifik als *gesellschaftlichen* Prozeß zu fassen hat. Die gesellschafts- und erkenntnistheoretische Grundlegung der Wissenschaftstheorie erfolgt durch die marxistisch-leninistische Theorie in der Einheit aller ihrer Bestandteile, insbesondere der marxistisch-leninistischen Philosophie, hier vor allem des historischen Materialismus, der materialistischen Dialektik und der Leninschen Widerspiegelungstheorie sowie der politischen Ökonomie und der Marxschen Reproduktionstheorie. Die Klassiker des Marxismus-Leninismus haben in ihren Werken in den verschiedensten Zusammenhängen zu Problemen der historischen Entwicklung der Wissenschaft, zum Verhältnis zwischen Wissenschaft, Technik,

47 Thomas Kuczynski vermutet — m. E. zu Recht —, daß diese Relevanz ganz allgemein für gesellschaftshistorische Prozesse gilt, ohne dies freilich näher auszuführen: „... das Verhältnis von langsamen und schnellen Veränderungen im Verhalten einer Gesellschaft ... als Bifurkationsproblem, die Transitionskinetik von einem (gesellschaftshistorischen) Gleichgewichtszustand zu einem anderen .... als Spezialfall dissipativer Prozesse und ‚Geschichte als Entwicklung eines sozialen Organismus‘ ... kann heute wohl unter dem allgemeineren Aspekt der ‚Selbstorganisation von Materie‘ betrachtet werden“ (Th, Kuczynski, Bürgerliche Gesellschaftsgeschichte und Mathematik: zumeist unnütze Theorie und nützliche Empirie, aber auch ‚verrückte Ideen‘, in: Jahrbuch für Wirtschaftsgeschichte, I/1979, S. 168).

48 W. Ebeling/R. Feistel, Physik der Selbstorganisation und Evolution, a. a. O., S. 12.

49 Von R. Reichel liegt z. B. ein interessanter Versuch vor, die Gesetzmäßigkeiten der Technikevolution in Analogie zur biotischen Evolution und im Lichte der Physik der Selbstorganisation zu betrachten (vgl. R. Reichel, Dialektisch-materialistische Gesetzmäßigkeiten der Technikevolution [URANIA, Schriftenreihe für den Referenten, 6/84]).

50 W. Ebeling/R. Feistel, Physik der Selbstorganisation und Evolution, a. a. O., S. 12.

Produktion und Gesellschaft, zur sozialökonomischen Determiniertheit der Wissenschaft, zur Rolle der Wissenschaft als gesellschaftliche Produktivkraft u. a. Stellung genommen. Die marxistisch-leninistische Wissenschaftsforschung der letzten Jahrzehnte in der UdSSR und den anderen sozialistischen Ländern hat dieses theoretische Erbe schöpferisch verarbeitet; sie hat es um das Studium der Prozesse der wissenschaftlich-technischen Revolution und ihrer organischen Verbindung mit den Vorzügen des Sozialismus, der Rolle der Wissenschaft als entscheidenden Faktor der intensiv erweiterten Reproduktion der sozialistischen Volkswirtschaft und anderer neuer Probleme der Gesellschafts- und Wissenschaftsentwicklung in der zweiten Hälfte des 20. Jahrhunderts ergänzt. Und sie wird selbst immer mehr zu einer verläßlichen theoretischen Grundlage für wissenschaftspolitische und -strategische Entscheidungsfindungen bei der bewußten und planmäßigen Gestaltung des komplexen und einheitlichen gesellschaftlichen Prozesses wissenschaftlich-technischen, ökonomischen und sozialen Fortschritts. Nur vor diesem Hintergrund und mit dieser Intention halte ich es für sinnvoll, die Frage zu diskutieren, welche Erkenntnisse und Erfahrungen der gegenwärtigen Physik der Selbstorganisation und Evolution für die weitere Bearbeitung des außerordentlich komplexen Problems der Entwicklung von Wissenschaft von Nutzen sein können.

WERNER EBELING/ANDREA SCHARNHORST

Evolutionsmodelle für die Dynamik von Wissenschaftsgebieten

Mit einem Anhang von E. BRUCKNER **und** A. SCHARNHORST

1. Einleitung

Die Entwicklung von Spezialgebieten in der Wissenschaft ist der Gegenstand vielfältiger Forschungen in der Informationswissenschaft, der Wissenschaftstheorie, der Wissenschaftsmetrie u. a. Bereichen. In der Literatur werden verschiedene Zugänge vorgestellt, diese Problematik mit Hilfe mathematischer Modelle zu behandeln. Die Ansätze beziehen sich dabei häufig auf Ideen und Methoden, die sich in verschiedenen naturwissenschaftlichen Gebieten selbst gebildet und bewährt haben. Die vorliegende Arbeit beschäftigt sich mit einem mathematischen Modell der Dynamik der intellektuellen Bewegungen von Wissenschaftlern zwischen Spezialgebieten und der daraus folgenden Entwicklung dieser Gebiete. In der wissenschaftsmetrischen Literatur werden solche Bewegungen unter dem Begriff „Feldmobilität" behandelt.[1] Im Zusammenhang mit der Untersuchung der Entwicklung von Forschungsgebieten kommt dabei der Feldmobilität der Rang eines Indikators der Entwicklung der Wissenschaft zu.[2] Der Prozeß der Wissenschaftsentwicklung, im Sinne der Entwicklung von Spezialgebieten, wird im folgenden als ein Evolutionsprozeß betrachtet. Den Modellvorstellungen liegt eine Analogiebetrachtung zugrunde, die Beziehungen zwischen der präbiotischen bzw. biotischen Evolution und der Evolution von wissenschaftlichen Disziplinen herstellt[3] und

1 Bezüglich der Literatur zu Untersuchungen der verschiedenen Arten von Mobilität sei auf die Bibliographien von Vlachy verwiesen (J. Vlachy, Mobility in Science. A bibliography of scientific career migration, field mobility, international academic circulation and brain drain, in: Scientometrics, 2/1979, S. 201—228; J. Vlachy, Mobility in physics. A bibliography of occupational, geographic and field mobility of physicists, in: Czechoslovak Journal of Physics, 6/1981, S. 669—674). Das Problem der Feldmobilität wird u. a. in folgendem Artikel behandelt: J. Vlachy, Mobility and career outlook for physicists, in: Czechoslovak Journal of Physics, 6/1981, S. 675—686.

2 Vgl. ebenda, S. 675.

3 Vgl. W. Ebeling, Die Stellung der Physik im System der Wissenschaften. Kritik des Physikalismus, in: Deutsche Zeitschrift für Philosophie, 1/1984; W. Ebeling/A. Scharnhorst, Selforganization models for fieldmobility of physicists, in: Czechoslovak Journal of Physics, 1/1986, S. 43—46.

Überlegungen und Methoden der Physik der Selbstorganisation und Evolution zur Anwendung bringt.[4]

In der Eigenschen Theorie der präbiotischen Evolution wird mit der Gleichung (1) die Replikation, Mutation und Selektion von Makromolekülen beschrieben[5]:

$$\dot{X}_i = E_i X_i + \sum_{i \neq j} (A_{ij} X_j - A_{ji} X_i) + \sum_j B_{ij} X_i X_j - k_0(t)\, X_i\,,$$
$$i,j = 1, \dots N\,. \qquad (1)$$

Hier sind die X_i die Dichte der i-ten molekularen Spezies, E_i stellt den Selektionswert dieser Spezies dar, die A_{ij} sind die Mutationsraten und die B_{ij} die Koeffizienten der kreuzkatalytischen Kopplung zwischen den Sorten i und j sowie $k_0(t)$ ein Verdünnungsfluß. Wie von der Physik der Selbstorganisation und Evolution herausgearbeitet wurde, tragen die durch die obige Gleichung beschriebenen Prozesse allgemeineren Charakter und werden zu Evolutionsfaktoren in komplexen Systemen.

Auf allen Organisationsstufen ist die Fähigkeit eines Systems, Mutationen hervorzubringen, zu selektieren, und günstige Varianten zu verbreiten, die entscheidende Voraussetzung, sich evolutiv zu verhalten.[6] Hierbei erfolgt die Verwendung der Begriffe Mutation und Selektion in einem verallgemeinerten, von der Biologie abstrahierenden Sinne, der mit den biologischen Begriffsvorstellungen nur noch das allgemeine Prinzip gemeinsam hat. Unter Mutation versteht man die stochastische Generierung neuer Systemstrukturen; Selektion bezeichnet eine spezielle Form des kohärenten Verhaltens der Teilsysteme, die bei Bestehen einer Wettbewerbssituation (Konkurrenz) dazu führt, daß von den prinzipiell existenzfähigen Teilsystemen mindestens eines verschwindet; und Selbstreproduktion ist die Fähigkeit des Systems zur Herstellung relativ genauer Kopien seiner selbst bei ständigem Generationswechsel. Der beschriebene allgemeine Charakter der so modellierten Evolutionsvorgänge gestattet die Diskussion der Anwendung dieser Prinzipien auch in der Wissenschaftstheorie.

Im folgenden wollen wir ein auf dieser Basis erarbeitetes lineares Modell zur Beschreibung des Mobilitätsphänomens betrachten, das dann verallgemeinert wird. Der vorliegende Artikel sollte als ein erster Schritt in die Richtung der mathematischen Modellierung von Teilaspekten der Wissenschaftsentwicklung verstanden werden, der von der Physik aus getan wird, um zu einem besseren Gesamtverständnis komplizierter Prozesse zu gelangen.

4 Vgl. G. Nicolis/I. Prigogine, Selforganization in nonequilibrium systems, New York 1977; W. Ebeling/R. Feistel, Physik der Selbstorganisation und Evolution, Berlin 1982; B. Küppers, Molecular theory of evolution, Berlin (West)—Heidelberg—New York 1983.

5 M. Eigen/P. Schuster, The hypercycle, Berlin (West)—Heidelberg—New York 1979.

6 W. Ebeling/R. Feistel, Physik der Selbstorganisation und Evolution, a. a. O., S. 269.

2. Ein deterministisches Modell der Feldmobilität

Das erste Problem bei der mathematischen Beschreibung realer komplexer Systeme ist die geeignete Auswahl quantifizierbarer Größen, die dann als Variable in unserem Modell erscheinen.[7] Im folgenden betrachten wir ein System wissenschaftlicher Spezialgebiete, die eine wissenschaftliche Disziplin bilden; als Beispiel dient uns die Physik. Weiterhin wird jedes dieser Gebiete durch eine Nummer i repräsentiert, und die Zahl N sei die Gesamtzahl aller Spezialgebiete im System. Dann stellt die Variable $X_i(t)$ die Zahl aller der Wissenschaftler, die zur gegebenen Zeit t auf dem Spezialgebiet i arbeiten, dar. Die zeitliche Variation dieser sich kontinuierlich verändernden Funktionen beschreibt gewisse quantitative Aspekte der Entwicklung der Disziplin.

Das zweite Problem ist die mathematische Modellierung der zeitlichen Veränderung der nunmehr gefundenen Variablen $X_i(t)$. Der einfachste Ansatz ist dabei die Aufstellung einer Ratengleichung. Das Wachstum des Spezialgebietes wird als ein autokatalytischer Prozeß betrachtet:

$$\dot{X}_i = F_i = W_i \cdot X_i \qquad i = 1, \ldots, N. \tag{2}$$

Die Größe W_i heißt Wachstumsrate und kann positive Werte (Wachstum) oder negative Werte (negatives Wachstum = Rückgang der Besetzung des Gebietes)

Tabelle 4: Wachstum von Untergebieten in der Physik anhand ausgewählter Daten

Nummer des Gebietes i	Name des Gebietes i	Zahl der in i arbeitenden Wissenschaftler zur Zeit $t_1 = 1968$	Zahl der in i arbeitenden Wissenschaftler zur Zeit $t_2 = 1970$	Absolute Wachstumsrate W_i des Gebietes i
1	Physik der Erde u. Planeten	486	581	0,097
2	Festkörperphysik	3759	3248	–0,068
3	Atom-, Molekular- u. Elektronenphysik	925	783	–0,076
4	Kernphysik	1674	1390	–0,085
5	Elementarteilchenphysik	1210	1064	–0,060

7 Zu dem Problem der dynamischen Modellierung komplexer Systeme vgl. auch: P. M. Allen/G. Engelen/M. Sanglie, Selforganizing dynamic models of human systems, in: From microscopic to macroscopic order, hg. von E. Frehland, Berlin (West)—Heidelberg—New York 1984.

annehmen. Für einige Spezialgebiete in der Physik wurden aus vorgefundenem Datenmaterial Wachstumsraten berechnet (Tabelle 4).[8]

Im allgemeinen kann man vier Grundmechanismen betrachten, die für Wachstum oder Zerfall verantwortlich sind. Sie setzen sich einerseits aus inneren Vorgängen, der Bildung oder Auflösung von Elementen des Systems und andererseits aus Austauschprozessen wie Zufluß oder Abfluß zusammen. Das Phänomen der Feldmobilität ist verbunden mit den letztgenannten Prozessen, d. h. für das System von Spezialgebieten, daß zwischen den Spezialgebieten Wissenschaftler „ausgetauscht" werden, also ihr Gebiet verlassen und sich auf einem anderen betätigen.

Wir definieren:

a) Mobilität der Wissenschaftler, die sich von Spezialgebiet j zum Spezialgebiet i bewegen

$$A_{ij} = \frac{\text{Zahl aller Wissenschaftler, die in der Zeiteinheit von } j \text{ nach } i \text{ gehen}}{\text{Zahl aller Wissenschaftler in } j};$$

b) summarische Mobilität der Wissenschaftler auf dem Gebiet i (gesamter Abfluß)

$$A_j = \sum_i A_{ij} = \frac{\text{Zahl aller Wissenschaftler, die } j \text{ verlassen nach allen anderen Gebieten}}{\text{Zahl der Wissenschaftler in } j}$$

Für einige Spezialgebiete in der Physik sind aus in der Literatur vorgefundenem Datenmaterial die Koeffizienten, die unter a) angegeben wurden, berechnet worden (Tabelle 5).[9]

Tabelle 5: Mobilitätsmatrix $A = A_{ij}$ per annum (Die Gebiete sind identisch mit den in Tabelle 4 unter der jeweiligen Nummer aufgeführten, die Daten zur Berechnung der Mobilitätskoeffizienten sind der Literatur entnommen)

i j	1	2	3	4	5
1	—	0,003	0,011	0,007	0,011
2	0,017	—	0,058	0,026	0,010
3	0,009	0,018	—	0,011	0,006
4	0,002	0,006	0,008	—	0,027
5	0,015	0,004	0,005	0,016	—

8 Benutzt wurde Datenmaterial aus: Physics in perspective, National Academy of Science, Washington 1973.

9 Ebenda.

Im Verlauf der Austauschprozesse wird sich die Anzahl in einem Gebiet erhöhen und entsprechend in einem anderen Gebiet verringern. Wir erhalten für die zeitliche Änderung der Größe $X_i(t)$ somit folgende Gleichung:

$$\dot{X}_i = \sum_j A_{ij} X_j - \sum_j A_{ji} X_i \qquad i, j = 1, \ldots, N. \tag{3}$$

Hierbei gilt: $\sum_i \dot{X}_i = 0$, das heißt, die Gesamtsumme der Wissenschaftler im System bleibt konstant, wenn nur Austauschprozesse auftreten. Diese Aussage ist aber gleichzeitig auch ein Kriterium, um zu überprüfen, welche Prozesse im System stattfinden. Stellt man bei empirischen Untersuchungen fest, daß die Gesamtzahl der Wissenschaftler im System nicht konstant ist, dann muß man in die Modellbetrachtung auch „innere" Prozesse wie Bildung und Auflösung, im folgenden als Selbstreproduktion und Zerfall bezeichnet, aufnehmen. Wie lassen sich solche mathematischen Ansätze für das hier betrachtete System sinnvoll interpretieren? Unter „Selbstreproduktion" (Bildung) wollen wir alle jene Prozesse verstehen, bei denen „neue Wissenschaftler" (d. h. Menschen, die vorher nicht in der Wissenschaft tätig waren und die somit ein Reservoir künftiger Wissenschaftler bilden können) in das System aufgenommen werden, sei es durch den Bildungsweg eines Studenten, die Vergabe von Doktorarbeiten, Einstellungen etc. Die Einführung eines solchen Terms in die Gleichung trägt auch der Vorstellung Rechnung, daß ein wichtiger Aspekt der Wissenschaftsentwicklung in der ständigen Reproduktion des Wissenschaftlerpotentials liegt. Der so gewonnene Zuwachs aus Wissenschaftlern ist für ein Gebiet i proportional der Anzahl der Wissenschaftler, die schon auf dem Gebiet tätig sind und wird in der Ratengleichung durch den Term $A_i \cdot X_i$ repräsentiert: A_i wird als Selbstreproduktionsrate bezeichnet. Hinter diesem Ansatz stehen u. a. folgende Vorstellungen: Je mehr Wissenschaftler auf dem Gebiet i tätig sind, desto größer kann die Ausstrahlung des Gebietes durch von den Wissenschaftlern gehaltene Vorlesungen, Vorträge u. a. auf Studenten werden, und desto mehr mögliche Betreuer für zukünftige Wissenschaftler sind auch vorhanden. In dem Wert des Proportionalitätsfaktors A_i spiegeln sich Attraktivität, Schwierigkeitsgrad, gesellschaftliche Relevanz u. a. Eigenschaften des Gebietes wider.

Unter „Zerfall" sind all solche Prozesse zusammengefaßt, bei denen Wissenschaftler das Gebiet verlassen, indem sie ganz aus der wissenschaftlichen Gemeinschaft austreten, also ihre wissenschaftliche Arbeit beenden. Diese Prozesse werden in dem folgendem Term dargestellt: $-D_i X_i$; wobei D_i als Zerfallsrate bezeichnet wird.

Eine Verallgemeinerung des bisher dargestellten Modells stellt die Einbeziehung von Wechselwirkungen zwischen den Gebieten dar, die in den Gleichungen als Terme höherer Ordnung (nichtlineare Terme) erscheinen. Das Gebiet j wirkt auf i nicht nur dadurch ein, daß Wissenschaftler von j zu i wandern (im Austausch), sondern beeinflußt direkt das Wachstum des anderen Gebietes, d. h. die Wachstumsraten des Gebietes i hängen von der Anzahl der in j arbeitenden

Wissenschaftler ab. Dargestellt wird eine solche Wechselwirkung durch nichtlineare Terme:

$$A_i = A_i^0 + A_i^1 X_i\,, \qquad D_i = D_i^0 + D_i^1 X_i \quad \text{und}$$
$$A_{ij} = A_{ij}^0 + A_{ij}^1 X_i\,. \tag{4}$$

Durch diesen Ansatz sollen solche Prozesse wie Imitation, Förderung oder Unterdrückung anderer wissenschaftlicher Ideen abgebildet werden. Bei Zusammenfassung aller Terme erhält man somit folgende Gleichung:

$$\dot{X}_i = (A_i^\circ - D_i^\circ)\, X_i + \sum_j (A_{ij} X_j - A_{ji} X_i) + (A_i^1 - D_i^1)\, X_i^2$$
$$+ \sum_j (A_{ij}^1 - A_{ji}^1)\, X_i X_j \qquad i, j = 1, \ldots, N \tag{5}$$

Diese Gleichung entspricht der Eigen-Schuster-Gleichung für die präbiotische Evolution (siehe Gleichung [1] mit $E_i = A_i + D_i$, $B_{ij} = A_{ij}^1 - A_{ji}^1$, $k_0 = 0$). In den Koeffizienten A_i^0, A_i^1, D_i^0, D_i^1, A_{ij}^0 und A_{ij}^1 werden Eigenschaften der Gebiete, soziale Kräfte und Bedingungen widergespiegelt. Die Werte dieser Koeffizienten können, wenn sie empirisch bestimmt werden, wie es anhand der Mobilitätskoeffizienten demonstriert wurde, Auskunft über die Stellung eines Gebietes innerhalb eines Systems von Gebieten, über Wechselwirkungen zwischen den Gebieten und über zeitliche Entwicklungen der Gebiete geben.

3. Ein stochastisches Modell der Feldmobilität

Die bisherige Herangehensweise an die Problematik der Herausbildung von Forschungsgebieten führte zu einem deterministischen Modell, die Anzahl der Wissenschaftler wurde durch die sich kontinuierlich verändernde Funktion $X_i(t)$ dargestellt. Andererseits ist es gut bekannt, daß besonders in der ersten Phase der Herausbildung eines Gebietes, in der meist nur wenige Wissenschaftler auf diesem Gebiet tätig sind, große relative Schwankungen der Anzahl dieser Wissenschaftler beobachtet werden können. Zur Beschreibung von Veränderungen der Anzahl von 0 auf 1, 1 auf 2 etc. stellt die Funktion $X_i(t)$ kein geeignetes Beschreibungsmittel dar, da sie eine kontinuierlich variierende Größe und eine Näherung der diskreten Natur der Elemente des Systems (Wissenschaftleranzahl pro Gebiet) ist. Wir weisen darauf hin, daß es von entscheidender Bedeutung ist, ob kein, ein, zwei oder drei Wissenschaftler auf einem Gebiet arbeiten. Eine Änderung von etwa 1000 auf 1001 oder 999 macht dagegen wenig aus. Man sieht, daß die Diskontinuität besonders bei der Entstehung von Gebieten relevant ist. Zum anderen steigt natürlich auch die Rolle zufälliger Faktoren, wenn der Teilnehmerkreis in einem Gebiet noch klein ist und Schwankungen in der Größenordnung des Wertes selbst liegen. Daher sind nur noch Wahrscheinlichkeitsaussagen sinnvoll. Der

Aufbau eines stochastischen Modells ist erforderlich. Zur Illustration der oben genannten Bedingungen, die zu einem stochastischen Ansatz führen, sei nur kurz ein Beispiel aus der Geschichte der Theorie der Selbstorganisation genannt: der Beginn des Gebietes „Chemische Oszillationen". Dieses Gebiet wurde 1910 von A. J. Lotka mit einem Artikel über periodische chemische Reaktionen begründet[10]. Nach dieser Arbeit geriet die Problemstellung im Grunde wieder in Vergessenheit, nur einzelne Autoren arbeiteten auf diesem Gebiet, wie etwa Bonhoeffer in den 40er Jahren und Belousov in den 50er Jahren. Erst später in den 60er Jahren, nachdem durch die Untersuchungen von Zhabotinsky, Prigogine, Nicolis u. a. die grundlegende Bedeutung dieser Phänomene klar wurde, setzte ein kontinuierliches Wachstum auf diesem Gebiet ein.

Kehren wir zurück zur mathematischen Formulierung des stochastischen Ansatzes. Zunächst gehen wir von der grundlegenden Annahme aus, daß die Menge der Gebiete abzählbar ist. In diesem Fall kann jedem Gebiet eine natürliche Zahl i zugeordnet werden. Die Anzahl der Wissenschaftler, die auf dem Gebiet i arbeiten, wird durch die ganze nichtnegative Zahl N_i beschrieben (anstelle der Funktion X_i im deterministischen Bild). Die Größen N_i nennt man Besetzungszahlen des Systems. Der vollständige Satz von Besetzungszahlen $N_1, N_2 \ldots$ charakterisiert dann den Zustand des Systems.

Wir nehmen nun an, daß sich in jeweils einem Schritt nur eine bzw. höchstens zwei Besetzungszahlen ändern können, ersterem entspricht ein Geburts- (Schaffung) oder Zerfallsprozeß (Auflösung), letzterem ein Übergang (Austausch). Damit treten die folgenden Fälle auf:

$$N_i \to N_i + 1 \,, \qquad N_i \to N_i - 1 \,, \qquad \begin{pmatrix} N_i \\ N_j \end{pmatrix} \to \begin{pmatrix} N_i + 1 \\ N_j - 1 \end{pmatrix} . \tag{6}$$

Mit welcher Wahrscheinlichkeit die Möglichkeiten realisiert werden, kommt in dem Ansatz für die Übergangsraten W_{ij}, die den Evolutionsoperator W bilden, zum Ausdruck.

Im stochastischen Bild erhalten wir Wahrscheinlichkeitsaussagen darüber, wieviele Wissenschaftler jeweils in den Gebieten zu einer bestimmten Zeit tätig sind, beschrieben durch die Wahrscheinlichkeitsdichte $P(N_1, N_2, \ldots, N_i, \ldots, t)$. Der Prozeß der zeitlichen Veränderung dieser Größe wird unter der Annahme, daß die Prozesse Markovcharakter tragen, durch die folgende Mastergleichung beschrieben:

$$\frac{\partial}{\partial t} P = W \cdot P(N_1, \ldots, N_i, N_i, \ldots, t) \,. \tag{7}$$

Wie im deterministischen Fall besteht auch hier das Problem in der Wahl adäquater Ansätze für den Evolutionsoperator W. Die Grundzüge des im folgenden

10 Vgl. E. Bruckner/A. Gehlert, Die Entdeckung der reaktionskinetischen Bedingung für oszillatorisches Verhalten in der Chemie durch A. Lotka und J. Hirniak — ein Beispiel für Vorzeitigkeit?, Berlin 1985 (AdW der DDR, Schriften des ITW, Heft 47).

entwickelten Modells entsprechen weitgehend einem Artikel von Jiménez Montaño und Ebeling über ein stochastisches Evolutionsmodell des technologischen Wandels.[11] Die verwendete mathematische Technik ist auch weitgehend analog zur stochastischen Theorie der Evolution biologischer Makromoleküle. Da der mathematische Formalismus im weiteren nicht im Vordergrund stehen soll, sei auf die umfangreiche Literatur dazu verwiesen.[12]

Für die Wahrscheinlichkeitsraten der in (6) genannten möglichen Fälle seien die folgenden Grundprozesse eingeführt:

— *Selbstreproduktion* (Bildung)

Analog zu den Überlegungen im deterministischen Fall führen wir auch hier „Selbstreproduktion", d. h. also die Gewinnung „neuer" Wissenschaftler für das Gebiet (Bildung, Erziehung u. ä.) als einen wichtigen Wachstumsprozeß ein. Die Wahrscheinlichkeit des entsprechenden Übergangs $N_i \to N_i + 1$ wird in diesem Fall folgendermaßen angesetzt:

$$W(N_i + 1/N_i) = A_i^0 N_i + A_i^1 N_i(N_i - 1) . \qquad (8)$$

Die Koeffizienten A_i^0, A_i^1 kennzeichnen die Effektivität, mit der die Wissenschaftler auf dem Gebiet i sich im Ausbildungsprozeß betätigen. Sie können ebenso mit der Attraktivität von i korreliert sein, abhängig von der Forschungssituation und dem aktuellen Erfolg von i.

— *Zerfall* (Auflösung)

Neben Prozessen der Gewinnung von Wissenschaftlern treten auch Wissenschaftler aus dem wissenschaftlichen Leben aus. Dann verringert sich die Anzahl N_i des betroffenen Gebietes. Für diesen Übergang wird die folgende Übergangsrate angenommen:

$$W(N_i - 1/N_i) = D_i^0 N_i + D_i^1 (N_i - 1) N_i . \qquad (9)$$

— *Lineare Feldmobilität und Entstehung neuer Gebiete*

Dem Phänomen der Feldmobilität entspricht in diesem Modell der Austauschprozeß: $N_j \to N_j - 1$, $N_i \to N_i + 1$, für den Fall, daß ein Wissenschaftler von j nach i wechselt. Analog zum deterministischen Modell wählen wir einen Ansatz, bei dem die Wahrscheinlichkeit des Überganges proportional zur Anzahl der in j tätigen Wissenschaftler ist:

$$W(N_i + 1, N_j - 1/N_i N_j) = A_{ij}^0 N_j . \qquad (10)$$

Alle charakteristischen Eigenschaften des Gebietes i, zu dem hin der Wissenschaftler übergeht, und die diesen Übergang beeinflussen können, spiegeln sich in der Größe des Wertes A_{ij}^0 wider, der mit N_j darüber Auskunft gibt, wie hoch die Wahrscheinlichkeit des Überganges ist. Die Beschreibung dieses Prozesses entspricht

11 M. A. Jimenez Montaño/W. Ebeling, A stochastic evolutionary model of technological change, in: Collective Phenomena, 3/1980, S. 107.

12 Vgl. W. Ebeling/R. Feistel, Physik der Selbstorganisation und Evolution, a. a. O., S. 148f. und dazugehörige Referenzen.

der des Mutationsprozesses in der Theorie der molekularen Evolution. Die Fähigkeit, neue Möglichkeiten für das System zu schaffen, in unserem Fall neue Gebiete durch neue Ideen, die sich eventuell zu einem Gebiet entwickeln, diese Eigenschaft, die in der Einleitung als absolut notwendig für ein evolutionierendes System beschrieben wurde, findet sich in diesem Modell in dem folgenden Übergang:

$$N_j \to N_j - 1\,, \qquad N_i = 0 \to N_i = 1\,.$$

Dies ist ein Spezialfall des als Feldmobilität beschriebenen Prozesses für die Anfangsbedingung $N_i = 0$. Mit anderen Worten, ein einzelner Wissenschaftler erschließt ein völlig neues Gebiet, das bisher nicht bearbeitet wurde, d. h. bisher nicht Gegenstand wissenschaftlicher Forschungen war.

Die Generierung neuer Ideen (Gebiete) stellt sich formal als ein stochastischer Prozeß dar, bei dem das System zufällige Übergänge in „leere Gebiete" ausführt und das Ergebnis testet. Die Wahrscheinlichkeit, das neue Gebiet zu erschließen, ist auch hier verknüpft mit dem Koeffizienten A^0_{ij}. Die Bedeutung von Migrationsprozessen für die Bildung neuer Spezialgebiete wird auch in der entsprechenden wissenschaftsmetrischen Literatur betont.[13]

— *Wechselwirkungen*

Diesem vierten und letzten Grundprozeß entspricht die Einbeziehung komplizierterer Wechselwirkungen als nur durch lineare Austauschprozesse. Es ist allgemein klar, daß jeder Wissenschaftler in mehr oder weniger engen Verbindungen zur wissenschaftlichen Gemeinschaft steht und die Arbeiten anderer Wissenschaftler beobachtet. So kann eine besondere Aktualität und Attraktivität eines Gebietes (z. B. des Gebietes i) zu Übergängen auf dieses Gebiet führen, die durch die Wissenschaftler auf dem Zielgebiet beeinflußt werden:

$$\begin{pmatrix} N_i \\ N_j \end{pmatrix} \to \begin{pmatrix} N_i + 1 \\ N_j - 1 \end{pmatrix},$$

und deren Raten folglich nicht mehr nur von der Anzahl der Wissenschaftler in j abhängen, sondern auch davon, wieviele Wissenschaftler schon in i arbeiten:

$$W(N_i + 1, N_j - 1/N_i N_j) = A^1_{ij} N_i N_j\,. \tag{11}$$

A^1_{ij} wird als Wechselwirkungsmatrix bezeichnet. Gegenseitige Unterstützung oder auch Hemmung, deren Möglichkeiten durch die in *i und j* arbeitenden Wissenschaftler gegeben sind, finden je nach Realisierung ihren Ausdruck im Wert des Koeffizienten A^1_{ij}. Dieser Koeffizient ist nun selbst wieder eine komplizierte Funktion verschiedener Merkmale beider Gebiete.

Für einen speziellen Fall der Wechselwirkung, der Imitation, sei ein Ansatz für diesen Koeffizienten angegeben:

$$A^1_{ij} = (IM)\, N^{-1} A_i\,, \tag{12}$$

13 Vgl. etwa J. Vlachy, Mobility and career outlook for physicists, in: Czechoslovak Journal of Physics, 6/1981, S. 675.

wobei N die Gesamtzahl der Wissenschaftler im System ist. Das heißt, in diesem Fall ist der Übergang direkt verbunden mit der Selbstreproduktionsrate des anziehenden Gebietes, die, wie im Abschnitt „Selbstreproduktion“ dargestellt, als ein Merkmal für die Attraktivität des Gebietes gewertet werden kann. Die Wahrscheinlichkeit des Überganges: $W(j \rightarrow i) = (IM)\, A_i N_j \cdot N_i/N$ ist somit proportional zur relativen Population des anziehenden Feldes (N_i/N) und der Population des Quellgebietes N_j. Die Wirksamkeit solcher Imitationen zeigt sich deutlich in dem Wachstum sogenannter „moderner“ Gebiete.

Nach den allgemeinen Regeln für Markovsche Prozesse läßt sich aus den angegebenen Übergangswahrscheinlichkeiten die das Zielverhalten der Wahrscheinlichkeitsverteilung P charakterisierende Mastergleichung konstruieren. Des weiteren können auch Simulationsprozesse damit realisiert werden. Der Zusammenhang zwischen dem stochastischen und dem deterministischen Modell wird hergestellt, wenn man die Gleichung (7) einer Mittelwertbildung und Faktorisierung unterwirft.

Im Vergleich der oben angegebenen Grundprozesse mit den Mechanismen, die bei der molekularen Evolution beschrieben werden, tritt die Imitation als ein neues Phänomen auf. Im Gegensatz zur biologischen Spezies, deren Individuen mit der Spezies aussterben, sind Wissenschaftler (i. a. Repräsentanten sozialer Systeme) in der Lage, in der wissenschaftlichen Gemeinschaft auf ein anderes Gebiet überzugehen. Sie tragen das Merkmal „Spezies“ bzw. „Gebiet i“ nur solange, wie sie in diesem Gebiet arbeiten und keinen Wechsel vornehmen.

Fassen wir abschließend noch einmal einige Hauptgedanken des hier entwickelten Modells zusammen:

Bestimmte quantitative Aspekte der Wissenschaftsentwicklung werden im Modell durch die Veränderung der Zahlen der auf Teilgebieten arbeitenden Wissenschaftler beschrieben. Die Eigenschaften der Gebiete ($i = 1, 2 \ldots$) und ihre dynamischen Relationen zueinander werden durch Sätze von Ratenkoeffizienten bzw. Matrizen A_i, D_i, A_{ij}^0, A_{ij}^1 beschrieben. Diese Größen gehen in das Modell als Eingangsinformation ein und müssen empirisch bestimmt werden. Eine wichtige Aufgabe besteht somit in der Bestimmung dieser Koeffizienten aus vorhandenem bzw. zu erarbeitendem wissenschaftsmetrischen Material. Folgende Wege können dabei beschritten werden.

1. Benutzung von Zahlenangaben über die Wissenschaftlerzahlen auf den Gebieten und deren zeitliche Entwicklung aus Angaben von Leitern der Einrichtungen oder wissenschaftlichen Gesellschaften bzw. Umfragen. Zu dieser Kategorie zählt auch das bei der Errechnung der Tabellen benutzte Material.

2. Benutzung von Publikationskennziffern. Die Benutzung von Stichworten für die Klassifikation von Publikationen erlaubt eine Zuordnung von publizierenden Wissenschaftlern. Als Material für solche Untersuchungen können automatisierte Recherchensysteme wie etwa INSPEC benutzt werden. Etwas aufwendiger ist die moderne Methode der Kozitationsclusteranalyse, welche im Anhang eingehender analysiert wird.

Zweifellos können die obigen Ausführungen nur als Beginn der Erarbeitung eines quantitativen Modells gewertet werden; der Ausbau erfordert das detaillierte Studium verschiedener Fallbeispiele.

Anhang

Die im vorliegenden Modell beschriebenen intellektuellen Bewegungen von Wissenschaftlern zwischen wissenschaftlichen Spezialgebieten und die damit zusammenhängenden Faktoren der Auflösung und Neubildung solcher Spezialgebiete, d. h. des Entstehens und Vergehens von Forschungsrichtungen, stellen einen wichtigen Aspekt einer marxistisch-leninistischen Theorie der Wissenschaftsentwicklung dar. In der wissenschaftstheoretischen Literatur wird der Standpunkt vertreten, daß intellektuelle Umorientierungen großen Stils, wie etwa der Übergang von der klassischen Physik zur Quantentheorie, nicht in als unveränderlich vorgestellten wissenschaftlichen Gemeinschaften ablaufen können, sondern notwendig mit der Auflösung der alten und der Bildung einer neuen wissenschaftlichen Gemeinschaft verbunden sind.[1] Fragt man daher als Wissenschaftstheoretiker nach dem Zusammenhang der intellektuellen Wandlungsprozesse, die für das Entstehen und Vergehen der Spezialgebiete charakteristisch sind, zu den dynamischen Prozessen des Aufbaus bzw. Abbaus dieser Spezialgebiete, so zeigt sich, daß es sich hierbei um einen notwendigen und wesentlichen Zusammenhang handelt und die dynamischen Prozesse nicht als bloße Randerscheinungen zu betrachten sind. Die intellektuellen Umorientierungen und Änderungen im kollektiven Urteil erscheinen in einem Evolutionsmodell wie dem vorliegenden dynamisch aufgelöst als intellektuelle Umorientierung des einzelnen Wissenschaftlers, der das Spezialgebiet wechselt; anschließend werden sie jedoch in einem dynamischen Gesamtprozeß aller dieser Zugangs- und Abgangsprozesse wieder synthetisiert. Durch diesen dynamischen Auflösungsprozeß kann die intellektuelle Umorientierung als solche vorausgesetzt werden und bildet daher auch nicht das unmittelbare Erklärungsziel des vorliegenden Modells, welches wesentlich aus allgemeinen dynamischen Voraussetzungen über die Proportionalität der Zugangs- und Abgangsprozesse relativ zu einer schon vorhandenen Größe aufgebaut ist.

1 Vgl. S. R. Mikulinskij/V. S. Černjak, V poiskach teorii razvitija nauki, Moskva 1982; U. Geißler/G. Kröber/K. Lüdtke/V. Lüdtke/J. Tripoczky, Die Ursprünge der Molekularbiologie. Eine wissenschaftshistorisch orientierte Auseinandersetzung mit der auf Th. S. Kuhn basierenden Entwicklungsauffassung von N. G. Mullins, in: Alternatives zu Th. S. Kuhn. Wissenschaftstheoretische und historische Untersuchungen zu Kuhns Konzept der Wissenschaftsentwicklung, Berlin 1983 (AdW der DDR, Schriften des ITW, Heft 15); K. Lüdtke, Der Wandel von Formen kooperativ-kommunikativer Wissenschaftlerbeziehungen und die Wissenschaftsentwicklung (Beitrag in diesem Band); G. G. Djumenton, Kadrovije struktury rukovodstva laboratorii, in: Vestnik akademii nauk SSSR, 10/1981; Intensivierung der Forschung, hg. von G. Kröber/L. Läsker/H. Laitko, Berlin 1984.

Daß die theoretischen Wandlungsprozesse in der Wissenschaftsentwicklung dynamisch vermittelt, d. h., daß sie notwendig mit Zugangs- und Abgangsprozessen von Wissenschaftlern bezüglich der wissenschaftlichen Gemeinschaften verbunden sind, wird von den an einem solchen Umbruchsprozeß unmittelbar Beteiligten häufig artikuliert, wie z. B. aus jenem vielzitierten Ausspruch von Max Planck hervorgeht, der bekanntlich Kuhn entscheidend zu seiner Auffassung der sozialen Verdrängung von Theorien angeregt hat: „Eine neue wissenschaftliche Wahrheit pflegt sich nicht in der Weise durchzusetzen, daß ihre Gegner überzeugt werden und sich als bekehrt erklären, sondern vielmehr dadurch, daß die Gegner allmählich aussterben und daß die heranwachsende Generation von vornherein mit der Wahrheit vertraut gemacht wird."[2] Doch berichtet auch bereits etwa Denis Diderot folgendes: „Wenn eine Wissenschaft im Entstehen begriffen ist, wenden sich alle Geister zu ihr hin, dank der außerordentlichen Hochachtung, die man den Erfindern in der Gesellschaft entgegenbringt; dank dem Wunsche, aus eigener Anschauung eine Sache kennenzulernen, die soviel Aufsehen erregt; dank dem Ehrgeiz, Anteil am Ruhmestitel hervorragender Männer zu gewinnen. Sogleich wird sie von unzähligen Personen verschiedenen Charakters gepflegt. Es sind entweder Vornehme, die des Müßigganges überdrüssig sind, oder Überläufer, die sich einbilden, sie könnten in der Wissenschaft, die gerade Mode ist, einen Ruf gewinnen, den sie in anderen Wissenschaften, die sie um der neuen willen aufgegeben, vergeblich erstrebt haben. Manche machen sich daraus ein Gewerbe, andere werden aus Neigung dazu getrieben. So viele vereinigte Anstrengungen bringen ziemlich schnell die Wissenschaft soweit, wie sie kommen kann. Aber je weiter die Grenzen der Wissenschaft werden, desto enger werden die Grenzen der Hochachtung: nur noch denjenigen wird sie entgegengebracht, die sich durch große Überlegenheit auszeichnen. Dann nimmt die Zahl der Anhänger ab; man schifft sich nicht mehr nach einer Gegend ein, in der die Glückstreffer so selten und schwierig geworden sind. Es bleiben der Wissenschaft nur noch Tagelöhner, denen sie Brot gibt, und einige Männer von Genie, die noch lange Zeit berühmt bleiben."[3]

Es versteht sich, daß in solchen historischen Äußerungen und Beobachtungen jeweils nur einzelne Aspekte der Problematik artikuliert sein können. Gut wird z. B. an dem Ausspruch von Diderot sichtbar, was mit Attraktivität im Sinne des vorliegenden Modells gemeint sein kann, zugleich wird aber auch deutlich, daß die dynamische Kopplung an den Prozeß der theoretischen Wandlung im Einzelfall mehr oder weniger stark sein kann. Entscheidend ist, was der Wissenschaftler zur Entwicklung des Spezialgebietes beiträgt, zu dem er dazukommt. Es zeigt sich hier, daß die dynamischen Abgangs- und Zugangsprozesse stets eine inhaltliche und eine soziale Komponente haben. Mit der einsetzenden inhaltlichen Arbeit auf dem neuen Spezialgebiet ist in jedem Fall eine mehr oder weniger

2 M. Planck, Wissenschaftliche Autobiographie, Leipzig 1928, S. 22.

3 D. Diderot, Gedanken zur Interpretation der Natur (1754), in: Philosophische Schriften, Bd. 1, Berlin 1961, S. 421/422.

starke soziale Einbindung in die wissenschaftliche Gemeinschaft, die das Spezialgebiet repräsentiert, verknüpft, und sei es nur in der Form, daß eine neue Zeitschrift angeschrieben, Gutachten von bisher unbekannten Personen eingeholt werden müssen etc.

Soll der Beitrag eines Wissenschaftlers zur Entwicklung des Spezialgebietes bei den Überlegungen zur Feldmobilität mit ins Kalkül gezogen werden, so ist ein objektives empirisches Kriterium erforderlich, an dem dieser Beitrag gemessen werden soll. Dazu muß aber das Spezialgebiet selbst so bestimmt werden können, daß die Arbeit des Wissenschaftlers nach dem geforderten Kriterium als Beitrag erscheint, d. h. das Spezialgebiet selbst muß nach einem objektiven empirischen Kriterium definiert werden können. Unter diesem Aspekt soll nun ausführlicher auf eine der oben genannten Möglichkeiten der Datengewinnung eingegangen werden.

Es handelt sich um die von Small und Griffith 1973 entwickelte, auf der Datenbasis des Science Citation Index beruhende Kozitationsclusteranalyse,[4] die sich einer großen Anerkennung erfreut, weil sie unter bestimmten charakteristischen Einschränkungen ein objektives Verfahren zur Ausbildung der Strukturen und strukturellen Veränderungen in der modernen Wissenschaft darstellt.[5] Die Möglichkeit der Verwendung der Datenbasis des Science Citation Index erlaubt die Erstellung eines relativ breiten und umfassenden „Atlas der Wissenschaften“, wie dies wiederholt von Garfield dokumentiert wurde; der entsprechende Forschungsaufwand und die erforderlichen technischen Voraussetzungen zwingen indessen zu der Frage ihrer Verwendung auch in einem kleineren Maßstab.[6]

Die Frage, ob die mit Hilfe der Kozitationsclusteranalyse definierte dynamische Struktur der Spezialgebiete Gesetzmäßigkeiten der Bildung und des Abbaus folgt, wie sie durch ein Evolutionsmodell der vorliegenden Art nahegelegt werden, kann allerdings definitiv nicht ohne entsprechende empirische Untersuchungen ent-

4 Vgl. H. Small, Co-citation in the scientific literature. A new measure of relationship between two documents, in: Journal of the American Society for Information of Science, 24,4/1973; H. Small/B. C. Griffith, The structure of scientific literature (I), in: Science Studies, 4/1974, S. 17; E. Garfield, Citation indexing — its theory and application in science technology and humanities, New York 1979. — Ein ähnliches Verfahren wurde in der sowjetischen Wissenschaftsmetrie 1973 entwickelt (vgl. I. V. Maršakova, Sistema zwjasej meždu dokumentami, postrojennaja na osnovje ssylok, in: Naučno-Techničeskaja Informacija, Ser. 2/1973, Nr. 6.

5 Zur Bedeutung der Kozitationsclusteranalyse für die Problematik der Entstehung neuer Forschungseinrichtungen vgl.: S. G. Kara-Murza/S. A. Roškov, Ispolzovanije formalizovannych metodov pri vyjavlenii i ocenke novych naučnych napravlenij, in: Vestnik akademii nauk SSSR, 8/1984, S. 44.

6 Vgl. E. Garfield, Introducing the ISI Atlas of Science: Biotechnology and Molecular Genetics, 1981/82 and Bibliographic Update for 1983/84, in: Current Contents, 41/1984, S. 3; Zu den Möglichkeiten einer solchen eingegrenzten Betrachtungsweise vgl. z. B. Studien zu einzelnen Spezialgebieten wie etwa: H. Small, A co-citation model of a scientific speciality. A longitudinal study of collagen research, in: Social Studies of Science, 7/1977, S. 139.

schieden werden, und ihre Beantwortung kann mithin nicht Gegenstand dieser Ausführungen sein. Dennoch lassen sich einige Überlegungen darüber anstellen, inwiefern mit den Mitteln der Kozitationsclusteranalyse die theoretische Erklärungsebene des vorliegenden Evolutionsmodells widergespiegelt werden kann, derzufolge die Feldmobilität als ein Indikator für die Evolution der Spezialgebiete fungiert.

Die wissenschaftlichen Spezialgebiete werden im vorliegenden Evolutionsmodell als die selbstreproduzierenden Grundeinheiten der wissenschaftlichen Forschung betrachtet und die beobachteten Abgangs- und Zugangsprozesse von Wissenschaftlern werden als Ausdruck dieser Selbstreproduktions- bzw. allgemeiner Selbstorganisationsprozesse der Spezialgebiete (bzw. der sie repräsentierenden wissenschaftlichen Gemeinschaften) bewertet und analysiert. Damit wird ein Standpunkt eingenommen, der in der wissenschaftstheoretischen Literatur bereits seit längerer Zeit in dieser oder jener Form diskutiert wird, wie etwa bei Blauberg, Mirskij und Sadovskij deutlich wird, die eine wissenschaftliche Disziplin als ein offenes, sich selbst organisierendes System auffassen, dessen Existenz durch die „Regelung der Vorgänge zur Erhaltung und zur Reproduktion seiner einheitlichen Merkmale gewährleistet wird".[7]

Obgleich auch für Garfield die Spezialgebiete die Basiseinheiten der wissenschaftlichen Forschung darstellen,[8] ist die Kozitationsclusteranalyse ein empirisches Verfahren, das sich mit dem faktischen Aufweis der Strukturen und ihrer zeitlichen Änderungen begnügt. Empirische Voraussetzung für alle Untersuchungen auf dieser Basis ist das sogenannte „literary model",[9] d. h. alle Wissenschaftsprozesse können nur über den Spiegel der publizierten Artikel und entsprechenden Zitate analysiert werden. Auch die Spezialgebiete werden daher über das Zitationsverhalten der Wissenschaftler abgebildet. Man geht davon aus, daß die Artikel, die von einem Wissenschaftler in seiner Arbeit gleichzeitig zitiert werden, inhaltlich zueinander in Beziehung stehen. Kozitation heißt nichts weiter, als daß zwei Artikel gleichzeitig in einer Arbeit (der sogenannten Quelle) zitiert werden. Nun lassen sich alle Arbeiten ermitteln, die bis zu einem gegebenen Zeitpunkt ein gegebenes Paar von Dokumenten zitieren. Die Anzahl dieser Arbeiten heißt Kozitationsstärke. Sie ist als Häufigkeit des Zitiertwerdens ein zeitlich variables Maß; die mit ihrer Hilfe definierte Struktur ist daher dynamisch. Wichtig ist, daß für die Clusterung nur Dokumentenpaare berücksichtigt werden, die oberhalb eines selbstgewählten Schwellwertes der Kozitationsstärke liegen. Damit wird für ein gegebenes Dokumentenpaar eine gewisse Häufigkeit des Zitiert-Werdens zur Voraussetzung gemacht, ehe die beiden Ar-

7 I. V. Blauberg/E. M. Mirskij/V. N. Sadovskij, Die wissenschaftliche Disziplin: Begriff, Phänomen, Forschungsgegenstand, in: Rostocker Wissenschaftshistorische Manuskripte, 2/1978, S. 132.

8 Vgl. E. Garfield, Citation indexing. Its theory and application in science technology and humanities, a. a. O., S. 98.

9 Vgl. ebenda, S. 81.

beiten als einem Spezialgebiet zugehörig registriert werden. Auf diese Weise werden — gemessen am in gewisser Weise objektiven Maßstab des Zitationsverhaltens der wissenschaftlichen Gemeinschaft — für die Entwicklung des Spezialgebietes unbedeutende Beiträge ebenso ausgeschlossen wie ungenügend inhaltlich zusammengehörige Dokumentenpaare, deren Bestandteile sich gegebenenfalls als zu verschiedenen Spezialgebieten gehörig erweisen können. Zu einem Spezialgebiet gehören dann alle untereinander nicht elementfremden Dokumentenpaare[10] oberhalb des Schwellwertes der Kozitationsstärke. Anschließend lassen sich die Paare auflösen, so daß das Spezialgebiet durch eine Anzahl zugehöriger Artikel repräsentiert wird. Die durch das zeitlich variable Maß der Kozitationsstärke gegebene Dynamik erlaubt dabei eine eindeutige Bestimmung des Zugangs, Verbleibs bzw. des Ausscheidens eines Artikels zum, im bzw. aus dem Spezialgebiet (durch den Schwellwert der Kozitationsstärke).

Es ist nun zu vermuten, daß die mit Hilfe der Kozitationsclusteranalyse definierten Spezialgebiete als selbstreproduzierende Einheiten und die gegebene Dynamik als eine Evolutionsdynamik interpretiert werden können, so daß sich ein Evolutionsmodell der Selbstreproduktion und Mobilität von Spezialgebieten bezüglich abwandernder und zuwandernder Artikel entwickeln ließe. Die entscheidende Frage wäre dabei die, ob die empirisch bereits beobachteten Prozesse des Aufbaus und des Abbaus solcher Spezialgebiete den allgemeinen dynamischen Voraussetzungen folgen, wie sie in einem solchen Evolutionsmodell angenommen werden.

Soll von den Artikeln auf die Mobilität der Wissenschaftler rückgeschlossen werden, so läßt sich u. E. diese Betrachtungsebene gleichfalls mit den Mitteln der Kozitationsclusteranalyse erschließen, allerdings ist dazu eine Transformation von den Artikeln auf ihre Autoren erforderlich. Die durch die zugehörigen Artikel repräsentierten Spezialgebiete müssen in durch ihre Autoren repräsentierte Spezialgebiete und die originäre Dynamik des Zugangs und Abgangs von Artikeln in eine Dynamik des Zugangs und Abgangs von Autoren umgewandelt werden. Dazu müssen die Zugehörigkeit eines Wissenschaftlers zum Spezialgebiet sowie die entsprechenden Abgangs- und Zugangsprozesse von Wissenschaftlern mit den Mitteln der Kozitationsclusteranalyse definiert werden.

Es versteht sich, daß mit Hilfe der Kozitation auch die Zugangs- und Abgangsprozesse von Wissenschaftlern über das Zitationsverhalten der Gemeinschaft abgebildet werden. Der Zugangsprozeß eines Wissenschaftlers zu einem Spezialgebiet läßt sich in dieser Methodik als Zugang eines neuen Dokumentenpaares zum Spezialgebiet beschreiben, wobei die eine der kozitierten Arbeiten von dem hinzukommenden, die andere jedoch von einem auf dem Spezialgebiet bereits arbeitenden Autor stammen muß (da nur Dokumentenpaare zum Spezialgebiet gehören, die untereinander nicht elementfremd sind). Wie man sieht, wird mit Hilfe dieser Methodik ein Elementarprozeß der Feldmobilität erst registriert, wenn ein

10 Das sind alle Paare, die wenigstens ein Element gemeinsam haben.

von der Gemeinschaft bewerteter Beitrag zur Entwicklung des Spezialgebietes vorliegt (durch den Schwellenwert der Kozitationsstärke), wobei die Kozitationsvoraussetzung mit einem dem Spezialgebiet bereits zugehörigen Artikel das Kriterium bildet, nach dem die Arbeit des Wissenschaftlers als Beitrag erscheint. Nicht nur der wissenschaftliche Erfolg als solcher, sondern zugleich die theoretische Einbindungsfähigkeit des Wissenschaftlers erscheinen daher als zu erfüllende Bedingungen für einen Zugangsprozeß. Es zeigt sich, daß bei Verwendung dieser Methodik eine starke Kopplung der dynamischen Faktoren an den Prozeß der theoretischen Wandlung erfolgt, da alle diejenigen sozialen Mobilitätserscheinungen nicht berücksichtigt werden, aus denen keine nennenswerten Beiträge zur Entwicklung der Spezialgebiete resultieren.

Diese Einschätzung wird durch die Bildung der entsprechenden Kriterien der Zugehörigkeit und des Ausscheidens eines Wissenschaftlers zu bzw. aus einem Spezialgebiet bestätigt. Das Verbleiben eines Wissenschaftlers im Spezialgebiet wird dokumentiert durch die frequentierte Entstehung neuer Arbeiten, die als ein Element eines Dokumentenpaares fungieren, das zum Spezialgebietscluster hinzukommt. Einem Spezialgebiet zugehörig ist damit ein Wissenschaftler, der auf wenigstens eine dem Cluster zugehörige zurückliegende Arbeit verweisen kann und der frequentiert neue Arbeiten erzeugt, die sich als dem Cluster zugehörig erweisen; d. h. als Bedingung seiner Zugehörigkeit fungiert nicht nur die frequentierte Entstehung neuer Forschungsarbeiten, sondern zugleich die wissenschaftliche Validität und die theoretische Einbindung dieser Arbeiten in die inhaltlichen Prozesse der Entwicklung des Spezialgebiets.

Abwandernde Wissenschaftler sind solche, die nicht verbleiben. Sie können anderen Spezialgebieten zuwandern, oder sie verschwinden aus dem Wissenschaftssystem. Die Abwanderung wird registriert, wenn, gemessen an einem sinnvoll festgelegten Raster, nach einer gewissen Zeit von einem bestimmten, bisher zugehörigen Autor keine neue Arbeit als Element eines Dokumentenpaares zum Spezialgebiet hinzukommt. Für den Fall, daß sich, wie etwa für starke theoretische Wandlungsprozesse anzunehmen ist, das allgemeine Zitationsverhalten in der wissenschaftlichen Gemeinschaft drastisch ändert, zeigt sich u. E. besonders deutlich, daß die definierten Zugangs-, Zugehörigkeits- und Abgangsprozesse von den einzelnen Wissenschaftlern als auch durch die Gemeinschaft ausgelöst werden können.

Über das kollektive Medium der Kozitation kann ein Wissenschaftler als Zugänger zu einem Spezialgebiet in Erscheinung treten, in das einzutreten er nie eine Absicht hatte; ebenso kann er als Abgänger fungieren, obgleich er sich weiterhin selbst als zugehörig bzw. sogar als Repräsentant des Gebietes einschätzt.

Es kann u. E. von Vorteil sein, diesen kollektiven Urteilsprozeß, der in der Wissenschaft objektiven Charakter trägt und dessen Änderungen immer auch neue Stufen der Wahrheitsfindung entsprechen, zur Bestimmung der Phänomene der Selbstreproduktion und Feldmobilität von Spezialgebieten bezüglich der Zugangs- und Abgangsprozesse von Wissenschaftlern zugrundezulegen.

Kapitel 3
Triebkräfte der Wissenschaftsentwicklung

Karlheinz Lüdtke

Der Wandel von Formen kooperativ-kommunikativer Wissenschaftlerbeziehungen und die Wissenschaftsentwicklung

1. Einleitung

Wissenschaftler bringen nicht nur Methoden und Theorien zur Erklärung gesetzmäßiger Zusammenhänge, sondern auch Formen der sozialen Organisation der Forschungsarbeit hervor. Doch was bedeuten diese Formen für die wissenschaftliche Arbeit selbst? Entsteht beispielsweise mit den Wissenschaftlergemeinschaften nur das soziale Umfeld für eine von sozialen Faktoren ansonsten unberührte Tätigkeit? Wenn ja, dann kann die Wissenschaftssoziologie, zu deren Gegenstand die Entwicklung von Wissenschaftlergemeinschaften gehört, über Form und Inhalt wissenschaftlichen Wissens selbst nichts aussagen, sondern nur etwas über soziale Folgen des Wissens und über soziale Bedingungen, die die Wissenschaftsentstehung begünstigen oder hemmen. Aber dann muß das Wissen als unmittelbare Repräsentanz der Untersuchungsgegenstände und Theorien müssen als Produkt von Experimenten unterstellt werden.

Nun hat es aber in der Geschichte der Wissenschaften immer wieder verschiedene theoretische Konzepte zu neu entdeckten Tatsachen gegeben, und die Parteien, die sie vertraten, stritten sich mitunter jahrzehntelang darum, welche der Alternativen die richtige wäre. Aus dem Faktischen, Beobachteten waren also Konzepte zur angemessenen Interpretation von Entdeckungen nicht herleitbar. Versuche, diesem immer wieder feststellbaren Umstand Rechnung zu tragen, indem zwischen in Beobachtungen begründeten faktischen Feststellungen und spekulativ-theoretischen Bedeutungszuweisungen zu erörterten Gegenständen und Erscheinungen unterschieden wurde, führten zu nichts.[1] Es läßt sich eben nicht übersehen, daß Experimenten und Beobachtungen immer schon handlungsleitende Theorien vorausgesetzt und die Resultate „theoriebeladen“ sind.

Eine Erklärung der Genesis theoretischen Wissens fernab von einem positivistisch-empiristischen Standort führt die Wissenschaftssoziologie aus der angedeuteten marginalen Rolle heraus. Und hier ist zuerst zu berücksichtigen, daß theoretisches Wissen in der Kommunikation wirkt und in einer Sprache ausgedrückt ist, so daß es legitim ist, solches Wissen als Resultat sozialer Entwicklungsprozesse zu bestimmen, in denen sich die entsprechenden Kommuni-

1 So hat es Versuche gegeben, solchen physikalischen Termini wie „Masse“ eine beobachtbare und eine theoretische Bedeutung zuzuschreiben. Vgl. R. Carnap, Philosophical Foundations of Physics, New York 1966.

kationsstrukturen und die Sprache herausgebildet haben. An dieser Stelle wird dieser Fragestellung nur in einer ganz bestimmten Hinsicht nachgegangen, und zwar geht es um den Zusammenhang zwischen der Herausbildung von Wissenschaftlergemeinschaften mit ihren kooperativ-kommunikativen Strukturen und der Entwicklung theoretischen Wissens. Die Bedeutung, die es gewinnt, wenn es über die Grenzen von Wissenschaftlergemeinschaften hinaus zum gesellschaftlich anerkannten Wissen geworden ist, bleibt unberücksichtigt.

2. Wissenschaftstheoretische Problematik einer soziologischen Erörterung von Wissenschaftsentwicklung

Untersuchungen, die die Frühphasen der Objekt- und Theorienentwicklung einbeziehen, legen den Gedanken nahe, daß Wissen zunächst nur in Relation zu jener Wissenschaftlergemeinschaft begründbar ist, in der es entstanden ist.[2] Diese Relativität versagt es einer breiteren wissenschaftlichen Öffentlichkeit, zur weiteren Entwicklung dieses Wissens vorgreifend Stellung zu nehmen. Bevor nicht die experimentellen Herangehensweisen und Bedingungen zur Reproduktion neuer untersuchter Effekte soweit systematisiert und standardisiert sind, daß sie auch außerhalb der betreffenden Gemeinschaft fehlerfrei nachvollzogen werden können, ist das empirische Wissen nur in dieser Gemeinschaft bewertbar. Experimentelles Vorgehen und Umgang mit den gerätetechnischen Bedingungen sind in diesem Stadium noch weitgehend vom Geschick und Erfahrungsgut derjenigen abhängig, die als erste die neu entdeckten Phänomene untersuchen; es läßt sich im Grenzfall nur über lernendes Beobachten aneignen, weshalb man zum intimen Kreis der Gemeinschaftsmitglieder gehören muß. Solange die empirische Forschung solche Bedingungen aufweist, solange der Kontext also, in dem sie stattfindet, noch nicht normiert ist, kann auch noch keine solche Sprache ausgebildet sein, die es erlaubte, die empirischen Resultate über den Kreis ihrer Schöpfer hinaus unmißverständlich mitzuteilen. Die Sprache ist vom spezifischen Kontext abhängig, so daß es zur Sicherung des Verständigungserfolges noch der Demonstration des Weges und der „Tricks" bedarf, mit deren Hilfe die Resultate erzielt wurden.

Mit der weiteren Entwicklung schwindet diese Relativität. Das neue Wissen findet Anschluß an die Errungenschaften der Vergangenheit und die Urteilsmaßstäbe der wissenschaftlichen Öffentlichkeit sowie — mit der Anwendung des Wissens — an gesellschaftliche Bedürfnisse nach Erkenntnis. In diesem Prozeß bleiben nur solche der mehr oder weniger zahlreichen Forscheranstrengungen wirksam, die sich in dieser Weise integrieren lassen. In der Retrospektive, nachdem der Prozeß gleichsam nachträglich begradigt worden ist, erscheinen

2 Vgl. H. M. Collins/R. G. Harrison, Building a TEA laser: the caprice of communication, in: Social Studies of Science, 5/1975, S. 441—450.

dann solche Phänomene, wie sie Fallstudien zufolge für Wissenschaftsentwicklungen ganz charakteristisch sind — Auseinandersetzungen zwischen konkurrierenden Schulen, langwährende Kontroversen zur Interpretation neu entdeckter Erscheinungen, Widerstände seitens der wissenschaftlichen Öffentlichkeit gegen die Anerkennung von wissenschaftlich Neuem u. a. m.[3] —, als den Entwicklungsgang störende Episoden, die hätten vermieden werden können. Dieser Prozeß ermöglicht real das, was Engels die „logische Behandlungsweise" der Geschichte einer Disziplin nennt. Zur Geschichte der Ökonomie führt er aus, sie sei oft „sprungweise und im Zickzack" gegangen. Wollte man ihr in der Darstellung folgen, so würde man „viel Material von geringer Wichtigkeit" aufnehmen. Der „Gedankengang (müßte — K. L.) oft unterbrochen werden". Deshalb sei die „logische Behandlungsweise ... allein am Platz ... Diese aber ist in der Tat nichts andres als die historische, nur entkleidet ... der störenden Zufälligkeiten."[4] Mit dieser Behandlungsweise wird die Geschichte einer Disziplin als fortschreitender Prozeß der Erkenntnis der objektiven Wahrheit verständlich. Dem steht nicht entgegen, daß sich mit der Veränderung der Rezeptionsbedingungen auch das verändert, was die überlieferten Errungenschaften (für den Rezipienten) *bedeuten*. Denn es gibt keinen beliebigen Wechsel dieser Bedingungen. Sie verändern sich mit den gesellschaftlichen Bedürfnissen und Anforderungen an den Erkenntnisprozeß, die ihrerseits Ausdruck der gesetzmäßigen Höherentwicklung der Gesellschaft sind. Zur Sicherung der Reproduktionsbedingungen einer sich höher entwickelnden Gesellschaft ist ein immer umfassenderes und tieferes Eindringen in die Naturprozesse erforderlich, das einer willkürlichen Rezeption des wissenschaftlichen Erbes Grenzen setzt.

Wir können in diesem Aufsatz das soeben Gesagte nur voraussetzen und nicht weiter ausführen. Indem wir uns auf den Werdegang von Gemeinschaften und dessen Zusammenhang mit der Theorien- und Objektentwicklung konzentrieren, schließen wir gerade eine „logische Behandlungsweise" aus. Und das, was danach als „störende Zufälligkeiten" erscheint, gewinnt unter dem Gesichtspunkt der Soziologie der Gemeinschaftsentwicklung — wie sich zeigen wird — an Gewicht.

Für unser Vorhaben ist eine Begrenzung prinzipieller Art in Kauf zu nehmen: Die Darlegung wurde so durchgeführt, daß eine Gemeinschaft mit ihrer Strukturentwicklung als Prozeß erscheint, der in wichtigen Etappen weitgehend autonom die Bedingungen und Voraussetzungen — die praktisch-gegenständlichen wie die

3 Vgl. D. A. Mac Kenzie/S. B. Barnes, Biometriker versus Mendelianer, in: Kölnische Zeitschrift für Soziologie und Sozialpsychologie, Sonderheft Wissenschaftssoziologie, 18/1975; K. Lüdtke, Der Unterschied zwischen der Entstehung von Entdeckungen und ihrer Anerkennung. Die Darstellung dieses Unterschiedes an einigen Aspekten der DNS-Strukturaufklärung, in: Gibt es vorzeitige Entdeckungen?, Berlin 1985 (AdW der DDR, Schriften des Instituts für Theorie, Geschichte und Organisation der Wissenschaften, Heft 47).

4 F. Engels, Karl Marx, „Zur Kritik der Politischen Ökonomie", in: K. Marx/F. Engels, Werke (im folgenden: MEW), Bd. 13, Berlin 1961, S. 474.

ideellen — der weiteren wissenschaftlichen Tätigkeit und damit des Fortbestandes der Gemeinschaft erzeugt. Für eine solche Beschränkung können natürlich nur methodische Gründe geltend gemacht werden. Es versteht sich, daß eine Wissenschaftlergemeinschaft keine Welt für sich ist. Ihre Entwicklungsvoraussetzungen werden im gesamtgesellschaftlichen Reproduktionsprozeß erzeugt, und über die Anwendung ihrer Ergebnisse entscheidet sich letztlich auch ihr Fortbestand.

3. Zu den Ausgangspunkten eines Verständnisses der Entwicklung kooperativ-kommunikativer Strukturen im Zusammenhang mit der Genesis allgemeinen Wissens

Anregungen zur Behandlung einleitend genannter Fragestellungen gewinnen wir aus der Marxschen Theorie der Entwicklung der gesellschaftlichen Produktivkraft der Arbeit, wenngleich sie nicht auf die Wissenschaftsentwicklung, sondern den Prozeß des Übergangs von der einfachen Kooperation selbständiger Handwerker zur Industrie zielt, die sich im frühen 19. Jahrhundert etabliert hatte. Innerhalb noch zu umreißender Grenzen sehen wir eine Analogie zwischen diesem Prozeß und der Entwicklung, in der sich ein anfangs schwach geordnetes, vorherrschend über freie Partnerwahl geknüpftes Netz interdisziplinärer bzw. -institutioneller Wissenschaftlerbeziehungen in eine institutionalisierte Wissenschaftlergemeinschaft verwandelt, einer Entwicklung, die Fallstudien zufolge ganz charakteristisch für die Herausbildung neuer wissenschaftlicher Spezialgebiete und Forschungsrichtungen ist.[5] Im folgenden soll besagtes Konzept knapp skizziert werden, wobei wir es nur unter einem ganz bestimmten Blickwinkel betrachten. Uns interessiert, wie Marx die Entstehung eines Produktionswissens erklärt, das qualitativ verschieden von den empirischen Erfahrungen kooperierender Produzenten ist, von ihnen nicht gesteuert wird, sondern vielmehr die Ordnung kooperativer Arbeitsprozesse reguliert. Wir wollen es im folgenden „allgemeines Produktionswissen" nennen und verstehen darunter eine Wissensform, die mit der Reflexion des *Zusammenhanges* von Produktionstätigkeiten und nicht mit den Tätigkeiten selbst entsteht. Interessant ist uns dieser Aspekt vor allem deshalb, weil wir daraus Anregungen für ein Verständnis der Entwicklung theoretischen Wissens zu gewinnen hoffen.

In der vormanufakturiellen Zeit, in der einfachen Kooperation selbständiger Produzenten, gab es noch keine einheitliche, zentrale Regulation von Produzenten-

5 Vgl. G. G. Djumenton, Kadrovije struktury rukovodstva laboratorii, in: Vestnik akademii nauk SSSR, 10/1981; N. C. Mullins, Die Entwicklung eines wissenschaftlichen Spezialgebietes: die Phagengruppe und die Ursprünge der Molekularbiologie, in: Wissenschaftssoziologie II, Determinanten wissenschaftlicher Entwicklung, hg. von P. Weingart, Frankfurt/M. 1974; U. Geißler/K. Lüdtke/V. Lüdtke/J. Tripoczky, Die Herausbildung der Phagengenetik — Thesen zur Entwicklung eines wissenschaftlichen Spezialgebietes, in: Rostocker Wissenschaftshistorische Manuskripte, 10/1984.

beziehungen. Das Äquivalent zur geleisteten Arbeit wurde in jedem Tauschakt neu ermittelt, und die eingetauschte Ware wirkte dann regulierend auf das Produzentenverhalten zurück. In der Manufakturperiode kam es zu einer räumlichen Konzentration von Handwerkern aus gleich- oder verschiedenartigen Gewerken, die gemeinsam unter dem Kommando von Unternehmern standen, in deren Person der kooperative Charakter der Arbeit zum Ausdruck kam.[6] Schließlich wurde in der Industrie der „kooperative Charakter des Arbeitsprozesses" zu einer „durch die Natur des Arbeitsmittels selbst diktierte(n) technische(n) Notwendigkeit."[7]

Marx verknüpft den Formenwandel, den die kooperativen Prozesse durchlaufen, mit der Genesis allgemeinen Produktionswissens. In der einfachen Kooperation war das Wissen allein als „fingerknowledge" der Produzenten vertreten, das sich nur über lernendes Beobachten aneignen ließ. Im folgenden Stadium entstand ein Wissen, das nötig war, um den im Manufakturbetrieb entstandenen Zusammenhang verschiedener Tätigkeitsarten zu beherrschen, ein Wissen, das nicht auf eine bestimmte Tätigkeitsart, sondern auf die Koordination derselben bezogen war. Auf der Basis handwerklicher empirischer Erfahrung hätte sich die Ordnung des Produktionsprozesses nicht regulieren lassen. Zunächst war das Wissen noch untrennbar mit der Unternehmerautorität verquickt, die sich allerdings in dem Maße als unzureichend zur Produktionssteuerung erwies, wie die Produktion expandierte und sich die Spezialisierung der Arbeiten vertiefte. Es mußten Aufsichtspersonen, dann ingenieurtechnisches Personal zur Prozeßkontrolle einbezogen werden. Im weiteren ließ sich eine geordnete Bewegung des Gesamtprozesses nur noch gewährleisten, indem Regulierungsfunktionen auch technisch realisiert wurden. Die Mittel dafür konnten nicht die Handwerkzeuge, sondern mußten neuartig sein, weil es ja um die Technisierung von Funktionen ging, die nicht von den spezialisierten Arbeitern ausgeübt wurden. Mit dem in diesem Prozeß entstandenen allgemeinen Wissen einer von den Teilproduzenten getrennten, die Regelung der allgemeinen Produktionsangelegenheiten monopolisierenden Gruppe (Ingenieure, Techniker) war eine der nötigen Voraussetzungen für die Einführung neuer Arbeitsbedingungen entstanden.

Das Bedürfnis nach technisch beherrschter Produktionslenkung wurde seinerzeit vor allem durch die Arbeitsmaschine befriedigt. Mit den objektiven Voraussetzungen zu deren Einführung war auch das dafür nötige Wissen entstanden, ein Wissen, das geeignet war, die Bedingungen zur Reproduktion eines Produktionsorganismus in ihrem gesetzmäßigen Zusammenhang zu erfassen, was aber objektiv erst möglich sein konnte, nachdem sich mit der Arbeitsteilung auch die gegenständlichen Bedingungen soweit differenziert hatten, daß die technologischen Grundbausteine des gesamten Produktionsprozesses transparent wurden.

6 Vgl. K. Marx, Zur Kritik der Politischen Ökonomie (Manuskript 1861—1863), in: K. Marx/ F. Engels, Gesamtausgabe. Zweite Abteilung, Bd. 3.1., Berlin 1976, S. 285/286.

7 K. Marx, Das Kapital. Erster Band, in: MEW, Bd. 23, Berlin 1962, S. 407; vgl. K. Marx, Grundrisse der Kritik der Politischen Ökonomie, Berlin 1974, S. 584.

Zur Erklärung von Entwicklungen der Produktionsbedingungen ist nach Marx von der Reproduktion des Bestehenden auszugehen, die zur Lebenssicherung der Gesellschaft erforderlich ist.[8] Dafür ist ein kontinuierlicher Erzeugungsprozeß notwendig, in dem sich die vorgeschossenen technischen Bedingungen verwerten lassen. Er wird vor allem durch die Tradierung der Arbeitsmittel garantiert, das heißt, verschlissene Mittel werden durch solche gleichen Typs ersetzt. Veränderungen können nur insoweit zugelassen werden, wie sie mit den gegebenen Bedingungen vereinbar sind. Ebenso müssen neue Beschäftigte die gleiche Qualifikation aufweisen, wie die ausgeschiedenen. Daß es dennoch zu grundlegenden Neuerungen kommt, obwohl die Produzenten im Bannkreis vorgeschossener Bedingungen und angeeigneten Wissens tätig sind, unterstellt, daß es etwas gibt, das die Tradierung der Bedingungen unterbricht, indem es sowohl die vorgefundenen Arbeitmittel als auch die Qualifikationsart zersetzt.

In dem untersuchten Zeitabschnitt war es nach Marx die gesellschaftliche Produktivkraft der Arbeit, die diese Voraussetzungen für Höherentwicklungen erzeugte. Dies war möglich, weil sie eine vom Einfluß der tradierten Bedingungen unterscheidbare Wirkung auf den Produktionsprozeß ausübte, die sich zunächst darin zeigte, daß sie einen Leistungsgewinn unter *gleichbleibenden* Arbeitsbedingungen ermöglichte. Dieser Gewinn war *allein* in der Erhöhung des Ordnungsniveaus der Produzentenbeziehungen begründet, in der Konzentration und Kooperation der Produzenten, ihrer arbeitsteiligen Spezialisierung, die unter anderem dazu führte, daß Teiltätigkeiten, die zuvor hintereinander vollzogen werden mußten, synchron verwirklicht werden konnten.[9] Dieser Prozeß führte dann zur Zersetzung der Produktionsbedingungen. Mit der Produzentenspezialisierung mußten auch die Arbeitsmittel spezialisiert, das heißt, sie mußten den Gebrauchsweisen von Spezialisten angepaßt werden, wodurch sie an universeller Einsetzbarkeit einbüßten. Ebenso wurde davon das tradierte Wissen betroffen.[10] So weist Marx die Entwicklung der Produktivkraft der Arbeit als Prozeß aus, der der Herrschaft der vergangenen Arbeit über die lebendige entgegenwirkt und so Neuerungen ermöglicht.

Das skizzierte Marxsche Konzept ist für die Erfüllung unseres Anliegens in folgender Hinsicht von Bedeutung:

1. Es verdeutlicht, daß allgemeines Wissen nicht allein im Resultat der Vervollkommnung empirischen Wissens beim praktischen Umgang mit Gegenständen und Erscheinungen entsteht. Wesentlich dafür ist die Entwicklung sozialer Strukturen. Zur Regelung eines arbeitsteilig differenzierten produktiven Gesamtkörpers bedarf es einer anderen Qualität von Wissen, als es die elementaren

8 Vgl. K. Marx, Grundrisse der Kritik der Politischen Ökonomie, a. a. O., S. 388.

9 Vgl. K. Marx, Das Kapital. Erster Band, in: MEW, Bd. 23, a. a. O., S. 345.

10 Vgl. ebenda, S. 361; K. Marx/F. Engels, Manifest der Kommunistischen Partei, in: MEW, Bd. 4, Berlin 1958, S. 469/470.

Denkleistungen der Merkmalsklassifikation sind, die mit der produktiven Tätigkeit verquickt sind, eines Wissens, das durch die Resultate der Empirie nicht gelenkt wird, sondern das vielmehr diese Tätigkeit dominiert, das ihr eine Ordnung auferlegt. Solange die kooperativen Prozesse noch überschaubar und wenig differenziert sind, reichen Nachahmung, lernendes Beobachten, Instruktionen am praktischen Beispiel oder Interventionen von Autoritätspersonen zur Koordinierung der individuellen Handlungen und zur Übermittlung von Erfahrungen aus. Damit wird keinesfalls der Gegenstandsbezug allgemeinen Wissens negiert. Die Ordnung kooperativer Prozesse, aus deren Reflexion dieses Wissen entsteht, bildet sich ja in der koordinierten Auseinandersetzung mit den Gegenständen heraus. Und es erhalten sich nur solche Koordinationsweisen, mit denen eine gegenstandsangemessene Auseinandersetzung möglich ist. Worum es uns weiter unten gehen muß, ist die Erklärung dafür, daß kooperative Prozesse, wenn sie durch wissenschaftssprachliche Kommunikation reguliert werden, zu einem tieferen und umfassenderen Eindringen in Untersuchungsgegenstände führen, als wenn sie nur jene schwache Ordnung aufweisen, wie sie mittels Nachahmung, des Einflusses von Autoritäten usw. hergestellt wird.

2. Voraussetzungen für Neuerungen entstehen in einem auf Erhaltung des Bestehenden *gerichteten* Prozeß. Sie entstehen im Reproduktionsprozeß, anderenfalls müßte für Neuerungen ein bedingungsfreier Anfangspunkt unterstellt werden. Aber in diesen Voraussetzungen sind die Resultate der folgenden Entwicklungen nicht schon enthalten.[11] Marx schildert, daß die Bedingungen für die Revolutionierung der Arbeitsbedingungen durch die Werkzeugmaschine mit dem Prozeß der Produzentenkonzentration und Arbeitsteilung bei zunächst gleichbleibender Qualität der vorgefundenen Bedingungen aufgekommen waren.[12] Aber der Zweck, der mit Konzentration und Arbeitsteilung verfolgt wurde, bestand nicht in der Erzeugung von Inventionen, sondern darin, unter den vorgefundenen Arbeitsbedingungen einen Leistungszuwachs (eine Erhöhung des relativen Mehrwerts) zu erzielen, wobei dann freilich im weiteren eine Verbesserung und Spezialisierung der Arbeitsmittel unumgänglich wurde. Hier wird an einem historischen Beispiel klar, daß *Entwicklungen* eben keine Prozesse sind, in deren Eingangsbedingungen das Entwicklungsresultat schon präformiert wäre.

Analog ist für die Entwicklung experimenteller Wissenschaften zu erklären, wie in der „normalen" Forschung Bedingungen für die Revolutionierung von Forschungstraditionen entstehen, in einem Prozeß, der auf Ausweitung und Stabilisierung gesicherten Wissens gerichtet ist. Wenigstens in experimentellen Wissenschaften ist grundlegend Neues nur bei Unterbrechung der Arbeitsmitteltradierung möglich. An den Mitteln sind die Methoden orientiert, und sie bestimmen auch indirekt die Reichweite der Theorie. Natürlich sind auch bei Reproduktion der

11 Vgl. F. Klix, Erwachendes Denken. Eine Entwicklungsgeschichte der menschlichen Intelligenz, Berlin 1980, S. 245.

12 Vgl. K. Marx, Das Kapital. Erster Band, in: MEW, Bd. 23, a. a. O., S. 337, 339.

Mittel, die der wissenschaftlichen Arbeit Stabilität und Kontinuität verleiht, Erkenntnisfortschritte möglich. Aber hier geht es um die „Auslotung“ von Erkenntnismöglichkeiten eines durch den Typ des Arbeitsmittels abgesteckten Horizonts. Die Kraft, die dazu beiträgt, die Mitteltradierung zu unterbrechen, sehen wir in der Erhöhung des Ordnungsniveaus der Forscherbeziehungen. Wenngleich damit nur eine intensiv erweiterte Reproduktion der wissenschaftlichen Arbeit unter zunächst überlieferten Arbeitsbedingungen bezweckt sein kann, führt sie doch im weiteren zu Veränderungen der Bedingungen. Die Arbeitsteilung nötigt zu einer Gerätespezialisierung, wie zumindest für experimentelle Forschung gesagt werden kann. Es kommt zu konstruktiven Veränderungen, um die Geräte den neuen spezifischen Gebrauchsweisen anzupassen. Dadurch wandeln sich die Eingriffe in Wechselwirkungszusammenhänge zwischen Geräten und Untersuchungsgegenständen, und es treten deshalb Abweichungen der Resultate von den theoretischen Erwartungen auf, die zu Angleichungen der Konzepte an die veränderten Resultate und zur weiteren konstruktiven Gestaltung der Technik nötigen, um nicht vorgesehene Nebenwirkungen konstant zu halten oder auszuregulieren.

Mit der Entwicklung ihrer Strukturen bestimmt also die Gemeinschaft mit, woran sie ihre kognitiven und gegenständlichen Forschungsvoraussetzungen anpaßt. Darin liegt letztlich auch ein Grund dafür, daß Phänomene erzeugt werden, die über bloße Akkomodation der Konzepte interpretativ nicht bewältigt werden können. Mit immer weiterer Veränderung der Konstruktion der Mittel ist es möglich, daß solche der unerschöpflichen Reaktionsmöglichkeiten der Forschungsgegenstände verwirklicht werden, die den Erwartungen diametral widersprechen und sich deshalb nicht mehr als bloße Artefakte denunzieren lassen. Das schließt es aus, sie in das bestehende Wissen als aufklärbare Phänomene zu integrieren und gibt Anstoß für qualitative Wandlungen des Wissens.

So wie wir den Prozeß erklärt haben, der zu solchen Phänomenen führt, die sich als „Anomalien“ benennen lassen[13], kann gesagt werden, daß sie nicht katastrophenartig über eine Gemeinschaft hereinbrechen, unabhängig davon, welche Entwicklung die kooperativ-kommunikativen Strukturen schon erreicht haben. Sie sind erst dann möglich, wenn die Gemeinschaft mit der Ausbildung ihrer Strukturen ihre Entwicklungsmöglichkeiten ausgeschöpft hat. Damit müßten auch desintegrative Tendenzen einhergehen, die der Startpunkt für die Entstehung neuer Strukturen bzw. Gemeinschaften sind. Denn dadurch, daß die Effekte die tradierten theoretischen Konzepte in Frage stellen, wird ja auch das erschüttert, woran sich die Gemeinschaftsmitglieder bei der Gestaltung ihrer Beziehungen halten.

13 Vgl. Th. S. Kuhn, Die Entstehung des Neuen. Studien zur Struktur der Wissenschaftsgeschichte, Frankfurt/M. 1977, S. 247, 278.

3. Die Stadien jenes Prozesses, der zu einem kooperativen Gesamtarbeiter führte, unterschieden sich, wie den Marxschen Darlegungen entnommen werden kann, auch nach dem Niveau der Regulation von Produzentenbeziehungen. Die einfache Kooperation funktionierte autoregulativ. Die Produzenten entschieden selbständig darüber, mit wem sie Austauschbeziehungen eingingen. Über Zustandekommen bzw. Scheitern von Austauschakten wurden jene Tätigkeiten ausgelesen, die sich bedürfnisgerecht ergänzten, was solange hinreichend war, wie das System der gesellschaftlichen Bedürfnisse noch nicht so vielseitig entwickelt und die individuellen Tätigkeiten noch nicht so spezialisiert waren.[14] Innerhalb der Manufakturen, die nun entstanden, herrschte eine autoritätsgebundene Regulation vor, während sich in der Industrie eine sachgebundene Regulation besonders in Gestalt der Arbeitsmaschine durchsetzte, mit der es möglich war, die verschiedenen spezialisierten Tätigkeiten technisch zusammenzuschalten.

Prozesse der Bildung von Wissenschaftlergemeinschaften bzw. Institutionalisierungsvorgänge lassen sich in durchaus vergleichbarer Weise charakterisieren. Institutionalisierten Gemeinschaften geht oftmals ein Prozeß der Entfaltung und Verdichtung informeller interinstitutioneller bzw. -disziplinärer Wissenschaftlerbeziehungen voraus. Er läßt sich ganz grob wie folgt untergliedern: Es bilden sich — und zwar in Folge von neu entdeckten Phänomenen, die sich nach überkommenen Theorien innerhalb etablierter Gemeinschaften nicht interpretativ bewältigen lassen — Netze von Beziehungen aus, die die Grenzen von Institutionen und Disziplinen überschreiten. Die Netze werden zunächst über freie Partnerwahl geknüpft. Darüber, ob Forscher Partnerschaften herstellen können oder nicht, entscheidet sich, ob die Ideen, mit denen sie besagte Erklärungsprobleme zu lösen hoffen und die sie in die Beziehungen einbringen, im weiteren Prozeß wirksam werden oder nicht. Im weiteren werden die anfangs flüchtigen, instabilen Netze durch den Einfluß von Wissenschaftlerautoritäten geordnet, durch den Einfluß von Personen, um die sich eine Schar von Forschern konzentriert hat. Schließlich wird diese Form der Regulation der Beziehungen durch eine solche ergänzt, die in experimentiertechnischen Standards, in der Festlegung von Parametern zu untersuchender Substanzen usw. begründet ist.

In diesem Prozeß, der zu einer Normierung des Kontextes empirischer Forschung führt, entsteht erst eine *einheitliche* Theorie. Es ist nicht so, daß erst eine solche geschaffen werden mußte, die dann die sich anbahnenden kooperativen Arbeitsprozesse orientiert hätte. Am Beispiel der Virologie läßt sich zeigen, daß in der früheren Geschichte dieses Forschungsgebietes durchaus Fortschritte in der empirischen Forschung gelungen waren, ohne daß es für die aus verschiedenen Disziplinen stammenden Forscher — Pflanzen- und Tierpathologen, Bakteriologen. Biochemiker u. a. — eine einheitliche Theorie zur Virennatur gegeben

14 Vgl. K. Marx, Grundrisse der Kritik der Politischen Ökonomie, a. a. O., S. 907, 909.

hat.[15] Mit diesem Beispiel soll wenigstens schon angedeutet sein, daß sich die Genesis theoretischen Wissens auf den gleichen Prozeß beziehen läßt, in dem sich auch eine neue Gemeinschaft herausbildet, und dies in gewisser Analogie dazu, wie Marx den Zusammenhang zwischen der Bildung eines kooperativen Gesamtarbeiters und der Genesis allgemeinen Produktionswissens erklärt.

Im folgenden Abschnitt soll diese Beziehung näher beleuchtet werden. Doch zuvor sind einige Bemerkungen zu unserem Versuch nötig, das skizzierte Marxsche Konzept zur Entwicklung der Produktivkraft für unser spezielles Anliegen fruchtbar zu machen. Vorangestellt sei, daß es keinesfalls darum ging, dieses Konzept allseitig darzulegen. Wir haben es nur unter einem bestimmten Blickwinkel betrachtet, nämlich unter dem der Strukturierung von Produzentenbeziehungen und des Wandels der Formen zu ihrer Regulation im Zusammenhang mit der Genesis allgemeinen Produktionswissens. Daß es damit nur einseitig beleuchtet werden konnte, versteht sich. Unter diesem Blickwinkel sehen wir allerdings eine Analogie zwischen diesem Prozeß und der Herausbildung von Wissenschaftlergemeinschaften. Jedoch haben wir in unseren ersten Bezugnahmen auf Wissenschaftsprozesse die Grenzen, innerhalb derer eine solche Analogie besteht, nicht konsequent eingehalten. Unsere Annahmen zum Zusammenhang zwischen der Strukturentwicklung einer Gemeinschaft und der Erzeugung von Artefakten und „Anomalien" finden im Marxschen Konzept nicht das entsprechende Gegenstück. Im folgenden wird dies noch offenkundiger werden, wenn wir die Strukturenentwicklung mit der Herausbildung wissenschaftlicher Objekte in Zusammenhang bringen. Marx hat den stofflich-energetischen Zusammenhang zwischen den kooperierenden Arbeitern und den Produktionsgegenständen nicht berücksichtigt. Er war auch für sein theoretisches Anliegen nicht relevant.

Für sinnvoll halten wir es, die Entstehungsgeschichte wissenschaftlicher Arbeitsmittel in analoger Weise zur Marxschen Erklärung der Geschichte der Arbeitsmaschine verständlich zu machen.[16] Wir sehen in wissenschaftlichen Arbeitsmitteln den versachlichten, verselbständigten Ausdruck einer verhältnismäßig weit gediehenen Struktur von Wissenschaftlerbeziehungen. Anzumerken ist aber, daß „Versachlichung" bei Marx eine zweifache Bedeutung hat. Besagte Analogie gilt nur in einer dieser Bedeutungen, und zwar in folgender: Marx erklärt das technische Arbeitsmittel als versachlichten, verselbständigten Ausdruck der unmittelbaren Kooperationsstruktur, die sich in der Produktivkraftentwicklung bei der Erzeugung eines Produktes herausbildet. In einem anderen Zusammenhang läßt sich „Versachlichung" auf den von Marx aufgedeckten Fetischcharakter beziehen, den der gesellschaftliche Zusammenhang *selbständiger* Warenprodu-

15 Vgl. S. Smith Hughes, The Virus. A History of the Concept, London—New York 1977, S. 72.

16 Vgl. K. Marx, Theorien über den Mehrwert, Erster Teil, in: MEW, Bd. 26.1, Berlin 1973, S. 365, 266/267, 367; ders., Theorien über den Mehrwert, Dritter Teil, in: MEW, Bd. 26.3, Berlin 1976, S. 497/498.

zenten annimmt. Von daher wissenschaftstheoretische Fragestellungen zu erörtern, führt in die Irre. Wenn man zum Beispiel der Theorie für die Wissenschaftler eine Funktion analog jener zuschreibt, die das Geld für die selbständigen Warenproduzenten hat, dann wird auch das Fetischproblem übernommen. Theorien erscheinen dann als etwas, das die Wissenschaftler wohl hervorgebracht haben, das sich ihnen gegenüber aber entfremdet und ihr Erkenntnisstreben einschnürt.[17]

4. Zur Entwicklung von Wissenschaftlergemeinschaften

Es wäre nun angebracht, oben formulierte Annahmen mittels einer wissenschaftshistorischen Fallstudie zu testen. Aus Raumgründen ist uns dies aber nicht möglich. Es kann nur auf Studien verwiesen werden, an denen der Autor dieser Zeilen beteiligt war.

Um dem weiter oben geäußerten Gedanken gerecht zu werden, daß Bedingungen für Entwicklungen im Prozeß der Reproduktion des Bestehenden aufkommen, geht es nicht an, in der Darstellung den Prozeß der Entstehung einer neuen Gemeinschaft sogleich mit der Ausbreitung eines Netzes informeller, interdisziplinärer Beziehungen beginnen zu lassen. Zunächst muß danach gefragt werden, was Forscher, die ja zu jeder Zeit Mitglieder schon etablierter Gemeinschaften sind, in denen sie auf die Festigung und Ausweitung gesicherten Wissens orientiert werden, zu Beziehungen über Gemeinschaftsgrenzen hinaus veranlassen kann. Das heißt, die Entstehungsbedingungen solcher Netze müssen in Prozessen etablierter Gemeinschaften gesucht werden.

Es wurde bereits angedeutet, auf welchem Wege in der normalen Forschung Effekte aufkommen können, die eine Tradierung von eingeführten theoretischen Konzepten in Frage stellen. Nach Fallstudien zu urteilen, werden in solchen Situationen anstelle des in Frage gestellten Konzeptes Ideen zur Deutung der Effekte wirksam, die von einzelnen besonders engagierten Forschern der betreffenden Disziplin vertreten werden. In die Ideen sind auf dem Wege der Analogienbildung Theorien fremder Disziplinen eingegangen.[18] Da ein in Frage gestelltes Konzept nicht die Richtung vorgeben kann, in der neue Ideen zu

17 Vgl. Th. W. Adorno, Der Essay als Form, in: Gesammelte Schriften, hrsg. von G. Adorno/R. Tiedemann, Frankfurt/M. 1970, S. 27.

18 Vgl. U. Geißler/G. Kröber/K. Lüdtke/V. Lüdtke/J. Tripoczky, Die Ursprünge der Molekularbiologie. Eine wissenschaftshistorisch orientierte Auseinandersetzung mit der auf Th. S. Kuhn basierenden Entwicklungsauffassung von N. C. Mullins, in: Alternativen zu Th. S. Kuhn, Berlin 1983, (AdW der DDR, Schriften des ITW, Heft 15); K. Lüdtke, „Anomalien" als Voraussetzung für Wissenschaftsentwicklungen, in: Alternativen zu Th. S. Kuhn, a. a. O., S. 68—84; — In dieser Studie wird Entstehung und Verlauf einer in der Bakteriologie der 20er Jahre entstandenen Kontroverse zum sogenannten Twort-d'Herelleschen Phänomen dargestellt.

suchen sind, kann es auch keinen einhelligen Wechsel aller mit den neuen Effekten befaßten Forscher auf ein ganz bestimmtes anderes Konzept geben. Vielmehr entstehen verschiedene Ideen, die kontrovers verfochten werden, ohne daß es möglich wäre, eine Entscheidung zwischen ihnen auf empirischem Wege herbeizuführen.

Ein Illustrationsbeispiel dazu: In den 20er Jahren waren in der Krebsforschung experimentelle Übertragungen von Karzinom-Filtraten mit dem Effekt neuen Krebswachstums gelungen. Sie wurden mit einem zellfrei gemachten Filtrat eines Mäusekarzinoms auf Mäuse erreicht. Dieses Ergebnis erschütterte das seinerzeit herrschende Verständnis, daß allein lebende Krebszellen fähig wären, den Tumor auf andere Tiere zu übertragen. Dieses Verständnis entsprach der von Virchow repräsentierten Zellenlehre bzw. Zellularpathologie, derzufolge die Zelle die fundamentale physiologische und morphologische Einheit des Organismus und Krankheit die Störung ihrer normalen physiologischen Prozesse ist. Diese zellorientierte Krankheitsdeutung ließ sich nun mit diesem Ergebnis und den folgenden zahlreichen Übertragungsversuchen mit invisiblem Virus nicht vereinbaren, die für eine virusinduzierte Umwandlung normaler Zellen in maligne sprachen. Es wurde eine davon abweichende Erklärung nötig. In der Folge entstanden verschiedene und gegeneinander gerichtete Konzepte. Allerdings gab es auch Forscher, die das überlieferte Verständnis verteidigten. Sie meinten, mit ihren Versuchen die Wirkung von Zell- bzw. Zellkernresten in den als zellfrei behaupteten Filtraten nachgewiesen zu haben.[19] In dem Umstand, daß es bei klar theoriewidrigen Resultaten zu Kontroversen zwischen den Forschern kommt, sehen wir einen Fingerzeig darauf, daß dann, wenn die einheitliche Orientierung der Mitglieder einer Gemeinschaft in Frage gestellt wird, auch die soziale Struktur einen Ordnungsverlust erleidet. Damit ist eine Bedingung für die Bildung einer neuen Gemeinschaft entstanden, deren Anfang in der Ausbreitung informeller, interdisziplinärer Beziehungen besteht. Das heißt, wenn es sich als unmöglich erweist, Erklärungsprobleme in einer Gemeinschaft in kooperativer Weise nach überliefertem Konzept zu lösen, dann sind Vertreter dieser Gemeinschaft motiviert, eine Lösung im Kontakt mit Vertretern anderer Gemeinschaften zu suchen. Dabei wird man Beziehungen vor allem zu solchen Gemeinschaften suchen, deren Theorien es sind, auf die man sich bei den Anstrengungen zur Lösung der Probleme bezieht. Mit den Beziehungen beispielsweise, die Physiker in den 30er Jahren zu Genetikern aufnahmen und die eine so entscheidende Rolle bei der Entwicklung der Molekularbiologie spielen sollten, war die Hoffnung auf Lösung physikalischer Grundlagenprobleme verbunden, die in der Frage gipfelten, nach welchen physikalischen Gesetzen die Vererbung zu erklären

19 Vgl. C. Lewin, Invisibles Virus und maligne Geschwülste, in: Zeitschrift für Krebsforschung, Bd. 22, 6/1925, S. 455.

sei. Sie führte zu der Idee, daß sich eine Lösung finden läßt, wenn man die Probleme im Lichte der Genetik behandelt.[20]

Wissenschaftlicher Fortschritt erfordert nach Dulbecco, einem führenden Virengenetiker, die „gegenseitige Befruchtung verschiedener Gebiete und die Bereitschaft der Forscher . . ., von einem Gebiet zum anderen überzuwechseln, wenn sich die Möglichkeit oder die Notwendigkeit ergibt.“[21] Davon ist natürlich nur sinnvoll zu reden, wenn sich die Vertreter dieser Gebiete zunächst von *verschiedenen* Ideen leiten ließen. Davon ausgehend, kann der Prozeß der Gemeinschaftsentwicklung nicht verständlich gemacht werden, wenn lediglich aus Erklärungsproblemen innerhalb einer der etablierten Gemeinschaften das Zustandekommen interdisziplinärer Beziehungen abgeleitet wird. Interessant ist in diesem Zusammenhang die Geschichte der Aufklärung der DNS-Struktur, wofür das Zusammenwirken von Vertretern der Nukleinsäurechemie, Röntgenkristallographie, Virologie und anderer Disziplinen wesentlich war. Hier war ein *wechselseitiges* Interesse aufgekommen, als auf *verschiedenen* Gebieten Probleme entstanden, und als Vertreter dieser Disziplinen darauf gekommen waren, ihre Probleme im Lichte von Theorien und Entdeckungen fremder Disziplinen zu betrachten. Als sich beispielsweise Genetiker fanden, die meinten, Probleme ihres Gebietes könnten sie bezugnehmend auf Resultate der Nukleinsäurechemie erklären, und als sich Nukleinsäurechemiker fanden, die darauf gekommen waren, ihre eigenen Probleme bezugnehmend auf genetische Konzepte zu behandeln, wurden Partnerschaften zwischen Vertretern beider Seiten möglich.[22] Analog läßt sich das Zustandekommen von Beziehungen zwischen Vertretern anderer Disziplinen erklären. Wie sich zeigt, kann die Ausbreitung einer Gesamtheit von solchen informellen Beziehungen erklärt werden, ohne ein einheitliches Konzept vorauszusetzen, das die Beziehungen erst gestiftet hätte. Anderenfalls wäre es auch nicht möglich, es als Entwicklungs*resultat* zu erklären.

Die Regulation der Beziehungen, die — weil keine einheitlichen Orientierungen bestehen — weitgehend inter*in*dependent sind, realisiert sich unter solchen Bedingungen nur in der wechselseitigen Partnerbeeinflussung.[23] Darunter ver-

20 Vgl. M. Delbrück, Riddle of Life. Manuskript aus dem Jahre 1937. Erstmalig deutsch publiziert unter der Überschrift: Ein Physiker betrachtet erneut die Biologie — zwanzig Jahre später, in: Wissenschaftliche Welt, 6/1970.

21 R. Dulbecco, Die Plaquetechnik und die Entwicklung der quantitativen tierischen Virologie, in: Phagen und die Entwicklung der Molekularbiologie, hg. von G. S. Stent/J. Cairns/J. D. Watson (deutsche Ausgabe hg. von E. Geissler), Berlin 1972, S. 277.

22 Vgl. U. Geißler/K. Lüdtke/V. Lüdtke/J. Tripoczky, Die Herausbildung der Phagengenetik — Thesen zur Entwicklung eines wissenschaftlichen Spezialgebietes, a. a. O., S. 16/17.

23 Nach Graumann macht die „wechselseitige Steuerung in einer Gruppe unter bestimmten Umständen bereits deren Führung“ aus, wie „von manchen Vertretern der heutigen Führungsforschung betont“ werde (vgl. C. F. Graumann, Interaktion und Kommunikation,

stehen wir folgendes: Die voneinander verschiedenen Ideen der Forscher werden in der Kooperation nur wirksam, wenn sie sich einander wechselseitig ergänzen. Eine gelungene Koordination verschiedener Herangehensweisen hat die Stabilisierung der Partnerschaft zur Folge, und in diesem Stadium ist nur dies und nichts anderes der Beleg einer gegenstandsadäquaten kooperativen Arbeitsweise. Die Bewährung einer Forscheridee wird in diesem Stadium nicht allein nach vorgefundenen „sachlichen" Erfolgskriterien gemessen, die dem Urteil einer Gemeinschaft zugrunde liegen, sondern erweist sich auch — und zwar ganz wesentlich — darin, ob der Ideenträger in der Lage war, kooperationsbereite Partner zu finden.

Mit diesem Prozeß ist eine Ideenauslese verbunden, eine Auslese, die nicht die „Natur als solche" betreibt. Vielmehr wird sie von Partnerinteressen bestimmt, die aber nur entstehen, wenn es den Partnern möglich erscheint, in der Zusammenarbeit ihre *eigenen* Ideen zur Wirkung zu bringen. Unter dieser Bedingung kann das Resultat einer gelungenen Partnerschaft nicht die bloße Modifikation der eingebrachten Ideen sein. Modifikationen finden schließlich auch in ganz anders gearteten Beziehungen statt, etwa im Lehrer—Schüler-Verhältnis. Der Lehrer bringt sein Anliegen durch entsprechende Schülerbeeinflussung zur Geltung. In den von ihm stimulierten Schülerreaktionen kommt es zur Erscheinung. Er kann sein Anliegen darin aber nicht vollständig umsetzen. Indem es über die Schülerreaktionen steuernd auf ihn zurückwirkt, entsteht ein Druck nach Korrekturen der pädagogischen Absichten.

Eine solche Unbestimmtheit besteht in jeder Beziehung. Anderenfalls gäbe es für Kooperation keinen Grund. Wenn nun aber Partner mit voneinander verschiedenen Ideen zusammentreffen, dann können die Resultate nicht einfach die mehr oder weniger annähernde Reproduktion der Partnerstandpunkte sein. Es ist eine wirkliche Koordination verschiedener Sichtweisen nötig, um die Beziehung aufrechtzuerhalten, worin eine Bedingung dafür zu sehen ist, daß Ergebnisse entstehen, die *neu* sind und deren Zustandekommen *allein* in der Kooperation selbst begründet ist. Sie lassen sich dann nicht mehr von jenen Standorten her bewerten, die die Partner vor dem Zusammenwirken hatten. Die neuen Resultate lassen sich so als etwas verstehen, das sich nicht aus den Handlungen dieses oder jenes Partners selbst direkt herleiten läßt, sondern das auf die Koordination von Tätigkeitsarten bezogen ist. Darin drückt sich m. E. ganz elementar ein Bruch in der Tradierung von Voraussetzungen des Forscherverhaltens aus. Von einem einheitlichen wissenschaftlichen Objekt kann in diesem Stadium noch keine Rede sein. Dafür wäre ein einheitliches Verhalten aller

in: Handbuch der Psychologie in 12 Bänden, Bd. 7, 2. Halbband, hg. von C. F. Graumann, Göttingen 1972, S. 1112; vgl. auch H. P. Bahrdt/H. Rittel/H. Krauch, Die wissenschaftliche Arbeit in Gruppen, in: Kölnische Zeitschrift für Soziologie und Sozialpsychologie, 1/1960, S. 6).

Beteiligten zu den Untersuchungsgegenständen erforderlich, wie es nur unter der Voraussetzung einheitlicher Verhaltensinstruktionen durch experimentelle Standards und Theorien möglich ist. Das Verhalten zum Gegenstand ist vom Verhalten zum Kooperationspartner noch nicht abtrennbar, und die Interindependenz der Beziehungen läßt noch keine vergleichbaren Resultate zu. Aber Vergleichbarkeit ist die Basis der Identifikation von Gegenständen nach allgemeinen Merkmalen bei Abstraktion von kontextspezifischen Umständen der empirischen Tätigkeiten aller beteiligten Forscher.

Studien zur Frühgeschichte der Phagengenetik ergaben, daß sich die Resultate der Zusammenarbeit von Vertretern der Quantenphysik, Genetik, Strahlenphysik und anderer Gebiete deutlich von den ursprünglichen Erwartungen der Beteiligten unterschieden, so daß an ihnen auch nicht die individuellen Anteile ausgemacht werden konnten. Die Ergebnisse gaben deshalb Anstöße zu Veränderungen in der Wahl von Untersuchungsgegenständen, Interpretationsmustern und Experimentierweisen, wodurch es auch zu Partnerwechseln und zur Ausweitung des Partnerkreises kam.[24] Der ganze Vorgang in diesem Stadium ist ein Prozeß autoregulativer Partnerwahl, worüber sich entscheidet, welche Ideen evolutiv wirksam werden, und die Häufigkeit, mit der ein Ideenträger von anderen Forschern gewählt wird, bestimmt das Gewicht seiner Ideen für den weiteren Fortgang der Entwicklung, wobei — wie sich aus dem bisher Dargelegten ergibt — die Ideen über die Kooperationsresultate Wandlungen unterworfen sind. Dieser Prozeß bringt die Strukturierung der Beziehungen voran. Je größer der Partnerkreis eines Forschers ist, desto mehr häufen sich Gelegenheiten dafür, daß sich seine Partner auch untereinander begegnen, so daß eine wechselseitige Abhängigkeit der Partnerschaften über die gemeinsame Bekanntschaft der daran Beteiligten entsteht. Seine Ideen erweisen sich mit der Aufrechterhaltung des sich um ihn bildenden Netzes an Beziehungen als allgemeiner Bezugsrahmen, als Maßstab, wonach sich die Beziehungen ordnen. Es ist hervorzuheben, daß die Ideen einer Wissenschaftlerpersönlichkeit, die sich mit der Herausbildung und Verdichtung eines Partnerkreises als Autorität erweist, nicht als der Ursprung dieser Strukturentwicklung zu verstehen sind. Vielmehr sind sie zunächst Resultat zuvor gepflegter Kooperationen ihres Trägers, bevor sie die neuen Forscherbeziehungen regulieren.

So kommt es zu einer Trennung zwischen Regulationsfunktionen und den kooperativen Arbeitsprozessen, die der Hintergrund der Konstituierung eines potentiell allgemeinen Wissens sind, eines Wissens allerdings, das noch untrennbar von der Autoritätsperson ist. Mit ihr gewinnt das, was das Zusammenwirken begründet und reguliert, eine Autonomie gegenüber der empirischen Tätigkeit. Komplementär dazu entsteht ein einheitliches Objekt. Das heißt, mit

24 Vgl. U. Geißler/G. Kröber/K. Lüdtke/V. Lüdtke/J. Tripoczky, Die Ursprünge der Molekularbiologie. Eine wissenschaftshistorisch orientierte Auseinandersetzung mit der auf Th. S. Kuhn basierenden Entwicklungsauffassung von N. C. Mullins, a. a. O., S. 31—34.

der gleichen Orientierung der Forscher auf die Bezugsperson verwirklichen sie in der Forschung gleichermaßen solche der Reaktionsmöglichkeiten der Untersuchungsgegenstände, die zur Belegung der Orientierung dienen. Jedoch ist die Erzeugung eines einheitlichen Objekts noch davon abhängig, daß die Autoritätsperson in die Forscherhandlungen dirigierend eingreift. Das potentiell allgemeine Wissen, das die Bezugsperson verkörpert und das erst wirklich allgemein ist, wenn es sich von ihr getrennt hat[25], kann nicht unabhängig vom unmittelbaren Einfluß derselben angeeignet werden. Man kann sich seiner nur über lernendes Beobachten des Verhaltens der Bezugsperson bemächtigen, was auch die Art der Beziehungen zu ihr festschreibt: Es sind face-to-face-Beziehungen erforderlich.[26]

Solange es noch Beziehungen persönlicher Abhängigkeit von einer Autorität sind, worauf die soziale Struktur aufgebaut ist, kann die Gemeinschaft nicht über ein bestimmtes Maß hinaus expandieren. Die Autoritätsperson kann den Kreis von Partnern, mit denen sie *direkt* kontaktiert, natürlicherweise nicht unbegrenzt erweitern. Wenn weitere Forscher als Mitglieder der sich formierenden Gruppe rekrutiert und die neuen Erkenntnisse propagiert werden sollen, dann wird diese Beschränkung besonders fühlbar. Um sie zu beseitigen, ist eine Ablösung der — wie man mit S. Toulmin sagen könnte — „Autorität der wissenschaftlichen Meister“ von der „sachlichen Autorität einer Theorie“ vonnöten.[27] Und es ist nötig, persönliche Geschicklichkeit durch Normen des Experimentierens abzulösen, die Arbeitsmittel zu standardisieren und die Versuchsbedingungen einheitlich festzulegen. In der Geschichte der genetischen Phagenforschung läßt sich der Übergang von einer vorherrschend personenabhängigen — vor allem von M. Delbrück ausgeübten — zu einer verstärkt sachabhängigen Regulation der kooperativen Prozesse auf eine Zeit zurückführen, in der bestimmte methodische Bedingungen, gegenständliche Voraussetzungen und darüberhinaus auch der Sprachgebrauch an verbindliche Normen gebunden wurden. So wurde eine Vergleichbarkeit der Resultate der verschiedenen Forscher gewährleistet, ohne daß es dazu noch der Interventionen von Autoritäten bedurfte. Max Delbrück selbst unternahm Anstrengungen, um — wie T. F. Anderson berichtet — die Aufmerksamkeit der Phagenforscher „auf eine Reihe von sieben Phagen desselben Wirts“ zu konzentrieren, „den ... E. coli-Stamm B und seine Mutanten in Nährbouillon bei 37 °C. Er verlangte, daß jedermann unter diesen Standardbedingungen arbeitete ...“[28]

Die Standardisierung von Arbeitsmitteln und Tätigkeitsbedingungen ist die reale Basis für eine von kontextspezifischen, aktuellen Handlungsabläufen ge-

25 Vgl. K. Marx, Kritik des Hegelschen Staatsrechts, in: MEW, Bd. 1, Berlin 1956, S. 267.

26 Vgl. W. van Rossum, The Community Structure of Science, in: Sociology of Science and Research, hg. von J. Farkas, Budapest 1979, S. 284.

27 S. Toulmin, Kritik der kollektiven Vernunft, Frankfurt/M. 1978, S. 135.

28 T. F. Anderson, Elektronenmikroskopie von Phagen, in: Phagen und die Entwicklung der Molekularbiologie, a. a. O., S. 82.

trennte Fixierung des Verhaltens als Schema.[29] Sie ist Voraussetzung dafür, daß wissenschaftliches Wissen wirklich allgemeines Wissen und nicht mehr Wissen hervorragender Wissenschaftlerpersönlichkeiten ist. Ein solches — theoretisches — Wissen ist also nicht etwas, das sich direkt aus der Beobachtung von Gegenständen bzw. dem experimentellen Umgang mit ihnen ergibt. Mit der Ansammlung von Beobachtungs- bzw. Versuchsdaten wird niemals ein Punkt erreicht, von dem ab diskursiv gedacht würde.[30] Theoretisches Wissen hat wesentlich mit der Reflexion der Ordnung kooperativer Prozesse zu tun, in die verschiedene Tätigkeitsarten eingegangen sind, mit deren weiterer Differenzierung es immer weniger möglich ist, den entstandenen produktiven Gesamtkörper auf Grundlage empirischen Wissens allein zu regulieren.

Damit das theoretische Wissen das empirische Handeln regulieren kann, muß die Trennung beider Wissensformen auch zur Erscheinung kommen. Das theoretische Wissen erscheint getrennt von den an das empirische Handeln gebundenen elementaren Denkleistungen der Merkmalsbildung in einer kontextnormierten Sprache. Damit endet die Vorherrschaft solcher Kommunikationsmittel wie der „Laborsprache", die nur zur Erleichterung kooperativer Prozesse dienen und die einen Verständigungserfolg nur unter Einbeziehung ergänzender außersprachlicher Mittel garantieren, also kontextspezifisch sind.[31] Die Normierung des Kontextes empirischer Forschung, die für eine zuverlässige Reproduktion von Wirkungen der Untersuchungsgegenstände sorgt, ermöglicht es, daß eine Theorie als Instruktion zur Durchführung experimenteller Tätigkeiten und zur Darstellung der empirischen Arbeiten dient. Unter deren Voraussetzung lassen sich auch die kooperativen Arbeitsprozesse über direkt persönliche Beziehungen hinaus erweitern.

Eine Kooperationsstruktur, die sich erweitert und differenzierter wird, sichert nur dann die Reproduktion der entstandenen Wissenschaftlergemeinschaft, wenn sie zu einem umfassenderen und tieferen Eindringen in die Untersuchungsgegenstände führt. Die Identifikation der Gegenstände nach allgemeinen und wesentlichen Eigenschaften ist keine Leistung, die sich auf eine Summe empirischer Anstrengungen nach verschiedenen einzelnen experimentellen Tätig-

29 Vgl. L. Läsker, Über den produktiven Charakter der Wissenschaft, in: Deutsche Zeitschrift für Philosophie, 2/1981, S. 164/165.

30 Vgl. P. Damerow, Repräsentanz und Bedeutung, in: Arbeit und Reflexion, hg. von P. Furth, Köln 1981, S. 190.

31 Die „Laborsprache" entspricht dem, was Lurija im allgemeinen Sinne unter „sympraktischer Sprache" versteht (vgl. A. Lurija, Sprache und Bewußtsein, in: Beiträge zur Psychologie, 1982, Bd. 12, hg. von W. Forst et al., Berlin 1982, S. 288). Interessant sind in diesem Zusammenhang auch die Beiträge der Ethnomethodologie zur Bedeutung des Alltagswissens und der Umgangssprache für die wissenschaftliche Arbeit (vgl. H. L. Elliot, Similarities and differences between scientific and common sense, in: Ethnomethodology, hg. von R. Turner, Harmondsworth 1974, S. 25; vgl. auch G. Holton, Thematic Origins of Scientific Thought, Cambridge/Massachussetts 1973, S. 106).

keitsarten zurückführen läßt. Grundlage dafür ist vielmehr das, was in der Gesamtheit der Tätigkeitsarten invariant bleibt und vom empirischen Weg seiner Hervorbringung trennbar, als allgemeines Verhalten darstellbar ist. Wir wollen diesen Zusammenhang abschließend an einem Beispiel näher beleuchten.

5. Zur Entwicklung des Objekts der Virusforschung im Zusammenhang mit der Herausbildung der Virologie als Disziplin

In der Frühgeschichte der Virusforschung wurden dem Virus Eigenschaften zugesprochen, die noch deutlich den experimentellen Zugriff zum Untersuchungsgegenstand verrieten: Filtrierbarkeit, submikroskopische Größe, Kultivierbarkeit nur bei natürlichen Nährböden u. a. In dieser Zeit kam es zu bedeutenden Fortschritten in der Empirie. Sie waren aber vor allem der Technikverfeinerung zu verdanken, ohne daß es eine einheitliche Theorie zur Virusnatur gegeben hätte. Vielmehr bestanden konträre Auffassungen. Einige Forscher sahen im Virus einen winzigen Mikroben, andere eine lösliche, infektiöse chemische Substanz. Die Kontroverse darüber konnte über Jahrzehnte nicht beigelegt werden, und die vertretenen Konzepte ließen sich empirisch weder bestätigen noch widerlegen. Doch mit der weiteren Entwicklung der Virologie als Disziplin konnte die biochemische Zusammensetzung des Virus und der virale Replikationsmechanismus auf molekularem Niveau aufgeklärt werden, das heißt, das Objekt der Virusforschung wurde in seinen inneren biologischen Eigenschaften erkannt.[32]

Es ist nun zu fragen, wodurch dieser Übergang im Verständnis des Objekts von einer phänomologischen Beschreibung zur theoretischen Bestimmung möglich geworden war. Durch immer weitere Verfeinerung der Techniken des Filtrierens, der Mikroskopie und der Kultivierung auf Nährböden? Die Verbesserung der experimentellen Techniken brachte zunächst nur Probleme und nicht die Lösung besagter Gegensätze mit sich. Es wurde offenkundig, daß Viren nicht eindeutig durch Invisibilität von anderen Krankheitserregern zu unterscheiden waren, daß Filtrierbarkeit nicht unbedingt mit submikroskopischer Größe gekoppelt war. Es ergab sich, daß es letztlich von der Konstruktion der Bakterienfilter abhing, ob Partikel durch Filter zurückgehalten werden konnten oder nicht. All dies und anderes mehr stärkte zwar die schon sehr früh verbreitete Einsicht, daß mit den gerätetechnisch erzeugten Eigenschaften noch wenig über die inneren biologischen Merkmale des Objekts ausgesagt war, führte aber nicht sukzessive mit der Technikverfeinerung zur Aufklärung der inneren Virusnatur. Die 30er und 40er Jahre waren dann mit einem Anwachsen biochemischer Analysen des Virus verbunden, und es konnten wesentliche Probleme der Virusnatur auf morphologischem und molekularem Niveau abgeklärt werden.

32 Vgl. A. P. Waterson/L. Wilkinson, An introduction to the history of virology, Cambridge—London—New York—Melbourne 1978, S. 18—24; S. Smith Hughes, The Virus. A History of the Concept, a. a. O., S. 82—84.

In dem Stadium, in dem eine phänomenologische Objektbeschreibung vorherrschte — und das halten wir für sehr wesentlich —, war die Virologie als festgefügte Disziplin noch gar nicht präsent. Die Forscher verstanden sich weniger als Virologen, sondern als Pathologen, Mikrobiologen, Biochemiker oder als Angehörige einer anderen Disziplin, die weitgehend unabhängig voneinander arbeiteten und teilweise von divergenten Standpunkten ausgingen. Daß die einzelnen technisch bedingten Merkmale, die man dem Virus zuschrieb, mit der Technikverfeinerung gleichsam auseinanderliefen, kein Gesamtbild vermitteln konnten, hat damit zu tun.

Ein theoretisch bestimmtes Objektverständnis war Resultat des gleichen Prozesses, aus dem auch die Virologie als festgefügte disziplinäre Gemeinschaft hervorging. Die Bestimmung des Objekts nach seinen wesentlichen biologischen Eigenschaften läßt sich nämlich nicht als Leistung einer der besonderen experimentellen Herangehensweisen ausmachen.[33] Sie ergab sich aus der geordneten Koordination verschiedener Herangehensweisen, mit deren Entwicklung *eigens* für die Virusforschung entwickelte Techniken aufkamen (die Plaque-Technik, Techniken zur Virenmessung u. a.), deren Anwendung die Uneinheitlichkeit der Auffassungen zur Virennatur überwinden half. Hervorzuheben ist in diesem Zusammenhang, daß die neuen Techniken nicht im Ergebnis der Ausreifung der vorher vorherrschenden Verfahren entstanden waren. Hier ist ein Bruch in der Tradierung wissenschaftlicher Arbeitsmittel zu verzeichnen, der durch Verfeinerung und Spezialisierung älterer Techniken nur eingeleitet werden konnte. Die Verfeinerung der verschiedenen Techniken vertiefte nur die Einsicht, daß mit einer Summe technisch bedingter Objektmerkmale zum Virus selbst nichts Wesentliches ausgesagt war, wodurch Diskussionen prinzipieller Art belebt wurden, Diskussionen, die sich im wesentlichen um die Frage drehten, ob das Virus ein lebender Organismus sei oder nicht.

Die in der Einleitung gestellte Frage nach dem Zusammenhang zwischen der Entwicklung sozialer Strukturen von Wissenschaftlerbeziehungen und der Herausbildung theoretischen Wissens sowie eines wissenschaftlichen Objekts läßt sich am Ende unseres Beitrages wenigstens dahingehend beantworten: Die Entwicklung der Formen der Zusammenarbeit, Verständigung und Regulation der Wissenschaftlerbeziehungen, die in der Etablierung von Gemeinschaften einen gewissen Abschluß findet, und die Genesis von Bedeutungsstrukturen sowie eines wissenschaftlichen Objekts sind zwei Seiten eines Prozesses. Theorien und Objekte setzen in ihrer Entwicklung nicht an einem beliebigen Punkt der Entwicklung sozialer Strukturen von Wissenschaftlerbeziehungen an. Der Prozeß, in dem sich die empirische Forschung zu einem Niveau fortentwickelt, auf dem sie durch theoretisches Wissen reguliert wird, ist zugleich derjenige, in dem die Ausbreitung und Differenzierung kooperativer Arbeitsprozesse dazu führt, daß sie durch wissenschaftssprachliche Kommunikation geordnet werden.

33 Vgl. S. Smith Hughes, The Virus. A History of the Concept, a. a. O., S. 75.

Heinrich Parthey

Interdisziplinäre Forschungssituation als Entwicklungsform der Wissenschaft

Wissenschaft entwickelt sich in Formen des theoretischen Denkens zum weiteren Erkenntnisfortschritt, in Gesamtheiten von Tätigkeiten zur Gewinnung, Vermittlung und Anwendung wissenschaftlicher Erkenntnisse und in Formen ihrer sozialen Institutionalisierung. Danach kann die Frage nach der Entwicklungsform der Wissenschaft auf drei Ebenen gestellt werden: erstens, Wissenschaft als kognitives System unter dem Produktaspekt; zweitens, Wissenschaft als System spezifischer gesellschaftlicher Tätigkeiten, in denen Denken nur ein Teilbestand derselben ist; schließlich drittens, eine Ebene der Wissenschaft als sozialer Institution.

Auf der erstgenannten Ebene entwickelt sich bekanntlich Wissenschaft, soweit sie denkt, in Form von Hypothesen.[1] Entsprechend gestellte Fragen nach „interdisziplinären Hypothesen" ergeben keinen rechten Sinn. Andererseits lassen sich interdisziplinäre Problemfelder sowie interdisziplinäre Zusammenhänge zwischen Problem und Methode belegen, von denen mehr denkbar sind als mittels verfügbarer Forschungstechnik tatsächlich bearbeitet werden können. In der Forschung tätige Wissenschaftler versuchen stets neue Zusammenhänge zwischen Problem, Methode und Forschungstechnik in Form von Forschungssituationen herbeizuführen, die ein tieferes Eindringen in das Wesen der Erscheinungen ermöglichen als frühere Forschungssituationen, in der die bearbeiteten Probleme aufgetreten sind. Im Anschluß an diesen Gesichtspunkt, der von uns bereits früher vorgestellt und diskutiert wurde,[2] soll der Frage nachgegangen werden, inwieweit interdisziplinäre Forschungssituationen eine Entwicklungsform der Wissenschaft auf der zweitgenannten Ebene sind.

1 Vgl. F. Engels, Dialektik der Natur, in: K. Marx/F. Engels, Werke (im folgenden: MEW), Bd. 20, Berlin 1962, S. 507; vgl. Die wissenschaftliche Hypothese, hg. von H. Korch, Berlin 1972; A. Thom/K. Wagner, Entwicklungsformen der theoretischen Erkenntnis, in: Bildung und Entwicklung natur- und humanwissenschaftlicher Theorien, hg. von R. Rochhausen, Berlin 1983, S. 37—68.

2 Vgl. H. Parthey, Problematisierung als Kriterium der Erkenntnisentwicklung, in: Erkenntnistheoretische Probleme der Erkenntnisentwicklung, Leipzig 1977, S. 100—112 (Karl-Marx-Universität Leipzig. Wissenschaftliche Beiträge. Reihe Gesellschaftswissenschaften); H. Parthey, Problemsituation und Forschungssituation in der Entwicklung der Wissenschaft, in: Deutsche Zeitschrift für Philosophie, 2/1981, S. 172—182; Ch. Partai, Issledovatel'skaja

1. Disziplinarität und Interdisziplinarität

Die Entwicklung der Wissenschaften und ihrer Ordnungssysteme sowie die hierauf begründeten Forschungs- und Lehrprofile sind durch zwei entgegengesetzte, sich jedoch wechselseitig bedingende Tendenzen gekennzeichnet: den Zwang zur zunehmenden Differenzierung in Disziplinen und die damit bedingte Notwendigkeit zur Integration dieser Fachrichtungen. Mit diesen beiden Tendenzen kann vor allem der Wandel in der Beziehung zwischen Objektbereich der Forschung und Gegenstandsbereich der gesellschaftlichen Praxis erfaßt werden, hängt doch die gesellschaftliche Wirksamkeit der Forschung, durch neues Wissen zur Lösung gesellschaftlicher Probleme beizutragen, wesentlich davon ab, inwieweit ein und derselbe Bereich der Wirklichkeit sowohl Objekt der Forschung als auch Gegenstand der gesellschaftlichen Praxis ist. Der Wandel in der Beziehung zwischen dem Objektbereich der Forschung und dem Gegenstandsbereich der gesellschaftlichen Praxis bedingt historisch gewordene und veränderbare Grenzziehungen des Wissens und seiner Gewinnung in Form von Wissenschaftsdisziplinen. Wissenschaftler müssen sich sowohl bei der Formulierung als auch bei der Bearbeitung von Forschungsproblemen auf bestimmte Bereiche des theoretischen Wissens beziehen. Eine Forschung ist disziplinär, wenn sich sowohl die in ihr formulierten Probleme als auch die in ihr verwendeten Methoden auf ein und denselben Bereich des theoretischen Wissens beziehen. Ausgehend von diesem Kriterium unterscheiden sich Wissenschaftsdisziplinen danach, welcher Untersuchungsbereich der Wirklichkeit und welche Theorie darüber zugrunde gelegt werden, wie nach weiterer Gesetzeserkenntnis gefragt wird, welche Art des Fragens und welche methodischen Vorgehensweisen zu ihrer wissenschaftlichen Beantwortung bevorzugt werden.

Wissenschaftsdisziplinen sind historisch bedingte und damit veränderliche Formen der Wissensgewinnung und Wissensreproduktion, in denen sowohl die Art und Weise des wissenschaftlichen Fragens als auch die Bevorzugung bestimmter methodischer Vorgehensweisen vom Einzelnen erworben und ausgeübt werden und in denen wissenschaftlich Tätige gesellschaftliche Anerkennung erfahren oder erringen können und institutionell etabliert werden.[3] Disziplinari-

situacija kak forma razvitija nauki, in: Metodologija razvitija naučnogo znanija. Pod redakcej A. A. Starčenko/D. Šul'ce, Moskva 1982, S. 55—60.

3 Vgl. E. Lang/B. Lange, Was gehört zu einer Wissenschaftsdisziplin? (Bericht über zwei Bereichskolloquien zum Begriff der Wissenschaftsdisziplin und zu Beziehungen von Wissenschaftsdisziplinen), in: Autorenkollektiv, Wissenschaft im Sozialismus. Probleme und Untersuchungen, Berlin 1973, S. 302; I. V. Blauberg/E. M. Mirskij/V. N. Sadovskij, Die wissenschaftliche Disziplin: Begriff, Phänomen, Forschungsgegenstand, in: Rostocker Wissenschaftshistorische Manuskripte, 2/1978, S. 127—141; H. Laitko, Erkenntnistheoretische und reproduktionstheoretische Gesichtspunkte zur Bestimmung des Disziplinbegriffs, in: Rostocker Wissenschaftshistorische Manuskripte, I/1978, S. 25—34; E. M. Mirskij, Meždisciplinarnye issledovanija i disciplinarnaja organizacija nauki, Moskva 1980.

tät in der Wissenschaft kann zunehmend differenziert werden. Gründe hierfür sind die expotentielle Zunahme des insgesamt akkumulierten Wissens,[4] der zunehmend höhere Spezialisierungsgrad dieses Wissens und die zu seiner Artikulation geschaffenen disziplinspezifischen Fachsprachen sowie die zur weiteren Vertiefung dieses Spezialwissens erforderliche hochspezialisierte Forschungstechnik. Heute rechnet man mit einer sehr großen Anzahl unterscheidbarer Wissenschaftsdisziplinen,[5] wobei sich Neubildungen aus der weiteren Untergliederung traditioneller Disziplinen, aber auch durch deren Überlappung in integrativer Weise ergeben. Seit dem vorigen Jahrhundert wurden die Grenzen und Übergänge zwischen den historisch bedingten Wissenschaftsdisziplinen immer mehr zu Brennpunkten des theoretischen Interesses.

Wesentliche Einsichten verdanken wir hierbei K. Marx und F. Engels. Engels, der gemeinsam mit Marx eine Revolution in der Geschichte des Denkens durch die Verbindung von Erkenntnissen der dialektisch-materialistischen Philosophie, der politischen Ökonomie und des wissenschaftlichen Sozialismus vollzog, formulierte zu seiner Zeit: „Grade die Dialektik ist aber für die heutige Naturwissenschaft die wichtigste Denkform, weil sie allein das Analogon und damit die Erklärungsmethode bietet für die in der Natur vorkommenden Entwicklungsprozesse, für die Zusammenhänge im ganzen und großen, für die Übergänge von einem Untersuchungsgebiet zum andern."[6] „So erklären sich an dem Berührungspunkte der Molekular- und der Atomwissenschaft beide inkompetent, während grade *da die größten Resultate zu erwarten sind.*"[7] So beruhen zwei grundlegende Erkenntnisdurchbrüche im 20. Jahrhundert auf frühen Beispielen erfolgreicher Interdisziplinarität in der Grundlagenforschung: einmal die Entdeckung der Kernspaltung durch O. Hahn und F. Straßmann, und ihre Interpretation durch L. Meitner und O. R. Frisch in den Jahren 1938/1939 mit der Fächerkombination Radiochemie — Analytische Chemie — Kernphysik[8] und zum anderen die Aufklärung der Genstruktur durch J. D. Watson und F. H. C. Crick im Jahre 1953 mit der Fächerkombination Genetik — Röntgenstruktur-

4 Vgl. F. Engels, Umrisse zu einer Kritik der Nationalökonomie, in: MEW, Bd. 1, Berlin 1956, S. 521.

5 So konnten nach E. G. Lejkin zu Beginn der 70er Jahre unseres Jahrhunderts „etwa 2000 Wissenschaftsdisziplinen gezählt werden, die größtenteils (wenn nicht gar in ihrer überwiegenden Mehrheit) vor zwei bis drei Generationen nicht existierten" (E. G. Lejkin, Zur Kritik der kumulativen Konzeption der Wissenschaftsentwicklung, in: Wissenschaft. Studien zu ihrer Geschichte, Theorie und Organisation, hg. von G. Kröber/H. Steiner, Berlin 1972, S. 179).

6 F. Engels, Dialektik der Natur, in: MEW, Bd. 20, Berlin 1962, S. 330—331.

7 Ebenda, S. 551.

8 Vgl. 40 Jahre Kernspaltung. Eine Einführung in eine Originalliteratur, hg. von H. Wohlfahrt, Darmstadt 1979; Im Schatten der Sensation. Leben und Wirken von Fritz Straßmann. Dargestellt von F. Krafft nach Dokumenten und Aufzeichnungen, Weinheim—Basel 1981.

analyse.[9] Obwohl am Anfang der Molekularbiologie zu Beginn der 30er Jahre unseres Jahrhunderts aus Vertretern verschiedener Disziplinen zusammengesetzte Forschergruppen noch ziemlich seltsam erschienen,[10] gewinnt heute im letzten Drittel des 20. Jahrhunderts die Auffassung an Bedeutung, daß die wissenschaftliche Problementwicklung auch der Grundlagenforschung eine Zusammenarbeit von Vertretern verschiedener Disziplinen mit zum Teil unterschiedlichem methodologischen Niveau erfordert. Zur wissenschaftsmetrischen Analyse der Interdisziplinarität in der Forschung wird in der Regel ein Indikator für die Zusammensetzung von Forschergruppen nach Diplom-Disziplinen verwendet.[11] Wesentlich interessanter sind Indikatoren für die interdisziplinäre Arbeit einzelner Wissenschaftler und ihrer Häufigkeit in Übergängen von einem Untersuchungsgebiet zum anderen. Ein von uns dafür entwickelter und getesteter Indikator bezieht sich auf den prozentualen Anteil von interdisziplinär arbeitenden Wissenschaftlern in Forschergruppen, der durch die Anzahl der Wissenschaftler ermittelt wird, in deren Problembearbeitung Methoden verwendet werden, die nicht in dem theoretischen Wissensbereich begründet sind, in dem die Probleme formuliert wurden.[12] Die Verteilung von 41 Forschergruppen aus drei biowissenschaftlichen Instituten der Akademie der Wissenschaften der DDR Ende der 70er Jahre nach den beiden Indikatoren belegt — wie Tabelle 6 zeigt — entwickelte Interdisziplinarität.

Eine wissenschaftlich ertragreiche Interdisziplinarität ist, darauf weist der Befund in Tabelle 6 hin, an Wissenschaftler gebunden, die in einer Person interdisziplinäre Zusammenhänge zwischen Problem und Methode denken und bearbeiten können. Damit wird nicht nur die Rolle der Wissenschaftlerper-

9 Vgl. Molekulargenetik. Beiträge zu ihrer Entwicklung, ausgewählt, eingeleitet und kommentiert von E. Geißler, Leipzig 1975.

10 Siehe den Bericht von K. G. Zimmer über das „Dreimännerwerk" (N. V. Timoféeff-Ressovsky/K. G. Zimmer/M. Delbrück, Über die Natur der Genmutation und der Genstruktur, in: Nachrichten von der Gesellschaft der Wissenschaften zu Göttingen, Mathematisch-physikalische Klasse, Fachgruppe VI. Biologie, Neue Folge, Bd. 1, 13/1935) in: Phagen und die Entwicklung der Molekularbiologie, hg. von J. Cairns/G. S. Stent/J. D. Watson, Berlin 1972, S. 48.

11 Vgl. Tabelle 6.

12 Auszüge aus einem entsprechenden Fragebogen sowie aus seiner Beantwortung gewonnene Werte für die 41 Ende der 70er Jahre untersuchten Forschergruppen aus drei biowissenschaftlichen Akademieinstituten der DDR in: H. Parthey, Forschungssituation interdisziplinärer Arbeit von Forschungsgruppen, in: Interdisziplinarität in der Forschung. Analysen und Fallstudien, hg. von H. Parthey/K. Schreiber, Berlin 1983, S. 13—46; vgl. zur Diskussion dieses Indikators M. Znoj, in: Teoria Rozvoje vedy. Theory of Science Development (Praha), 2/1983, S. 85—88; K. Wagner, in: Deutsche Zeitschrift für Philosophie, 4/1985, S. 372—374; K. Lüders, in: Jahrbuch für Soziologie und Sozialpolitik 1985, Berlin 1985, S. 419—427; W. R. Woodword, Committed History and Philosophy of the Social Sciences in the twc Germanies, in: History of Sciences, 23/1985, S. 25—72.

Tabelle 6: Häufigkeit der Merkmalskoppelung zwischen „Zusammensetzung nach Diplom-Disziplinen" und „Prozentualer Anteil von interdisziplinär arbeitenden Wissenschaftlern" in 41 Forschergruppen aus drei biowissenschaftlichen Instituten der Akademie der Wissenschaften der DDR Anfang der 80er Jahre

Prozentualer Anteil interdisziplinär arbeitender Wissenschaftler in der Gruppe

A_j											
100					+			++	+		
90								++		+	
80	+					++			+		
70	+					+		++			
60	+				++	+					
50	++										
40	++				+	++			+		
						+					
30	++			+					+		
20	+							+	+		+
10					+						
0	++			+							
	+										
Z_j:	0.0 niedrige	0.1	0.2	0.3	0.4	0.5	0.6	0.7	0.8 hohe	0.9	1.0

Zusammensetzung der Gruppe aus Vertretern verschiedener Disziplinen

$Z_j = -(\ln N)^{-1} \sum_{k=1}^{N} pk_j \cdot \ln pk_j$; $pk_j = \frac{m_{ik}}{n_j}$; N als Anzahl der maximal möglichen Disziplinen (im untersuchten Fall: Mathematik, Physik, Chemie, Biologie, Medizin und Agrarwissenschaft); n_j als Anzahl der Wissenschaftler in der Gruppe; m_{ik} als Anzahl der Wissenschaftler in einer Disziplin. A_j = Prozentualer Anteil der Wissenschaftler in der Gruppe, in deren Bearbeitung von Problemen Methoden verwendet werden, die nicht in dem theoretischen Wissensbereich begründet sind, in dem die Probleme formuliert wurden.

sönlichkeit im interdisziplinären Prozeß unterstrichen,[13] sondern auf einen wesentlichen Aspekt interdisziplinärer Zusammenarbeit zwischen Wissenschaftlern verwiesen: Interdisziplinarität in der Forschung, sozusagen deren allgemeiner Fall,[14] ist die gegenseitige methodische Durchdringung, die Anwendung von

13 Vgl. H. Hörz, Die Rolle der Wissenschaftlerpersönlichkeit im interdisziplinären Prozeß, in: Deutsche Zeitschrift für Philosophie, 5/1983, S. 530—603.

14 B. M. Kedrow verweist in seinen Untersuchungen unter dem Titel: B. M. Kedrow, Klassifizierung der Wissenschaften, Bd. 2, Berlin—Moskau 1976 auf Formen der wechselseitigen Zusammenhänge zwischen den Disziplinen, die bewirkt werden „durch den allgemeinen Fall, daß die Methode der einen Wissenschaft (der Mathematik, Physik usw.) bei der Erforschung des Gegenstandes anderer Wissenschaften (zum Beispiel der Biologie, der Psychologie usw.) angewandt wird (ebenda, S. 603).

wissenschaftlichen Erkenntnissen, Methoden, Erfahrungen sowie von Ansichten und Herangehensweisen einer Disziplin in einer anderen. Zunehmend gehen Wissenschaftler unserer Tage davon aus, daß auf diesem Wege auch bei der Bearbeitung der großen klassischen Probleme des wissenschaftlichen Erkennens mit relativ geringem Aufwand beachtliche Erkenntnisse gewonnen werden können, während das disziplinäre Vorgehen bei diesen Problemen meist nur mit sehr hohem und mit jeder Vertiefung enorm wachsendem Aufwand — wenn überhaupt — zu gewissen Erfolgen in absehbarer Zeit führt.[15] Hinzu kommt oftmals eine die Wirklichkeitserkenntnis einschränkende Verselbständigung der disziplinär erfaßten Wirklichkeitsausschnitte und damit ein Verlust der Erkenntnis der Wirklichkeit in ihrer realen Vollständigkeit. Ein derart objektiv bedingtes Spezialistentum führt subjektiv nicht selten zu einer begrenzten Sichtweise im Weltbild und im Verständnis komplexer gesellschaftlicher Probleme, die im Meinungsstreit über den eigenen wissenschaftlichen Beitrag zur Lösung gesellschaftlicher Probleme mit Recht einer weltanschaulichen und methodologischen Kritik ausgesetzt ist und überwunden werden sollte. In dem Maße wie das historisch konkret gegebene Profil disziplinärer Forschung nicht ausreichend sichert, daß ein und derselbe Bereich der Wirklichkeit sowohl Objekt der Forschung als auch Gegenstand der gesellschaftlichen Praxis sein kann, obwohl gesellschaftliche Anforderungen dafür vorliegen, trägt Interdisziplinarität zu tieferen Erkenntnissen und ihrer gesellschaftlichen Wirksamkeit bei.

2. Problemfelder und interdisziplinär arbeitende Wissenschaftler

Der Fortschritt bei der Lösung von Problemen der gesellschaftlichen Praxis, aber auch von fundamentalen Problemen der Wissenschaft führte und führt zu Problemfeldern der Forschung, die in ihrer Erfassung und methodischen Bearbeitung die Grenzen der historisch entstandenen Wissenschaftsdisziplinen überschreiten. So erfordert das volle Wirksamwerden der Wissenschaft in der Regel die Überführung von Prinziplösungen der Grundlagenforschung in die gesellschaftliche, speziell volkswirtschaftliche Praxis. Hierzu sind im allgemeinen, wie im Fall der Entwicklung eines neuen Arznei- oder Pflanzenschutzmittels, geschlossene Kooperationsketten von der Grundlagenforschung über die industrielle Wirkstoffentwicklung und Produktion bis hin zur Anwendungsforschung und Einsatzvorbereitung der neuen Präparate im Gesundheitswesen oder der Landwirtschaft erforderlich, welche die interdisziplinäre oder doch zumindest multidisziplinäre Zusammenarbeit von Vertretern sehr unterschiedlicher Fachdisziplinen einschließen. Solche auf ein Überführungsziel orientierten „vertikalen“ Ebenen der Interdisziplinarität möchten wir von der sogenannten „horizon-

15 Vgl. R. Rompe/H. J. Treder, Über Physik. Studien zu ihrer Stellung in Wissenschaft und Gesellschaft, Berlin 1979, S. 49.

talen" Interdisziplinarität unterscheiden,[16] die von interdisziplinär arbeitenden Wissenschaftlern und zwischen Vertretern verschiedener Disziplinen der Grundlagenforschung im Sinne der Herausbildung einer neuen Forschungsrichtung zu praktizieren ist. Beide Ebenen der Interdisziplinarität, die „vertikale" und die „horizontale", unterscheiden sich in der Regel in einer grundlegenden Voraussetzung. Während im erstgenannten Fall, also beim Überführungsprojekt, die tragende Idee, d. h. die wissenschaftliche Prinziplösung, von Anfang an gegeben sein muß, ist sie für die „horizontale" Interdisziplinarität keine Vorbedingung, sondern im allgemeinen erst ein Ergebnis ihrer Wirksamkeit. Historisch gesehen hat Interdisziplinarität in früheren Jahrhunderten zunächst zwischen Naturwissenschaften, Medizin und Technikwissenschaften begonnen und zwar in sozusagen klassischer Form in der gegenseitigen methodischen Durchdringung, in der Anwendung von Erkenntnissen, Methoden und Herangehensweisen einer Disziplin in einer anderen. Seit dem vorigen Jahrhundert werden auch gesellschaftswissenschaftliche Disziplinen einbezogen; eine Tendenz, die sich in unserem Jahrhundert verstärkte. Die wachsende Tendenz zur Interdisziplinarität gründet sich zunehmend auf einzelne Disziplinen übergreifende Problemfelder beim Erkennen der objektiven Komplexität und Wechselwirkung der natürlichen, materiell-technischen und gesellschaftlichen Prozesse. Dies gilt nicht nur für die wissenschaftliche Erklärung der Lebensprozesse und der Evolution des Universums. Interdisziplinarität in der Forschung erfordern auch die meisten globalen Menschheitsprobleme, wie die Erschließung und rationelle Nutzung der Rohstoff- und Energieressourcen der Erde, die Entwicklung der Weltbevölkerung, ihrer Ernährung und Gesunderhaltung, der Schutz und die Reproduktion der natürlichen Umwelt der Menschheit, die ökonomische und soziale Entwicklung in allen Regionen der Welt und die Probleme der Gestaltung einer neuen Weltwirtschaftsordnung in ihrem Bezug zur jeweiligen Gesellschaftsordnung und zur internationalen Klassenauseinandersetzung. Interdisziplinarität ist in diesem Sinne ein Mittel für die Lösung wissenschaftlicher Problemfelder, die auf der Komplexität von wissenschaftlich-technischen und sozialen Problemen und der wechselseitigen Befruchtung der Wissenschaftsdisziplinen beruhen.[17] Allerdings sind multidisziplinär zusammengesetzte Kollektive in der Wissenschaft ebenso wie eine hohe disziplinorientierte Qualifikation in der Regel Voraussetzungen für interdisziplinäre Forschung, aber noch nicht zwangsläufig mit dieser identisch. So werden Forschergruppen mit Recht als überwiegend disziplinär arbeitend eingeschätzt, obwohl ein interdisziplinäres Problemfeld vorliegt, wenn, um das Problemfeld aufzulösen, die Teilprobleme lediglich in den beteiligten Disziplinen

16 Vgl. H. Parthey/K. Schreiber, Voraussetzungen und Formen interdisziplinärer Forschung, in: Interdisziplinarität in der Forschung. Analysen und Fallstudien, hg. von H. Parthey/K. Schreiber, Berlin 1983, S. 303—309.

17 Vgl. G. Kröber, Interdisziplinarität — ein aktuelles Erfordernis der Gesellschafts- und Wissenschaftsentwicklung, in: Deutsche Zeitschrift für Philosophie, 5/1983, S. 575—589.

zu formulieren und zu bearbeiten sind. Für diesen Fall der multidisziplinären Zusammensetzung von Forschergruppen aus Vertretern verschiedener Disziplinen und der Zusammenarbeit zwischen ihnen liegen reiche Erfahrungen vor.[18]

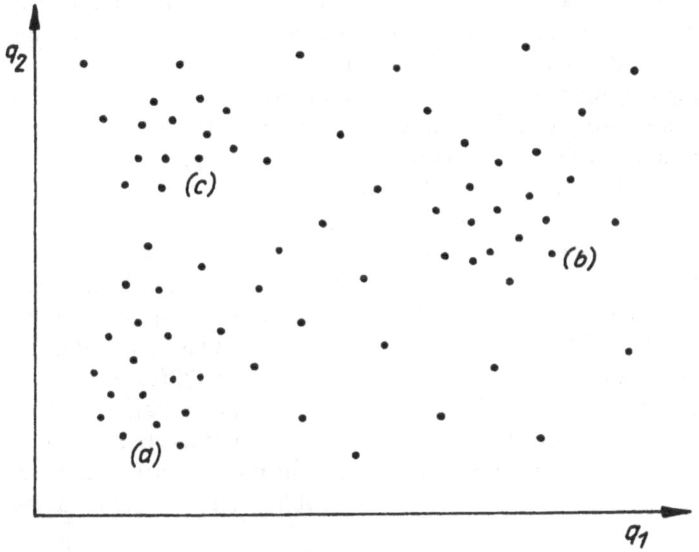

Abb. 2: Verteilung der Wissenschaftler über dem Problemfeld
Disziplinen: Häufungen (a), (b) und (c)
Interdisziplinär arbeitende Wissenschaftler: vereinzelte Punkte
Quelle: Ebeling 1984[19]
q_1 und q_2: zwei Dimensionen im Problemeraum (vereinfacht), für den eine Reproduktionsrate $w(q/x)$ sowie eine gerichtete Bewegung der Wissenschaftler auf neue Problemfelder (beschrieben durch einen Driftvektor $f(q)$) und eine ungerichtete Diffusion auf benachbarte Problemfelder (beschrieben durch einen Diffusionsvektor $D(q)$) bestehen. Reproduktions-Transport-Gleichung des Gesamtprozesses: $\partial_t x(q, t) = xw(q/x) + \partial_q(f(q)x + D(q)\,\partial_q x)$

18 Vgl. Interdisciplinarity. Problem of Teaching and Research in Universities, OECD, Paris 1972; D. Blaschke, Probleme interdisziplinärer Forschung: Organisations- und forschungstheoretische Untersuchungen der Erfahrungen mit interdisziplinärer Zusammenarbeit, Wiesbaden 1976; R. Steck, Organisationsformen und Kooperationsverhalten interdisziplinärer Forschergruppen im internationalen Vergleich, in: Internationale Dimensionen in den Wissenschaften, hg. von F. R. Pfetsch, Erlangen 1979, S. 87—108; Protokollband über einen Erfahrungsaustausch zur interdisziplinären Gemeinschaftsarbeit von Natur- und Gesellschaftswissenschaftlern, Agraringenieuren und Ärzten am 21. 9. 1979 in Halle, Martin-Luther-Universität Halle 1980; U. Hofmann/W. Marschall, Interdisziplinäre Forschung vertiefen, in: Einheit, 8/1981, S. 770—776; Interdisciplinarité et sciences humaines, Volume I. UNESCO, Paris 1983; Managing Interdisciplinary Research, hg. von S. R. Epton/R. L. Payne/ S. W. Pearson, London 1984.

19 Vgl. W. Ebeling, Die Stellung der Physik im System der Wissenschaften. Kritik des Physikalismus, in: Deutsche Zeitschrift für Philosophie 1/1984, S. 33—40.

In einem zweiten Fall sind in den Problemfeldern darüber hinaus auch solche Problemstellungen enthalten, die jede für sich genommen nur unter Bezug auf verschiedene Bereiche des theoretischen und methodischen Wissens formuliert und bearbeitet werden können. Dieser Fall erfordert interdisziplinär arbeitende Wissenschaftler, von denen jeder Einzelne sich der Interdisziplinarität von Problem und Methode stellt und sie zu beherrschen versucht.

In einer Verteilung der Wissenschaftler über die Problemfelder der Forschung repräsentieren die Häufungen, d. h. die Gebiete größerer Dichte, meist Disziplinen und damit disziplinär arbeitende Wissenschaftler. Die vereinzelten Punkte zwischen diesen Häufungen stellen dann interdisziplinär arbeitende Wissenschaftler dar. Die Unterscheidung von disziplinär und interdisziplinär arbeitenden Wissenschaftlern gestattet, wie Abb. 2 zeigt, eine anschauliche Darstellung der Wissenschaftsentwicklung, die nach W. Ebeling in einer Reproduktions-Transport-Gleichung ausgedrückt werden kann: Neben der Reproduktionsrate werden Transportprozesse berücksichtigt, die in einer gerichteten Bewegung der Wissenschaftler auf neue Problemfelder und in einer ungerichteten Diffusion auf benachbarte Problemfelder bestehen.[20] Unserer Auffassung nach schaffen und befinden sich interdisziplinär arbeitende Wissenschaftler in interdisziplinären Forschungssituationen, die umfangreicher sind als Problemfelder, denn in ihnen sind interdisziplinäre Zusammenhänge zwischen Problem und Methode zu bearbeiten.

3. Forschungssituation und Wissenschaftsentwicklung

Problemsituationen und entsprechend formulierte Problemfelder sind nur eine notwendige Voraussetzung der Forschung, auch der interdisziplinären. So erfaßt auch eine Sicht, die unter Interdisziplinarität nur „eine allgemeine Grundhaltung“ als „Aufgeschlossenheit gegenüber anderen Wissenschaftsdisziplinen“ versteht,[21] das Wesen der Forschung als wissenschaftlichen Erkenntnis- und Arbeitsprozeß nicht richtig und negiert sowohl die objektiv fortschreitende Arbeitsteilung und Kooperation in der Forschung als auch die Notwendigkeit der Ermittlung der jeweils geeigneten Formen der disziplinären und interdisziplinären Forschung. Probleme als Widerspiegelung von Problemsituationen ergeben für sich genommen noch keine Forschungssituation, obwohl Probleme der ideelle Ausgangspunkt jeder Forschung sind. Bekanntlich ist ein Forscher vor eine Problemsituation gestellt, wenn das vorhandene Wissen nicht ausreicht, um bestimmte Erkenntnisziele zu erreichen und keine Algorithmen existieren, durch die der festgestellte Wissensmangel in endlich vielen Schritten behoben werden kann. Das Bewußt-

20 Ebenda, S. 39.

21 Vgl. N. A. Luyten, Interdisziplinarität und die Einheit der Wissenschaft, in: Internationales Jahrbuch für interdisziplinäre Forschung, Bd. 1, Berlin (West)—New York 1974, S. 148.

werden einer solchen Situation führt zum Problem. Wissenschaftler befinden sich in einer Forschungssituation jedoch erst dann, wenn sie ihr eigenes Wissen über die theoretischen und methodischen Bereiche, zu denen das gestellte Problem Bezug hat, so weit erweitern können, daß ihnen eine eigene methodische Neuentwicklung und forschungstechnische Neuerung zur Problembearbeitung möglich ist. Erweist es sich, daß zur Bearbeitung von Problemen Methoden benötigt werden, die nicht in dem Wissensbereich begründet sind, in dem die Probleme formuliert wurden, dann befinden sich Forschergruppen in einer notwendigen und hinreichenden Bedingung für interdisziplinäre Arbeit. In allen anderen Fällen wird eine Zusammenarbeit in multidisziplinär zusammengesetzten Forschergruppen praktiziert, deren Gruppenmitglieder überwiegend disziplinär arbeiten.

In unserem Verständnis von Forschungssituationen sind vor allem vier Merkmale zu beachten: erstens die Problemfelder der Forschung; zweitens ihre Bedeutsamkeit für Erkenntnis und Gesellschaft; drittens die Methodenentwicklung zur Bearbeitung von Forschungsproblemen; viertens die tatsächliche Verfügbarkeit an Wissen und Forschungstechnik zur Problembearbeitung. Unter Forschungssituationen werden nun solche Zusammenhänge zwischen Problemfeldern (Merkmal 1) und Methodengefüge (Merkmal 3) in der Forschung verstanden, die es den Wissenschaftlern gestatten, die Problemfelder mittels tatsächlicher Verfügbarkeit an Wissen und Forschungstechnik (Merkmal 4) methodisch zu bearbeiten. Sollen Forschungssituationen mit einem neuartigen Zusammenhang zwischen Problem und Methode herbeigeführt werden, dann können sich von den denkbaren Forschungsmöglichkeiten auch nur die realisieren, für die von der Gesellschaft die entsprechenden Forschungsmittel und -kräfte zur Verfügung gestellt werden. Die Entscheidungen darüber sind aber von der aufgezeigten Problemrelevanz (Merkmal 2) abhängig. Deshalb reguliert Problemrelevanz, d. h. die Bewertung von Problemen nach dem Beitrag ihrer möglichen Lösung zum Erkenntnisfortschritt und zur Lösung von gesellschaftlichen Praxisproblemen, letztlich die tatsächliche Verfügbarkeit an Wissen und Forschungstechnik.

Jeder der vier genannten Sachverhalte hat Tendenzen, die insgesamt widersprüchlich im dialektischen Sinne sind, d. h. die einander bedingen, obwohl sie gegenläufiger und widersprüchlicher Natur sind. So erhöht sich die Verfügbarkeit an Wissen und Forschungstechnik in dem Maße tendenziell, wie die Problemlösung vorankommt, erreicht also ihren höchsten Grad, wenn sie für das bestimmte Problem nicht mehr erforderlich ist. Die Methodenentwicklung hat im Forschungsprozeß offensichtlich dann ein Maximum, wenn das Niveau der Neuentwicklung von Methoden als angemessen und als ausreichend für die Problembearbeitung angesehen werden kann. Dieses Maximum liegt vor dem Höhepunkt der Verfügbarkeit an Wissen und Forschungstechnik, der am Ende des Problemlösungsprozesses gegeben ist, d. h. dann, wenn das Problem sich auflöst. In diesem Sinne sind auch forschungstechnische Neuerungsprozesse in den Bezugsebenen international origineller Forschungsarbeit und beim Erreichen international führender Forschungsergebnisse zu unterscheiden. Auf der Grundlage dieser Unterscheidung durchgeführte Analysen lassen erkennen, daß die Raten forschungstechnischer Neuerungen bei Aufnahme der Problembearbeitung in international origineller Arbeit höher sind als beim Erreichen international führender Ergebnisse.[22] In der abschließenden Phase abnehmender Raten methodischer Neuerungen verschwindet dieser Unterschied, d. h. die in der Forschungsarbeit zu einem definierten Problemfeld hervorgebrachten forschungstechnischen Neuerungen werden in den Forschungsergebnissen absorbiert.

Von allgemeinem Interesse für das Verständnis der Entwicklung von Forschungssituationen ist die Dynamik methodischer und forschungstechnischer Neuerungen in ihrer Auswirkung auf den Wissenszuwachs. Sowohl forschungstechnische Zuwächse als auch Wissenszuwächse können in ihrem zeitlichen Verlauf während des Problemlösens bildlich durch eine Glockenkurve charakterisiert werden, allerdings sind ihre Maxima zeitlich etwas versetzt: das Maximum forschungstechnischer Zuwächse liegt zeitlich früher als das der Wissenszuwächse. Analog zeitlich versetzt können bildlich die Kurven der kumulativen Summen der beiden Zuwächse vorgestellt werden, die die Entwicklung der Verfügbarkeit an Forschungstechnik und an Wissen darstellen. Im Sinne der Entwicklung und Nutzung einzelwissenschaftlicher Methoden[23] können bei der Gewinnung neuer Erkenntnisse folgende Phasen der Forschungsarbeit beim Problemlösen unterschieden werden:[24] Erstens die Anfangs- oder Einlaufphase der Methodenentwicklung zur Bearbeitung des gestellten Problems (Phase A: zunehmende Rate methodisch-forschungstechnischer Neuerungen und zunehmende Rate an Wissenszuwachs). Zweitens die Phase, in der sich die Wohlformuliertheit des Problems auf einem Niveau der Methodenentwicklung einstellt, das als ausreichend für die Problemlösung eingeschätzt wird (Phase B: gleichbleibende bzw. bereits abnehmende Rate methodisch-forschungstechnischer Neuerungen verbunden mit einer weiterhin zunehmenden Rate an Wissenszuwachs). Und schließlich drittens die Auslaufphase, in der keine neuen Methodiken und Forschungstechniken zur Bearbeitung des gestellten Problems entwickelt werden, sondern in der mit den bereits

22 Vgl. H. Parthey, Neuerungsraten der Forschungstechnik in naturwissenschaftlichen Akademieinstituten, in: Entwicklungsstrategien für das Wissenschaftspotential zur Gewährleistung des Leistungsanstiegs von Wissenschaft und Technik, Berlin 1984, S. 59—71 (AdW der DDR, Schriften des ITW, Heft 42, Teil II).

23 Vgl. N. Hager, Zum Verhältnis von philosophischen, allgemeinwissenschaftlichen und einzelwissenschaftlichen Methoden, in: Deutsche Zeitschrift für Philosophie, 8/1985, S. 709—716.

24 Vgl. H. Parthey, Die Forschungssituation und ihre Beschreibung in empirischen Untersuchungen von Forschungsgruppen, in: Faktoren der Intensivierung kollektiver Forschung, Berlin 1978, S. 40—69 (AdW der DDR, Schriften des ITW, Heft 9, Teil I); ähnliche Überlegungen siehe auch N. Rescher, Scientific Progress, Oxford 1978 (deutsch: N. Rescher, Wissenschaftlicher Fortschritt. Eine Studie über die Ökonomie der Forschung. Berlin (West)—New York 1982); F. Moser, Forschen wir richtig? Gedanken zur Forschungssituation, Methodologie und Effizienz, in: Chimici (Basel), 10/1982, S. 387—396.

entwickelten das gestellte und nun auch wohlformulierte Problem bis zu seiner Auflösung bearbeitet wird (Phase C: abnehmende Rate methodisch-forschungstechnischer Neuerungen und abnehmende Rate an Wissenszuwachs).

Andererseits ergeben sich in jeder Entwicklungsphase der Forschungstätigkeit mehr oder weniger neue Problemsituationen, deren sich Forscher im unterschiedlichen Maße als Probleme bewußt werden, wobei zur Bearbeitung dieser Probleme stets neue Forschungssituationen auf einem höheren Niveau des Zusammenwirkens der genannten vier Sachverhalte herbeigeführt werden müssen, das ein tieferes Eindringen in das Wesen der Erscheinungen ermöglicht als die Forschungssituation, in der die Probleme aufgetreten sind. Die Forschungssituation in diesem Sinne als Entwicklungsform der Wissenschaft aufzufassen folgt einer grundlegenden Charakteristik, nach der, wie K. Marx formulierte, alle Wissenschaft überflüssig wäre, „wenn die Erscheinungsform und das Wesen der Dinge unmittelbar zusammenfielen“.[25] Die Wissenschaft entwickelt sich demnach gleichsam in Form einer aufsteigenden Spirale der Entwicklung der Forschungssituationen von einem niederen zu einem höheren Niveau sowohl der Problemrelevanz als auch der tatsächlichen Verfügbarkeit von Wissen und Forschungstechnik zur Problembearbeitung. Im Unterschied zur Auffassung von der Hypothese als Entwicklungsform der Wissenschaft, die ebenfalls der genannten grundlegenden Charakteristik der Wissenschaft folgt, gestattet die vorgestellte Charakteristik der Forschungssituation nicht nur Prozesse kontinuierlicher Akkumulation wissenschaftlicher Erkenntnisse zu erfassen, sondern auch den Wechsel zwischen dieser Akkumulation des Wissens im Verlauf von Phasen einer Forschungssituation selbst und der schubweisen Neuorientierung durch Probleme, die einer neuartigen Forschungssituation zu ihrer Bearbeitung bedürfen. Ebenso wie der Übergang vom unsicheren zum als wahr gesicherten Wissen durch praktische Prüfung von Hypothesen ein Prozeß zunehmender Objektivität wissenschaftlichen Erkennens ist, „der sich naturgemäß nur über das individuelle Denken einzelner Wissenschaftler durchsetzt“,[26] könnte gesagt werden, daß die Entwicklungsform der Wissenschaft, soweit Forscher tätig sind, und zwar im Sinne der Auffassung der Wissenschaft als Vielfalt von Tätigkeiten zur Gewinnung, Vermittlung und Anwendung von wissenschaftlichen Erkenntnissen, in der Denktätigkeiten nur ein Teilbestand derselben sind,[27] die Forschungssituation ist, die in den konkreten Arbeitssituationen von Wissenschaftlern zu

25 Vgl. K. Marx, Das Kapital. Dritter Band, in: MEW, Bd. 25, Berlin 1964, S. 825.

26 Die wissenschaftliche Hypothese, hg. von H. Korch, a. a. O., S. 92.

27 Vgl. G. Kröber/H. Laitko, Sozialismus und Wissenschaft, Berlin 1972. In dieser Arbeit heißt es: „Die Wissenschaft ist ein im Gesamtzusammenhang der jeweiligen Gesellschaftsformation bestimmtes System gesellschaftlicher Tätigkeiten, die auf die Gewinnung, Vermittlung, Reproduktion und Anwendung von Erkenntnissen gerichtet sind“ (S. 61). Über die Herausbildung dieser Wissenschaftsauffassung vgl. D. Wittich/K. Gößler/K. Wagner, Marxistisch-leninistische Erkenntnistheorie, Berlin 1978.

erreichen ist. Damit wird auch für Analysen von Forschergruppen ein Bezugsrahmen gesetzt, in denen Forscher tatsächlich tätig sind. Unserer Annahme entsprechend würde ein grundlegender Faktor der Intensivierung der wissenschaftlichen Arbeit in kleinen Forscherkollektiven in dem Bestreben und der Befähigung bestehen, sich im international angemessenen Rhythmus die Phasen einer Forschungssituation zügig nacheinander zu erarbeiten und nicht in einer von ihnen, auch nicht in der letzten, die den Erfolg sichtbar macht, ungebührlich lange zu verharren.

4. Indikatoren und Analyse interdisziplinärer Forschungssituation in Forschergruppen biowissenschaftlicher Institute

Analysen von Forschergruppen bedürfen der Vergleichbarkeit in ihren Arbeitsbedingungen. So wurde in Analogie zu Kollektiven in der Produktion materieller Güter angenommen, die die Effektivität kleiner Forschergruppen entscheidend durch die Übereinstimmung von Problemstruktur und arbeitsteiliger Struktur im Kollektiv bestimmt wird.[28] Diese Annahme kann nach empirischer Überprüfung nur bedingt aufrecht erhalten werden.[29] In den ersten Interpretationen einer umfangreichen empirischen Untersuchung der UNESCO über die Effektivität von Forschungsgrundeinheiten[30] wurde versucht, die Vergleichbarkeit von 1200

28 Vgl. H. P. Bahrdt/H. Krauch/H. Rittel, Die wissenschaftliche Arbeit in Gruppen, in: Kölner Zeitschrift für Soziologie und Sozialpsychologie, 1/1960, S. 1—40; H. Rittel, Hierarchie oder Team? Betrachtungen zu den Kooperationsformen in Forschung und Entwicklung, in: Forschungsplanung: Eine Studie über Ziele und Struktur amerikanischer Forschungsinstitute, hg. von H. Krauch/H. Rittel/W. Kunz, München—Wien 1966; H. Rittel unterscheidet dabei sowohl die Formulierung des Problems als auch die Aufstellung des Suchraumes vom Suchen selbst und analysiert den Zusammenhang zwischen der Problemstruktur und Kooperationsformen. B. Berten formuliert in diesem Sinne: „Nur ein aufgabenadäquat zusammengesetztes Kollektiv, dessen fachliche Struktur mit der Struktur der Forschungsaufgabe übereinstimmt (das also eine der Forschungsaufgabe entsprechende arbeitsfunktionelle Struktur besitzt) ist in der Lage, eine optimale Lösung der gestellten Aufgabe sowohl bezüglich der Qualität als auch der Aufwendungen zu erzielen" (B. Berten, Optimale Zusammensetzung projektierter interdisziplinärer Forschungskollektive, insbesondere unter dem Aspekt ihrer arbeitsteiligen Strukturierung, Dissertation A, Universität Rostock 1973, S. 53).

29 H. Hiebsch schreibt: „Damit ist allerdings nicht nachgewiesen, daß Eigenart und Komplexitätsgrad der Gruppenaufgabe keinen Einfluß auf die noch zu besprechenden Dimensionen haben" (H. Hiebsch, Wissenschaftspsychologie. Psychologische Fragen der Wissenschaftsorganisation, Berlin 1977, S. 111). Es bleibt die Frage, ob der Sachverhalt, daß zwischen dem „Schwierigkeitsgrad der Aufgabe" und allen anderen Dimensionen keine signifikanten Korrelationen auftreten, in erster Linie mit der Meßproblematik dieser Variablen zusammenhängt (S. 115).

30 Vgl. Scientific Productivity. The Effectiveness of Research Groups in six Countries, hg. von F. M. Andrews, Cambridge—London—New York—Melbourne—Paris 1979.

Forschergruppen über eine Klassifikation nach Spezialgebieten und nach ihrer institutionellen Organisationsform zu erreichen.[31] Die Schlußfolgerungen aus der Interpretation nach diesen beiden Gesichtspunkten weisen ausdrücklich auf die Notwendigkeit hin, das Entwicklungsniveau der disziplinären Fachrichtung und der wissenschaftlichen Problembearbeitung zu erfassen. Die bislang zugrunde gelegte Typologie läßt die Vorstellung erkennen, eine Forschergruppe ergäbe, unabhängig davon, zu welchem Zeitpunkt sie erfaßt würde, ein gleiches Bild. Dem widersprechen Erfahrungen über die wissenschaftliche Arbeit in kleinen Forschergruppen. Ausgehend von Fallstudien über die Herausbildung und Entwicklung von Wissenschaftsdisziplinen sowie über den Zusammenhang kognitiver und sozialer Strukturen in Laboratorien,[32] wird nahegelegt, die unterschiedlich vorhandenen Voraussetzungen zur Bearbeitung von Forschungsproblemen in den verschiedenen Phasen einer Forschungssituation in ihrer Auswirkung auf Besonderheiten des kooperativen Verhaltens im Rhythmus zu untersuchen. Um regelhafte Beziehungen zwischen Merkmalen der Forschungssituation in den konkreten Arbeitssituationen von Wissenschaftlern und Forschergruppen

Tabelle 7: Koeffizienten der Rangkorrelation (nach Spearman) zwischen Indikatoren der Forschungssituation und der Publikationstätigkeit sowie des Forschungsalters in 56 Forschergruppen aus vier biowissenschaftlichen Instituten der Akademie der Wissenschaften der DDR Anfang der 80er Jahre

Indikatoren	1.2	2.1	2.2	3.1	4.1	5.1	5.2	6.1
1.1	—0.15	—0.01	0.09	0.06	0.01	—0.02	0.09	0.12
1.2		—0.09	—0,16	0.16	<u>0.26</u>	<u>0.24</u>	—0.07	0.20
2.1			0.03	<u>0.25</u>	<u>0.25</u>	0.01	0.05	0.00
2.2				0.07	—0.10	0.04	<u>0.33</u>	—0.16
3.1					<u>0.38</u>	<u>0.24</u>	—0.08	<u>0.38</u>
4.1						<u>0.36</u>	0.00	0.11
5.1							—0.09	0.19
5.2								—0.08

1.1 — Problemfelddynamik; 1.2 — Reaktionszeit auf internationale Problemstellung; 2.1 — Phasen nach Zu- und Abnahme methodischer Neuerungen; 2.2 — Interdisziplinarität von Problem und Methode; 3.1 — Verfügbarkeit an Wissen und Forschungstechnik; 4.1 — Bedeutsamkeit für Erkenntnis und Gesellschaft; 5.1 — Publikationsrate; 5.2 — Koautorenschaft; 6.1 — Forschungsalter.
(Unterstrichene Koeffizienten sind mit 5 Prozent Irrtumswahrscheinlichkeit signifikant)

31 Vgl. G. A. Cole, Classifying Research Units by Patterns of Performance and Influence: A Typology of the Round 1 data, in: Scientific Productivity, a. a. O., S. 353—404.

32 Vgl. Perspectives on the Emergence of Scientific Disciplines, hg. von G. Lemaine/R. Macleod/M. Mulkay/P. Weingart, Paris — the Hague 1976; Problemy rukovodstva naučnym kollektivom: opyt social'no-psichologičeskogo issledovanija, hg. von M. G. Jaroševskij, Moskva 1982.

nachzuweisen, sind Felduntersuchungen mit einer statistisch auswertbaren Repräsentativität erforderlich. Zur Erfassung der Forschungssituation in Forschergruppen aus naturwissenschaftlichen Instituten wurde von uns ein eigenständiger Fragebogen entwickelt. Seine Erprobung in einer repräsentativen Mehrheit von Instituten der Biowissenschaft der Akademie der Wissenschaften der DDR erfolgte im Zeitraum Ende 1979 bis Anfang 1981. Erfaßt wurden 65 Forschergruppen, von denen die Angaben und Daten in 56 Gruppen auswertbar waren. Insgesamt waren 463 Wissenschaftler in die Untersuchung einbezogen. Einzelne Bestandteile des Fragebogens zur Erfassung der Forschungssituation und erste Interpretationen wurden bereits publiziert.[33] Die folgenden Tabellen zeigen Ergebnisse der Rangkorrelation zwischen Indikatoren der Forschungssituation, der Publikationstätigkeit und des Forschungsalters sowie Ergebnisse einer Faktoranalyse über diese Indikatoren.

Die Faktoranalyse weist nach Tabelle 8 auf drei Faktoren hin, von denen zwei jeweils eine besondere Ausprägung des Zusammenhangs von Problem und

Tabelle 8: Faktorenanalyse nach Varimax-Rotation über Indikatoren der Forschungssituation und der Publikationstätigkeit sowie des Forschungsalters in 56 Forschergruppen aus vier biowissenschaftlichen Instituten der Akademie der Wissenschaften der DDR Anfang der 80er Jahre

Indikatoren	1.1	1.2	2.1	2.2	3.1	4.1	5.1	5.2	6.1	Aufgeklärte Varianz
Faktor 1	—0.1	0.5	0.1	0.0	0.6	0.5	0.5	—0.1	0.4	50%
Faktor 2	0.2	—0.2	0.1	0.9	0.0	—0.1	0.0	0.4	—0.2	33%
Faktor 3	0.1	—0.2	0.6	0.0	0.4	0.3	0.0	0.0	0.0	17%
Kommunalität	0.0	0.3	0.4	0.8	0.4	0.4	0.3	0.1	0.2	

(Bedeutung von 1.1, 1.2, 2.1, 2.2, 3.1, 4.1, 5.1, 5.2 und 6.1 siehe Tab. 7).

33 Vgl. H. Parthey, Akademieforschung unter Bezug auf wissenschaftliche und gesellschaftlich-praktische Problementwicklung, in: Wissenschaftstheoretisches Kolloquium des ITW am 3. April 1981, Berlin 1981, S. 99—103 (AdW der DDR, Schriften des ITW, Heft 25); H. Parthey, Forschungssituation interdisziplinärer Arbeit in Forschungsgruppen, a. a. O.; H. Parthey, Verfügbarkeit und Interdisziplinarität, in: Technik in der Wissenschaft, Berlin 1984, S. 98—106 (AdW der DDR, Schriften des ITW, Heft 34); H. Parthey, Neuerungsraten der Forschungstechnik in naturwissenschaftlichen Akademieinstituten, a. a. O.; H. Parthey, Dynamik forschungstechnischer Neuerungen in Forschungsphasen, in: Wissenschaftswissenschaftliche Beiträge der Sektion Wissenschaftstheorie und -organisation der Humboldt-Universität zu Berlin, Berlin 1985, Heft 36, S. 18—24; H. Parthey, Analyse und Typologie der Forschungssituation in Forschergruppen, in: Faktoren der Intensivierung der Forschungsarbeit, Berlin 1985, S. 57—77 (AdW der DDR, Schriften des ITW, Heft 50); H. Parthey, Interdisziplinarität und interdisziplinäre Forschergruppen, in: Deutsche Zeitschrift für Philosophie, 1/1983, S. 31—43.

Methode in der Forschung sind: Einmal die Interdisziplinarität von Problem und Methode (Faktor 2) und zum anderen Phasen der Methodenentwicklung zur Auflösung eines Forschungsproblems (Faktor 3). Die Faktorenanalyse über Indikatoren der Forschungssituation und der Publikationstätigkeit sowie des Forschungsalters unterstreicht in unserer Untersuchung vor allem den grundlegenden Zusammenhang zwischen Verfügbarkeit an Wissen und Forschungstechnik, Bedeutsamkeit für Erkenntnis und Gesellschaft, Reaktionszeit auf internationale Problemstellungen sowie Publikationsraten (Faktor 1). Betrachten wir im folgenden von den genannten Faktoren der untersuchten Forschungssituationen vor allem den der Interdisziplinarität.

Der von uns in den Untersuchungen benutzte Indikator für den Grad der Interdisziplinarität bringt zum Ausdruck, inwieweit die zur Bearbeitung eines Problems verwendeten Methoden in einem Wissensbereich begründet sind, der verschieden von dem Wissen ist, in dem das Problem formuliert wurde. Es ist anzunehmen, daß interdisziplinäre Arbeit einzelner Wissenschaftler durch die Zusammensetzung der Gruppe aus Vertretern verschiedener Disziplinen gefördert wird. Die Arbeit mit Methoden aus anderen Gebieten erzeugt Kooperationsbedürfnis wie Kooperationsfähigkeit, und die Kooperation entwickelt Fähigkeiten und Interesse zur interdisziplinären Arbeit. Der in Tabelle 7 signifikante positive Korrelationskoeffizient zwischen Interdisziplinarität von Problem und Methode einerseits und Koautorenschaft andererseits weist auf einen monoton wachsenden Zusammenhang zwischen beiden Variablen hin und unterstützt die von uns geäußerte Annahme. Im Unterschied zu anderen Untersuchungen wurde von uns die Frage, ob Forschergruppen mehr disziplinär oder mehr interdisziplinär arbeiten, nicht durch die Zusammensetzung einer Gruppe aus Vertretern verschiedener Wissenschaftsdisziplinen beantwortet. Wird nun die Zusammensetzung der untersuchten Gruppen nach Diplom-Disziplinen als Indikator in die Analyse eingeführt, dann zeigt sich zwischen ihm und der Koautorenschaft kein signifikanter Koeffizient der Rangkorrelation (wie Tabelle 9 für 41 der 56 untersuchten Gruppen erkennen läßt), obwohl zwischen der Zusammensetzung der Gruppen nach Diplom-Disziplinen einerseits und dem prozentualen Anteil der Wissenschaftler in den Gruppen, die Interdisziplinarität von Problem und Methode praktizieren, andererseits ein monoton wachsender Zusammenhang existiert.

Weiterhin ist offensichtlich: Wenn der Indikator „Zusammensetzung der Gruppe nach Diplom-Disziplinen“ in Analysen von Forschungssituationen in Forschergruppen einbezogen wird (was in den Tabellen 7 und 8 zum Ausdruck kommt), dann trennt er sich vom Indikator „Interdisziplinarität von Problem und Methode“ (der als Faktor 2 in der Tabelle 8 und als Faktor 3 in der Tabelle 10 erscheint) und verbindet sich mit dem Indikator „Verfügbarkeit an Wissen und Forschungstechnik“ zu einem eigenständigen Faktor (der als Faktor 2 in der Tabelle 10 erscheint). Damit wird mit Nachdruck auf Voraussetzungen hingewiesen, die zu beachten sind, soll das Niveau der interdisziplinären Forschung

Tabelle 9: Koeffizienten der Rangkorrelation (nach (Spearman) zwischen Indikatoren der Forschungssituation und der Publikationstätigkeit sowie des Forschungsalters und der Zusammensetzung nach Diplom-Disziplinen in 41 Forschergruppen aus drei biowissenschaftlichen Instituten der Akademie der Wissenschaften der DDR Anfang der 80er Jahre

Indikatoren	1.2	2.1	2.2	3.1	3.2	4.1	5.1	5.2	6.1
1.1	–0.11	0.00	0.03	0.14	0.15	0.03	–0.15	0.20	–0.06
1.2		–0.31	–0.14	0.07	–0.17	0.06	0.24	0.03	0.23
2.1			0.11	0.17	0.25	0.14	–0.06	0.18	–0.24
2.2				0.22	0.34	–0.01	0.02	0.39	–0.16
3.1					0.35	0.26	0.22	–0.12	0.29
3.2						–0.03	0.01	0.16	–0.15
4.1							0.38	0.05	0.10
5.1								–0.03	0.43
5.2									–0.25

Unterstrichene Koeffizienten sind mit 5 Prozent Irrtumswahrscheinlichkeit signifikant. (Bedeutung von 1.1, 1.2, 2.1, 2.2, 3.1, 4.1, 5.1, 5.2 und 6.1 siehe Tab. 7; 3.2 — Zusammensetzung der Gruppen nach Diplom-Disziplinen).

Tabelle 10: Faktoranalyse nach Varimax-Rotation über Indikatoren der Forschungssituation und der Publikationstätigkeit sowie des Forschungsalters und der Zusammensetzung nach Diplomdisziplinen in 41 Forschergruppen aus drei biowissenschaftlichen Instituten der Akademie der Wissenschaften der DDR Anfang der 80er Jahre

Indikatoren	1.1	1.2	2.1	2.2	3.1	3.2	4.1	5.1	5.2	6.1	Aufgeklärte Varianz
Faktor 1	0.0	0.2	0.2	–0.1	0.3	0.0	0.5	0.7	0.1	0.4	34%
Faktor 2	0.1	–0.1	0.1	0.4	0.8	0.5	0.1	0.1	–0.1	0.2	30%
Faktor 3	0.0	–0.4	0.8	–0.1	0.0	0.2	0.1	–0.3	0.1	–0.4	15%
Faktor 4	0.1	–0.1	0.1	0.6	–0.1	0.3	0.0	0.0	0.7	–0.3	13%
Faktor 5	0.7	–0.1	0.0	–0.1	0.1	0.1	0.1	–0.2	0.2	0.0	9%
Kommunalität	0.4	0.2	0.6	0.6	0.8	0.3	0.2	0.6	0.6	0.4	

(Bedeutung von 1.1, 1.2, 2.1, 2.2, 3.1, 3.2, 4.1, 5.1, 5.2 und 6.1 siehe Tab. 7 und 9).

nicht tiefer liegen als dasjenige einer anspruchsvollen Einzelwissenschaft. So erweist sich die Zusammenarbeit von Wissenschaftlern verschiedener Disziplinen als desto ertragreicher, je erfolgreicher sie selbst bisher in ihrer Arbeit waren, wozu unter anderem gehört, auf einem ausgesprochenen Spezialgebiet führende Erkenntnisse erbracht zu haben. Damit sind Fragen der Gestaltung eines angemessenen, auch zeitlich veränderlichen Verhältnisses von Disziplinarität und Interdisziplinarität zu stellen. Zusammenarbeit zwischen Vertretern verschiedener

Wissenschaftsdisziplinen kann sich nur dann mit wissenschaftlichem Erfolg herausbilden und gestalten, wenn Forschungssituationen entstanden sind, die eine Interdisziplinarität von Problem und Methode enthalten, in der wissens- und gerätemäßige Voraussetzungen für die Problembearbeitung geschaffen werden können. Diese Entwicklung bedarf der Unterstützung, womit Fragen der angemessenen Flexibilität von Organisationsformen der multidisziplinären Zusammensetzung von Forschergruppen bei inhaltlicher Dominanz der Interdisziplinarität von Problem und Methode in der Forschung angesprochen sind.

Notwendige und hinreichende Bedingung für interdisziplinäre Arbeit in Forschergruppen sind interdisziplinäre Forschungssituationen im genannten Sinn. Interdisziplinäre Forschungssituationen lassen sich nach Angaben in unserer Untersuchung wie folgt charakterisieren: *Erstens* wirken in den interdisziplinär arbeitenden Forschergruppen mehrere Spezialgebiete zusammen. Daraus entstehen aber noch keine interdisziplinären Forschungssituationen, sondern nur multidisziplinär zusammengesetzte Forschergruppen. *Zweitens* ist bei der Herausbildung interdisziplinärer Forschungssituationen ein Spezialgebiet erkennbar, in dem die Probleme formuliert werden (Kerngebiet) und um das sich mehrere Spezialgebiete scharen, aus denen die verwendeten Methoden stammen (Methodengebiete): Erweist es sich nun, daß zur Bearbeitung von Problemen Methoden benötigt werden, die nicht in dem Wissensbereich begründet sind, in dem die Probleme formuliert wurden, dann befinden sich Wissenschaftler in interdisziplinären Forschungssituationen. *Drittens* werden die Kerngebiete im Fall interdisziplinär arbeitender Gruppen im Durchschnitt als weniger entwickelt eingeschätzt als im Fall mehr disziplinär arbeitender Gruppen. *Viertens* gibt es in den interdisziplinär arbeitenden Gruppen eine deutliche Trennung zwischen dem Kerngebiet und den Methodengebieten, die oft von Spezialisten beherrscht werden. *Fünftens* bestehen Unterschiede zwischen dem Entwicklungsstand der Kerngebiete und den Spezialgebieten, in denen die verwendeten Methoden begründet sind. Offensichtlich neigen interdisziplinär arbeitende Wissenschaftler dazu, die Methodengebiete als weiter entwickelt einzuschätzen im Vergleich zu den Kerngebieten ihrer Forschung.

Zusammenfassend kann festgestellt werden: Interdisziplinäre Forschungssituationen sind als qualitative Entwicklungsform der Wissenschaft zu verstehen, in der traditionelle disziplinorientierte Denk- und Kommunikationsformen, Problemlösungsansätze und Anwendungen von Methoden, die in einem anderen wissenschaftlichen Spezialgebiet begründet sind als in dem, in welchem das Forschungsproblem formuliert wurde, einen solchen Integrationsgrad erreichen, daß damit Ansätze der Herausbildung einer neuen Forschungsrichtung erfüllt sind. Inwieweit Forschungsrichtungen dieser Art zu neuen Wissenschaftsdisziplinen werden oder in interdisziplinären Forschungssituationen längere Zeit ohne diesen Status wissenschaftlich erfolgreich gearbeitet wird, hängt letztlich von der Notwendigkeit ab, dem Wandel in der Beziehung zwischen Objektbereich der

Forschung und Gegenstandsbereich der gesellschaftlichen Praxis auch durch Veränderung in den Forschungs- und Lehrprofilen Rechnung zu tragen.

5. Interdisziplinäre Forschungssituation und Entwicklung institutioneller Formen der Wissenschaft

Universitäts- und Hochschuleinrichtungen besitzen in der Regel eine disziplinorientierte Struktur, begründet durch die bewährten traditionellen Lehr-, Ausbildungs- und Forschungsprofile. Die territoriale Gemeinschaft dieser Lehr- und Forschungseinrichtungen im Rahmen einer Universität und Hochschule bietet günstige Möglichkeiten für interdisziplinäre Kontakte. Das gilt in gleicher Weise für lehrunabhängige Forschungsstätten, wie sie seit dem letzten Drittel des 19. Jahrhunderts entstanden sind und in denen unter neuartigen Bedingungen weit mehr mögliche interdisziplinäre Forschungssituationen geschaffen werden können als dort, wo dies durch die zwangsläufig disziplinären Lehrprofile behindert ist. Besonders vorteilhafte Konstellationen ergeben sich in interdisziplinär zusammengesetzten Forschungsinstituten, die unter einem Dach und einer Leitung verschiedene, in gemeinsame Problemfelder integrierbare Bereiche oder Abteilungen erfassen. Im 19. Jahrhundert war die institutionelle Form der Wissenschaft noch weitgehend die Universität in der von W. v. Humboldt angestrebten Einheit von Lehre und Forschung, wobei sein großer Wissenschaftsplan neben der Akademie der Wissenschaften und der Universität selbständige Forschungsinstitute als integrierende Teile des wissenschaftlichen Gesamtorganismus verlangte. Mit dem Entstehen forschungsabhängiger Industrien wie der chemischen Industrie und der Elektroindustrie im letzten Drittel des 19. Jahrhunderts mehrten sich Gründungen wissenschaftlicher Einrichtungen außerhalb von Universitäten, zum Beispiel großer chemischer Forschungslaboratorien, die die chemische Industrie aufbaute, und staatlicher Laboratorien für die physikalische Grundlagenforschung, die zur Verbesserung der wissenschaftlichen Grundlagen der Präzisionsmessung und Materialüberprüfung beitragen sollten. Ein Beispiel für letzteres ist die 1887 in Berlin gegründete Physikalisch-Technische Reichsanstalt,[34] die W. Ostwald noch zwei Jahrzehnte später als einen „ganz neuen Typus wissenschaftlicher Einrichtungen" bezeichnete[35] und die Bestrebungen zur Gründung einer analogen Chemischen Reichsanstalt auslöste.

Getragen von den Entwicklungsbedürfnissen der Wissenschaft selbst als auch des Staates und der Wirtschaft, was auch in Untersuchungen über die Anfänge

34 Vgl. W. Förster, Die Physikalisch-Technische Reichsanstalt, Berlin 1887; R. Rompe, Einige Worte über Helmholtz und die Physikalisch-Technische Reichsanstalt, in: Sitzungsberichte des Plenums und der problemgebundenen Klassen der Deutschen AdW zu Berlin, 1/1972; Gedanken von Helmholtz über schöpferische Impulse und über das Zusammenwirken verschiedener Wissenschaftszweige, Berlin 1972, S. 57—63.

35 W. Ostwald, Große Männer, Leipzig 1909, S. 294.

moderner Wissenschaftspolitik in Großbritannien seit der zweiten Hälfte des 19. Jahrhunderts deutlich wird,[36] erfolgten in Berlin die Gründungen mehrerer lehrunabhängiger Forschungsinstitute im Rahmen der über drei Jahrzehnte (1911—1945) existierenden Kaiser-Wilhelm-Gesellschaft zur Förderung der Wissenschaften e. V. (KWG), die sowohl vom Staat als auch von der Wirtschaft finanziert wurden.[37] Im Laufe von zwanzig Jahren wurden von der KWG etwa dreißig Forschungsinstitute (KWI) neugegründet oder übernommen. Die sechzehn Berliner KWI verfügten im Jahre 1928 über 346 Wissenschaftler und 255 Angehörige des technischen Personals.[38] Drei Gründe sind es vor allem, die zur Einrichtung sowohl vom Staat als auch von der Wirtschaft finanzierter und lehrunabhängiger Forschungsinstitute angegeben werden: erstens die steigenden Kosten der Forschungstechnik; zweitens die wachsenden Lehrverpflichtungen für Hochschullehrer, die ein Arbeiten eingedenk der Mahnung von Humboldt „immer im Forschen bleiben" erschweren; drittens schließlich die Möglichkeit, weit mehr interdisziplinäre Forschungssituationen zu schaffen und zu bearbeiten, und zwar ungehindert durch zwangsläufig disziplinäre Lehrprofile. So wurde in der Gründungsgeschichte der KWG auf die Fruchtbarkeit eines Verkehrs „von Forschern verschiedener Richtungen" hingewiesen.[39] Insbesondere in den Begründungen für biowissenschaftliche Forschungseinrichtungen ohne Lehrbetrieb wird von O. Jaekel die Vorstellung entwickelt, daß sie in erhöhtem Maße interdisziplinär arbeiten sollten,[40] was auch wissenschaftlich ertragreich eingetreten ist. Bahnbrechende Untersuchungen — ähnlich den Arbeiten von O. Hahn, L. Meitner und F. Straßmann im KWI für Chemie — wurden vor allem in dem KWI für Biologie von C. Correns, H. Spemann, O. Warburg und O. Meyerhof durchgeführt. Auch was heute als Molekularbiologie bezeichnet wird, nahm mit einem „Dreimännerwerk" von N. V. Timoféeff-Ressovsky, M. Delbrück und K. G. Zimmer in Instituten der KWG in Berlin-Buch im Jahre 1935 seinen Anfang.[41] Die erfolgreich ausgewiesene „horizontale" Interdisziplinarität führte in einigen Fällen zur Herausbildung neuer Fachrich-

36 Vgl. P. Alter, Wissenschaft, Staat, Mäzene. Anfänge moderner Wissenschaftspolitik in Großbritannien 1920—1950, Stuttgart 1982.

37 Vgl. G. Wendel, Die Kaiser-Wilhelm-Gesellschaft 1911—1914. Zur Anatomie einer imperialistischen Forschungsgesellschaft, Berlin 1975; Vgl. L. Buchardt, Wissenschaftspolitik im Wilhelminischen Deutschland, Göttingen 1975.

38 Vgl. G. Wendel, Die Berliner Institute der Kaiser-Wilhelm-Gesellschaft und ihr Platz im System der Wissenschaftspolitik des imperialistischen Deutschlands in der Zeit bis 1933, in: Berliner Wissenschaftshistorisches Kolloquium, Berlin 1984, S. 27—69 (AdW der DDR, Schriften des ITW, Heft 39).

39 G. Wendel, Die Kaiser-Wilhelm-Gesellschaft 1911—1914, a. a. O., S. 68.

40 Vgl. O. Jaekel, Über die Pflege der Wissenschaft im Reich, in: Der Morgen 20/1907, S. 617—621.

41 Vgl. N. V. Timoféeff-Ressovsky/K. G. Zimmer/M. Delbrück, Über die Genmutation und die Genstruktur, a. a. O.

tungen mit allen Kennzeichen einer eigenständigen Disziplin, einschließlich selbständigen Lehr- und Ausbildungsprofils. So kommt die Eigenschaft einer Entwicklungsform der Wissenschaft mehr der „horizontalen" Interdisziplinarität zu, weniger der „vertikalen", wie sie im Rahmen der KWG vor allem in den KWI für Kohleforschung, für Eisenforschung, für Metallforschung und für Lederforschung, betrieben wurde. Umgekehrt führt die „vertikale" Interdisziplinarität bei anhaltendem wissenschaftlichen Erfolg schneller zur Aufnahme in das Ausbildungsprogramm im Sinne einer disziplinären Lehr- und Forschungsrichtung. Die Entwicklung der Wissenschaft bedarf interdisziplinärer Forschungssituationen stets als Quelle neuer Forschungsrichtungen, die dem Wandel in der Beziehung zwischen Objektbereich der Forschung und Gegenstandsbereich der gesellschaftlichen Praxis entsprechen und ihn auch vorantreiben. Die vorgestellte und mit Indikatoren entwickelte Auffassung von Forschungssituationen als einer Entwicklungsform der Wissenschaft, in der Forscher tätig sind, könnte eine Grundlage für die Kombination wissenschaftsmethodologischer, wissenschaftsmetrischer und wissenschaftssoziologischer Aspekte sein, um eine Typologie von Forschungssituationen zu entwickeln, wozu die Unterscheidungen zwischen disziplinären und interdisziplinären Forschungssituationen ein Beginn weiterer Untersuchungen sind.

Werner Meske

Wissenschaftsentwicklung als Prozeß der Reproduktion des Wissenschaftspotentials

Seit Anfang der 70er Jahre gibt es in der wissenschaftstheoretischen Arbeit die Erkenntnis, daß „die Systeme wissenschaftlicher Tätigkeiten . . . im Gesamtzusammenhang des gesellschaftlichen Reproduktionsprozesses nicht nur geistig produzierende, sondern auch produktiv konsumierende Systeme" sind, die gleichzeitig über einen inneren Reproduktionszyklus verfügen.[1]

Hieraus wurde die These abgeleitet, daß die Entwicklung der Wissenschaft nicht allein aus Veränderungen im System fertigen Wissens besteht und schon gar nicht aus ihnen erklärt werden kann, sondern daß hierbei der unmittelbare Zusammenhang mit der Reproduktion ihres Potentials gesehen werden muß. Bei der Untersuchung von zyklischen Prozessen in der Wissenschaft war Laitko z. B. zu der Auffassung gelangt, daß einfache Reproduktion von Erkenntnissen und Produktion neuer Erkenntnisse zwar der grundlegende Zyklus innerhalb der Forschungstätigkeit ist, daß daneben und in untrennbarer Verbindung mit diesem „Erkenntniszyklus" aber weitere Zyklen innerhalb wissenschaftlicher Tätigkeiten existieren und daß es Aufgabe der Wissenschaftswissenschaft sei, solche vollständigen Systeme wissenschaftlicher Tätigkeiten — als Daseinsweise von Wissenschaftspotentialen — mit ihren inneren und äußeren Reproduktionszyklen zu untersuchen.[2]

Die Zusammenhänge zwischen Forschungsprozeß und Forschungspotential sowie der Mechanismus der Rückkopplung und Vervollkommnung des Wissenschaftspotentials — sowohl unmittelbar als auch vermittelt über die gesellschaftliche Praxis — bestimmen in Übereinstimmung damit von Anfang an den Inhalt der Arbeiten des ITW der AdW der DDR zur Potentialproblematik[3] und haben

1 Wissenschaft. Stellung, Funktion und Organisation in der entwickelten sozialistischen Gesellschaft, hg. von G. Kröber/H. Laitko, Berlin 1975, S. 189/190, vgl. auch S. 165—171.

2 Vgl. H. Laitko, Zyklische Prozesse in der Wissenschaft, in: Wissenschaft im Sozialismus, Berlin 1973, S. 148—208.

3 Vgl. Das Forschungspotential im Sozialismus, hg. von L. Kannengießer/W. Meske, Berlin 1977; W. Meske, Das Forschungspotential in der DDR — Merkmale, Strukturen, Tendenzen, Dissertation B, Berlin 1980 (AdW der DDR); G. Kröber, Wachstumstendenzen und Entwicklungserfordernisse des Forschungspotentials der DDR, Berlin 1982 (Sitzungsberichte der AdW der DDR); P. Hanke/W. Meske, Za vr'zkata meždu izsledovatelskija proces i izsledovatelskija

sich zunehmend als ein Schlüssel zum Verständnis von Intensivierungsprozessen in der Wissenschaft erwiesen.[4] Nachfolgend soll der hierbei erreichte Erkenntnisstand als ein Beitrag zur Theorie der Wissenschafts*entwicklung* zusammengefaßt werden, wobei es sich trotz einer Reihe gesicherter Teilerkenntnisse noch um konzeptionelle Überlegungen und ein Forschungsprogramm auf dem Wege zu einem komplexen reproduktionstheoretischen Verständnis des Wissenschaftspotentials handelt.

1. Zum Mechanismus der Entwicklung der Wissenschaft durch Veränderung ihres Potentials

1.1. Veränderungen des Potentials in einzelnen Forschungsprozessen

Die Grundlage aller Entwicklung sind Veränderungen. Wissenschaft als Tätigkeit bzw. Arbeitsprozeß verstanden, schließt von vornherein Veränderungen in sich als Teil ihres Wesens ein. Geht man vom Forschungsprozeß als Kern wissenschaftlicher Tätigkeiten aus, so erfolgt hier stets ein zielgerichtetes Zusammenwirken von Arbeitskraft, Arbeitsmittel und Arbeitsgegenstand. In diesem Prozeß verändern sich alle seine Momente, und zwar in widersprüchlicher Weise. Einerseits werden die Voraussetzungen dieses Forschungsprozesses genutzt und dabei z. T. „verbraucht", zum anderen werden sie auch durch den Prozeß erhalten und weiterentwickelt und können so als Voraussetzungen für nachfolgende Prozesse dienen. Mit dem *Erkenntnisgewinn* im Forschungsprozeß ist die ursprüngliche Zielstellung erreicht oder das gestellte Problem ist einer Lösung nähergebracht bzw. als z. Z. oder überhaupt nicht lösbar näher charakterisiert worden. Gleichzeitig werden dabei im allgemeinen neue Fragen und Probleme aufgeworfen, die sowohl zu neuer Forschungstätigkeit wie zur Anwendung und Nutzung der gewonnenen Erkenntnisse in der Praxis beitragen können bzw. dazu anregen. So wird gleichzeitig der „Vorrat" an Ziel- und Aufgabenstellungen für Forschungstätigkeiten erweitert.

In einem solchen Prozeß verändern sich aber auch die daran beteiligten Menschen und Kollektive. Einerseits wird *Arbeitsvermögen* verbraucht und muß immer wieder reproduziert werden. Das schließt z. B. auch Weiterbildungsmaßnahmen zur Erhaltung bzw. Erneuerung der Qualifikation in Übereinstimmung mit dem neuesten Ausbildungs- bzw. Kenntnisstand der Wissenschaft ein.

potencial (Zum Zusammenhang von Forschungsprozeß und Forschungspotential), in: Problemi na intenzifikacijata na naučno-izsledovatelskija proces, Sofia 1983, S. 151—181.

4 Vgl. W. Meske/H. Meyer u. a., Die Potentialdynamik in der Wissenschaft der DDR, in: Intensivierung der Forschung, hg. von G. Kröber/L. Läsker/H. Laitko, Berlin 1984, S. 134—230.

Gleichzeitig geht mit dem „Altern“ der Forschungskader ein Teil ihres der Gesellschaft zur Verfügung stehenden und durch die Lebensarbeitszeit absolut begrenzten Arbeitsvermögens unwiederbringlich verloren. Andererseits wird gerade im und durch den Forschungsprozeß das individuelle wie kollektive Arbeitsvermögen qualitativ weiterentwickelt. Dabei handelt es sich um kreative wie Lernprozesse gleichermaßen. Das gilt für die einzelnen am Prozeß beteiligten Personen, aber auch für die Kollektivbeziehungen technologischer und sozialer Art. Wenn es tatsächlich Forschung an vorderster Front der Erkenntnis ist, können solche Qualifizierungsprozesse gar nicht auf eine andere Art und Weise erfolgen.

Die *Operationsweise* ist wegen der Unbestimmtheit der Forschung zu Beginn des Prozesses meist noch nicht bis in alle Einzelheiten festgelegt und wird in ihm selbst weiterentwickelt und vervollkommnet. Eine wichtige Rolle spielen hierbei sowohl die Adaption bekannter Methoden an die konkrete Aufgabe wie die Methodenkombination und -entwicklung selbst, die oftmals entscheidende Kettenglieder im Erkenntnis- und Problemlösungsprozeß sind.

Die im Prozeß eingesetzte *materiell-technische Basis* wird gänzlich oder teilweise verbraucht und unterliegt ebenfalls den Prozessen des Veraltens. Wesentliche ihrer Bestandteile werden in der Regel aber in diesem Prozeß selbst auch qualitativ weiterentwickelt. Das gilt einmal für die unmittelbaren *Untersuchungsobjekte*, die z. T. im Prozeß selbst hergestellt (z. B. Züchtung von Kristallen für ihre nachfolgende Untersuchung) oder den Forschungsbedingungen adäquat angepaßt werden (z. B. Präparieren biologischer und anderer Objekte für mikroskopische, spektroskopische u. a. Untersuchungsmethoden); das gilt insbesondere aber für die verwendeten Geräte, Versuchsaufbauten usw., die sehr oft hinsichtlich ihrer Leistungsparameter, der Kopplung mit Zusatzgeräten, den realen Einsatzbedingungen usw. weiterentwickelt, z. T. gänzlich neu „erfunden“ und eingesetzt werden. Diese Veränderungen der materiell-technischen Mittel stehen meist in unmittelbarem Zusammenhang mit den methodischen Fortschritten und werden gemeinsam auch als *forschungstechnologische Entwicklung* charakterisiert.

Da diese Tatbestände praktisch für jeden Forschungsprozeß gelten, liegt in der Wissenschaft eine unerschöpfliche Quelle von Veränderungen und möglichen Weiterentwicklungen. Sie sind hier — im Vergleich mit anderen gesellschaftlichen Bereichen — besonders ausgeprägt, da Ziel und Inhalt der Forschungstätigkeit ihrem Wesen nach auf Veränderungen in Form neuer Erkenntnisse gerichtet sind und zwangsläufig schöpferische Momente einschließen. Bei den Veränderungen, die neben den eigentlichen erkenntnismäßigen Fortschritten in jedem Forschungsprozeß erfolgen, handelt es sich nur vom Standpunkt dieser Erkenntnis-Ziele um „Nebenprodukte“. Vom Standpunkt der Wissenschaft und ihrer Gesamtentwicklung können durchaus diese „Nebeneffekte“ zu den entscheidenden werden, nämlich dann, wenn die erfahrenen Kader auf anderen Gebieten wirksam werden, neue Methoden und Geräte gänzlich neue Forschungsrichtungen und Wege erschließen usw.[5] Dies findet seinen Ausdruck auch darin, daß sehr oft die Entwicklung neuer Methoden und Geräte durch hohe Zitierungen und sogar durch Nobelpreise gewürdigt wird.

Hieraus ergibt sich die Konsequenz, daß es bei der Planung und vor allem Abrechnung von Forschungsthemen offensichtlich nicht ausreicht, wenn nur auf den Erkenntnisfortschritt in bezug auf die primäre Problemstellung eingegangen wird. Ebenso wichtig und eine wesentliche Quelle für die Intensivierung der Forschung sind die Abrechnung, Anerkennung und weitere Beachtung von methodischen, gerätetechnischen, Qualifizierungs- und anderen „Neben"-Ergebnissen und -Effekten des Forschungsprozesses, die von vornherein in Planungs- und Abrechnungsdokumenten der Forschung als gesonderte Position vorgesehen werden sollten.

In jedem einzelnen Forschungsprozeß ist also nicht nur der ursprüngliche Erkenntnisstand, sondern sind gleichzeitig auch die anderen Elemente bzw. Bestandteile des ursprünglich eingesetzten Potentials verändert worden. Wir gehen deshalb davon aus, daß Ergebnisse wissenschaftlicher Arbeit in sehr unterschiedlicher Form in Erscheinung treten können: als sprachliche Formen (einschließlich schriftlich fixierter), als materiell-technische und andere materiell-gegenständliche Formen (wie Prototypen von Geräten, Anlagen, Samen neuer Sorten, Werkstoffe usw.), als spezielles Arbeitsvermögen der in der Wissenschaft aus- und weitergebildeten Kader sowie als spezielle Kombinationen der vorstehend genannten Ergebnisformen.[6] Sie stehen in dieser veränderten Form als Potential für neue wissenschaftliche und andere Prozesse zur Verfügung (wobei hier durchaus auf den objektiv widersprüchlichen Charakter dieses Prozesses

5 Auf diesen Aspekt verweist insbesondere S. G. Kara-Murza am Beispiel der Entwicklung und Verbreitung neuer Forschungsmethoden. Er betrachtet diesen Vorgang als wissenschaftlich-technischen Neuerungsprozeß und weist nach, daß über die Verbreitung von Methoden nicht nur bestimmte Wissenschaftsgebiete in ihrer Entwicklung beschleunigt werden, sondern daß gleichzeitig auch über die Anwendung bestimmter Methoden spezielle Strukturen der Wissenschaft geschaffen und entwickelt werden (S. G. Kara-Murza, Zum Ausbreitungsprozeß neuer Forschungsmethoden, in: Technik für die Wissenschaft. Zu Entwicklungsprozessen und -problemen der materiell-technischen Basis der Wissenschaft, [AdW der DDR, Schriften des ITW, H. 20/1986]). D. J. de Solla Price vertritt den Standpunkt, daß gerade die Fortschritte in Geräteentwicklung und Experimentalmethodik von größter Bedeutung sowohl für radikale theoretische Fortschritte in der Grundlagenforschung wie für grundlegende Innovationen bei ihrer praktischen Anwendung sind und nicht — wie häufig angenommen — die Grundlagenforschungsergebnisse über „Applikation" zu den neuen Hoch-Technologien führen (D. J. de Solla Price, The science/technology relationship, the craft of experimental science and policy for the improvement of high technology innovation, in: Research Policy, 13/1984, S. 3—20).

6 W. Meske, Zur Charakterisierung von Ergebnissen der Arbeit in der Wissenschaft, in: Was sind Ergebnisse wissenschaftlicher Arbeit?, Berlin 1983, S. 64—77 (AdW der DDR, ITW-Kolloquien, Heft 31).

hingewiesen werden muß, der darin besteht, daß die ursprünglichen Potentialelemente sowohl verbraucht bzw. vermindert wie auch ergänzt und in ihrer Leistungsfähigkeit bzw. in ihrem Gebrauchswert wesentlich gesteigert worden sein können).

In diesem Doppelcharakter der Ergebnisse wissenschaftlicher Arbeit — sowohl Resultat vorangegangener wie Voraussetzung und Existenzbedingungen neuer Arbeitsprozesse zu sein — und in der objektiven Vielfalt dieser Ergebnisse, die zwar immer Veränderungen des Erkenntnisstandes einschließen, aber nicht darauf beschränkt werden können, liegt der Ausgangspunkt für die Entwicklung der Wissenschaft durch Veränderungen und Reproduktion ihres Potentials. So wichtig und notwendig es einerseits ist, tiefer in diese einzelnen Prozesse und insbesondere die Prozesse der Erzeugung neuen Wissens einzudringen — wie es Anliegen der traditionellen erkenntnistheoretisch geprägten Wissenschaftstheorie (philosophy of science) ist[7] —, so muß man andererseits davon ausgehen, daß Veränderungen in einem einzelnen Forschungsprozeß zwar eine notwendige, aber noch keine hinreichende Bedingung für die Entwicklung der Wissenschaft sind. Dazu ist eine weitere Wirksamkeit solcher Primär-Veränderungen erforderlich.

1.2. Veränderungen des Potentials durch die Gesamtheit der Forschungsprozesse

Betrachtet man nicht einen einzelnen, sondern die Gesamtheit wissenschaftlicher Arbeitsprozesse, so werden im allgemeinen einmal die bisher wirkenden Potentiale in ihren Grundstrukturen weiterbestehen und neue wissenschaftliche Arbeitsprozesse beginnen (jetzt allerdings mit mehr oder minder *veränderten* Voraussetzungen), zum anderen Austausch- bzw. Transferprozesse zwischen den einzelnen Potentialen erfolgen, wobei diese Prozesse sowohl Informationen, Kader und materiell-technische Mittel bzw. Leistungen betreffen. Schließlich werden auch bestimmte Potentiale durch Ab- bzw. Zugänge wesentlicher Bestandteile gänzlich aufgelöst, neugebildet oder entscheidend umgebildet.

Hieraus ergibt sich z. B. die Frage nach den Kriterien für eine Unterscheidung von Fortbestand, Umbildung bzw. Neubildung von Potentialen, die für den Begriff des Wissenschaftspotentials durchaus relevant ist. Betrachtet man die gleiche Problematik unter dem Entwicklungsaspekt, so rückt zwangsläufig die Frage nach den Veränderungen der Potentiale, nach der Art, dem Umfang und der Richtung der Transferprozesse innerhalb des wissenschaftlichen Gesamtpotentials in den Mittelpunkt. Diese Prozesse stecken das Gesamtfeld der Veränderungen in der Wissenschaft und deren Intensität ab und determinieren so die Wahrscheinlichkeit von Entwicklungsprozessen wesentlich. Dabei kann es weder nur um zeitlich aufeinanderfolgende noch um nur genetisch zusammenhängende

7 Vgl. Voraussetzungen und Grenzen der Wissenschaft, hg. von G. Radnitzky/G. Andersson, Tübingen 1981.

Prozesse oder gar nur um Zirkulation von Erkenntnissen, „vermittelt durch wissenschaftliche Übergangstätigkeiten"[8], gehen.

Für die Wissenschaftsentwicklung sind alle o. a. Ergebnisformen und ihre Übergänge von einem Prozeß in den anderen relevant; jede Veränderung einzelner Elemente bzw. allein schon deren Neu-Kombination bergen potentielle Möglichkeiten für Entwicklung in sich. Solche Veränderungen können sowohl zeitlich aufeinanderfolgende Prozesse betreffen, sie ergeben sich aber auch schon während des Verlaufs der einzelnen Prozesse durch gegenseitige Einflußnahme in Form wissenschaftlicher Diskussionen, durch zeitweiligen Kaderaustausch, Mitnutzung von Geräten usw. Nicht nur die reale Veränderung in jedem Prozeß, sondern auch die Intensität der Wechselwirkung zwischen den einzelnen Prozessen nimmt so Einfluß auf die Wissenschaftsentwicklung, wobei sehr oft gerade die nicht unbedingt genetisch zusammenhängenden Verbindungen methodisch-gerätetechnischer sowie interdisziplinärer Art sich als besonders wichtig und fruchtbar erweisen.[9] Eine gewisse Widerspiegelung erfahren die Prozesse der Veränderung und des „Übergangs" von Potentialbestandteilen in wissenschaftshistorischen Untersuchungen zur Darstellung der Vorgeschichte bzw. der Folgewirkungen bedeutender wissenschaftlicher Entdeckungen (Erkenntnisentwicklung) bzw. in Biographien wissenschaftlicher Persönlichkeiten (Kaderentwicklung), in jüngster Zeit auch bei der Untersuchung des Entstehens und der Verbreitung wichtiger Forschungsmethoden bzw. -geräte.[10] In letzter Konsequenz erscheint Wissenschaftsentwicklung dann nicht als Folge und „Netzwerk" einzelner wissenschaftlicher Entdeckungen, sondern vielmehr als ein viel komplexeres und mehrdimensionales System aus miteinander verflochtenen und relativ selbständigen „Netzwerken" der Entwicklungsprozesse von Wissen, Kadern, Methoden, Geräten und anderen Bestandteilen des Wissenschaftspotentials, aber auch der seiner einzelnen Organisationsformen (Arbeitsgruppen, Institute u. ä.). Entscheidende Knotenpunkte der Wissenschaftsentwicklung sind dann nicht primär die „großen Entdeckungen", sondern die problemadäquate Zusammenführung zumindest mehrerer wichtiger Entwicklungsvorgänge einzelner Potentialbestandteile in geeigneten Organisationsformen.

8 H. Laitko, Zyklische Prozesse in der Wissenschaft, a. a. O., S. 188.

9 Vgl. hierzu die von H. Parthey gegebene Charakterisierung interdisziplinärer Arbeit und die Entwicklung der Forschungssituation: H. Parthey, Interdisziplinäre Forschungssituation als Entwicklungsform der Wissenschaft (Beitrag in diesem Band). Ebenso basiert das „Analogie-Prinzip" als eine wesentliche wissenschaftliche Methode weitgehend auf der Herstellung von „nicht-genetischen" Zusammenhängen (vgl. Ch. Melis/E. Melis, Analogie und Methode [Arbeitstitel], zur Veröffentlichung vorgesehen in: Wissenschaftswissenschaftliche Beiträge der Sektion Wissenschaftstheorie und -organisation der Humboldt Universität zu Berlin 1987).

10 Hierbei hat insbesondere Ş. G. Kara-Murza Pionierarbeit geleistet. Vgl. S. G. Kara-Murza, Razvitije issledovatelskich metodov kak objekt istorii nauki, in: Voprosy istorii estestovznanija i techniki, 1/1983, S. 24—36.

Große wissenschaftliche Entdeckungen und Persönlichkeiten sind insofern Ausdruck und vor allem *Ergebnis* der vorher erfolgten qualitativen Veränderungen im Wissenschaftspotential. Ansätze zu einer solchen notwendigen komplexen Sichtweise der Wissenschaftsentwicklung zeigen sich vor allem bei der Untersuchung wissenschaftlicher Schulen bzw. wissenschaftlicher Institutionen[11] und müssen durch die Aufdeckung des Ineinandergreifens der verschiedenen Reproduktionszyklen des Wissenschaftspotentials weiter vertieft werden. Wissenschaftsentwicklung *basiert* danach auf den Veränderungen, die in einzelnen wissenschaftlichen Arbeitsprozessen vor sich gehen. Das „Feld" dieser möglichen Veränderungen ist das Resultat aus Tempo und Qualität des Fortschritts in jedem einzelnen Arbeitsprozeß und aus der Anzahl der wissenschaftlichen Arbeitsprozesse in dem betrachteten Bereich — von einzelnen Institutionen bis zur Wissenschaft im Weltmaßstab.

Die reale „Stärke" und Wirksamkeit eines solchen Feldes von Veränderungen wird darüber hinaus vor allem von der Intensität der zwischen den einzelnen Prozessen bestehenden Beziehungen, ihren Austausch- und Transfer-Prozessen bestimmt. Dabei haben wir es hier mit widersprüchlichen Tendenzen zu tun, indem die Ausdehnung der Wissenschaft durch die Vergrößerung der Anzahl wissenschaftlicher Prozesse und Potentiale einerseits mit einem Nachlassen der „Dichte" ihrer gegenseitigen Beziehungen andererseits verbunden sein kann und wird. Differenzierung und Integration, Spezialisierung und Kooperation sind so wesentliche Entwicklungswidersprüche der Wissenschaft. Die Untersuchung und Systematisierung der Art und Weise und der Intensität solcher „Verbindungen" und „Übergänge" zwischen einzelnen wissenschaftlichen Prozessen und Potentialen ist bisher wenig entwickelt; sie dürfte aber den Untersuchungen zur institutionellen und disziplinären Struktur der Wissenschaft ebenso wie denen zur interdisziplinären und internationalen Wissenschaftskooperation neue Impulse und wesentliche inhaltliche Akzente verleihen und unmittelbar zur Intensivierung der wissenschaftlichen Arbeit beitragen. Traditionell besonders ausgeprägt und erleichtert sind solche „Transferprozesse" innerhalb wissenschaftlicher Kollektive und Institutionen, innerhalb von Disziplinen und im Maßstab eines Landes — gerade die Überwindung solcher traditionellen Formen erweist sich in jüngster Zeit aber als unmittelbar bedeutsam für den wissenschaftlich-technischen Fortschritt. Gleichzeitig darf man nicht übersehen, daß es hierbei keinesfalls nur um die Überwindung subjektiver Hemmnisse oder rein formaler Reibungsverluste geht — in allen diesen Prozessen spielen sozialökonomische Bedingungen und Widersprüche eine entscheidende Rolle. So wird der Wissenschaftstransfer in kapitalistischen Ländern durch Konkurrenzmechanismen und Profitstreben nicht

11 Vgl. Wissenschaftliche Schulen. Bd. 1, hg. von S. R. Mikulinskij/M. G. Jaroševskij/G. Kröber/H. Steiner, Berlin 1977; G. Wendel, Die Kaiser-Wilhelm-Gesellschaft 1911—1914, Berlin 1975.

nur zwischen einzelnen Konzernen und Ländern, sondern praktisch in allen ihren Bereichen behindert und auf spezifische Weise geprägt. Die gleichen Faktoren führen andererseits zu spezifischen Formen solcher Verbindungen, wie z. B. zu „Akademie-Industrie-Komplexen" in den USA, „Forschungsverbund und Forschungslandschaften" in der BRD sowie staatlich initiierten Forschungsvereinigungen in Japan.[12]

Gleichzeitig versuchen imperialistische Kreise diesen Transfer gegenüber sozialistischen und Entwicklungsländern generell zu be- und verhindern, wie die jüngsten Maßnahmen der USA-Administration zur Geheimhaltung von Forschungen, zum Verbot des Technologieexports, zum Abbruch des Wissenschaftleraustausches usw. zeigen. Darüber hinaus wird durch das Forcieren des Wettrüstens die Forschung deformiert und im Weltmaßstab in ganz bestimmte, einander entgegenwirkende Bahnen gelenkt, was sich bereits heute unmittelbar auf die Arbeit der UNESCO, des IIASA und anderer Institutionen internationaler Wissenschaftsbeziehungen auswirkt.

All das ist uns Anlaß, Wissenschaftsentwicklung nicht nur auf der Ebene einzelner Kollektive und Institutionen anzusiedeln, andererseits aber auch nicht vorbehaltlos von einer „universellen" Wissenschaft auszugehen und die sich gerade hier unter den gegenwärtigen Klassenauseinandersetzungen verschärfenden Widersprüche zu übersehen bzw. lediglich auf einzelne Aspekte einzugrenzen.[13] Als eine entscheidende Ebene, auf der sich heute diese unterschiedlichen Tendenzen und Einflüsse besonders abzeichnen, in ihrer wechselseitigen Bedingtheit aber auch bewußt gestaltet und beherrscht werden müssen, sehen wir gegenwärtig — zumindest für die entwickelten sozialistischen Länder — die Gestaltung des Wissenschaftssystems und die Beherrschung der Reproduktionsprozesse des Wissenschaftspotentials im Maßstab der einzelnen Länder an. Das schließt die Bedeutung der einzelnen Forschungsprozesse ebenso wie die im internationalen Maßstab verlaufenden Prozesse nicht aus, sondern vielmehr als wesentliche Teilaspekte der nationalen Entwicklung und der dynamischen Bildung und Reproduktion immer leistungsfähigerer Ressourcen für die Wissenschaft und Gesellschaft mit ein. Dabei gehen wir davon aus, daß es einen längeren historischen Zeitraum braucht, entsprechend den Erfordernissen der entwickelten sozialistischen Gesellschaft die Vorzüge und Triebkräfte des Sozialismus voll zur Wirkung zu bringen und daß dabei der organischen Verbindung von Wissenschaft und Produktion,

12 Vgl. Ch. Melis/K. Puls, Aktuelle Tendenzen der Forschungs- und Technologie-Politik der BRD, in: Aus der Arbeit der interdisziplinären Arbeitsgruppe Analyse imperialistischer Wissenschaftspolitik, AdW der DDR, WIZ, 4/1983, S. 28—35.

13 Eine solche Gegenüberstellung von „universaler Wissenschaft" und Wissenschaftlern als „nationale Ressource" findet sich z. B. bei N. Hackermann, Science is universal — The practitioners are not, in: Science vom 10. 8. 1984, Nr. 4662, S. 577.

ihrer engen gegenseitigen Durchdringung unter Einbeziehung aller Bereiche und Elemente des Wissenschaftspotentials eine entscheidende Rolle zukommt.[14]

1.3. Veränderungen des Potentials durch Wechselwirkungen zwischen Wissenschaft und anderen gesellschaftlichen Bereichen

Die oben angedeuteten Veränderungen von Bestandteilen der Wissenschaftspotentiale bzw. ihrer Kombinationen vollziehen sich zu einem wesentlichen Teil *innerhalb* der existierenden Wissenschaftssysteme, ungeachtet der Unterschiede in der Intensität auf den einzelnen Ebenen. Sie bestimmen die innere Dynamik und vor allem die qualitativen Momente in der Entwicklung der Wissenschaft — sie sind jedoch niemals gänzlich autark, losgelöst oder isoliert von den anderen gesellschaftlichen Bereichen. Es ist unserem Wissenschaftsverständnis immanent, Wissenschaft als funktionalen Bereich des gesellschaftlichen Reproduktions- und Entwicklungsprozesses anzusehen. Während sich immer mehr die Erkenntnis durchsetzt, daß die Wissenschaft ein ganzes Ensemble gesellschaftlicher Funktionen zu erfüllen hat, wobei die Produktivkraftfunktion den Kern bildet, gibt es hinsichtlich der Art und Weise bzw. über das „Wie" dieser funktionalen Rolle noch sehr unklare und widersprüchliche Vorstellungen. Sehr oft wird die Verbindung zwischen Wissenschaft und anderen gesellschaftlichen Bereichen — vereinfacht ausgedrückt — auf das Stellen von Problemen und Aufgaben an die Wissenschaft und die Übernahme der von ihr erarbeiteten Problemlösungen und anderen Erkenntnisse in die praktische Nutzung reduziert. Zweifellos geht es hierbei um ein Kernproblem der Wechselwirkungen zwischen Wissenschaft und anderen gesellschaftlichen Bereichen, wobei die Art und Weise der Nutzung wissenschaftlicher Kenntnisse ebenfalls noch nicht eindeutig geklärt ist.[15]

Hier soll ergänzend dazu für Kader, materiell-technische Voraussetzungen und Informationen vor allem darauf aufmerksam gemacht werden, daß diese Wechselwirkung wesentlich komplexer zu sehen ist und in mehr oder minder ausgeprägter Weise über alle Elemente bzw. Momente des wissenschaftlichen Arbeitsprozesses erfolgt. Davon wird sowohl die Entwicklung der Wissenschaft — auf die wir uns hier konzentrieren — beeinflußt als auch die Entwicklung der anderen gesellschaftlichen Bereiche.

Kader: Es mag manchmal so erscheinen, als ob die Entwicklung von Wissenschaftlern sich weitgehend in und durch die Wissenschaft vollzieht. Wir müssen

14 Vgl. Zur Vorbereitung des XI. Parteitages der SED. Aus der Rede des Genossen Erich Honecker, Generalsekretär des ZK der SED, in: 10. Tagung des ZK der SED, 20./21. 6. 1985, Berlin 1985, S. 24, 131—134.

15 Vgl. K.-D. Wüstneck, Wissenschaftserkenntnisse und gesellschaftliche Tätigkeit. Philosophische Voraussetzungen und wissenschaftstheoretische Grundlagen der Bestimmung der gesellschaftlichen Funktionen der Wissenschaft, Dissertation B, Berlin 1985 (AdW der DDR).

aber davon ausgehen, daß alle wissenschaftlichen Kader vor dem Eintritt in die Wissenschaft und während ihrer Tätigkeit in ihr in die demografischen und sozialökonomischen Prozesse der Gesellschaft einbezogen sind, daß sie zum Arbeitskräftebestand und -reservoir der Volkswirtschaft gehören und daß es einen Wechsel von Kadern nicht nur innerhalb der Wissenschaft, sondern auch zwischen ihr und anderen Bereichen als ständigen, mehr oder minder ausgeprägten Prozeß immer gibt. Somit sind Potentialveränderungen der Wissenschaft durch Kaderwechsel bzw. gegenseitige persönliche Einflußnahme nicht nur auf die Wissenschaft beschränkt.

Bei folgenden Prozessen macht sich diese Wechselwirkung besonders deutlich für die Wissenschaft bemerkbar: a) bei einer Erweiterung ihres Kaderbestandes, da jede solche Erweiterung Zuführungen aus anderen gesellschaftlichen Bereichen, einschließlich Volks- und Berufsausbildung, erfordert; b) bei der Reproduktion ihres Bestandes durch den Ersatz der aus Altersgründen ausscheidenden Kader durch neue, jüngere; c) bei dem gezielten bzw. zufälligen Austausch von Kadern zwischen Wissenschaft einerseits und anderen gesellschaftlichen Bereichen andererseits.

Die *quantitative* Seite dieser Veränderungen des Wissenschaftspotentials ist beträchtlich: So hat sich der Bestand an FE-Kadern in der DDR von 1965 bis 1980 von 83 TVbE auf 182 TVbE mehr als verdoppelt; darunter ist die Anzahl der Hochschulkader von 16 TVbE auf 66 TVbE mehr als vervierfacht worden. Das heißt, allein in diesen 15 Jahren wurden ca. 100 TVbE, darunter 50 TVbE Hochschulkader zusätzlich in den FE-Bereichen eingesetzt; unter Berücksichtigung notwendiger Ersatzprozesse vergrößern sich diese Zahlen noch. In Anbetracht dieser Größenordnungen darf der *qualitative* Einfluß dieser Reproduktionsprozesse auf die Wissenschaftsentwicklung nicht unterschätzt werden. Das ist weniger bei dem unter c) erwähnten Kaderaustausch der Fall, schon eher bei den unter a) und b) genannten Zuführungen an Kadern zur einfachen oder erweiterten Reproduktion des Bestandes. Diese Kader treten keinesfalls „unqualifiziert“ in die wissenschaftliche Ausbildung bzw. Tätigkeit ein, sondern sind zum Zeitpunkt ihres Eintrittes bereits weitestgehend geformt hinsichtlich ihrer Fähigkeiten, Kenntnisse, Einstellungen usw. Das schließt auch den Einfluß der gesellschaftlichen Verhältnisse auf die Interessen, die Motivation und das konkrete Verhalten dieser Kader bei der Auswahl und Zielstellung für Forschungsarbeiten mit ein. Gerade über diese neuen Kader nimmt die Gesellschaft in ihrer Gesamtheit sowohl quantitativ wie qualitativ auf die Entwicklungsmöglichkeiten der Wissenschaft Einfluß! Logische Konsequenz: Der Wissenschaft können und dürfen die Prozesse der Ausbildung, der Auswahl und des Einsatzes junger Menschen vor ihrem Eintritt in die Wissenschaft nicht gleichgültig sein, wird doch bereits hier das Ausgangsniveau und damit die künftige Leistungsmöglichkeit entscheidend geprägt. Insofern tragen auch alle anderen gesellschaftlichen Bereiche eine unmittelbare Verantwortung für Stand und Entwicklung der Wissenschaft im betreffenden Land. Andererseits ist bekannt und braucht hier nicht näher erläutert zu werden, daß die Wissenschaft sehr umfassend über die Aus- und Weiterbildung von Kadern auf die Entwicklung aller anderen Bereiche der Gesellschaft entscheidenden Einfluß nimmt: So wurden in der DDR im Zeitraum 1949—1980 1588600 Absolventen aus Hoch- und Fachschulen entlassen, 1980 waren 1,4 Millionen Hoch- und Fachschulkader in der sozialistischen Wirtschaft tätig, das sind ca. 19% der Berufstätigen.[16]

Materiell-technische Voraussetzungen wissenschaftlicher Arbeit: Aus den Untersuchungsergebnissen der jüngsten Zeit zeichnet sich immer mehr eine deutliche Parallele zu den Prozessen der Kaderreproduktion der Wissenschaft ab. Ähnlich wie dort geht es um die quantitative Abdeckung des Bedarfs der Wissenschaft an solchen Voraussetzungen zur einfachen Reproduktion vorhandener Bestände bzw. zu ihrer Erweiterung. Da die Wissenschaft aus sich heraus keine materiellen Güter produziert, entsprechend gelieferte Voraussetzungen allerdings verändert, ist sie immer wieder auf Zulieferungen aus der materiellen Produktion angewiesen. Jedoch ist das auch in diesem Fall nicht nur eine Frage der Menge, der Struktur nach Sortimenten, der Lieferfristen usw. — es erweist sich immer mehr, daß die qualitative Seite dieser über die materiell-technischen Voraussetzungen vermittelten Wechselbeziehungen zwischen Wissenschaft und anderen gesellschaftlichen Bereichen zu einem determinierenden Faktor der Wissenschaftsentwicklung wird. Verwendete die Wissenschaft ursprünglich (und zu einem großen Teil bis heute) nur die in anderen gesellschaftlichen Bereichen und insbesondere in der materiellen Produktion üblichen Arbeitsmittel und Materialien unverändert bzw. paßte sie im wissenschaftlichen Arbeitsprozeß selbst an ihre spezifischen Bedürfnisse an, so hat sich mit der Entwicklung, Ausdehnung und Vertiefung der experimentellen Methode die Situation wesentlich geändert. Die Wissenschaft wurde — über die „üblichen" Zulieferungen hinaus — zu einem gesellschaftlich bedeutsamen Bereich, der durch seine spezifischen Bedürfnisse das Produktionssortiment der materiellen Produktion beeinflußte und veränderte. Das betrifft in erster Linie Forschungs- bzw. wissenschaftliche Geräte, aber auch Labor- und Technikumsausstattungen bis hin zu Wissenschaftsbauten und Versuchstieren. Wir haben es hier mit dem Phänomen zu tun, daß die wissenschaftlichen Grundlagen und meist auch Prototypen, Versuchsmuster, technische Prinziplösungen o. ä. im wissenschaftlichen Arbeitsprozeß entstehen, daß aber die *materielle Vervielfältigung* solcher wissenschaftlicher Ergebnisse (zum Zwecke ihres Austauschs und ihrer Nutzung innerhalb der Wissenschaft, aber auch zur Verwendung in praktischen Tätigkeiten), einschließlich ihrer konstruktiven u. ä. Vervollkommnung, mit Notwendigkeit über Prozesse und Bereiche der materiellen Produktion verlaufen muß.

Von der Aufnahmefähigkeit der Produktion, dem Umfang ihrer Kapazitäten, dem technologischen Niveau der Fertigung, den Zeiten des Produktionsdurchlaufs u. ä. hängt somit der unter 1.2. erwähnte Transfer solcher Ergebnisse

16 Vgl. Hochschulen und Fachschulen der DDR. Statistischer Überblick 1981, S. 15/16.

wissenschaftlicher Arbeit selbst zwischen den einzelnen Potentialen der Wissenschaft entscheidend ab. Qualitative Veränderungen im einzelnen wissenschaftlichen Arbeitsprozeß werden so erst über die materielle Produktion in anderen wissenschaftlichen Arbeitsprozessen wirksam. Funktionieren diese Beziehungen nicht, so treten zeitliche, qualitative und auch Verzögerungen bei der Ausbreitungsgeschwindigkeit innerhalb der Wissenschaft auf, die sich letztlich auf die Entwicklung der Wissenschaft in ihrer Gesamtheit auswirken. Dabei ist es zwar prinzipiell unerheblich, für das wirksame Funktionieren dieser Transfer-Prozesse aber oftmals entscheidend, daß diese materiellen Produktionsprozesse z. T. in der Wissenschaft selbst erfolgen und daß ein gut gestaffeltes System des Zusammenwirkens von Wissenschaft und Produktion z. B. auch bei der Erfindung, Entwicklung und Produktion wissenschaftlicher Geräte existiert. Die AdW der DDR erhält z. B. ca. zwei Drittel ihrer Forschungstechnik aus dem DDR-Aufkommen (eigener Gerätebau und Industrie) sowie ein Drittel aus Importen einschließlich des Austausches von Geräten zwischen Akademien der Wissenschaften sozialistischer Länder. Dabei hat sich die Bereitstellung von Forschungstechnik aus dem akademieeigenen wissenschaftlichen Gerätebau am stärksten entwickelt und von 1975—1980 sowie 1981—1985 jeweils etwa verdoppelt.[17] Die AdW der DDR trägt durch den weiteren Ausbau ihrer technisch-technologischen Basis, einschließlich eines abgestuften Systems gerätebauender Einheiten (so sind im naturwissenschaftlichen, technischen und medizinischen Bereich der AdW der DDR ca. 10% aller Mitarbeiter im wissenschaftlichen Gerätebau tätig), dazu bei, gute Voraussetzungen für die Gewährleistung einer intensiven Reproduktion des Gerätepotentials der Wissenschaft zu schaffen; ähnliche Tendenzen gibt es im Hochschulwesen. Gleichzeitig müssen die entsprechenden Kapazitäten des industriellen Gerätebaus weiter qualitativ wie quantitativ gestärkt werden, um den wachsenden Bedarf der Wissenschaft und der Produktion decken zu können. Der wissenschaftliche Gerätebau erlangt immer mehr eine Schlüsselstellung für die Beschleunigung des wissenschaftlich-technischen Fortschritts, da vorwiegend über ihn Ergebnisse der wissenschaftlichen Arbeit in wissenschaftlich-technischen Höchststand umgewandelt werden. Für Mikroelektronik, Biotechnologie und andere Innovationsrichtungen sind technologische Spezialausrüstungen, Analysenmeßtechnik und andere wissenschaftliche Geräte unerläßlich. Es handelt sich dabei primär um Ergebnisse wissenschaftlicher Leistungsfähigkeit, die aber erst in solch materieller Form und genügender Stückzahl in Wissenschaft, Wirtschaft und anderen gesellschaftlichen Bereichen ihre hohe gesellschaftliche Wirksamkeit erreichen können. Wissenschaft und Produktion oder Akademie und Kombinate tragen hier gemeinsam die Verantwortung für Niveau und Tempo der Wissenschaftsentwicklung durch die qualitative wie quantitative Reproduktion der Gerätebestände. Ein von uns durchgeführter internationaler Vergleich zeigt,

17 Vgl. U. Hofmann, Leistungsfähige Forschungstechnik — Ergebnis und Voraussetzung des Forschens, in: spectrum, 3/1982, S. 6—9.

daß in den entwickelten kapitalistischen Ländern der wissenschaftliche Gerätebau in den letzten Jahrzehnten überdurchschnittlich hohe Wachstumsraten aufweist und hier auch der Außenhandel mit wissenschaftlichen Geräten stärker als in den RGW-Ländern entwickelt ist. Bemerkenswert ist dabei, daß selbst die USA als Hauptproduzent und -lieferant wissenschaftlicher Geräte gleichzeitig den Import der fortgeschrittensten Forschungstechnik dadurch fördert, daß für wissenschaftliche Geräte dann und nur dann eine Zollbefreiung eintritt, wenn diese in der Forschung eingesetzt werden. Auf diese Weise wird nicht nur die eigene Produktion, sondern auch die anderer Länder im Interesse der Wissenschaftsentwicklung eingesetzt.

In bestimmter Weise ergeben sich bei allen Erzeugnissen der materiellen Produktion Einflüssc auf die Wissenschaftsentwicklung aus folgenden allgemeinen Zusammenhängen: Je höher das wissenschaftlich-technische Niveau der Produktion und aller anderen gesellschaftlichen Bereiche, um so höher ist das Niveau ihrer Erzeugnisse und um so geringere spezifische Anpassungsarbeiten sind in der Wissenschaft selbst erforderlich. Umgekehrt: Je niedriger Umfang und wissenschaftlich-technisches Niveau der materiellen Produktion sind, um so geringer werden die diesbezüglich für die Wissenschaft bereitgestellten Ressourcen in Menge *und* Qualität sein und um so höher der in der Wissenschaft zu ihrer zweckentsprechenden Aufbereitung erforderliche Aufwand an Routinearbeiten, der für die eigentliche, spezifische wissenschaftliche Arbeit im Verhältnis zu Wissenschaftspotentialen in anderen Ländern verlorengeht. Gleichzeitig sei hier darauf verwiesen, daß von einem entwickelten Gerätebau und anderen wissenschaftlich fundierten Industriezweigen gleichzeitig ein wesentlicher Einfluß auf Tempo und Inhalt der wissenschaftlichen Arbeit durch die entstehenden Probleme und Anforderungen ausgeht.

Wissenschaftlich-technische u. a. Informationen: Es gibt einen wissenschaftsrelevanten Informationsaustausch nicht nur innerhalb und zwischen Wissenschaftspotentialen, sondern auch zwischen diesen und den Potentialen aller anderen Bereiche, wobei es sich hier in keiner Richtung um eine Einbahnstraße handelt. Auch hierbei tritt das Problem auf, daß Informationen in ihrer Form erweitert reproduziert, d. h. vervielfältigt werden müssen, um überhaupt bzw. möglichst rasch einen möglichst breiten Kreis von Empfängern zu erreichen.

Wenn der Aufwand für die rein technische Vervielfältigung wissenschaftlicher Informationen im Vergleich zu dem ihrer erstmaligen, originalen Erarbeitung meist unbedeutend, zumindest relativ gering ist, darf er in seiner Gesamtheit, bezogen auf die Menge verschiedenartiger Informationen *und* auf die Menge entsprechender „Vervielfachung“, nicht unterschätzt und vernachlässigt werden. Die sogenannte „Informationsflut“ ist bekannt, ebenso die Probleme, die entstehen, wenn die notwendigen Kapazitäten und Mittel für die Produktion bzw. den Bezug von Büchern, Zeitschriften und anderen Dokumenten nicht zur Verfügung stehen oder nur ungenügend neue Informationstechnologien (Datenbanken,

Computerkonferenzen usw.) in das Wissenschafts- und Gesellschaftspotential eingeführt werden.

Wir haben es bei den Wechselwirkungen zwischen der Wissenschaft und den anderen gesellschaftlichen Bereichen offensichtlich mit Prozessen zu tun, bei denen es nur teilweise um die „Überführung" wissenschaftlicher Ergebnisse in die Praxis geht und die auch nur z. T. als „Kette" oder im „Zyklus" Wissenschaft—Technik—Produktion abzugrenzen sind. Es zeichnet sich vielmehr eine immer engere Verflechtung der Wissenschaft mit den anderen gesellschaftlichen Bereichen, insbesondere mit der materiellen Produktion ab, die nicht nur über alle Momente des einzelnen wissenschaftlichen Arbeitsprozesses verläuft, sondern die zunehmend auch die eigentlich „inneren" Prozesse der Wissenschaftsentwicklung nur noch durch Vermittlung anderer Bereiche Realität werden läßt. (So ist z. B. der breite Einsatz neuer gerätegebundener Methoden in der Forschung nur noch dann möglich, wenn die Produktion die neuen Geräte in entsprechender Stückzahl und Qualität produziert.)

Ein durchgängiger Aspekt ist dabei die gegenseitige Bedingtheit bzw. der wechselseitige Umschlag von Qualität und Quantität: Hervorragende wissenschaftliche Ergebnisse sind Voraussetzung für ihre rasche Ausbreitung und Anwendung in vielen anderen Prozessen und damit für den Umschlag in Quantität; andererseits ist die Bereitstellung notwendiger Mengen an qualifizierten Kadern, Geräten, Informationen usw. wiederum unabdingbare Voraussetzung dafür, daß in einer möglichst großen Anzahl verschiedenartiger Arbeitsprozesse neue, qualitativ anspruchsvolle Ergebnisse erarbeitet werden und so ein Umschlag von Quantität in Qualität erfolgt.

In diesem Zusammenhang sei noch einmal daran erinnert, daß Reproduktion im Marxschen Verständnis nicht nur wertmäßig, sondern ebenso stofflich-konkret gesichert werden muß. Die Reproduktion des Wissenschaftspotentials ist so auch unter gegenwärtigen Bedingungen unter beiden Aspekten in den volkswirtschaftlichen Reproduktionsprozeß einzuordnen, indem einmal eine wertmäßige Bilanzierung des Aufwandes vorgenommen wird, gleichzeitig aber die spezifische Struktur des Arbeitskräfteeinsatzes und der materiell-technischen Voraussetzungen ausreichend berücksichtigt wird.

1.4. Veränderungen des Potentials als Einflußfaktor auf Tempo und Richtung der Wissenschaftsentwicklung

In den vorstehenden Abschnitten ist vor allem der Mechanismus der Veränderungen des Wissenschaftspotentials im Ergebnis wissenschaftlicher Arbeitsprozesse und ihrer Wechselwirkungen mit anderen gesellschaftlichen Bereichen aufgezeigt worden. Im Resultat dieser Veränderungen ergibt sich ein vielfältiges Feld von Möglichkeiten künftiger Richtungen der wissenschaftlichen Entwicklung in Forschung und Entwicklung, der Lehre und der wissenschaftlichen Information und Dokumentation. Die tatsächliche Entwicklung der Wissenschaft hängt wiederum davon ab, welche dieser Möglichkeiten überhaupt aufgegriffen und mit welchem Einsatz an Kadern und Mitteln bearbeitet werden. In der Endkonsequenz geht es dabei immer um den Umfang und die Struktur der für die Wissenschaft eingesetzten Ressourcen und deren Veränderung, d. h. um Prozesse der Reproduktion des Wissenschaftspotentials nach Forschungsrichtungen, Wissenschaftsgebieten, Einsatzbereichen u. ä. Als Konzentrationspunkte für die Wissenschaftsentwicklung dienen einmal herausragende, international führende Ergebnisse der wissenschaftlichen Arbeit in Form von Entdeckungen, Erfindungen, neuen Methoden, Geräten u. ä., auf die nachfolgend die jeweils verfügbaren Ressourcen — national wie international — konzentriert werden und von denen vielfältige Einflüsse auf die Volkswirtschaft über die Ausbildung von Kadern, die Produktion von Geräten, die Nutzung als Erzeugnisse und Verfahren in der Produktion und in anderen Bereichen ausgehen. Ein markantes Beispiel liefert hier die Entdeckung der Atomspaltung im Jahre 1938 und die nachfolgende Konzentration von Ressourcen in der Erforschung und Anwendung der Atomenergie, zuerst im militärischen, später auch im zivilen Bereich.

Andererseits entstehen solche Konzentrationspunkte wissenschaftlicher Arbeit aber auch dadurch, daß aus gesellschaftlichen Bedürfnissen heraus verstärkt Ressourcen in relevanten wissenschaftlichen Gebieten eingesetzt werden, von deren Fortschritt man sich entsprechende Effekte und Lösungen für die Volkswirtschaft und andere gesellschaftliche Bereiche verspricht (z. B. Verstärkung der Forschungen auf dem Gebiet der Energie als eine Konsequenz der Ölkrise oder Forcierung der Krebsforschung mit dem Ansteigen entsprechender Erkrankungen in den entwickelten Ländern).

Beim Zusammenfallen von qualitativen Fortschritten im wissenschaftlichen Arbeitsprozeß mit relevanten Bedürfnissen der Volkswirtschaft bilden sich bestimmte Knotenpunkte der Wissenschaftsentwicklung heraus, wie sie um die Jahrhundertwende in Elektrotechnik und Chemie, heute bei den sogenannten Schlüsseltechnologien (Mikroelektronik, Biotechnologien u. a.) festzustellen sind. Dabei erfolgen sowohl bedeutende qualitative wie quantitative Veränderungen des Wissenschaftspotentials (und in Wechselwirkung damit des ökonomischen Potentials). So formiert einerseits die wissenschaftliche Arbeit neue Potentiale, andererseits erfolgt durch die Bildung und den Einsatz von Potentialen eine ganz bestimmte Orientierung der wissenschaftlichen Arbeit auf Forschungs- und Ausbildungsrichtungen. Die Wissenschaft erhält und behält ihre Dynamik gerade aus dem Spannungsfeld beider Pole, das sowohl die notwendige Kontinuität in Erkenntnisfortschritt und -anwendung einschließt, als auch Möglichkeiten der Verfolgung völlig überraschender, unerwarteter Ergebnisse wissenschaftlicher Arbeit und ihrer Anwendung offenläßt.

Auch hierbei haben wir es keinesfalls einerseits mit „wissenschaftsinternen" und andererseits mit „wissenschaftsexternen" Entscheidungen über Potentialeinsatz und Wissenschaftsentwicklung zu tun, sondern alle diese Prozesse sind Ergebnis eines mehr oder minder ausgeprägten Zusammenwirkens der Wissenschaft mit den anderen gesellschaftlichen Bereichen. Dabei wird mit der Entscheidung über den Umfang des Wissenschaftspotentials im gesamtgesellschaftlichen Maßstab und z. T. bedingt durch die konkrete gebrauchswertmäßige Struktur der real verfügbaren Ressourcen der Rahmen abgesteckt, in dem sich alle relevanten Entscheidungen bewegen können. Diese Entscheidungen werden zwar zentral, jedoch in den RGW-Ländern stets unter aktiver Einbeziehung und Mitwirkung wissenschaftlicher Gremien getroffen, wie die Dokumente der Parteitage der kommunistischen und Arbeiterparteien dieser Länder belegen.

In der DDR hat sich darüber hinaus die Praxis herausgebildet, daß bei der Konzipierung der Hauptrichtungen der Grundlagenforschung nicht nur die AdW und das Hochschulwesen zusammenwirken, sondern auch Industrie- und andere Ministerien sowie Kombinate einbezogen werden, wie umgekehrt die Festlegung der Hauptrichtungen von Wissenschaft und Technik in den Kombinaten durch die Partner in der AdW und im Hochschulwesen aktiv beeinflußt wird. Auf diese Weise tragen Wissenschaft und Praxis eine gemeinsame Verantwortung für die Wissenschaftsentwicklung; sie erstreckt sich sowohl auf die qualitativen Prozesse der Veränderung einzelner Bestandteile des Wissenschaftspotentials als auch auf den quantitativen Umfang des Gesamtpotentials und seiner einzelnen Struktureinheiten, und wird durch die wechselseitig bedingte Einflußnahme auf beide Prozesse in der Praxis realisiert. Dabei muß man davon ausgehen, daß alle Entscheidungen und Orientierungen zu Richtung und Tempo der Wissenschaftsentwicklung letzten Endes erst durch entsprechende Konsequenzen im Potentialeinsatz realisiert werden. Die bis heute anhaltende Beschleunigung des wissenschaftlich-technischen Fortschritts im Weltmaßstab ist so zu einem wesentlichen Teil darauf zurückzuführen, daß sich im 19. und insbesondere im 20. Jahrhundert der Umfang der für die Wissenschaft im Weltmaßstab eingesetzten Ressourcen bedeutend erweitert hat.

Seinen Anfang nahm diese Entwicklung in den industriell fortgeschrittenen Ländern, die im 19. Jahrhundert ein rasches Wachstum ihrer Bevölkerung sowie industriellen Produktion zu verzeichnen hatten und einen bestimmten Anteil dieser wachsenden Ressourcen für die Wissenschaft einsetzen konnten. Im 20. Jahrhundert erfolgte das Wachstum des Wissenschaftspotentials ebenfalls vorrangig in diesen Ländern, nun aber in zunehmendem Maße durch eine Umverteilung der verfügbaren Ressourcen zugunsten der Wissenschaft. Diese hat dadurch ihren Anteil am Bruttosozialprodukt in den führenden kapitalistischen Ländern auf etwa 3% und ihren Anteil an den Berufstätigen auf 1—2% erhöht. Im Weltmaßstab vergrößerte sich das Wissenschaftspotential in diesem Jahrhundert aber noch rascher, da zusätzlich in weiteren kapitalistischen Ländern, dann in den Ländern des Sozialismus und in jüngster Zeit in den ehemals kolonial unterdrückten Entwicklungsländern ein nationales Wissenschaftspotential auf- und ausgebaut wird. Bei insgesamt weiter wachsendem Umfang der Wissenschaftspotentiale im Weltmaßstab wird künftig eine größere

Differenzierung dieses Wachstums nach Ländern und Regionen eintreten.[18] Das wird nicht ohne Auswirkungen auf die inhaltlichen Richtungen und die Gebiete der Wissenschaft bleiben und auch die internationalen Wissenschaftsbeziehungen verändern. Für jedes einzelne Land muß so bei allen Entscheidungen zur Wissenschaftsentwicklung auch immer wieder das Problem gelöst werden, in welchem ressourcenmäßigen Gesamtrahmen sich die Entwicklung der Wissenschaft bewegen kann und soll und wie innerhalb eines solchen Rahmens das Potential nach Richtungen, Gebieten, Bereichen usw. eingesetzt wird.

2. Zu wichtigen Merkmalen der Wissenschaftsentwicklung unter dem Aspekt ihrer Potentialreproduktion

Wissenschaftsentwicklung ist also nicht nur Höherentwicklung des Systems wissenschaftlicher Erkenntnisse, sie umfaßt ebenso die Höherentwicklung des Potentials der Wissenschaft und der Formen seiner Organisation und Reproduktion als Voraussetzung und Ergebnis wissenschaftlicher Arbeit.

Die Potentialproblematik trat besonders nach dem 2. Weltkrieg, d. h. dann in Erscheinung und an die Öffentlichkeit, als sie vor allem durch extensive Erweiterung und überdurchschnittlich hohe Wachstumsprozesse gesellschaftspolitische Bedeutung erlangte. So verdienstvoll hier einerseits die grundlegenden Arbeiten von Solla-Price, Dobrov u. a. über das exponentielle bzw. logistische Wachstum von Wissenschaftsparametern auch waren und sind — sie haben gleichzeitig wesentlich dazu beigetragen, die Identifikation von Wissenschaftspotential mit quantitativen Parametern und Prozessen der Wissenschaft zu festigen bzw. hervorzurufen. Erst die nähere Untersuchung der qualitativen Veränderungen des Potentials und seiner Bestandteile sowie der Intensivierungsmöglichkeiten und -vorgänge in wissenschaftlichen Arbeitsprozessen eröffnete den Weg zu einem tieferen Verständnis der Potentialreproduktion, ohne daß dieser Prozeß bereits abgeschlossen ist. Dabei zeigt sich aber bereits jetzt ganz deutlich, daß im 19. und 20. Jahrhundert nicht nur das System wissenschaftlicher Erkenntnisse qualitativ wie quantitativ wesentlich verändert worden ist, sondern gleichzeitig auch das System der Wissenschaftspotentiale, ihrer Organisation und Reproduktion. Die in diesem Zeitraum festzustellende Vervielfachung quantitativer Parameter — z. B. Erhöhung der Anzahl der Wissenschaftler von einigen zehntausend im 19. Jahrhundert auf mehr als 5 Millionen in den 80er Jahren des 20. Jahrhunderts — ist danach ein zwar hervorstechendes, jedoch nur sehr äußerliches Merkmal dieser Veränderungen, die viel tiefer gehen und wesentliche qualitative Wandlungen einschließen.

18 Vgl. D. Pilari/D. Wahl, Wissenschaft und Reproduktion in Entwicklungsländern (Beitrag in diesem Band).

So vollzog sich die Reproduktion des Wissenschaftspotentials bis ins 19. Jahrhundert hinein vorwiegend in Form der Vervielfachung einzelner wissenschaftlicher Arbeitsprozesse bzw. Potentiale: Ein Wissenschaftler führte Forschungen auf einem relativ breiten Feld durch, bildete dabei im selben Arbeitsprozeß eine mehr oder minder große Anzahl von Schülern aus und stellte selbst — mit diesen bzw. weiteren Hilfskräften — die notwendigen materiell-technischen Voraussetzungen aus allgemein verfügbaren Werkzeugen und Materialien her. Die Kommunikation und Information erfolgte ebenfalls weitestgehend „personengebunden" durch Gespräche und Briefe. Über die Ausbildung und Verselbständigung der Schüler erhielt und vermehrte sich die Wissenschaftlergeneration und die Anzahl der Arbeitsprozesse und -potentiale.

Im 19. und 20. Jahrhundert erfolgte in Verbindung mit dem Erkenntnis- und Methodenfortschritt gleichzeitig eine ständige Diversifikation der Forschungsrichtungen und eine zunehmende Spezialisierung wissenschaftlicher Arbeiten. Sie führte einerseits zur Herausbildung von Wissenschaftsgebieten und -disziplinen (mit entsprechend spezialisierten Potentialen), andererseits aber auch zur Herausbildung spezialisierter Teilprozesse für die Erweiterung bzw. Erneuerung von Potentialen.

In erster Linie ist hier die Lehre zu nennen; sie hat sich an Universitäten und Hochschulen als Grundprozeß der Ausbildung wissenschaftlichen Nachwuchses und gleichzeitig wichtiger Mechanismus der Vermittlung wissenschaftlicher Ergebnisse in die Praxis ausgebildet und dabei nicht nur quantitativ, sondern auch qualitativ wesentlich verändert. Die Lehre hatte und hat bis heute eine Doppelfunktion: sie dient der Heranbildung des Nachwuchses für wissenschaftliche Tätigkeiten und der Ausbildung von Fachleuten höchster Qualifikation für die Praxis. Mit dem Anwachsen der Lehrtätigkeit und der Studentenzahlen haben sich auch die Proportionen zwischen Forschung und Lehre bei den Wissenschaftlern an den Hochschulen, vor allem aber die Proportionen in den Ausbildungszielen verschoben: War die Lehre ursprünglich sehr stark auf die Heranbildung von wissenschaftlichem Nachwuchs konzentriert, so ist sie heute in den meisten Disziplinen überwiegend Ausbildungsleistung für die Praxis. Damit ergeben sich immer wieder Fragen der Gestaltung, der Differenzierung, des Inhalts und der Dauer des Hochschulstudiums, die jeweils neu einer Lösung zugeführt werden müssen. Heute haben wir es mit Prozessen zu tun, bei denen einerseits die Einheit von Forschung und Lehre dazu dient und notwendig ist, um Hochschulabsolventen mit neuesten Ergebnissen und Methoden wissenschaftlicher Arbeit vertraut zu machen, und andererseits diese Einheit nicht mehr so verstanden werden kann, daß die Masse der Hochschulabsolventen befähigt bzw. bereit ist, die Forschung als berufliche Aufgabe aufzunehmen und fortzusetzen. Dazu ist heute meist eine zusätzliche postgraduale Einarbeitung in den Forschungsprozeß erforderlich. D. h., die Hochschulausbildung hat sich im Verlaufe des 19. und 20. Jahrhunderts von der Ausbildung einer relativ geringen Anzahl von Spezialisten immer mehr zur höchsten Stufe der Allgemeinbildung für etwa

20% eines Altersjahrganges entwickelt, verbunden mit einer fachlichen Grundausbildung für relativ breite Einsatzfelder einer nachfolgenden beruflichen Tätigkeit auf hohem Qualifikationsniveau.

Der Reproduktionsprozeß des wissenschaftlichen Nachwuchses wird somit heute über mehrere Zyklen vermittelt: Ausbildung von Pädagogen an Hochschulen durch Wissenschaftler; Ausbildung von Unterstufenlehrern und Erziehern durch Hochschulkader an Fachschulen; Ausbildung neuer Wissenschaftler über Vorschule/Unterstufe der Polytechnischen Oberschule (POS) durch Fachschulkräfte; nachfolgende Ausbildung in der Oberstufe der POS und an den Erweiterten Oberschulen durch Hochschulkader; Studium an Universitäten/Hochschulen bei Wissenschaftlern; nachfolgende eigene Einarbeitung der Absolventen als Assistent/Aspirant in die wissenschaftliche Arbeit.

Das Problem besteht darin, diesen Gesamtzyklus so rationell und effektiv wie möglich zu durchlaufen. Es gibt z. Z. Überlegungen darüber, daß das aufeinanderfolgende Durchlaufen dieser vorwiegend einer hohen Allgemeinbildung breitester Kreise eines Altersjahrganges dienenden Ausbildungssysteme den wissenschaftlichen Nachwuchs nicht genügend fordert und fördert.[19] Einerseits gelangt er so relativ spät und andererseits mit ungenügenden spezifischen Voraussetzungen in die wissenschaftliche Tätigkeit; es kommt jedoch darauf an, daß junge Kader möglichst rasch internationale Spitzenleistungen erbringen und dann auf lange Sicht das internationale Niveau mitbestimmen. Die quantitative wie qualitative Gestaltung der Reproduktionsprozesse des wissenschaftlichen Kaderpotentials ist somit ein wichtiges Kriterium der Wissenschaftsentwicklung, da es einmal den erreichten Stand der Wissenschaft im jeweiligen Land, vor allem aber dessen Potenzen für die Zukunft und seine Rolle im wissenschaftlich-technischen Fortschritt charakterisiert.

Ähnliche Wandlungen vollziehen sich seit längerem auch in der Reproduktion der materiell-technischen Basis der Wissenschaft, insbesondere bei den Forschungsgeräten. Waren diese Reproduktionsprozesse ursprünglich weitestgehend in den wissenschaftlichen Arbeitsprozeß integriert, so hat sich bis heute insbesondere der wissenschaftliche Gerätebau als Reproduktionsprozeß spezieller materiell-technischer Voraussetzungen wissenschaftlicher Arbeit in ähnlicher Weise wie die Lehre relativ verselbständigt. Damit treten hier ähnliche Effekte und Probleme auf: Einmal geht es um die Nutzung, Anpassung und Weiterentwicklung der Technik im Forschungsprozeß selbst. Zum anderen geht es um die Herstellung

19 Vgl. H. Zieris, Heranbildung und Förderung von wissenschaftlichen Spitzenkräften, in: Das Hochschulwesen, 1/1985, S. 1—7; Vgl. H. Meyer, Entwicklungsziele und Bedingungen der Reproduktion der Gruppe leitender und forschungsentscheidender Kader im Kaderpotential der Forschung in der DDR, in: Autorenkollektiv, Kaderpotential in der Wissenschaft. Untersuchungen zu Struktur und Dynamik des wissenschaftlichen Kaderpotentials in sozialistischen Ländern, Berlin 1986, S. 451—479 (AdW der DDR, Studien und Forschungsberichte des ITW, Heft 19).

neuer Prototypen bzw. einer geringen Stückzahl von Geräten als Ergebnis der Forschung und in enger Verbindung mit ihr.

Darüber hinaus sind im Interesse der raschen Verbreitung neuer Methoden und Geräte unbedingt Fertigungskapazitäten industriellen Maßstabs erforderlich, da diese Produktionsfunktion nicht von wissenschaftlichen Einrichtungen wahrgenommen werden kann. Schließlich geht von der industriellen Fertigung und Entwicklung wissenschaftlicher Geräte für die Nutzung in Forschung und anderen Bereichen ein aktiver Einfluß auf die Wissenschaftsentwicklung direkt (bzw. indirekt über ihren Einsatz in Produktionsprozessen) aus. Das wird vor allem dadurch verstärkt, daß neue wissenschaftliche Ergebnisse auf höchstem Niveau ohne die Bereitstellung der dafür erforderlichen Produktionsausrüstungen, einschließlich Analysenmeßgeräte, Steuerungs- und Regeltechnik usw., nicht in der Produktion genutzt werden können.

Wir haben es hier mit Reproduktionsprozessen von Elementen des Wissenschaftspotentials zu tun, die einmal das Wissenschaftssystem selbst verändern, indem die für den wissenschaftlichen Gerätebau und für andere materiell-technische Voraussetzungen notwendigen Arbeiten immer größeren Einfluß auf Inhalt, Umfang und Struktur der wissenschaftlichen Tätigkeit nehmen. Andererseits führen sie Wissenschaft und Produktion in immer stärkere Verflechtung, da gerade die Entwicklung, Fertigung und Nutzung neuester Geräte die unmittelbare Zusammenarbeit von Wissenschaftlern, Konstrukteuren, Entwicklern und Arbeitern verschiedenster Disziplinen, Berufe und Einrichtungen erfordern und fördern. Schließlich werden auch das Profil und Niveau der Produktion und anderer gesellschaftlicher Bereiche verändert, indem z. B. der Industriezweig Wissenschaftlicher Gerätebau in allen entwickelten Ländern seit längerem überdurchschnittlich hohe Steigerungsraten zu verzeichnen hat oder das Gesundheitswesen durch den Einsatz moderner technischer Diagnose- und Behandlungssysteme in seiner Arbeitsweise und Struktur bedeutende Wandlungen erfährt. Ähnliche Veränderungen zeigen sich auch im Prozeß der Information/Dokumentation.

Die neuen Reproduktionsbedingungen gelten aber nicht nur für die einzelnen Elemente oder Bestandteile des Wissenschaftspotentials; sie erstrecken sich auch auf dessen einzelne Gebiete bzw. Bereiche. Auf der einen Seite vollzogen sich hier im 19. und 20. Jahrhundert Prozesse der Arbeitsteilung und relativen Verselbständigung, wie sie in der disziplinären Aufgliederung der Wissenschaft bzw. in der Herausbildung solcher Bereiche wie Hochschulwesen (mit Hauptfunktion Lehre), staatliche Forschungseinrichtungen (mit Hauptfunktion Grundlagenforschung) sowie betriebliche Forschungs- und Entwicklungseinrichtungen ihren Ausdruck fanden und finden. Zum anderen zeigt sich gerade in der 2. Hälfte unseres Jahrhunderts eine gegenläufige Tendenz der Integration, engerer Verbindung und z. T. sogar Verflechtung dieser Teilbereiche der Wissenschaft untereinander (z. B. Übergang von Fakultäten zu Sektionen, gemeinsame Forschungsprogramme und Ausbildungsmaßnahmen zwischen Hochschulen und Akademie,

Akademie-Industrie-Komplexe), aber auch zwischen ihnen und anderen gesellschaftlichen Bereichen (Profilierung der zweiggebundenen FE-Einrichtungen mit der Kombinatsbildung, Vertragsforschung von Akademie- und Hochschulkapazitäten für Praxispartner).[20] Dabei wandelt sich gleichzeitig das innere Profil dieser Einrichtungen, z. B. durch den Auf- und Ausbau technisch-technologischer Kapazitäten in der Akademie und im Hochschulwesen. Neue Reproduktionsbedingungen ergeben sich auch aus den internationalen Wissenschaftsbeziehungen durch die internationalen Forschungs- bzw. Aus- und Weiterbildungszentren und -programme.

In der Gesamtheit vollzieht sich hier ein dynamischer und widerspruchsvoller Prozeß der einfachen bzw. extensiv und zunehmend intensiv erweiterten Reproduktion des Wissenschaftspotentials, der gleichzeitig Ausdruck, Grundlage und Resultat der Wissenschaftsentwicklung ist. Wie bei jeder Entwicklung als „gesetzmäßiger Prozeß der Veränderung der Dinge und Erscheinungen"[21] setzt sich auch bei der Reproduktion des Wissenschaftspotentials eine fortschreitende Tendenz, ein Übergang seiner Qualitäten von niederen zu höheren, von einfachen zu komplizierten Formen durch, die letzten Endes zu einer steigenden Leistungsfähigkeit der einzelnen Potentialbestandteile, der Teil-Potentiale und des Wissenschaftspotentials im nationalen und internationalen Maßstab führt. Die Entwicklung wird auch hier durch die drei Grundgesetze der Dialektik bestimmt: das Gesetz von der Einheit und dem Kampf der Gegensätze, das Gesetz von Umschlagen quantitativer Veränderungen in qualitative und das Gesetz der Negation der Negation, das sich insbesondere dahingehend auswirkt, daß Wissenschaftspotentiale stets gleichermaßen Voraussetzung wie Resultat der wissenschaftlichen Arbeit sind.

20 Vgl. U. Hofmann/K. Urban, Im Prüfstand der „achtziger Jahre", in: spectrum, 6/1985, S. 4—6.

21 Philosophisches Wörterbuch, Bd. 1, Leipzig 1975, S. 334.

Kapitel 4

Bedingungen und Funktionen kreativer Arbeit — Historizität und Funktionalität, Kontinuität und Wandel der Wissenschaft

Heinz-Dieter Haustein

Sozialökonomische Bedingungen und Konsequenzen der kreativen Arbeit aus der Sicht der flexiblen Automatisierung

Das kreative Element der produktiven gesellschaftlichen Arbeit war bisher kaum Gegenstand wirtschaftswissenschaftlicher Untersuchungen. In vielen Darstellungen der ökonomischen Ressourcen wird die Kreativität überhaupt nicht erwähnt.[1] Friedrich Engels, der in einer seiner frühen Arbeiten die damals übliche Klassifikation der wirtschaftlichen Ressourcen kritisch betrachtete, meinte dazu: „Was hat der Ökonom mit dem Erfindungsgeist zu schaffen? Sind ihm nicht alle Erfindungen ohne sein Zutun zugeflogen gekommen? Hat ihrer *eine* ihm etwas gekostet? . . . Ihm sind Land, Kapital, Arbeit die Bedingungen des Reichtums, und weiter braucht er nichts. Die Wissenschaft geht ihn nichts an. Ob sie ihm durch Berthollet, Davy, Liebig, Watt, Cartwright usw. Geschenke gemacht hat, die ihn und seine Produktion unendlich gehoben haben — was liegt ihm daran? Dergleichen weiß er nicht zu berechnen; die Fortschritte der Wissenschaft gehen über seine Zahlen hinaus. Aber für einen vernünftigen Zustand, der über die Teilung der Interessen, wie sie beim Ökonomen stattfindet, hinaus ist, gehört das geistige Element allerdings mit zu den Elementen der Produktion und wird auch in der Ökonomie seine Stelle unter den Produktionskosten finden. Und da ist es allerdings befriedigend, zu wissen, wie die Pflege der Wissenschaft sich auch materiell belohnt, zu wissen, daß eine einzige Frucht der Wissenschaft, wie James Watts Dampfmaschine, in den ersten fünfzig Jahren ihrer Existenz der Welt mehr eingetragen hat, als die Welt von Anfang an für die Pflege der Wissenschaft ausgegeben."[2]

Der gesamte Aufwand und Ertrag der wissenschaftlichen Arbeit, die zu einem wesentlichen Teil „allgemeine Arbeit"[3] ist, können nicht separat vom Wirken aller übrigen Ressourcen gemessen werden. Die lange Reihe insbesondere der neoklassischen Versuche in der bürgerlichen Ökonometrie, den wissenschaftlich-technischen Fortschritt als spezifischen Produktionsfaktor zu berechnen, hat zu ganz heterogenen, sich oft widersprechenden Ergebnissen geführt.

1 Vgl. Ökonomisches Lexikon, 3., neu bearbeitete Auflage, Berlin 1980, S. 83.
2 F. Engels, Umrisse zu einer Kritik der Nationalökonomie, in: K. Marx/F. Engels, Werke (im folgenden: MEW), Bd. 1, Berlin 1956, S. 508/509.
3 K. Marx, Das Kapital. Dritter Band, in: MEW, Bd. 25, Berlin 1979, S. 113.

Das kreative Element der gesellschaftlichen Arbeit umfaßt neben dem kreativen Teil der wissenschaftlichen Arbeit auch die im eigentlichen Sinne schöpferischen Aktivitäten in der materiellen Produktion. Ein Konzept seiner sozialökonomischen Analyse, Messung, Prognose und strategischen Ausgestaltung existiert bisher nicht. Während die Kreativitätspsychologie eine schnelle Entwicklung seit den 60er Jahren genommen hat, gibt es kaum sozialökonomische Untersuchungen zum Kreativitätsproblem auf globaler, gesellschaftlicher, betrieblicher und individueller Ebene. Ziel dieses Beitrages ist es, erneut die Aufmerksamkeit auf diesen Umstand zu richten und weiterführende Forschungen zum Gegenstand anzuregen.[4]

Dabei gehen wir davon aus, daß die Entfaltung und gesellschaftliche Nutzung des kreativen Faktors eine erstrangige Frage der internationalen Klassenauseinandersetzung, des Kampfes um Frieden und sozialen Fortschritt in der Welt ist. Es geht dabei um die Mobilisierung einer gesellschaftlichen Potenz, die historisch bedingt ist und nicht nur aus der Sicht spezifischer Techniken und Methoden betrachtet werden kann. Sie ist eine Komponente der Bewegung der gesellschaftlichen Produktivkräfte, die unter sozialistischen Produktionsverhältnisse strategisch erfaßt und ausgestaltet werden muß. Erich Honecker bemerkte dazu: „Unser Volk besitzt bedeutende Traditionen wissenschaftlich-technischen Schöpfertums. Wir müssen sie mit größter Sorgfalt pflegen."[5]

1. Zur Kreativität als einer ökonomischen Ressource

Der „general intellect"[6] der Menschheit ist keineswegs nur die einfache Summe von nahezu fünf Milliarden menschlicher Gehirne. Er ist vielmehr ein ökonomisches Potential, das durch die sozialen Beziehungen der Menschen realisiert wird.

4 Vgl. H.-D. Haustein, Probleme der Anwendung der Heuristik in der sozialistischen Wirtschaftspolitik, Berlin 1970; ders., Heuristische Probleme der Wissenschaftsprognose, in: Das Hochschulwesen, 4—5/1970, S. 269—286; ders., Ökonomische Probleme des wissenschaftlich-technischen Schöpfertums, in: Ökonomische und soziale Wirksamkeit des wissenschaftlich-technischen Fortschritts, Berlin 1978, S. 54—67; ders., Ideenfindung und Anwendung heuristischer Methoden, in: W.-D. Hartmann/H.-D. Haustein, Leitung industrieller Forschung und Entwicklung, Berlin 1979, S. 146—187; ders., Human Resources, Creativity and Innovation. Invited paper for the 6th World Congress of the International Economic Association held in Mexico City 1980, Mexico 1980; ders., Socioeconomic Measurement of Creativity — a challenging task for field. Paper for the 9th Triennial Conference on Operations Research I FORS' 1981 in Hamburg 1981, Hamburg 1981; ders., Human Resources, Creativity and Innovation. The Conflict between homo faber and homo ludens, in: Behavioral Science, 3/1981, S. 243—255; ders., Kreativität und Innovation auf dem Weg ins 21. Jahrhundert, in: In die Zukunft gedacht, Berlin 1983, S. 140—153.

5 E. Honecker (Berichterstatter), Bericht des ZK der SED an den X. Parteitag der SED, Berlin 1981, S. 44.

6 K. Marx, Grundrisse der Kritik der politischen Ökonomie. 1857—1858, in: MEW, Bd. 42, Berlin 1983, S. 602.

Unter Kreativität verstehen wir hier die Fähigkeit des Menschen zur Schaffung neuer materieller und geistiger Werte von gesellschaftlicher Bedeutung. Diese Fähigkeit ist von ihrer Entstehung und von ihren Konsequenzen her gesellschaftlich bestimmt, kann nicht allein als individuelles Phänomen verstanden werden.

Es hängt in bedeutendem Maße von den sozialen Verhältnissen ab, wie sich Kreativität entwickeln und entäußern kann und zu welchen Resultaten sie führen wird. Die Weltressource Kreativität gehört, wie wir an anderer Stelle nachgewiesen haben, zu den am wenigsten genutzten Ressourcen.[7] Die Ursache dafür sind vor allem antikreative gesellschaftliche Bedingungen, wie sie der staatsmonopolistische Kapitalismus ständig hervorbringt und reproduziert.

Wenn wir von Kreativität als einer ökonomischen Ressource sprechen, müssen wir dabei mehrere wesentliche Umstände berücksichtigen:

1. Von einer ökonomischen Ressource kann erst dann gesprochen werden, wenn gesellschaftliche Arbeit dafür verausgabt wurde (siehe Abb. 3).

Es ist dies ganz zweifellos auch zutreffend für die menschliche Kreativität als einer wesentlichen Komponente der „ausnahmsweisen Produktivkraft".[8] Nur kann man nicht davon ausgehen, daß Bildungsausgaben schlechthin ein bestimmtes schöpferisches Potential schaffen. Das Anerziehen schöpferischer Fähigkeiten und das Vermitteln von Wissensstoff sind zwei verschiedene Bildungsaktivitäten, die in ihren Anteilen künftig genauer bestimmt werden müssen.

2. Die Kreativität ist eine der grundlegenden Komponenten der innovativen Arbeit. Innovative Arbeit ist komplizierte Arbeit, angewandt in den neuerungsintensiven Gebieten der gesellschaftlichen Reproduktion mit hohem Effektivitätspotential. Als konkrete gebrauchswertbildende Arbeit zeichnet sie sich durch drei Merkmale aus: Erstens weist sie einen hohen Anteil kreativer Arbeit auf, die neue Produkt- oder Verfahrensideen hervorbringt. Die kreative Arbeit ist nach Marx vom Charakter her „allgemeine Arbeit", die „teils durch Kooperation mit Lebenden, teils durch Benutzung der Arbeiten Früherer" bedingt ist.[9] Zweitens ist sie stets durch eine spezifische Verbindung von kreativer Arbeit mit routinemäßiger Produktionserfahrung gekennzeichnet. Verbesserungsinnovationen sind ohne dieses Element gar nicht möglich, ebenso wie grundlegende Neuerungen ohne hohen Anteil kreativer Arbeit nicht zu realisieren sind. Drittens ist sie stets gesellschaftlich kombinierte Arbeit, zunächst auf kleiner und dann auf sehr schnell wachsender Stufenleiter. Ihre gesellschaftliche Organisation ist also spezifisch gegenüber der massenhaften Anwendung gesellschaftlicher Durchschnittsarbeit zur Herstellung bekannter Gebrauchswerte mit Hilfe bekannter Technik.

7 Vgl. H.-D. Haustein, In die Zukunft gedacht, a. a. O., S. 142.

8 K. Marx, Das Kapital. Erster Band, in: MEW, Bd. 23, Berlin 1962, S. 337.

9 K. Marx, Das Kapital. Dritter Band, in: MEW, Bd. 25, a. a. O., S. 113.

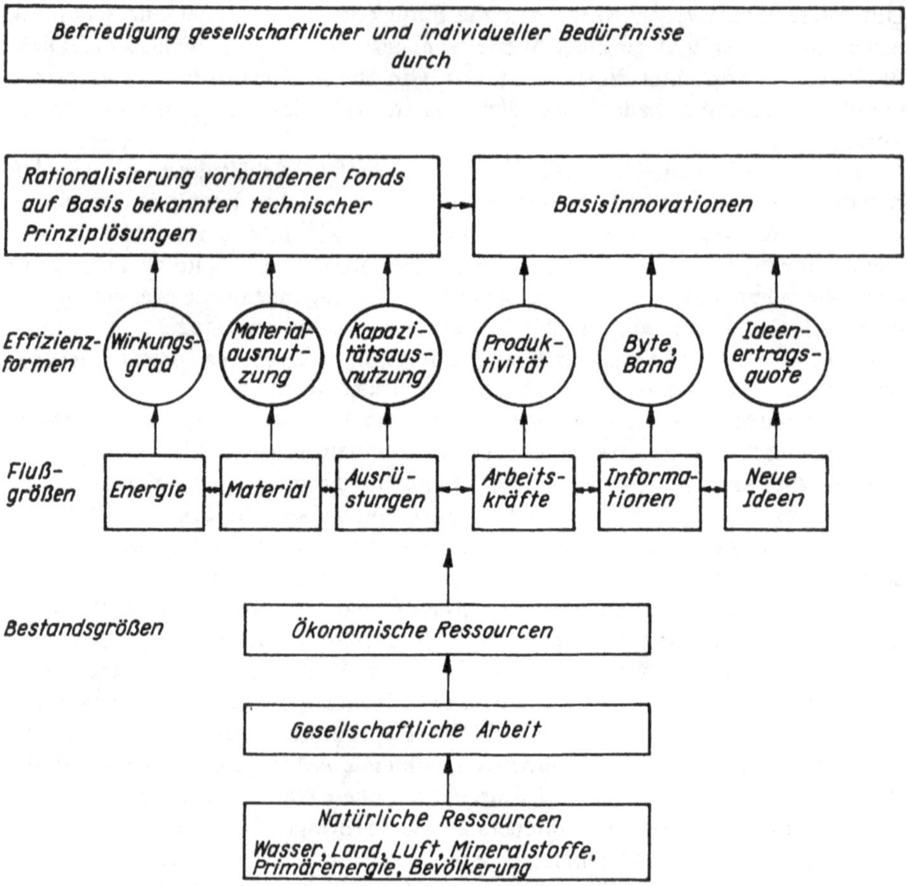

Abb. 3: Das System der ökonomischen Ressourcen

3. Das gesellschaftliche Kreativitätsniveau bildet sich in drei Stufen heraus:

a) In der Stufe der Formierung kreativer Persönlichkeiten.
b) In der Stufe des Wirksamwerdens dieser Persönlichkeiten, der Erreichung kreativer Resultate.
c) In der Stufe der gesellschaftlichen Realisierung und Ausbreitung der kreativen Resultate.

In allen drei Stufen spielen ökonomische Zusammenhänge eine Rolle, die vor allem durch das Verhältnis langfristiger und kurzfristiger Bedürfnisse und Möglichkeiten der Gesellschaft bestimmt werden. Zur Entfaltung schöpferischer Eigenschaften gehört die Betätigung des Spieltriebs (homo ludens), die freie ungebundene Phantasie, die Abkopplung von kurzfristigen Routineaufgaben, d. h. die Verausgabung von Zeit für scheinbar unergiebige Tätigkeiten. Das

Maß, in dem die Gesellschaft eine solche Tätigkeit zuläßt oder fordert, wird vom erreichten ökonomischen Entwicklungsniveau und letztlich von Klasseninteressen bestimmt.

Es sind vor allem vier Faktoren, die das Wirksamwerden der ökonomischen Ressource Kreativität bestimmen: erstens das Niveau und Entwicklungstempo der Produktivkräfte; zweitens die vorhandenen Produktionsverhältnisse und ökonomischen Interessen; drittens die institutionellen Faktoren, die Rolle der staatlichen und gesellschaftlichen Einrichtungen; viertens die geistigen, ideologischen Faktoren. Diese vier Faktoren werden in den genannten drei Stufen in unterschiedlicher Weise wirksam.

In der Realität können Widersprüche zwischen den einzelnen Stufen auftreten. Nicht selten gibt es zum Beispiel in der Industrie Fälle, wo erprobte ausländische Technik weitreichenden eigenen kreativen Resultaten, die noch mit Mängeln und Risiken behaftet sind, vorgezogen wird. Solche Entscheidungen bringen einen überschaubaren Nutzen, beeinträchtigen aber auf jeden Fall das kreative Potential und bringen damit einen nicht ohne weiteres kalkulierbaren ökonomischen Schaden.

In der Stufe der Formierung und vor allem des Wirksamwerdens kreativer Persönlichkeiten ist noch ein weiterer Umstand wesentlich. Die kreativen Fähigkeiten der Menschen sind nicht gleichmäßig verteilt. Es ist bekannt, daß die intellektuellen Eigenschaften (Intelligenzgrad) in einer Gesamtheit von Menschen etwa einer Normalverteilung folgen. Auch die kreativen Eigenschaften, die sich jedoch nicht schlechthin mit den intellektuellen Eigenschaften decken, sind vermutlich ebenso normal verteilt, wie alle Arten von Leistungskennziffern. Es ist dies ganz sicher keine statische Funktion, da viele schöpferische Eigenschaften des Individuums latenten Charakter tragen und durch entsprechende Bedingungen erst erschlossen werden können. Wenn diese Überlegungen richtig sind, dann hat die Gesellschaft zwei Aufgaben, die von großer ökonomischer Bedeutung sind: Erstens gilt es, die latent vorhandenen kreativen Eigenschaften *aller* Menschen auf die vielfältigste Weise zu fördern. Zweitens sollten die schöpferischen Spitzenkräfte, von denen es objektiv nur eine sehr begrenzte Zahl gibt, optimale Bedingungen ihres Wirkens erhalten. Die zweite Überlegung ist auch für die Formierung kreativer Persönlichkeiten wesentlich. Gerade die Nichtidentität intellektueller und kreativer Leistung wird in der allgemeinen Schulbildung kaum beachtet.

4. Die kreative Leistung ist mit der Verausgabung gesellschaftlicher Arbeitszeit verbunden. Jedoch existiert umgekehrt keine direkte Korrelation von aufgewendeter Arbeitszeit und erreichtem kreativen Resultat. Auch die zusätzliche Neuwertschöpfung aus Anwendung innovativer Arbeit kann nicht als direktes Maß für soundsoviel Stunden kreativer Arbeit dienen.

Daraus folgt ein ganz praktischer Hinweis für die Leitung kreativer Prozesse: der Versuch, kreative Ergebnisse als „Stundenleistung“ abzurechnen, die Arbeitszeit kreativer Prozesse zu reglementieren wie einen beliebigen industriellen Vorgang, endet regelmäßig mit einem Fiasko. Heraus kommt dabei das Mittelmaß, aber nicht die erwartete schöpferische Leistung. Kreative Arbeit ist höchst intensive Verausgabung von Nerven-, Gemüts- und Geisteskraft, frei gekoppelt mit Phasen des Spiels und der Erholung, nicht erfaßbar durch algorithmische Zergliederung, in hohem Maße individuell verschieden in ihrem konkreten Ablauf. Ihre Organisation und Leitung erfordert ein spezifisches, flexibles Herangehen, höchstes Vertrauen in den Problembearbeiter, Verzicht auf kleinliche Reglementation, Abrechnung anhand der wirklichen Ergebnisse und nicht des Stundenaufwandes. Zugleich ist natürlich die kreative Arbeit mit den anderen Funktionen der gesellschaftlichen Arbeit zu verbinden.

2. Kreativität und Funktionen der menschlichen Arbeit

Der menschliche Arbeitsprozeß ist ein natürlicher und gesellschaftlicher Prozeß, in dem der Mensch technische, kreative und soziale Funktionen erfüllt. Zu den technischen Arbeitsfunktionen gehören alle menschlichen Aufgaben, die nach dem jeweiligen Stand der Erkenntnis durch technische Mittel in Gegenwart und Zukunft substituierbar sind:

— die energetische Funktion
— die ausführende Funktion
— die kontrollierende Funktion
— die logische Funktion.

Zu den kreativen Funktionen des Menschen gehören jene Aufgaben, die nach dem jeweiligen Stand der Erkenntnis nicht durch technische Mittel substituierbar sind:

— die theoretische Analyse und Synthese (Theoriefunktion)
— die Entwicklung und empirische Weiterentwicklung neuer technischer Mittel (Erfindungsfunktion).

Im historischen Sinne sind die Grenzen beider Funktionsgruppen fließend. So kann in Zukunft z. B. die Entwicklung neuer Algorithmen (Erfindungsfunktion) teilweise selbst automatisiert werden.

Zur sozialen Funktion der menschlichen Arbeit gehören alle Aufgaben der sozialen Kommunikation:

— die Leitungs- und Organisationsfunktion
— die Erziehungsfunktion
— die Unterhaltungsfunktion und andere.

Auch die sozialen Funktionen enthalten formalisierbare Elemente, die in der Zukunft durch technische Mittel wahrgenommen werden können.

In Abb. 4 sind die Funktionen der menschlichen Arbeit weiter spezifiziert. Die technische Revolution der modernen Informationstechnologie auf Basis der Mikroelektronik führt zu einer rapiden Umwälzung des Zusammenspiels der menschlichen Arbeitsfunktionen und der Technik.

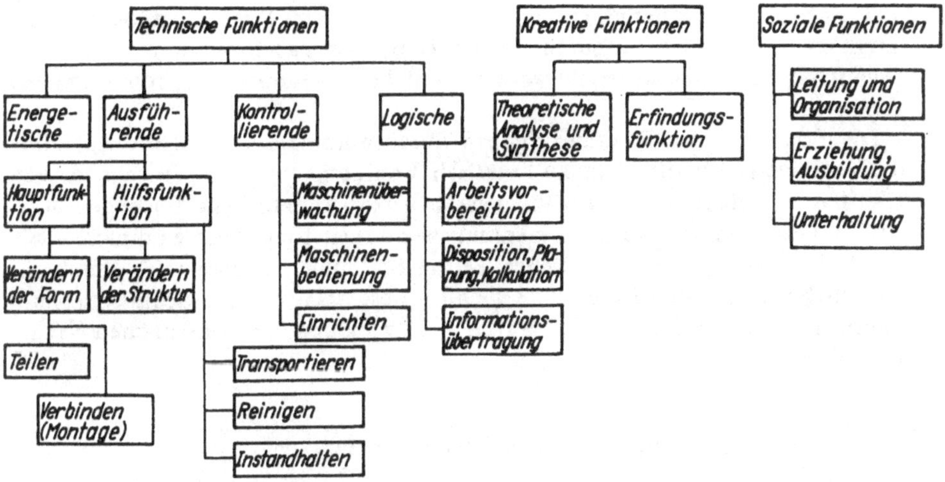

Abb. 4: Funktionen der menschlichen Arbeit

Die Substitution der energetischen, ausführenden und kontrollierenden Funktion, typisch für das Maschinenzeitalter, wird durch eine weitgehende Substitution der logischen Funktion ergänzt. Alle Arbeitsaufgaben, die mit Informationsprozessen (Verarbeitung, Speicherung, Übertragung) verbunden sind, unterliegen einer schnell zunehmenden Substitution durch technische Mittel. Dazu gehören Maschinenbedienung, Maschinenüberwachung, Maschineneinrichten, Büroarbeiten u. a. So sank die Gesamtzahl der Beschäftigten in der Spätschicht einer Zeitungsdruckerei beim Übergang zum Computereinsatz von 52 auf 29;[10] 12 Setzer, 10 Korrektoren und 8 Arbeitsplätze beim Umbruch wurden freigesetzt.

Gleichzeitig entstehen aber neue Arbeitsaufgaben, die mit der Anwendung der neuen Technik verbunden sind. Dazu gehören: *Erstens* geistig anspruchsvollere Funktionen mit einem geringeren Anteil an Routinearbeit. *Zweitens* in manchen Fällen aber auch geistig wenig anspruchsvollere Funktionen mit einem höheren Anteil an Routinefunktionen. *Drittens* ein Mehrbedarf an Arbeitskräften niedrigerer Funktionsstufe an jenen Restarbeitsplätzen, die noch nicht der Automatisierung unterliegen, mit dem automatischen System aber direkt zusammenhängen, z. B. es mit Material beliefern oder von ihm beliefert werden. *Viertens* neue Arbeitsaufgaben in jenen Zweigen, die die neuen Arbeitsmittel herstellen.

Wie diese oft zunächst technisch unvermeidlichen Wirkungen so kanalisiert werden, daß die Arbeit nicht dequalifiziert wird, hängt in hohem Maße auch von den arbeitsorganisatorischen Lösungen ab. So ist es zum Beispiel möglich

10 Vgl. J. Evans, Arbeitnehmer und Arbeitsplatz, in: Auf Gedeih und Verderb. Mikroelektronik und Gesellschaft. Bericht an den Club of Rome, Wien—München—Zürich 1982, S. 177.

und sinnvoll, computergesteuerte NC-Maschinen im Werkzeugmaschinenbau direkt in der Werkshalle zu programmieren oder das Programm zu ändern. Dem CNC-Bedienungspersonal werden zusätzliche Kenntnise im Programmieren vermittelt.

Die Ersetzung von Routineaufgaben durch automatische Abläufe mit Hilfe des Computers schafft nicht automatisch Freiräume für schöpferische Arbeit. Um dies zu sichern, sind vielmehr neue arbeitsorganisatorische Lösungen unerläßlich. Das Zusammenspiel der menschlichen Arbeitsfunktionen wird nicht allein durch die vorhandenen technischen Mittel bestimmt, sondern auch durch die „gesellschaftliche Betriebsweise".[11] Das ist wesentlich für alle Schlüsseltechnologien, die zugleich Knotenpunkte in der Entwicklung der menschlichen Kreativität sind.

3. Schlüsseltechnologien und kreative Arbeit

Schlüsseltechnologien sind Kristallisationspunkte der Entwicklung der gesellschaftlichen Produktivkräfte, in denen sich besonders klar die Dialektik von Natur und Gesellschaft, von menschlicher Kreativität und sozialem Fortschritt zeigt.

Erstens betreiben die Menschen die Auseinandersetzung mit der Natur nicht als isolierte einzelne, sondern als objektiv aufeinander angewiesene gesellschaftliche Wesen. „Die Technologie enthüllt das aktive Verhalten des Menschen zur Natur, den unmittelbaren Produktionsprozeß seines Lebens, damit auch seiner gesellschaftlichen Lebensverhältnisse und der ihnen entquellenden geistigen Vorstellungen."[12]

Schlüsseltechnologien, nicht als bloßes totes technisches Mittel, sondern als Anwendung wissenschaftlicher Erkenntnisse und technischer Systeme auf den realen Produktionsprozeß betrachtet, widerspiegeln gesellschaftliche Aneignungsprozesse. Der Industrieroboter für Farblackierungen mag in kapitalistischen und sozialistischen Betrieben gleiche technische Charakteristiken aufweisen, die Art und Weise seiner Anwendung und ihre Folgen aber sind prinzipiell unterschiedlich. Der Arbeiter, der im teach-in Verfahren den Roboter im kapitalistischen Unternehmen führt, verleibt dem fixen Kapital seine Erfahrungen ein und vernichtet damit seinen eigenen sowie weitere Arbeitsplätze.

Zweitens bringen die Schlüsseltechnologien einen neuen Schub der gesellschaftlichen Kreativität und damit der Universalität des Individuums, freilich mit der Einschränkung, daß das Privateigentum an Produktionsmitteln dieser Tendenz immer neue Schranken setzt. „In fact aber, wenn die bornierte bürgerliche Form abgestreift wird, was ist der Reichtum anders, als die im universellen Austausch erzeugte Universalität der Bedürfnisse, Fähigkeiten, Genüsse,

11 K. Marx, Das Kapital. Erster Band, in: MEW, Bd. 23, a. a. O., S. 496.
12 Ebenda, S. 393.

Produktivkräfte etc. der Individuen? ... Das absolute Herausarbeiten seiner schöpferischen Anlagen, ohne andre Voraussetzung als die vorhergegangene historische Entwicklung, die diese Totalität der Entwicklung, d. h. der Entwicklung aller menschlichen Kräfte als solcher, nicht gemessen an einem *vorhergegebenen* Maßstab, zum Selbstzweck macht. Wo er sich nicht reproduziert in seiner Bestimmtheit, sondern seine Totalität produziert? Nicht irgendetwas Gewordenes zu bleiben sucht, sondern in der absoluten Bewegung des Werdens ist?“[13]

Der Computer als Herzstück der modernen Informationstechnologie hat ein enormes Effizienzpotential für die gesellschaftliche Produktion hervorgebracht und zugleich massenhaft veraltete Technik und herkömmliche Berufe und Arbeitsarten entwertet. Er ermöglicht einen neuen, revolutionären Schritt in der Entwicklung der Totalität der menschlichen Wesenskräfte. Jedoch substituiert er nicht die menschliche Intelligenz und schon gar nicht die kreativen Fähigkeiten des Menschen. Die menschliche Erkenntnis der Wirklichkeit hat viele Ebenen, sie hängen mit der politischen Bewußtheit, dem Willen, den kulturellen Bedürfnissen, den Gefühlen, Wünschen, der Freude und dem Humor des Menschen zusammen. Wie könnte man sie reduzieren auf jene Ebene der Formalisierung und Routinisierung, die das eigentliche Feld des Computers ist? Jedes einseitige Konzept der Computernutzung, das dieses technische Mittel zum Nonplusultra der Ausbildung und Erziehung erklärt, dezimiert die allseitige Entwicklung menschlicher Wesenskräfte. Die Medizin kennt seit langem den Begriff der Atrophie, der Rückentwicklung von Organen bei mangelhaftem Gebrauch. Die gleiche Gefahr tritt dort auf, wo aus Profitgründen der Computer zu einer neuen Taylorisierung der geistigen Arbeit genutzt wird und an vielen Arbeitsplätzen eine Dequalifizierung eintritt. Ob ein Facharbeiter an einer computergesteuerten NC-Maschine durch eine angelernte Kraft ersetzt wird oder selbst ein neues anspruchsvolles Arbeitsprofil meistert, hängt von der Arbeitsorganisation ab, die im sozialistischen Betrieb grundsätzlich vom Arbeiterinteresse ausgeht. Im kapitalistischen Unternehmen kann der Kampf der Arbeiterklasse gegen die Verschlechterung der Arbeitsbedingungen der Dequalifizierung entgegenwirken, aber dies ist zeitlich und lokal begrenzt, um so mehr, als die wachsende Arbeitslosigkeit diesem Kampf entgegenwirkt.

Drittens trägt die Ausbreitung der Schlüsseltechnologien revolutionären Charakter und ist mit entsprechenden Umwälzungen der „gesellschaftlichen Betriebsweise“ (Marx) verbunden. K. Marx meinte 1856 in seiner Rede auf der Jahresfeier von „People's Paper“, daß Dampf, Elektrizität und Spinnmaschine „Revolutionäre von viel gefährlicherem Charakter als selbst die Bürger Barbès, Raspail und Blanqui“ waren.[14] Das trifft nicht weniger auf die heutigen Schlüssel-

13 K. Marx, Grundrisse der Kritik der politischen Ökonomie, a. a. O., S. 396.

14 K. Marx, Rede auf der Jahresfeier des „People's Paper“ am 14. April 1856 in London, in: MEW, Bd. 12, Berlin 1963, S. 4.

technologien zu, die die Mehrzahl der Arbeitsplätze der gesellschaftlichen Produktion in den nächsten 15 Jahren fundamental verändern werden. Es läßt sich heute noch nicht im Detail absehen, welche Einzellösungen dabei geschaffen werden. Aber eines ist jetzt schon klar: wissenschaftlich-technische Systemlösungen bringen allein nicht den erforderlichen Produktivitätsschub. Neue Formen der „gesellschaftlichen Betriebsweise“, der Arbeitsteilung und Arbeitsorganisation bis zu neuen sozialen Regelungen werden dafür unerläßlich sein. Je früher sie konzeptionell vorbereitet, kreativ durchdacht und eingesetzt werden, desto höher wird die Ausnutzungsrate des enormen Effizienzpotentials der modernen Informationstechnologie sein, desto besser meistern wir den Zeitfaktor.

Viertens denken viele, wenn sie von Schlüsseltechnologien hören, nur an neue Verfahren und die Anwendung neuer Produktionsmittel. Das Wort Technologie wird im allgemeinen Sprachgebrauch oft in dieser eingeschränkten Bedeutung benutzt. Die wissenschaftlich-technische Kreativität entwickelt aber ihre enorme Schubkraft in den Perioden technischer Revolutionen nicht allein und nicht einmal in erster Linie bei der Prozeßgestaltung existierender Produkte. International erreichen die Anteile der FE-Ausgaben für neue weiterentwickelte Produkte an den gesamten FE-Ausgaben 73 bis 93 Prozent und sind besonders hoch in den dynamischen Zweigen.

Das Ziel ist zusätzliche Neuwertschöpfung im Vergleich zum gesellschaftlichen Durchschnitt, die wiederum zur Akkumulationsquelle für den gesellschaftlichen Nationalreichtum wird.

Der Ideenvorlauf für neue Konsumgüter, die das menschliche Leben bereichern, sollte ebenso institutionalisiert werden, wie es heute die Neuererbewegung ist, die in hohem Maße der verbesserten Prozeßgestaltung durch neue technische Mittel dient.

Fünftens sind Schlüsseltechnologien die Grundlage „einer wirtschaftlichen Zukunft mit kräftigem Wachstum“.[15] In den dynamischen Zweigen, die Träger der technischen Revolution der modernen Informationstechnologie auf Basis der Mikroelektronik sind, beschleunigt sich die Ausbreitung der neuen Technik besonders intensiv. Die Beschleunigung des wissenschaftlich-technischen Fortschritts bedeutet aber auf keinen Fall, daß die langfristig-konzeptionelle strategische Vorbereitung und Planung dieser Prozesse durch operatives Einsteuern ersetzt werden kann.

Neue historische Kombinationen der Produktivkräfte, verbunden mit einem höheren Niveau der gesellschaftlichen Kreativität werden in Zeiträumen von drei bis vier Fünfjahrplänen geschaffen. Ihr Effizienzpotential kann in 15—20 Jahren zu sechzig oder siebzig Prozent erschlossen werden, wie die historische Erfahrung zeigt. Das ist heute nicht anders als zu jener Zeit, zu der die Schlüsseltechnologie der Elektrifizierung zum Kernstück eines auf 15 Jahre

15 E. Honecker, Zur Vorbereitung des XI. Parteitages der SED, in: 10. Tagung des ZK der SED, Berlin 1985, S. 31.

berechneten Plans wurde, der als erster gesellschaftlicher Plan der Entwicklung der Produktivkräfte eines Landes (GOELRO) in die Geschichte eingegangen ist. Werden bedeutende Veränderungen im System der Allgemeinbildung auf Basis einer neuen Kombination der Produktivkräfte durchgeführt, so werden sie erst nach 15—20 Jahren voll gesellschaftlich wirksam, weil der Bildungsweg eines qualifizierten Kaders diesen Zeitraum erfordert.

Ohne historisches Augenmaß, perspektivisches Konzept, sorgfältiges strategisches Kalkül und langfristig angelegte Planung und Logistik können Schlüsseltechnologien nicht mit hoher Effizienz durchgesetzt werden. Es versteht sich, daß das historische Augenmaß kein Gegensatz ist zur leidenschaftlichen Parteinahme für das Heute und Hier der neuen Produktivkräfte. Es verträgt sich aber nicht mit Projektmacherei, Formalismus, Wunschdenken und jener Ungeduld, die „in der Konsequenz Tempoverlust statt Tempogewinn" bringt.[16] Das trifft auch für die Schlüsseltechnologie zu, die das Kernstück der wissenschaftlich-technischen Revolution ist: die flexible Automatisierung.

4. Kreativität und Strategie der flexiblen Automatisierung

Die flexible Automatisierung (FA) ist eine neue Generation der Automatisierung in der gesamten Volkswirtschaft, die die herkömmliche Einzweckautomatisierung ablöst und ergänzt und zu deren technischen Elementen vor allem flexible Industrieroboter, NC-Maschinen, flexible Fertigungssysteme und CAD/CAM-Systeme gehören. Sie schafft neue Bedingungen der kreativen menschlichen Tätigkeit.

Die Automatisierung hat eine lange technische Geschichte; die Anfänge der programmierten Automatisierung reichen zurück bis in jenes Jahr 1806, in dem die Jacquard-Maschine entstand. Auch geistesgeschichtlich ist es interessant, den Automatisierungsmythos zu verfolgen. Es ist ein alter Traum der Menschheit, ein Gegenstand von Furcht und Hoffnung, ein dem Menschen ähnliches Wesen zu schaffen. Mit der Entstehung und Verbreitung der ersten mechanischen Erfindungen wurde ein mechanischer Menschenersatz denkbar. Auch die Angst vor den Folgen war immer gegenwärtig. In Marlowes Faust erfährt Faust die ewige Verdammnis, weil er einen Homunkulus geschaffen hat, der Menschen umbringen kann.

Das bürgerliche Credo wurde zu einer mächtigen Triebfeder der Automatenutopie. „Wenn ich sechs Pferde kaufen kann, sind ihre Kräfte nicht die meinen?" — heißt es im Faust. Sobald die Technik eine neue Möglichkeit der Automatisierung anbietet, entsteht unter kapitalistischen Verhältnissen die Euphorie des ungestörten Profitmachens, ungestört von lästigen Forderungen der arbeitenden

16 E. Honecker, Fragen von Wissenschaft und Politik in der sozialistischen Gesellschaft, Berlin 1972, S. 9.

Wesen. Das Verwertungsstreben kennt keine Grenzen der Automatisierung, es delegiert schließlich die Entscheidung über Tod und Leben von Millionen Menschen an Tötungsautomaten, die immer schneller und immer „effektiver" funktionieren. Diese „Logik" der technischen Entwicklung ist auf die Zerstörung der menschlichen Kreativität gerichtet.

Unter sozialistischen Produktionsverhältnissen werden grundsätzlich andere Triebkräfte der Automatisierung wirksam, die auf die menschliche Kraftentfaltung in Übereinstimmung mit der Natur gerichtet sind. Die Zukunft auf dem Gebiet der Automatisierung ist z. B. ein vom Menschen konzipierter und installierter Naturprozeß, der ohne unmittelbares Eingreifen des Menschen abläuft. Dem wird eine Art hybride Technik entsprechen, die biologische und nichtbiologische Prozesse beinhaltet und möglicherweise auch eine völlig neue Stufe der Elektronik, nämlich die sogenannte funktionelle Elektronik. Die Produktionseinheiten sind überschaubar und haben vielfach Werkstattdimension.

Sind solche langfristige Betrachtungen bis 2084 sinnvoll oder nicht? M. E. sind sie nicht nur sinnvoll, sondern auch notwendig zur Abschätzung dessen, was in der langen Perspektive möglich und wünschenswert ist. Die strategischen Fragen der FA für die nächsten 15 bis 20 Jahre hängen damit zusammen. Es geht schließlich um nichts geringeres, als den zukünftigen Charakter der menschlichen Arbeit.

Es gibt zwei strategische Möglichkeiten, die absehbar sind: *a)* Der Mensch schiebt immer mehr technische Mittel, d. h. mechanische, hydraulische, elektrische, elektronische Systeme zwischen sich und die Natur. Der Arbeitsprozeß wird immer intellektualisierter und daher immer naturferner. Das ist aber ein Widerspruch zur ganzheitlichen Entwicklung des Menschen als Natur- und Gesellschaftswesen, seiner geistigen und körperlichen, intellektuellen und emotionalen Fähigkeiten. *b)* Der Mensch findet eine Möglichkeit, Naturprozesse in industrielle Prozesse zu verwandeln, die er überwacht, in denen er aber zugleich vielfältig geistig und körperlich wirksam werden kann und wirksam wird. Die technischen Systeme sind weitgehend autonom, nach der Art der biologischen Prozesse von hoher Vielfalt und Flexibilität. Es wird das „automatische Atelier" verwirklicht, was so viel wie automatische Werkstatt heißt.[17]

Zur Zeit neigt die wissenschaftlich-technische Strategie zum ersten Weg. Ihr Prototyp ist die menschenlose Fabrik („unmanned factory") in Japan. Aber es gibt auch in kapitalistischen Ländern eine Reihe von Einwänden gegen das „Auf die Spitze treiben" der Automatisierung, wie es das Profitmotiv hervorbringt.

a) Die Arbeitslosigkeit mit ihren hohen direkten und indirekten sozialen Kosten. Direkte soziale Kosten der Arbeitslosigkeit, d. h. Arbeitslosenunterstützung und entgangene Steuern, Abgaben, Beiträge betragen etwa 95 bis 105% des Ein-

17 K. Marx, Zur Kritik der politischen Ökonomie 1861—1863, in: Marx-Engels, Gesamtausgabe, 2. Abteilung, Bd. 31, Berlin 1976.

kommens der Beschäftigten. Die indirekten Kosten durch erhöhten Drogenkonsum, Neurosen, Entfremdung, Verfall der Produktionserfahrung sind bisher noch nicht berechnet worden. Natürlich ist die Arbeitslosigkeit keine Frage der technischen Entwicklung. Das bedeutet jedoch nicht, daß uns die Beschäftigungsfolgen gleichgültig sein können.

b) Dequalifizierung durch die einseitige Entwicklung der Technik.

c) Die hochautomatisierten großen Systeme sind sehr komplex und daher sehr anfällig gegenüber Störungen aller Art. Mike Cooley schreibt dazu: „Es ist fraglich, ob es technisch möglich sein wird, menschenleere Fabriken aufzubauen. Tatsache ist, daß es der Wunsch von besessenen Systementwicklern und der Multis ist, die darin ein Mittel zur drastischen Reduktion der Arbeitskosten sehen. Die Schritte, die wir derzeit sehen, gehen in Richtung menschenleere Fabrik, trotzdem sollten wir es nicht als unvermeidliches Ergebnis akzeptieren. Enorme Investitionen werden erforderlich sein, um die herausragende Eigenschaft, mit Unsicherheit fertig zu werden, zu ersetzen.“[18]

d) Ein weiteres Argument betrifft die Rolle der Arbeitskraft überhaupt. Die Arbeitskraft ist im Kapitalismus eine bestimmte Lohnsumme, bestenfalls human capital, also auch eine Geldsumme, eben eine Ware. Es wird von „Freisetzung“ und „Einsparung“ gesprochen, und die Neoklassik betrachtet die Arbeitskraft als voll substituierbar. Wenn man die Arbeitskraft voll substituieren kann, so ist auch eine menschenlose Fabrik denkbar. In Wirklichkeit aber hat die Arbeitskraft als ökonomische Ressource Eigenschaften, die keine andere Ressource aufweist, nämlich Phantasie, Bewußtsein, Willenskraft, ideologische Einstellung, Interessen, Erwartungen, Humor, Erkenntnisfähigkeit, Optimismus und Kreativität. Nur die Arbeitskraft kann Neuwert produzieren. Systeme mit kompliziertester künstlicher Intelligenz sind immer noch trivial, wenn man sie mit der menschlichen komplexen Fähigkeit der Informationsverarbeitung vergleicht. Den Menschen stehen 10^{14} synaptische Konnektionen für die Informationsverarbeitung zur Verfügung, dem modernsten Roboter mit Zeichenerkennungsfähigkeiten nur 10^{3}. Welchen Sinn hat es denn, den Menschen so komplex freizusetzen oder zu substituieren. Es ist weder sozial noch volkswirtschaftlich noch technisch sinnvoll.

e) Aus globaler Sicht wird die Ressource Arbeitskraft, der „general intellect“ dieses Planeten mit seinen etwa 6 Billionen Arbeitsstunden pro Jahr höchst unvollkommen genutzt. Für die Masse der Entwicklungsländer ist die FA ein Alptraum. Dafür gibt es folgenden Grund: Von 1965 bis 1980 ging in der kapitalistischen Weltwirtschaft ein beispielloser Prozeß des Wachstums der Multis und der Schaffung eines Netzes der internationalen Arbeitsteilung vor sich, in dem die Teile eines Produkts z. B. in Malaysia gefertigt, in Indien komplettiert, in den Niederlanden montiert werden und das Produkt anschließend

18 M. Cooley, Die menschenleere Fabrik — Alptraum oder Hoffnung? Beitrag zum Kongreß „Die Industrieroboter“ in Linz 1982, Linz 1982.

in ganz Westeuropa verkauft wird. Damit wurden die Vorteile der Arbeitsteilung und des niedrigen Lohnniveaus bei einem hohen Lohnanteil in den neuen Produkten genutzt. Die Weichen sind jetzt vielfach anders gestellt. Die Ursache dafür ist die Wertrevolution im Ergebnis der grundlegend veränderten Ressourcenkonstellation, der erhöhten Transportkosten und des verringerten Lohnkostenanteils in der Produktion. Daher wird in den hochentwickelten kapitalistischen Staaten jetzt eine neue Strategie propagiert. Teilweise sollen bestimmte Fertigungen wieder in die Mutterländer zurückgeholt werden, u. a. auch durch hocheffektive flexible Automatisierungslösungen.

Die genannten Punkte zeigen, daß die Zukunft der Automatisierung keine Einbahnstraße ist, auf der ein Auto immer höheren Geschwindigkeiten zustrebt. Die sinnvolle Computeranwendung zur Verstärkung der menschlichen Potenzen erfordert eine gesellschaftliche Strategie der flexiblen Automatisierung, wie sie nur unter sozialistischen Produktionsverhältnissen realisierbar ist. Dazu gehört:

1. Die Sicherung der Vollbeschäftigung und die Umgestaltung der Arbeitsprozesse im Interesse und in engstem Kontakt mit den arbeitenden Menschen.

2. Das Interesse der Gesellschaft an der Entfaltung der schöpferischen Fähigkeiten aller Menschen, beginnend im frühesten Kindheits- und Jugendalter. Es ist kein gesellschaftsferner homo ludens, der uns vorschwebt, wenn wir an die Einbeziehung des Computers in die schulische, gegebenenfalls sogar vorschulische Ausbildung denken.[19]

Die logischen Fähigkeiten bis zur zweidimensionalen Exploration am Bildschirm ad infinitum zu verstärken, kann keine sinnvolle Strategie für die Persönlichkeitsbildung sein. Denken wir beispielsweise daran, wie wesentlich es ist, die im Kindesalter vorhandene Fähigkeit der räumlich-anschaulichen Erkenntnis zu entwickeln (Manipulation von Fröbel-Bausteinen bis hin zur Nutzung des „Zauberwürfels"). Das Spielelement der menschlichen Kultur, das von Huizinga so deutlich herausgearbeitet wurde[20] und das ein wesentliches Element menschlicher Kreativität ist, kann nicht auf die letztlich geistige Öde formalisierter elektronischer Spiele reduziert werden. Damit sollen in keiner Weise die enormen Möglichkeiten der rechnergestützten Ausbildung in einem sehr frühen Alter bestritten werden. Das Gesamtregime der Ausbildung muß jedoch alle Erkenntnisebenen, vor allem die soziale Kommunikation und realitätsnahe Ausbildungsformen in einem wohlabgewogenen Verhältnis einschließen.

3. Der Siegeszug der Formalisierung und Algorithmierung bis hin zu heuristischen Algorithmen auf dem Computer führt dazu, daß immer mehr Arbeitszeit für diese Formen des menschlichen Denkens, für die Erarbeitung der Soft-

19 Vgl. T. Vasko, Children and Computers, IIASA, Laxenburg 1984.

20 Vgl. J. Huizinga, Homo Ludens. Versuch einer Bestimmung des Spielelements der Kultur, 3. Aufl., Basel—Brüssel—Köln—Wien 1949.

ware und der erforderlichen algorithmischen Mittel verwendet wird. Dorodnycin nennt letztere „brainware".[21] Das veranlaßt uns darüber nachzudenken, wie man in Zukunft den kreativen Denktechniken, dem Training der kreativen Denkmethoden zu einer weiteren Verbreitung verhelfen kann. Eine Analyse des Standes auf diesem Gebiet, der derzeitigen realen Anwendung solcher Methoden zum Beispiel für das Finden neuer Produktlösungen, wäre außerordentlich aufschlußreich.[22]

4. Kreative Arbeit und Routinearbeit sind bestmöglich zu kombinieren; Innovationen sind überhaupt nur im Ergebnis einer solchen Kombination realisierbar. In Zukunft wird es notwendig sein, kreative Arbeit, Routinearbeit und Computeranwendung so zu verbinden, daß ein hohes ökonomisches Resultat erzielt wird. Auf dieser Basis wird auch in Zukunft eine neue Stufe der Neuererbewegung möglich werden.

Insgesamt kommt es darauf an, ein größeres Augenmerk den Problemen der schöpferischen Arbeit zu schenken. Mit der technischen Revolution der Mikroelektronik und modernen Informationstechnologie hat sich die Aufmerksamkeit dem Computer zugewandt und in viel geringerem Maße den Problemen der menschlichen Kreativität. Vorhandene Rückstände auf dem Gebiet der Computeranwendung dürfen aber nicht dazu führen, daß wir die entscheidende Rolle des schöpferischen menschlichen Faktors vernachlässigen. Wenn die menschliche Arbeit das belebende Feuer der Produktion ist, so ist die Kreativität der Sauerstoff, ohne den dieses Feuer letztlich verlöschen würde.

21 Vgl. A. Dorodnycin, Informatika: predmet i zadača, in: Problemy teorii i praktiki upravlenija, 1/1985, S. 25.

22 W. E. Sounder/R. W. Ziegler, A Review of Creativity and Problem Solving Techniques, in: Research Management 4/1977, S. 34.

Klaus-Dieter Wüstneck

Die Funktion der wissenschaftlichen Erkenntnisse in der gesellschaftlichen Tätigkeit und das Problem ihrer Entwicklung

1. Problemstellung

Die theoretische Untersuchung wie die praktische Beherrschung der Wissenschaftsentwicklung sieht sich mit dem Problem *der gesellschaftlichen Funktion der Wissenschaft* konfrontiert. In grober Näherung zerfällt dieses Problem in zwei eng zusammenhängende, aber durchaus verschiedene Teilprobleme. *Erstens* geht es um die Funktion der Wissenschaft, neue, für die Gesellschaft notwendige wissenschaftliche Erkenntnisse zu erzeugen (im weiteren Sinne auch: sie zu vermitteln und zu reproduzieren). *Zweitens* geht es um die Funktion, die die Wissenschaftserkenntnisse in der Gesellschaft haben. Diese Funktion wird als „Anwendung" der Erkenntnisse der Wissenschaft durch die Gesellschaft in ihrer Gesamttätigkeit, d. h. durch die jeweils tätigen kollektiven Subjekte realisiert. Während es sich bei der ersten um die Erzeugungsfunktion der als gesellschaftliche Tätigkeit verstandenen Wissenschaft handelt, geht es bei der zweiten um die Anwendungs- oder Nutzungsfunktion ihres Produkts. Auf den spezifischen Zweck der jeweiligen Funktion bezogen, könnte man die erste als *Erkenntnisfunktion der Wissenschaftstätigkeit*, die andere als *Tätigkeitsfunktion der Erkenntnisse* bezeichnen.

Die Differenzierung dieser beiden Komponenten der gesellschaftlichen Funktion der Wissenschaft entspricht durchaus der realen Situation der Wissenschaft in der Gesellschaft; sie reflektiert sich zudem sowohl im wissenschaftspolitischen als auch im wissenschaftstheoretischen Verständnis der Rolle der Wissenschaft in der Gesellschaft. Letzteres findet z. B. seinen typischen Ausdruck in der Unterscheidung einer „Erkenntnis-" und einer „praktischen Funktion" der Wissenschaft als den beiden „grundlegenden Funktionen" innerhalb ihrer „sozialen Funktion", wobei davon ausgegangen wird, daß das „Produkt der Wissenschaft . . . das neue Wissen (ist). Es stellt das *Ziel* der wissenschaftlichen Tätigkeit und das *Mittel* für die Lösung praktischer Aufgaben dar."[1]

Die Theorie der Wissenschaft und ihrer Entwicklung muß sich mit beiden Funktionen und vor allem auch mit ihrem Zusammenhang befassen.[2] Im folgenden soll aber speziell nur auf die zweite, die Anwendungsfunktion eingegangen

1 Autorenkollektiv (unter Leitung von S. R. Mikulinskij/R. Richta), Socializm i nauka, Moskva 1981, S. 26, 28, 382.

2 Vgl. G. Kröber/H. Laitko, Wissenschaft als soziale Kraft, Berlin 1976, S. 47/48.

werden. Sie soll näher bestimmt werden, weil das m. E. eine Voraussetzung dafür ist, um künftig auch *die Entwicklung* dieser Funktion im Rahmen der Gesellschafts- und Wissenschaftsentwicklung weiter herausarbeiten zu können. Denn „wenn Wissenschaft ... primär ein System spezifischer gesellschaftlicher Tätigkeiten ist und das theoretische System der Wissenschaft das Produkt dieser Tätigkeiten“, dann muß „der Fortschritt der Wissenschaft“ „als Fortschritt in der wissenschaftlichen Tätigkeit, der wissenschaftlichen Erkenntnisse, des Potentials der Wissenschaft und der sozialen Funktion der Wissenschaft in ihrer Einheit gefaßt werden.“[3]

Unter unseren gesellschaftlichen Bedingungen des entwickelten Sozialismus ist die bewußte und planmäßige Verwirklichung dieser Anwendungsfunktion der Wissenschaft bereits ein massenhaft auftretender, alltäglicher und zugleich sich rasch intensivierender Prozeß. Er tritt in allen Bereichen und Tätigkeitsarten der Gesellschaft inhaltlich differenziert, aber in seiner Funktionsweise einheitlich auf. Die Nutzung des wissenschaftlichen Wissens wird zu einer wesentlichen integrierten Komponente der vielseitigen schöpferischen Aktivität aller Werktätigen wie auch insbesondere der Leitung und Planung der gesellschaftlichen Entwicklung. Beides schließt die aktive Teilnahme der Wissenschaftler am Anwendungsprozeß ein. Wenn immer öfter und in ganz spezifischen, vielfältigen aktuellen Bezügen von der Wirksamkeit des „geistigen Potentials“ unserer Gesellschaft gesprochen wird, so ist das in erheblichem Maße genau diese Aufgabe der Nutzung der spezifischen Effekte der Wissenschaftserkenntnisse in der gesellschaftlichen Praxis, wie in allen ihren Lebensbereichen.

Die Wissenschaftspolitik der SED nimmt folgerichtig diese reale Situation zu einem ihrer Ausgangspunkte: „Wissenschaft und Bildung durchdringen immer stärker alle Bereiche der materiellen Produktion, die sozialen Beziehungen und das geistige Leben. Sie sind ausschlaggebende Faktoren des volkswirtschaftlichen Wachstums, insbesondere der Beschleunigung des wissenschaftlich-technischen Fortschritts sowie der Erhöhung von Produktivität und Effektivität der Arbeit in allen Bereichen der Gesellschaft. Die Wissenschaft entwickelt sich als unmittelbare Produktivkraft und als Instrument der Gestaltung sowie der Leitung und Planung gesellschaftlicher Prozesse.“[4]

Man kann „nach den Sphären gesellschaftlicher Tätigkeiten, in denen wissenschaftliche Kenntnisse weiterverwendet werden, verschiedene gesellschaftliche Funktionen der Wissenschaft unterscheiden, wobei die Liste dieser Funktionen umso umfangreicher wird, je tiefer man die Anwendungsbereiche untergliedert.“[5]

3 G. Kröber, Wissenschaft, Gesellschaft und wissenschaftlich-technische Revolution, in: Deutsche Zeitschrift für Philosophie, Sonderheft 1973, S. 139.

4 Aufgaben der Universitäten und Hochschulen in der entwickelten sozialistischen Gesellschaft. Beschluß des Politbüros des ZK der SED vom 18. März 1980, in: V. Hochschulkonferenz der DDR. Protokoll, hg. vom Ministerium für Hoch- und Fachschulwesen, Berlin 1980.

5 Wissenschaft. Stellung, Funktion und Organisation in der entwickelten sozialistischen Gesellschaft, hg. von G. Kröber/H. Laitko, Berlin 1975, S. 82.

Bei dieser weiteren Untergliederung tritt insbesondere die Rolle der Wissenschaft in der Entwicklung der Kultur, in der Persönlichkeitsbildung, dem Gesundheits-, aber auch dem Militärwesen usw. zutage. In der Literatur wird deshalb sowohl von Wissenschaft als Produktivkraft, als auch z. B. als Human- oder als Kulturkraft[6], als einer militärischen Verteidigungs- oder Destruktivkraft[7] gesprochen und versucht, all das synthetisch auszudrücken, indem sie generell als „soziale Kraft" verstanden wird.[8]

Der Inhalt all dieser Funktionen ist *die Anwendung von Erkenntnissen* der Wissenschaft in der Gesellschaft bzw. *in ihren einzelnen Bereichen oder Tätigkeitsarten.* Worauf es mir im folgenden ankommt, ist, daß dieser Prozeß der Anwendung von Erkenntnissen der Wissenschaft in einzelnen gesellschaftlichen Bereichen *funktionell gesehen* für alle diese Bereiche und für alle Arten der jeweiligen Tätigkeiten *ein einheitlicher Vorgang* ist und *eine einheitliche Struktur* hat. Hat man dies im Blick, so ergibt sich m. E. eine neue Sichtweise der Anwendungsfunktion der Wissenschaft, die deren Differenzierung nach gesellschaftlichen Bereichen weder aufhebt noch ersetzt, sie aber wohl ergänzt und deshalb sowohl von theoretischem als auch von praktischem, wissenschaftspolitischem Interesse ist. Dies zu zeigen, ist das Anliegen des vorliegenden Beitrags. Aus Platzgründen kann das allerdings hier nur in grober Näherung erfolgen; der interessierte Leser findet an anderer Stelle weitergehende und ausführlichere Argumentationen zum Thema.[9]

2. Der Prozeß der Anwendung wissenschaftlicher Erkenntnisse in der gesellschaftlichen Tätigkeit und seine Struktur

Die Anwendung von Erkenntnissen der Wissenschaft erfolgt sowohl in verschiedenen gesellschaftlichen Bereichen als auch auf verschiedenen Ebenen gesellschaftlich tätiger Subjekte. In erster grober Näherung können hier unterschieden werden: 1. Die Anwendung durch Individuen, einzelne Persönlichkeiten, wobei in dieser Sicht unberücksichtigt bleiben kann, wie ihre Anwendungstätigkeiten miteinander verflochten sind bzw. auf welche konkreten Gesellschafts-

6 Vgl. H. Hörz, Wissenschaftlich-technischer Fortschritt und sozialistischer Humanismus, in: Deutsche Zeitschrift für Philosophie, 3—4/1981, S. 353/354; H. Hörz, Wissenschaft und Humanismus, in: Wissenschaftliche Zeitschrift der Karl-Marx-Universität Leipzig. Gesellschafts- und sprachwissenschaftliche Reihe, 2/1981, S. 131.

7 Vgl. K. Hager, Gesetzmäßigkeiten unserer Epoche — Triebkräfte und Werte des Sozialismus, Berlin 1983, S. 41.

8 Vgl. G. Kröber/H. Laitko, Wissenschaft als soziale Kraft, a. a. O., S. 9, 52, 83; Socializm i nauka, a. a. O., S. 8, 25, 45, 164, 382.

9 Vgl. K.-D. Wüstneck, Wissenschaftserkenntnisse und gesellschaftliche Tätigkeit. Philosophische Voraussetzungen und wissenschaftstheoretische Grundlagen der Bestimmung der gesellschaftlichen Funktionen der Wissenschaft, Dissertation B, Berlin 1985 (AdW der DDR).

bereiche sie sich beziehen. 2. Die Anwendung durch kleine soziale Gruppen (kollektive Subjekte), wie z. B. eine Brigade, ein Leitungskollektiv, ein Chirurgenteam usw. 3. Vergesellschaftete, institutionalisierte große Kollektive als Anwender; deren Anwendungstätigkeit vollzieht sich immer kooperativ-arbeitsteilig und im gesellschaftlichen Maßstab, wie z. B. im Falle der Kombinate mit ihrem eigenen Endprodukt und relativ geschlossenem, auch die wissenschaftliche Tätigkeit einschließenden Reproduktionsprozeß. 4. Schließlich gibt es das im gesamtgesellschaftlichen Maßstab operierende Subjekt der Anwendung von Wissenschaftserkenntnissen, wie z. B. im Sozialismus der „gesellschaftliche Gesamtarbeiter"[10] oder die Gesamtheit der politisch organisiert handelnden Klassen und Schichten mit ihren Führungsorganen usw.

Für die hier vorzutragende Sichtweise der Anwendungsfunktion der Wissenschaft kann zum einen davon abgesehen werden, worin der konkrete Inhalt der jeweiligen Wissenschaftserkenntnisse besteht, ob also mathematische, physikalische, chemische oder andere natur- oder gesellschaftswissenschaftliche Kenntnisse angewendet werden, und zum anderen, daß das gesellschaftliche Gesamtsubjekt oder die in ihrem Lebensprozeß „territorial" gegliederten Teilsubjekte, z. B. die Bevölkerung einer Stadt, immer eine spezifische Gesamtheit von Tätigkeitsarten sozusagen „gleichzeitig" realisieren. Worauf es hier ankommt, ist, daß a) der gesellschaftliche Anwendungsprozeß — unabhängig von den inhaltlich verschiedenen Tätigkeitsarten — generell als gesellschaftliche Tätigkeit verstanden wird, in der wissenschaftliche Erkenntnisse bestimmte Funktionen haben, und daß b) als Subjekt der Anwendung die Gesellschaft in ihrer Gesamtgliederung ins Auge gefaßt wird. Damit läßt sich die oben angeführte Formel von der Anwendung der Erkenntnisse der Wissenschaft „in der Gesellschaft" jetzt genauer fassen: gemeint ist die Anwendung *durch* die Gesellschaft in ihrer *gesamten Tätigkeit*.

In diesem Rahmen findet das Problem entsprechend seiner gesellschaftlichen Schlüsselrolle auch seinen expliziten wissenschaftspolitischen Ausdruck, wie die folgenden Grundaussagen zeigen: „Die Verantwortung der ganzen Gesellschaft für die Entwicklung der Wissenschaft und des Hochschulwesens nimmt beständig zu."[11] „Mit der weiteren Gestaltung der entwickelten sozialistischen Gesellschaft ... nimmt die Verantwortung der Gesellschaft für die Entwicklung und Vervollkommnung der Wissenschaft und die Anwendung ihrer Ergebnisse zu", und zwar in gleichem Maße wie „mit der weiteren Gestaltung der entwickelten sozialistischen Gesellschaft ... die Verantwortung der Wissenschaft und der Wissenschaftler vor der Gesellschaft" wächst.[12] Hier wird die Anwendung der

10 K. Marx, Das Kapital. Erster Band, in: K. Marx/F. Engels, Werke (im folgenden MEW), Bd. 23, Berlin 1962, S. 531/532.

11 Aufgaben der Universitäten und Hochschulen in der entwickelten sozialistischen Gesellschaft, a. a. O., S. 363.

12 Bericht des Zentralkomitees der Sozialistischen Einheitspartei Deutschlands an den X. Parteitag der SED, Berichterstatter: Genosse Erich Honecker, Berlin 1981, S. 87.

Wissenschaft als Aufgabe der Gesamtheit der gesellschaftlichen Subjekte, der Gesellschaft als Ganzes herausgestellt, die dafür die Verantwortung trägt. Insbesondere „die zentralen staatlichen und wirtschaftsleitenden Organe, die Kombinate und Betriebe tragen eine besondere Verantwortung dafür, daß Resultate der Grundlagen- und angewandten Forschung der Universitäten und Hochschulen ohne Verzug in die Produktion überführt werden".[13] Gleichzeitig tragen „für die Anwendung und Nutzung der Erkenntnisse der Naturwissenschaften, technischen Wissenschaften und Gesellschaftswissenschaften in der Praxis ... die Akademie der Wissenschaften der DDR, die anderen wissenschaftlichen Akademien sowie die Universitäten und Hochschulen eine große Mitverantwortung."[14]

Dementsprechend ist es nicht nur für die Wissenschaftler, sondern für die Gesellschaft insgesamt wichtig, die theoretische Einsicht in die Spezifik des Anwendungsprozesses der Wissenschaftserkenntnisse, in die Quellen, Bedingungen und Formen dieses Prozesses sowie in die Möglichkeiten seiner effektiven Gestaltung weiter zu vertiefen. Als eine wichtige Voraussetzung dafür gilt es, die Aussagen der marxistisch-leninistischen Erkenntnistheorie zu beachten, sofern sie die Anwendung der wissenschaftlichen Erkenntnisse in der Tätigkeit der Gesellschaft behandelt.

Zunächst muß der Begriff „Erkenntnisse" in seiner genauen Bedeutung erfaßt werden.[15] Erkenntnisse werden verstanden als objektiv wahre ideelle Abbildungen der objektiven Realität in Form von Aussagen, Begriffen und Aussagesystemen (darunter ggf. Theorien). Sie unterscheiden sich qualitativ von anderen ideellen Gebilden wie Antizipationen (Ziele, Projekte, Programme, Modellentwürfe u. a.) oder Werten, Idealen, sozialen Normen, ferner von Anweisungen (Aufforderungen, Befehle, Entscheidungen) sowie von Motiven, bewußten Bedürfnissen, Einstellungen u. a. Für die Realisierung einer Tätigkeit spielen nicht nur wissenschaftliche Erkenntnisse eine Rolle, sondern — je nach Art der Tätigkeit — auch andere der genannten psychischen Faktoren. Weil in der Praxis besonders wichtig, ist das gerade im Fall der Arbeitstätigkeit, d. h. der materiellen Produktion, schon näher untersucht worden, z. B. für die Ingenieurtätigkeit, bei der genau unterschieden wird zwischen Antizipation, d. h. Erfindung, technischer

13 Aufgaben der Universitäten und Hochschulen in der entwickelten sozialistischen Gesellschaft, a. a. O., S. 378.

14 Programm der Sozialistischen Einheitspartei Deutschlands, Berlin 1976, S. 48; vgl. auch E. Honecker, Die Wissenschaftler sind berufen zum Wohle des Volkes zu wirken, in: Feste Verbundenheit von Partei und Wissenschaft, Berlin 1982, S. 11 (Abhandlungen der AdW der DDR, G 1).

15 Vgl. Philosophisches Wörterbuch, hg. von G. Klaus/M. Buhr, 10. Aufl., Leipzig 1974, S. 351—352; D. Wittich/K. Gößler/K. Wagner, Marxistisch-leninistische Erkenntnistheorie, Berlin 1978, S. 66, 199.

Entwicklung, Konstruktion und Projektierung, dem Erkennen, darunter die Forschung, und den Anweisungen, die die Operationen steuern.[16]

Auch zu dem Problem der *Anwendung* von Erkenntnissen in der gesellschaftlichen Tätigkeit finden wir in der Erkenntnistheorie entsprechende Aussagen; unter ihnen sind für uns insbesondere jene zur Rolle der Erkenntnisse bei der Steuerung von Tätigkeiten von Interesse. Hierzu gehört alles, was zum Thema „Ausarbeitung und Begründung von Handlungsanweisungen" gesagt wird.[17] Schon der Hinweis auf die vielen Arten solcher Handlungsanweisungen[18] und auf die differenzierte Rolle der Erkenntnisse als kognitive Grundlage ihrer Ausarbeitung[19] führt unmittelbar an die Frage nach der Beschaffenheit und Struktur von Tätigkeit schlechthin heran. Das um so mehr, als die Erkenntnistheorie bereits die Ebene der individuellen Handlung verläßt und auf den kollektiv-gesellschaftlichen Charakter der Tätigkeitssubjekte bzw. die Gesellschaft als Subjekt der Ausarbeitung und Verwendung dieser Handlungsanweisungen eingeht. Entsprechend der Spezifik ihres Gegenstandes stellt sich die Erkenntnistheorie aber nicht die Aufgabe, die Tätigkeitsfunktionen der Erkenntnisse — und hier insbesondere der wissenschaftlichen — im einzelnen zu untersuchen und sie zu systematisieren.

Schließlich fragt die Erkenntnistheorie — und noch mehr die Wissenschaftsforschung — auch schon nach der Spezifik *wissenschaftlicher* Erkenntnisse und deren Anwendung in der gesellschaftlichen Tätigkeit. Hier geht es um die Unterscheidung des kognitiven Niveaus des im „Alltag" *entstehenden* Wissens von demjenigen, das die Wissenschaft zu erzeugen hat.[20] Praktisch wichtig ist in diesem Zusammenhang vor allem die Unterscheidung zwischen den Anwendungseffekten des jeweils neuesten, unmittelbar aus der Forschung kommenden Spezialwissens auf hohem theoretischem Niveau und den ebenfalls zur Funktion der Wissenschaft gehörenden gesellschaftlichen Wirkungen des durch Allgemeinbildung verbreiteten „elementaren" wissenschaftlichen Wissens. Natürlich geht es im Anwendungsprozeß immer um das ganze Spektrum der Arten des Wissens, bis hin zum empirisch-individuell gefundenen Know-how. Indes hängen Effektivität, Stabilität und Entwicklungspotenzen der gesellschaftlichen Gesamttätigkeit in hohem Maße vom Grad ihrer „Verwissenschaftlichung" ab; dieser aber ist seinerseits um so höher, je höher das Niveau und die Qualität der wissenschaftlichen Erkenntnisse ist, die in der gesellschaftlichen Tätigkeit zur Anwendung gelangen.[21]

16 Vgl. J. Müller, Drei erkenntnistheoretische Relationen in der technisch-wissenschaftlichen Forschung und Entwicklung, in: Deutsche Zeitschrift für Philosophie, 4/1978, S. 459—467.

17 Vgl. D. Wittich, Über den Zusammenhang von Erkenntnis, Handlungsanweisung und Tätigkeit, in: Deutsche Zeitschrift für Philosophie, 7/1974; D. Wittich/K. Gößler/K. Wagner, Marxistisch-leninistische Erkenntnistheorie, a. a. O., S. 68, 317—338, 346.

18 Vgl. ebenda, S. 318, 345—346.

19 Vgl. ebenda, S. 69.

20 Vgl. ebenda, S. 69, 112, 221—222, 341, 424, 446, 520.

21 Vgl. ebenda, S. 341.

Weder die Erkenntnistheorie noch die Wissenschaftstheorie haben aber bisher danach gefragt, wie diese Verarbeitung des Informationsgehalts wissenschaftlichen Wissens in der Tätigkeit erfolgt und wieso sie zu ganz unterschiedlichen Wirkungen und Ergebnissen führt. Die Frage kann m. E. nur beantwortet werden, wenn die Beschaffenheit der einzelnen Elemente und Komponenten der Tätigkeit, ihres Subjekts, ihres Ablaufs und der Qualität ihres Produkts in Betracht gezogen werden. Erst dann nämlich wird erkennbar, daß die aus der Anwendung wissenschaftlicher Erkenntnisse in der gesellschaftlichen Tätigkeit entspringenden Effekte sowohl von der Struktur dieser Tätigkeit als auch von der kognitiven Beschaffenheit des Wissens abhängen. Sie hängen *potentiell* von der Qualität des Wissens ab, werden aber *aktuell* nur durch die Aktivität des Tätigkeitssubjekts erzeugt, das die Anwendungsoperationen realisiert. „Anwendungsfunktion" der Erkenntnisse heißt also nicht, daß *sie* etwas von sich aus hervorbringen oder bewirken, sondern daß ihre Beschaffenheit, ihre Qualitäten genutzt werden, und zwar als spezifische Information, die in die geistige Aktivität des Subjekts, das dann auch materiell wirksam wird, eingeht.

Wir können im Kontext des uns hier interessierenden Problems nicht auf die gesamte Problematik des Tätigkeitsbegriffs eingehen, sondern müssen dazu auf die einschlägige Literatur, vor allem auf die Diskussionen der letzten Jahre in der UdSSR verweisen und diese als bekannt voraussetzen.[22] Für unser Thema sind jedoch folgende allgemeinen und speziellen Merkmale der Tätigkeit als besondere Art sozialer Aktivität wesentlich.

1. Für Tätigkeit als soziale Aktivität sind zunächst alle Merkmale sozialer Aktivität in jeweils konkreter Ausgestaltung kennzeichnend: die Subjekt-Objekt-Dialektik als historisch-materialistische und erkenntnistheoretische Bestimmung, die Rolle des Bewußtseins, der Sprache, allgemeiner psychischer Komponenten wie Emotionen usw., d. h. alle Grundmerkmale des Menschen als Subjekt überhaupt. Auch die materielle Determiniertheit der Gesamtaktivität ist wesentliches Merkmal.

2. Als besondere Art sozialer Aktivität ist Tätigkeit eine gegenständlich-erzeugende Aktivität. Ihr Produkt entsteht als Umgestaltung eines gegenüber dem Subjekt selbständig existierenden (materiellen und/oder ideellen) Gegenstandes.

22 Vgl. z. B. B. A. Voronovič, Filosofskij analiz struktury praktiki, Moskva 1972 (vgl. die Rezension, in: Deutsche Zeitschrift für Philosophie, 9/1974); M. S. Kagan, Čelovečeskaja dejatel'nost', Moskva 1974; W. N. Sagatowski, Tätigkeit als philosophische Kategorie, in: Sowjetwissenschaft. Gesellschaftswissenschaftliche Beiträge, 1/1979, S. 80—88; E. I. Golovacha, Struktura gruppovoj dejatel'nosti. Social'nopsichologičeskij analiz, Kiew 1979; Autorenkollektiv, Marxistisch-leninistische Theorie des historischen Prozesses, Berlin 1985; Gesellschaft und Bewußtsein, hg. von W. Müller/ D. Uhlig, Berlin 1980; W. Kelle/M. Kowalson, Theorie und Geschichte, Berlin 1984; P. N. Fedossejew/L. F. Iljitschow, Zu einigen methodologischen Problemen des historischen Materialismus, in: Sowjetwissenschaft. Gesellschaftswissenschaftliche Beiträge, 1/1985, S. 39—53; Filosofskije problemy dejatel'nosti (Materialy „Kruglogo-stola"), in: Voprosy Filosofii, 2, 3, 5/1985.

Tätigkeit in diesem Sinne ist eine bewußte zielorientierte, also zweckmäßige Aktivität, die die Zielbildung einschließt, von der auch die Auswahl des Gegenstandes und die dementsprechende Konzipierung und Erzeugung der Mittel ausgeht. Dabei bzw. dazu werden Erkenntnisse und auch Werte erzeugt und verwendet.

3. Tätigkeit ist weiter instrumental erzeugende Tätigkeit. Das Subjekt muß künstliche, zweckentsprechende und die natürlichen Potentiale des Subjekts erweiternde Mittel erfinden, schaffen und einsetzen, und zwar nicht nur unmittelbar zur Umgestaltung des Gegenstandes, sondern auch seiner eigenen Fähigkeiten, was zur Steigerung der Ökonomie bzw. Effektivität der Tätigkeit führt. Tätigkeit in diesem Sinne ist kooperativ-arbeitsteilig und hat tendenziell steigende Produktivität. Sie ist insgesamt zugleich Selbstentwicklung des Menschen als Subjekt.

Die Gesamtheit der die Tätigkeit konstituierenden und miteinander wechselwirkenden Elemente umfaßt also 1. das Subjekt der Tätigkeit, das in differenzierter Weise sowohl die bewußte Steuerung durchführt als auch an den physischen Operationen beteiligt ist. Das Subjekt erzeugt 2. das Ziel, und als weitere Grundelemente kommen schließlich noch 3. die Mittel, 4. der Gegenstand und 5. das Produkt hinzu. Tätigkeit ist somit der das Endprodukt erzeugende Vorgang als Ganzer. Er enthält immer ideelle wie materielle Komponenten und reduziert sich nicht darauf, daß das Subjekt lediglich seine Organe betätigt. Bestandteil der Tätigkeit sind vielmehr auch die Mittel, der Gegenstand und deren Wechselwirkungen mit dem Subjekt; in ihr enthalten ist auch die Erkenntnis-Widerspiegelungsrelation.

Für unser Thema ist nun entscheidend, daß sich aus all dem insbesondere der Inhalt und die allgemeine Struktur der bewußten Seite der Tätigkeit ergeben, die sich keineswegs auf das Ziel und seine Funktion reduziert. In der Philosophie wird die Ziel-Mittel-Dialektik schon seit langem ausführlich behandelt. In neuerer Zeit wird die Rolle von Wertungen, Werten, Normen und Motivationen hervorgehoben. Diese und noch weitere Bewußtseinsfunktionen des Subjekts der Tätigkeit sind für die Steuerung der Gesamtaktivität ausschlaggebend. Der Tätigkeitsbegriff ermöglicht m. E. ihre systematische Behandlung. Auf einen Ansatz dafür, der in der Erkenntnistheorie unter dem Stichwort „Ausarbeitung von Handlungsanweisungen" vorliegt, wurde schon verwiesen. Heranzuziehen sind aber auch Verallgemeinerungen aus der Psychologie[23] und in erster Linie Arbeiten, die explizit auf die Struktur der Tätigkeit eingehen.[24]

23 Vgl. z. B. A. N. Leont'jev, Der allgemeine Tätigkeitsbegriff, in: Grundfragen einer Theorie der sprachlichen Tätigkeit, hg. von D. Viehweger, Berlin 1984, S. 13—30; A. Leontjew, Tätigkeit, Bewußtsein, Persönlichkeit, Berlin 1979; W. Hackert, Allgemeine Arbeits- und Ingenieurpsychologie, Berlin 1978; Zur Psychologie der Tätigkeit, hg. von T. Tomaszewski, Berlin 1981.

24 Vgl. E. I. Golovacha, Struktura gruppovoj dejatel'nosti, a. a. O.; M. B. Demin, Priroda dejatel'nosti, Moskva 1984; F. A. Baturin, Social'naja aktivnost' trudjaščichsja, Moskva 1984; L. Nikolov, Struktury čelovečeskoj dejatel'nosti, Moskva 1984.

Aus all dem läßt sich ableiten, daß die bewußte Gestaltung der Tätigkeit selbst drei Teilaktivitäten des Subjekts umfaßt, die voneinander verschieden und relativ selbständig sind, aber aufeinander aufbauen; sie können zugleich als drei Hauptphasen der bewußten Gestaltung der Tätigkeit verstanden werden: die *Motivation*, die *Antizipation* und die direkte, operative *Steuerung* der gegenständlich-verändernden, also real produzierenden Aktivitäten, einschließlich ihrer Mittel.

Das Teilprodukt der ersten beiden Phasen sind spezifische ideelle Gebilde, wie Motive und Einstellungen, Ziele, Projekte, Programme konkreter Maßnahmen, Pläne usw. Sie sind die Voraussetzung für den „praktischen" Teil der Tätigkeit, genauer gesagt, für dessen bewußte Steuerung. Letztere besteht in der Ausarbeitung und Realisierung der Entscheidungen, Anweisungen, Befehle usw. für die einzelnen Operationen und setzt das Ergebnis der Antizipation, das Programm, voraus. Als weitere tätigkeitsregulierende Bewußtseinsfunktionen kommen dazu: Notwendige Grundlage der rationalen Ausarbeitung der Antizipationen, der Entstehung und des Bewußtwerdens der Motive sowie der operativen Steuerung der Realisierungsphase sind zum einen *Werte* (Normen, Ideale, weltanschauliche Überzeugungen o. ä.) und zum anderen *Erkenntnisse*, Wissen. Wertbildung und Erkennen sind somit zwei weitere fundamentale Aktivitäten des Subjekts, die letztlich der Steuerung der Tätigkeit dienen. Während Werte die Tätigkeit indirekt steuern, indem sie in die Ausarbeitung der Motive und vor allem der Antizipationen eingehen, werden Erkenntnisse sowohl indirekt als auch direkt in der Steuerung genutzt.

Der Vereinfachung wegen sollen in diesem Zusammenhang zwei weitere wichtige Aspekte der Struktur der Tätigkeit und ihrer Steuerung nicht berücksichtigt werden: Der bewußten Steuerung unterliegt selbstverständlich nicht nur die Phase der Ausführung der realen gegenständlichen Veränderung, sondern auch schon die der Motivation und mehr noch die der Antizipation. Das wird z. B. bei der internen Leitung von Stabsorganen, etwa bei der Koordinierung zentraler Planungsorgane, auch als selbständige Aufgaben sichtbar. Und der andere Umstand besteht darin, daß natürlich jedes Subjekt auch bei der Ausarbeitung der Antizipationen, etwa der Ziele, Pläne, und auch selbst der Entscheidungen nicht autark, sondern in gewissem Sinne schon „vorprogrammiert" ist, z. B. durch vorgegebene historische und gegenwärtige Gegebenheiten, durch „Vorgaben" übergeordneter Leitungen, die es durch eigene Antizipation und Entscheidungskompetenz ergänzt usw. Beides ist aber für das folgende nicht ausschlaggebend.

Dagegen ist für die Struktur der tätigkeitsregulierenden bewußten Aktivität des Subjekts eine weitere Untergliederung der Antizipation wesentlich, die auch von großer praktischer Bedeutung ist, indem sie die Anwendung der Erkenntnisse in der Tätigkeit zu differenzieren gestattet. Die drei Hauptarten von Antizipation sind *Ziele, Projekte und Programme.* Sie sind aufeinander folgende Phasen der Ausarbeitung der Antizipation in Richtung auf ihre konkrete, verbindliche Aussage, die als Entscheidungsgrundlage in der operativen Steuerung übernommen und eingesetzt wird. Grob charakterisiert ist das *Projekt* im Unterschied zum *Ziel* nicht nur eine bereits bewertete ausgewählte optimale Variante des Zieles, sondern enthält auch schon die Konzipierung und Projektierung von Mitteln und Methoden der Produkterzeugung, ausgehend von konkreten Festlegungen zum Gegenstand. Das *Programm* ist die Weiterführung des Projekts bis zur Gesamtheit der generell notwendigen Einzelschritte und Maßnahmen, die aber noch nicht den konkreten Realisierungsbedingungen angepaßt sind. Das geschieht erst in der operativen Steuerung. Zu diskutieren wäre auch die Einordnung solcher Stufen der Antizipation wie Strategien oder Konzeptionen, Handlungsmodelle u. a. Die hier verwendete Dreiteilung orientiert sich an der Dreiteilung des materiellen Arbeitsprozesses, vor allem an der bei der Erzeugung technischer Neuerungen gegebenen typischen Situation. Mit dem Zielbegriff allein, bzw. dem der Zielausarbeitung, kann die entscheidende Phase des schöpferischen Entwurfs und der vorausdenkenden rationellen gedanklichen Konstruktion des Ausführungsprogramms für die reale Umgestaltung des Gegenstandes nicht erklärt werden.

Damit ist insgesamt das herausgearbeitet und bereitgestellt worden, was nun den Schritt zur Beantwortung unseres Problems ermöglicht: Alle die hier genannten, für die Regulierung der Tätigkeit notwendigen Bewußtseinsaktivitäten in ihrer Gesamtheit wie in ihrer jeweils besonderen Weise beruhen auf der „Anwendung", der Nutzung von Erkenntnissen. Insgesamt haben sich uns sieben solcher Teilaktivitäten ergeben: Die Verarbeitung des Informationsgehaltes des Wissens im Denkprozeß bzw. im Prozeß der Erzeugung der *Motive*, *Ziele*, *Projekte*, *Programme*, *Steuerungsanweisungen* (Entscheidungen) sowie ihre Anwendung in der Erzeugung der dafür benötigten *Werte* und *Erkenntnisse*. Diese verschiedenen erzeugenden Teilaktivitäten reduzieren sich nicht auf Wissensanwendung. Diese ist ein notwendiger, spezifischer Beitrag, eine Komponente für ihr Zustandekommen und für die sich dabei ergebende Qualität ihrer speziellen Produkte, also der Ziele, Entscheidungen, Erkenntnisse in der Tätigkeitssituation usw. Nicht die Erkenntnisse steuern also die Tätigkeit, sondern die Antizipationen und Steuerentscheidungen als komplexe ideelle Gebilde. Und nicht die Erkenntnisse erzeugen diese Instrumente zur Steuerung, d. h. die Ziele, Motive, Werte usw., sondern das Tätigkeitssubjekt in seiner geistig-schöpferischen Funktion. Und diese erfolgt im Rahmen der letztlich materiell determinierten Gesamttätigkeit, deren Resultat das reale Endprodukt als umgestalteter Gegenstand ist.

3. Die Tätigkeitsfunktionen der Erkenntnisse der Wissenschaft

Das alles vorausgesetzt, ist es möglich und sinnvoll, die Rolle der Erkenntnisse, die sie bei der Regulierung der Tätigkeit spielen, insgesamt als ihre Tätigkeits*funktion* zu interpretieren.

Danach gibt es die folgenden *Tätigkeitsfunktionen der Erkenntnisse*, insbesondere der Wissenschaftserkenntnisse, die zugleich als gesellschaftliche Funktionen der Wissenschaft verstanden werden können:

1. die Motivierungsfunktion der Erkenntnisse,
2. die Zielbildungsfunktion,
3. die Projektierungsfunktion,
4. die Programmierungsfunktion,
5. die Steuerungsfunktion (in der oben genannten „operativen" Bedeutung),
6. die Wertebildungsfunktion,
7. die Erkenntnisfunktion.

Meine Behauptung besteht darin, daß das Ensemble dieser Funktionen jeder der inhaltlich verschiedenen Tätigkeitsarten der Gesellschaft und damit in jedem ihrer Bereiche der jeweiligen Gesamttätigkeit zugrunde liegt, also z. B. der Arbeitstätigkeit in der materiellen Produktion, der Politik, der Kunst, der Forschung usw. Es gibt aber auch Tätigkeitsarten, die als die relative Verselbständigung von Teilphasen der Tätigkeit entstehen, z. B. die professionelle Leitungstätigkeit als Realisierung der Antizipation und von Teilen der Steuerung, oder die technische Entwicklung als verselbständigte Antizipationsphase der technikerzeugenden Arbeit. In diesen Fällen treten einzelne der o. g. Anwendungsfunktionen der Erkenntnisse in diesen Tätigkeiten in den Vordergrund.

Diese Einteilung in spezielle Funktionen der Erkenntnisse in der Tätigkeit bezieht sich auf die inhaltliche Differenzierung zwischen den genannten Teilaktivitäten des Subjekts, die damit nun als Ausgangspunkt entsprechend genauer herausgearbeitet werden müßte. Natürlich ist dabei zu beachten, daß es in der bewußten Gestaltung einer Tätigkeit zwischen diesen Teilaktivitäten fließende Übergänge gibt, so z. B. zwischen Motivierung und Zielfindung oder zwischen Zielausarbeitung und Projektierung usw. Aber trotzdem sind die Unterschiede wesentlich genug, um zu einer Unterteilung, einer Spezifizierung nach Einzelfunktionen zu kommen, der eine entsprechende Spezifizierung der Einzeleffekte zuzuordnen ist.

Diese Unterscheidung von Funktion und Effekt (spezifische Wirkung) führt zu weiteren Überlegungen. Die Funktion charakterisiert die jeweilige Anwendungsoperation als solche und ihren Platz im Ablauf der Tätigkeit. Sie legt fest, zu welchem Zweck (Ergebnis) der jeweilige Anwendungsvorgang erfolgt. Diese Funktionen leiten sich aus der Gesamtstruktur der Tätigkeit ab. Der Effekt dagegen ist die informationelle Wirkung des eingesetzten Wissens, die sich im Rahmen der Spezifik der jeweiligen Einzelfunktion aus seiner kognitiven Qualität ergibt. Die Ausarbeitung und Qualifizierung z. B. eines Zieles, Programms usw. verlangt nicht nur einen ganz bestimmten „Inhalt" der Erkenntnis, sondern auch eine bestimmte kognitive Qualität wie Zuverlässigkeit der Aussagen, Anteil allgemeiner Gesetzeserkenntnisse, Grad des Vorlaufs (Neuheitsgrad), Niveau der Formalisierung, Quantitifizierung u. a. m. Ein und dasselbe Wissen führt in verschiedenen Funktionen zu verschiedenen Effekten bzw. wird in diesen Funktionen hinsichtlich unterschiedlicher Merkmale genutzt. Der Inhalt und die Differenzierung der Effekte leiten sich also aus der Spezifik der Einzelfunktion und der Beschaffenheit des Wissens ab. Das erlaubt, an die Erzeugung von Wissen bestimmte Anforderungen zu stellen, den benötigten „Gebrauchswert“ zu definieren.

Hier tut sich ein neues Feld interdisziplinärer Wechselwirkung zwischen Erkenntnis- und Wissenschaftstheorie auf: Während die Erkenntnistheorie die Beschaffenheit von Erkenntnissen generell berücksichtigt, deckt die Wissenschaftstheorie insbesondere die Merkmale und Qualitäten des wissenschaftlichen Wissens auf, sein höheres kognitives Niveau und dessen Entwicklungsfähigkeit. Aus der Gegenüberstellung dieser besonderen Qualität des Wissenschaftswissens mit dem jeweiligen Inhalt und Zweck der betreffenden Anwendungsfunktion ergibt sich dann, welche Effekte dabei angestrebt werden. Das soll hier am Beispiel zweier der o. g. Funktionen skizziert werden:

In seiner *Zielbildungsfunktion* ermöglicht das Wissenschaftswissen, folgende Merkmale des Zieles bewußt zu verbessern: 1. Seine Richtigkeit, d. h. den Grad der Übereinstimmung des Zielinhalts mit den objektiv und gesetzmäßig auftretenden Erfordernissen der jeweiligen Situation und der Entwicklung des Subjekts. 2. Seine Mächtigkeit, d. h. den Maßstab der qualitativen Veränderung, der gemäß den verfügbaren Dimensionen an Zeit und Potential angestrebt wird. 3. Den Integrationsgrad und die Komplexität des Zieles, die sich aus der Berücksichtigung und Kalkulation der Voraussetzungen, der Neben- und Folgewirkungen der Zielrealisierung, bezogen auf das gegebene System der Ausgangs- und Umweltbedingungen, ergeben. 4. Die Zuverlässigkeit des Zieles erhöht sich u. a. durch Vorausberechnung der künftigen Realisierungsbedingungen am inneren Modell der Außenwelt. Bei diesen Effekten spielt der Gesetzescharakter, die Quantifizierbarkeit und Detailliertheit des genutzten Wissens eine besondere Rolle.

Im Rahmen der *Projektierungsfunktion* des Wissenschaftswissens wird die Verbesserung u. a. folgender Qualitätsmerkmale eines Projekts angestrebt: Der optimale Grad der Zielrealisierung bei minimalem Aufwand, insbesondere in Abhängigkeit von Originalität und Zweckmäßigkeit der Erfindung; die Sicherung der Realisierbarkeit des Projekts bei gegebenen Mitteln und Verfahren sowie unter Berücksichtigung der Potenzen der verwendeten Wirkprinzipien; die Effektivität des Projekts in Abhängigkeit vom gegebenen Realisierungspotential. Hierbei kommt es insbesondere auf den Vorlauf des Wissens, d. h. auf den gedanklichen Zugang zu qualitativ neuen Wirkprinzipien, aber auch auf deren theoretische Beherrschung an.

In gleicher Weise können nicht nur die Effekte des Wissenschaftswissens in allen anderen Funktionen bestimmt werden, sondern auch deren Zusammenführung zur Definition eines Gesamteffekts für die Tätigkeit als Ganzes. Zu letzterem gehört auf jeden Fall die ständige Vervollkommnung der Produkte und der Vielfalt ihrer Gebrauchswerte, die Erhöhung der Effektivität und Produktivität des Erzeugungsprozesses und die persönlichkeitsfördernde Gestaltung der Gesamtaktivität.

Der hier vorgestellte theoretische Ansatz gibt m. E. eine Grundlage dafür, die Art und Weise, wie wissenschaftliche Kenntnisse in gesellschaftlichen Tätigkeiten wirksam gemacht werden, weiter zu untersuchen. Natürlich konnte hier nur das Prinzip vorgestellt werden, nach dem bestimmte Funktionen definiert und spezifische Effekte aufgedeckt werden können. Auf der Grundlage dieses Prinzips aber läßt sich ein ganzes Programm weiterer und eingehenderer Untersuchungen entwickeln.

Wir hatten eingangs vermerkt, daß die hier vorgeschlagene Sichtweise der Anwendungsfunktion der Wissenschaft deren bisher übliche Differenzierung nach den gesellschaftlichen Bereichen, in denen Wissenschaft als Produktivkraft, als Instrument der gesellschaftlichen Leitung und Planung usw. funktioniert, weder aufhebt noch ersetzt. An dieser Stelle kann dem hinzugefügt werden, daß aus der Sicht unseres Ansatzes die übliche Funktionsbestimmung theoretisch verständlich und erklärbar wird. So liegt auf der Hand, daß es sich bei der Funktion der ,Wissenschaft als theoretisches Instrument der Leitung um einen ganz bestimmten Komplex der oben genannten Einzelfunktionen, insbesondere der in der Antizipation und Steuerung handelt. Die Produktivkraftfunktion hingegen wird verständlich, wenn man bedenkt, daß bei mehreren der einzelnen Tätigkeitsfunktionen die Produktivität als Kriterium des Anwendungseffekts auftritt, und zwar sowohl in der Phase der Antizipation als auch der Steuerung.

4. Zur Entwicklung der Tätigkeitsfunktionen der wissenschaftlichen Erkenntnisse

Nachdem wir dargestellt haben, worin die Funktion wissenschaftlicher Erkenntnisse in der Tätigkeit der Gesellschaft besteht, soll abschließend die Frage aufgeworfen werden, wie sich die Entwicklung dieser Funktion charakterisieren läßt. Dazu kann hier nur ein erster, sehr allgemeiner Hinweis gegeben werden.

Die Entwicklung der gesellschaftlichen Funktion und Wirksamkeit der wissenschaftlichen Erkenntnisse besteht nicht darin, daß sich diese Funktion, verstanden als Ensemble der genannten sieben Tätigkeitsfunktionen, als solche ändert, denn sie entspricht ja direkt der Struktur der Tätigkeit. Was sich entwickelt, sind vielmehr die Qualität, der Inhalt und die Stärke der informationellen Effekte, die vom wissenschaftlichen Wissen ausgehen. Was sich entwickelt, ist die kognitive Qualität des wissenschaftlichen Wissens. Es ist leicht einzusehen, daß beim Übergang von der Anwendung vorwissenschaftlichen Wissens zur Anwendung wissenschaftlichen Wissens sich nicht die Anwendungseffekte als solche ändern, wohl aber ihre qualitative Ausprägung. Darüber hinaus entsteht aber die Frage, ob mit der Entwicklung von Qualität und Niveau des wissenschaftlichen Wissens in den genannten Tätigkeitsfunktionen — und damit insgesamt in der Tätigkeit — neue Arten von Anwendungseffekten auftreten können, welche die Inhalte, die Gestaltung und das Ergebnis der Tätigkeit betreffen, also Effekte, die bei der

Anwendung vorwissenschaftlichen Wissens prinzipiell nicht möglich sind, sondern erst im Ergebnis der Verwissenschaftlichung der Tätigkeit auftreten. Um sich der Beantwortung dieser Frage zu nähern, könnten die folgenden Gesichtspunkte eine Rolle spielen.

Der Übergang zur Anwendung wissenschaftlicher Erkenntnisse vollzieht sich konkret immer in den einzelnen Tätigkeitsbereichen der Gesellschaft und ist zunächst dort zu verfolgen. Im nächsten Schritt wäre der Fortschritt in der Anwendung auf die einzelnen Arten der Tätigkeit und auf die einzelnen Funktionen zu beziehen. Dabei sind insbesondere die treibenden Widersprüche, die ökonomischen und formationsspezifischen Bedingungen und sozialen Formen der Realisierung der Effekte der wissenschaftlichen Erkenntnisse bezogen auf die konkreten Arten der Tätigkeit zu untersuchen. Als Untersuchungsobjekte für qualitative Übergänge im Grad und Effekt der Verwissenschaftlichung bieten sich z. B. die industrielle Revolution im 17./18. Jahrhundert für die Arbeitstätigkeit und die Oktoberrevolution von 1917 für die politisch-praktische Tätigkeit an.

Ein anderer Gesichtspunkt ist die spezifische Weise der Entwicklung der Verwissenschaftlichung von solchen Tätigkeitsarten, die als Spezialisierung einzelner Tätigkeitsfunktionen des Subjekts auftreten, wie z. B. die Leitungs- und Planungstätigkeit als Spezialisierung der Antizipationsfunktionen, die technische Entwicklungstätigkeit als Spezialisierung der Projektierungsfunktion im Arbeitsprozeß, oder die Forschungstätigkeit als Spezialisierungstätigkeit zur Erkenntnisgewinnung. Oft ist die Ausdifferenzierung solcher Tätigkeitsarten in der Geschichte zugleich die Bedingung und Triebkraft für ihre Verwissenschaftlichung.

Was die Frage betrifft, wie sich der Effekt der Tätigkeitsfunktionen des wissenschaftlichen Wissens im historischen Entwicklungsprozeß der Gesellschaft insgesamt entwickelt, so läßt sich zumindest sagen, daß im bisherigen Geschichtsverlauf — insbesondere mit dem Übergang vom Kapitalismus zum Sozialismus — solche Qualitäten der bewußten Gestaltung der Tätigkeit, vor allem ihrer Antizipation und Steuerung, erreicht wurden, die sie in zunehmendem Maße universell innovativ, arbeitsproduktiv, energie- und rohstoffeffektiv (ressourcensparend) und in ihrer Gestaltung human, d. h. die Persönlichkeitsbildung fördernd, haben werden lassen.

Solche und ähnliche, im ganzen aber noch viel genauer und systematischer aus der Entwicklungstheorie der Gesellschaft abzuleitenden qualitativen Merkmale sind zugleich Kriterien der Entwicklung des Gesamteffekts der Anwendung der Wissenschaftserkenntnisse und damit ihrer gesellschaftlichen Funktion. Eine wesentliche synthetische Größe ist in diesem Zusammenhang der Zuwachs und das Niveau der Freiheit des Menschen als Ausdruck der Beherrschbarkeit seiner Lebensumstände.

Die Entwicklungsdynamik der Verwissenschaftlichung der Gesellschaftsprozesse global zu bestimmen, dürfte schwierig sein, wenn man nicht auf die Abfolge sozialökonomischer Formationen und den relativ geschlossenen Reproduktionsprozeß einzelner Staaten Bezug nimmt. Dennoch ist zu prüfen, wie weit es im Gesamtverlauf der Geschichte eine vorwissenschaftliche Phase der Tätigkeit der Gesellschaft und eine Übergangsphase zur erstmaligen und partiellen Anwendung wissenschaftlicher Erkenntnisse in Einzeltätigkeiten gab (etwa in der Antike). Dieser würde eine Periode der Entstehung der Grundlagen der Verwissenschaftlichung in dem Sinne folgen, daß — bis zum Abschluß dieser Übergangsperiode — ein Grad der Wissenschaftsanwendung erreicht wurde, bei dem in allen Gesellschaftsbereichen auf der Grundlage des allgemeinen Bildungssystems wissenschaftliches Wissen dominiert und die Wissenschaft als Tätigkeitssystem und soziale Institution voll ausgebildet wird; das würde in Europa etwa dem Stand gegen Ende des 19. Jahrhunderts entsprechen. Erst als das erreicht war, erfolgte die weitere Verwissenschaftlichung der Gesellschaftstätigkeit „auf ihrer eigenen Grundlage", d. h. unter Bedingungen, aus Quellen und mit Triebkräften, die selbst schon ein Ergebnis der Anwendung des Wissenschaftswissens sind. Das wäre dann die im eigentlichen Sinne „intensive" Entwicklung der Effekte des Wissenschaftswissens in der Gesamtheit seiner Tätigkeitsfunktionen. Dafür ist die höhere Qualität der Gesellschaftsordnung, des gesellschaftlichen Gesamtsubjekts des entwickelten Sozialismus die Grundvoraussetzung. Ihr wichtigster Entwicklungsfaktor aber ist die qualitative Höherentwicklung des kognitiven Niveaus der Erkenntnisse der Wissenschaft.

Herbert Hörz

Wissenschaftsentwicklung als Typenwandel

1. Problemstellung

Die Wissenschaftsentwicklung ist Gegenstand vieler historischer und systematischer Untersuchungen. Sie gehören drei Erklärungsarten an. Erstens wird versucht, den wissenschaftlichen Fortschritt aus dem Problemlösungsprozeß der Wissenschaften selbst heraus zu begreifen. So meint K. R. Popper, daß wir „ein gewisses angeborenes Wissen haben" und der Erkenntnisfortschritt „durchweg aus Berichtigungen und Abänderungen vorhandenen Wissens besteht."[1] Trotz vieler Differenzen mit der Haltung Poppers im Detail gehören zu dieser Erklärungsart auch die Arbeiten von I. Lakatos zu den Forschungsprogrammen,[2] von G. Holton zu den Thematiken[3] und von Th. S. Kuhn zum Paradigmenwechsel.[4] Ursachen des wissenschaftlichen Fortschritts sind nach Kuhn wissenschaftliche Krisen, d. h. theoretische Schwierigkeiten bei der Problemlösung im Rahmen eines Paradigmas. Jedoch war das Ptolemäische System keineswegs in einer Krise, als sich das Kopernikanische Weltbild herausbildete und durchsetzte. Auch die Relativitätstheorie war nicht das Ergebnis einer Krise der klassischen Mechanik. Wissenschaftsentwicklung muß auch andere Ursachen haben als den wissenschaftlichen Erkenntnisprozeß selbst. Dieser bietet stets ein Reservoir an Ideen, aus dem für den Fortschritt geschöpft werden kann. Warum sich bestimmte Denkweisen durchsetzen, ist damit jedoch nicht erklärt.

Zweitens wird auf die Einbettung der Wissenschaft in die Gesellschaftsentwicklung verwiesen: „Wissenssysteme, auch Systeme der Naturerkenntnis, entstehen im Rahmen sozialer Handlungszusammenhänge. Sie sind daher abhängig von den Strukturen, in denen die Menschen ihre ökonomischen, politischen, sozialen, kulturellen und religiösen Verhältnisse geordnet haben."[5] Es ist natürlich wichtig, die Rolle „externer" Faktoren zu betonen. Aber das heißt noch nicht, eine marxistische Erklärung zu geben. Dazu gehört die Anerkennung des gesellschaft-

1 K. R. Popper, Objektive Erkenntnis. Ein evolutionärer Entwurf, Hamburg 1973, S. 286.

2 Vgl. I. Lakatos, Die Methodologie der wissenschaftlichen Forschungsprogramme. Philosophische Schriften, Bd. 1, Braunschweig—Wiesbaden 1982.

3 Vgl. G. Holton, Thematic Origins of Scientific Thought, Cambridge/Massachussetts 1973.

4 Vgl. Th. S. Kuhn, Die Struktur wissenschaftlicher Revolutionen, Frankfurt/M. 1976.

5 G. Böhme u. a., Die gesellschaftliche Orientierung des wissenschaftlichen Fortschritts. Starnberger Studien 1, Frankfurt/M. 1978, S. 7.

lichen Seins als bestimmender Faktor für das Bewußtsein unter Beachtung der dialektischen Beziehungen von Produktivkräften und Produktionsverhältnissen, von Basis und Überbau.[6] Dieser theoretische Ansatz, wenn er vulgärmarxistisch die Theorienentwicklung aus der Produktionsweise direkt erklärt, zeigt seine Schwierigkeiten meist im Detail bei Fallstudien. Sie sind jedoch mit der statistischen Gesetzeskonzeption zu überwinden, die Möglichkeitsfelder und die Rolle des Zufalls als wesentliche Momente der Entwicklung anerkennt.[7]

Drittens wird die Rolle der Persönlichkeit betont. In Wissenschaftsgeschichten der verschiedensten Art werden einerseits hervorragende Wissenschaftler für ihre Leistungen berechtigt gewürdigt. Das korrespondiert andererseits mit einem Anonymisieren der Persönlichkeit bei der theoretischen Erklärung der Wissenschaftsentwicklung, die allein als Problemlösung verstanden wird. Die Wissenschaftlerpersönlichkeit ist jedoch eine entscheidende Bedingung für die Realisierung von Möglichkeiten, die sich aus der Wissenschaftsentwicklung ergeben.[8] Im Kampf gegen Elitedenken und Schematismus fordert P. Feyerabend die Demokratisierung der Wissenschaft und überhöht dabei die Rolle der Persönlichkeit.[9] Sie spielt tatsächlich eine entscheidende Rolle bei der Umsetzung gesellschaftlicher Anforderungen in wissenschaftliche Probleme, bei der Überleitung von Erkenntnissen in die gesellschaftliche Praxis. Sie ist das entscheidende Bindeglied zwischen Gesellschaft und Wissenschaft, weil sie Möglichkeiten realisiert, die in den Gesetzen der Wissenschaftsentwicklung existieren.[10]

Mit dem Versuch, Wissenschaftsentwicklung als Typenwandel zu verstehen, sollen die wesentlichen Aspekte der drei Erklärungsarten berücksichtigt werden. Eine Reduktion auf eine Gruppe von Faktoren widerspricht der Dialektik der Wissenschaftsentwicklung.[11] Diese umfaßt den Zusammenhang von Wissenschaftsentwicklung und materiellem Lebensprozeß der Gesellschaft, von gesellschaftlichen Bedürfnissen und menschlichen Problemen, von Voraussetzungen schöpferischer Persönlichkeitsentwicklung und ihrer Nutzung durch Wissenschaftler unter konkret-historischen Bedingungen. Die durch die Produktionsverhältnisse bestimmte Basis der Gesellschaft gibt den materiellen und der gesellschaftliche Überbau den ideologischen Rahmen für Wissenschaftsentwicklung. Das bedeutet, daß damit der Handlungsspielraum des Wissenschaftlers bestimmt ist. Ob er ihn zur Entwicklung der Wissenschaft nutzt, ihn nicht ausfüllt oder gegen

6 Vgl. Wissenschaft. Stellung, Funktion und Organisation in der entwickelten sozialistischen Gesellschaft, hg. von G. Kröber/H. Laitko, Berlin 1975.

7 Vgl. H. Hörz, Zufall — Eine philosophische Untersuchung, Berlin 1980.

8 Vgl. H. Hörz, Die Rolle der Wissenschaftlerpersönlichkeit im interdisziplinären Prozeß, in: Deutsche Zeitschrift für Philosophie, 5/1983.

9 Vgl. P. Feyerabend, Erkenntnis für freie Menschen, Frankfurt/M. 1980.

10 Vgl. H. Hörz, Gesetze der Wissenschaftsentwicklung, in: Struktur und Prozeß, hg. von K.-F. Wessel, Berlin 1977.

11 Vgl. H. Hörz/U. Röseberg, Materialistische Dialektik in der physikalischen und biologischen Erkenntnis, Berlin 1981.

ihn opponiert, hängt auch von seiner Erziehung, von seinen durch die gesellschaftlichen Werte geprägten Wertvorstellungen über den Sinn wissenschaftlicher Arbeit und von seinen Fähigkeiten ab. Die durch Basis und Überbau konkret-historisch entstandenen Bedingungen der Wissenschaftsentwicklung determinieren nicht eindeutig das Verhalten von Wissenschaftlerpersönlichkeiten, sondern lassen ein Möglichkeitsfeld von Entwicklungstendenzen zu, aus dem, durch weitere Bedingungen bestimmt, durch unterschiedliche Wissenschaftlergruppen und Persönlichkeiten Möglichkeiten realisiert werden. So verbindet unser Forschungsprogramm „Determinanten der Wissenschaftsentwicklung" (DWE) philosophische Entwicklungstheorie und Wissenschaftsentwicklung miteinander.[12]

2. Philosophische Entwicklungstheorie und Wissenschaftsentwicklung

Wissenschaftsentwicklung als Typenwandel zu verstehen, basiert auf den Ergebnissen der philosophischen Entwicklungstheorie, wonach Entwicklung die Tendenz zum Entstehen höherer Qualitäten ist, die sich durch Stagnationen und Regressionen und die Ausbildung aller Elemente einer Phase im Zyklus von der Grundqualität als Ausgangsstufe über die dialektische Negation in einer neuen Qualität bis zur dialektischen Negation der Negation in der höheren Qualität als Endstufe des Zyklus durchsetzt.[13] Diese Feststellung erfordert für unser Problem weitere Präzisierungen. Die Entwicklungstheorie untersucht Entwicklungszyklen, wobei der Unterschied zwischen Ideal- und Realzyklus und der Zusammenhang von Groß- und Kleinzyklen in einem Hyperzyklus zu beachten ist.[14] Das führt dazu, in der Wissenschaftsentwicklung verschiedene Entwicklungsebenen zu unterscheiden. So ist die Wissenschaftsentwicklung als gesellschaftlicher Gesamtprozeß vom Entstehen der Wissenschaft bis zum Wissenschaftstyp der wissenschaftlich-technischen Revolution dann als Entwicklungszyklus von der Ausgangs- bis zur höheren Endqualität zu verstehen, wenn die in der klassenlosen Urgesellschaft vorherrschende Einheit von Empirie und Theorie, von Erkenntnis und Anwendung, von Wissen und Können bei der Befriedigung menschlicher Bedürfnisse als Ausgangsqualität der Wissenschaftsentwicklung verstanden wird, die mit der scheinbaren Rückkehr im Wissenschaftstyp der wissenschaftlich-technischen Revolution durch den Zwang zur Technologie und die Einheit von Erkenntnis und Gestaltung der natürlichen und gesellschaftlichen Umwelt einen

12 Vgl. J. Erpenbeck, Determinanten der Wissenschaftsentwicklung — ein Forschungsprogramm, in: Deutsche Zeitschrift für Philosophie, 1/1986.

13 Vgl. H. Hörz/K.-F. Wessel, Philosophische Entwicklungstheorie. Weltanschauliche, erkenntnistheoretische und methodologische Probleme der Naturwissenschaften, Berlin 1983.

14 Vgl. H. Hörz, Zyklizität als philosophisches Problem, in: Zeitschrift für geologische Wissenschaft, 12/1984.

vergleichbaren Zusammenhang hat. Die Forderungen nach einer Mensch-Natur-Union in der Ökologiedebatte,[15] nach Technologien als humaneren Herrschaftsmitteln des Menschen[16] verweisen auf die historische Dimension des Mensch-Natur-Verhältnisses. Der Mensch hat sich aus der Natur herausgehoben und überwand in der dialektischen Negation als gesellschaftliches Wesen seine Naturunterordnung und relative Abhängigkeit von der Natur immer mehr durch wissenschaftliche Erkenntnis als Handlungsorientierung. Dabei entstand eine relative Trennung von Wissenschaft und materiellem Lebensprozeß der Gesellschaft, in der die Bildungsfunktion für eine Elite im Vordergrund stand, die im Interesse der herrschenden Klasse Erkenntnisse erwarb und nutzte. Erst mit dem Wissenschaftstyp der industriellen Revolution wird die Wissenschaft immer mehr zur unmittelbaren Produktivkraft. Aber auch er gehört noch zur Phase der Trennung von Wissenschaft und Praxis. Er fordert den Raubbau an der Natur. Er ermöglicht verschärfte Ausbeutung der Arbeiter und hemmt mit seiner expertokratischen Ausrichtung die Sicht auf die Zusammenhänge zwischen Mensch, Natur, Technik, Gesellschaft und Kultur. Ein Naturbegriff entsteht, der nur die technisch verfügbare Natur berücksichtigt, was zu romantischen Gegenreaktionen führt. Mit dem Wissenschaftstyp der wissenschaftlich-technischen Revolution, der der Herausbildung der materiell-technischen Basis des Sozialismus und Kommunismus dient, wird die dialektische Negation der Negation vollzogen und auf höherem Niveau, durch die Nutzung wissenschaftlicher Methoden, durch qualitativ neue Technologien und durch die humane Gestaltung des wissenschaftlich-technischen Fortschritts, die Einheit von Erkennen und Handeln als Einheit von Wissenschaft und Praxis wieder hergestellt.

Wissenschaftsentwicklung als Typenwandel ist also aus der Sicht der philosophischen Entwicklungstheorie ein Entwicklungszyklus von der Einheit von geistiger und körperlicher Arbeit bei der bewußten Gestaltung der Umwelt auf niedrigem Niveau der Bedürfnisbefriedigung durch soziale Organisation und Werkzeugproduktion über die Entstehung der Wissenschaft durch die Trennung von geistiger und körperlicher Arbeit als dialektische Negation, die zur Herausbildung diffiziler Erkenntnismethoden mit umfangreicher materiell-technischer Basis führte, teilweise Erkenntnis zum Selbstzweck werden ließ, die Natur zum Ausbeutungsobjekt des Menschen machte und Wissenschaft von der gesellschaftlichen Praxis trennte, aber zugleich tiefere Einsichten in Natur- und Gesellschaftsprozesse lieferte, was der Vorbereitung der dialektischen Negation der Negation diente, die sich mit dem Wissenschaftstyp der wissenschaftlich-technischen Revolution vollzieht. Man kann provokatorisch formulieren, daß damit die Wissenschaft erst ihre volle Ausbildung erhalten hat und erhalten wird, weil sie nun,

15 Vgl. H. Hörz, Philosophie und Ökologie, Berlin 1986 (Sitzungsberichte der AdW der DDR, 5N/1986).

16 Vgl. H. Hörz, Philosophische Aspekte der Entwicklung von Technik und Technologie, Berlin 1986 (Sitzungsberichte der AdW der DDR, 8G/1985).

ohne sozialökonomische Schranken auf einem hohen theoretischen und technologischen Niveau, ihre Funktion als Produktivkraft bei der effektiven Gestaltung des Stoffwechsels mit der Natur, als Kulturkraft bei der Nutzung aller schöpferischen Potenzen zum Erkenntnisgewinn und als Human- und Sozialkraft bei der humanen Gestaltung sozialer Beziehungen und des wissenschaftlich-technischen Fortschritts erfüllen kann. Das macht auch die Feststellung von K. Marx verständlich: „Die Wissenschaft kann nur in der Republik der Arbeit ihre wahre Rolle spielen.“[17]

Unsere Einsichten in die Entwicklung der Wissenschaftstypen beziehen sich vor allem auf das wissenschaftliche Denken im Altertum,[18] auf die Wissenschaftsentwicklung bis zur industriellen Revolution und auf den Wissenschaftstyp der industriellen Revolution.[19] Die Diskussionen um den neuen Wissenschaftstyp der wissenschaftlich-technischen Revolution sind noch im Gange. Dabei zeigt sich schon, daß die Untersuchung der Wissenschaftsentwicklung dann theoretische Vorteile bringt, wenn der Tendenzcharakter des Entstehens höherer Qualitäten in Entwicklungszyklen, die Existenz von Möglichkeitsfeldern in jedem Wissenschaftstyp und der probabilistische Übergang von einem Typ zum anderen beachtet wird. Dann ist die vorwissenschaftliche Phase Bestandteil des Entwicklungszyklus der Wissenschaften. Wissenschaftsentwicklung wird im Zusammenhang mit dem materiellen Lebensprozeß der Gesellschaft betrachtet, ohne daraus eine direkte Entsprechung von Produktionsweise und Theoriendynamik ableiten zu können. Ihre Typisierung ist nicht an die Periodisierung der politischen Geschichte gebunden, obwohl stets die sozialökonomischen und politisch-ideologischen Zusammenhänge zwischen Wissenschaftstyp und politisch-ökonomischer sowie weltanschaulich-kultureller Entwicklung zu beachten sind. Dabei ist die Erklärung als Typenwandel kein vorgegebenes Schema, sondern ein heuristisches Prinzip, das der Präzisierung durch Fallstudien bedarf.

Die Hervorhebung des Entwicklungszyklus von der vorwissenschaftlichen Phase über die Trennung von Wissenschaft und Praxis bis zur wahren Rolle der Wissenschaft in der klassenlosen Gesellschaft schließt andere Entwicklungsebenen ein. Zuerst ist jedoch darauf zu verweisen, daß Entwicklung mit einem Entwicklungszyklus nicht abgeschlossen ist, sondern die höhere Qualität der Ausgang eines neuen Zyklus ist. Obwohl wir noch wenig darüber wissen, zeigt sich heute schon, daß die wissenschaftlich-technische Revolution auch zukünftig verschiedene Phasen durchmachen kann, was zur Erweiterung des Erklärungs- und Humanpotentials im Wissenschaftstyp der wissenschaftlich-technischen Revolution führt. So kann es mit der Revolution der Denkzeuge durch künstliche Intelligenz zu

17 K. Marx, Die Kommunalrevolution als Vertreterin aller Klassen der Gesellschaft, die nicht von fremder Arbeit leben, in: K. Marx/F. Engels, Werke (im folgenden: MEW), Bd. 17, Berlin 1962, S. 554.

18 Vgl. F. Jürß u. a., Geschichte des wissenschaftlichen Denkens im Altertum, Berlin 1982.

19 Vgl. J. D. Bernal, Die Wissenschaft in der Geschichte, Berlin 1961.

einer breiten Anwendung wissenschaftlicher Methoden im Alltag kommen, was die auch noch heute existierende Expertenelite erweitert, weil der Zugriff zu Kenntnissen erleichtert wird. Raumforschung macht die Eroberung neuer Lebensräume möglich, und Gentechnologien ergeben humangenetische Hilfe bei Genschäden. Es lohnt sich, über den Entwicklungszyklus der wissenschaftlich-technischen Revolution weiter zu diskutieren, was jedoch den Rahmen dieses Beitrags sprengen würde, der die konzeptionellen Grundlagen der Wissenschaftsentwicklung als Typenwandel darlegt.

Auch andere Entwicklungsebenen dürfen nicht vernachlässigt werden. Sie sollen wenigstens genannt werden, weil sie konzeptionell immer mitzudenken sind. So differenziert sich die Wissenschaftsentwicklung in dem Typ der Herausbildung der Wissenschaft als spezifischer praktischer und theoretischer Aneignung der Wirklichkeit, um Einsichten in Regularitäten und Gesetze der Natur, der Gesellschaft und des eigenen Handelns zu gewinnen, die dazu dienen, materielle und kulturelle Bedürfnisse der herrschenden Klassen zu befriedigen. Die Reifeperiode dieses Typs ist durch die Synthese der Erkenntnisse bei Aristoteles charakterisiert. Der Wissenschaftstyp des Zunfthandwerks und der autarken Landwirtschaft ist gerade durch die Trennung von Wissenschaft und Produktionsweise bestimmt. In ihm entstehen jedoch wichtige theoretische Voraussetzungen für die weitere Wissenschaftsentwicklung. Ob ein Wissenschaftstyp der Manufaktur existiert, ist noch nicht geklärt. In Europa ist die Manufaktur der Übergang von Zunfthandwerk und der autarken Landwirtschaft zur industriellen Revolution. In anderen Bereichen kann sie jedoch eine größere Rolle spielen und einen eigenen Wissenschaftstyp hervorbringen. Wesentlich für die Wissenschaftsentwicklung sind dann die Typen der industriellen und der wissenschaftlich-technischen Revolution.

Diese verschiedenen Wissenschaftstypen bestehen selbst wieder aus Entwicklungsphasen. So hat jeder Typ seine Vor-, Reife- und Ausgestaltungsphase. Die Vorphase fällt in den notwendigen empirischen und theoretischen Vorleistungen meist mit der Ausgestaltungsphase des vorhergehenden Wissenschaftstyps zusammen. Die Vorphase des Typs der Wissenschaftsentstehung ist der Nulltyp der Wissenschaft in der Einheit von körperlicher und geistiger Arbeit, ohne durch Personen und Einrichtungen verkörperte spezifische Art und Weise rationaler Erkenntnisgewinnung. Wenn die Vorphase des Wissenschaftstyps der industriellen Revolution schon mit dem 16. Jahrhundert angesetzt wird, dann sind damit die Vorleistungen der Renaissancetechniker, Naturphilosophen, Mathematiker und anderer Denker gemeint. Die Reifephase ist direkt mit der entsprechenden Produktionsweise verbunden. Das bedeutet nicht, daß der Wissenschaftstyp des Zunfthandwerks und der autarken Landwirtschaft vor allem wissenschaftliche Leistungen zum Nutzen dieser Produktionsweise hervorbrachte. In dieser Zeit überwog die Bildungsfunktion der Wissenschaft für eine Bildungselite, die der herrschenden Klasse diente. Gerade in der Ausgestaltungsphase dieses Typs zeigt sich, daß das Trägheitsgesetz der Wissenschaftsentwicklung gilt: Wissenschaft bleibt im Zustand der Ruhe (Pflege existierender Grundlagentheorien) und der gleichförmigen Bewegung (Ausbau dieser Theorien), wenn keine gesellschaftliche Kraft (Praxisanforderungen, Persönlichkeiten, Schulen) eine Beschleunigung hervorruft. Die Ausgestaltung von Theorien kann zu Widersprüchen in der Theorie und zwischen Theorie und Praxis führen, deren Lösung im Gegensatz zu herrschenden Meinungen steht. Das zeigte das Kopernikanische Weltsystem. So ist die Ausgestaltungsphase des Wissenschaftstyps des Zunfthandwerks und der autarken Landwirtschaft, der im Mittelalter seine Reife erreichte, in der Renaissance durch das Beharren auf der Scholastik und durch die dazu im Widerspruch stehenden Theorien, die Vorleistungen für den Wissenschaftstyp der industriellen Revolution sind, gekennzeichnet.

Diese innere dialektische Widersprüchlichkeit in der Entwicklung von Wissenschaftstypen in Verbindung mit Produktionsweisen zeigt sich auch in der möglichen Deformation von Anforderungen eines Wissenschaftstyps. So sind die aus dem Wissenschaftstyp der wissenschaftlich-technischen Revolution sich ergebenden Humanpotentiale unter imperialistischen gesellschaftlichen Verhältnissen nicht auszuschöpfen, was die sozialökonomischen Folgen der wissenschaftlich-technischen Revolution zeigen. Auch andere Entwicklungshemmnisse gibt es. So kann sich aus politisch-ideologischen Gründen, wie Antikommunismus und Revanchismus, die notwendige Kompetenzerweiterung der Wissenschaftler, die für die Sicherung des Friedens wichtig ist, nicht einstellen. Deformationen sind Ausdruck der dialektisch-widersprüchlichen Herausbildung und Reifung von Wissenschaftstypen, weil Ausgestaltungsphase des alten und Vorphase des neuen Typs eine Einheit beim Übergang bilden.

Wissenschaftsentwicklung hat als wesentlichen Bestandteil die Theorienentwicklung, ist jedoch darauf nicht zu reduzieren. Wissenschaft ist die Art und Weise der Bedingungs- und Gesetzeserkenntnis und der Umwandlung von Entdeckungen in Erfindungen durch Technologien. Technologien sind Herrschaftsmittel der Menschen, um ihre Umwelt und das eigene Verhalten nach ihren Zielen zweckmäßig zu gestalten. Wissenschaft ist also Wahrheitssuche und Bewertung wissenschaftlicher Erkenntnisse sowie deren gesellschaftliche Verwertung.[20] Sie umfaßt neben der Theorienentwicklung auch die materiell-technische Basis wissenschaftlichen Arbeitens für Experimente, Pilotstationen, Datenverarbeitung, die Ausbildungs- und Weiterbildungseinrichtungen für Wissenschaftler, die materiellen und personellen Potenzen in Institutionen zur Forschung. Wissenschaft in diesem Sinne ist nicht außerhalb des materiellen und kulturellen Lebensprozesses zu verstehen. Aber auch die Theorienentwicklung hat verschiedene Phasen, die Einfluß auf das Determinationsgefüge haben. So ist der Kernprozeß der Theorienentwicklung die wissenschaftliche Revolution, die zum Entstehen neuer Grundlagentheorien mit Auswirkungen auf andere Wissenschaften

20 Vgl. H. Hörz, Wahrheit und Wert wissenschaftlicher Erkenntnis, in: W. Bahner u. a., Wissenschaftlichkeit, Objektivität, Parteilichkeit, Berlin 1981.

durch neue Denkstile, auf die Philosophie mit ihren erklärenden Weltbildern und auf die gesellschaftliche Praxis durch mögliche neue Prinziplösungen führt. Die Entwicklung disziplinärer Theorien erfolgt über die Phase der schöpferischen Idee, die — zur Hypothese ausgearbeitet — zu einem theoretisch und experimentell abarbeitbaren Forschungsprogramm und von der zur Phase der Reife der Theorie und zur Bewertung und gesellschaftlichen Verwertung führt. Berücksichtigen wir die Rolle der Persönlichkeit in der Wissenschaftsentwicklung, dann sind auch Entwicklungsetappen ihres Einflusses, der Prozeß der Entsubjektivierung der Theorie als Bestandteil des gesellschaftlichen Bewußtseins durch die Beiträge anderer Wissenschaftler zu ihrer Präzisierung und Verwertbarkeit und die Rolle von wissenschaftlichen Schulen zu beachten.[21] Geschlossene Schulen, die nur die Lehren des Lehrers ausgestalten und sonst kritikimmun sind, können zu Hemmnissen werden. Dagegen sind offene Schulen, die Anregungen aufnehmen und Bewährtes in Frage stellen, Beschleunigungsfaktoren bei der Überwindung der gegen Modernismus gerichteten Trägheit, die durch monopolisierte Meinungsbildung gestützt wird.

Die philosophische Entwicklungstheorie hilft, die Konzeption der Wissenschaftstypen dann zu begründen, wenn „Wissenschaftstyp" als eine Grundqualität wissenschaftlicher Tätigkeit im Zusammenhang mit einer Produktionsweise verstanden wird. Der Begriff des Typs wird gerade dazu genutzt, die allgemein notwendigen und wesentlichen Merkmale wissenschaftlicher Tätigkeit einer bestimmten Etappe der Wissenschaftsentwicklung zu charakterisieren. Das schließt untypisches Verhalten ein, das durch seine Bedingungen erklärt werden muß. Dabei ist der Entwicklungszyklus von der Entstehung der Wissenschaft bis zu ihrer Reife und der Herausbildung ihrer gesellschaftlichen Funktionen in seinen Übergängen nur zu verstehen, wenn mit der statistischen Gesetzeskonzeption Möglichkeitsfelder der Wissenschaftsentwicklung, probabilistische Übergänge von einem Typ zum anderen und bedingte Zufälle sowie Deformationen unter konkret-historischen gesellschaftlichen Verhältnissen anerkannt werden. Wissenschaftliche Revolutionen und Theorienentwicklung bieten Möglichkeiten zur Problemlösung; ihre Nutzung ist abhängig vom Wissenschaftstyp, dessen materieller und ideologischer Rahmen in gesellschaftlicher Basis und ideologischem Überbau existiert.

3. Was ist ein Wissenschaftstyp?

Die Konzeption von der Wissenschaftsentwicklung als Typenwandel drängt sich direkt auf, wenn man die neue Qualität der Wissenschaft in Verbindung mit der wissenschaftlich-technischen Revolution erklären will. Ein neuer Wissen-

21 Vgl. S. R. Mikulinskij u. a., Wissenschaftliche Schulen, Bd. 1, Berlin 1977; Bd. 2, Berlin 1979.

schaftstyp, der sich von dem der industriellen Revolution unterscheidet, befindet sich in seiner Reifung. Nicht selten sprechen wir, um ihn zu charakterisieren, von klassischen und modernen Wissenschaften, ohne die theoretischen Grundlagen für diese Unterscheidung zu analysieren. Sie besteht eben in den unterschiedlichen Wissenschaftstypen. Um diese Konzeption zu begründen, ist der theoretische Ansatz von K. Marx zu beachten. Er lautet: „Die *Industrie* ist das *wirkliche* geschichtliche Verhältnis der Natur und daher der Naturwissenschaft zum Menschen; wird sie daher als *exoterische* Enthüllung der menschlichen *Wesenskräfte* gefaßt, so wird auch das *menschliche* Wesen der Natur oder das *natürliche* Wesen des Menschen verstanden, daher die Naturwissenschaft ihre abstrakt materielle oder vielmehr idealistische Richtung verlieren und die Basis der *menschlichen* Wissenschaft werden, wie sie jetzt schon — obgleich in entfremdeter Gestalt — zur Basis des wirklich menschlichen Lebens geworden ist, und eine *andre* Basis für das Leben, eine andre für die *Wissenschaft* ist von vornherein eine Lüge."[22]

Nimmt man diese Gedanken ernst, dann ergeben sich daraus Konsequenzen für die Typisierung der Wissenschaftsentwicklung.

Erstens: Die Industrie ist Basis menschlichen Lebens und der Wissenschaft als konkret-historischer Ausdruck des Mensch-Natur-Verhältnisses. Damit ist die Wissenschaftsentwicklung nur im Zusammenhang mit der konkret-historischen Produktionsweise zu verstehen. K. Marx hat seinen theoretischen Ansatz im „Kapital" und in der „Einleitung zur Kritik der politischen Ökonomie" mit der Analyse der dialektischen Beziehungen von Produktivkräften und Produktionsverhältnissen, von Basis und Überbau und von der Wissenschaft als Produktivkraft weiter entwickelt.

Zweitens: Marx forderte, daß die Menschen „ihren Stoffwechsel mit der Natur rationell regeln, unter ihre gemeinschaftliche Kontrolle bringen, statt von ihm als von einer blinden Macht beherrscht zu werden; ihn mit dem geringsten Kraftaufwand und unter den ihrer menschlichen Natur würdigsten und adäquatesten Bedingungen vollziehen."[23] Damit verweist Marx auf die Dialektik von Effektivität und Humanität. Wissenschaft leistet als Produktivkraft nicht nur ihren Beitrag zur effektiven Produktion materieller Güter, sondern sie ist auch gefordert, mit der Entdeckung neuer Beziehungen und Gesetze der Natur, der Gesellschaft und des Bewußtseins und der Umsetzung von Entdeckungen in Erfindungen, die Regelung des Stoffwechsels mit der Natur auf rationelle Weise zu fördern. Mit dieser Kulturleistung wird Wissenschaft zur Kulturkraft. Als Human- und Sozialkraft begründet Wissenschaft die Ziele wissenschaftlichen Forschens, ermittelt Grundlagen für die Bewertung wissenschaftlicher Erkenntnisse und fördert die humane Verwertung der Ergebnisse wissenschaftlichen Forschens. Indem Marx

22 K. Marx, Privateigentum und Kommunismus, in: MEW, Ergänzungsband Teil 1, Berlin 1968, S. 543.

23 K. Marx, Die trinitarische Formel, in: MEW, Bd. 25, Berlin 1964, S. 828.

die gemeinschaftliche Kontrolle des rationellen Stoffwechsels mit der Natur fordert, nennt er soziale Bedingungen für die Naturbeherrschung. Wissenschaft befaßt sich mit effektiver und humaner Gestaltung der gesellschaftlichen Beziehungen der Menschen untereinander. Dabei soll die Naturbeherrschung auf humane Weise erfolgen. Die Funktionen der Wissenschaft werden im Zusammenhang mit der konkreten Herrschaft des Menschen über die Natur gesehen.

Drittens: Eine neue Qualität der Industrie, der Produktionsweise, ist eine neue Qualität des Mensch-Natur-Verhältnisses mit Auswirkungen auf die gesellschaftlichen Beziehungen der Menschen untereinander, wobei die Produktionsverhältnisse Art und Weise und Ziele der Naturbeherrschung bestimmen. Eine qualitativ neue Produktionsweise ist mit einer neuen Qualität wissenschaftlicher Arbeit verbunden. Das betrifft die Wissenschaft als Erkenntnissystem, als gesellschaftliche Tätigkeit, als soziale Institution und als Normierung. Diese Qualitäten sind Wissenschaftstypen.

Viertens: Bezieht man die Ergebnisse der philosophischen Entwicklungstheorie ein, nach der sich in Entwicklungsprozessen höhere Qualitäten in Entwicklungszyklen herausbilden, was Stagnation und Regressionen und die Ausbildung aller Elemente einer Entwicklungsphase einschließt, wobei dialektische Widersprüche den Übergang von einer Qualität zur neuen und höheren Qualität vorantreiben, dann sind verschiedene Phasen in der Wissenschaftsentwicklung und bei der Herausbildung von Wissenschaftstypen zu beachten. Voraussetzungen für einen neuen Wissenschaftstyp sind mögliche theoretische Vorleistungen und die Entwicklung einer neuen Produktionsweise, wobei Theorie und Industrie relativ unabhängig voneinander sich entwickeln können. Es folgt die Reife des Wissenschaftstyps, die mit der Ausgestaltung der Produktionsweise zusammenhängt, Dabei können bereits wieder theoretische Vorleistungen entstehen, die den Übergang zu einem neuen Wissenschaftstyp charakterisieren.

Ein Wissenschaftstyp ist die konkret-historische Art und Weise der Erkenntnis neuer Beziehungen und Gesetze der Natur, der Gesellschaft und des Bewußtseins sowie des eigenen Verhaltens durch den Menschen und die Umsetzung von Entdeckungen in Erfindungen durch neue Technologien. Die dem Wissenschaftstyp entsprechende und ihn herausfordernde Produktionsweise als dialektische Einheit von Produktivkraftentwicklung und Ausgestaltung der Produktionsverhältnisse ist gesellschaftliche Grundlage wissenschaftlicher Arbeit, weil sie durch die Produktion materieller Güter die Voraussetzungen dafür schafft, daß Menschen Wissenschaft betreiben können. Sie ist aber als gesellschaftliche Praxis zugleich Ausgangspunkt und Ziel wissenschaftlicher Erkenntnisse. Die Wissenschaftlerpersönlichkeit setzt gesellschaftliche Forderungen und Produktionsbedürfnisse in wissenschaftliche Fragen um, damit sie durch experimentelle und theoretische Abarbeitung von Forschungsprogrammen beantwortet werden können.

Die Art und Weise wissenschaftlicher Arbeit hat ihre konkret-historischen Besonderheiten. Deshalb umfaßt ein Wissenschaftstyp verschiedene Aspekte. Zu ihnen gehören die Ziele wissenschaftlicher Arbeit, die sich in den Funktionen der Wissenschaft ausdrücken und das Verhältnis von Gesellschaft und Wissenschaft betreffen. Die Beziehung des Menschen zur Wissenschaft wird in den gesellschaftlichen Werten, d. h. Bedeutungsrelationen von Sachverhalten für den Menschen, die Nützlichkeit, Sittlichkeit und Schönheit umfassen, ausgedrückt. Ein Wissenschaftstyp enthält damit Antworten auf die Fragen nach dem Sinn wissenschaftlicher Arbeit. Er ist weiter durch den Gegenstand, das Objekt wissenschaftlicher Arbeit bestimmt. Damit wird auch nach den Grenzen der Wissenschaft gefragt. Sie liegen in der Humanität, in der Individualität, der Emotionalität und Spontanität.[24] Wachsende Komplexität wissenschaftlicher Objekte verlangt interdisziplinäre Arbeit. Insofern ist die Bestimmung des Objektes wissenschaftlicher Arbeit in einem Wissenschaftstyp mit der Analyse von Auswirkungen auf den Zusammenhang der Disziplinen verbunden. Wissenschaft ist schöpferische Leistung durch Problemformulierungen und Verfahren zur Problemlösung. Wissenschaftliches Schöpfertum unterliegt Kriterien wissenschaftlicher Rationalität. Diese Kriterien unterscheiden sich in verschiedenen Wissenschaftstypen. Ein bestimmter Wissenschaftstyp ist zugleich mit einem bestimmten Weltbild, einer weltanschaulichen Haltung, einer Philosophie verbunden. Philosophie als theoretische Grundlage der Weltanschauung gibt Antworten auf die Fragen nach dem Ursprung und der Existenzweise der Welt, nach der Quelle des Wissens, nach der Stellung des Menschen in der Welt, nach dem Charakter des gesellschaftlichen Fortschritts und nach dem Sinn des Lebens. Da jede Weltanschauung die gesellschaftlichen Auseinandersetzungen um die Produktion materieller Güter, um die politische Organisation und um die Ideologie zum Ausdruck bringt, gehen über die Philosophie auch die gesellschaftlichen Auseinandersetzungen in die Wissenschaftsentwicklung ein, weil sie wesentlich das Verständnis der Wissenschaft in der individuellen Weltanschauung eines Wissenschaftlers bestimmen. Wir haben es also in einem Wissenschaftstyp stets mit vielfältigen Verflechtungen von wissenschaftlicher Arbeit, Persönlichkeitsentwicklung, Gesellschaftsprogrammen und philosophischer Antwort auf weltanschauliche Grundfragen zu tun. Die Qualität der Wissenschaftsentwicklung insgesamt wird vor allem durch den Stand der Produktionsweise und die Verallgemeinerung der damit verbundenen sozialen Erfahrungen bestimmt. Die theoretische Entwicklung einzelner Disziplinen hängt wesentlich von hervorragenden Forscherpersönlichkeiten mit ihrem Spürsinn, ihrem Durchsetzungsvermögen und ihrer Risikobereitschaft ab. Dabei kann Wissen über Beziehungen und Gesetze der Natur, der Gesellschaft und des Denkens aus Spezialuntersuchungen entstehen, die keinen direkten Bezug zur Produktionsweise haben.

Ein Wissenschaftstyp ist also wesentlich durch Antworten auf die Fragen nach den Zielen der Wissenschaft, nach dem Sinn wissenschaftlicher Arbeit, nach dem Gegenstand wissenschaftlichen Forschens, nach den Kriterien wissenschaftlicher Rationalität und nach der dem Wissenschaftstyp adäquaten Philosophie bestimmt.

24 Vgl. H. Hörz, Setzt Freiheit der Wissenschaft Grenzen?, in: Grenzprobleme der Wissenschaften, hg. von P. Feyerabend/Ch. Thomas, Zürich 1985.

4. Unterschiede im Wissenschaftstyp der industriellen Revolution und der wissenschaftlich-technischen Revolution

Um das Erklärungspotential der vorgeschlagenen Konzeption zu erläutern, sollen die genannten Aspekte von Wissenschaftstypen für den Wissenschaftstyp der industriellen und den der wissenschaftlich-technischen Revolution dargelegt werden. Dabei hatte der Wissenschaftstyp der industriellen Revolution vor allem im 18. Jahrhundert seine Reifephase und bestimmte die Wissenschaftsentwicklung bis zur zweiten Hälfte des 19. Jahrhunderts. Zu seinen theoretischen Vorleistungen gehört die Entwicklung der klassischen Mechanik, die Herausbildung naturwissenschaftlicher Disziplinen und die Reflexion über die Rolle des Menschen als Herrscher über die Natur. Die Reife des Wissenschaftstyps der industriellen Revolution ist mit der produktiven Nutzung des Dampfprinzips, mit dem Übergang von Heimarbeit und Manufaktur zur industriellen Großproduktion verbunden. Dazu gehören die intensivierte Landwirtschaft, neue Bildungsanforderungen an die Persönlichkeit, entsprechende politische Strukturen und ideologische Auseinandersetzungen. Der Wissenschaftstyp der industriellen Revolution setzte sich im Prozeß der Überwindung feudaler Produktionsverhältnisse und der Ausgestaltung kapitalistischer Produktionsverhältnisse durch. Der Wissenschaftstyp der wissenschaftlich-technischen Revolution, zu dessen theoretischen Vorleistungen die Entwicklung der Technik- und Gesellschaftswissenschaften und des Darwinismus im 19. Jahrhundert gehört, ist mit der Systemauseinandersetzung zwischen Imperialismus und Sozialismus verbunden. Innerhalb beider Typen sind weitere Phasen zu unterscheiden. So ist die industrielle Revolution — „Revolution“ wird nicht nur im Sinne des Qualitätsumschlages, sondern als Gesamtprozeß des Umschlages und seiner Ausgestaltung verstanden — auch durch die Nutzung der Elektrotechnik bestimmt.

Das *Ziel* des Wissenschaftstyps der industriellen Revolution besteht im Beitrag der Wissenschaften zur Entwicklung der Produktivkräfte, die durch den Ersatz von Hand und Muskeln durch Maschinen bestimmt ist. Da Naturwissenschaft große Bedeutung für die Industrie hatte, wissenschaftliche Erkenntnis also nicht wie im Mittelalter wesentlich Selbstzweck war, unterlag die Wissenschaft weniger dem Begründungszwang als vorher. Ihre Kultur- und Bildungsfunktion wurde anerkannt. Naturwissenschaftler zogen sich aus den großen weltanschaulichen Auseinandersetzungen zurück, um spezialisierte Naturerkenntnis zu betreiben. Deshalb erschien es so, als ob Ziel und Begründung naturwissenschaftlicher Forschung vor allem in der Neugier des Forschers bestünde. Das Ziel des Wissenschaftstyps der wissenschaftlich-technischen Revolution liegt vor allem im Wesen der wissenschaftlich-technischen Revolution begründet. Der Mensch wird immer mehr zum schöpferischen Gestalter und Kontrolleur seiner Arbeits- und Lebensweise. Wissenschaft muß deshalb zur humanen Lösung globaler Probleme beitragen, zum Freiheitsgewinn der Persönlichkeit durch gesellschaftlichen Fortschritt im Frieden.

Der *Sinn wissenschaftlicher Arbeit* ist mit dem Ziel der Wissenschaft direkt verbunden und betrifft die Stellung des Menschen zur Wissenschaft. Im Wissenschaftstyp der industriellen Revolution ging es um die Festigung des Selbstbewußtseins des Menschen durch seine Herrschaft über die Natur. Mit der wissenschaftlich-technischen Revolution wird der Wissenschaft die Aufgabe gestellt, nicht nur Beiträge zur Effektivitätssteigerung zu leisten, sondern Effektivitätssteigerung zur Grundlage von Humanitätserweiterung zu machen. Gerade mit der Entwicklung der Informationstechnologien, also mit der Revolution der Denkzeuge taucht die Frage auf, ob der Mensch in der Lage ist, diese Bewußtseinstechnologien zu beherrschen. Durch Informationsfülle und die raum-zeitliche Verkürzung von Informationsübertragungen wird die Trennung von Information und Ereignis verschärft. Information wird zu einer eigenen Wesenheit, an der sich der Mensch in seinem Handeln orientiert. Stimmen Informationswelt und Ereigniswelt nicht überein, dann kann das zu Desorientierungen führen. Es ist deshalb stets wichtig, die neuen Effektivitätsmittel im Interesse des Menschen einzusetzen, um Deformationen der Persönlichkeit durch technokratische Entwicklungen zu verhindern. Ziel und Sinn wissenschaftlicher Arbeit im Wissenschaftstyp der wissenschaftlich-technischen Revolution verbinden sich im Ausbau der Funktionen der Wissenschaft als Produktivkraft, Kulturkraft und Human- und Sozialkraft.

Gegenstand wissenschaftlichen Forschens werden gegenwärtig immer mehr komplexe Aufgaben und globale Probleme. Die moderne Wissenschaft liefert eine in sich konsistente Erklärung der Natur, der Gesellschaft und des Bewußtseins, der Genese der Bewegungsformen und ihrer Wechselwirkung mit dem Übergang zum Struktur- und Prozeß-, zum Entwicklungsdenken seit der Mitte des 19. Jahrhunderts bis hin zur Systemanalyse und den Theorien zur Selbsorganisation. Bedürfniskomplexe, wie die rationelle Nutzung von Energie und Rohstoffen, die Substitution von Rohstoffen und die Entwicklung ökologischer Kreisläufe, die Erschließung neuer und alternativer Energiequellen, die Gestaltung einer menschenfreundlichen natürlichen Umwelt, gesunde Ernährung und die Entwicklung der Volksgesundheit sowie die Persönlichkeitsentwicklung sind komplexe Aufgaben wissenschaftlichen Forschens, die durch interdisziplinäre Arbeit auf hohem Niveau gelöst werden müssen. Grundlage dafür ist die Entwicklung der disziplinären Arbeit. Es wird also die für den Wissenschaftstyp der industriellen Revolution charakteristische Trennung von Natur- und Kulturwissenschaften, deren einseitige Spezialisierung überwunden. Interdisziplinarität erweist sich als Keimform der Disziplinarität. Unter den gegenwärtigen Bedingungen kann einseitiges Spezialistentum, wenn es die Kompetenzerweiterung verhindert, die notwendig ist, um wissenschaftliche Probleme zur Sicherung des Friedens und zur Abrüstung zu lösen, zur Form der Verantwortungslosigkeit werden. Strategische Programme betreffen konstruktive Friedenspolitik, Möglichkeiten des gesellschaftlichen Fortschritts in Auseinandersetzung mit Aggression und Unterdrückung, Freiheitsgewinn der Persönlichkeit durch die Nutzung der

Ergebnisse der wissenschaftlich-technischen Revolution und die humane Gestaltung des wissenschaftlich-technischen Fortschritts.

Die Kriterien wissenschaftlicher Rationalität haben sich gewandelt. Im Wissenschaftstyp der industriellen Revolution wurde Exaktheit an das Vorbild der klassischen Mechanik gebunden. Es kam zu einer Trennung von Wahrheit (Erkenntnis durch Wissenschaftler aus Neugier) und Wert (Bewertung durch Politiker nach Nutzen) wissenschaftlicher Erkenntnisse, von Naturerkenntnis und Naturbeherrschung. Der Wissenschaftstyp der wissenschaftlich-technischen Revolution hebt den engen Wissenschaftsbegriff, der nur auf Wahrheitssuche orientiert ist, auf. Kriterien wissenschaftlicher Rationalität sind die Richtigkeit, d. h. die Überprüfung der Konsistenz theoretischer Aussagen, die Wahrheit, d. h. die Adäquatheit zwischen wissenschaftlicher Theorie und Erkenntnisobjekt, die Einfachheit, d. h. mit einem Minimum an Aufwand von Axiomen wird ein Maximum an Erklärung erreicht, die Wirksamkeit, d. h. die praktische Verwertbarkeit im gesellschaftlichen Interesse. Wissenschaft umfaßt also Wahrheitssuche, gesellschaftliche Bewertung wissenschaftlicher Erkenntnisse und deren gesellschaftliche Verwertung. Es gibt deshalb auch einen Zwang zur Technologisierung, der alle Wissenschaften umfaßt. Technologien sind Herrschaftsmittel des Menschen, die durch Umsetzung von Erkenntnissen über Beziehungen und Gesetze der Natur, der Gesellschaft und des Bewußtseins entstehen und die Entwicklung neuer Technik und das Funktionieren existierender Technik betreffen. Es geht also um das Überführen von Entdeckungen in Erfindungen, um wissenschaftlich begründete Strategien zur humanen Gestaltung des wissenschaftlich-technischen Fortschritts. Die Kriterien wissenschaftlicher Rationalität sind nicht nur mit der Theoriendynamik, sondern auch mit der Ausgestaltung des Methodensystems verbunden. Im Wissenschaftstyp der wissenschaftlich-technischen Revolution spielen Systemanalyse und Theorie der Selbstorganisation eine große Rolle. Sie deuten Möglichkeiten zur Präzisierung dialektischer Prinzipien an. Das Methodensystem, das aus den Eckpunkten der experimentellen, der historischen und der logisch-mathematischen Methode besteht, entfaltet sich in seiner Einheit. Wesentliche Methoden, wie die Modellierung, erweisen sich als Bindeglieder zwischen den Eckpunkten des Methodensystems.

Als *adäquate Philosophie* des Wissenschaftstyps der industriellen Revolution erwies sich der mechanische Materialismus. Er garantierte die philosophische Absicherung von Forschungsprogrammen, die dem Ziel der industriellen Revolution dienten, menschliche Tätigkeiten wesentlich durch Maschinen zu ersetzen. Der Wissenschaftstyp der wissenschaftlich-technischen Revolution bedarf des philosophischen Materialismus und der materialistischen Dialektik.

5. Probleme der Periodisierung

Eines unserer Forschungsvorhaben besteht darin, die Geschichte des Verhältnisses von Philosophie und Wissenschaften zu schreiben. Dazu ist es erforderlich, die

Periodisierung der Wissenschaftsentwicklung auf der Grundlage des Entstehens, des Reifens und des Vergehens von Wissenschaftstypen zu untersuchen. Arbeiten zur Einheit der wissenschaftlichen Erkenntnis führten zur Konstatierung von Zyklen. Die Einheit der Wissenschaften bildet sich in großen und kleinen Zyklen heraus.

Als Großzyklus ist der Übergang von der Philosophie als Einheitswissenschaft über die Emanzipation der Natur-, Technik- und Gesellschaftswissenschaften bis zur neuen Einheit der Wissenschaften, die zur Lösung komplexer Aufgaben beiträgt, zu untersuchen. Dabei spielen jedoch bestimmte Teilzyklen eine Rolle. Eine erste Synthese des Wissens nahm Aristoteles für die Vielzahl von Erkenntnissen der Natur, der Gesellschaft, der Ethik und der Ästhetik vor. Die ihm nachfolgende Differenzierung wurde durch den mechanischen Materialismus aufgehoben, der in den Leistungen von Leibniz, Descartes und Newton seine Voraussetzungen hat. Damit wurden zugleich theoretische Vorleistungen für den Wissenschaftstyp der industriellen Revolution erbracht. Dessen Reife ist mit der Ausbildung naturwissenschaftlicher Disziplinen und der Rolle der Technologie als Einheitswissenschaft verbunden. Die wissenschaftlich-technische Revolution verlangt die Differenzierung der Wissenschaften in der Einheit. Der Zusammenhang zwischen Großzyklen und Teilzyklen ist genauer mit Fallbeispielen zu untersuchen.

Wissenschaftstypen sind nicht mit wissenschaftlichen Revolutionen gleichzusetzen. Wissenschaftliche Revolutionen umfassen die Lösung theoretischer Grundlagenprobleme einer Wissenschaftsdisziplin mit Auswirkungen auf die theoretischen Grundlagen anderer Wissenschaften, die Entwicklung neuer Technologien auf der Grundlage von Prinziplösungen und philosophische Konsequenzen für das Weltbild. Wissenschaftliche Revolutionen sind Grundlagen für qualitativ neue Produktionsweisen und damit auch für Wissenschaftstypen. So ist die Kopernikanische Wende eine theoretische Vorleistung für den Wissenschaftstyp der industriellen Revolution. Aber er wird nicht allein durch sie charakterisiert. Marx und Darwin lieferten wesentliche Beiträge zur Herausbildung des Entwicklungsdenkens, das wesentlicher Bestandteil des Wissenschaftstyps der wissenschaftlich-technischen Revolution ist. Vor uns steht eine wissenschaftliche Revolution, die die Mechanismen geistiger Tätigkeit betrifft und das Welträtsel Nummer 1 unserer Zeit lösen hilft, nämlich die Entwicklung des Schöpfertums. Diese wissenschaftliche Revolution könnte eine neue Etappe der wissenschaftlich-technischen Revolution einleiten, was vielleicht zu einem neuen Wissenschaftstyp, vor allem aber zur Reife des Wissenschaftstyps der wissenschaftlich-technischen Revolution führen könnte.

6. Fazit

Wissenschaftsentwicklung als Typenwandel zu verstehen, bedeutet, die Erkenntnisse einer philosophischen Entwicklungstheorie zu berücksichtigen und die dialektische Einheit von Kontinuität, d. h. der Bewahrung von Erkenntnissen, Methoden und Verfahren, und Diskontinuität, d. h. Qualitätsumschläge in der Art und Weise der Erkenntnisgewinnung und -verwertung zu beachten. Die Grundzüge dieser Konzeption wurden als heuristisches Prinzip vorgestellt. Damit existiert die theoretische Möglichkeit, Disziplinentwicklung, Theorienentwicklung und Methodenentwicklung in den Gesamtprozeß der Wissenschaftsentwicklung einzuordnen. Das, was in Umrissen verdeutlicht wurde, ist durch Fallstudien weiter auszufüllen, was zur Präzisierung der Konzeption führen kann. Dem dient auch unser Forschungsprogramm zu den Determinanten der Wissenschaftsentwicklung.

Hubert Laitko

Funktionalität und historischer Wandel der Wissenschaft. Konzeptionelle Aspekte

1. Funktionalität und Historizität

Historizität und Funktionalität zeichnen die Wissenschaft als eine spezifische Komponente des gesellschaftlichen Lebens gleichermaßen aus. Die Wissenschaft hat ihre eigene, in sich kohärente Geschichte, und auch ihr modernster Stand bewahrt die Errungenschaften ihrer Anfänge, wenn auch nicht in der ursprünglichen, sondern in dialektisch aufgehobener Gestalt; Wissenschaft kann auch nur existieren, indem sie sich entwickelt — die Reproduktion des früher Erreichten, die der Wissenschaft wesenseigen ist und ihren inneren gesellschaftlichen Zusammenhang sichert, ist der Erzeugung neuer Erkenntnis untergeordnet. Zum anderen existiert Wissenschaft zu keiner Zeit als bloßer Selbstzweck, ihre soziale Bedeutung besteht nicht in erster Linie darin, das Bedürfnis derjenigen zu befriedigen, die sie betreiben. Jeder Versuch, die Entwicklung der Wissenschaft theoretisch zu erklären, muß mit diesen beiden Seiten rechnen. Wie ist es möglich, daß die Wissenschaft, indem sie folgerichtig den Fundus des objektiv wahren Wissens über die Welt vermehrt, zugleich das Potential der Gesellschaft zur Lösung ihrer praktischen Lebensprobleme steigert? Und wie kann es geschehen, daß die Wissenschaft, indem sie sich um die Lösung praktischer Lebensprobleme der Gesellschaft bemüht, gleichzeitig durchgehenden Erkenntnisfortschritt gewährleistet, ohne sich in eine Serie pragmatischer kognitiver Unternehmen aufzulösen, deren Verbindung untereinander immer lockerer wird, bis der alte Gedanke von der Einheit der Wissenschaft schließlich nur noch als eine naive Illusion einer fernen Vergangenheit erscheint?

Es genügt, diese Frage nur zu stellen und zu durchdenken, um einzusehen, daß Funktionalität und Historizität der Wissenschaft nicht auf triviale Art koordiniert sind. Die Geschichte der Wissenschaft macht darauf aufmerksam, daß es in der Entwicklung nationaler Wissenschaftssysteme oder einzelner Disziplinen und Spezialgebiete Phasen gab, in denen der Druck der Anforderungen nach praktikablen Leistungen mit einer Deformation und zeitweiligen Stagnation des theoretischen Erkenntnisfortschritts einherging, und Zeiträume, in denen glänzende Fortschritte der theoretischen Erkenntnis gleichzeitig die Praxis darben ließen.[1]

1 Zum Problem der Asynchronität verschiedener Sphären kultureller Entwicklung vgl. N. V. Gončarenko, Problemy rascveta i upadka duchovnoj kultury, in: Voprosy filosofii, 7/1983, S. 100—107.

Die geschichtliche Realität solcher Situationen steht außer Zweifel; allerdings scheint es angebracht, vorerst nur die Korrelationen herauszustellen und mit Kausalbehauptungen zurückhaltend zu sein. Die sozialistische Gesellschaft auf ihrer gegenwärtigen Entwicklungsstufe ist jedenfalls vital daran interessiert, aus ihrem Wissenschaftssystem jederzeit den höchstmöglichen sozialen Nutzen, den höchstmöglichen Beitrag zum gesellschaftlichen Fortschritt zu gewinnen — doch auf eine Weise, die die inneren Ressourcen der Wissenschaft nicht erschöpft, nicht für kommende Generationen unfruchtbar macht, sondern sie im Gegenteil erweitert reproduziert, so wie eine wissenschaftlich betriebene Landwirtschaft zugleich mit den Jahreserträgen auch die Bodenfruchtbarkeit steigert.[2] „Ein Fortschritt in der theoretischen wie praktischen Bewältigung der Wirklichkeit ist nur möglich, wenn jede Generation mehr über die objektiven Gesetze der Natur, der Gesellschaft und des Denkens weiß als die vorhergehende, auf deren Schultern sie steht, wenn sie sich dieses Wissen als bereits gewonnene und zu Gesetzeserkenntnis verallgemeinerte Erfahrung aneignen kann. So schafft eine sich in der Einheit von Gesetzeserkenntnis und praktische Anwendung bewährende Wissenschaft nicht nur Voraussetzungen für die Bewältigung unmittelbar vor uns stehender Aufgaben, sondern zugleich die Bedingungen für ein ständig vor allem qualitativ wachsendes Bildungsniveau.“[3] Unter den verschiedenen geschichtlich möglichen Varianten des Verhältnisses von Funktionalität und Historizität der Wissenschaft ist die der positiven Korrelation beider Seiten die für die sozialistische Gesellschaft unbedingt zu bevorzugende[4] — sowohl für die Wissenschaft im ganzen als auch besonders für ihre neu entstehenden Disziplinen und Spezialgebiete, die häufig mit Frontgebieten des technischen Fortschritts verbunden sind, und bei denen weder Nachlauf gegenüber dem internationalen Niveau noch eine ausgedehnte Latenzperiode vor dem Eintreten nennenswerten sozialen Nutzens gesellschaftlich wünschenswert sind.[5]

2 Vgl. Intensivierung der Forschung. Bedingungen — Faktoren — Probleme, hg. von G. Kröber/ L. Läsker/H. Laitko, Berlin 1984, S. 218—230.

3 Vgl. K. Hager, Die Einheit von Wissenschaft, Bildung und Kultur, in: Einheit, 11/1984, S. 982.

4 Führende Wissenschaftspolitiker sozialistischer Länder weisen darauf unter verschiedenen Aspekten immer wieder hin. So schreibt W. Scheler: „Die Wissenschaftsstrategie muß stets die Zielbestimmungen für den Potentialeinsatz aus einer breiten Palette möglicher Entwicklungen und Aufgaben unter Zugrundelegung der zu erwartenden ökonomischen Wirkung auswählen. Dabei muß in der Wissenschaft dem Blick für die Erfordernisse der Zukunft der gleiche Rang eingeräumt werden wie dem Blick für die Bedürfnisse der Gegenwart. Die Durchbrüche der nächsten Generation von Basistechnologien künden sich heute an oder finden (teils auch noch unerkannt) unter unseren Augen statt“ (W. Scheler, Wirtschafts- und Wissenschaftsstrategie, in: Einheit, 12/1983, S. 1106).

5 Vgl. dazu exemplarisch anhand eines wichtigen modernen Gebietes: T. J. Popova, Biotechnologija kak techničeskaja nauka i kak otrasl' proizvodstva, in: Techničeskije nauki i ich primenenije v proizvodstve, Moskva 1983, S. 92—102; Zahlreiche Aspekte der Frage

Das Bemühen um ein optimales Verhältnis von Funktionalität und Historizität in der Entwicklung der Wissenschaft ist ein grundlegendes Motiv bei der Gestaltung der Einheit von Wissenschaft und materieller Produktion auf lange Sicht, an deren dem intensiv erweiterten Reproduktionstyp der sozialistischen Volkswirtschaft entsprechenden Qualität in der DDR seit der Bildung der Kombinate in der Industrie beharrlich gearbeitet wird und zu der E. Honecker in seiner der Vorbereitung des XI. Parteitages gewidmeten Rede auf der 10. Tagung des Zentralkomitees der SED sagte: „Nun verlangt jedoch der Abschnitt der Intensivierung, in den unser Land jetzt eintritt, die Vorzüge des Sozialismus noch stärker für die Bewältigung der wissenschaftlich-technischen Revolution zu nutzen. Erforderlich sind bedeutende Neuerungen, wie sie nur eine weit in die Zukunft reichende Grundlagenforschung hervorbringen kann. Das setzt neue Maßstäbe für die Forschungskooperation zwischen den Kombinaten, den Einrichtungen der Akademie, den Universitäten und Hochschulen, die sich an ökonomischen Gesichtspunkten orientiert. Wir brauchen eine Grundlagenforschung, die uns zu Spitzenleistungen in Wissenschaft und Technik führt, die wirtschaftlich wesentlich ergiebiger verwertet werden können."[6]

Eben weil uns die Geschichte darüber belehrt, daß sich ein günstiges Verhältnis zwischen funktionellem und historischem Aspekt der Wissenschaft nicht automatisch und nicht unter allen Bedingungen einstellt, unterstreichen die aktuellen Entwicklungsaufgaben unserer Gesellschaft die Bedeutung von Überlegungen, die auf eine weitergehende wissenschaftstheoretische und wissenschaftshistorische Aufhellung des Problems gerichtet sind — selbstverständlich ohne daß dabei irgendeiner ahistorischen Übertragung geschichtlicher Befunde auf die gegenwärtige Situation das Wort geredet werden soll.

Von sozialer Funktion der Wissenschaft — im prinzipiellen Sinn einer wissenschaftstheoretischen Kategorie — wird spätestens seit der kurz vor dem zweiten Weltkrieg veröffentlichten Pionierarbeit „The Social Function of Science" von J. D. Bernal gesprochen.[7] In der marxistischen Literatur haben Wendungen wie „gesellschaftliche Rolle" der Wissenschaft eine weitgehend äquivalente Bedeutung. Mit solchen Termini wird der funktionale Aspekt bezeichnet, den der innere Zusammenhang der Gesellschaft objektiv aufweist und der hervortritt, wenn die Vielfalt der gesellschaftlichen Tätigkeiten bzw. der durch diese Tätigkeiten bewirkten Prozesse betrachtet wird, die Tätigkeiten in Arten eingeteilt werden und die Wissenschaft selbst als eine dieser Arten modelliert wird.[8] Wir

behandeln die Beiträge des Bandes: Metodologičeskije problemy kompleksnych issledovanij, Novosibirsk 1983.

6 10. Tagung des Zentralkomitees der SED, Berlin 1985, S. 32.

7 Vgl. J. D. Bernal, The Social Function of Science, London 1939.

8 Das Problem der Möglichkeiten und Grenzen einer solchen Darstellung wurde vom Verfasser in einer früheren Arbeit behandelt: Vgl. H. Laitko, Das Tätigkeitskonzept der Wissenschaft — seine heuristischen Möglichkeiten und seine Grenzen, in: Deutsche Zeitschrift für Philosophie, 2/1981.

wollen diesen Aspekt folgendermaßen explizieren: eine Tätigkeit (Prozeß) ist relativ zu einer anderen Tätigkeit (Prozeß) funktional, sofern sie zu deren Ausführung beiträgt oder sie überhaupt erst ermöglicht.[9] Keine Tätigkeit erschöpft sich in einer funktionalen Hinordnung auf eine andere, jede kann sich aus dieser Vermittlung lösen und relative Selbständigkeit annehmen (aufschlußreiches Quellenmaterial dazu liefern die in der Geschichte der Wissenschaft immer wieder aufflackernden Streitereien um die Einordnung bestimmter Gebiete als „Hilfswissenschaften" für andere und die empörte Reaktion der jeweiligen Fachvertreter auf eine solche Platzzuweisung).[10] Funktionalität als Zusammenhang zwischen Tätigkeiten ist nicht schlechthin Wirkung der einen auf die andere, sondern eine von den Intentionen der Adressatentätigkeit her bewertete Wirkung.[11] Diese Differenzierung ist sehr wesentlich, denn sie gestattet, die Wirkungen einer Tätigkeit auf eine andere in funktionale und dysfunktionale, in solche mit konstruktivem und solche mit destruktivem Effekt zu gliedern und, was noch weitaus wichtiger ist, in ein und derselben Verbindung zwischen Tätigkeiten den Widerspruch funktionaler und dysfunktionaler Aspekte auszumachen: Die als Produktivkraft des Kapitals eingesetzte Wissenschaft hat beispielsweise die Reproduktion des Kapitalverhältnisses zur unmittelbaren, die Untergrabung dieses Verhältnisses durch die Verschärfung des ihm innewohnenden grundlegenden Antagonismus zur mittelbaren Wirkung, und die eine ist ohne die andere nicht möglich.[12]

9 Zu einer solchen Explikation sind wir um so mehr berechtigt, als dieser Funktionsbegriff, obwohl er bei der Behandlung gesellschaftlicher Zusammenhänge implizit ständig gebraucht wird, in Arbeiten zur materialistischen Dialektik nur in geringem Maße ausgeleuchtet wird. So gibt der Artikel „Funktion" in der 10. Auflage des „Philosophischen Wörterbuchs" (1974) beispielsweise nur kybernetische und mathematisch-logische Bestimmungsvarianten an und sieht vom Zweck- und Bedürfnisbezug gänzlich ab, während in dem unmittelbar darauf folgenden Artikel „Funktionalismus" dieser Bezug sehr wohl unterstellt wird — nur eben nicht in positiver Explikation, sondern im Zusammenhang mit der Kritik an einer Richtung der bürgerlichen Soziologie (vgl. Philosophisches Wörterbuch, hg. von G. Klaus/ M. Buhr, Leipzig 1974, Bd. 1, S. 437). In einer neueren Arbeit gibt A. M. Magomedov eine Explikation, die für den hier gemeinten Gegenstand ebenfalls viel zu schwach ist: Unter völligem Absehen vom Zweckbezug erscheint Funktionalität als bloßer Zusammenhang der Zuordnung zwischen Objekten, als Oberbegriff zu Kausalität (vgl. A. M. Magomedov, Funkcional'nost' kak forma dialektičeskoj svjazi, in: Voprosy filosofii, 2/1983, S. 106—111).

10 Ein Beispiel von vielen ist der sogenannte „Methodenstreit" in den Technikwissenschaften in Deutschland, der seinen Höhepunkt gegen Ende des vorigen Jahrhunderts erreichte (vgl. W. Purkert, Zum Verhältnis zwischen Mathematik und Anwendungen zwischen 1871 und 1917, in: Beiträge zur Wissenschaftsgeschichte. Wissenschaft im kapitalistischen Europa 1871—1917, hg. von G. Wendel, Berlin 1983, S. 117—128).

11 Zur Begriffsdifferenzierung siehe auch: H. Laitko, Zum Problem des Verhältnisses von Funktionalität und Historizität der Wissenschaft, in: Grundlegung der historischen Wissenschaftsforschung, hg. von C. Burrichter, Basel—Stuttgart 1979, S. 49—69.

12 Vgl. K. Marx, Grundrisse der Kritik der Politischen Ökonomie, Berlin 1953, S. 586—588.

Diese vorsichtige Explikation des in der Literatur über Wissenschaft ständig gebrauchten Terminus „Funktion" erscheint uns für die Zwecke dieses Aufsatzes hinreichend. Von der sozialen Funktion der Wissenschaft ist im Singular und im Plural die Rede. Spricht man von Funktionen in der Mehrzahl — unabhängig davon, ob eine vollständige Klassifikation der Funktionen versucht wird oder ob nur einzelne Funktionen behandelt werden —, dann ist die funktionale Beziehung einer Art gesellschaftlicher Tätigkeiten (etwa der Wissenschaft) auf eine andere (etwa die Leitung sozialer Prozesse) gemeint. Am häufigsten ist dieser Typ des Zusammenhangs während der letzten drei Jahrzehnte anhand des Produktivkraftaspekts der Wissenschaft behandelt worden[13]; beiläufig bemerkt, bedeutet „Kraft", in zusammengesetzten Ausdrücken verwendet, in der marxistischen Gesellschaftswissenschaft nichts anderes als einen funktionalen Zusammenhang, und das gilt auch für die zur Beschreibung weiterer Funktionen der Wissenschaft eingeführten Analoga wie „Humankraft" oder „Kulturkraft".[14]

Während „Funktionen" im Plural funktionale Beziehungen zwischen unterschiedlichen Teilen des gesellschaftlichen Ganzen zum Ausdruck bringen,[15] beschreibt „Funktion" im Singular eine Teil-Ganzes-Beziehung, in unserem Fall also den Beitrag der Wissenschaft zu Existenz und Entwicklung der Gesellschaft. Diese Bedeutung ist die gesellschaftswissenschaftlich fundamentalere, von ihr hängt ab, welche Funktionen im einzelnen unterschieden werden können, je nach dem Gliederungsprinzip, mit dessen Hilfe das Ganze der Gesellschaft analytisch zerlegt wird.[16] Es ist bemerkenswert, daß schon Bernal die Gesamtbedeutung der Wissenschaft für die gesellschaftliche Entwicklung synthetisch zu fassen suchte. Neuerdings hat K.-D. Wüstneck eine eingehende morphologische Analyse des Begriffes der Funktion von Wissenschaft vorgelegt.[17] Danach ist das Medium, über das Wissenschaft gesellschaftlich funktioniert, das von ihr erzeugte Wissen, das — über seine Rezeption durch deren Subjekte — in anderen Tätigkeiten wirksam wird. Die Unterscheidung zwischen dem unmittelbaren Produkt der Wissenschaft — Wissen einer bestimmten, durch Gegenüberstellung mit der vor- und außerwissenschaftlichen Erkenntnis näher spezifizierbaren kognitiven Qualität — und den funktionalen Zusammenhängen, in denen dieses Produkt wirksam wird, hat für diesen Ansatz grundlegende Bedeutung.[18] Die

13 Eine wissenschaftstheoretische Diskussion dieses Zusammenhanges, die frühere Erörterungen analysiert, bietet: R. Mocek, Gedanken über die Wissenschaft, Berlin 1980, S. 298—310.

14 Vgl. H. Hörz, Wissenschaftlich-technischer Fortschritt und sozialistischer Humanismus, in: Deutsche Zeitschrift für Philosophie, 3—4/1981, S. 353—354.

15 Socializm i hauka, Moskva 1981, S. 26—31, S. 49.

16 Noch immer interessant sind dazu die Ausführungen von I. A. Maizel', Nauka, avtomatizacija, obščestvo, Leningrad 1972, S. 86—97.

17 K.-D. Wüstneck, Wissenschaftserkenntnisse und gesellschaftliche Tätigkeit. Philosophische Voraussetzungen und wissenschaftstheoretische Grundlagen der Bestimmung der gesellschaftlichen Funktionen der Wissenschaft, Dissertation B, Berlin 1985 (AdW der DDR).

18 Vgl. ebenda, S. 61—62.

Sorgfalt, mit der Wüstneck diese Unterscheidung durchführt, ist von wissenschaftstheoretischem Gewicht. Sie impliziert, daß sich die Wissenschaft nicht auf ihr funktionales Dasein reduziert und daß damit auch eine rein funktionale Definition des Wissenschaftsbegriffs allein über die Angabe der von Wissenschaft in der Gesellschaft ausgeübten Wirkungen nicht möglich ist. Die marxistische Gesellschaftstheorie bildet den funktionalen Aspekt des gesellschaftlichen Zusammenhangs ab, doch sie ist nicht funktionalistisch. Entsprechend kann auch die marxistische Theorie der Wissenschaft als einer spezifischen gesellschaftlichen Erscheinung nicht funktionalistisch sein. Das wissenschaftliche Wissen als ein „Gut" eigener Art ist in der Konzeption von Wüstneck Trennlinie und Übergangspunkt zwischen den Tätigkeiten, die es generieren, und jenen, in denen es funktioniert. Diese Separation ist dadurch gerechtfertigt, daß wissenschaftliches Wissen eine nichtfunktionale Bestimmung als objektiv wahre Widerspiegelung eines von ihm unabhängig existierenden Gegenstandes besitzt und daher seine Eigenständigkeit (relative Invarianz) gegenüber seinen funktionalen Bezügen behauptet.

Derart grundlegende Positionen zum Wissenschaftsbegriff haben selbstverständlich auch Konsequenzen für dessen entwicklungstheoretische Interpretation. Die Realisierung der sozialen Funktion der Wissenschaft ist Gegenstand gesellschaftlicher Bedürfnisse, die von den Wissenschaftlern wahrgenommen und so in die Motivation ihrer Tätigkeit einbezogen werden, wobei es in neuerer Zeit — und zumal in der sozialistischen Gesellschaft — Sache der geltenden wissenschaftspolitischen Orientierungen und ihrer Umsetzung im Mechanismus der Wissenschaftsleitung ist, zwischen funktionalen Ansprüchen und aktueller Vorbereitung und Ausübung wissenschaftlicher Tätigkeiten zu vermitteln bzw. die in den Überzeugungen der Wissenschaftler schon ideologisch präsente Vermittlung zu verstärken und ihre Wirkungsrichtung präzis festzulegen. So wird die in der Zukunft liegende mögliche funktionale Wirksamkeit wissenschaftlicher Ergebnisse über ihre Antizipation zur Triebkraft für die Gewinnung dieser Ergebnisse und damit zu einer Determinante der Wissenschaftsentwicklung (funktionale Determination).[19] Es ist seit langem bekannt, wie stark bestimmte Entwicklungsbedürfnisse der Technik — unter ökonomischen Verhältnissen, die (wie es seit der Herausbildung der kapitalistischen Großindustrie der Fall ist) den technischen Fortschritt forcieren — den Progreß solcher Wissenschaftsgebiete vorantreiben, von denen Beiträge zur Befriedigung dieser Bedürfnisse erwartet werden können.

19 Ihrem wesentlichen Inhalt nach ist die Kategorie der funktionalen Determination der Wissenschaftsentwicklung bereits von den Klassikern des Marxismus-Leninismus ausgearbeitet worden. Sie fand ihren aphoristischen Ausdruck in Engels' bekannter Formel: „Hat die Gesellschaft ein technisches Bedürfnis, so hilft das der Wissenschaft mehr voran als zehn Universitäten." Dem theoretischen und historischen Hintergrund dieses Gedankens war ein Kolloquium des ITW gewidmet: Vgl. Wissenschaftstheoretisches Kolloquium des ITW am 3. 4. 1981, Berlin 1981 (AdW der DDR, ITW-Kolloquien, Heft 25).

Die Herausbildung technikwissenschaftlicher Disziplinen, die im 19. Jahrhundert (mit Vorläufern im 18. Jahrhundert und bei den Montanwissenschaften in noch früherer Zeit) massiv einsetzte, war eine direkte Reaktion der Wissenschaftsentwicklung auf die neuen technischen Bedürfnisse.[20] Doch auch die Naturwissenschaften erfuhren und erfahren diesen stimulierenden Sog, sowohl vermittelt über die technikwissenschaftlichen Disziplinen als auch (wo diese Vermittlung noch nicht ausgeprägt ist) über direkte Anforderungen, aus deren Bearbeitung — wie wir es gegenwärtig an der Biotechnologie erleben — neue technikwissenschaftliche Gebiete herauswachsen. Doch auch dann, wenn nicht Applikationsbedürfnisse bestimmter Art, sondern nur ein generalisiertes Bedürfnis der Gesellschaft nach einer bestimmten Dichte von Neuerungen im System der gesellschaftlichen Tätigkeiten vorgegeben ist, wirkt dieses Bedürfnis als funktionale Determinante der Wissenschaftsentwicklung; seitdem die Wissenschaft für ihren Betrieb in nennenswertem Umfang gesellschaftliche Ressourcen in Anspruch nimmt, ist diese auf Erfahrungen gegründete Nutzenserwartung (und nicht das Bewußtsein des kulturellen Eigenwertes der Wissenschaft) das entscheidende Motiv dafür, daß diese Ressourcen tatsächlich gewährt werden.

Doch so stark die funktionale Determination der Wissenschaftsentwicklung auch immer wirkt, so sehr sie im Mittelpunkt aller Überlegungen zur Mittelverteilung und zur Wissenschaftsplanung steht — aus prinzipiellen theoretischen Gründen ist es ausgeschlossen, daß die Wissenschaftsentwicklung absolut oder auch nur dominant funktional determiniert ist. Das gilt insbesondere für ihre funktionale Determination durch außerwissenschaftliche Bedürfnisse, die bereits ausgeprägt sind, wenn die zu ihrer Befriedigung bestimmten wissenschaftlichen Tätigkeiten einsetzen, diesen also in der Zeit vorausgehen.[21] Würde die Wissenschaft in ihrer Entwicklung im wesentlichen präexistenten, von ihr unabhängig entstandenen applikativen Bedürfnissen nachfolgen, so hätte dies mindestens drei Konsequenzen, die problematisch, unerwünscht oder gar absurd wären. Erstens wäre die Wissenschaft im Widerspruch zu den Erfahrungen ihrer Geschichte kein aktives Moment der gesellschaftlichen Entwicklung, sondern

20 Vgl. G. Buchheim, Zur Herausbildung der Technikwissenschaften — Probleme wissenschaftshistorischer Untersuchungen, in: Dresdener Beiträge zur Geschichte der Technikwissenschaften, 1/1980, S. 12—34; B. I. Iwanow/W. W. Tscheschew, Entstehung und Entwicklung der technischen Wissenschaften, Moskau—Leipzig 1982.

21 Anknüpfend an F. Engels' Gedanken über die Wirkung technischer Bedürfnisse auf die Wissenschaftsentwicklung legt G. Kröber dar, daß die (technischen) Bedürfnisse der Gesellschaft selbst als abhängige Variable im sozialen Entwicklungsprozeß betrachtet werden müssen, der genannte Gedanke also nur im Zusammenhang mit anderen Leitsätzen der marxistischen Theorie richtig verstanden werden kann. Die Arbeit weist nach, daß der Marxismus prinzipiell kein funktionalistisches Entwicklungsmodell der Wissenschaft vertritt. Vgl. G. Kröber, Zu drei Thesen von Friedrich Engels über den Zusammenhang von Wissenschaft, Technik, Produktion und Gesellschaft, in: Wissenschaftstheoretisches Kolloquium des ITW am 3. 4. 1981, a. a. O., S. 55—66.

allenfalls ihre passive Ergänzung. Zweitens wäre es unerklärlich, wieso die Wissenschaft zu ständig tieferer Erkenntnis der objektiven Realität fortschreitet und dabei jederzeit ein in sich geschlossenes Bild des Ganzen der erfahrbaren Wirklichkeit erzeugt oder zumindest nach einer solchen Ganzheit strebt und sich mit Lücken und Inkonsistenzen nicht abfindet.[22] Drittens schließlich wäre es fraglich, ob die Wissenschaft unter solchen Verhältnissen überhaupt fortexistieren könnte oder ob sie nicht in isolierte pragmatische Unternehmungen auseinanderbrechen und schließlich auf das Niveau vorwissenschaftlicher, nicht aus der Praxis herausgehobener Erkenntnis zurückfallen würde. Die Geschichte bietet anscheinend keine Beispiele einer in dieser Richtung vollendeten Degeneration der Wissenschaft, aber Tendenzen dazu sind in stagnierenden und reaktionären Gesellschaften durchaus nachweisbar. Das jüngste Beispiel dafür liefert der Hitlerfaschismus: Die extreme Pragmatisierung, der die Wissenschaft im Interesse reaktionärster Ziele hier unterworfen wurde (sowohl durch direkte Steuerung als auch durch die aus antikommunistischen und rassistischen Motiven erfolgte Zerschlagung hochleistungsfähiger Potentiale der Grundlagenforschung und der akademischen Lehre), erschöpfte die akkumulierte Leistungsfähigkeit der Wissenschaft so schnell, daß bereits in den Kriegsjahren die technischen Bedürfnisse der faschistischen Militärmaschinerie, um derentwillen die Pragmatisierung der Wissenschaft vor allem erfolgt war, nicht mehr voll befriedigt werden konnten.[23]

Die Behauptung, daß die Entwicklung der Wissenschaft weder absolut noch auch nur dominant funktional determiniert sein kann, hat nun allerdings nicht zur Folge, daß in ihrem Dasein Perioden der Zweckbindung mit Phasen abwechseln müssen, in denen die Wissenschaft allein aus ihren inneren Impulsen lebt. In der Geschichte verschiedener Gebiete gab es zwar faktisch Phasen, in denen die funktionale Determination kaum spürbar war und das Denken der Wissenschaftler zudem von „Selbstzweck"-Ideologie beherrscht wurde. Doch für eine theoretische Untermauerung der Behauptung muß man sich nicht auf solche Fälle berufen; es genügt vollauf, den Mechanismus der funktionalen Determination selbst kritisch zu analysieren. Der funktionale Inhalt der Wissenschaft ist stets an die konkreten Bedingungen jener Handlungen gebunden, in deren

22 Der Funktionalismus ist nicht imstande, mit der Tatsache des historischen Fortschritts der Wissenschaft fertigzuwerden. Ebensowenig vermag dies sein metaphysischer Antipode, der Evolutionismus („Wissenschaftsdarwinismus"), der eine funktionale Determination der Wissenschaftsentwicklung faktisch ablehnt und im Grunde nur eine funktionale (finale) Selektion von afunktional entstandenen Varianten anerkennt. Eine grundsätzliche Kritik der evolutionistischen Grundströmung in der neueren nichtmarxistischen Wissenschaftstheorie gibt G. Kröber, Zum Problem der Entwicklung in wissenschaftstheoretischen Konzeptionen der Gegenwart, Leipzig 1984, S. 5—13 (NTM. Schriftenreihe Geschichte der Naturwissenschaft, Technik und Medizin, Heft 1).

23 Vgl. Naturwissenschaft, Technik und NS-Ideologie. Beiträge zur Wissenschaftsgeschichte des Dritten Reichs, hg. von H. Mehrtens/S. Richter, Frankfurt/M. 1980.

Vorbereitung und Ausführung er wirksam wird. Das wissenschaftliche Erkennen ist hingegen universal orientiert, erfaßt die Wirklichkeit unter dem Aspekt des Allgemeinen. Daher muß die Wissenschaft jede funktionale Anforderung (sofern sie nicht überhaupt schon aus dem Fundus fertiger Lösungen bedient werden kann) aktiv assimilieren, indem sie ihr Erkenntnisziele zuordnet, die ihr geschichtlich möglich sind[24]; das schließt ein, daß die Wissenschaft in Fällen, in denen die funktionalen Anforderungen weit über die aktuellen Grenzen ihrer Erkenntnisfähigkeit hinausgehen, auch resignieren muß. Die funktionale Determination kann nur an den historisch gewordenen Entwicklungsmöglichkeiten der Wissenschaft ansetzen. Ihre Wirkung ist die Bewegung und Lösung eines dialektischen Widerspruchs von Besonderem und Allgemeinem. Die wissenschaftliche Lösung eines von der Praxis aufgeworfenen Problems unterscheidet sich von einer praktizistischen Lösung dadurch, daß das funktional geforderte Resultat als Spezialfall allgemeinerer und umfassenderer Erkenntnis auftritt.

Anders ausgedrückt: Das wissenschaftliche Resultat muß gegenüber der funktional geforderten Lösung redundant sein, muß die Lösung enthalten, ohne sich auf sie zu reduzieren. Dieser Überschuß über das zur Befriedigung des determinierenden Bedürfnisses erforderliche Maß hinaus ist kulturelles Medium der Neubildung von Bedürfnissen. Die Entwicklung des Verhältnisses von Wissenschaft und Technik ist nicht nur dadurch gekennzeichnet, daß Erkenntnis zur Befriedigung vorliegender technischer Bedürfnisse produziert wird, sondern mindestens ebenso dadurch, daß bei der Durchmusterung des neuen Wissens mit technischem Sachverstand neue technische Möglichkeiten entdeckt werden. Das wirklich bemerkenswerte Phänomen in der Geschichte des Verhältnisses von Wissenschaft und Gesellschaft ist nicht die gelegentliche Nichtübereinstimmung von funktionalen Anforderungen und Erkenntnismöglichkeiten der Wissenschaft, sondern das überraschend hohe Maß, in dem beide ihrem Wesen nach aufeinander hingeordnet sind. Marx' berühmtes Diktum, die Menschheit stelle sich im allgemeinen nur Aufgaben, die sie auch lösen kann, paßt auf diesen Sachverhalt.[25] Man kann ihn nicht mit dem Hinweis darauf erklären, daß die Wissenschaft funktionaler Determination unterliegt, denn die Fähigkeit der Wissenschaft, auf applikative Bedürfnisse zu reagieren, bedarf selbst der Erklärung. Will man sich nicht an ein teleologisches Harmonieprinzip klammern (und das wäre nichts als eine Ausflucht), dann ist nur eine Erklärungsinstanz

24 Zu den vieldiskutierten Beziehungen der „Ableitung" von Forschungszielen aus gesellschaftlichen Bedürfnissen, die zum Mechanismus der funktionalen Determination gehört, bemerkt L. Läsker: „Situationen, in denen diese Beziehungen existieren, sind aber das *Resultat* einer langen Entwicklung, sowohl die konkreten Bedürfnisse wie das Spektrum der Ergebnisse und Probleme der Wissenschaft, die in dieser Ableitungsbeziehung stehen, sind als solche erst erarbeitet worden ..." (L. Läsker, Technische Bedürfnisse und Wissenschaftsentwicklung, in: Wissenschaftstheoretisches Kolloquium der ITW am 3. 4. 1981, a. a. O., S. 84).

25 Vgl. K. Marx, Zur Kritik der Politischen Ökonomie, in: MEW, Bd. 13, Berlin 1961, S. 9; vgl. auch V. I. Kucenko, Obščestvennaja problema: genezis i rešenije, Kiew 1984.

denkbar, auf die sich die Wissenschaftsforschung hier explizit stützen muß: die monistische Geschichtsauffassung des historischen Materialismus.[26] Es ist ein und dasselbe Niveau der praktischen Auseinandersetzung des Menschen mit der Welt, aus dem zu einer geschichtlich bestimmten Zeit alle Arten gesellschaftlicher Tätigkeit entspringen, und es sind die in diesem Niveau enthaltenen Möglichkeiten, die Inhalt und Grenze aller jener Tätigkeiten bedingen, sowohl derer, von denen funktionale Anforderungen ausgehen, als auch derer, die diese Anforderungen befriedigen.

Die Möglichkeit funktionaler Zusammenhänge zwischen Tätigkeiten beruht auf einer tieferen Gemeinsamkeit zwischen ihnen, die zuvor verhüllt, implizit bestand und durch das Auftreten von Funktionalität enthüllt, offengelegt wird. Für die Erkenntnistheorie, die natürlich auch Theorie des wissenschaftlichen Erkennens ist, bedeutet dies, daß die Praxis nicht nur Zielpunkt, sondern auch Grundlage des Erkennens ist und daß sie Grundlage sein muß, ehe sie Zielpunkt sein kann, denn subjektiv gefordert kann nur werden, was auch objektiv möglich ist. Die funktionale Determination komplettiert den zyklischen Zusammenhang von Wissenschaft und Praxis, dessen Basis ihr vorausgeht, doch sie schließt ihn nicht absolut, sondern läßt ihn evolutionär offen, in dem erörterten Sinn, daß die Bedeutung wahrer Erkenntnis über alle ihre Anwendungen hinausgeht.[27]

So erweist sich die Funktionalität der Wissenschaft, die in synchronischer Sicht ihrer Historizität als dialektischer Gegenpol gegenübersteht, in diachronischer Betrachtung als untergeordnetes, vergehendes und immer wieder neu entstehendes Moment der Historizität der Wissenschaft, als notwendige Vermittlung ihrer Geschichte. Deshalb unterliegt die Struktur der funktionalen Determination der Wissenschaft selbst einem geschichtlichen Wandel, dessen Marksteine mit den großen geschichtlichen Umgestaltungen der Produktionsweise wissenschaftlicher Erkenntnisse zusammenfallen.

2. Funktionalität der Wissenschaft im historischen Wandel

Die Geschichte zeigt einen deutlichen Wandel der funktionalen Inanspruchnahme der Wissenschaft bei tendenzieller Erhöhung ihres Gewichts. Die Wissenschaft

26 Vgl. G. Kröber, Wissenschaftstheoretische und wissenschaftspolitische Konsequenzen beim Lesen von Marx' Doktordissertation, in: Karl Marx 1818—1883. Die aktuelle Bedeutung seiner Lehre für die Theorie und Praxis der Wissenschaftsentwicklung, Berlin 1984, S. 20 (AdW der DDR, ITW-Kolloquien, Heft 38).

27 Zum Problem, den gesellschaftlichen Zusammenhang der Wissenschaft zyklisch und zugleich evolutionär zu fassen, vgl. L. Läsker, Reproduktion und Wissenschaft. Theoretische Probleme der Anwendung und Entwicklung der Wissenschaft in der intensiv erweiterten sozialistischen Reproduktion, Berlin 1984 (AdW der DDR, Studien und Forschungsberichte des ITW, Heft 17).

wird sukzessiv stärker und direkter funktional determiniert; zugleich tritt sie zu einem immer größeren Teil der gesellschaftlichen Lebensbereiche in funktionale Beziehungen, bis schließlich alle Sphären des gesellschaftlichen Lebens in diesem Sinne wissenschaftlich durchdrungen, „verwissenschaftlicht" sind. Generell erhöht die zunehmende Konkretheit der wissenschaftlichen Erkenntnis — und die Zunahme ihrer Konkretheit ist ein durchgehendes Charakteristikum ihrer historischen Entwicklung — ihre funktionalen Möglichkeiten. In neuerer Zeit ist es ganz deutlich geworden, daß das wissenschaftliche Wissen, um in einen aktuell funktionsfähigen Zustand überführt zu werden, umfangreicher Umformungen bedarf, die auf wichtigen Gebieten wie der Entwicklung und Konstruktion technischer Mittel inzwischen normiert, rechtlich fixiert und professionalisiert sind.[28] Dieser Übergangsgürtel zwischen dem Kernbereich des wissenschaftlichen Wissens und dem Ort seiner funktionalen Wirksamkeit dient zugleich als ein Puffer, der es ermöglicht, das erstere relativ unabhängig von seinen Funktionen zu formulieren und zu bewahren. Deshalb kann nicht ohne weiteres erwartet werden, daß Veränderungen in der funktionalen Determination der Wissenschaft (und seien es selbst epochale und einschneidende) auf die Beschaffenheit des Wissens und die Ideale und Normen seiner Gewinnung durchschlagen. Es kann aber auch nicht von vornherein ausgeschlossen werden; deshalb ist die von B. G. Judin aufgeworfene Frage nach dem möglichen Einfluß grundlegender Differenzierungen und Wandlungen in der Funktionalität der Wissenschaft auf die Struktur des Wissens und die Methodologie seiner Gewinnung keineswegs abwegig, sondern im Gegenteil sehr anregend.[29]

Alle Einflüsse dieser Art müssen sich aber jedenfalls in den Grenzen der grundsätzlichen Eigenart von Wissenschaftlichkeit halten.[30] Wissenschaft ist

28 Vgl. V. K. Komarov, O sootnošenii fundamental' nogo i prikladnogo znanija, Wolgograd 1976; L. I. Uvarova, Naučnyj progress i razrabotka techničeskich sredstv, Moskva 1973.

29 Vgl. B. G. Judin, Metodologičeskij analiz funkcionirovanija naučnogo znanija, in: Voprosy filosofii, 8/1982, S. 99—107. Wie Judin meint, „muß sich die Gerichtetheit des Wissens auf diesen oder jenen Kontext des Funktionierens auf seine Struktur, auf die Verfahren seiner Gewinnung auswirken" (ebenda, S. 101). Wenn dies schon für die gleichzeitige Existenz unterschiedlicher funktionaler Kontexte gilt, so muß es erst recht auf die historische Veränderung des funktionalen Zusammenhangs der Wissenschaft zutreffen. Dieser Gedanke wird von verschiedenen Autoren näher ausgeführt. Eine der aussagekräftigsten einschlägigen Konzeptionen ist die Unterscheidung epochaler Typen der wissenschaftlichen Rationalität nach J. Zelený (vgl. J. Zelený, Scientific Revolutions and Changes in Foundations of Scientific Thought, in: Proc. XVth World Congress of Philosophy, Sofia 1973, S. 141—143; ders., Pojednání o dialektice, Praha 1982, S. 145—179). Wie V. S. Stepin schreibt, wurzeln die die Bildung von Theorien regulierenden Wissenschaftsideale in der Kultur der jeweiligen Epoche und sind wesentlich „bestimmt durch die in jeder historischen Entwicklungsetappe der Gesellschaft entstandenen Formen der geistigen Produktion" (V. S. Stepin, Stanovlenije naučnoj teorii, Minsk 1976, S. 295).

30 Vgl. A. I. Rakitov, Racional'nost' i teoretičeskoje poznanije, in: Voprosy filosofii, II/1982, S. 69.

objektivierende Erkenntnishaltung des Subjekts, die das Allgemeine und Wesentliche des zu erkennenden Gegenstandes unter Absehen von subjektiven Interessen, Wünschen und Leidenschaften zu erfassen sucht und die auch sich selbst nur in dieser Vermittlung reflektieren kann, während beispielsweise die Poesie das Recht und die Pflicht hat, unmittelbar Subjektivität auszudrücken. Diese Haltung, die man auch — unter Absehung von allen spezielleren Explikationen des Terminus „Theorie“ — als die eigentlich theoretische bezeichnen kann, unterscheidet Wissenschaft grundsätzlich von allen anderen Formen der geistigen Aneignung der Welt und kann nicht aufgegeben werden, ohne die Wissenschaft selbst aufzugeben.[31] Wenn diese Haltung einmal entstanden ist, dann setzt sie sich — vorausgesetzt, in einer Gesellschaft reproduziert sich das Interesse an ihr auch nur in minimalem Maße — unvermeidlich fort und bestimmt die Art und Weise, wie funktionale Anforderungen assimiliert werden können.[32] Diese historische Fortsetzung ergibt sich einfach daraus, daß mit der Eroberung eines neuen Gegenstandes nicht ein weiteres Exemplar von Wissenschaft unabhängig von den schon vorhandenen Exemplaren entsteht, sondern die eine präexistente Wissenschaft durch Anknüpfung an früheres Wissen auf den neuen Gegenstand ausgedehnt wird. Die Lückenlosigkeit dieses Zusammenhanges ist ungeachtet des Auftretens von Brüchen in der realen Geschichte garantiert, denn die Anknüpfung an früheres Wissen ist, sofern es nur in schriftlich fixierter Form erhalten geblieben ist, unabhängig von der Größe des zu überbrückenden Intervalls möglich.[33] Die Existenz und Schwierigkeit des hermeneutischen Problems bei einer solchen retrospektiven Anknüpfung ist nicht zu bestreiten, aber es ist lösbar, weil auch die praktischen Operationen, auf denen das wissenschaftliche Wissen beruht, ihren dialektisch-kumulativen Entwicklungszusammenhang haben und bei aller Innovativität niemals absolute Neubildungen aufweisen.[34]

Das Vorhandensein dieses Zusammenhangs, der jeden Akt der Produktion wissenschaftlichen Wissens zu einem Glied in einer historischen Kette macht,

31 V. S. Švyrev legt die erkenntnistheoretischen Voraussetzungen einer solchen Auffassung ausführlich dar. Die Differenzierung von Theoretischem (Vervollkommnung und Entwicklung der konzeptualen Mittel der Wissenschaft) und Empirischem (Verbindung des konzeptualen Apparates mit der in Beobachtung und Experiment zugänglichen Realität) gehört danach ausschließlich der Wissenschaft an und unterscheidet sie vom vor- und außerwissenschaftlichen Erkennen. Beide sind Seiten eines organischen Ganzen; auch wenn sie in relativer Selbständigkeit gegeneinander realisiert werden, setzen sie einander voraus (vgl. V. S. Švyrev, Teoretičeskoje i empiričeskoje v naučnom poznanii, Moskva 1978, S. 250—252).

32 M. A. Rozov entwickelte diesen Gedanken systematisch bei der Erklärung der Entstehung neuen Wissens in Auseinandersetzung mit der Konzeption von T. S. Kuhn (vgl. M. A. Rozov, Puti naučnych otkrytij, in: Voprosy filosofii, 8/1981, S. 138—147).

33 Vgl. H. Laitko, Kumulation und Wandel in der Wissenschaftsentwicklung, in: Proc. XVth World Congress of Philosophy, a. a. O., S. 335—338.

34 Vgl. J. K. Bystrickij, Koncepcija ponimanija v istoričeskoj škole filosofii nauki, in: Voprosy filosofii, 11/1982, S. 142—149; G. I. Ruzavin, Germenevtika i problemy interpretacii, ponimanija i ob'jasnenija, in: Voprosy filosofii, 10/1983, S. 62—70.

äußert sich beispielsweise darin, daß ein bestimmtes Gebiet menschlichen Lebens und menschlicher Erfahrung nicht nach Belieben wissenschaftlich durchdrungen werden kann, auch wenn das Bedürfnis danach sehr stark ist, sondern erst dann, wenn die Wissenschaft in ihrer Geschichte Mittel hervorgebracht hat, die für eine adäquate Erfassung des betreffenden Gebietes leistungsfähig genug sind. Es gibt keine wissenschaftliche „Urzeugung". Die Entstehungsbedingungen der Technikwissenschaften belegen dies eindringlich.[35] J. D. Bernal hat mit seinen Bemerkungen über den getrennten Verlauf der Ströme der technischen und der wissenschaftlichen Erfahrung in der Menschheitsgeschichte diesen Sachverhalt treffend auf den Begriff gebracht.[36]

Der ununterbrochene Zusammenhang der wissenschaftlichen Tradition, der die für die Wissenschaft charakteristische objektivierende Erkenntniserhaltung immer wieder erneuert, reicht bis in das antike Griechenland zurück. Diese „Mitgift" der Antike ist auch in der modernen Wissenschaft unvermindert wirksam.[37] Dem Prinzip des wissenschaftlichen Vorgehens nach ist die Wissenschaft von heute den Griechen noch weitaus mehr verpflichtet als im Hinblick auf einzelne Begriffe und Denkfiguren. Es gehört zu den unvergänglichen Errungenschaften, die die Sklavenhaltergesellschaft zur Entwicklung der Menschheit beigesteuert hat.[38] Die geistige Aneignung der Welt, bis dahin als vermittelndes Glied in die Praxis eingeschlossen, tritt in Gestalt der Wissenschaft erstmalig aus dieser vermittelnden Existenz heraus und gewinnt eine neue Unmittelbarkeit; sie zielt unmittelbar auf das Objekt, das sie so, wie es ist, wiederzugeben trachtet, unabhängig von jedem praktischen Handlungszweck. Der ursprünglich unmittelbare Handlungszweck erscheint in der Sicht der Wissenschaft als vermittelter, als objektiv (naturgesetzlich) möglicher und bei Herstellung bestimmter Bedingungen erreichbarer Zustand. Die wissenschaftliche Aneignung der Welt entstand als dialektische Negation ihrer praktisch-geistigen Aneignung.

Wie dieser Sprung im wirklichen Geschichtsprozeß erfolgen konnte, ist bis heute nicht vollständig geklärt. Die Erklärung der historischen Möglichkeit von

35 Vgl. Spezifik der technischen Wissenschaften, Moskau—Leipzig 1980, S. 61—162.

36 Vgl. J. D. Bernal, Die Wissenschaft in der Geschichte, Berlin 1961, S. 824, 829.

37 Engels stellt fest, daß die Ausdehnung des wissenschaftlichen Vorgehens auf neue Gegenstandsbereiche in einer objektiv bestimmten, nicht beliebig veränderbaren Ordnung erfolgen mußte (vgl. F. Engels, Dialektik der Natur, in: MEW, Bd. 20, S. 354).

38 Das ist von Engels mit polemischer Spitze gegen einen ahistorischen Modernismus ausgesprochen worden: „Ohne Sklaverei kein griechischer Staat, keine griechische Kunst und Wissenschaft; ohne Sklaverei kein Römerreich. Ohne die Grundlage des Griechentums und des Römerreichs aber auch kein modernes Europa. Wir sollten nie vergessen, daß unsere ganze ökonomische, politische und intellektuelle Entwicklung einen Zustand zur Voraussetzung hat, in dem die Sklaverei ebenso notwendig wie allgemein anerkannt war" (F. Engels; Herrn Eugen Dührings Umwälzung der Wissenschaft, in: MEW, Bd. 20, a. a. O., S. 168).

Wissenschaft und der erstmaligen Realisierung dieser Möglichkeit ist das tiefste Erklärungsproblem der wissenschaftshistorischen Forschung und eines der schwierigsten Probleme der Kulturgeschichte überhaupt.[39] Natürlich ist eine theoretisch begründete und ertragreiche Wissenschaftsgeschichte auch möglich unter Umgehung dieses Problems, ebenso wie die Biologie nicht nur über Struktur und Funktion der Organismen, sondern auch über deren stammesgeschichtliche Entwicklung ein enormes Wissen anhäufen konnte, ohne auf die Frage nach der primären Entstehung des Lebens auf der Erde eine brauchbare Antwort zu besitzen. Doch es bleibt stets ein Prüfstein für die Macht der theoretischen Mittel, über die die Wissenschaftsforschung bereits verfügt, inwieweit sie einen Zugang zur primären Genese ihres Gegenstandes findet.

Uns muß hier vor allem eine Teilfrage interessieren. Die Erkenntnisoperationen, die in das praktische Handeln eingebunden und in keiner Weise aus diesem herausgehoben sind, bilden eindeutig dessen funktionales Organ und weiter nichts. Bedeutete die Entstehung der wissenschaftlichen Erkenntnishaltung das Verlassen jeder gesellschaftlichen Zweckbindung? War die funktionale Determination bei der Entstehung der Wissenschaft außer Kraft gesetzt und trat erst später in Aktion, nachdem die Wissenschaft ihre grundlegenden Wesenszüge bereits ausgeprägt hatte? Es ist schwer vorstellbar, daß in der Gesellschaft etwas entsteht, das ursprünglich jeden Zweckes entbehrt, auch wenn es sich nachträglich als überaus wertvoll erweist. Der Versuch, der antiken Wissenschaft irgendwelche Anwendungsbezüge zuzuschreiben, um dieser Schwierigkeit zu entgehen, mag exemplarisch erfolgreich sein, doch im Prinzip löst er das Problem nicht; die gesellschaftliche Tätigkeit jener Zeit war in allen ihren Bereichen in der Technologie ihrer Ausführung der Anwendung von Wissenschaft kaum fähig und bedürftig.[40] Der Kern der Frage darf nicht umgangen werden. In idealisierender Zuspitzung können wir behaupten, daß die objektive Erkenntnishaltung der Wissenschaft primär in (natur)philosophischer Form als reine Kontemplativität

39 Nachdem jahrzehntelang die verschiedensten Erklärungsversuche mehr oder minder ad hoc, in unmittelbarem Zugriff unternommen worden waren, hat E. Schwarzkopf in einer fundamentalen Untersuchung, die sich sowohl der Literaturanalyse als auch der gedanklichen Konstruktion bedient, schlüssig nachgewiesen, daß zunächst eine immense Arbeit begrifflicher Vorklärung vonnöten ist, um das Problem in einer lösbaren Form zu stellen. Er hat sich dieser Arbeit unterzogen und in präzedenzloser Vollständigkeit den logischen Raum der möglichen Problemformulierungen und -lösungen aufgebaut und dann kritisch reduziert, so daß das Problem nunmehr als mit höchster Präzision „eingekreist" gelten darf. Es ist hier unmöglich, auch nur die Hauptlinien der Argumentation wiederzugeben; die wichtigste einschlägige Literatur bis 1970 wird in dieser Arbeit verwertet (vgl. E. Schwarzkopf, Das Problem der Wissenschaftsentstehung, Dissertation B, Berlin 1971).

40 Bernal bemerkt drastisch: „Ob die Wissenschaft in ihren ersten Entwicklungsphasen für irgendwelche Zwecke überhaupt wirklich notwendig war, ist noch fraglicher" (J. D. Bernal, Die Wissenschaft in der Geschichte, a. a. O., S. 831), doch aus dem Kontext geht hervor, daß es (handlungs-)technologische Anwendungen sind, die er im Auge hat.

entstand. War die reine Kontemplation sozial zweckfrei, oder hatte sie eine erkennbare soziale Funktion?

Um dem sich hier abzeichnenden Dilemma zu entgehen, ist es erforderlich, die Analyse des Begriffs der Funktionalität der Wissenschaft weiterzutreiben. Wenn wir uns an die Untersuchung von Wüstneck halten und diesen Begriff auf die Gestaltung von Tätigkeiten beziehen, dann liefern die Differenzierungen, die wir im Tätigkeitsbegriff vornehmen können, auch die Grundlage für die Unterscheidung einzelner Funktionen. Fundamentaler als die Einteilung in Tätigkeitsarten sind die strukturellen Gliederungen von Tätigkeit überhaupt. Insbesondere ist es möglich, zwischen der Subjektseite der Tätigkeit und ihrer operationalen, objektivierbaren und — im Prinzip — technisch simulierbaren Außenseite (wir wollen sie in bewußter Erweiterung des vorherrschenden Gebrauchs von „Technologie" als die technologische Seite oder den technologischen Aspekt von Tätigkeit bezeichnen) eine Grenze zu ziehen, die für einen philosophisch-theoretischen Ansatz von grundsätzlicherer Bedeutung ist als die übliche Darstellung der Tätigkeit als ein System aus einer größeren Zahl von Elementen. Diese Grenze ist fließend, sie ist bedingungsabhängig verschiebbar und historisch veränderlich, doch sie ist nichtsdestoweniger real vorhanden.[41] Wir können also von der Subjektseite und von der technologischen Seite einer Tätigkeit sprechen, wobei zu beachten ist, daß in dieser dialektischen Einheit von Subjektivem und Objektivem *innerhalb* der Tätigkeit die Subjektseite die übergreifende ist, weil sie dem technologischen Ablauf seinen sozialen Sinn, den Bezug auf menschliche Bedürfnisse verleiht.

Damit haben wir auch ein weitreichendes inneres Differenzierungsprinzip für die Funktionalität der Wissenschaft. Es läßt sich unterscheiden, ob die Wissenschaft in einer bestimmten Situation dominant die Subjektseite oder die technologische Seite menschlicher Tätigkeiten beeinflußt, oder ob sie gleichgewichtig auf beide Seiten wirkt; dabei ist die Unmöglichkeit einer Situation vorausgesetzt, in der Wissenschaft nur auf die eine Seite der jeweiligen Bezugstätigkeit einen Effekt hat und die andere absolut unberührt läßt.

Mit dieser begrifflichen Vorbereitung können die Fragen nach der primären Entstehung der Wissenschaft rationaler gestellt werden. Eine Wissenschaft, die kaum geeignet ist, Handlungstechnologien zu entwerfen oder zu verbessern, muß dennoch nicht funktionslos sein, wenn sie nur dazu beiträgt, menschliche Subjektivität zu entwickeln. Erst wenn sich auch das letztere für die antike Wissenschaft nicht ausmachen ließe, wären wir genötigt, ihre Funktionslosigkeit zu

41 Das gilt schon situativ; noch bedeutsamer aber sind die großen historischen Verschiebungen, so in der Technikentwicklung die Tendenz, menschliche Funktionen im Mensch-Technik-System technisch zu vergegenständlichen und zugleich im Verhältnis zu den neuen Vergegenständlichungen auch neue Funktionen auszubilden. Auf der Unterscheidung der Knotenpunkte dieser Verschiebung basiert die Unterscheidung der technologischen Produktionsweisen (vgl. G. N. Wolkow, Soziologie der Wissenschaft, Berlin 1970, S. 76—103).

postulieren oder mit den bescheidenen Hinweisen zu kaschieren, die sich für eine handlungstechnologische Nutzung der frühen Wissenschaft beibringen lassen — denn ihre handlungstechnologische Unentbehrlichkeit wird sich für die Zeit vor der kapitalistischen Industrialisierung jedenfalls nur in vereinzelten und für die Produktionsweise des materiellen Lebens peripheren Fällen nachweisen lassen. Es gibt jedoch starke Gründe dafür, die Herausbildung einer auf die objektive und universale Widerspiegelung der Welt gerichteten Erkenntnishaltung[42] auf Bedürfnisse der Entwicklung der menschlichen Subjektivität zu beziehen, die in den Produktionsverhältnissen der antiken Polisdemokratie wurzeln.

In ihrer subjektbildenden Funktion entfaltet die Wissenschaft die Wesenskräfte des Menschen durch die Aneignung ihrer Resultate, sofern diese Aneignung schöpferisch erfolgt; aber zwischen schöpferischer Aneignung und ursprünglicher Erzeugung wissenschaftlicher Ergebnisse ist der Unterschied nur graduell, so daß für die Wirkung der Wissenschaft als Medium der Entwicklung der menschlichen Subjektivität der — ohnehin nur relative — Unterschied von Erkenntnistätigkeit und Erkenntnisresultat weiter an Schärfe verliert. Wissenschaftliche Erkenntnistätigkeit entwickelt durch ihre Ausübung unmittelbar ihr Subjekt. Sie reproduziert seine Fähigkeiten, indem sie sie durch Übung erhält, und sie erweitert sie, indem sie bisher Unbekanntes zugänglich und beherrschbar macht. Sofern Wissenschaft nicht unter Bedingungen extremer Entfremdung ausgeübt wird (und es ist nicht leicht zu sagen, inwieweit erzwungenes Schöpfertum überhaupt möglich ist), stellt ihre Ausübung und nicht erst ihr Resultat für ihr Subjekt einen Wert eigener Art dar, befriedigt durch ihren Vollzug ein genuines Bedürfnis dieses ihres Subjekts. Wenn die Gesellschaft insgesamt wissenschaftlich befähigte Subjektivität benötigt, dann erfüllt deren Bildung eine sozial

42 Schwarzkopf unterscheidet — was in der Literatur meist nicht getan wird — ausdrücklich zwischen den nur auf praktische Handlungsrezepte oder -regeln ausgerichteten sogenannten „Spezialdisziplinen praktischen Wissens" (von der Art der babylonischen Astronomie) und der wirklichen, auf die objektive Abbildung des Weltganzen gerichteten Wissenschaft. Dieser Unterschied ist nicht graduell, sondern qualitativ; erstere können ohne weiteres im Rahmen eines übergreifenden mythologischen Bewußtseins betrieben werden — letztere sind ihrem Wesen nach antimythologisch und materialistisch. Erst so läßt sich die Frage nach der primären Entstehung der Wissenschaft als einem qualitativen Sprung in der Menschheitsgeschichte richtig stellen (E. Schwarzkopf, Das Problem der Wissenschaftsentstehung, a. a. O., S. 84—116). Für die Mathematik bemerkt I. G. Bašmakova, die die „Logistik" als Rechenkunst von der theoretischen Mathematik unterscheidet, „daß die Mathematik erst nach der systematischen Einführung von Beweisen als Wissenschaft zu existieren begann" (I. G. Bašmakova, Lekcii po istorii matematiki v Drevnej Grecii, in: Istoriko-matematičeskije issledovanija, Moskva 1958, S. 232). Daran anknüpfend diskutiert P. P. Gajdenko die prinzipielle Wendung des Zahlbegriffs: „Das, was bei den Babyloniern und Ägyptern vor allem als *Mittel* auftrat, verwandelten die Pythagoräer in einen speziellen *Gegenstand* der Forschung, d. h. in ein *Ziel* der letzteren" (P. P. Gajdenko, Evoljucija ponjatija nauki, Moskva 1980, S. 20).

wertvolle Funktion; vom Charakter der Gesellschaftsordnung hängt es ab, ob kleine Eliten, große Berufsgruppen oder tendenziell die gesamte Bevölkerung Träger von in dieser Weise ausgebildeter Subjektivität sind.

Die Antike hat erstmalig ein soziales Bedürfnis nach Entwicklung des menschlichen Subjekts durch universale objektive geistige Orientierung in der Welt hervorgebracht, das stark genug war, einen selbstreproduzierenden Mechanismus der wissenschaftlichen Erkenntnis in Gang zu setzen oder, weniger trocken ausgedrückt, einen Funken zu entzünden, der in der gesamten nachfolgenden Geschichte selbst unter widrigen Umständen niemals wieder vollständig erlosch. Dieses Bedürfnis war, wie F. Jürß schreibt, die „Hochschätzung der vita contemplativa als der wesentlichen Form der Selbstverwirklichung der Freien".[43]

Zwischen der dominant subjektbildenden und der dominant technologischen Funktion der Wissenschaft besteht ein wichtiger Unterschied. Handlungstechnologische Erfordernisse appellieren an ein inhaltlich in engen Grenzen bestimmtes und zudem möglichst konkretes Wissen. Bedürfnisse der Subjektbildung durch Erkenntnis sind hingegen inhaltlich relativ unbestimmt, ihre Gegenstände sind in weiten Grenzen austauschbar, und sie sind niemals endgültig befriedigt. Sie erneuern sich im Prozeß der Ausübung wissenschaftlicher Erkenntnistätigkeit und müssen nicht erst durch applikative Anforderungen von außen angeregt werden. Diese Richtung funktionaler Determination der wissenschaftlichen Erkenntnis, kristallisiert als „Streben nach Wahrheit", begleitet die Wissenschaft seit der Antike und ist für sie wesensbestimmend.[44] So wenig die „heilige Neugier" (A. Einstein) ausreichend ist, um gesellschaftlich verantwortliches Handeln des Wissenschaftlers zu begründen (nicht zufällig ist in der Geschichte der Wissenschaft wiederholt nach der Notwendigkeit gefragt worden, das Wahrheitsstreben ethisch zu begrenzen) — ohne sie ist historischer Fortschritt der Wissenschaft niemals und unter keinen Umständen möglich.

Unter den Wissenschaftshistorikern besteht weitgehende Übereinstimmung dahingehend, daß die Herausbildung und Durchsetzung der experimentellen Methode in den Naturwissenschaften, verbunden mit der Mathematisierung der Naturerkenntnis, den seit der Antike tiefsten Einschnitt in der Wissenschaftsentwicklung darstellt.[45] Oftmals wird diese Umwälzung als die wissenschaftliche Revolu-

43 F. Jürß, Die Entwicklung der Wissenschaft und ihre Arbeitsmittel, in: KLIO, 2/1983, S. 499; vgl. auch Geschichte des wissenschaftlichen Denkens im Altertum, hg. von F. Jürß, Berlin 1982, insbesondere S. 141—213; E. C. Welskopf, Probleme der Muße im alten Hellas, Berlin 1962.

44 Vgl. F. Herneck, Die heilige Neugier, Berlin 1983, S. 9—12.

45 Vgl. beispielsweise A. C. Crombie, Von Augustin bis Galilei. Die Emanzipation der Naturwissenschaft, Köln 1959; R. A. Hall, Die Geburt der naturwissenschaftlichen Methode 1630—1720 von Galilei bis Newton, Gütersloh 1965; G. Böhme/W. van den Daele/W. Krohn, Experimentelle Philosophie. Ursprünge autonomer Wissenschaftsentwicklung, Frankfurt/M. 1977; E. Zilsel, Die sozialen Ursprünge der neuzeitlichen Wissenschaft, hg. von W. Krohn, Frankfurt/M. 1976.

tion schlechthin bezeichnet.[46] Es ist seit F. Engels auch deutlich ausgesprochen worden, daß es sich dabei nicht um einen isolierten Vorgang innerhalb der Wissenschaft handelte, sondern um einen Teilprozeß jener grandiosen Umwälzung, in der die kapitalistische Gesellschaftsordnung entstand. „Auch die Naturforschung bewegte sich damals mitten in der allgemeinen Revolution und war selbst durch und durch revolutionär; hatte sie sich doch das Recht der Existenz zu erkämpfen."[47] Positivistisch eingestellte Autoren, die dazu neigten, die ganze Geschichte der Wissenschaft auf die Geschichte der Naturerkenntnis und der Mathematik zu reduzieren, wollten darin die Entstehung der Wissenschaft überhaupt sehen: diese Sichtweise ist unseres Erachtens nicht nur verkürzt, sondern auch für die Naturerkenntnis prinzipiell falsch. Die Einbeziehung des systematischen Versuchs in die Erkundung der Natur ist ein Schritt in der Entfaltung der die Wissenschaft kennzeichnenden objektiven Erkenntnisposition und nicht deren Geburt;[48] ohne die Voraussetzung dieser Haltung wäre der Versuch nicht zum wissenschaftlichen Experiment geworden, sondern hätte auf dem Niveau einer „Probierkunst" stagniert, die sich — wie die Geschichte der Alchemie im Mittelalter veranschaulicht — auch im Rahmen magisch-mythologischer (also durchaus antiwissenschaftlicher) Voraussetzungen bis zu einem beachtlichen Stand der Operationstechnologie und ihrer apparativen Ausstattung treiben läßt.[49]

Das Aufkommen der experimentellen Methode bedeutete die Integration der für die entwickelten Zweige des Handwerks charakteristischen Produktionstechnologie (Vorgehen unter streng normierten und kontrollierten Bedingungen, Genauigkeit der Ausführung, Differenziertheit und Präzision der Werkzeuge) in den wissenschaftlichen Erkenntnisprozeß, ihre Ausgestaltung zu einer Erkenntnis- und Forschungstechnologie. In diesem Zusammenhang konnten auch die aus alter Zeit stammenden und vom Handwerk relativ abgehobenen Technologien prä-experimenteller, explorativer Operationen in die experimentelle Methode eingeschmolzen werden.

Auf einen wichtigen Umstand ist hier zu verweisen. Die Einführung materieller Erkenntnistechnologien verlangte als ihre Voraussetzung eine entwickelte „Technologie" des Umgangs mit Gedanken, eine weitreichend ausgeprägte Logik des wissenschaftlichen Denkens, denn ohne Gedankenexperiment (im weiten Sinn

46 Vgl. E. McMullin, Empiricism and the Scientific Revolution, in: Art, Science and History in the Renaissance, hg. von Ch. S. Singleton, Baltimore—London 1967.

47 F. Engels, Dialektik der Natur, in: MEW, Bd. 20, a. a. O., S. 313.

48 Vgl. H. Parthey/D. Wahl, Die experimentelle Methode in Natur- und Gesellschaftswissenschaften, Berlin 1966, Kap. I.

49 Eine Fülle von Material dazu enthält das Werk: L. Thorndike, A History of Magic and Experimental Science, 8 Bde., New York 1923—1958.

des Wortes) gibt es auch kein materielles Experiment.[50] Das reale Experiment ist die Vergegenständlichung einer zuvor als möglich erwogenen Situation. Es verlangt also eine Kultur des Denkens, die den Schluß vom Wirklichen auf das Mögliche und die Einordnung des aus der experimentellen Prüfung der hypothetisch vorausgesetzten Möglichkeit hervorgegangenen Befundes in das Gebäude des Wissens zuläßt. Diese Denkkultur wurde schon weitgehend in der Antike geschaffen.[51] Zu ihrer Entwicklung gehört auch die scholastische Logik, ungeachtet dessen, daß die Gegenstände, an denen die diffizile Kunst des Denkens geübt wurde, wissenschaftlich nichtig waren.[52] Zur experimentellen Methode konnte dies alles allerdings erst führen, nachdem neue gesellschaftliche Umstände der materiellen Aneignung und Veränderung der dem Menschen als Objekt unbegrenzter Ausnutzung gegenüberstehenden Natur weltanschaulich einen zentralen Stellenwert verliehen hatten.[53]

50 Vgl. V. A. Lektorskij/V. S. Švyrev, Dialektika praktiki i teorii, in: Voprosy filosofii, 11/1981, S. 19; V. M. Rozin, Opyt izučenija naučnogo tvorčestva Galileo Galileja, in: Voprosy filosofii, 5/1981, S. 82—85.

51 Wissenschaft stellt nicht naiv theoretische Behauptungen auf, sondern unterwirft sie einem ständigen Prozeß der Prüfung, Begründung, Verfeinerung, Modifizierung. Die Ausbildung dieses reflexiven Verhaltens war der entscheidende Beitrag des griechischen Denkens zur wissenschaftlichen Methode. D. Ehlers verweist in einer Studie zu Aristoteles auf den konstitutiven Zusammenhang von theoretischer Reflexivität und dialogischem, kritisch-kommunikativem Charakter des wissenschaftlichen Erkennens — einen Zusammenhang, der bemerkenswerterweise schon von Aristoteles selbst durchschaut worden war (vgl. D. Ehlers, Zu einigen erkenntnistheoretischen und methodologischen Fragen der Kosmologie und Physik des Aristoteles, in: Aristoteles als Wissenschaftstheoretiker, hg. von J. Irmscher/R. Müller, Berlin 1983, S. 111—112).

52 So schreibt G. Harig: „Die Hochscholastik hatte das antike Bildungsgut umgeschmolzen ... Sie hatte, darauf aufbauend, die Lehre und die Kunst des Denkens und Schließens bedeutend verfeinert ... Im Rahmen des spekulativen Denkens waren zweifellos Fortschritte im Methodischen erreicht und Ansatzpunkte in Gestalt bestimmter Vorstellungen entwickelt worden, die zusammengenommen die Voraussetzungen boten, den von den Praktikern erarbeiteten Schatz wissenschaftlich zu bewältigen und damit zu heben und nutzbar zu machen" (G. Harig, Über die Entstehung der klassischen Naturwissenschaften in Europa, in: Deutsche Zeitschrift für Philosophie, 3/1958, S. 424). Vgl. auch A. C. Crombie, Robert Grosseteste and the Origins of Experimental Science: 1100—1700, London—New York 1971. In einer glänzenden Studie zeigt P. P. Gajdenko, daß der ununterbrochene Zusammenhang der Wissenschaft der Neuzeit mit der vorhergehenden Geistesgeschichte nicht nur die Denkverfahren im logisch-technischen Sinne, sondern den inhaltlichen Kern des wissenschaftlichen Denkens selbst betraf. Die Modifikation der großen wissenschaftlichen Programme der Antike im Mittelalter und ihre Transformation in der Renaissance bereiteten die Entstehung der klassischen Naturwissenschaft unmittelbar vor (vgl. P. P. Gajdenko, Evoljucija ponjatija nauki, a. a. O., S. 382—549).

53 Neben der erwähnten Arbeit von G. Harig siehe dazu E. Zilsel, Die sozialen Ursprünge der neuzeitlichen Wissenschaft, a. a. O.

Das Pathos der Weltveränderung war für den Aufstieg der bürgerlichen Klasse, für ihre Konstituierung zu einem neuen Subjekt historischen Handelns ideologisch unabdingbar. Das bedeutet nicht, daß die Entwicklung der Technologie materieller Produktionsprozesse zu ihrer Weiterentwicklung bereits in jener Zeit in nennenswertem Umfang die Anwendung wissenschaftlicher Ergebnisse benötigt oder erlaubt hätte, und es bedeutet auch nicht, daß es die Wissenschaft damals (von Ausnahmen abgesehen) vermocht hätte, handlungstechnologisch relevante Resultate zu erzeugen. Die schon von B. G. Hessen demonstrierte erstaunliche thematische Korrespondenz zwischen der Newtonschen Mechanik und der Frontproblematik der zeitgenössischen Produktions-, Kriegs- und Verkehrstechnik[54] muß nicht so interpretiert werden, als sei die erstere Resultat eines von der letzteren ausgehenden technologischen Bedürfnissogs. Zwangloser läßt sie sich erklären, wenn man annimmt, daß gerade der präziseste und modernste Typ gewerblicher Technologien gut genug war, um das Grundmuster für experimentelle Erkenntnistechnologien zu liefern.

Im wesentlichen waren es nach unserer Überzeugung die weltanschaulichen Bedürfnisse der Konstituierung eines neuen Geschichtssubjekts, des Bürgertums, die die funktionale Determination jenes qualitativen Sprungs in der Wissenschaftsentwicklung bestimmten, der den Beginn der Neuzeit auszeichnete.[55] Die Kritik der überlieferten Autorität, ohne die die neue geschichtliche Kraft nicht zu sich selbst finden konnte, mußte der Natur nicht nur den Rang des Kronzeugen gegenüber der gelehrten Tradition zusprechen, sondern sie auch bedeutend tiefgehender befragen, als es mit den überkommenen Mitteln der Beobachtung, Registratur und Klassifikation des Vorgefundenen möglich war. Die den aufkeimenden frühkapitalistischen Produktionsverhältnissen eigene Orientierung auf die materielle Produktion als Quelle des Reichtums, auf die ununterbrochene Steigerung der Ergiebigkeit dieser Quelle und damit auf das Wachstum der produktiven Kräfte des Menschen, die den „Künsten" (den mechanischen insbesondere) eine ganz neue Wertschätzung verlieh, ließ für eine ganze Übergangsepoche die sozialen Schranken zwischen Gelehrtenstube und Werkstatt durchlässig werden. Nach Bernal waren die Perioden der größten künstlerischen und wissenschaftlichen Produktivität gerade diejenigen, „in denen für kurze Zeit die Klassenschranken wenigstens teilweise niedergerissen waren".[56] Aus diesen geschichtlichen Umständen ist auch verständlich, weshalb das Pathos technologischer Applikabilität der Wissenschaft — als Attribut der neuen Weltanschauung — dem

54 Vgl. B. M. Hessen, The Social and Economic Roots of Newtons ‚Principia', in: Science at the Cross Roads, London 1971, S. 151—203; L. Hogben, Mensch und Wissenschaft. Die Entstehung und Entwicklung der Naturwissenschaft aus den sozialen Bedürfnissen, Zürich 1948.

55 So betrachtet P. P. Gajdenko als kulturelle Basis der klassischen Naturwissenschaft die neue Auffassung des Menschen in der Renaissance, die humanistische Doktrin vom Menschen als Schöpfer seiner selbst (vgl. P. P. Gajdenko, Evoljucija ponjatija nauki, a. a. O., S. 507 bis 549).

56 J. D. Bernal, Die Wissenschaft in der Geschichte, a. a. O., S. 843.

tatsächlichen Eintreten technologischer Funktionalität weit vorauseilte und das letztere ideologisch vorbereitete.[57]

Der dominant subjektbildenden Funktion der Wissenschaft entspricht in hohem Grade der begrifflich-verbale, weltanschaulich akzentuierte und mit den Imperativen moralischen Sollens verbundene Ausdruck des Wissens. In ein so gestaltetes Gerüst des Wissens können und müssen stärker strukturierte Abschnitte mit präzisen logischen Abhängigkeiten eingebettet sein, in denen strenge Schlüsse möglich sind. Das von der Antike erzeugte Wissen hatte diese — als ganzes betrachtet — mit dem Charakter der Funktionalität der damaligen Wissenschaft korrespondierende Form.[58]

Das dem Entwurf oder der Verbesserung von Handlungstechnologien dienende Wissen hat hingegen in seiner idealen Form die Gestalt des Wissens über gesetzmäßige Abhängigkeiten zwischen Zuständen, die nach Möglichkeit quantitativ durch meß- oder zählbare Größen repräsentiert sind. Ein solches technologieadäquates Wissen ist „subjektfrei“, hat den Sinnbezug der Handlungen und Operationen, deren Entwurf es dient, aus sich selbst herausgedrängt, in die Prolegomena oder die Interpretation verlagert oder gar auf sogenannte stillschweigende Selbstverständlichkeiten reduziert, die auch nur zu erwähnen dem Wissenschaftler trivial erscheint. Explizites Gesetzeswissen ist im Prinzip operativ lesbar, während man mit einem in unmittelbar kategorialer Gestalt vorliegenden Wissen in der ursprünglichen technologischen Bedeutung des Ausdrucks „nichts anfangen“ kann. Schematisch gesagt, ist es für die Richtigkeit der Aussage „Wenn *X*, so *Y*“ gleichgültig, ob die mit *X* und *Y* bezeichneten Situationen in der Natur vorgefunden werden oder ob *X* absichtlich hergestellt wird, um *Y* als erwünschtes Ziel zu erreichen. Wissen, das um explizite Gesetzesaussagen als seinen Kern gruppiert ist, besitzt die Prädisposition für den Entwurf von Handlungstechnologien und von Technologien automatischer Prozeßabläufe, aus denen der Mensch als funk-

57 Am nachhaltigsten kam dieses ideologische Vorauseilen wohl im Pathos F. Bacons zum Ausdruck (vgl. G. Harig, Die neue Auffassung vom Wesen der Wissenschaft bei Francis Bacon, in: Deutsche Zeitschrift für Philosophie, 4/1957).

58 Das läßt sich jedoch wirklich nur im großen und ganzen behaupten. Näher betrachtet war die antike Wissenschaft überaus vielgestaltig und in wenigen Jahrhunderten einschneidenden Wandlungen unterworfen, so daß eigentlich schon alle kategorialen und logischen Grundmuster späterer Wissenschaft in der Antike irgendwie vorgeprägt waren; Euklids „Elemente“ waren beispielsweise fast zwei Jahrtausende lang das Vorbild eines strengen deduktiven Systems. Wenn die Antike dennoch im ganzen eher weltanschauungsnahes als technologisches Wissen produzierte, so lag das daran, daß zunächst „die Natur noch als Ganze, im ganzen und großen angeschaut“ werden mußte (F. Engels, Dialektik der Natur, in: MEW, Bd. 20, S. 323) und die analytische Aufgliederung der Welt demgegenüber zurückstand. Wie F. Jürß schreibt, „umgreift das wissenschaftliche Denken der frühgriechischen Periode in undifferenzierter Form Philosophie und Fachwissenschaften und antizipiert mit seiner Totalität des Erkennens auf unterer Ebene — gleichsam als Synthese ohne vorherige Analyse — die heutige Integration von Natur- und Gesellschaftswissenschaften“ (Geschichte des wissenschaftlichen Denkens im Altertum, hg. von F. Jürß, a. a. O., S. 18).

tionales Glied entfernt ist. Diese Beschaffenheit des Wissens entspricht den Idealen der klassischen Naturwissenschaft, die methodologisch in höchstem Grade durch das Muster der klassischen Mechanik geprägt sind.[59] Diese Naturwissenschaft mit ihrer mathematischen Ausstattung war so ihrer grundlegenden Beschaffenheit nach schon vorbereitet auf das großräumige Einsetzen funktionaler Anforderungen technologischen Charakters im Gefolge der industriellen Revolution. Diese Korrespondenz zwischen der Struktur des Wissens und der zunächst und vor allem im materiell-produktiven Bereich entfalteten technologischen Funktion der Wissenschaft ist eines der bemerkenswertesten Phänomene der neueren Wissenschaftsgeschichte. Auf den ersten Blick macht sie den rätselhaften Eindruck einer finalen Hinordnung der Wissenschaft auf einen Einsatzbereich, der für ihre Aufnahme noch gar nicht präpariert ist. Das Rätsel löst sich auf mit der Betrachtung der Herkunft der experimentellen Methode; eine Wissenschaft, die sich auf das Experiment als Mittler zwischen Theorie und Empirie stützt, muß eine auf den expliziten Ausdruck gesetzmäßiger Abhängigkeiten zentrierte Wissensstruktur aufweisen.

Erst das Vorhandensein der erwähnten strukturellen Korrespondenz ermöglichte den mit der industriellen Revolution einsetzenden generellen Strukturwandel in der funktionalen Determination von der dominant subjektbildenden zur dominant technologieerzeugenden Inanspruchnahme. Die vordergründig augenfälligeren Vorgänge der Ausrichtung der Wissenschaft auf ihre Wirksamkeit als Produktivkraft — wie beispielsweise die Entstehung der Technikwissenschaft und ihre Differenzierung von den Naturwissenschaften oder die Aufgliederung der technologieorientierten Forschung in Stufen sukzessiv zunehmender Konkretisierung und Finalisierung auf das angestrebte praktikable Resultat hin einschließlich der organisatorischen und institutionellen Ausformung besonderer Überführungsprozesse — sind sekundäre Vorgänge der Feinanpassung der Wissenschaft an die Ausübung einer Funktion, für die sie schon grundsätzlich prädisponiert war.

Der Preis, der unter kapitalistischen Verhältnissen für die Produktion eines unpersönlichen, auf der Einsicht in gesetzmäßige Zusammenhänge aufbauenden und damit technologieadäquaten Wissens — die Bedingung für den immensen Aufschwung zunächst der Produktionstechnologien und späterhin der Technologien anderer Handlungsbereiche, insbesondere der Technologien des politischen Managements und der sozialen Manipulation — gezahlt werden muß, ist jedoch außerordentlich hoch. Die zentrale Sphäre der Subjektivität, der intentionale Bereich, das Gebiet der Ideale und Werte, bleibt gänzlich von der Gesetzeserkenntnis getrennt und hält sich im Rahmen unmittelbarer, nur der Deutung und nicht der Erklärung zugänglichen Artikulation. Der Dualismus von objektivem Wissen und subjektiven Werten durchzieht traditionell das bürgerliche

59 Vgl. E. J. Dijksterhuis, Die Mechanisierung des Weltbildes, Berlin—Heidelberg 1956.

Bewußtsein. Es sind jedenfalls ganz verschiedenartige und dem Wesen nach beziehungslos auseinanderfallende Arten von Wissen, die einerseits der subjektbildenden und andererseits der technologiebildenden Funktion der Wissenschaft entsprechen.

Eigentlich sind die beiden hier diskutierten Aspekte der Funktionalität von Wissenschaft nur Extreme auf einer zusammenhängenden Skala. Damit der Dominanzunterschied zum Auseinanderfallen wird, sind die voll auskristallisierten kapitalistischen Produktionsverhältnisse mit der für sie charakteristischen Entfremdung des Produzenten von den Bedingungen und Resultaten seiner Arbeit Voraussetzung, aus der eine Entgegensetzung von Subjekt und Objekt, von Werten und Technologien entspringt. Unter den Bedingungen prinzipieller funktionaler Spaltung der Wissenschaft bildet sich ein tiefgehender kognitiver Gegensatz zwischen den Domänen des Wissens, die auf die menschliche Subjektivität, und jenen, die auf die ihr entgegenstehende Objektsphäre gerichtet sind. Die Subjektsphäre erscheint als autonome Region (oder, besonders in theologischen Versionen, als Derivat übergeordneter, ihrerseits autonomer Subjektivität) die Objektsphäre hingegen erscheint als Region reiner Verfügbarkeit für das subjektive Belieben. In der Wissenschaftswirklichkeit äußert sich dieser Gegensatz zunächst als Entgegensetzung von Natur- und Gesellschaftserkenntnis; es war in dieser Situation sehr treffend, daß zumindest im deutschsprachigen Raum die mit der Gesellschaft befaßten Disziplinen im 19. Jahrhundert überwiegend als „Geisteswissenschaften" bezeichnet wurden, denn sie reflektierten das gesellschaftliche Leben in erster Linie unter dem Aspekt seiner geistigen Äußerungen. Im 20. Jahrhundert ist der Riß in der Wissenschaft nicht mehr so einfach nach den Gegenständen „Natur" und „Gesellschaft" zu lokalisieren; er verläuft eher mitten durch die Gesellschaftswissenschaften, die sich einerseits in „traditionelle" Geisteswissenschaften und andererseits in äußerlich naturwissenschaftsanaloge Sozialwissenschaften spalten, wobei die letzteren vorwiegend der Projektierung von „Herrschaftstechnologien" dienen sollen, deren der Imperialismus zur Regulation verschiedener komplizierter Gesamtheiten sozialer Zusammenhänge bedarf. Die Wissenschaft rebelliert ununterbrochen gegen diese innere Spaltung, indem sie auf Grenzsituationen der Erkenntnis und des damit ausgerüsteten Handelns führt, die sich nur bewältigen lassen, wenn die gegenseitigen Abhängigkeiten von Subjekt- und Objektsphäre in Betracht gezogen werden. Das subjektive Wollen stößt auf objektive Grenzen seiner Autonomie, die Zone der technologischen Machbarkeit bedarf der einschränkenden Bestimmung des human Zulässigen. Heute ist es auch im bürgerlichen Denken gang und gäbe, die negativen Konsequenzen der Spaltung von Subjektwissen und technologischem Verfügungswissen zu diagnostizieren und sich um die Überwindung dieser Spaltung zu bemühen. Symptomatisch dafür ist die durchgreifende Wandlung des Umweltbewußtseins, die sich in kaum mehr als einem Vierteljahrundert vollzogen hat; nicht weniger bemerkenswert ist jedoch die Tatsache, daß die Grundzüge der modernen Umweltauffassung schon ein Jahrhundert zuvor von F. Engels formuliert wurden, als es noch keine Anhäufung globalökologischer Krisensymptome gab.[60] Den aktuellen bürgerlichen Versuchen, zu einer Synthese der Extreme zu gelangen, steht jedoch der übermächtige Effekt der kapitalistischen Produktionsverhältnisse gegenüber, die die Spaltung der Funktionalität der Wissenschaft und damit auch ihre kognitive Zerrissenheit reproduzieren. Letzten Endes ist das alles nichts anderes als eine der zahlreichen Facetten, die die Spontanität kapitalistischer Entwicklung aufweist.

Mit der Konstituierung eines Gesamtsubjekts der gesellschaftlichen Entwicklung im Sozialismus werden die gesellschaftlichen Voraussetzungen für die funktionale Spaltung der Wissenschaft aufgelöst. Das bedeutet durchaus nicht, daß die Phänomene dieser Spaltung ohne weiteres und in kurzer Zeit verschwinden — und noch weniger gilt das für ihre kognitiven Entsprechungen; hier ist es besonders wichtig, zwischen dem Prinzipiellen, auf lange Sicht unbedingt Gültigen und dem in planerisch überschaubaren Zeiträumen real zu Erreichenden klar zu unterscheiden. Nachdem die institutionellen Voraussetzungen der funktionalen Synthese — ein einheitliches, gesamtstaatliches und das gesamte Gebiet der wissenschaftlichen Tätigkeit umfassendes System der Wissenschaftsplanung — geschaffen worden sind, ist die große Zeiträume erfordernde Aufgabe dieser Synthese inhaltlich zu lösen; dabei bleibt das institutionelle System nicht unverändert, sondern unterliegt im Fortschreiten der funktionalen Synthese selbst der Entwicklung. Dieser qualitative Wandel in der Sphäre der funktionalen Determination bedeutet nicht einfach eine Veränderung des Milieubezuges der Wissenschaft, sondern einen qualitativen Wandel ihres Entwicklungsmechanismus.[61] Die Magistrale dieses Wandels kommt in dem bereits seit Jahrzehnten ausdrücklich formulierten wissenschaftspolitischen Prinzip der Einheit von Natur-, Technik- und Gesellschaftswissenschaften treffend zum Ausdruck[62]; da den marxistischen Wissenschaften von der Gesellschaft die der bürgerlichen Gesellschaftserkenntnis eigene Spaltung in Geistes- und Sozialwissenschaften fehlt (und in ihnen auch die Differenzierung der beiden Aspekte nicht stark ausgeprägt ist), verläuft die kritische Zone der Synthese hier im wesentlichen an der Grenze der Gesellschaftswissenschaften.

Es ist evident, daß die funktionale Aufspaltung der Wissenschaft nur dann endgültig überwunden werden kann, wenn auch die Disjunktion der auf die dualen Funktionsweisen zugeschnittenen Wissenstypen verschwindet — des Deutungswissens, in dem sich menschliche Subjektivität unmittelbar reflektiert und artikuliert, und des Gesetzeswissens — und damit der funktionalen Synthese eine

60 Vgl. F. Engels, Dialektik der Natur, in: MEW, Bd. 20, a. a. O., S. 451—455.

61 Vgl. H. Laitko, Gedanken über die wissenschaftstheoretische Relevanz der ökonomischen Theorie von Karl Marx, in: Karl Marx 1818—1883. Die aktuelle Bedeutung seiner Lehre für die Theorie und Praxis der Wissenschaftsentwicklung, a. a. O., S. 37.

62 Vgl. Metodologičeskije problemy vzaimodejstvija obščestvennych, jestestvennych i techničeskich nauk, hg. von B. M. Kedrov/P. V. Smirnov/B. G. Judin, Moskva 1981.

kognitive Synthese korrespondiert. Diese Synthese ist ein kritischer Prozeß. Es ist nicht a priori garantiert, daß sie als Entwicklungsschritt der Wissenschaft erfolgt — sie kann auch aus der Wissenschaft herausführen und die Rationalität objektiver Gesetzeserkenntnis einem übergreifenden Irrationalismus unterwerfen, wie es beispielsweise in Ansätzen der subjektivistischen Hermeneutik, die Naturwissenschaften interpretierend zu vereinnahmen, vorgeprägt ist. Der wissenschaftliche Weg der kognitiven Synthese muß eindeutig das Primat der für die Wissenschaft konstitutiven Objektivität wahren, und zwar auf dem Niveau der Gesetzeserkenntnis. Das bedeutet, die unmittelbare Artikulation der Subjektivität nicht mehr als letzte Instanz anzuerkennen, sondern sie aus ihrer vermittelnden Stellung im objektiv-gesetzmäßigen Zusammenhang der Reproduktion und Entwicklung der Gesellschaft zu erklären. Dies ist die Intention des historischen Materialismus. Er hat daher keine Schwierigkeiten, die Subjektivität als Knotenpunkt der Einheit von Welterkenntnis und Weltveränderung zu verstehen. Die marxistischen Gesellschaftswissenschaften sind bereits nach dem Prinzip der kognitiven Synthese von Gesetzes- und Deutungswissen gestaltet. Das von ihnen hervorgebrachte Wissen erhebt den Anspruch, gleichermaßen und *in einem* objektive Wirklichkeitserkenntnis und mobilisierende Ideologie darzustellen (und nicht nur der Deutung durch eine außerhalb der Wissenschaft formulierte Ideologie fähig zu sein).[63]

Im Hinblick auf die Gesamtwissenschaft und die in diesem Rahmen gestellte Aufgabe der kognitiven Synthese sind aber die marxistischen Gesellschaftswissenschaften nur der Beginn der Lösung. Das in ihnen enthaltene Wissen bringt einerseits im Prinzip die Abhängigkeit der gesellschaftlichen Verhältnisse und der in ihnen ablaufenden menschlichen Tätigkeiten vom jeweiligen Stand des Verhältnisses der Gesellschaft zur Natur (insbesondere in der Sphäre der materiellen Produktion) zum Ausdruck. Andererseits aber sind die Begriffe, in denen der Naturbezug gesellschaftswissenschaftlich gefaßt wird (Arbeitsgegenstand, Gebrauchswert, Naturalform usw.), von hoher Allgemeinheit, und ein großer Teil des gesellschaftswissenschaftlichen Wissens abstrahiert überhaupt vom Naturbezug sozialer Existenz. Die Fähigkeit der heutigen Wissenschaft, die Wechselbeziehungen von Gesellschaft und Natur in ihrer konkreten Vielfalt und Historizität *theoretisch* zu erfassen, ist noch gering entwickelt; hier liegt die Hauptarbeit zweifellos in der Zukunft.

Natur- und Technikwissenschaften, von der Mathematik ganz zu schweigen, folgen dem Regulativ, daß das eigentliche disziplinäre Wissen ohne Subjektbezug als objektives Gesetzeswissen darzustellen ist. Die Deutung und Wertung dieses Wissens in bezug auf den Menschen wird bei aller Anerkennung ihrer Unentbehrlichkeit meist als eine außerhalb der jeweiligen Disziplin liegende Aufgabe

63 Vgl. insbesondere die Gedanken von Lenin über den Zusammenhang von Wissenschaftlichkeit und Parteilichkeit, in: W. I. Lenin, Werke, Bd. 1, S. 414; Bd. 19, S. 3 und an anderen Stellen.

betrachtet.[64] Es ist schon ein Zeichen der Zeit, daß diese Aufgabe in der Regel nicht mehr als eine außerwissenschaftliche aufgefaßt wird, sondern als eine Sache der Zusammenarbeit mit den Gesellschaftswissenschaften. Heute wissen wir nicht zu sagen, ob die allgemein gültige Form der kognitiven Synthese auch in epochaler Perspektive die Gestalt „wertfreies Gesetzeswissen — wertende Deutung" behalten wird (was die Existenz einzelner Domänen einer weitergehenden Verschmelzung, insbesondere im gesellschaftswissenschaftlichen Bereich, nicht ausschließt) oder ob sie zu komplexeren Formen des Wissens führt. Es ist möglich, daß sie noch lange Zeit in der Breite der Wissenschaft nur operativ, in der durch den Charakter der jeweiligen Aufgabe veranlaßten Zusammenarbeit von Vertretern unterschiedlicher Wissensgattungen gegeben ist und theoretisch-systematisch vorwiegend auf der Ebene der Weltanschauung erscheint.[65]

Doch auch bei einer vorwiegend operativ ausgeprägten kognitiven Synthese ist bereits eine ganzheitliche gesellschaftliche Steuerung der Wissenschaft möglich, die ihre konkret-historischen Erkenntnismöglichkeiten und die an sie adressierten funktionalen Anforderungen aufeinander bezieht und damit auch den Dualismus von kognitiv-gegenständlicher und funktionaler Determination überwindet. Von dieser Steuerung, die das Prinzip der funktionalen Synthese verkörpert, gehen kräftige Impulse auf eine Verknüpfung getrennter Wissensgebiete aus, die zunächst interdisziplinäre Arbeit ihrer Vertreter und dann auch — sofern die Kooperation nicht situativ und zeitlich begrenzt bleibt — die Entstehung synthetischer Disziplinen und Wissensformen hervorruft.

Allerdings kann die funktionale Synthese nicht unbegrenzt der kognitiven Synthese der Wissenschaft vorauseilen; hier besteht ein Rückkopplungsbezug, der jeden Versuch, dem bei der Gestaltung des Steuerungssystems der Wissenschaft historisch Möglichen willkürlich vorzugreifen, mit der Gefahr des Miß-

64 G. N. Wolkow schreibt: „Selbst in der Form der Darlegung der wissenschaftlichen Ergebnisse wird das Ideal im ‚Technischen' gesehen, was in der unpersönlichen, leidenschaftslosen und ‚erbarmungslosen' Logik der Syllogismen, der mathematischen Formeln, Grafiken und Zeichnungen seinen Ausdruck findet. Im Ergebnis dessen erscheinen die Seiten der wissenschaftlichen Artikel und Bücher wie blankgeputzte, polierte Reihen neuer (gerade vom Fließband gekommener) technischer Aggregate — der verkörperte Formalismus eines einwandfrei exakten Denkens" (G. N. Wolkow, Soziologie der Wissenschaft, a. a. O., S. 161).

65 Eine Reihe bedeutender marxistischer Autoren geht indes mehr oder weniger deutlich von der Annahme aus, daß eine weitergehende kognitive Synthese im Entstehen begriffen oder zu erwarten ist. So spricht R. Richta vom Entstehen eines neuen Wissenschaftstyps, der über den „science-" Typ grundsätzlich hinausgeht (R. Richta, Is There a New Type of Science Emerging?, in: Teorie rozvoje vědy, 4/1977, S. 7—42, insbesondere S. 39). I. T. Frolov spricht von der Notwendigkeit, hinsichtlich der Werte dialektisch denken zu lernen; die im Marxismus theoretisch verkörperte und beim Aufbau der kommunistischen Zivilisation praktisch realisierte dialektische Einheit von Wissen und Werten führe zu einem „neuen Wissenschaftstyp, der heute vielleicht noch eher als Ideal oder Ziel erscheint" (I. T. Frolov, Nauka — cennosti — gumanizm, in: Voprosy filosofii, 3/1981, S. 41).

erfolgs ahndet. Die gesellschaftlichen Anforderungen, von denen die funktionale Determination der Wissenschaft ausgeht, wirken als Entwicklungsdeterminanten der Wissenschaft nur über ihre Erkenntnis und im Maß dieser Erkenntnis. Ihre evidenten Äußerungen, die sich ohne besondere wissenschaftliche Analyse zu erkennen geben (etwa als nach Modetrends variierende Konsumentenwünsche), sind ihrem Wesen oft wenig adäquat. Von der Komplexität der einsetzbaren Erkenntnismittel hängt es ab, in welchem Maße die wesentliche Komplexität der Anforderungen überhaupt erkannt wird; es ist daher unerläßlich, daß das Maximum der in der heutigen Wissenschaft überhaupt erreichbaren Komplexität in den Phasen der Strategiebildung für die Forschung (denn in der Ausführung kann weit eher mit definierter Arbeitsteilung verfahren werden) eingesetzt wird. So ist beispielsweise heute leicht einsehbar, daß alle wirklich großen Probleme der gegenwärtigen wissenschaftlich-technischen Revolution, die sich auf den ersten Blick als technisch-naturwissenschaftliche darstellen, die vielgestaltigsten gesellschaftlichen Konnotationen haben. Zuerst werden meist ökonomische und juristische Zusammenhänge deutlich, doch bei näherer Betrachtung reichen ihre Verflechtungen bis in die Details der Sozialstruktur und der menschlichen Lebensweise. Es wäre zwar raumfordernd, aber nicht prinzipiell schwierig, das am Energieproblem, am Rohstoffproblem oder am Problem der „Computerisierung" zu demonstrieren. Für den heutigen Stand der Erkenntnis ist charakteristisch, daß die Komplexität solcher Probleme noch nicht in umfassenden synthetischen Begriffsbildungen, sondern nur in sukzessiver Approximation erfaßt werden kann.[66]

Insgesamt sollte dieser Aufsatz die folgende Idee erläutern:

1. Die Annahme ist begründet (als Hypothese begründet, nicht sicher erwiesen), daß in der Geschichte der Wissenschaft eine tendenzielle Korrelation von kognitivem Status des Wissens und Funktionalität der Wissenschaft existiert und evolutioniert.

2. Diese Korrelation basiert nicht auf einem einseitigen Primat der funktionalen Determination, sondern auf dem letztendlich einheitlichen Ursprung beider Seiten im praktischen Verhältnis des Menschen zur Welt.

3. Werden in der gesellschaftlichen Funktionalität der Wissenschaft subjektbildender und technologiebildender Aspekt unterschieden (das ist nur eine unter mehreren legitimen Möglichkeiten analytischer Aufgliederung der Funktionalität der Wissenschaft), dann zeigt sich in der bisherigen Geschichte im Wandel der funktionalen Determination der Wissenschaft ein triadisches Grundmuster. Unsere Epoche läßt Tendenzen einer funktionalen Synthese erkennen, die mit Tendenzen einer kognitiven Synthese korreliert sind und diese stimulieren.

66 Vgl. N. N. Moisejev/I. T. Frolov, Vysokoje soprikosnovenije. Obščestvo, čelovek i priroda v vek mikroelektroniki, informatiki i biotechnologii, in: Voprosy filosofii, 9/1984, S. 24—41.

4. Die historische Grobstruktur des funktionalen Wandels der Wissenschaft paßt sich in die entscheidenden Einschnitte in der geschichtlichen Folge der Gesellschaftsordnungen ein (selbstverständlich unter Beachtung der Elastizitäten in der Periodisierung, die komplizierten historischen Zusammenhängen eigen sind) und kann als ein Moment der generellen diachronischen Struktur der Menschheitsgeschichte aufgefaßt werden.

Kapitel 5

Zur theoretischen Abbildung der Wissenschaft und ihrer Entwicklung

Frank Richter

Grundzüge einer praktischen Wissenschaftstheorie

1. Möglichkeiten und Konsequenzen einer praktischen Wissenschaftstheorie

Ausgangsthese des nachfolgend zu entwickelnden Konzeptes einer praktischen Wissenschaftstheorie ist die Behauptung, daß die auch im Sozialismus auftretenden — hier: nichtantagonistischen — Widersprüche bei der Nutzung wissenschaftlicher Erkenntnisse in verschiedensten gesellschaftlichen Bereichen nicht nur in mehr oder weniger subjektiv bedingten Schwierigkeiten in der Anwendung des gewonnenen Wissens, sondern gleichzeitig und wohl noch in stärkerem Maße in der *Struktur* wissenschaftlichen Wissens ihre Ursache haben.[1] Wenn das richtig ist, so sind die Forderungen nach einer wissenschaftlichen Analyse der Wissenschaft legitim — zumal die traditionelle philosophische Erkenntnistheorie in der alleinigen Wahrnehmung einer solchen Funktion in wachsendem Maße überfordert scheint.

Hinsichtlich der möglicherweise zu kritisierenden Struktur heutigen wissenschaftlichen Wissens kann der Gedanke von Karl Marx als Orientierung dienen, daß künftig Wissenschaft von der Natur und Wissenschaft vom Menschen zu *einer* Wissenschaft verschmelzen werden.[2] Zur Realisierung einer solchen Vorstellung wissen wir heute fast noch nichts, zumal sie weit über unser gegenwärtiges Bild von der Einheit der Wissenschaften im Sozialismus hinausgeht. Nach wie vor fallen die Gegenstände von Natur- und Gesellschaftswissenschaften auseinander; zwar resultiert im Sozialismus daraus keine Gefährdung der Menschheit, aber mit bestimmten unliebsamen Folgen jener Arbeitsteilung werden auch wir zur Genüge konfrontiert. Überdies ist eine einfache Abkoppelung von internationalen Tendenzen sowieso nicht möglich. Auch hier haben wir es also mit einem globalen Problem zu tun, für dessen Lösung im Interesse der Weiterexistenz und -entwicklung der Menschheit ein theoretisches Konzept bzw. Modell begründet werden muß, um die Marxsche Vorahnung konkretisieren zu können. Für diesen Zweck sind in der marxistischen Literatur mehrere Konzepte entwickelt und vorgeschlagen worden (Tätigkeitskonzept der Wissenschaft, Wissenschaft als allgemeine Arbeit, Wissenschaft im engeren und im weiteren Sinne, das Konzept der doppelten

1 Es gibt natürlich auch Strukturprobleme in der sozialistischen Gesellschaft selbst, welche Überführungsprobleme mitbedingen. Davon sehen wir in nachfolgender Erörterung ab.

2 Vgl. K. Marx, Ökonomisch-philosophische Manuskripte (1844), in: K. Marx/F. Engels, Werke (im folgenden: MEW), Erg. Bd. T. 1, Berlin 1968, S. 544.

Determiniertheit). Diese Konzepte verstehen sich zumeist nicht als miteinander konkurrierende und alternativ nebeneinander existenzfähige Modelle;[3] dasselbe gilt übrigens auch für nichtmarxistische wissenschaftstheoretische Ansätze (z. B. Finalisierungskonzept und kritischer Rationalismus). Das liegt m. E. im wesentlichen daran, daß uns z. Z. noch das Instrumentarium fehlt, um alternative Modelle wissenschaftstheoretischer Art in einer meta-wissenschaftstheoretischen oder wissenschaftsphilosophischen Ebene einander zuordnen zu können. So wird es künftigen Arbeiten vorbehalten bleiben, Begriffe wie Komplementarität und Korrespondenz auch für die Wissenschaftstheorie selbst fruchtbar zu machen.

Einstweilen müssen und können wir uns also mit der eher intuitiv-heuristischen Vorstellung begnügen, daß ein solch komplexer Wirklichkeitsbereich wie die Wissenschaft (analog zu Bereichen wie Natur, Gesellschaft, Kultur, Politik usw.) nicht durch ein einziges theoretisches Konzept hinsichtlich aller seiner Struktureigenschaften und Entwicklungsrichtungen erfaßt, d. h. abgebildet, bewertet und gesteuert werden kann. Wie noch genauer zu zeigen sein wird, lassen sich solche Konzepte als *Modelle* interpretieren. Modelle werden hier aber nicht primär als Vorstufen zu Theorien verstanden, sondern als Ergebnisse theoretischer, konkretisierender Entwicklungsarbeit, welche an abstrakteren Theorien ansetzt. Ausgehend von den Prinzipien einer philosophischen Entwicklungstheorie[4] erscheint dann die Existenz von Modell*vielfalt* nicht nur verständlich, sondern nahezu zwingend. Sucht man nun nach einem Modell, das die oben genannte Marxsche Forderung nach der *einen* Wissenschaft möglichst adäquat zu erfassen gestattet, so existieren auch dafür sicher wieder mehrere Möglichkeiten. Hier soll im folgenden ein Modell in seinen Grundzügen vorgestellt werden, welches die Arbeitsweise in den *Technikwissenschaften* hinsichtlich für heutige und künftige Wissenschaft verallgemeinerungsfähiger Seiten und Entwicklungsrichtungen analysiert, ohne die Technikwissenschaften in ihrer jetzigen Gestalt zum Paradigma jeglicher wissenschaftlichen Arbeit zu erheben. Im Unterschied zu jenen Modellen, die sich direkt am Marxschen Arbeitsbegriff orientieren[5] und Analogien zwischen materiell-gegenständlicher Arbeit und wissenschaftlicher Tätigkeit nutzen, jedoch bei einem Wissenschaftsverständnis bleiben, das an Physik und Mathematik orientiert ist, wird nun ein qualitativ neuartiger Wissenschaftsbegriff eingeführt. Die meist übliche strenge Trennung von Wissen (Wahrheit), Werten und Können wird aufgehoben; wissenschaftliche Tätigkeit umfaßt naturwissenschaftliche Grundlagenforschung genauso wie die Entwicklung technischer oder ökonomischer Vorschrif-

3 Eine der wenigen Ausnahmen stellt H. Laitko dar, der auch auf bestimmte Grenzen seines Tätigkeitskonzeptes der Wissenschaft verweist (vgl. H. Laitko, Das Tätigkeitskonzept der Wissenschaft — seine heuristischen Möglichkeiten und seine Grenzen, in: Deutsche Zeitschrift für Philosophie, 2/1981, S. 209).

4 Vgl. H. Hörz/K.-F. Wessel, Philosophische Entwicklungstheorie, Berlin 1983, S. 110.

5 Vgl. H. Laitko, Wissenschaft als allgemeine Arbeit, Berlin 1979.

ten und den Erkenntnisprozeß unmittelbar in der Praxis.[6] Erfährt auch heute oftmals die Grundlagenforschung gegenüber der sog. angewandten Forschung noch eine größere Wertschätzung im Selbstverständnis der Wissenschaften, so erfolgt jetzt eine gegenteilige Wertung, sofern diese Termini überhaupt noch sinnvoll erscheinen. Wissenschaft läßt sich dann im wesentlichen durch die folgenden drei Aspekte charakterisieren:

1. Wissenschaft zielt auf die Beherrschung mehr oder weniger komplexer Wirklichkeitsbereiche, wozu im bisherigen Sinne „wahre" Erkenntnisse bekanntlich nicht ausreichen. Die Erarbeitung technischer Konstruktionsunterlagen (Vorschriften!) kann als Beispiel dafür dienen, was hier unter „Zusammenfallen von Wissen, Werten und Können" verstanden werden soll.

2. Der Vorgang, welcher solche wissenschaftlichen Ergebnisse liefert, ist stets eine Konkretisierung abstrakteren Ausgangswissens. Gleichzeitig bleibt die Abstraktion immer ein Moment, ein Element der Konkretisierung. Letztere führt als wissenschaftliche Tätigkeit jeweils zu konkret-allgemeinen Erkenntnissen.

3. Auch die wissenschaftliche Aneignung materieller Wirklichkeitsbereiche ist nur über Gegenstandsbildungen möglich, in denen der Mensch konstitutiv ist. Insofern ist Gegenstand der Wissenschaft immer der Mensch in seinen konkreten Beziehungen zu den unterschiedlichsten Wirklichkeitsbereichen. Die Spannweite möglicher Gegenstände ist dabei durch rein theoretische Interessen bis zu direkt praktischen bedingt.

Es wird noch genauer zu zeigen sein, daß sich dieses Modell in seiner Erarbeitung und weiteren Ausgestaltung zwar an den Technikwissenschaften orientiert und insofern auch bestimmte dort übliche Termini benutzt und z. T. übernimmt (wie Modell oder Beherrschbarkeit). Die genannten drei Aspekte sind zunächst tatsächlich von den Technikwissenschaften hergeleitet worden — allerdings schon im Ansatz von der Hypothese begleitet, daß sich diese Aspekte verallgemeinern lassen. Sicher ließe sich durch eine entsprechende Analyse der Gesellschaftswissenschaften das gleiche Resultat erzielen; allerdings sprachen die Komplexität der Gegenstände der Technikwissenschaften, ihre Praxisnähe, ihre ausgeprägte Interdisziplinarität und darin inbegriffen die unmittelbare Verbindung mit den Naturwissenschaften und der Mathematik dafür, die Suche nach einem komplexeren Modell von Wissenschaft zunächst auf die Technikwissenschaften zu gründen. Dabei erwies sich deren Nähe zu den Naturwissenschaften durchaus auch als ein Problem, denn das neue Modell schien sich ja geradewegs gegen jene zu richten. Gerade die Naturwissenschaften scheinen sich hinsichtlich der genannten drei Aspekte einer Unter- bzw. Einordnung strikt zu entziehen, und zwar sowohl aus historischen wie aus systematischen Gründen.

Aber der Schein trügt. Zwar emanzipierte sich die neuzeitliche Naturwissenschaft von technischen Zwecken und wurde dadurch *Natur*wissenschaft, aber diese

6 Vgl. H. Wendt, Erkenntnisgewinn in der industriellen Praxis, Wissenschaftliche Zeitschrift der TH Magdeburg, 5—6/1983, S. 86.

historisch-konkrete Bestimmtheit ist nicht von ewiger Dauer, wobei sich die Naturwissenschaft der Gegenwart immer stärker technischer Methoden bedient und gleichzeitig technischen Gegenständen zuwendet (technische Chemie und technische Physik). Der Begriff einer klassischen, reinen Naturwissenschaft entspricht damit der heutigen Realität nicht mehr, auch wenn er für Philosophie und Wissenschaftstheorien häufig noch zur Begründung ihrer Wissenschaftskonzeptionen verwendet wird und die anderen Wissenschaftsgebiete dann oft nur sehr mühevoll diesen Konzepten angepaßt werden können.

Andererseits muß es natürlich auch einleuchten, daß das hier vorgestellte Modell von Wissenschaft nicht in jeder Hinsicht auf das heute existierende Wissenschaftssystem paßt. Vielfach macht wissenschaftliche Tätigkeit vor den durch die drei Aspekte fixierten Konsequenzen halt, verharrt in „reiner Suche nach Wahrheit" und strenger Disziplinarität. Insofern spiegelt dieses Modell auch nur bestimmte Ansätze und Tendenzen gegenwärtiger und künftiger Entwicklung wider. Man muß sogar sagen, daß selbst die Technikwissenschaften jenen Aspekten noch nicht immer und durchgängig entsprechen, ganz abgesehen von Stimmen aus dem Lager der Naturwissenschaften oder der mit diesen besonders eng verbundenen Philosophen, die bei dem gegenwärtigen Entwicklungsstand der Technikwissenschaften hinsichtlich Exaktheit und Wissenschaftlichkeit überhaupt davor warnen, ein wissenschaftliches Modell über Wissenschaft auf die Technikwissenschaften zu gründen. Dazu wäre zweierlei zu sagen: Einmal liegt hier offenkundig eine Problemsituation vor, die man im Sinne von Th. S. Kuhn als Konkurrenz zweier Paradigmen auffassen kann. Eine empirisch begründete Entscheidung zwischen diesen ist dann zumindest schwierig; Kuhn hält das allerdings generell für unmöglich. So weit möchte ich nicht gehen; allerdings läßt die Existenz oftmals widersprüchlicher Strukturierungs- und Entwicklungsprinzipien komplexer Systeme die Möglichkeit verschiedener theoretischer Modelle zu, zwischen denen dann eben nicht einfach experimentell entschieden werden kann. Man kann aber rational darüber diskutieren, welches Modell unter konkreten Bedingungen das zweckmäßigere, die Beherrschbarkeit des betreffenden Systems optimal bzw. wenigstens besser gewährleistende ist. Maximale, also im wahrsten Sinne des Wortes allseitige Beherrschung ist ja sowieso unmöglich, ja nicht einmal denkbar.

Zum anderen kann es nicht die Absicht sein, ein Modell zu entwerfen, das in allen relevanten Merkmalen mit der Realität übereinstimmt. Eine Wissenschaftstheorie kann überhaupt nur dann praktisch sein, wenn sie sich in Widerspruch zu der bestehenden Realität in den Wissenschaften setzt und damit auf Veränderungen drängt. Natürlich muß sie dabei schon existierende Ansätze der künftigen Entwicklung adäquat widerspiegeln, diese anderen Gesichtspunkten gegenüber entsprechend bewerten und dann als Zielfunktionen setzen. Das muß dann selbstverständlich auch gegenüber den Technikwissenschaften gelten, und man kann sagen: Erscheinen uns diese Wissenschaften als ein empirischer Beleg dafür, daß die Erfüllung der Marxschen Forderung möglich und partiell auch schon wirklich ist, so kommt ihnen eine ganz besondere Verantwortung zu, diese Gesichtspunkte weiter auszuprägen — insbesondere unter den gegenwärtigen Entwicklungsbedingungen des wissenschaftlich-technischen Fortschritts.

Analoges gilt für alle anderen Wissenschaftsgebiete, einschließlich der Philosophie. Auf letztere gehen wir im 3. Abschnitt genauer ein; hier soll nur angedeutet werden, daß sich ein neuartiges Wissenschaftsverständnis zunächst auf die Erkenntnistheorie, dann aber wohl auf das ganze theoretische System auswirken muß — zumal ja der Theoriebegriff selbst in die Diskussion gerät und mit ihm konsequenterweise eigentlich fast jede philosophische Kategorie, die sich auf die Aneignung der Welt durch den Menschen bezieht. Der Gedanke von F. Engels, daß der Materialismus mit jeder epochemachenden Entdeckung auf den Gebieten der Natur und Gesellschaft seine Form ändern müsse,[7] ist also auf Veränderungen im Wissenschaftsverständnis, die als wissenschaftliche Revolutionen erster Art im Vergleich zu solchen zweiter Art in einzelnen Wissenschaften aufgefaßt werden können, auszudehnen.

Damit kann nun auch zusammenfassend gesagt werden, was wir unter „praktischer Wissenschaftstheorie" verstehen wollen:

1. Sie hat ein Modell von Wissenschaft zu liefern, welches aktuellen wie perspektivischen Erfordernissen der Wissenschaftsentwicklung durch Hervorhebung ganz bestimmter Momente Rechnung trägt und ein qualitativ neues Wissenschaftsverständnis durchzusetzen gestattet.
2. Sie stellt gegenwärtig vielfach noch dominierende Strukturen und Prozesse im Wissenschaftssystem insgesamt wie der großen Wissenschaftsgebiete im einzelnen in Frage und provoziert dabei insbesondere auch die Philosophie, also auch den dialektischen und historischen Materialismus, zur Überprüfung des erkenntnistheoretischen Instrumentariums. Dabei spielt der Theoriebegriff eine ganz besondere Rolle.[8]
3. Dieses Modell verknüpft deskriptive und präskriptive Seiten der Reflexion von Wissenschaft miteinander unter Hervorhebung der letzteren, ohne die ersten zu unterschätzen. Angestrebt wird eine echte Verknüpfung und nicht nur eine Addition — insofern gibt es Gemeinsamkeiten mit dem Hörzschen Konzept einer Wissenschaft im weiteren Sinne, dem Arbeitskonzept der Wissenschaft und dem der Finalisierung.
4. Das Konzept ist praktisch auch hinsichtlich der Diskussion und Auseinandersetzung mit nichtmarxistischen wissenschaftstheoretischen Konzepten. Es bemüht sich um eine stärkere Differenzierung zwischen philosophischen Konzeptionen und wissenschaftstheoretischen Modellen und kann deshalb be-

7 Vgl. F. Engels, Ludwig Feuerbach und der Ausgang der klassischen deutschen Philosophie, in: MEW, Bd. 21, Berlin 1975, S. 278.

8 Sieht sich z. B. ein Philosoph wie I. Kant vor der Aufgabe, einer theoretischen Philosophie noch eine praktische hinzuzufügen, so liegen einige der dafür verantwortlichen Wurzeln sicher auch in einem zu engen Theorieverständnis.

stimmte „Einseitigkeiten" der letzteren, die also nicht unbedingt Einseitigkeiten im philosophischen Sinne sein müssen, besser einordnen.

2. Die Rolle der Technikwissenschaften für eine praktische Wissenschaftstheorie

Wir waren davon ausgegangen, daß die Technikwissenschaften (künftig: TW) für die Entwicklung einer komplexeren Wissenschaftstheorie eine heuristisch-paradigmatische Funktion haben könnten. Das dabei entstehende Modell von Wissenschaft wollen wir im folgenden als M-TW bezeichnen, im Unterschied zu einem an den Naturwissenschaften (NW) orientierten Modell M-NW. M-TW soll eine bessere, d. h. bestimmte Entwicklungserfordernisse besser berücksichtigende Interpretation und Gestaltung zunächst der Technikwissenschaften, dann der Wissenschaft überhaupt ermöglichen. Außerdem wird es eine Provokation für Wissenschaftstheorie und Erkenntnistheorie darstellen, die Zweckmäßigkeit bestimmter Terminologien zu überprüfen.

Natürlich lassen sich TW und technisches Wissen auch im Rahmen des Modells M-NW darstellen. Danach haben sich die TW (im Unterschied zu Kunden und Künsten, die schon länger existieren) aus bestimmten Naturwissenschaften herausdifferenziert, und eine theoretische Durchdringung technischen Wissens besteht in einer naturwissenschaftlich-mathematischen Fundierung und Durchdringung empirischen Wissens. Technik ist Anwendung der Naturwissenschaft; insofern ist sie angewandte Wissenschaft. Grundlagenforschung zur Verbesserung oder Entwicklung von Technologien ist identisch mit der Aufdeckung der naturwissenschaftlichen Grundlagen technischer Strukturen und Prozesse.

Eine solche Interpretation hat selbstverständlich auch praktische Konsequenzen für die Lehre und Forschung in den TW, z. B. hinsichtlich der Gestaltung von Grundlagenausbildung und Grundlagenforschung an technischen Hochschulen. Gleichzeitig entstehen solche Wertungen der TW, die ihren Wissenschaftscharakter in Zweifel stellen: komplexe Sachverhalte sind niemals vollständig naturwissenschaftlich zu durchdringen, und so muß der Ingenieur immer auch probieren und improvisieren. So exakt wie die NW können die TW also niemals sein. Empirie ist immer vonnöten, selbst wenn die Theorie in Gestalt von Berechnungen und Simulation auf dem Rechner im Vormarsch ist. Es ist dann eigentlich nur konsequent, wenn H. Wendt den Terminus „theoretische Wissenschaften" für die NW reserviert und die TW strategische Wissenschaften nennt.[9]

Wie bereits gesagt: eine solche Interpretation ist durchaus möglich, und sie spiegelt auch bestimmte Aspekte des Verhältnisses von TW und NW wider. Außerdem ist unsere Erkenntnistheorie sehr stark durch diese Konzeption geprägt. Sie hebt nicht nur die wissenschaftliche Erkenntnis gegenüber anderen Formen

9 Vgl. H. Wendt, Natur und Technik — Theorie und Strategie, Berlin 1976, S. 29.

der Erkenntnis wie der Kunst, der Moral und dem Alltagsbewußtsein ganz besonders heraus, sondern sie macht ihren Begriff von wissenschaftlicher Erkenntnis an Merkmalen fest, die den oben genannten drei Aspekten genau entgegengesetzt sind: Die Abstraktion führt zu wahrer Erkenntnis über subjektunabhängige Gegenstände. Die immer umfassender und tiefgründiger gewordene philosophische und wissenschaftstheoretische Reflexion der TW ist nun aber zumindest ein Indiz dafür, daß die Darstellung der TW im Rahmen des Modells M-NW an Grenzen stößt, die sowohl historischer als auch systematischer Natur sind. Die angefügte Fallstudie wird zeigen, daß es durchaus möglich ist, die Entstehungsgeschichte der Montanwissenschaften anders als nach dem Modell M-NW darzustellen und verschiedene Dimensionen von Wissenschaftlichkeit in den TW zu unterscheiden. Gleichzeitig wird damit eine Wissenschaftsgeschichte kritisiert, die über alle Etappen der Wissenschaftsentwicklung mit einem Wissenschaftsbegriff auskommt. In systematischer Hinsicht werden wir mit der Schwierigkeit konfrontiert, die jeder praktischen Tätigkeit unmittelbar vorausgehenden Handlungsanweisungen als wissenschaftlich begründet zu rechtfertigen, obwohl wir hierzu nur über Begriffe und Modelle verfügen, die Verallgemeinerungen jener wissenschaftlichen Tätigkeiten sind, deren Resultat gerade keine Handlungsanweisungen darstellen sollen.

Es ist deshalb naheliegend, über ein alternatives Modell nachzudenken, welches systematisch von der Handlungsanweisung, wie sie u. a. in den TW entwickelt wird, ausgeht und welches naturwissenschaftliche Theorienbildung nur als abstraktes Moment solcher Art von wissenschaftlicher Tätigkeit faßt. Die TW stellen eine Klasse von Wissenschaften dar, in denen diese Art wissenschaftlicher Tätigkeit praktiziert wird; insofern kann man über eine wissenschaftstheoretische Analyse dieser Wissenschaften Aufschlüsse über die Struktur jenes Modells erhalten. Verstehen wir unter Technik die materiell-gegenständlichen Elemente der Produktivkräfte bzw. die Gesamtheit der Mittel und Verfahren produktiver, d. h. auf die Natur gerichteter, Gebrauchswerte schaffender menschlicher Tätigkeit, so ist Technologie die objektiv gegebene raum-zeitliche Struktur eines solchen Verfahrens (z. B. der Stoffwandlung) — und damit ist sie ein Unterbegriff von Technik, oder aber sie wird als die geistige Tätigkeit des Ingenieurs gefaßt, die zur geistigen Vorwegnahme solcher Verfahren in Gestalt von Handlungsanweisungen führt und die bei entsprechender Qualität mit Technikwissenschaft zusammenfällt. Objekt der TW sind von Anfang an die Gesetze der Wechselwirkung des Menschen mit der Natur; ihre Zielstellung ist nicht einfach die Abbildung von Naturbereichen, sondern die Beherrschung komplexer Systeme.[10] Das hat Konsequenzen für die Natur des technischen Wissens, denn die Beherrschung von Systemen setzt keine vollständige Kenntnis der in dem

10 Vgl. J. Albert/E. Herlitzius/E. Jobst, Probleme der Einheit von Natur-, Technik- und Gesellschaftswissenschaften, Wissenschaftliche Zeitschrift der TU Dresden, Separatreihe 1, Gesellschaftswissenschaften Nr. 2, 2/1980, S. 286 und 289.

dazu erforderlichen technologischen Verfahren existierenden Wechselwirkungen voraus. Natürlich muß der Ingenieur wissen, durch welche Gesetzmäßigkeiten die Struktur der von ihm entwickelten Verfahren bestimmt wird. Da es sich bei diesen Verfahren jedoch um Ziel-Mittel-Systeme bzw. Zweck-Ziel-Mittel-Systeme handelt, interessieren ihn nur jene Gesetze, welche die Realisierung der gesetzten Zielfunktionen betreffen. Eine vollständige Abbildung wäre also nicht nur unnötig, sondern sie würde die tatsächliche Beherrschung des jeweiligen Naturbereiches unmöglich machen. Die vom Ingenieur vorgenommenen Modellierungen sind also vom Prinzip her keine Behelfslösungen, keine Vorstufen zu echter theoretischer Erkenntnis, sondern die anwendungsfähige theoretische Erkenntnis in den TW existiert immer in der Form von Modellen, auf deren Grundlage das bereits produzierende Original, also die technische Anlage bzw. das dazugehörige Verfahren verbessert werden soll — oder aber es ist das zum Modell gehörige Original überhaupt erst zu schaffen. Im Unterschied zu den NW ist in den TW das Modell also stets eine Antizipation des Originals. Die Modelle der TW können in unterschiedlicher Form vorliegen, als technische Zeichnungen, Signalflußbilder, Systeme von Differentialgleichungen, aber auch als verbale Beschreibungen. Natürlich kann man derartige Modelle immer auch als Anwendungen allgemeiner, abstrakter Ausgangstheorien natur- und technikwissenschaftlicher (Meßtechnik, Automatisierungs-, Zuverlässigkeitstechnik u. a.) Theorien betrachten. Aber damit wird man der Spezifik technikwissenschaftlichen Schaffens nur ungenügend gerecht: Jene Anwendung ist keine schematische Übertragung allgemeiner Erkenntnisse auf einen Spezialfall, sondern eine theoretische Konkretisierung, in der die Nutzung spezieller wissenschaftlicher Methoden um so enger mit praktischem Geschick, Phantasie und Kunstfertigkeit verschmilzt, je näher die technischen Modelle an die Produktionstätigkeit selbst heranreichen. Auch die unmittelbare Anpassung von Technologien an ganz spezifische betriebliche Bedingungen kann wissenschaftlich-theoretische Arbeit sein.

In der technikwissenschaftlichen Erkenntnistätigkeit taucht also Theorie an verschiedenen Stellen und in mehreren Dimensionen auf. Dazu das folgende Schema:

Ebenen technikwissenschaftlicher Theorienbildung	Ebenen nicht-technikwissenschaftlicher Theorienbildung
	Marxismus-Leninismus, Dialektik, Erkenntnistheorie [1] Systemtheorie [2] Modelltheorie [3]
Theorie technischer Systeme [4]	
	Steuerungs- bzw. Regelungstheorie [5]

Ebenen technikwissenschaftlicher Theorienbildung	Ebenen nicht-technikwissenschaftlicher Theorienbildung
Steuerungs- bzw. Regelungstechnik [6] allgemeine Theorie der Prozeßverfahrenstechnik [7]	
	Theorien der physikalisch-chemischen Grundlagen [8]
Entwurf mathematischer Modelle verfahrenstechnischer Prozesse (theoretische Prozeßanalyse) [9] experimentelle Prozeßanalyse [10]	
	Sozialistische Betriebswirtschaft [11] Rechtswissenschaft [12] Arbeitswissenschaft [13]
Überprüfung und Anpassung mathematischer Modelle [14] Überführung [15] Weiterführung der Erkenntnis am laufenden Verfahren [16]	

Schema: Niveaus der Theorienbildung in der Verfahrenstechnik

Bemerkungen zu den einzelnen Ebenen:

[1] Selbstverständlich besitzt auch die Theorienbildung in den TW eine allgemeine weltanschauliche Grundlage. Dazu gehören insbesondere die Dialektik und die Erkenntnistheorie; ob sie nun bewußt oder spontan wirken, ist eine andere Frage. Ob und in welchem Maße durch die Philosophie darüber hinaus auch konkretere heuristische Orientierungen gegeben werden können, ist gegenwärtig noch in der Diskussion. Dabei steht die Widerspruchsproblematik im Zentrum des Interesses.[11]

[2] Über den Status von Systemtheorie gibt es noch keinen allgemeinen Konsensus.[12] Häufig wird sie als Teil der Kybernetik, oft sogar als deren zentraler Teil betrachtet. Die Systemtheorie schafft einen mathematisch faßbaren Kompromiß hinsichtlich der Dialektik von Teil und Ganzem, von Wesentlichem und Unwesentlichem, von Zufall und Notwendigkeit.[13]

[3] Eine Theorie der Modellbildung soll sich von einzelnen konkreten Modellbildungsaufgaben lösen und als Richtschnur für jene dienen.[14]

[4] Die Existenz einer solchen Ebene ist stark umstritten.[15] Möglicherweise fällt sie heute noch mit anderen Ebenen zusammen, z. B. mit den Ebenen [2] bis [6] oder aber prinzipiell mit [6].

[5] Diese Ebene betrifft eine allgemeine Theorie der Steuerung und Regelung kybernetischer Systeme. Eine Abgrenzung zu [2] ist schwierig.

11 Vgl. dazu etwa R. Thiel, Aufgabenstellungen in der Ingenieurarbeit und der dialektische Widerspruch, in: Deutsche Zeitschrift für Philosophie, 6/1981, S. 651.

12 Vgl. dazu den Abschnitt „System“ bzw. „Systemforschung“ in: Wörterbuch Philosophie und Naturwissenschaften, Berlin 1978.

13 Vgl. M. Peschel, Modellbildung für Signale und Systeme, Berlin 1978, S. 74.

14 Vgl. ebenda, S. 12.

15 Vgl. G. Ropohl, Eine Systemtheorie der Technik, München—Wien 1979.

[6] Anwendung von [2] bzw. [5] auf technische Systeme. Kann deshalb auch als technische Kybernetik bezeichnet werden und nimmt immer mehr den Charakter einer Automatisierungstechnik an.[16] Befaßt sich mit der Prozeßüberwachung, -bilanzierung, -führung, -stabilisierung und -optimierung.

[7] Befaßt sich im Kern mit der Herausbildung einer einheitlichen Modellierungsstrategie in der Verfahrenstechnik durch Anwendung systemtheoretischer Methoden zur Bestimmung der allgemeinen Struktur und Prozeßhierarchie verfahrenstechnischer Prozesse.[17]

[8] Die mathematischen Modelle sind physikalisch-chemisch zu begründen[18] bzw. durch Auswertung der für den Prozeß gültigen Stoff- und Energiebilanzen, d. h. der in ihm ablaufenden physikalischen und chemischen Prozesse, zu gewinnen.[19]

[9] Auf der Grundlage der Kenntnis des Prozeßablaufs[20] sowie der Lösung bestimmter Klassifizierungsaufgaben[21] werden folgende Aufgaben in Angriff genommen: Zerlegung des Prozesses in Teilsysteme, Zerlegung der Teilsysteme in Bilanzräume, Aufstellung der Bilanzgleichungen, Ermittlung von Kopplungs- und Ergänzungsgleichungen, Behandlung der Teil- oder Gesamtmodelle.[22]

[10] Die Struktur des Systems und/oder die zahlenmäßigen Beiwerte, welche das quantitative Verhalten des Systems bestimmen, sind experimentell zu ermitteln. Zumeist wird versucht, das System durch ein lineares Modell zu beschreiben und aus den experimentellen Ergebnissen die Beiwerte der Übertragungsfunktion des Systems zu bestimmen.[23]

[11], [12], [13] In diesen Ebenen werden Kriterien bereitgestellt, welche für Technologie und Konstruktion als Zielfunktionen dienen und der im engeren Sinne technischen Zielfunktion über- bzw. beigeordnet werden müssen.

[14], [15], [16] In diesen Ebenen wird der konkretisierende Charakter technikwissenschaftlicher Arbeit besonders deutlich. Hier geraten nun endgültig ganz spezielle technische Lösungen ins Blickfeld, ohne daß es sich dabei um „reine Empirie" handelt — auch wenn diese natürlich immer noch vorkommt.[24]

Voranstehende Erläuterung sollte deutlich gemacht haben, in welcher Weise in den TW die Einheit von „Abbildung" und Entwurf realisiert wird und daß die hier beschriebene kognitive Situation auch für andere Wissenschaftsgebiete, so auch die Gesellschaftswissenschaften, relevant ist. Wenn das so ist, müssen Erkenntnis- und Wissenschaftstheorie ihre Konsequenzen daraus ziehen. Bevor

16 Vgl. H. Töpfer/S. Rudert, Einführung in die Automatisierungstechnik, Berlin 1979, S. 13.

17 Vgl. H. Schubert/W. Fratzscher/R. Kind, Zur Herausbildung einer einheitlichen Modellierungsstrategie in der Verfahrenstechnik, Chemische Technik, 7/1981, S. 335.

18 Vgl. ebenda.

19 Vgl. H. Töpfer/S. Rudert, Einführung in die Automatisierungstechnik, a. a. O., S. 154.

20 Vgl. ebenda, S. 162.

21 Vgl. M. Peschel, Modellbildung für Signale und Systeme, a. a. O., S. 100.

22 Vgl. H. Töpfer/S. Rudert, Einführung in die Automatisierungstechnik, a. a. O., S. 155—156.

23 Vgl. ebenda, S. 185.

24 Vgl. dazu G. Banse/B. Thiele, Gesetz und Gesetzmäßigkeit in der Technik, in: Deutsche Zeitschrift für Philosophie, 2/1977, S. 198, wo auf unterschiedliche Konstruktionsarten in den Technikwissenschaften verwiesen wird. Vgl. H. Wendt, Erkenntnisgewinn in der industriellen Praxis, a. a. O.

darauf im dritten Abschnitt eingegangen wird, soll hier in aller Kürze auf drei Problemkreise hingewiesen werden, die sich aus der Spezifik technikwissenschaftlicher Theorienbildung ergeben und deren Behandlung für die Ausarbeitung des M-TW wichtig ist:

1. Wird „Beherrschbarkeit“ als die zentrale Kategorie dieses Modells fixiert, so muß deren kognitiver Status genauer bestimmt werden, da es ja auch vorwissenschaftliche Beherrschung von Realitätsbereichen gibt. Die erforderliche Abgrenzung läßt sich auf folgende Weise erreichen:

— Es geht nach wie vor um Wissen und nicht um die materiell-gegenständliche Tätigkeit selbst;
— es handelt sich um Ziel-Mittel-Wissen, in das Wissen um Kausalbeziehungen eingeordnet ist;
— es liegt hier Gesetzeswissen vor, solche Ziel-Mittel-Relationen betreffend, also Allgemeines erfassendes Wissen;
— eine Anwendung solchen Wissens ist nur dann selbst wissenschaftlich, wenn sie mit theoretischer Arbeit in folgender Weise verbunden ist: Durch Weiterführung der theoretischen Konkretisierung, durch darin eingeordnete, auf Abstraktionen gerichtete Erkenntnisprozesse und durch Variantenvergleich.

Sicher ist eine eindeutige Abgrenzung nicht immer möglich, da auch hier fließende Übergänge existieren.

2. Ob und inwiefern man in den TW von spezifischen Technikgesetzen sprechen kann, ist immer noch umstritten. Dabei interessieren hier nicht allgemeine Gesetze der Technikentwicklung, sondern Gesetze, die die Funktion technischer Systeme bestimmen — wobei dann verschiedene Allgemeinheitsgrade, wie in den anderen Wissenschaften auch, existieren müßten. Auch wenn es in den TW selbst hierzu bisher keine eindeutigen Positionen und Termini gibt, so sind m. E. Zweitakt- und Viertakt-Motor, verschiedene Arten der Stahlherstellung (Siemens-Martin-Verfahren, Sauerstoff-Aufblas-Verfahren), unterschiedliche bergmännische Abbauverfahren, aber auch die allgemein gültige Prozeßhierarchie eines technischen Verfahrens als Technikgesetze bzw. als auf solchen basierend darzustellen. Ein derartiges Verständnis von Gesetz entwickelte bereits Karl Marx, als er formulierte: „Nicht daß er (der Mensch) nur eine Formveränderung des Natürlichen bewirkt; er verwirklicht im Natürlichen zugleich seinen Zweck, den er weiß, der die Art und Weise seines Tuns als *Gesetz* (hervorgehoben von mir — F. R.) bestimmt und dem er seinen Willen unterordnen muß.“[25] Es wird dann kaum noch Schwierigkeiten bereiten, solchen Gesetzen auch die erforderliche Objektivität zuzumessen.

3. Die allgemein interessierende Frage, welche strukturellen Zusammenhänge zwischen komplexeren und einfacheren Bewegungsformen bestehen und wie zulässige Reduktionen von philosophischem Reduktionismus zu unterscheiden

25 K. Marx, Das Kapital. Erster Band, in: MEW, Bd. 23, Berlin 1979, S. 193.

sind[26], erscheint im Rahmen des M-TW als Frage nach dem Zusammenhang von technik- und naturwissenschaftlichem Wissen in technischen Systemen. Auch die hier gefundenen Antworten lassen sich bestimmt verallgemeinern:

— In einem bestimmten Sinne sind technische Systeme auf Naturvorgänge rückführbar; technische Zwecke werden über Kombinationen von Naturprozessen verwirklicht; in technischen Systemen finden wir, z. B. bei einer Analyse, nichts als Natur.
— Eine Rückführbarkeit auf Naturgesetze liegt dagegen schon nicht mehr vor. Zwar sind technische Systeme immer naturgesetzlich möglich (vgl. dagegen die Versuche, ein Perpetuum mobile zu bauen), aber eine Analyse zeigt, daß die Naturgesetze zum Verständnis der zweckgerichteten Kombinationen von Naturprozessen zwar notwendig, nicht aber hinreichend sind.
— Technische Systeme sind also weder durch die sie tangierenden Naturgesetze erklärbar noch in prognostischer Hinsicht aus diesen ableitbar.

Damit soll unsere kurze wissenschaftstheoretische Analyse der TW beendet werden. Das in ihrem Ergebnis entstandene M-TW ist nun dahingehend zu prüfen, ob und in welchem Maße es auch für andere Wissenschaftsgebiete relevant ist und ob es sich in das materialistische Grundkonzept der Erkenntnis einordnen läßt. Sollte letzteres nicht so ohne weiteres möglich sein, dann ist zu klären, ob diese Schwierigkeiten prinzipieller Natur sind oder daran liegen, daß sich unsere Erkenntnistheorie noch nicht auf den von Marx vorausgesagten Wissenschaftstyp eingestellt hat.

3. Marxistisch-leninistische Philosophie und praktische Wissenschaftstheorie

Im Mittelpunkt dieses Abschnitts steht eine Diskussion der These, daß sich die Dominanz des M-NW selbstverständlich auch im Kategorienapparat unserer Philosophie, insbesondere der Erkenntnistheorie, widerspiegeln muß und daß die Entwicklung neuer wissenschaftstheoretischer Auffassungen wie z. B. eines M-TW auf die Erkenntnistheorie zurückwirken müßte — möglicherweise über wissenschaftstheoretische Reflexionen vermittelt. Beide Behauptungen wollen wir im folgenden zu beweisen suchen, indem die Kategorien „Gegenstand der Erkenntnis“, „Theorie/Modell“ und „Gesetz“ einer Analyse unterzogen werden, um dann bestimmte begriffliche Erweiterungen vorschlagen zu können, die M-TW entsprechen. Hinsichtlich „Gegenstand“ dominiert ohne Zweifel eine Auffassung, welche die für Wissenschaftsgegenstände offensichtlich notwendige Bestimmung von Objektivität am Paradigma von Naturgegenständen, die schlechthin als subjektunabhängig verstanden werden, festmacht und eine materialistische Position

26 Vgl. Materialistische Dialektik in der physikalischen und biologischen Erkenntnis, hg. von H. Hörz/U. Röseberg, Berlin 1981, S. 34.

zur Erkenntnis an ein solches Verständnis bindet. Man bekommt dabei allerdings Schwierigkeiten mit der Objekt-Subjekt-Dialektik der Erkenntnis und muß die Gegenstände aus dieser Dialektik heraushalten. Dort, wo das kaum geht, wie z. B. bei den Technikwissenschaften, wirkt sich das dann auch auf die Klassifikation der betreffenden Disziplinen und ihre Einordnung in das Wissenschaftssystem aus: Solche Wissenschaften sollen nicht nach den Gegenständen, sondern nach Methoden und Zielstellungen geordnet werden. Diese Position hat natürlich Auswirkungen auf den Theoriebegriff: Theorie ist danach eine Qualität von Widerspiegelung, die subjektunabhängigen Objekten adäquat ist und die nichts „Subjektives, dem Objekt nicht Entsprechendes"[27] mehr enthält. Hegel hatte einen solchen Theoriebegriff mit „betrachtendem Erkennen"[28] identifiziert und diesem die praktische Idee gegenübergestellt. Modelle dagegen lassen sich dann am ehesten als Vorstufen zu Theorien auffassen. Entgegen allgemeinen Versicherungen hinsichtlich eines Aufsteigens vom Abstrakten zum Konkreten dominiert in unserer Erkenntnistheorie (wie auch in der nichtmarxistischen) die Analyse der Abstraktion und ihrer Resultate. Für eine detailliertere Analyse dessen, was an wissenschaftlicher Arbeit in den Ingenieurwissenschaften geleistet wird, scheinen uns deshalb geradezu die Begriffe zu fehlen. Das wird wiederum am Gesetzesverständnis deutlich. Objektivität von Gesetzen wird mehr oder weniger direkt auf die oben geschilderte Objektivität von subjektunabhängigen Gegenständen bezogen bzw. mit dieser gleichgesetzt und damit von Materialität kaum unterscheidbar. Als Paradigma hierfür lassen sich die Gesetze der klassischen Physik auffassen, schon nicht mehr jedoch die der Mikrophysik. Bei einer solchen Position scheinen dann in technischen Systemen wirklich nur physikalische Gesetze zu existieren, und die Suche nach spezifischen Technikgesetzen geht von vornherein in die Irre. Auch der Gedanke von K. Marx, daß der Zweck menschlichen Handelns als Gesetz die Art und Weise dieses Handelns bestimme,[29] läßt sich nicht einordnen. Es drängt sich somit die Frage auf, ob wir die Marxsche Aufgabenstellung aus der 1. These über Feuerbach, die Aktivität des Subjekts in der Erkenntnis nicht allein dem Idealismus zur Reflexion zu überlassen, schon ausreichend in Angriff genommen haben — zumal von den genannten Problemen nicht etwa nur die Technikwissenschaften betroffen werden. Auch die Gegenstände der Gesellschaftswissenschaften oder die der medizinischen Wissenschaften erfordern ein komplexeres Herangehen, und man kann sich zum Begriff einer „Krise der Medizin"[30] stellen wie man will: zu seinen kognitiven Wurzeln zählt zumindest auch ein einseitig an Naturerkenntnis orientiertes Wissenschaftsverständnis. Im folgenden soll deshalb ein solches komplexeres

27 Erkenntnistheoretische Aspekte des Schöpfertums in der Wissenschaft, Autorenkollektiv unter Leitung von W. Höwing, Berlin 1981, S. 54.

28 G. W. F. Hegel, Wissenschaft der Logik, 3. Buch, Leipzig o. J., S. 341—342.

29 Vgl. K. Marx, Das Kapital. Erster Band, in: MEW, Bd. 23, a. a. O.

30 Vgl. dazu K. Zechmeister, Arzt und Weltanschauung, Berlin 1972, S. 56.

Vorgehen demonstriert werden, wobei gleichzeitig die weltanschaulichen Konsequenzen eines solchen Konzeptes geprüft werden.

Selbst wenn die Termini „entdecken" und „konstruieren" erst noch wissenschaftstheoretisch zu analysieren sind, so läßt sich doch schon sagen: Für Gegenstände, die durch menschliches Handeln konstruiert, konstituiert, geschaffen werden, besitzt die Objekt-Subjekt-Dialektik der Erkenntnis ihre Spezifik gegenüber solchen Gegenständen, die unabhängig von menschlichem Handeln existieren sollen. Das gilt insbesondere auch für ihre Objektivität, und es wird nun endgültig deutlich, daß die Materialität dieser Gegenstände, die im Sinne einer bestimmten Beziehung zum Bewußtsein selbstverständlich auch hier vorliegt, etwas ganz anderes ist als jene Objektivität, welche sich aus einer praktischen Beziehung von Subjekt und Objekt ergibt. Treten als Gegenstände wissenschaftlicher Tätigkeit nicht an sich seiende Realitätsbereiche, sondern Ziel-Zweck-Mittel-Systeme auf, so kann Objektivität nicht mehr einfach als Subjektunabhängigkeit bestimmt werden, sondern es geht nun darum, Objekte zu konstruieren, die den Zwecksetzungen entsprechender Subjekte adäquat sind. Daß solche Objekte nur auf der Grundlage von Naturgesetzen und deren adäquater Widerspiegelung konstruiert werden können, bleibt dann als notwendige Bedingung erhalten — nur ist sie für diese Objekte eben nicht mehr hinreichend. Auch kann nun sinnvoll eine „gegenständliche Determiniertheit"[31] von einer sozialen

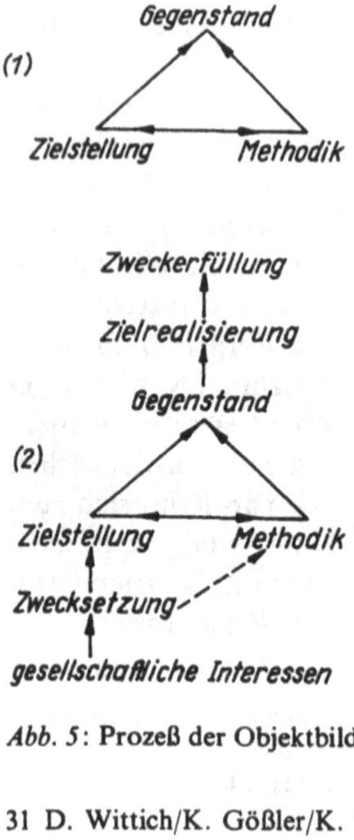

Abb. 5: Prozeß der Objektbildung

31 D. Wittich/K. Gößler/K. Wagner, Marxistisch-leninistische Erkenntnistheorie, Berlin 1978, S. 86—93.

begrifflich nicht mehr abgehoben werden: Bereits die gegenständliche Determination ist sozialer Natur, da die Zwecksetzungen des Subjektes eben sozialer Natur sind. Objekt und Objektivität sind nun auch wirklich als dialektische Negationen von Subjekt und Subjektivität realisiert, wobei — allerdings auf anderer Ebene — Subjektivität wiederum nichts anderes als dialektisch aufgehobene soziale Objektivität sein kann, z. B. in Gestalt der Widerspiegelung von Klasseninteressen. Zusätzlich gehen objektivierende Zwänge auch von den Mittelsystemen aus, die zur Realisierung von Zielen verfügbar sind. Eine frühere schematische Darstellung (1)[32] erweiternd, läßt sich dieser komplexe Prozeß der Objektbildung so darstellen, wie in Abb. 5 (2) gezeigt.

Man könnte ein solches Konzept „materialistische Konstitutionstheorie wissenschaftlicher Erkenntnisgegenstände" nennen. Es spiegelt nicht nur die Situation in den Technikwissenschaften wider, sondern es liefert auch eine Einordnung der Naturwissenschaften, deren Arbeitsweise und kognitiver Status durch das M-NW ja auch in stark idealisierender und die auch hier vorhandenen konstruktiven Momente bei der Gegenstandsbildung ausklammernden Art und Weise erfaßt wird. Es ist materialistisch, insofern die Existenz vom Bewußtsein unabhängiger Prozesse und Strukturen in Natur und Gesellschaft die Voraussetzung für Gegenstandsbildungen darstellt und dementsprechend berücksichtigt wird. Allerdings dürfte noch nicht entschieden sein, ob sich ein auf M-TW stützendes erkenntnistheoretisches Konzept dann schon als das einzig mögliche materialistische Konzept erweist oder ob nicht auch das „traditionelle" Konzept seine Bedeutung für bestimmte weltanschauliche Zwecksetzungen behält. Sollte letzteres zutreffen, so läge hier ein Beispiel für Modelldenken in der Erkenntnistheorie bzw. im Bereich des Übergangs von der Erkenntnis- zur Wissenschaftstheorie vor — ein Tatbestand, zu dessen Bewertung aber offensichtlich unser Theorieverständnis überdacht werden muß. Dieser Problematik wollen wir uns nun zuwenden.

Auch unser erkenntnistheoretischer Theoriebegriff ist wesentlich durch das Theorieverständnis in den Naturwissenschaften bestimmt, und entsprechende weiterführende Untersuchungen orientieren sich vielfach an Physik, Biologie und Chemie.[33] Der Modellbegriff spielt dabei eine besondere Rolle, wobei Modelle — wie auch die Hypothesen — als Vermittlungen zwischen Theorie und Experiment aufgefaßt werden.[34] Im Rahmen des M-NW sind diese Bestimmungen zutreffend und wohl auch hinreichend, solange wir an den üblichen, ziemlich strengen Unterscheidungen von Theorie, Hypothese und Modell festhalten. Nun kann man zwar wirklich Beschreibung, Hypothesen- und Modellbildung

32 Vgl. F. Richter, Gedanken zur Methodologie der Wissenschaftsklassifikation, in: Deutsche Zeitschrift für Philosophie, 3/1975, S. 461.

33 Vgl. dazu Materialistische Dialektik in der physikalischen und biologischen Erkenntnis, a. a. O.

34 Vgl. E. Dölling, Philosophisch-logische Probleme des Aufbaus von Theorien, in: Experiment — Modell — Theorie, hg. von H. Hörz/M. E. Omeljanovskij, Berlin 1982, S. 283.

als Vorstufen zur Theorienbildung auffassen, aber schon innerhalb von M-NW werden diese Bestimmungen „flüssig", wenn wir nur den Begriff „Theorie" genauer bestimmen wollen. Da treffen wir auf empirische Theorien, da werden Hypothesen als Bestandteile von Theorien verstanden und Modelle können „Quasitheorien"[35] sein. Auch Modelle und Hypothesen sind also in bestimmter Hinsicht „theoretisch", andererseits tragen Theorien wenigstens partiell auch Hypothesen- und Modellcharakter. Fassen wir ein M-TW ins Auge, dann treten zusätzliche Komplikationen auf: Die prognostische Funktion von Theorien müßte durch die Aufnahme normativer Momente, etwa im Sinne einer technologischen Vorschrift, erweitert werden; analoge Erweiterungen wären hinsichtlich der Adäquatheit (Wahrheit) und der Bestätigung von Theorien erforderlich. Denkbar ist deshalb ein Konzept, welches Modelle nicht primär zwischen Theorie und Experiment anordnet, sondern zwischen Theorie und Praxis, also Modelle als disziplinäre oder (meist) interdisziplinäre theoretische Entwicklungen versteht, die zu allgemein-konkreten Abbildern solcher Realitätsbereiche führen, die Gegenstand praktischen Handelns sind bzw. werden sollen. Modelle entsprechen dann praktischen Ideen,[36] aber jetzt verstanden als theoretische Konkretisierung abstrakter Theorien. Da letztere zunächst immer disziplinären Charakter tragen, Beherrschung von Gegenständen jedoch in der Regel nur kooperativ-interdisziplinär möglich ist, stellen Modelle dann gerade jene Erkenntnisform dar, über die Beherrschbarkeit allein möglich ist. Gute, d. h. praktische Theorien sind also Modelle. Handelt es sich dabei tatsächlich um Entwicklung (vgl. dazu auch den Begriff der technischen Entwicklungsarbeit), so müssen in diesem Prozeß — selbst wenn wir ihn nicht streng darwinistisch verstehen — Varianten, Verzweigungen, Möglichkeitsfelder auftreten, die sich in unserem Falle als verschiedene, spezifischen Zwecken untergeordnete Modellierungen ein und desselben theoretischen Ausgangswissens darstellen. In den Technikwissenschaften ist eine derartige Modellvielfalt an der Tagesordnung, selbst wenn der Vorgang der Modellbildung noch nicht überall auch als theoretische Arbeit verstanden wird. Als Beispiel soll hier die Stahlherstellung genannt werden, die auf der Grundlage derselben physikalischen und chemischen Gesetze über verschiedene Verfahren (Elektroschmelzen, Siemens-Martin-Verfahren, Konverterverfahren), deren theoretische Vorwegnahme also nach unserem Konzept die Modelle sind, realisiert werden kann. Für andere Wissenschaftsgruppen, wie z. B. die Gesellschaftswissenschaften, ist der Gedanke der Modellvielfalt entweder relativ neu oder mit ideologischen Vorbehalten beladen, die eine genauere wissenschaftstheoretische Analyse vorerst noch erschweren. Aber gerade hier sollte das M-TW heuristisch wirken.

35 Vgl. Materialistische Dialektik in der physikalischen und biologischen Erkenntnis, a. a. O., S. 327.

36 Vgl. H. Wendt, Natur und Technik — Theorie und Strategie, a. a. O., S. 40.

Da theoretisches Wissen immer auch Gesetzeswissen ist, stellt sich nun noch die Frage nach der Struktur von Gesetzen in einem solchen Modell. Auch hier kann eine Überlegung zur Existenz oder Nichtexistenz technischer Gesetze nur Mittel zum Zweck sein, nämlich einen verallgemeinerten Gesetzesbegriff zu erhalten, der dann insbesondere auch für die Gesellschaftswissenschaften relevant ist. Im Rahmen von M-TW wären Technikgesetze objektive und allgemeine, Ziel-Zweck-Mittel-Relationen[37] darstellende Zusammenhänge. Objektivität dieser Gesetze heißt, daß der Einsatz bestimmter Mittel bei hinreichend genau bekannten Bedingungen mit vorausbestimmbarer Wahrscheinlichkeit zum angestrebten Ziel führt. Philosophisch gesehen läßt sich ein solches Gesetzeswissen der sog. praktisch-geistigen Tätigkeit zuordnen, wobei dann allerdings im Rahmen von M-TW keine scharfe Grenze zur geistig-theoretischen Tätigkeit gezogen wird. Da es neben den Technikwissenschaften eine Vielzahl weiterer Wissenschaftsgebiete gibt, die sich nur mit größeren Schwierigkeiten in das M-NW einordnen lassen, erscheint dann die abschließende Annahme plausibel, daß eine weitere Ausführung des hier dargestellten Ansatzes eines komplexeren Wissenschaftskonzepts auch den möglicherweise irreführenden Eigennamen M-TW nicht mehr benötigt und abstreifen kann. Natürlich bleibt es insbesondere einer Wissenschaftstheorie der Gesellschaftswissenschaften überlassen, die heuristische Kraft eines solchen Modells zu überprüfen. Ein neuer und besserer Name wird sich dann einstellen. Einstweilen sollten wir M-NW und M-TW als zwei wissenschaftstheoretische Modelle auffassen, die unter nur partiell identischen Zwecksetzungen um eine adäquate Modellierung der Struktur und Entwicklung von Wissenschaft konkurrieren und neue Anforderungen auch an die erkenntnistheoretische Arbeit stellen.

Fallstudie
Zur Struktur und Geschichte der Bergbauwissenschaften

Die Orientierung der Partei- und Staatsführung der DDR auf die verstärkte Nutzung einheimischer mineralischer Rohstoffe sichert den Bergbauwissenschaften in unserer Republik auch künftig eine stabile und zugleich dynamische Existenz. Diese Tatsache ist jedoch direkt mit der Anforderung an die in diesem Bereich der Wissenschaft und Produktion Tätigen verbunden, die Effektivität von Forschung (einschließlich Überführung), aber auch die der Lehre und Weiterbildung zu erhöhen (vgl. etwa die Zielstellungen im Beschluß zur Gestaltung der Aus- und Weiterbildung von Ingenieuren und Ökonomen aus dem Jahre 1983). Dazu sind u. a. möglichst klare Standortbestimmungen der in Frage kommenden Disziplinen hinsichtlich ihrer gesellschaftlichen Zielstellungen, ihrer verfügbaren

37 Vgl. dazu J. Albert/E. Herlitzius/F. Richter, Entstehungsbedingungen und Entwicklung der Technikwissenschaften, Leipzig 1982, S. 118 (Freiberger Forschungshefte, D 145).

bzw. zu entwickelnden Methoden, des erreichten wissenschaftlichen Niveaus und erforderlicher Weiterentwicklungen in konzeptioneller, insbesondere interdisziplinäre Aspekte beachtender Hinsicht zu erarbeiten.

Für traditionsreiche oder gar -beladene Disziplinen wie die Bergbauwissenschaften hat eine solche Aufgabenstellung ihre besonderen Reize. Insbesondere interessiert dabei immer wieder die Frage, ob und inwieweit Wissenschaftsentwicklung in solchen Wissenschaftsgruppen innerhalb der Technikwissenschaften identisch ist mit mathematisch-naturwissenschaftlichen Modellbildungen und was hier unter „Theorieentwicklung“ bzw. „Zurückdrängung von Empirie (bzw. Empirismus)“ zu verstehen ist. Die gegenwärtig dominierenden Positionen in der auf der Technikwissenschaft bezogenen Wissenschaftsgeschichte lassen sich auf folgende Thesen zurückführen:

1. Das technische Wissen entwickelt sich in der Reihenfolge Kunst—Kunde—Wissenschaft.
2. In der Epoche der Renaissance beginnt diese Entwicklung; erst unter den Bedingungen der industriellen Revolution, die ja eine technische Revolution notwendig macht, entstehen die Technikwissenschaften.
3. Für die Herausbildung bestimmter Technikwissenschaften sind jeweils bestimmte Basis-Naturwissenschaften Ausgangspunkt.
4. Theoretische Durchdringung einer sich noch im vor-theoretischen Stadium der Wissenschaftsentwicklung befindlichen Technikwissenschaft ist stets mathematisch-naturwissenschaftliche Durchdringung und Begründung alter wie neuer Verfahren.

Dieses Modell der Wissenschaftsgeschichte ist ohne Zweifel für viele Fälle gültig und sicher auch geeignet, für alle Wissenschaften zumindest bestimmte Seiten ihrer Entwicklung aufzuhellen. Aus dem Bereich der Montanwissenschaften mehren sich in letzter Zeit jedoch Bedenken, ob dieses Modell tatsächlich so universell anwendbar und theoretisch unangreifbar ist, wie vielfach angenommen. In enger Verknüpfung mit systematischen Überlegungen lassen sich hierzu diesbezügliche Anregungen aus der Geschichte dieser Wissenschaften herleiten. Es geht dabei u. a. um die Frage, ob sich bestimmte Technikwissenschaften bereits vor der Entstehung der neuzeitlichen Naturwissenschaft herausgebildet haben. Hierher gehören u. a. alle jene historischen Daten, welche die Einordnung des „Vaters“ bzw. „Begründers“ der Montanwissenschaften, Georgius Agricolas[38], oder aber die des Erfinders des europäischen Porzellans, F. Böttgers[39], aber auch schon die Bewertung der wissenschaftlichen Leistungen

38 F. Richter, Zum Verhältnis von Philosophie, Wissenschaftsgeschichte und Wissenschaftstheorie, in: Philosophische und historische Fragen der Entwicklung der Bergbauwissenschaften (Aktuelle Fragen der marxistisch-leninistischen Wissenschaftstheorie, H. 5), Freiberg 1981, S. 21f.; vgl. auch O. Wagenbreth, Zum Problem der historischen Periodisierung von Technikwissenschaften am Beispiel der Montanwissenschaften, ebenda, S. 63f.

39 W. Goder u. a., J. F. Böttger. Die Erfindung des europäischen Porzellans, Leipzig 1982, S. 103f.

M. W. Lomonossows[40] berühren. Im folgenden wollen wir nur auf G. Agricola (1494—1555) eingehen.

Agricola beginnt sein Hauptwerk „De re metallica" (1556) mit folgenden Sätzen: „Viele Leute sind der Meinung, der Bergbau sei gewissermaßen eine Sache des Zufalls und eine schmutzige Tätigkeit und überhaupt ein Geschäft, das nicht so sehr wissenschaftliches Forschen als körperliche Arbeit erfordert."[41] Dem sei jedoch nicht so: Äußerste Sachkunde (über Lagerstätten, Mineralien, technische Vorrichtungen unter Tage) sei hier mit der Kenntnis vieler Kunstgriffe (wie der Probierkunde und beim Schmelzen) verbunden. Außerdem müsse der Bergmann in vielen Künsten und Wissenschaften einigermaßen bewandert sein, darunter in der Philosophie, die sich mit der Entstehung, den Ursachen und dem Wesen der Stoffe unter Tage befasse, sowie in der Medizin, Astronomie, Rechenkunst, Baukunst und in der Wissenschaft von den Maßen.[42] Häufig wird die hier von Agricola geforderte äußerste Sachkenntnis als beschreibendes Wissen gekennzeichnet.[43] Für eine solche Wertung scheint auch die außerordentliche Komplexität jener Wissenschaft Agricolas zu sprechen, welche unter den heutigen Bedingungen wohl auch kein Äquivalent mehr findet. Gleichzeitig hat sich mit der Aufgliederung dieser Komplexbetrachtung von Bergbau und Metallurgie in eine Fülle von Einzeldisziplinen eine enorme Entwicklung vieler jener Teilgebiete in mathematisch-naturwissenschaftlicher Hinsicht vollzogen. Vergleiche zu Agricolas Zeiten machen in dieser Beziehung wohl die Unterschiede, kaum jedoch noch Ähnlichkeiten sichtbar. Dennoch bleiben einige Fragen offen, die eine Bewertung von Agricolas Vorgehen als empiristisch revidieren und zu dem Schluß führen können, daß moderne Wissenschaftsentwicklung einen Typ von Wissenschaft hervorbringt, welcher Agricolas Denkweise — allerdings auf höherer Stufe — erneut reproduziert und um Rücknahme der Spezialisierung bemüht ist. Solche Fragen sind u. a.:

— Welcher Typ von Theorie ist erforderlich, um die wissenschaftlich begründete Beherrschung komplexer Sachverhalte (z. B. die Beherrschung eines Tagebaues mit entsprechenden geologischen Bedingungen, spezifischer Technologie (z. B. Bandbetrieb, Förderbrückenbetrieb, Direktversturztechnologie), Transportfragen und nicht zuletzt sicherheitstechnischen und Umweltproblemen) zu sichern?

40 F. Richter, M. W. Lomonossow als Gegenstand der Wissenschaftsgeschichte und Wissenschaftstheorie, in: M. W. Lomonossow (1711—1765), Leipzig 1983, S. 45 (Freiberger Forschungshefte, D 157).

41 G. Agricola, De re metallica, in: Georgius Agricola, Ausgewählte Werke, Bd. VIII, Berlin 1974, S. 53.

42 Ebenda, S. 53/54.

43 H. Baumgärtel, Zur Periodisierung der Geschichte der Bergbauwissenschaften, in: Beiträge zur Geschichte des Bergbaus, Hüttenwesens und der Montanwissenschaften (16.—20. Jahrhundert), Bd. 1, Leipzig o. J., S. 77 (Freiberger Forschungshefte D 46).

— Welchen kognitiven Status haben die Systemlösungen solcher Aufgaben?
— Sind die Modelle, welche solche Systembeherrschung ermöglichen, gerade die Theorien der Technikwissenschaften?

Die naturwissenschaftlich-mathematische Modellierung von Teilprozessen gewinnt dabei weiter an Bedeutung; Grundlagenforschung in den Technikwissenschaften kann nun aber nicht mehr hierauf reduziert werden. Die Konsequenzen für die Aus- und Weiterbildung von Ingenieuren, aber auch von Ökonomen — die Analogien sind deutlich — liegen dann auf der Hand.

Reinhard Mocek

Rekonstruktion der Wissenschaftsgeschichte als Problem einer Theorie der Wissenschaftsentwicklung

Es ist inzwischen fast schon ein Gemeinplatz geworden, wenn man feststellt, daß eine Theorie der Wissenschaftsentwicklung den Verlauf einer Ereignisreihe (eben wissenschaftliche Prozesse) bis in die Gegenwart und darüber hinaus abzubilden, zu erklären und vorauszusagen hat. Tatsächlich sind derartige Theorien nicht allzuviel wert, wenn sie lediglich *gewisse* Aspekte, *gewisse* Teilabschnitte längst vergangener, also abgelaufener Ereignisse „aufhellen", die innere Logik wissenschaftlicher Entdeckungen, ihre Vorläufer und Folgewirkungen transparent machen, aber stets betonen, daß sich daraus keine sicheren Schlüsse für die Gestaltung aktueller Wissenschaftsprozesse ableiten lassen. Nun ist allerdings die wissenschaftstheoretische Situation nicht viel besser; eine umfassende Theorie der Wissenschaftsentwicklung mit der geforderten Erklärungskraft ist noch nicht in Sicht. Das läßt einige Reflexionen über Sinn und Zweck der Arbeit an einer solchen Theorie zu — ich will an dieser Stelle, auf einige bereits dazu geäußerte Gedanken verweisend,[1] lediglich drei Gesichtspunkte kurz berühren. Das wäre erstens das Problem des Verhältnisses von Theorie und tatsächlichem Ablauf bzw. von Wissenschaftstheorie und Wissenschaftsgeschichte. Während einem traditionellen Verständnis von Wissenschaftsgeschichte die weitgehende Abhängigkeit der Wissenschaftstheorie eben von der Wissenschaftsgeschichte einzuleuchten scheint, hat sich doch zunehmend — spätestens seitdem die vielberufenen „Fallstudien" eine Rolle zu spielen begannen — eine Situation ergeben, die diese Abhängigkeit umzudrehen scheint. Fallstudien tragen ausgewählten Charakter, diskutieren in der Regel nicht ihre Exklusivität und laufen Gefahr, zu Erfüllungsgehilfen für vorgefaßte Theorien zu werden. Damit soll das methodische Potential, das in Fallstudien steckt, keineswegs abgewertet, sondern nur auf mögliche mißbräuchliche Verwendungen hingewiesen werden. Die Subordination der Fallstudie unter eine Theorie ist ebenso problematisch wie die Unterordnung der Wissenschaftstheorie unter die Wissenschaftsgeschichte.

1 Vgl. R. Mocek, Theorien der Wissenschaftsgeschichte in marxistischer Sicht, in: Die Entwicklung des medizinhistorischen Unterrichts, hg. von A. Völker/B. Thaler, Halle/Saale 1982, S. 9—23; Zur Entwicklung der Wissenschaftstheorie und einer marxistisch-leninistischen Theorie der Wissenschaftsgeschichte, in: Wissenschaft und Gesellschaft 1945 bis zur Gegenwart, hg. von G. Wendel, Berlin (im Druck).

Diesem Entweder — Oder scheint Imre Lakatos zu entgehen, wenn er zwischen Theorie und Geschichte folgendes dialektisches Verhältnis annimmt: Man gibt zunächst eine rationale Rekonstruktion (wir kommen darauf zurück) eines bestimmten Ereignisses bzw. Abschnittes der Wissenschaftsentwicklung. Danach vergleicht man sie mit der wirklichen Geschichte. Daran wird man erkennen, so Lakatos weiter, ob die rationale Rekonstruktion Mängel an Historizität hat und die wirkliche Geschichte Mängel an Rationalität![2] Lakatos entgeht ohne Zweifel der Gefahr, Theorie bzw. Geschichte zu dominieren, was ihn aber nicht von der Antwort befreit, welcher der Schritte der primäre zu sein hat. Hier entscheidet sich Lakatos eindeutig für das Primat der Wissenschaftstheorie (bzw., in der von ihm bevorzugten Terminologie, der Wissenschaftsphilosophie). Auf die interessante Formulierung, wonach die Geschichte Mängel an Rationalität aufweisen könne, ist noch einmal zurückzukommen. Ohne Frage wird hier ein wichtiger Aspekt der Dialektik des Logischen und Historischen berührt, und ebenso gewiß ist es, daß mit diesem dialektischen Potential das erkenntnistheoretische Problem des Verhältnisses von Wissenschaftstheorie und -geschichte in Zukunft weiter zu untersuchen ist.

Ein zweiter Gesichtspunkt allgemeinerer Natur betrifft die Frage nach der Struktur dieser Theorie der Wissenschaftsentwicklung. Es spricht manches dafür, daß wir es hier mit einem ganzen Theorienensemble zu tun haben, wobei die einzelnen „Bewegungsformen" der Wissenschaft (die erkenntnistheoretische, soziale bzw. sozialökonomische und psychologische Seite; aber auch weitere Differenzierungen relativ selbständiger Daseinsformen von Wissenschaft sind möglich) bis zu einem gewissen Grade relativ unabhängig voneinander gesehen werden können. Ich stimme in diesem Punkte Rösebergs Vorbehalten gegen eine Überbetonung der sozialen Seite der Wissenschaft bei der Analyse von Wissenschaftsentwicklungen durchaus zu,[3] glaube aber, daß man den rationellen Kern der Finalisierungsidee nicht vor jeder eigenen Prüfung (und auch nicht ohne Prüfung der anderen Prüfungen) einfach abweisen kann.[4] Für mich ist

2 Vgl. I. Lakatos, Die Methodologie der wissenschaftlichen Forschungsprogramme, in: Philosophische Schriften, Bd. 1, hg. von J. Worrall/G. Currie, Braunschweig—Wiesbaden 1982, S. 52.

3 Vgl. U. Röseberg, Szenarium einer Revolution. Nichtrelativistische Quantenmechanik und philosophische Widerspruchsproblematik, Berlin 1984; Rösebergs Polemik gegen Versuche, sozialökonomisch determinierte Unterschiede der mathematisch-naturwissenschaftlichen *Theorie*entwicklung nachweisen zu wollen, bleibt für meine Begriffe zu anonym. Das hat doch weder ein Vertreter des Tätigkeitskonzeptes noch des Konzeptes der doppelten Determiniertheit in unserem Lande je behauptet (vgl. S. 17/18).

4 Vgl. G. Böhme/W. van den Daele/R. Hohlfeld/W. Krohn/W. Schäfer/T. Spengler, Die gesellschaftliche Orientierung des wissenschaftlichen Fortschritts. Starnberger Studien I., Frankfurt/M. 1978; R. Mocek, Finalisierung der Wissenschaft, Anmerkungen zu einem wissenschaftstheoretischen Programm, in: Beiträge zur Kritik der bürgerlichen Philosophie und Gesellschaftstheorie, 5/1984, S. 32—46.

eine andere Folgerung, die sich aus oben genannter These ergibt, weit wichtiger, die Folgerung nämlich, daß die Kritik an nur erkenntnistheoretischen Betrachtungen der Wissenschaft sich nicht mit dem bloßen Hinweis zufrieden geben kann, wonach eine die Sozialgeschichte ausklammernde Wissenschaftstheorie a priori falsch sei. Wohl gibt sie kein richtiges Gesamtbild von Wissenschaft (so sie eines zu geben beabsichtigt; immerhin beanspruchen das Kuhn, Popper und Toulmin), jedoch werden einige der genannten „Bewegungsformen" in manchmal direkt einzelwissenschaftlicher Manier aufs Korn genommen und fraglos auch Ergebnisse vorgelegt.[5] Für mich ist die im Grunde genommen irritierende Aufspaltung der Wissenschaftstheorie in drei Forschungsabteilungen — die erkenntnistheoretisch-methodologische (Popper, Lakatos), die sozialtheoretische (Merton) und die kreativitätstheoretisch-psychologische (im Anschluß an Piaget, aber mit vielen US-amerikanischen Vertretern unabhängig von Piaget) — nicht allein als Resultat einer ungenügenden wissenschaftsphilosophischen Grundlegung der Wissenschaftstheorie „erklärt", sondern erfordert zusätzliche Erwägungen, die am komplexen Gegenstandsbereich der Wissenschaftstheorie ansetzen müßten. Meine These hierzu lautet, daß die Wissenschaft selbst ein komplexer Tätigkeitsbereich ist, der zunächst über seine Elemente (wohl nicht ausschließlich, aber zunächst wohl doch auf diesem Wege) zu ermitteln ist. Diese Elemente möchte ich im übertragenen Sinne „Bewegungsformen" nennen, in Analogie zum Begriff der materiellen Bewegungsformen, aber selbstredend nicht im selben Wortsinne. Dazu im nächsten Abschnitt mehr.

Drittens schließlich hat sich im Wettbewerb konkurrierender Methodologien — nach Lakatos könnte man im Bereich der nicht-marxistischen Wissenschaftsforschung mindestens vier derartige Methodologien ausmachen: Induktivismus, Konventionalismus, methodologischer Falsifikationismus sowie Lakatos' Methodologie wissenschaftlicher Forschungsprogramme[6] — doch eine gewisse Vergleichbarkeit ergeben, sind Vorteile und Nachteile vorgeschlagener Methodologien abwägbar, prüfbar, d. h. die ganzen Debatten waren nicht umsonst. Neben diesen Methodologien sind jedoch auch auf den anderen Ebenen (Bewegungsformen) jeweils differente Modelle, Erklärungsversuche, Theorien etc. nachweisbar. Die ganze neuzeitliche Wissenschaftsforschung stellt sich dar als Ensemble konkurrierender Modelle jeweils zu einer wissenschaftlichen „Bewegungsform". Im Gegensatz dazu versucht die marxistische Wissenschaftstheorie,

5 Siehe dazu die instruktiven Diskussionen in der internationalen Wissenschaftsforschung, u. a.: Wissenschaftskonzeptionen. Eine Auswahl von Beiträgen sowjetischer Wissenschaftshistoriker zur Geschichte der Ideen über die Wissenschaft, hg. von G. Domin, Berlin 1978; Probleme der Wissenschaftsforschung, hg. von C. Burrichter, Erlangen 1978; Grundlegung der historischen Wissenschaftsforschung, hg. von C. Burrichter, Basel—Stuttgart 1979; Wissenschaftsgeschichte und wissenschaftliche Revolution, hg. von K. Bayertz, Köln 1981.

6 Vgl. I. Lakatos, Die Methodologie der wissenschaftlichen Forschungsprogramme, a. a. O., S. 109.

von einer vereinheitlichenden Grundlage aus dieses Problem anzugehen. Es ist jedoch nicht zu übersehen, daß diese Grundlage ausgesprochen „sozialtheoretischer Natur" ist und die erkenntnistheoretisch-methodologische Ausdifferenzierung dieser Grundlage noch weitgehend unbefriedigend ist. Ähnlich steht es mit der kreativitätstheoretisch-psychologischen Seite zumindest in unserem Lande.

Die Ausgangslage für die Erörterung unseres Problems — was leistet eine Rekonstruktion der Wissenschaftsgeschichte für eine Theorie der Wissenschaftsentwicklung — ist demnach durch folgende Probleme gekennzeichnet: *Erstens* durch die Bestimmung der Komplexität des Gegenstandes „Wissenschaft in der Geschichte"; *zweitens* durch die Spezifik, in der sich Logisches und Historisches in der Geschichte der Wissenschaft ausdrückt; *drittens* durch die Widersprüchlichkeit jeweils teilweise zutreffender Theorien über die Wissenschaftsentwicklung.

Letztlich tendieren diese Probleme zur (Neu-)Bestimmung des Wissenschaftsbegriffs, worauf ich aber in diesem Zusammenhang nicht ausführlich eingehen möchte. Die bisherigen Definitionen in der marxistischen Literatur berücksichtigen vorzugsweise den Entstehungszusammenhang (Form der „geistigen Aneignung" der Welt auf der Grundlage einer je „praktischen Aneignung") und ihre sozial-ökonomische Einbindung (innerhalb der Relation von Produktivkräften und Produktionsverhältnissen). Erkenntnistheoretische und kreativitätspsychologische Bestimmungsmerkmale sind in diesen Definitionen entweder nicht anzutreffen oder nur beschreibend (System von Wissen) oder verweisend (mit eigenen Reproduktionsgesetzmäßigkeiten). Was aber ganz und gar fehlt, ist ein Blick auf die Bewegungsgesetze von Wissenschaft, kurz gesagt auf ihre Dialektik.

Es ist tatsächlich verlockend, die neueren Ergebnisse der naturwissenschaftlichen Entwicklungsforschung,[7] die man fraglos als Beiträge zur Konkretisierung von Naturdialektik verstehen kann, wissenschaftstheoretisch auszuwerten. Das betrifft eine Vielzahl von möglichen Ansatzpunkten, von denen ich nur einige wenige erwähnen möchte. Zunächst wird die System-Element-Beziehung, auf die Wissenschaft übertragen, zu völlig neuen Schlußfolgerungen über Wissenschaftseinheiten führen, d. h. wissenschaftliche Gebilde, die tatsächlich denselben Trends, Gesetzmäßigkeiten und dynamischen Potentialen unterworfen sind. Das „System Wissenschaft" eines Landes, gar der „Weltwissenschaft" dürfte in diesem Sinne als viel zu wenig aufgeschlüsselt gelten. Viele Erkenntnisse der Physik dissipativer Strukturen lassen Ähnlichkeiten mit Wissenschaftsprozessen nicht nur vermuten, sondern diese springen geradezu ins Auge. So ist das Systemverhalten an Verzweigungsstellen auch in der Wissenschaft relativ unvorhersagbar, andererseits eröffnen gerade solche Verzweigungsstellen völlig neue Entwicklungswege. Hier

7 Vgl. W. Ebeling/R. Feistel, Physik der Selbstorganisation und Evolution, Berlin 1982; W. C. Schieve/P. M. Allen, Self-Organization and Dissipative Structures: Applications in the Physical and Social Sciences. University of Texas Press, Austin 1982.

wird auch die große Rolle „eines“ Elements innerhalb des Verhaltens derartiger Systeme deutlich, das sich zum dominierenden eines Systems erheben kann und das ganze Entwicklungen „versklavt“, um diese Metapher aus der Synergetik zu verwenden. Mit einem Wort — die Theorie der Selbstorganisation und der Selbstreferenz eröffnet auch der Wissenschaftstheorie neue Horizonte und könnte den vorliegenden Wissenschaftsbegriffen in einer ganz entscheidenden Frage weiterhelfen — nämlich bei der Bestimmung der Entwicklungseigenart von Wissenschaftssystemen. Daß diese nicht auf die Weise einer durchwaltenden Gesetzmäßigkeit beschreibbar sein wird, d. h. daß man bei der Kenntnis einiger Ausgangszustände die Ablaufformen sämtlicher nachfolgender Wissenschaftsprozesse automatisch mit weiß, dürfte klar sein. Der mechanische Determinismus gilt auch für die Wissenschaftsentwicklung nicht!

1. Rekonstruktion als theoretische Leistung

Die neuere Wissenschaftsforschung ist längst von empiristischen Annahmen abgekommen, wonach die möglichst detailgetreue Nachzeichnung der Wissenschaftsentwicklung Aufschlüsse über die dieser Entwicklung zugrunde liegenden Gesetzmäßigkeiten erbringen würde. Das ist durchaus vergleichbar mit der Entstehungsgeschichte der Darwinschen Theorie und ihrer Vorläufer. Ohne die zündende Idee von Variabilität, Selektivität und Rekombination würde ein Bild der Evolution höchstens einen musealen Erlebniswert, aber keinen wissenschaftlich relevanten Erklärungswert haben. Die zündende Idee aber ist die entscheidende theoretische Leistung, die in eine Ereignisreportage Sinn und Verstand bringt oder, anders ausgedrückt, Sinn und Verstand dieser Ereigniskette freilegt — man spricht allerdings dabei besser von der „inneren Logik“ dieser Ereignisfolge. Im Unterschied zu Darwins Erklärung der Evolution des Lebens gibt es nun zur Erklärung der Evolution von Wissenschaft mehrere solcher „zündenden Ideen“, was einerseits Zweifel an der tatsächlichen „Zündkraft“ aufkommen läßt, aber andererseits sich auch die Frage gefallen lassen muß, inwieweit man mit *einem* theoretischen Erklärungsmuster der Vielfalt von Wissenschaft überhaupt auf die Spur kommen kann. Auch hier ist ein Vergleich mit der Situation der Lebensforschung durchaus anregend. Denn von einem bestimmten Zeitpunkt der Entwicklung der Lebensstrukturen an treten neue Entwicklungsleistungen hinzu, die nicht mehr mit der ursprünglichen „zündenden Idee“ erklärt werden können. Zur Evolution, die über Mutabilität, Selektivität und Rekombination (hier verkürzt gefaßt) gesteuert wird, tritt die Evolution von Sozialstrukturen und die Evolution von Verhalten. Wohl stehen diese drei Arten der Evolutionen nicht schroff gegeneinander, aber sie sind auch nicht reduzierbar auf eine. Es treten neue komplizierte Erklärungsanforderungen auf, die sich vor allem auf die Vernetzung dieser Evolutionen beziehen. Die Darwinsche Theorie wurde durch die Synthetische Theorie der Evolution weitergeführt, diese selbst ist wiederum durch die Ethologie und Soziobiologie spezifisch herausgefordert.

Gewiß sollte man die Analogie nicht überspannen, jedoch auch zur Abbildung der Genesis von Wissenschaft wäre eine solche Dreistufung vorstellbar. Das methodische Selbstbewußtsein der Wissenschaft dominierte in den ersten Jahrhunderten der Existenz von Wissenschaft, kurz gesagt von Descartes bis zu Whewell. Es wurde viel Gültiges über die erkenntnistheoretische Eigenart wissenschaftlichen Wissens vorgelegt, von dem auch die heutigen Generationen der Wissenschaftsforscher ihren Nutzen haben. Die spezifischen Entwicklungseigenarten einer zunehmend sozial integrierten Wissenschaft traten erst relativ spät in das wissenschaftstheoretische Selbstbewußtsein — im Grunde erst in den Schriften von Marx und Engels. Auch hier gab es in der Folgezeit mannigfache Tendenzen zum Reduktionismus, zur Herabminderung der Rolle der Sozialgeschichte der Wissenschaft, zur Hypertrophierung der erkenntnistheoretischen Entwicklungsfaktoren. Der Positivismus und die Wissenssoziologie markieren solche Vereinseitigungen in der jüngeren Geschichte bürgerlicher Wissenschaftstheorie; neuerdings ist diese Polarisierung jeweils noch subtil untergliedert (Kritischer Rationalismus und Konstruktivismus, Finalisierungskonzept, Kuhns Theorie u. a.). Die Ermittlung kreativitätspsychischer Eigenarten in der Geschichte der Wissenschaft ist noch jüngeren Datums und mit Wilhelm Ostwalds Arbeit über die großen Wissenschaftlerpersönlichkeiten anzusetzen. Auch hier ist eine Reduktion auf die Erkenntnistheorie und auf die Sozialgeschichte der Wissenschaft naheliegend und — falsch! Doch der Reduktionismus ist hierbei weniger verbreitet als die relative Isolierung der drei betrachteten Ebenen oder Bewegungsformen der Wissenschaft. Für die Rekonstruktion der Wissenschaftsgeschichte wäre es nun eine ideale Forderung, eine Synthese dieser drei Bewegungsformen zu geben sowie die erklärende „zündende Idee". Ich glaube jedoch, daß sich auch hier eine relative Eigenständigkeit der drei Bewegungsformen einer solchen Synthese hinderlich in den Weg stellt, wenn unter Synthese die Rückführung auf *ein* Erklärungsprinzip verstanden wird. Betrachtet man jedoch diese drei Bewegungsformen in ihrem untrennbaren Zusammenhang, markiert die gegenseitigen Impulse und Rückwirkungen, beläßt es aber auch bei der Hervorhebung der Art und Weise relativer Eigenständigkeit und Eigenart dieser Bewegungsformen, dann gelangt man zu einer komplexen Sicht des Bewegungs- und Entwicklungsverhaltens von Wissenschaft, die der komplexen Struktur des Entwicklungsobjektes „Wissenschaft" angemessen ist. Damit ist zugleich gesagt, daß die Rekonstruktion der Wissenschaftsgeschichte nicht zu verwechseln ist mit einer einheitlichen Gesamttheorie der Wissenschaftsentwicklung. Rekonstruktion ist faktenordnendes Vorgehen entsprechend einer theoretischen Vorgabe (bei Lakatos heißt es „normative Methodologie", die von einer Wissenschaftsphilosophie bereitgestellt wird). Sie bezieht sich damit stets auf bestimmte Abschnitte und auf bestimmte Ereignisse und Ereignisfolgen. Die in der Literatur bereits vorliegenden, angebotenen „normativen Methodologien" — wir können hier neben den von Lakatos erwähnten und von uns bereits kurz vorgestellten Methodologien auch eine ganze Reihe marxistischer Angebote namhaft machen,[8] worauf wir aber hier nicht näher eingehen wollen — sind keinesfalls Wissenschaftstheorien, sondern eher eine Art „Punktscheinwerfer". Diese bringen — um im Bilde zu bleiben — ein spezifisches Licht in das „Dunkel" der Fakten. Es ist deshalb durchaus von Interesse, woher diese „Färbungen" stammen; und man geht gewiß nicht fehl in der Annahme, daß diese Färbung durch die „Wissenschaftsphilosophie" mitgegeben wird, auf der die entsprechende normative Methodologie fußt. Das große Problem, das für eine Rezeption vorliegender normativer Methodologien sich daraus ergibt, besteht darin, inwieweit diese „Färbung" die Objektinterpretation verzerrt — oder ob sie eine je spezifische und konstruktive Sicht ermöglicht, die man mit einem anderen „Punktscheinwerfer" eben nicht hat oder anders und mithin anders brauchbar hat. Damit sind wir beim Theoriebegriff angelangt. Es ist gewiß nicht überflüssig, darauf zu verweisen, daß sich in der neueren marxistischen erkenntnistheoretischen Literatur die Sensitivität für die komplexe Struktur von Theorien in bemerkenswerter Weise entwickelt hat.[9] Daß Theorien nicht nur über die Fähigkeit verfügen, Objekte „abzubilden" (wobei die Tragweite dieses Begriffs leider nur dem geschulten Dialektiker, aber so gut wie keinem Diskussionspartner, der über diese Qualifikation nicht verfügt, einleuchtend ist), gehört zu den erkenntnistheoretischen Grundlagen, die akzeptiert sein müssen, damit man überhaupt sinnvoll die Frage nach einer Theorie der Wissenschaftsentwicklung stellen kann. Daß das keinesfalls heißt, den dialektischen Abbildbegriff zu verabschieden, sei angesichts nach wie vor nachweisbarer Versuche in der nichtmarxistischen, die materialistische Dialektik „freundschaftlich rügenden" Literatur, Dialektik ohne Widerspiegelungstheorie zu etablieren, hervorgehoben. Worum es hier geht, ist tatsächlich der Aufweis der Tragweite des Theoretischen als spezifischer Form von Widerspiegelung. Ich sehe hier mindestens vier strukturelle Ebenen, die natürlich sämtlich für Theorien der Wissenschaftsgeschichte relevant sind. *Erstens* wäre zu betonen, daß in Theorien etwas über Objekte ausgesagt wird. Diese Aussagen bilden Objekte (Objektstrukturen, Merkmale, Gesamtheiten, Beziehungen) ab im schlichtesten Wortessinne von Abbilden, was man eventuell auch mit dem Terminus der möglichst „genauen Beschreibung" bezeichnen kann. Dabei ist aber bereits zweierlei festzustellen. Jede dieser Beschreibungen wählt aus der Mannigfaltigkeit der Objektstrukturen zielstrebig (auf ein Erkenntnisziel ausgerichtet) aus und behauptet zugleich etwas über diese Beschreibungsinhalte. Eine Beschreibung als solche ist selbstredend keine Theorie. Diese an Beschreibungen angelehnten Behaup-

8 Ich denke hier an die entsprechenden Konzeptionen von Mikulinskij, Jaroševskij, Dobrov, Laitko, Läsker, Parthey, Zelený, Sandkühler und Mitarbeitern u. a.

9 Herausgegriffen sei: Experiment — Modell — Theorie, hg. von H. Hörz/M. E. Omel'janovskij, Berlin 1982; Bildung und Entwicklung natur- und humanwissenschaftlicher Theorien, Autorenkollektiv unter Leitung von Rudolf Rochhausen, Berlin 1983.

tungen können jedoch auch als Beschreibungen gelten, da sie in der Regel durch Beobachtung oder andere Kontrollmethoden verifizierbar sind. Im strengen Sinne ist ja bereits die Auswahl des zu Beschreibenden eine Behauptung.

Zweitens ist festzustellen, daß Theorien in der Regel nicht auf einzelne Objekte zielen, sondern auf Qualitäten, die Objekten zukommen; sie enthalten also Aussagen über das *mögliche* Verhalten von Objekten. Dabei wird zugrundegelegt, daß sich die Objekte nicht chaotisch verhalten, sondern in beschreibbarer und reproduzierbarer Weise regelmäßig. Der wissenschaftliche Theoriebegriff geht von der allgemeinen philosophischen Annahme der gesetzmäßigen Struktur der zu erkennenden Objektwelt aus, egal, welcher Natur diese Gesetzmäßigkeit jeweils ist. Denn gerade auch die Differenzierung dieses Begriffs von objektiver Gesetzmäßigkeit ist ein Resultat der Entwicklung wissenschaftlicher Theorien. Wie im ersten Fall Theorie und Objekt nie identisch sind, ist auch das in Theorien ausgedrückte Gesetz nicht identisch mit der tatsächlichen Qualität des Gesetzmäßigen des Objektbereiches.

Drittens drückt sich in Theorien die schöpferische Phantasie des Menschen aus. In Theorien sind Aussagen darüber enthalten, wie es möglich sein kann, Objekte so zu verändern, wie das ohne verändernden Eingriff nie geschehen würde. Theorien entwerfen also neue Reaktionspotentiale für Objekte. Das ist eine Art antizipierende Funktion des Theoretischen, die letztendlich von der qualitativen Unerschöpflichkeit des Materiellen, also von einer philosophischen Überzeugung, geleitet wird.

Viertens können in Theorien Aussagen über Strukturen enthalten sein, die es noch gar nicht gibt. Strukturen zu erfinden, um sie real zu machen, tritt immer stärker in den Vordergrund erkenntnistheoretischer Reflexionen und ist nicht nur im ingenieurtechnischen Bereich, sondern zunehmend auch für die Gestaltung sozialer Prozesse von Bedeutung.[10]

Auf diesen vier Ebenen also ist der Begriff „Theorie" faßbar, wobei es wahrscheinlich übertrieben ist, daraus nun vier Theorietypen abzuleiten. Ich glaube, es ist besser, wenn man resümiert, daß diese vier Ebenen stets ineinander verflochten sind, was aber nicht bedeutet, daß alle diese Elemente stets gleichmäßig vertreten sind. Die dialektische Widerspiegelungsqualität des Theoretischen zeigt sich in der Einheit von Abbilden, Entwerfen, Prognostizieren und Konstruieren.

Damit wäre für mein Anliegen — das Rekonstruktionsproblem der Wissenschaftsgeschichte — eine weitere wichtige Einsicht gewonnen. Neben der bereits getroffenen Feststellung, daß Rekonstruktionstheorien der Wissenschaftsgeschichte ausschnitthaft sind, keine Theorien des „ganzen Prozesses" sind, wird unter dem Aspekt der Strukturebenen von Theorien ausgesagt, daß Rekonstruk-

10 Vgl. dazu auch M. Bunge, Epistemologie. Aktuelle Fragen der Wissenschaftstheorie, Mannheim—Wien—Zürich 1983; und, aus ganz anderer Sicht: H. J. Sandkühler, Geschichte, gesellschaftliche Bewegung und Erkenntnisprozeß, Berlin 1984.

tionstheorien die „innere Logik“ bestimmter Prozeßabschnitte ermitteln, um daraus Hypothesen für künftige Wissenschaftsprozesse abzuleiten. Dabei ist unbedingt darauf hinzuweisen, daß es sich bei diesen Hypothesen nicht um die Vorhersage zwangsläufiger Entwicklungen handelt, sondern um die Darlegung von Gestaltungsmöglichkeiten des Wissenschaftsprozesses. Rekonstruktionstheorien sagen aus, welche Möglichkeiten der Formung, Gestaltung, Differenzierung von Wissenschaftsprozessen es jeweils gibt. Die wissenschaftspolitische Wahl in diesem Möglichkeitsfeld ist selbstredend nicht mehr Sache dieser Rekonstruktionstheorie, liefert dieser aber stets neues Material. Diese zunächst sehr allgemeine Grundlegung muß natürlich nun weitgehend konkretisiert werden. Wichtig aber ist zunächst, daß wir der naheliegenden metaphysischen Gegenüberstellung von Gesetzestheorien der Wissenschaftsentwicklung, die sich an einem Nachvollzug objektiver Gesetzmäßigkeiten der Wissenschaftsentwicklung orientieren,[11] und Rekonstruktionstheorien der Wissenschaftsentwicklung, die die Prozeß- und Gestaltungspotentiale bestimmter Wissenschaftsprozesse, ihre „Übergänge“ aus vergangenen in künftige Strukturen in den Vordergrund stellen, entgehen und gleichzeitig die Aufeinanderbezogenheit beider Formen von Theorien der Wissenschaftsentwicklung festhalten.

2. Rekonstruktion ist nicht die „wirkliche Geschichte“

In unserer philosophischen Literatur wird für meine Begriffe zu wenig auf die Diskrepanzen hingewiesen, die zwischen der in der Sache selbst liegenden Verknüpfung des Logischen und Historischen und der erkenntnishaften Herauspräparierung des Logischen aus dem Historischen bestehen. Es könnte manchmal den Eindruck erwecken, als ob diese Dialektik des Logischen und Historischen die Einheit gleichrangiger Faktoren umschließen würde. Aber auf die Idee, von einer dialektischen Einheit von links und rechts zu sprechen, kommt wohl deshalb keiner (mir ist das jedenfalls noch nicht begegnet), weil wir hier qualitativ völlig gleichartige Größen vor uns haben, die, nun sagen wir einschränkend zumindest in der Makrowelt, sich nicht unabhängig voneinander handhaben lassen. Es sind voneinander abhängige topographische Bestimmungen; eine Geometrie des je „linken Raumes“ etwa ist gewiß unsinnig. Anders ist es bei solchen Qualitäten, die trotz untrennbarer Bezogenheit aufeinander sehr wohl eine eigene Spezifik haben, die sich auch klar definieren läßt. Das Historische ist selbstredend auch ohne das Logische faßbar und bestimmbar und umgekehrt. So ist es auch durchaus möglich, geschichtliche Ereignisfolgen unter Be-

11 Diese Gesetzmäßigkeiten sind nach wie vor umstritten; siehe dazu H. Fetzer, Zum Erkenntnisstand von Gesetzmäßigkeiten der Wissenschaftsentwicklung im Sozialismus, Berlin 1975, S. 71 (AdW der DDR, Schriften des ITW, Heft 6), R. Mocek, Gedanken über die Wissenschaft, Berlin 1980, S. 140.

schränkung auf das Historische, Ablaufgemäße, darzustellen. Das fördert durchaus keinen Unsinn zutage, wenngleich wohl niemand den Anspruch einzulösen vermag, dabei wirklich „alles", den „ganzen Reichtum des Faktischen" zu protokollieren.[12] Ja, ein solcher Anspruch würde wohl das Ende der Geschichtswissenschaft verlangen. Andererseits bereitet es auch keine unüberbrückbaren Schwierigkeiten, den Ablauf der Herausbildung eines wissenschaftlichen Konzepts oder einer Wissenschaftsdisziplin unter weitgehendem Verzicht auf die genauen Daten der zeitlichen, örtlichen und personalen Bedingungen verständlich vorzutragen. Ganz offensichtlich haben wir aber, wenn wir die Begriffe „Logisches" und „Historisches" im soeben skizzierten Sinne verstehen, nicht den Nerv des eigentlich gemeinten dialektischen Programms der Einheit des Logischen und Historischen getroffen. Bei Marx findet sich gelegentlich der Hinweis auf die „störenden Zufälligkeiten", in einem Atemzug genannt mit der „historischen Form", unter welcher bestimmte Wesensmerkmale der Gesellschaft sich jeweils zeigen.[13] Die störende Zufälligkeit kann aber wohl nicht das kategoriale „Historische" sein! Was aber ist am „Historischen" das nicht Zufällige? Ganz offensichtlich ist dieses „Historische" bereits eine Abstraktion. Es ist notwendig, schrieb Lenin, „jede Frage von dem Standpunkt aus zu betrachten, wie eine bestimmte Erscheinung in der Geschichte entstanden ist, welche Hauptetappen diese Erscheinung in ihrer Entwicklung durchlaufen hat, und vom Standpunkt dieser ihrer Entwicklung aus zu untersuchen, was aus der betreffenden Sache jetzt geworden ist".[14]

Diese „Erscheinung" ist, wie aus dem Kontext zu dieser Darstellung von Lenin ersichtlich, nicht irgendeine, sondern eine wichtige soziale Größe — Klasse, Staat, Überbau etc. sind hier die orientierenden, den Begriff „Erscheinung" bei Lenin repräsentierenden Größen. Es ist der Entwicklungsprozeß zentraler, sich in allen Gesellschaften wiederholender sozialer Gestaltungen, der für die Bestimmung des Wesens dieser „Gestaltungen" so ungeheuer wichtig ist. So ist der bürgerliche Staat in seiner pluralistisch-quasidemokratischen Bemäntelung durchaus nicht auf den ersten Blick als Herrschaftsinstrument einer Klasse bestimmbar, am allerwenigsten für den, der sich nur nach dem Augenschein richtet. Gerade für solche hochkarätigen sozialen Erscheinungen ist die Entstehungsgeschichte von besonderer Bedeutung, weil sie den Werdeprozeß des *Wesens* dieser Erscheinungen enthüllt, ein Wesen, daß bei bloßer Betrachtung der je aktuellen Erscheinungsform durchaus verhüllt sein kann. Das „Historische" also,

12 Hier gibt es mannigfache Parallelen zur Methodologiedebatte in unserer Geschichtswissenschaft, die für die Wissenschaftsgeschichte leider zu wenig ausgeschöpft wird. Vgl. Probleme der geschichtswissenschaftlichen Erkenntnis, hg. von E. Engelberg/W. Küttler, Berlin 1977 und viele nachfolgende Schriften.

13 K. Marx, Zur Kritik der Politischen Ökonomie, in: K. Marx/F. Engels, Werke, Bd. 13, Berlin 1961, S. 475.

14 W. I. Lenin, Über den Staat, in: Lenin, Werke Bd. 29, Berlin 1973, S. 463.

als Kategorie in dem von uns auch wissenschaftstheoretisch reklamierten Zusammenhang, ist keinesfalls das historisch Zufällige, sondern es ist der *Werdeprozeß des Logischen*, der Prozeß der Formierung des Wesens wichtiger sozialer Erscheinungen, wenn wir zunächst bei dieser Erscheinungsgruppe verharren wollen.

Das erbringt für unsere wissenschaftstheoretischen Ermittlungsabsichten wiederum einige neue Anregungen. Die „nur" faktologisch vorgehende Wissenschaftsgeschichte könnte also, so gesehen, gar nicht für sich beanspruchen, sich auf das „Historische" zu konzentrieren und somit im arbeitsteiligen Prozeß der Wissenschaftsforschung der Dialektik des Logischen und Historischen zuzuarbeiten. Nein, das tut sie wahrlich nicht, wenn sie sich auf das „historisch Zufällige" konzentriert! Nebenbei bemerkt — damit wird diese Wissenschaftshistoriographie keineswegs abgewertet; nur der erkenntnistheoretische Anspruch ist hinterfragt. Für viele andere Erkenntnisintentionen ist diffizile Wissenschaftshistoriographie von großem Belang, sei es, daß man alte Wissenschaftsgebäude rekonstruieren will oder ein umfassendes Zeitbild gestalten möchte, um die Größe einer geschichtlichen Wissenschaftstat plastisch und einsichtig zu machen. All das ist völlig berechtigt, notwendig, ja, stellt nach meiner Übersicht nach wie vor das Hauptnachfragefeld dar, das die Gesellschaft gegenüber der Wissenschaftsgeschichte ausbreitet. Nur wird das von mir hier in den Vordergrund gestellte Problem damit nicht berührt.

Aber auch für die Wissenschaftstheorie ergibt sich eine Folgerung. Wenn sie sich nicht um den Werdeprozeß der Formierung des Wesens von Wissenschaft bemüht, geht auch sie an der Erkenntnisabsicht einer Dialektik des Historischen und des Logischen vorbei. Doch das spezifische Problem der Wissenschaftstheorie in diesem Zusammenhang liegt auf einer anderen Ebene. Wenn „ihr" Logisches die zur vollen Entfaltung gelangte Wissenschaft ist,[15] dann hat sie diesen Begriff der entwickelten Wissenschaft gewiß nicht aus der Wissenschaftsgeschichte „abstrahiert", und es wäre auch verkehrt, dies von ihr verlangen zu wollen. Hier leuchtet eine andere Gefahr einer vereinseitigenden Interpretation des Logischen und des Historischen auf, die darin besteht, daß es nur und allein auf diese Weise möglich wäre, eine Erscheinung über den Werdeprozeß ihres Wesens zu erkennen! Das stimmt allerdings auch nicht. Zu belegen braucht man diese Feststellung wohl kaum ausführlicher; man halte sich nur vor Augen, wohin die Soziologie gelangen würde, wenn sie sich bei der Erforschung der sozialen Verhältnisse der Menschen ständig in die Geschichte dieser Verhältnisse begeben würde. Für viele Naturwissenschaften gilt ähnliches. Aber auch für sie gilt, daß ein bereits gut erkannter „Gegenstand" durch eine historische Betrachtungsweise plötzlich neue Einsichten eröffnet. Die Er-

15 Was „vollentwickelte Wissenschaft" heißt, scheint mir durchaus nicht eindeutig zu sein und bedarf weiterer Erwägung.

mittlung historischer Stadien bestimmter materieller Teilchen hat zu ganz neuen kosmogonischen Weltinterpretationen geführt — aber das führt hier zu weit.

Die Fixierung des „Logischen", des Wesens einer Erscheinung, geschieht nicht allein (oder nicht primär) auf dem Wege der historischen Rekonstruktion des Werdeprozesses. Für viele soziale Erscheinungen allerdings ist diese Rekonstruktion eine unabdingbare Voraussetzung ihrer Erkenntnis. Doch auch hier wird der Forscher nicht ohne jeden „Vorbegriff" der zu analysierenden Sache an die Geschichte herantreten. Wir betrachten die Dialektik des Logischen und des Historischen mithin als *eine* wesentliche methodologische Basis für wissenschaftstheoretische Rekonstruktionen der Wissenschaftsgeschichte, aber nicht als die einzige. Der „Vorbegriff" von Wissenschaft, mit dem die marxistische Theorie an die Wissenschaftsgeschichte herantritt, resultiert aus einer ganzen Reihe von andersgelagerten Untersuchungen und nicht zuletzt aus geschichtstheoretischen und -philosophischen Einsichten, die auch auf die Wissenschaft ausgedehnt werden, ohne daß sie am Medium der Wissenschaft in ihrer Geschichte gewonnen worden sind. Wir ersparen es uns hier, auf diese Aspekte näher einzugehen; das ist in unserer Literatur schon sehr ausführlich dargestellt.[16]

Damit können wir uns auf die in der Zwischenüberschrift vorgewiesene Problematik konzentrieren — Rekonstruktion und „wirkliche Geschichte".

Es konnte schon gezeigt werden, daß eine Rekonstruktion der Wissenschaftsgeschichte keine Protokollierung des tatsächlichen Ablaufs, der ganzen Fülle der historischen Zufälligkeiten also, bedeuten kann, sondern wir haben es hier mit einem abstrahierenden Vorgehen zu tun, das den Werdeprozeß des „Logischen" ermittelt. Das betrifft sowohl die Entwicklung der Gegenstände wissenschaftlicher Erkenntnis (also solche „Erscheinungen" wie Atom, Kosmos, Leben; Arbeitsteilung, Ware, Klasse, Staat etc.) als auch die Entwicklung der Erkenntnisformen, in denen diese „Erscheinungen" erfaßt, verarbeitet, erkannt werden (Beobachtung, Hypothese, Theorie, Wahrheit, wissenschaftliche Gemeinschaft, voll entwickelte Wissenschaft, Kriterien von Wissenschaftlichkeit). Insofern ist eine Rekonstruktion der Wissenschaft in ihrer Geschichte stets eine Rekonstruktion der Dynamik des Gegenständlichen und eine Rekonstruktion der Dynamik der Erkenntnis dieses Gegenständlichen. Es ist ein reizvolles Thema, die Interdependenzen zwischen beiden „Werdeprozessen" zu ermitteln.[17] Wenn man die „Dynamik der Erkenntnis" dabei genauer unter die Lupe nimmt, gelangt man schnell zu der Einsicht, daß wir es hier mit einem wiederum zusammengesetzten Vorgang zu tun haben — Kognitives, Soziales, Psychisches, unsere „Bewegungsformen" in ihrer Verknüpfung und relativen Selbständigkeit. Auch hier zeigt sich wieder, daß eine Rekonstruktion niemals die Absicht verfolgen kann, dieses gesamte

16 Stellvertretend für andere Titel sei genannt: Wissenschaft. Stellung, Funktion und Organisation in der entwickelten sozialistischen Gesellschaft, hg. von G. Kröber/H. Laitko, Berlin 1975.

17 Vgl. dazu J. Zelený, Die Wissenschaftslogik bei Marx und „Das Kapital", Berlin 1968.

Faktorenbündel durchsichtig zu machen, sondern die Rekonstruktionsabsicht ist punktuell und konzentriert sich auf ein bestimmtes Erkenntnisanliegen. Der überkomplexe Gegenstandsbereich Wissenschaft in der Geschichte zu einem je bestimmten Zeitpunkt ist verschieden „befragbar" und antwortet verschieden, je nachdem, wie ich die Fragen an ihn richte. Mit anderen Worten: Unterschiedliche Erkenntnisinteressen strukturieren diesen Gegenstand in je differenter Weise.[18] Damit ist zugleich gesagt, daß es stets mehrere Rekonstruktionsmöglichkeiten gibt; ich halte es für problematisch, hier von der „besten" oder von weniger guten Rekonstruktionen zu sprechen, wie das bei Lakatos der Fall zu sein scheint. Lakatos' Begriff der rationalen Rekonstruktion der Wissenschaftsgeschichte ist meiner Ansicht nach nicht ganz eindeutig. Einmal wird damit die auch von mir hervorgehobene erkenntnisinteressengeleitete spezifische „Frage" an eine bestimmte Prozeßgesamtheit gemeint, wobei diese Frage als ein hypothetischer Ablauf formuliert ist (der jedoch, wie Lakatos an vielen schönen Beispielen zeigt, in der Regel viel „rationaler", d. h. folgerichtiger einen bestimmten Erkenntnisprozeß erfaßt als dieser in der Wirklichkeit abgelaufen ist).[19] Die wirkliche Geschichte ist insofern weniger rational als ihre Rekonstruktion; wobei darauf zu achten ist, daß wir es hier mit einer Abstufung innerhalb der Bedeutung von „rational" zu tun haben, nicht aber mit einer Polarisierung von „rational — irrational". Zum anderen definiert Lakatos sein Konzept der rationalen Rekonstruktion der Wissenschaftsentwicklung auch als „Geschichtsschreibungs-Forschungsprogramm",[20] das natürlich in dieser weiten Fassung mehr darstellt als eine bloße „Sonde" bzw. Rekonstruktionshypothese für einen bestimmten Wandel in der Geschichte der Wissenschaft.

Die Erklärungsabsicht von Lakatos zielt auf die Dynamik der Wissenschaftsentwicklung. Eine Rekonstruktionshypothese ist besser als eine andere, so Lakatos, wenn sie Fortschreiten und Degeneration in wissenschaftlichen Prozessen und Epochen besser zu erklären vermag als die andere. Anstelle des Popperschen Falsifikationskriteriums setzt Lakatos das Erklärungskriterium; erklären heißt Nachweis der unterbruchlosen Abfolge notwendigerweise aufeinander bezogener Erkenntnisschritte, wobei eben hier die Rekonstruktion in der Regel „logischer" und zwangsläufiger verfährt als die Praxis der Wissenschaft selbst.

Damit kommen wir zu den inhaltlichen Fixpunkten der von Lakatos vorgeschlagenen Rekonstruktionstheorie, die die Wissenschaftsgeschichte also nach der Abfolge wissenschaftlicher Forschungsprogramme untersucht, um die Dynamik bzw. den Wandel in der Geschichte der Wissenschaft aus den Spezifika der Entwicklung, Entfaltung und Ablösung wissenschaftlicher Forschungsprogramme zu erklären.

18 Vgl. W. Gründler, Komplementarität und Kompetition naturwissenschaftlicher Theorien, Philosophische Dissertation, Halle/Saale 1985.

19 Vgl. I. Lakatos, Die Methodologie der wissenschaftlichen Forschungsprogramme, a. a. O., S. 52.

20 Ebenda, S. 205.

Es sind im wesentlichen drei Grundgedanken zu referieren. Erstens wendet Lakatos vor allem gegen Kuhn berechtigt ein, daß die Leitvorstellungen oder Paradigmen, die jener seiner Erklärung der wissenschaftlichen Revolutionen zugrunde legt, keinesfalls als einzelne Hypothesen oder andere isolierte Theorien betrachtet werden können, sondern daß es sich bei diesen Leitvorstellungen stets um ganze wissenschaftliche Programme handelt. Diese Programme werden zusammengesetzt aus einem sog. „harten Kern", der die unverletzbaren (weil sonst das Programm degeneriert) Grundgedanken bzw. Annahmen umschließt, einer Zone von konstituierenden Theorien und schützenden Hilfshypothesen sowie einem leistungsfähigen Problemlösungsapparat, der in der Lage ist, auch Anomalien zu „verdauen" und das Forschungsprogramm relativ lange produktiv zu halten.

Im Unterschied zu Kuhn und auch Popper macht Lakatos geltend, daß derartige Forschungsprogramme keineswegs ihre Anziehungskraft gewissermaßen aus dem Augenblick ihrer Geburt schöpfen, sondern in der Regel eine längere Phase der Konstituierung und Durchsetzung durchlaufen. Auch sei es normal, daß diese Programme sich gegen scheinbar falsifizierende Fakten schützen, ja, dieser Schutz sei notwendig und produktiv. Nicht an widerlegenden Fakten, sondern an ihrer Leistungsfähigkeit sind wissenschaftliche Forschungsprogramme zu messen. Dabei bildet die Vorhersagefähigkeit neuer Tatsachen ein ganz wesentliches Kriterium ihrer Leistungsfähigkeit. Wissenschaftliche Revolutionen haben ihre Wurzeln im Nebeneinanderbestehen mindestens zweier konkurrierender Forschungsprogramme, wobei das eine degeneriert und das andere voranschreitet. Die Revolution selbst ist bei Lakatos weit weniger dramatisch als bei Kuhn. Für Lakatos findet hier kein „Bekehrungserlebnis" statt, sondern es sei eine Frage der intellektuellen Redlichkeit, daß sich die Mehrzahl der Wissenschaftler nach und nach dem voranschreitenden Forschungsprogramm zuzuwenden beginnt. Ganz ohne Zweifel erfaßt Lakatos den Wandel der Wissenschaft mit nahezu ausschließlichem Blick auf die theoretische Szenerie überzeugender als Kuhn und auch Popper. Es ist auch klar, daß für derartige Phasen eine Menge wissenschaftliche Beispiele auffindbar und rekonstruierbar sind. Natürlich ist in dieser Blickrichtung ausschließlich die erkenntnistheoretische Bewegungsform der Wissenschaft berücksichtigt. Daß sich aber innerhalb dieser Bewegungsform der Denkansatz von Lakatos auch für die marxistische Wissenschaftstheorie fruchtbar machen läßt, hat unlängst Wolfgang Gründler in einer mit chemiegeschichtlichen Fallbeispielen ausgestatteten Studie eindrucksvoll gezeigt. Daß Lakatos selbst ein getrübtes Verhältnis zur marxistischen Theorie hatte, soll dabei nicht verschwiegen werden. Eines seiner zentralen Argumente lautet, der Marxismus habe nicht eine einzige „erstaunliche neue Tatsache vorausgesagt"[21]. Als hätten Marx und Engels nicht die proletarischen Revolutionen und die durch sie umgestalteten Gesellschaften vorausgesagt! Natürlich, wenn

21 Ebenda, S. 5.

man den Begriff der „erstaunlichen Tatsache“ so versteht, daß Ort und Datum, vielleicht gar noch die Anschriften der Revolutionäre vorherzusagen wären, dann muß die marxistische Theorie allerdings passen — welche wohl nicht?

Doch zurück zur Methodologie wissenschaftlicher Forschungsprogramme. Für die Charakterisierung des theoretischen Wandels in der Geschichte der Naturwissenschaft gibt Lakatos' Konzept wesentlich bessere, weil differenzierendere Argumentationen als etwa Kuhn oder Popper. Wenn man tatsächlich dabei strikt den Theorienfortschritt im Auge behält, im Gegensatz zu Lakatos also nicht den Anspruch erhebt, wonach soziale Komponenten für den Wissenschaftsfortschritt unerheblich seien, läßt sich dieses Konzept ausbauen. Wolfgang Gründler konnte zeigen, daß die weitere Differenzierung der Annahmen von Lakatos durch den Blick auf konkrete Wissenschaftsprozesse gleich in mehrfacher Hinsicht erforderlich ist. Erstens bildet die Gegenüberstellung fortschreitender und degenerierender Forschungsprogramme auch nur wissenschaftsgeschichtliche Paradefälle, nicht aber den Normalzustand des theoretischen Geschehens ab. Auch abgelöste Forschungsprogramme behalten Eigenständigkeit, Eigenwert und relative Erklärungskraft, behalten Anwendungsfelder besetzt. Zweitens macht Gründler auf den Sachverhalt des „Austauschs“ zwischen konkurrierenden Programmen, der bis in die Kernzone hineinreichen kann, aufmerksam, was dazu führt, daß zwei theoretische Programme vom Zustand der Kompetition in den Zustand der Komplementarität übergehen. Darin liegt nach Gründler zumindest für den Bereich der chemischen Theorien das hauptsächlichste Merkmal im Verhältnis sich entwickelnder Theorien zueinander. Daß es sich hierbei um einen besonderen Erscheinungsbereich der Dialektik, und zwar der Widerspruchsdialektik, zu handeln scheint, hat Röseberg in seiner bereits erwähnten Arbeit nahegelegt. Insgesamt gesehen, kann man wohl resümieren, daß die Rekonstruktion des Theorienfortschritts in der vorliegenden wissenschaftstheoretischen Literatur eine gute Entwicklung genommen hat. Das für meine Begriffe noch offene Problem besteht darin, inwieweit die Rekonstruktion des Theorienfortschritts die Rekonstruktion der Wissenschaftsentwicklung umgreift.

3. Rekonstruktion auf drei Ebenen

Tatsächlich beziehen sich die „gängigen“ Methodologien zur Rekonstruktion von Phasen der Wissenschaftsentwicklung auf den Theorienfortschritt, was zugleich besagt, daß in der traditionellen Wissenschaftstheorie der Theorienfortschritt als zentraler Aspekt der Wissenschaftsentwicklung angenommen wird. Dementsprechend sind diese Methodologien auch am besten ausgearbeitet, sind dabei relativ einfach und übersichtlich, d. h. gut anwendbar. Wenn man von der direkt konzeptionellen Absolutsetzung des Theoretischen bei Lakatos absieht, ist die von ihm vorgeschlagene Methodologie, wie unter Hinweis auf die Gründlersche Kritik angedeutet wurde, für rekonstruktive Analysen der theoretischen Dynamik von Wissenschaft brauchbar, wenngleich nicht ohne Korrekturen. Die Arbeiten von Gründler und Röseberg sollten sorgfältig auf ihre methodologischen Potenzen hin geprüft werden, weil hier wirklich Neuland beschritten wird.

Etwas anders ist die Situation hinsichtlich der wissenschaftstheoretischen Bearbeitung der anderen beiden „Bewegungsformen“ der Wissenschaft, der sozialen und der erkenntnispsychischen. Zunächst sind Rekonstruktionsangebote ziemlich breit gefächert nachweisbar. Konzentrieren wir uns zunächst auf die sozialen Wissenschaftskonzepte.[22] Neben zum Teil bemerkenswerten Einblicken in je konkrete Wechselwirkungsfelder spezifischer Wissenschaftspotentiale mit spezifischen nationalen bzw. Klasseninteressen sowie in ganze historische Perioden der Abhängigkeit von Produktivkräften und Wissenschaftsentwicklung, die zum bleibenden Forschungsertrag zählen dürften[23], fällt doch eine gewisse Unsicherheit auf, die einmal die jeweiligen „Faktoren“ betrifft, die aus dem sozialen Umfeld heraus für die Determination von Wissenschaft verantwortlich gemacht werden, zum anderen die mehr deklarierte denn wirklich methodologisch nachvollziehbare Abhängigkeit der Wissenschaft von der Gesellschaft. Daß sich Wissenschaftsprozesse niemals unabhängig von gesellschaftlichen Entwicklungen vollziehen, steht dabei außerhalb jeder Debatte. Diese Abhängigkeit muß heutzutage auch nicht mehr über tausend Beispiele „bewiesen“ werden. Einzig und allein die typischen, d. h. sich ständig wiederholenden, reproduzierenden Wechselwirkungsebenen, der „Stoffwechsel“ zwischen wissenschaftlicher und sozialer (sozialökonomischer, politischer, ideologischer etc.) Entwicklung, die für die Wissenschaftsentwicklung konstitutiv werdenden Einflußfaktoren aus dem gesellschaftlichen Umfeld stehen zur Debatte! Der Hinweis auf dieses Forschungsgebiet resultiert aus dem historischen Materialismus; die tragenden Gedanken dazu sind in unserer wissenschaftstheoretischen Literatur der letzten Jahre mehrfach dargelegt worden; ich kann das hier voraussetzen.[24] Seit Boris Hessen im Jahre 1931 anläßlich der Londoner Konferenz der Wissenschaftshistoriker die Tragfähigkeit dieses Konzepts anhand einer historischen Fallstudie nachgewiesen hat,[25] ist auch in der nichtmarxistischen Wissenschaftsforschung dem sozialen

22 Im Grunde genommen wird damit ein äußerst breit gefächertes Spektrum gemeint, das vom Verantwortungsproblem, also von der Wissenschaftsethik, bis zum Zyklus Wissenschaft und Produktion reicht. Für obige Darstellung soll auf eine Aufschlüsselung verzichtet werden, sie ist aber erforderlich, wenn man das Determinationsproblem weiter präzisieren möchte.

23 Vgl. J. D. Bernal, Die Wissenschaft in der Geschichte, Berlin 1961.

24 Zuerst in: Die Wissenschaft von der Wissenschaft, Autorenkollektiv unter Leitung von A. Kosing, Berlin 1968.

25 Vgl. B. Hessen, The Social and Economic Roots of Newtons ‚Principia‘, in: Science at the Cross Roads. Papers presented to the International Congress of the History of Science and Technology held in London from June 29th to July 3rd 1931 by the Delegates of the U.S.S.R., London 1931; Obwohl Hessen die ökonomischen Parallelen wahrscheinlich zu stark betont, war damit eine neue Forschungsidee in die nichtmarxistische Wissenschaftsforschung eingebracht worden, die ungemein wirkungsvoll war.

Aspekt von Wissenschaft große Aufmerksamkeit geschenkt worden. Ich will hier nicht den Versuch unternehmen, die dabei vorgewiesenen neuen Ansatzpunkte zu referieren oder gar zu bewerten, sondern beschränke mich auf die Nennung einiger interessanter Wege, die dabei beschritten worden sind und werden. Edgar Zilsel muß dabei erwähnt werden, der mit seinem Programm sozialer Ursprünge der modernen Wissenschaft die Frage provozierte, inwieweit sich neu herausbildende gesellschaftliche Verhältnisse neue Formen von Wissenschaft im Gefolge haben.[26] Angeregt von Alfred Sohn-Rethel wurden gleich mehrere Varianten der geschichtlichen Durchmusterung formationsgeprägter „Denkformen" vorgestellt.[27] Neuere Arbeiten im Umkreis des Konstruktivismus der Erlanger Schule analysieren die untrennbare Verknüpfung kognitiver und normativer Voraussetzungen und Auswirkungen wissenschaftlicher Tätigkeit.[28] Hier liegt die Tradition der US-amerikanischen Wissenschaftssoziologie vor allem im Gefolge Mertons zugrunde, die generell überall dort im nichtmarxistischen Denken, wo die Einseitigkeit der positivistischen Erkenntniskonzepte in der Wissenschaftsforschung kritisch bedacht und zurückgewiesen worden ist, als wissenschaftsforschende Alternative betrachtet wurde.[29] Schließlich muß noch das Finalisierungskonzept erwähnt werden, das die Auswirkungen externer Faktoren auf Wissenschaftsprozesse auf der Basis der konzeptionellen Annahme untersucht, daß derartige Faktoren selbst die Theorieentwicklung bedingen würden. Hier berühren sich die sozialen Wissenschaftstheorien wieder mit den erkenntnistheoretischen, weil eine externe Ausrichtung der Theorie der Wissenschaft (eben die sogenannte Finalisierung) natürlich im erklärten Gegensatz zu den Konzepten Poppers, Lakatos' etc. steht. Für die nichtmarxistischen Wissenschaftstheorien sind diese Unvermitteltheiten nachgerade typisch; eine Folge der undialektischen Handhabung der Tatsache, daß sich Wissenschaft auf mehreren Ebenen darstellt.

In der marxistischen Wissenschaftstheorie galt und gilt der Wissenschaft in ihrer Bedingtheit durch gesellschaftliche Verhältnisse, gleichzeitig in ihrer Rolle als „sozialer Kraft" große Aufmerksamkeit, die rein quantitativ auch dominiert. Das hat forschungspraktische, nicht aber konzeptionelle Gründe. Eine Entgegensetzung des kognitiven, sozialen und erkenntnispsychischen Aspektes ist in dieser Literatur nicht nachweisbar, wenngleich man Rösebergs Einleitungskapitel durchaus so interpretieren könnte.

26 Vgl. E. Zilsel, Die sozialen Ursprünge der neuzeitlichen Wissenschaft, hg. von W. Krohn, Frankfurt/M. 1976.

27 Vgl. A. Sohn-Rethel, Geistige und körperliche Arbeit. Zur Theorie der gesellschaftlichen Synthesis, Frankfurt/M. 1972; auf Sohn-Rethel aufbauend: P. Dudek, Naturwissenschaften und Gesellschaftsformation, Frankfurt/M.—New York 1979.

28 Vgl. J. Mittelstraß, Wissenschaft als Lebensform, Frankfurt/M. 1982.

29 Vgl. R. K. Merton, The Sociology of Science. Theoretical and Empirical Investigations, Chicago—London 1973.

Auf die Idee, die Entstehung der Quantenphysik aus der Tatsache einer zunehmenden sozialen Differenzierung und zugleich Proletarisierung zu „erklären", kommt kein Marxist, ebensowenig wie jemand ernsthaft daran gehen kann, den Siegeszug des Systemdenkens in der neueren Naturwissenschaft auf neue Gestaltungen innerhalb der Warenproduktion der Gesellschaftssysteme zurückzuführen. Das mag weit hergeholt klingen, soll aber nur verdeutlichen, daß die direkten Determinationsbezüge, die etwa in solchen „Formeln" wie der von der dialektischen Einheit von Warenform und Denkform in der modernen Gesellschaft (A. Sohn-Rethel) nahegelegt sind, in der Konsequenz zu argen Verstümmelungen des Wesens des Kognitiven führen können. Eine solche reduktionistische soziale Wissenschaftsforschung hat auch wenig Chancen, von den Naturwissenschaftlern ernst genommen zu werden.

Im Vordergrund der Diskussionen stand für lange Jahre das Konzept der doppelten Determiniertheit der Wissenschaft, das klar zwischen der gegenstandsspezifischen und sozialen Bedingtheit von Wissenschaftsprozessen unterschied und insofern eine wichtige Rolle in unseren wissenschaftstheoretischen Standortbestimmungen innehatte.[30] Daß der Aufweis von determinierenden Faktoren noch nichts über das „Innenleben" der Wissenschaft aussagt und „unsere" dritte Bewegungsform, die erkenntnispsychische, gar nicht berührt, ist eigentlich keine Kritik an diesem Determinationskonzept, sondern eine notwendige, auch aus diesem Konzept folgende weiterführende Frage. Auch unter dem Aspekt der Rekonstruktion von Wissenschaftsprozessen scheint diese sehr allgemeine, wissenschaftsphilosophische Aufgliederung in die beiden Determinationsebenen weniger attraktiv zu sein als spezifizierendere Fragestellungen, z. B. der nach der Wechselwirkung von Wissenschaft, Produktion und Technologien unter bestimmten gesellschaftlichen Bedingungen, nach der Rolle sozial bedingter Normen für wissenschaftliche Tätigkeit oder — worauf ich seit einiger Zeit besonderen Wert lege — nach dem tatsächlichen Ausmaß der Einwirkung spezifischer Produktionsverhältnisse auf die Wissenschaft.[31] Alle diese drei Fragen können an konkrete Wissenschaftsprozesse gerichtet werden, und zu jeder dieser drei Fragen gibt es theoretische Vorannahmen, die ein rekonstruktives Herangehen ermöglichen. Auch hier zeigt sich wieder, daß Rekonstruktion von Wissenschaft auf Teilprozesse im Gefolge spezifischer Erkenntnisinteressen gerichtet ist.

Mir scheint diese Sachlage innerhalb der dritten „Bewegungsform", der erkenntnispsychischen, ganz ähnlich zu sein. Auch hier muß man den Mut zur Eingrenzung haben, also voraussetzen, daß die personalen kreativen Aspekte in der Wissenschaft weitgehend eigenständiger Natur sind, was nie bedeutet, daß sie als isolierte Faktoren zu fassen wären. Dieses Problem ist damit fraglos nur angerissen; ich will mich aber an dieser Stelle damit begnügen.

30 Vgl. K. Gößler/M. Thom, Die materielle Determiniertheit der Erkenntnis, Berlin 1976.

31 Vgl. R. Mocek, Produktionsverhältnisse und Wissenschaft — Strukturen einer Forschungsthematik, in: Arbeitsblätter zur Wissenschaftsgeschichte, 10/1981.

4. Resümee

Die Rekonstruktion der Wissenschaftsgeschichte ist ein wissenschaftstheoretisches Vorgehen, das ausgewählte Abschnitte in der Geschichte der Wissenschaft unter dem Aspekt eines bestimmten Erkenntnisinteresses und einer bestimmten theoretischen Fragestellung „vorordnet“. Sie liefert in gewisser Weise ein idealisiertes Bild vom Ablauf wissenschaftlicher Prozesse, sowohl auf der Ebene der Theorieentwicklung, der sozialen Wechselwirkungen als auch der personalen Erkenntnisbedingungen. Ihre wissenschaftsgeschichtliche Prüfung ist unerläßlich. Sie ist ein Korrektiv, das die „störenden Zufälle“ in gleicher Weise wie den Werdeprozeß des Logischen, des Wesens einer Erscheinung dokumentiert. Dabei ist die Wissenschaftsgeschichte nicht nur die prüfende Instanz, sondern gibt stets neue Anregungen für die Erarbeitung neuer Rekonstruktionen. Diese Rekonstruktionen sind mithin selbst eine Forderung der Wissenschaftsgeschichte zur theoretischen Durchdringung ihres Gegenstandes.

Eine Entgegensetzung von Rekonstruktion der Wissenschaftsgeschichte und einer allgemeinen Theorie der Wissenschaftsentwicklung halte ich für unangemessen, da die Anwendungsfelder ungleich sind. An eine Rekonstruktion der „ganzen Wissenschaftsgeschichte“ ist nicht zu denken, weil die Methodologien für die jeweiligen Rekonstruktionen jeweils auf eine der „Bewegungsformen“ der Wissenschaft zielen. An ein Gesamtbild der Wissenschaft ist also rekonstruktiv nicht zu denken. Auch hier zeigt sich, daß ohne eine Bezugsphilosophie nicht auszukommen ist. Der historische Materialismus bleibt auch für die Rekonstruktion von Wissenschaftsprozessen unverzichtbar. Daß er selbst aber diese Rekonstruktion nicht leistet und leisten kann, sollte ebensowenig übersehen werden.

Personenregister

Sachwortregister

Berichtigungen zum Band 1 „Kritische Studien zu bürgerlichen Wissenschaftskonzeptionen“:

S. 6	Übergang von der 13. zur 14. Z. lies: Internalismus (statt Internationalismus)
S. 21	23. Z. lies: Wahrheitskriterium (statt: Wahrscheinlichkeitskriterium)
S. 24	24. Z. lies: handele (statt: handelte)
S. 30	27. Z. lies: gesellschaftliche (statt: gesellschaftstheoretische)
S. 43	7. Z. lies: Internalismus (statt: Internationalismus)
S. 156	20. Z. lies: redivivus (statt: redivirus)
S. 193	die letzte Textzeile fehlt und steht als 1. Zeile auf S. 205
S. 205	beginnt mit der 2. Zeile
S. 208	8. Z. lies: makrostrukturelle (statt: mikrostrukturelle)
S. 234	29. Z. lies: Wissensanhäufung (statt: Wissensaneignung)
S. 248	8. Z. lies: allgemeinerer (statt: allgemeiner)
S. 354	1. Z. lies: systemischer (statt: systematischer)
	4. Z. lies: Systemische (statt: Systematische)
S. 386	Übergang von der 22. zur 23. Z. lies: Determinanten (statt: Determinenten)
S. 393	Anm. 8 lies: W. v. d. Daele (statt: W. v. d. Saele)
S. 417	lies: Hesse, Mary (statt: Hesse, Manfred)
S. 419	lies: Schäfer, Wolf (statt: Schäfer, Walter Erich)

FSC
www.fsc.org
MIX
Papier | Fördert
gute Waldnutzung
FSC® C083411

Kolibri 360 GmbH
Ferdinand-Jühlke-Straße 7
99095 Erfurt, Deutschland
produktsicherheit@kolibri360.de